高等学校规划教材

固体物料分选学

（第2版）

东北大学　魏德洲　主编

北　京
冶金工业出版社
2014

内 容 提 要

本书客观而系统地介绍了固体物料分选的基本概念、基本原理、主要设备和常见分选工艺,并力求涵盖所有固体物料的分选。全书共分为六篇:选前准备、磁选和电选、重选、浮选、其他分选方法、分选工艺及辅助作业,旨在使固体物料分选过程所涉及的概念、理论、设备和工艺成为统一的有机整体。

本书可作为矿物加工工程专业本科生的专业课教材也可作为从事选矿领域科学研究、技术开发和工程设计的技术人员的工具书,还可作为能源、冶金、化工、环境、建筑、农业等部门从事与固体物料分选有关的工程技术人员的参考书。

图书在版编目(CIP)数据

固体物料分选学/魏德洲主编．—2 版．—北京：冶金工业出版社，2009.9（2014.6 重印）

高等学校规划教材

ISBN 978-7-5024-4634-5

Ⅰ. 固…　Ⅱ. 魏…　Ⅲ. 选矿—高等学校—教材　Ⅳ. TD91

中国版本图书馆 CIP 数据核字(2009)第 164075 号

出 版 人　谭学余

地　　址　北京北河沿大街嵩祝院北巷 39 号，邮编 100009

电　　话　(010)64027926　电子信箱　yjcbs@ cnmip. com. cn

责任编辑　宋　良　章秀珍　美术编辑　李　新　版式设计　张　青

责任校对　刘　倩　责任印制　牛晓波

ISBN 978-7-5024-4634-5

冶金工业出版社出版发行；各地新华书店经销；三河市双峰印刷装订有限公司印刷

2000 年 9 月第 1 版，2009 年 9 月第 2 版，2014 年 6 月第 4 次印刷

787mm × 1092mm　1/16；27.25 印张；726 千字；415 页

59.00 元

冶金工业出版社投稿电话:(010)64027932　投稿信箱:tougao@cnmip.com.cn

冶金工业出版社发行部　电话:(010)64044283　传真:(010)64027893

冶金书店　地址:北京东四西大街 46 号(100010)　电话:(010)65289081(兼传真)

第2版前言

《固体物料分选学》一书于2000年出版以来，受到了矿物加工领域的关注，被多所大专院校选作矿物加工工程专业本科生的专业课教材和研究生入学考试的参考书。随着矿物加工及相关技术领域的不断发展，涌现出的新科研成果使固体物料分选过程的理论、工艺和设备逐渐丰富和完善。基于这一客观实际，参考第1版读者的修改意见和建议，我们在第1版书稿的基础上，对内容进行了全面的修订，以体现科学技术的发展、满足矿物加工及相关技术领域教育教学、科学研究和生产实践的需要。

参加本书修订工作的有魏德洲（绪论、第1篇和第4篇）、高淑玲（第3篇和第6篇）、刘文刚（第2篇和第5篇），代淑娟、贾春云、韩聪、柳青、崔宝玉、杨海龙、孟娜、王玉娟、周南、曹亮、梁广泉等参加了资料收集和文字输入工作，魏德洲担任主编，对全书作了统一整理和修改。由于编者水平有限，书中难免存在缺点和错误，恳切希望读者批评指正。

《固体物料分选学》这次修订出版工作纳入了东北大学“十一五”教材建设规划，学校在编写工作和出版经费方面给予了大力支持和帮助；修订工作还得到了东北大学资源与土木工程学院、特别是矿物工程研究所相关领导和老师们的支持和帮助，在此一并致以诚挚的谢意。

编　者

2009年5月

第1版前言

本书是根据原冶金工业部的“九五”教材出版规划的安排，从矿物加工工程学科的发展和各种分选方法的应用范围不断扩大这一客观事实出发，为了使矿物加工工程专业本科生的培养跟上科学技术发展的步伐，在原有多种教材的基础上编写而成的。

为了适应“加强基础、淡化专业”这一培养本科生的总体指导思想，本书的编写立足于介绍固体物料分选的基本概念、基本原理、主要设备和常见分选工艺，并力求涵盖所有固体物料的分选。书中的内容既包含了原来的《碎矿与磨矿》、《磁电选矿》、《重力选矿》和《浮选》4本教材的内容，还增加了“其他分选方法”和“分选工艺及辅助作业”2篇，旨在使固体物料分选过程所涉及的概念、理论、设备和工艺，在本书中成为统一整体。

参加本书编写工作的有魏德洲（绪论、第一篇和第三篇），连相泉（第二篇和第五篇）、刘慧纳（第四篇和第六篇），魏德洲担任主编，对全书作了统一整理和修改。由于编者水平有限，书中难免存在缺点和错误，恳切希望读者批评指正。

在本书编写过程中，北京科技大学的卢寿慈教授、中国矿业大学的赵跃民教授和东北大学的张维庆教授对书稿进行了认真审阅，提出了许多宝贵意见，在此一并致以诚挚的谢意。

编　者

1999年7月

目　　录

第2篇　磁选和电选

第3篇　重　选

第5篇　其他分选方法

第6篇　分选工艺及辅助作业

绪　论

A　固体物料分选学的任务及发展简史

固体物料分选学是一门有关固体物料分选的理论与实践的综合性课程，其中心任务是客观而系统地介绍实现分选所需要的科学技术和典型的生产工艺。本着拓宽矿物加工工程学科的专业范畴和客观表述分选方法目前已广为利用的原则，书中将分选方法的处理对象扩展到了矿石、煤炭、建筑材料、化工原料及产品、工业废渣、生活垃圾等所有需要分选的固体物料。

固体物料分选学是随着科学技术的不断发展而形成的。最简单而古老的分选方法是人工拣选，即人们凭借直接观察、感觉和判断，对多种组分的固体混合物料进行按组分分选。尽管我们无法探究人工拣选和重选究竟是哪一种首先被人们所掌握，以及何时、何地为人类首次利用，但第一种实现机械化生产的分选方法无疑属于重选。

起初，人们在日常生活中，逐渐掌握了依据固体物料中不同组分的密度差异，借助于水流或空气流的作用（流体动力作用），对其进行按密度分类的技术（如淘米、扬场等），这就是典型的重选方法。后来，由于冶金技术的发展，为了满足生产需要，人们将人工拣选技术用于分选金属矿石的同时，又将掌握的重选技术应用到了金属矿石的分选过程中，从而宣告了重选工艺的正式问世。当然，那时的生产技术十分简陋，处理的大都是砂矿或仅经过人工破碎的、成分比较简单的金属矿石。

随着冶金工业的进一步发展和多金属复杂矿石的开发利用，尽管重选方法已于19世纪30～40年代进入了机械化生产的历史阶段，但仅利用单一的重选方法仍远远不能满足实际生产的需要。于是，人们经过大量的试验研究，又于20世纪初，相继将浮选和磁选成功地应用到了选矿工业生产中，从而开始了3种分选方法鼎立并存的历史阶段。

上述分选方法及其物料准备作业都是为了满足矿石分选的需要而发展起来的，因此在中国，人们不仅习惯上将它们分别称为重力选矿、浮游选矿、磁电选矿、碎矿与磨矿等，而且还沿用前苏联的做法，分别建立起了相互独立的理论体系和高等教育课程。然而，随着科学技术的不断发展，分选技术及其准备作业的应用范围早已超出了矿石的处理，目前它们被广泛应用于冶金、化工、建筑、能源、农业、环境等涉及固体物料分选的各种行业。

为了促进学科发展和技术进步，冶金工业出版社于1987年出版了丘继存教授主编的《选矿学》，煤炭工业出版社于1992年出版了张家骏和霍旭红主编的《物理选矿》。这两本书尤其是《选矿学》，在一定程度上打破了各种选别方法被人为割裂的框框，为系统而全面地介绍分选方法奠定了一些基础。然而，由于前者单纯地突出金属矿石的分选，后者重点突出煤炭的分选，而使得它们在揭示3种分选方法相互依托、彼此互补、协同发展的客观实际方面存在着严重缺欠。为了客观而系统地介绍这门既有悠久历史又有崭新内容的科学技术和生产工艺，我们在现有的各种教科书的基础上，参考有关的专著和新近发表的研究成果，编写了这本《固体物料分选学》，以达到既能适应矿物加工工程学科发展的需要，又能表达分选方法具有广泛应用领域的客观事实，能被相关学科参考利用的目的。

B 固体物料分选的目的和根据

之所以要对固体物料进行分选，主要是为了更合理、更充分地对它们加以利用。例如，对于低品位的铁矿石，如果不进行分选富集，则会由于技术或经济原因而无法用来炼铁，从而使之成为一种不能利用的含铁岩石。

又如，开采出来的原煤，如果不进行分选提纯和除杂的话，一方面会因矸石含量太高而使得运输费用和灰分上升、热值下降；另一方面，还会因含硫量过高，燃烧时产生大量的二氧化硫而污染环境。所有这些都使得煤炭的利用价值大幅度下降，尤其是一些高硫煤，甚至因缺乏技术上合理、经济上可行的分选工艺，而无法开采利用。

再如，某些含有有价成分的工业废渣，如果不进行分选，不仅有价成分不能被合理利用，而且大量的废渣堆积如山，既占用了土地，又污染了环境。由此可见，对固体物料进行合理而有效的分选，是最大限度地利用各种固体物料特别是固体矿产资源，促进技术发展和经济进步的必要步骤。

对固体物料进行分选的主要根据是物料中不同组分之间的物理及化学性质的差异。依据所利用的物料性质，可以对分选方法做进一步的分类。例如，依据物料中各组分之间密度的差异进行的分选称为重选；依据物料中各组分之间磁性的差异进行的分选称为磁选；依据物料中各组分之间电学性质的不同进行的分选称为电选；依据物料中各组分之间颗粒表面润湿性的差异进行的分选称为浮选；依据物料中各组分之间颜色、光泽、放射性等的差异进行的分选称为拣选。可利用的物料性质及常用的分选方法如表1所示。

表1 分选可利用的物料性质和常用的分选方法

物料性质	分选方法	工 艺
密 度	重 选	洗矿、分级、重介质分选、跳汰分选、摇床分选、溜槽分选、风力分选、磁流体分选等
磁 性	磁 选	弱磁场磁选机分选、磁场磁选机分选、导磁选机分选等
导电性	电 选	高压电选
润湿性	浮 选	泡沫浮选、表层浮选、油浮选、油球团分选、粒浮、台浮、液－液分离、离子浮选、油膏分选等
颜色、光泽、放射性等	拣 选	手选、测光拣选、X射线激发检测拣选、放射性检测拣选、中子吸收检测拣选、光中子检测拣选、红外扫描热体拣选等

固体物料分选方法的应用，可大致归纳为如下7个方面：

(1) 将固体物料按照一定的要求分选成不同的产品，以满足生产需要或增加其使用价值。例如，火力发电厂产出的粉煤灰中，含有一些空心微珠，可用作生产防火涂料的原料，而其他组分可用作制砖原料。应用重选方法将这两种组分分选开，分别用于不同的目的，以增加粉煤灰的利用价值。

(2) 将矿石中有价成分富集起来，使之达到冶炼或其他工业上规定的要求，以便合理、经济、有效地利用矿产资源。例如，通常开采出的钼矿石，其钼含量仅有千分之几或万分之几，如此低的钼含量，目前没有任何冶炼技术可以对其直接进行冶炼，必须首先对钼矿石进行富集，分选出钼含量达40%以上的钼精矿以后，方能进行冶炼。

(3) 除去矿石中所含的有害杂质，使之易于或能够被利用。例如，一些含铁较高的高岭土矿石,如果不利用某些分选方法有效地脱除其中的大部分铁,就不能被用来生产陶瓷制品或用作工业填料和涂料。

(4) 将矿石中多种有用矿物分选成各种精矿产品,以利于分别加工利用。例如,含铜、铅、锌的多金属硫化物矿石,在用来冶炼提取金属铜、铅、锌之前,必须将其分选成铜精矿、铅精矿和锌精矿,否则,冶炼过程将无法进行。

(5) 从废物、废渣(如城市固体垃圾、冶炼炉渣、电解泥等)中回收有价成分,解决废物利用问题。例如,生产铁合金的冶炼炉渣中含有一些铁颗粒,如果不将其中的铁分选出来,则既造成资源的大量浪费,这些炉渣也无法用于其他目的。

(6) 从废液或工业废水中回收有价成分或净化排放污水,保护自然环境。例如,工业废水中常常含有不同性质的固体悬浮物,根据这些悬浮物的具体性质,可利用浮选、重选或磁选方法予以回收,既充分利用了资源,又达到了净化工业废水的目的。

(7) 从空气或废气中分离出粉尘,控制大气污染。在工业生产过程中,往往会产生一些粉尘扩散到周围的大气中,由于粉尘颗粒与空气之间存在着明显的密度差异,所以可利用重选或过滤的方法将粉尘回收,达到净化空气的目的。

C　固体物料分选的基本过程及常用术语

从对固体物料进行分选的依据中可以看出,无论采用哪种分选方法,保证分选过程有效进行的前提都是待分选物料中各组分之间存在并能表现出某些物理及化学性质方面的差异。因此,在对固体物料进行分选之前,必须使各种组分(或其中的一部分)基本上呈单体状态,也就是说,给入分选作业的物料,在粒度符合选别作业要求的同时,还必须是包含具有不同物理及化学性质颗粒的碎散物料粒群,这样才能实现有效的分选。正是由于这一实际要求,在对固体物料进行分选之前,一般都需经过准备作业(通常包括破碎筛分和磨矿分级),以制备出符合分选作业要求的给料。所以固体物料的分选过程大都包括选前准备、分选作业和产品处理3个基本环节。

在涉及固体物料分选的试验研究和工业生产实践中,经常遇到的术语如下:

(1) 原料(原矿)　给入分选厂(选矿厂)的待分选物料。

(2) 给料　给入某一个选别回路或者分选设备的物料。

(3) 高密度产物　经过重选而得到的、主要由高密度颗粒组成的产品。

(4) 低密度产物　经过重选而得到的、主要由低密度颗粒组成的产品。

(5) 磁性产物　经过磁选而得到的、主要由磁性颗粒组成的产品。

(6) 非磁性产物　经过磁选而得到的、主要由非磁性颗粒组成的产品。

(7) 疏水性产物　经过浮选而得到的、主要由疏水性颗粒组成的产品。

(8) 亲水性产物　经过浮选而得到的、主要由亲水性颗粒组成的产品。

(9) 导体产物　经过电选而得到的、主要由导体颗粒组成的产品。

(10) 非导体产物　经过电选而得到的、主要由非导体颗粒组成的产品。

(11) 中间产物(中矿)　分选过程产出的、需要进一步处理的产品。

(12) 原矿　矿山开采出的、没有进行过加工的矿石。

(13) 精矿　分选作业或选矿厂得出的、富含1种或几种欲回收成分的产物,如铁精矿(富含铁的产物)、铜精矿(富含铜的产物)、铜铅混合精矿(富含铜和铅的产物)。

(14) 尾矿　分选作业或选矿厂得出的、主要由脉石矿物组成的产物。

(15) 品位　给料或产物中某种成分(如元素、化合物或矿物等)的质量分数,常用百分数或

g/t、g/m^3 表示。

（16）产率　某一产物与给料或原料的质量比，常用字母 γ 表示。

（17）回收率　产物中某种成分的质量与给料或原料中同一成分的质量之比。在工业生产实践中，回收率又细分为理论回收率和实际回收率两种。理论回收率是用给料和产物的化验品位，基于物质量平衡的原理计算出来的。对于一个两产物的分选过程，若给料和两种产物的质量分别为 Q_0、Q_1 和 Q_2，相应的某种成分的品位分别为 α、β 和 θ，则有：

$$Q_0\alpha = Q_1\beta + Q_2\theta \tag{0-1}$$

$$Q_0 = Q_1 + Q_2 \tag{0-2}$$

由式(0-1)和式(0-2)得：　$Q_0(\alpha-\theta) = Q_1(\beta-\theta)$

即：

$$\frac{Q_1}{Q_0} = \frac{\alpha-\theta}{\beta-\theta} \tag{0-3}$$

根据回收率的定义，得该成分在产物 Q_1 中的理论回收率 ε 为：

$$\varepsilon = \frac{Q_1\beta}{Q_0\alpha} = \frac{\beta(\alpha-\theta)}{\alpha(\beta-\theta)} \times 100\% \tag{0-4}$$

式(0-4)就是理论回收率的计算式。根据定义，产物 Q_1 的产率 γ 的计算式为：

$$\gamma = \frac{Q_1}{Q_0} = \frac{\alpha-\theta}{\beta-\theta} \times 100\% \tag{0-5}$$

因此，理论回收率的计算式又可以表示为：

$$\varepsilon = \frac{\beta}{\alpha}\gamma \tag{0-6}$$

对于实际回收率，则是直接对给料和产物进行计量和品位化验，并根据所得数据直接计算出的回收率，即：

$$\varepsilon_{实际} = \frac{Q_1\beta}{Q_0\alpha} \times 100\% \tag{0-7}$$

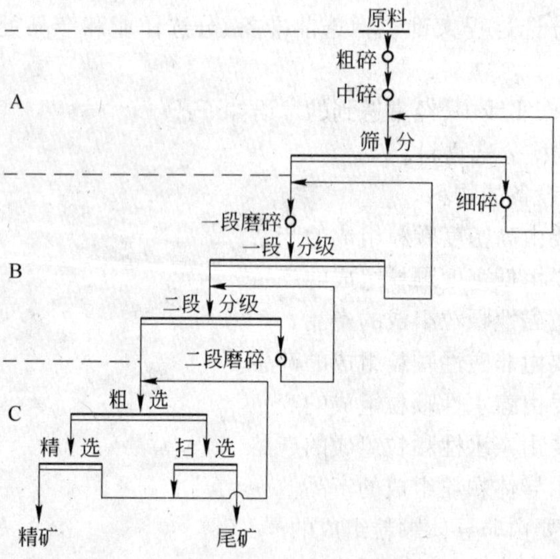

图1　分选工艺流程图

（18）选分比（选矿比）　选得1 t销售产物（最终精矿）所需原料（原矿）的吨数。

（19）富集比　产物中某种成分的品位与给料中同一成分的品位之比。

（20）分选工艺流程图　表示分选过程的作业顺序及产品流向的线路图称作分选工艺流程图（见图1）。其中，A、B、C 3个部分又分别称为破碎流程、磨矿流程和分选流程。

（21）单体颗粒　仅含有一种化学成分（组分）或物质的颗粒。

（22）连生体颗粒　含有两种或两种以上组分或物质的颗粒。

（23）单体解离度　给料或分选所得的产物中，某种组分呈单体颗粒存在的量占给料或产物中该组分总量的百分数。

第1篇

选 前 准 备

选前准备是对固体物料进行有效分选的首要前提。一方面,是因为每种分选方法都是利用物料中不同组分之间的某些物理和化学性质的差异进行的,所以,物料给入分选作业之前,必须使其中的不同组分彼此解离开;另一方面,是由于任何一种分选方法都有其适宜的给料粒度,而待分选的物料粒度又往往比较大,例如矿山开采出来的矿石,最大块粒度一般都在数百毫米以上。因此,在分选作业之前,必须设置破碎和磨矿作业,以准备出欲回收组分充分解离、粒度符合要求的入选物料。

1 碎散物料的粒度组成及分析

选前准备所包括的破碎、筛分和磨矿、分级等作业,处理的都是碎散物料,给料和产物的粒度组成情况是评价这些作业工作情况的一项重要技术指标。为了准确而客观地评价它们的作业效果,规范碎散物料粒度组成的表示方法和分析方法是非常必要的。

1.1 粒度组成及粒度分析

1.1.1 粒度及其表示方法

所谓粒度,简言之,就是颗粒或粒子大小的量度,它表明物料粉碎的程度,一般用 mm 或 μm 作单位。在实际工作中,粒度通常借用"直径"一词来表示,记为 d。例如,球形颗粒的直径用球的直径表示,立方体颗粒的直径用其边长表示,对于这些形状规则的颗粒,表示它们的粒度的确是一件非常容易的事情,然而遗憾的是,碎散物料的颗粒形状大都是不规则的,要表示它们的粒度,需要测定出它们的长(a)、宽(b)、厚(c)3 个垂直方向的尺寸,用其平均值表示它们的直径(d),即:

$$d = (a + b + c)/3 \tag{1-1}$$

对于单个颗粒,用粒度表示它们的尺寸大小就足够了,但对于一个包含众多颗粒的碎散物料粒群来说,测定出每一个颗粒的尺寸既不实际,而且也无法确定用哪一个颗粒的粒度来描述它们的集体尺寸特征。由此可见,仅用粒度的概念根本无法清楚地表示一个碎散物料粒群的尺寸特征。为了弥补这一缺欠,人们又建立了粒级、粒度组成和平均粒度的概念,以便从不同的方面准确地描述粒群的尺寸特征。

所谓粒级,就是用某种分级方法(如筛分)将粒度范围较宽的碎散物料粒群分成粒度范围较窄的若干个级别,这些级别就称为粒级。粒级通常以它们的上限尺寸(d_1)和下限尺寸(d_2)表示,例如 $d_1 \sim d_2$、$-d_1+d_2$、$d_2 \sim d_1$ 等等。

粒度组成是记录碎散物料中各个粒级的质量分数或累计质量分数的文字资料，它表明物料的粒度构成情况，是对碎散物料粒度分布特征的一种数字描述。

平均粒度是碎散物料粒群中颗粒粒度大小的一种统计表示方法。单一粒级的平均粒度(d)是其上限尺寸(d_1)和下限尺寸(d_2)的算术平均值，即：

$$d=(d_1+d_2)/2 \tag{1-2}$$

由多个粒级组成的物料粒群，可以看作是一个统计集合体，其平均粒度一般用统计学中求平均值的方法来计算。依据采用的计算方法，又可将计算出的平均粒度细分为加权算术平均粒度($d_{算}$)、加权几何平均粒度($d_{几}$)、调和平均粒度($d_{调}$)。若用 d_i 表示物料中某一粒级的平均粒度，用 γ_i 表示平均粒度为 d_i 的那个粒级在物料中的质量分数，则上述 3 种平均粒度的计算式分别为：

$$d_{算}=\sum\gamma_i\cdot d_i/\sum\gamma_i=\sum\gamma_i\cdot d_i \tag{1-3}$$

$$d_{几}=(d_1^{\gamma_1}\cdot d_2^{\gamma_2}\cdot\cdots\cdot d_n^{\gamma_n})/\sum\gamma_i=d_1^{\gamma_1}\cdot d_2^{\gamma_2}\cdot\cdots\cdot d_n^{\gamma_n} \tag{1-4}$$

或

$$\lg d_{几}=\sum(\gamma_i\cdot\lg d_i) \tag{1-5}$$

$$d_{调}=\sum\gamma_i/[\sum(\gamma_i/d_i)]=1/[\sum(\gamma_i/d_i)] \tag{1-6}$$

对于同一个碎散物料粒群，用不同的统计计算方法计算出的平均粒度一般也是不相同的。其数值的大小顺序为 $d_{算}>d_{几}>d_{调}$，而且计算时粒级分的越多，这 3 种平均粒度的数值就越接近，计算出的结果也越准确。基于这一情况，在实践中，当每个粒级的上限粒度与下限粒度之比不大于$\sqrt{2}$时，常采用加权算术平均粒度表示碎散物料粒群的平均粒度。

平均粒度虽然反映了一个碎散物料粒群中颗粒粒度的平均大小，从一个侧面描述了这一物料的粒度特征，但它并不能全面地说明物料的粒度特征。例如，尽管两个碎散物料粒群的加权算术平均粒度都是 10 mm，但其中一个的上限粒度为 30 mm、下限粒度为 0 mm，而另一个的上限粒度为 15 mm、下限粒度为 6 mm。又如，尽管两个碎散物料粒群的平均粒度相同，但它们各个相同粒级的质量分数却完全不同。因此，为了更充分地描述物料的粒度特征，在实际工作中，除采用平均粒度外，还引入了偏差系数($K_{偏}$)来描述物料中颗粒粒度的均匀程度。偏差系数的计算式为：

$$K_{偏}=\frac{\sigma}{d_{算}}\times100\% \tag{1-7}$$

式中 σ——标准差，即：

$$\sigma=\sqrt{\sum(d_i-d_{算})^2\gamma_i} \tag{1-8}$$

一般认为，$K_{偏}$ 小于 40% 是均匀粒群，$K_{偏}=40\%\sim60\%$ 是中等均匀粒群，而 $K_{偏}$ 大于 60% 则是不均匀粒群。

1.1.2 粒度分析方法

如前所述，对于单个颗粒，通过线测法可以直接测出它的粒度，但这只能在一些特殊的情况下才能采用；对于一个大吨位的碎散物料粒群，只能借助于粒度分析方法来测定它的粒度组成情况。所谓粒度分析，就是确定物料粒度组成的试验。目前，在实际工作中常常采用的粒度分析方法主要有筛分分析法、水力沉降分析法、显微镜分析法和激光粒度分析仪分析法。

筛分分析法通常简称为筛析法，就是利用筛孔大小不同的一套筛子对物料进行粒度分析的方法。采用 n 层筛子可把物料分成 $n+1$ 个粒级，每个粒级的粒度上限是该粒级中的所有颗粒都能通过的(也就是上面一层筛子的)方形筛孔的边长(b_1),而它的粒度下限则是其中的所有颗粒都不能通过的(也就是下面一层筛子的)方形筛孔的边长(b_2)。因此,两层筛子之间的这一粒级的粒度就可表示为 $-b_1+b_2$ 或 $b_1 \sim b_2$。筛分分析适用的物料粒度范围为 100 ~ 0.01 mm,其中粒度大于 0.1 mm 的物料多采用干筛,而粒度在 0.1 mm 以下的物料则常采用湿筛。这种粒度分析方法的优点是设备简单、操作容易;其缺点是颗粒形状对分析结果的影响较大。

水力沉降分析法通常简称为水析法,就是利用不同粒度的颗粒在水中沉降速度的差异,将物料分成若干粒度级别的分析方法。它与筛析法的区别在于测得的结果是具有相同沉降速度的颗粒的当量直径,而不是颗粒的实际尺寸。此外,这种分析方法的测定结果既受颗粒形状的影响,又受颗粒密度的影响。因此,当分析的物料中包含有不同密度的颗粒时,通过水析法所得到的各个粒级中都将包含有高密度的小颗粒和低密度的大颗粒;当分析的物料中包含有密度相同而形状不同的颗粒时,通过水析法所得到的各个粒级中又将包含有形状规则的小颗粒和形状不规则的大颗粒。水析法适合用来对粒度范围在 1 ~ 75 μm 的物料进行粒度分析。

显微镜分析法就是在显微镜下对颗粒的尺寸和形状直接进行观测的一种粒度分析方法,常用来检查分选作业的产品或校正用水析法所得到的分析结果,其最佳测定粒度范围为 0.25 ~ 50 μm。

激光粒度分析仪分析法就是采用激光粒度分析仪对微细粒级物料的样品进行粒度组成测定,这种粒度分析方法的优点是节省时间、检测结果使用方便,1 ~ 2 min 即可完成一个样品的检测,而且检测结果不需要进行任何数据处理。只是每次检测使用的样品非常少(小于 1 g),为了保证测定结果真实可靠,需要平行测定 3 次以上,采用测定结果的算术平均值作为最终测定结果。

粒度分析是固体物料分选过程中的一项重要工作。分选工艺的重要特点之一,就是针对不同粒度范围的物料,采用不同的分选方法对其进行分选。其次,在确定分选工艺流程和选择分选设备时,待分选物料的粒度组成是一个必须考虑的重要因素。另外,在评价分选作业的实际工作效果和分析生产过程时,也常常需要对给料和产物进行粒度分析。因此,对于固体物料的分选过程,粒度分析是分析问题的一个基本手段,是技术工作中的一项基本操作方法。

1.2 筛分分析

筛分分析是最古老的粒度分析方法之一,也是目前试验研究和生产实践中应用最多的粒度分析方法。这种方法实质上就是让已知质量的物料(试样)连续通过筛孔逐层减小的一套筛子,从而把物料分成不同的粒度级别。

1.2.1 筛分分析的工具

筛分分析根据待分析物料的粒度范围,可采用不同的筛分工具。对于粗粒物料多采用手筛进行人工筛分分析;而对于粒度在几个毫米以下的物料,则需要采用标准筛在振动筛机上进行筛分分析。

手筛就是把筛网固定在筛框上而构成的筛子,这种筛子可以根据需要随时加工。而标准筛则是一套筛孔尺寸有一定比例、筛孔大小和筛丝直径均按照标准制造的筛子。在使用标准筛时,需要按照筛孔的大小从上到下依次将各个筛子排列起来,这时各个筛子所处的层位次序称为筛序;在叠好的筛序中,相邻两个筛子的筛孔尺寸之比称为筛比。

标准套筛的制造标准和采用的筛比,目前世界上尚没有统一。在美国、英国、加拿大等国家,采用的筛比为$\sqrt{2}=1.414$；而在法国和前苏联则采用$\sqrt[10]{10}=1.259$作为公共筛比。为了促进国家之间的技术交流，国际标准化组织（International Standardization Organization，缩写为ISO）于1972年提出以$R_{20/3}$（即筛比为$\sqrt[20]{10^3}=1.4$）作为主序列，以R_{20}或$R_{40/3}$（其筛比分别为$\sqrt[20]{10}=1.12$和$\sqrt[40]{10^3}=1.19\approx\sqrt[4]{2}$）为辅助序列的折中标准。中国目前所采用的标准筛的制造标准与泰勒筛比较接近。

筛号以前主要以网目命名。所谓网目，就是筛网上每英寸长度内所具有的方形筛孔的个数，这种筛号的命名方法连续使用了很长时间。近年来广泛采用的筛号命名方法是直接以筛孔的尺寸来命名，与采用网目命名方法比较，这种命名方法更直观、准确。

1.2.2　筛分分析方法

用标准筛对物料进行粒度分析时，根据具体情况，可采用干筛，也可以采用干筛和湿筛联合的方式进行。当物料含水、含泥较少，对分析结果的要求又不很严格时，可以直接进行干筛；但当物料黏结严重，对分析结果的要求又比较严格时，则须采用干筛和湿筛联合的方式进行筛分。

干筛在振筛机上一般需要运行10～30 min。筛分是否达到终点，需要对每层筛子进行人工筛分检查，当1 min内筛出的筛下物料的质量不大于筛上物料质量的1%或不大于所筛物料总质量的0.1%时，方可认为筛分达到了终点。否则筛分应继续进行，直到符合上述要求为止。干筛完成后，将筛得的各个粒级分别检测出质量。

干－湿联合筛分是先用标准筛中筛孔尺寸最小的筛子对物料进行湿筛，然后再将所得到的筛上物料烘干、计量，筛上物料的质量与物料原来质量的差值，就是经过湿筛筛出的最细一个粒级的质量，最后再将筛上物料在振筛机上用全套标准筛进行干筛。筛分结束后，将所得到的各个粒级分别计量，其中干筛所得的最细一个粒级的质量加上湿筛所得的该粒级的质量即是筛分分析所得到的最细一个粒级的质量。

为了保证筛分分析结果具有足够的可信度，通过筛分分析所得到的各个粒级的质量之和与物料原来质量的差值不能超过物料原来质量的1%，否则筛分分析结果应视为无效，必须重新进行筛分分析。另外，欲得到准确可靠的筛分分析结果，筛分分析试样的质量必须达到有代表性的最小质量。在实际工作中，根据待筛分分析物料中最大颗粒的粒度，一般按表1－1选取试样的最小质量。

表1－1　筛分试样的最小质量

最大颗粒粒度/mm	0.1	0.3	0.5	1.0	3.0	5.0	10.0	20.0
试样最小质量/kg	0.025	0.05	0.1	0.2	0.5	2.0	5.0	20.0

1.2.3　筛分分析结果的处理

当筛分分析过程的物料质量损失不超过1%时，就可以把各个粒级的质量之和作为100%来计算。在此基础上，可以采用表格法或曲线法对筛分分析所得的结果进行处理。

1.2.3.1　表格法

所谓表格法，顾名思义，就是把筛分分析结果填入规定的表格内。常用的表格形式见表1－2。

表 1-2 筛分分析结果

粒级/mm	质量/kg	个别产率/%	筛上(正)累计产率/%	筛下(负)累计产率/%
-16+12	2.25	15.00	15.00	100.00
-12+8	3.00	20.00	35.00	85.00
-8+4	4.50	30.00	65.00	65.00
-4+2	2.25	15.00	80.00	35.00
-2+0	3.00	20.00	100.00	20.00
合 计	15.00	100.00		

表 1-2 中的第 1 栏是粒级，也就是在筛分分析试验中采用的每两个相邻筛子的筛孔尺寸；第 2 栏是筛分分析所得到的各个粒级的质量；第 3 栏是各个粒级的产率，也就是被筛分分析的物料中某个粒级物料的质量分数；第 4 栏是筛上累计产率(或正累计产率)，也就是被筛分分析的物料中粒度大于某一筛孔尺寸的那一部分物料的质量分数，例如，第 4 行的 80.00% 表明，被筛析的物料中颗粒粒度大于 2 mm 部分的质量分数为 80.00%，小于 2 mm 部分的质量分数为 20%；第 5 栏是筛下累计产率(或负累计产率)，也就是被筛分分析的物料中粒度小于某一筛孔尺寸的那一部分物料的质量分数。

1.2.3.2 曲线法

曲线法就是把筛分分析结果绘制成曲线，以便更充分地体现它们的意义和作用。这种按照筛分分析结果绘制出的曲线称为粒度特性曲线，它直观地反映出被筛分分析物料中任何一个粒级的产率与颗粒粒度之间的关系。

在绘制粒度特性曲线时，通常以横坐标表示物料粒度，以纵坐标表示累计产率，采用的直角坐标系可以是算术的、半对数的，也可以是全对数的。根据表 1-3 中的筛分分析结果绘制出的 3 种粒度特性曲线如图 1-1、图 1-2 和图 1-3 所示。

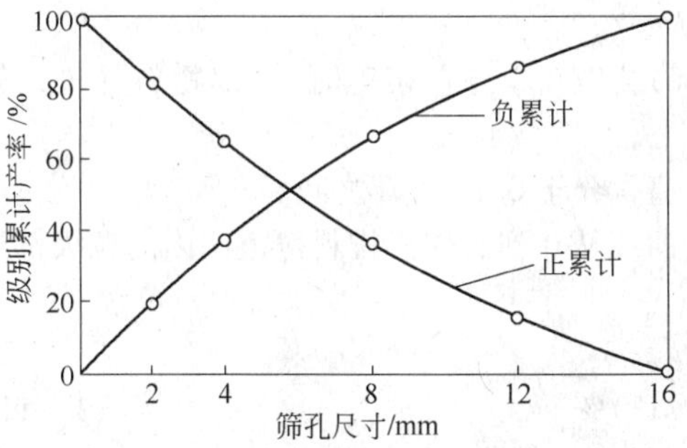

图 1-1 累计粒度特性曲线

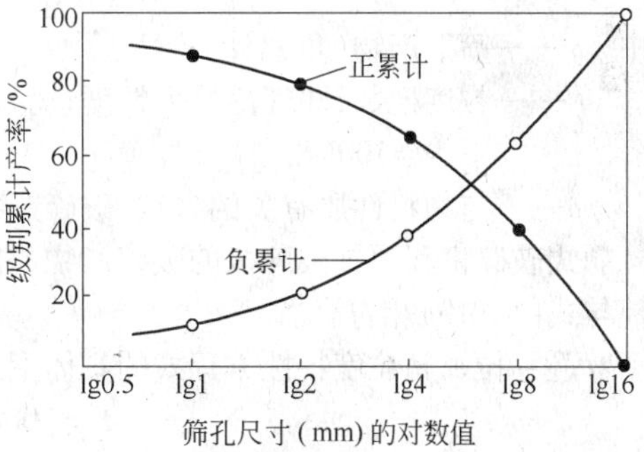

图 1-2 半对数累计粒度特性曲线

根据物料的粒度特性曲线，不仅可以方便地求出物料中任意一个粒级的产率(上限粒度和下限粒度所对应的筛下累计产率之差或下限粒度和上限粒度所对应的筛上累计产率之差)、最大块的粒度(在中国以筛下累计产率等于 95% 的点所对应的粒度表示，而在欧、美诸国则以 80% 的筛下累计产率所对应的粒度表示)等，同时，为了对多个物料的粒度组成情况进行比较，常常把它们的粒度特性曲线绘制在同一个坐标系中(见图 1-4)。图 1-4 中的凸形正累计产率曲线 *A* 表明物料中粗粒级占多数，凹形正累计产率曲线 *C* 表明物料中细粒级占多数，而呈近似直线的正累计产率曲线 *B*，则表明物料中粗、细粒级的含量呈均匀分布。

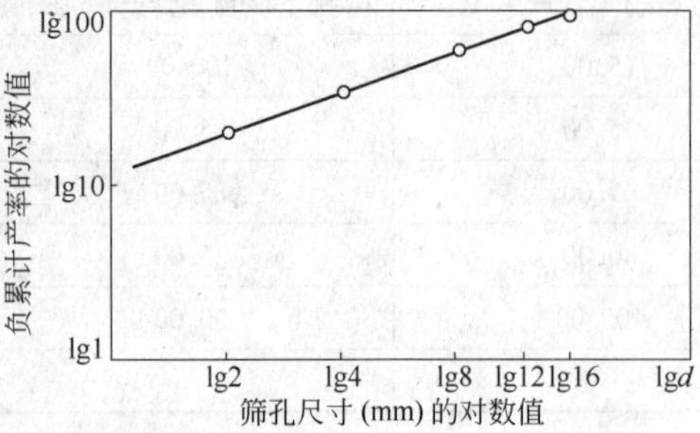

图1-3 全对数累计粒度行性曲线

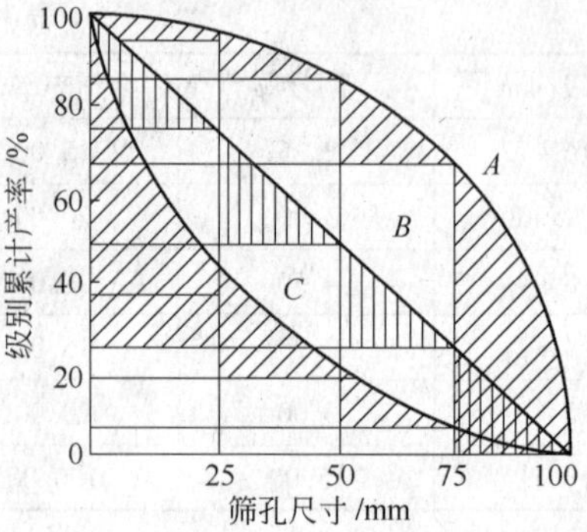

图1-4 不同形状的粒度特性曲线

对比上述两种物料粒度筛分分析结果的表示方法可以看出,表格法简单,但应用不便;曲线法表现直观、应用方便,并且包含的信息量也远远多于表格法,但绘制工作相对要复杂一些。

1.3 粒度特性方程

前已述及,实践中遇到的碎散物料都是由不同粒度的颗粒组成的多级分散颗粒体系。对这些多级分散颗粒体系进行了大量的粒度分析以后,研究工作者发现,在被分析物料的粒度范围内,各个粒级的产率 Y 与粒度 d 之间存在着函数关系,即:

$$Y=f(d) \tag{1-9}$$

这种函数关系称为物料的粒度特性方程,它是物料粒度组成特性的一种解析表达方法。

迄今为止,已经提出了10多种形式的粒度特性方程,但仅有两种被广泛应用到有关物料粉碎的研究工作中,它们是盖茨-高登-舒曼(A. O. Gates-A. M. Gaudin-R. Schuhmann)粒度特性方程式和罗逊-拉姆勒(P. Rosin-E. Rammler)粒度特性方程式。前者是用全对数坐标绘制筛分分析粒度特性曲线后得到的如下经验公式:

$$y=100(x/K)^{a}\%=100(x/x_{最大})^{a}\% \tag{1-10}$$

式中 y——筛下产物(负累计)产率;

K——粒度模数,即理论最大粒度($x_{最大}$),当筛孔宽(x)与它相等时,全部物料都进入筛下,$y=100\%$;

a——与物料性质有关的参数,破碎产物的 a 值常介于0.7~1.0之间。

颚式破碎机和圆锥破碎机的破碎产物粒度特性曲线从0到破碎机排料口范围内的粒级都近似地与式(1-10)相符合。

罗逊-拉姆勒粒度特性方程式的具体形式为:

$$R=100\exp(-bx^{n})\% \tag{1-11}$$

式中 R——粒度大于 x 的累计产率;

x——颗粒直径或筛孔宽;

b——与产物粒度有关的参数;

n——与物料性质有关的参数。

罗逊-拉姆勒粒度特性方程式适合于破碎的煤、细碎的矿石、磨碎的矿石和水泥等,锤碎机、球磨机和分级机的产物粒度特性也常与这一方程式相符合。

在固体物料的分选过程中,物料的粒度特性方程有着十分广泛的用途,它们不仅可以用来计算碎散物料的比表面积、平均粒度、某一粒级的筛分效率等,同时也是研究破碎和磨碎过程的重要手段之一。

2　工业筛分及筛分机械

使碎散物料通过单层或多层筛面而分成多个不同粒度级别的过程称为筛分。在工业生产中,所有的筛分过程都是借助于筛分机械完成的。

2.1　筛分过程及其评价

2.1.1　筛分过程

筛分是将碎散物料严格地按照粒度进行分离的过程,将它与固体物料的分选过程联系起来时,筛分作业的主要目的如下:

(1) 防止物料中的细粒级部分进入破碎设备,以增加设备的生产能力和工作效率。

(2) 防止物料中的粗粒级部分进入下一个作业,以保证破碎或磨碎产品的粒度符合要求。

(3) 为某些重选作业制备粒度范围较窄的给料,以提高分选指标。

(4) 制备窄级别的最终产品,例如生产较细粒级建筑用石的采石厂,其最终产品就是通过筛分作业而产出的。

(5) 进一步提高分选过程所得产物的质量,保证选厂最终产品的质量符合要求。在某些选别作业所得的产物中,当存在欲回收成分在细粒级(或粗粒级)中分布明显较多的现象时,常通过对这样的产物进行筛分,使欲回收成分在细粒级(或粗粒级)中得到进一步的富集。在中国的大多数磁铁矿矿石选矿厂中,都采用筛分作业来进一步提高精矿的铁品位。

在工业生产实践中,通常把完成上述5种目的的筛分作业,分别称为预先筛分、检查筛分、准备筛分、独立筛分和选择筛分。

在筛分作业中,给入筛分机的物料称为入筛物料。入筛物料中粒度大于筛孔尺寸而留在筛面上的那部分物料称为筛上物;粒度小于筛孔尺寸的那部分物料,透过筛面形成筛下产品,习惯上将这一产品称为筛下物。入筛物料中粒度小于筛孔尺寸3/4的那一部分颗粒,非常容易透过筛面,因而习惯上将这部分颗粒称为易筛颗粒;入筛物料中粒度小于筛孔尺寸,但又大于其3/4的那部分颗粒,理论上说它们是可以透过筛面的,但它们的透筛概率却很小,所以将这部分颗粒称为难筛颗粒;入筛物料中粒度在筛孔尺寸的1~1.5倍的那部分颗粒,极易堵塞筛孔,干扰筛分过程的正常进行,因此习惯上把它们称为阻碍颗粒。

2.1.2　筛分作业的评价

在生产实践中,常常用数量指标和质量指标作为评价筛分作业效果好坏的依据。评价筛分作业的数量指标就是筛子的生产率,也就是单位时间内给到筛子上(或单位筛面面积上)的物料量,常用t/h或t/(m^2·h)做单位。评价筛分作业的质量指标是筛子的筛分效率E。

筛分作业的目的就是分出入筛物料中粒度比筛孔尺寸小的那部分细粒级别。理想的情况是,粒度比筛孔尺寸小的所有颗粒都进入筛下物中,粒度比筛孔尺寸大的所有颗粒都留在筛面上形成筛上物。然而在实际生产中,由于多种因素的影响,使得筛上物中总是或多或少地残留一些粒度比筛孔尺寸小的细颗粒,而筛下物中有时也会因筛面磨损或操作不当而混入一些粒度比筛孔尺寸大的粗颗粒。为了描述筛分作业完成的不完善程度，在实际工作中引入了筛分效率的概念。所谓筛分效率，就是通过筛分实际得到的细粒级别的质量占入筛物料中所含的粒度小于筛孔尺寸的那部分物料的质量分数。如果用 Q、C、A 和 α、β、θ 分别代表入筛物料、筛下物、筛上物的质量和入筛物料、筛下物、筛上物中粒度小于筛孔尺寸的那部分物料的质量分数，则根据定义，筛分效率 E 的计算式为：

$$E = \frac{C\beta}{Q\alpha} \times 100\% = \left(1 - \frac{A\theta}{Q\alpha}\right) \times 100\% \tag{2-1}$$

在实际生产中，由于直接测定 Q 和 C 比较困难，所以常常根据筛分过程中物料量的平衡关系进行间接测定和计算筛分效率。

在物料的筛分过程中，存在如下的物料量平衡关系：

$$Q = A + C$$

$$Q\alpha = A\theta + C\beta$$

由上述两式可推导出：

$$\frac{C}{Q} = \frac{\alpha - \theta}{\beta - \theta}$$

将上式代入式(2－1)得：

$$E = \frac{\beta(\alpha - \theta)}{\alpha(\beta - \theta)} \times 100\% \tag{2-2}$$

筛面未磨损或磨损轻微时，可以认为 $\beta = 1$，于是有：

$$E = \frac{\alpha - \theta}{\alpha(1 - \theta)} \times 100\% \tag{2-3}$$

2.2　筛分机械

在工业生产中，完成筛分作业的设备称为筛分机或筛子，虽然它们的使用历史悠久，且种类繁多，但目前尚没有统一的分类标准。为了便于叙述，这里将其归结为固定筛、振动筛、细筛和其他筛分设备4类，分别就它们的结构特征、工作性能和应用情况进行一些介绍。

2.2.1　固定筛

固定筛是指在工作中筛框不运动的一类筛分机械。在工业生产中应用较多的固定筛有固定格筛、固定条筛和滚轴筛3种。

2.2.1.1　固定格筛和固定条筛

固定格筛和固定条筛都是由固定的钢条或钢棒构成筛面的筛分设备。其中，固定格筛通常用于生产规模和粗碎设备生产能力较小的分选厂，它常呈水平状安装在原料仓的顶部，以保证给入选厂的物料粒度符合要求。筛出的大块物料(矿石)通常借助于人工破碎使之达到过筛粒度。

固定条筛主要用作粗碎和中碎前的预先筛分设备，安装倾角一般为40°～50°，以保证物料能在筛面上借助于重力自动下滑，其结构如图2－1所示。

固定条筛的筛孔尺寸(在横向上两棒条之间的间距)约为筛下物所要求的粒度上限的1.1～1.2倍，但一般不小于50 mm。筛面宽度要求大于入筛物料中最大块尺寸的2.5倍，以防止大块物料在筛面上架拱，筛面长度一般为筛面宽度的2倍。

固定条筛的突出优点是结构简单，无运动部件，不消耗动力，缺点是筛孔容易堵塞，筛分效率较低(仅有50%～60%)，且需要较大的安装高差。

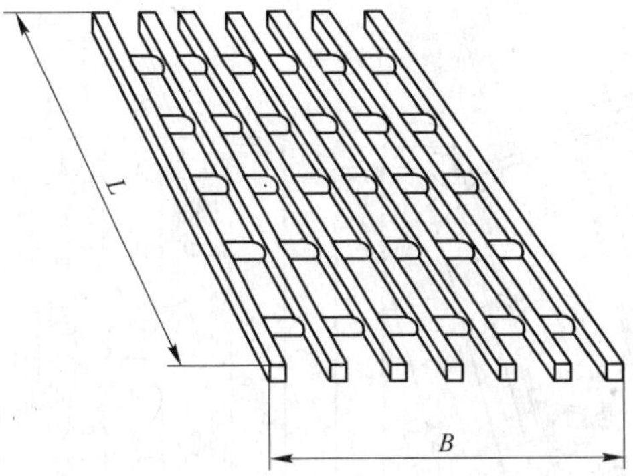

图 2-1 固定条筛的结构示意图

2.2.1.2 滚轴筛

滚轴筛的筛面是由多根旋转的滚轴排列而成的。滚轴上有圆盘,相邻滚轴和圆盘之间的间隙即是这种筛子的筛孔。滚轴筛通常以 15°左右的倾角安装,借助于滚轴的旋转,使给到筛面上的物料逐渐向排料端移动,同时完成筛分作业。

滚轴筛常用于筛分粗粒级物料,其筛孔尺寸往往大于 15 mm。与前述两种固定筛比较,滚轴筛的筛分效率较高,所需的安装高度较小,但结构却比较复杂。目前,这种筛分机多用于选煤厂和炼铁厂。

不同类型滚轴筛之间的区别主要体现在圆盘的形状上,目前生产中最常用的滚轴筛主要有 GS 型香蕉型滚轴筛、HGP 滚轴筛和 DGS 等厚滚轴筛等。

圆盘滚轴筛如图 2-2 所示,它主要由筛架、滚轴和圆盘等组成。筛架上装有 7 根滚轴,滚轴构成的平面成 15°倾斜。每根轴上有 9 个与轴铸成一体的圆盘。

在滚轴轴颈上装有滚珠轴承,这些轴承安置在筛架的轴承座中。为了传递运动,每根轴上装有两个链轮,两个链轮的齿数分别为 18 和 20,因此相邻两根轴之间的传动比约等于 1.11。所有轴的旋转方向都与物料的运动方向相同,由于两相邻轴的旋转速度不同,从而避免了物料块堵塞筛孔,并能使物料加速向排料端移动。滚轴上的圆盘是交错排列的,圆盘的直径比相邻两轴之间的距离稍大一些,这样可以使筛面上的物料更好地松散和向前移动。

2.2.2 振动筛

振动筛是指筛框作小振幅、高振次振动的一类筛分机械,常用来对粒度在 350 ~ 0.25 mm 之间的碎散物料进行筛分。这类筛分机的规格用筛面的宽度 B 和长度 $L(B \times L)$ 表示。由于筛体作小振幅、高振次的强烈振动,有效地消除了筛孔堵塞现象,大大提高了筛子的生产率和筛分效率($E = 80\% \sim 90\%$)。这类筛分机械既可以用于碎散物料的筛分作业,又可用于固体物料的脱水、脱泥、脱介等作业,因而在固体物料的分选过程中应用得最广泛。

根据筛框的运动轨迹,振动筛可分为圆运动振动筛和直线运动振动筛两类,前者包括惯性振动筛、自定中心振动筛和重型振动筛;后者包括双轴直线振动筛和共振筛。目前生产中使用的圆运动振动筛主要有 YK 系列圆运动振动筛、YKR 系列圆运动振动筛、德国 KHD 公司的 USK 型振动筛、ZD 系列振动筛和 YA 系列振动筛等。ZD 系列和 YA 系列振动筛是座式轴偏心自定中心振动筛。

2.2.2.1 惯性振动筛

惯性振动筛有时也称为单轴惯性振动筛,目前中国生产的惯性振动筛有悬挂式和座式两种。

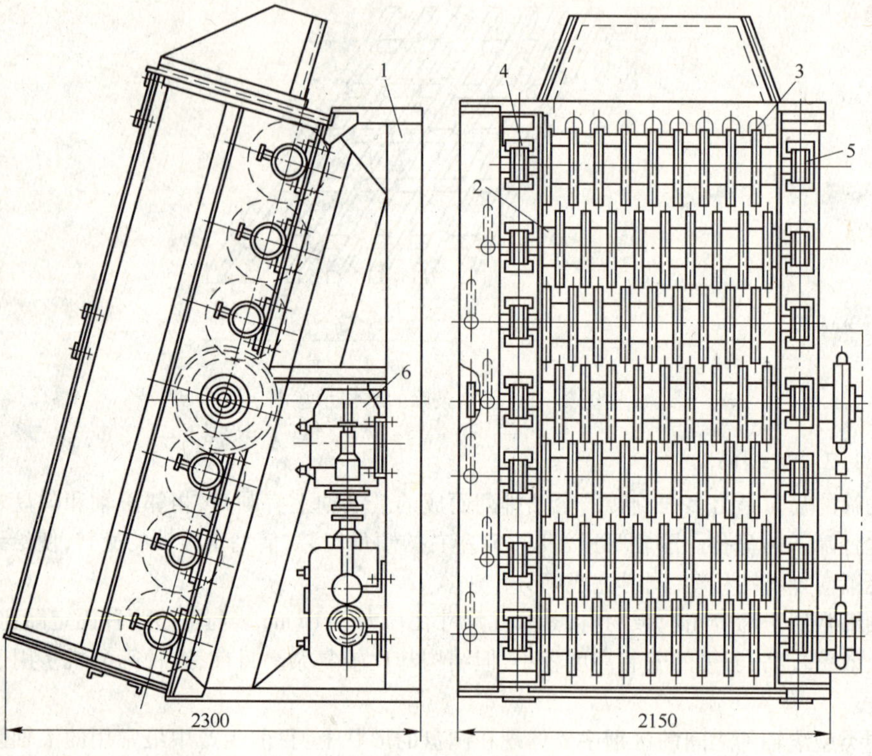

图2－2 圆盘滚轴筛

1—筛架;2—滚轴;3—圆盘;4—滚珠轴承;5—链轮;6—电动机

图2－3和图2－4分别是SZ型惯性振动筛的外形图和工作原理示意图。从图中可以看出,这种筛子有8个主要组成部分,其中筛网固定在筛箱上,筛箱安装在两个椭圆形板簧上,板簧底座固定在基础上,偏重轮和皮带轮安装在主轴上,重块安装在偏重轮上。改变重块在偏重轮上的位置,可以得到不同的离心惯性力,以此来调节筛子的振幅。主轴通过两个滚动轴承固定在筛箱上。筛箱一般呈15°～25°倾斜安装,以促进物料在筛面上向排料端运动。

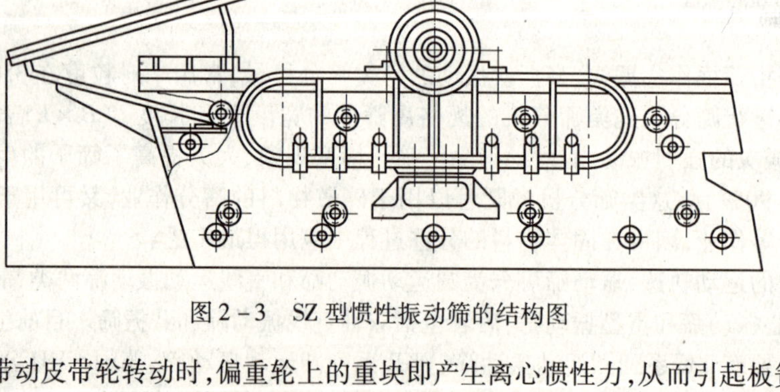

图2－3 SZ型惯性振动筛的结构图

当电动机带动皮带轮转动时,偏重轮上的重块即产生离心惯性力,从而引起板簧作拉伸或压缩运动,其结果使筛箱沿椭圆轨迹或圆轨迹运动。惯性振动筛也正是因筛子的激振力是离心惯性力而得名。

在惯性振动筛的工作过程中,若假定重块的质量和旋转半径分别为 q 和 r,筛箱加负荷的质量为 Q,筛子的振幅为 a,则不平衡重块产生的激振惯性力矩为 qgr,筛箱运动所产生的惯性阻力

矩为 Qga。由于这种筛分机通常都在远超共振状态下工作(筛子的振动频率 ω 与其固有频率 ω_0 之比远远大于1),所以两个惯性力矩的大小相等,方向相反,即有:

$$qgr = Qga \tag{2-4}$$

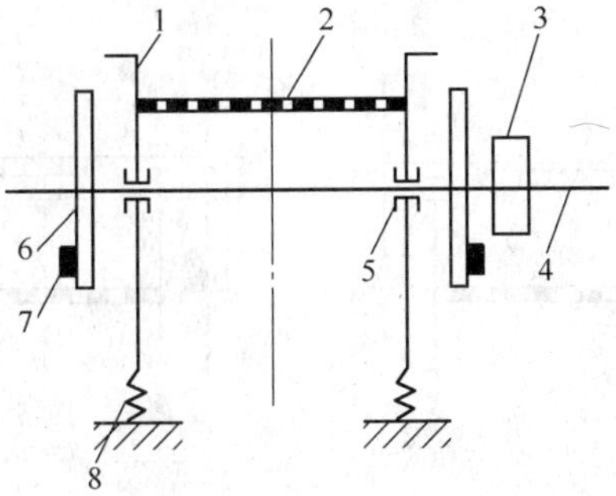

图2-4　惯性振动筛工作原理示意图

1—筛箱;2—筛网;3—皮带轮;4—主轴;5—轴承;6—偏重轮;7—重块;8—板簧

从式(2-4)可以看出,当 q、r 一定时,筛子的振幅 a 将随着给料速度的波动而变化,从而使筛分效率也随着负荷的波动而变化。因此,惯性振动筛要求给料速度尽量保持恒定。

另外,惯性振动筛工作时,由于皮带轮的几何中心在空间作圆运动,致使皮带时松时紧,造成电动机的负荷波动,这既影响电动机的使用寿命,也会加速皮带的老化。为了减小这一不利影响,惯性振动筛的振幅一般都比较小,所以这种筛子只适合用来筛分中、细粒级的碎散物料,入筛物料中的最大块粒度常常不超过100 mm,而且这种筛分机的规格也不能做得太大。

2.2.2.2　自定中心振动筛

自定中心振动筛目前在工业生产中应用得最多。它同样也有座式和悬挂式两种,其突出特点是皮带轮的旋转中心线在工作中能自动保持不动。

图2-5和图2-6分别是皮带轮偏心式自定中心振动筛的结构图和工作原理示意图。

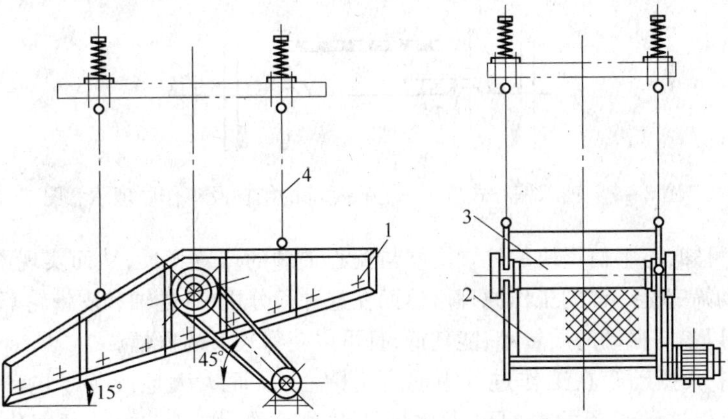

图2-5　皮带轮偏心式自定中心振动筛

1—筛箱;2—筛网;3—激振器;4—弹簧吊杆

对比图2-4和图2-6可以看出,自定中心振动筛与惯性振动筛在结构上的区别主要在于,前者的皮带轮与传动轴同心安装,而后者的皮带轮则与传动轴不同心,两者之间的偏离距离为

a。a 布置在皮带轮几何中心与偏心重块相对的一侧（见图 2-6），在这里 a 就是筛子工作时的振幅。另外，这种筛分机的中部也有偏心质量，当它与偏心重块在同一个方向时可以获得最大的激振力，而在相反方向时则激振力最小。

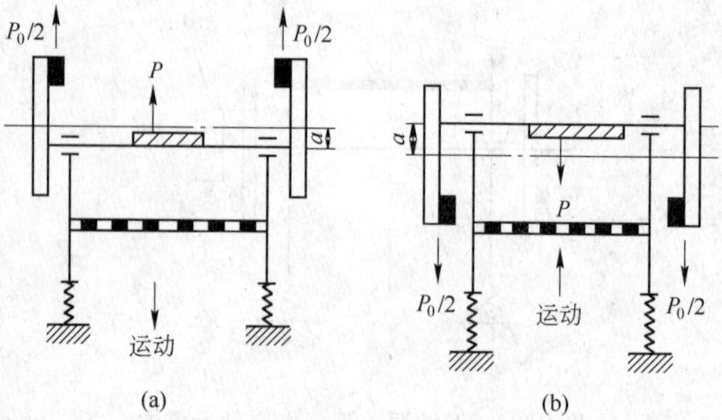

图 2-6　自定中心振动筛工作原理示意图
（a）筛箱向下运动；（b）筛箱向上运动

从图 2-6 中可以看出，在电动机的带动下，当偏心质量向上运动时，离心惯性力的方向也向上，由于运动滞后于激振力 180°的相位角，所以此时筛子向下运动，装在筛箱上的主轴当然也一起向下运动，而这时皮带轮的几何中心则位于主轴的上方（见图 2-6a）。相反，当偏心质量向下运动时，筛箱及主轴则向上运动，皮带轮的几何中心位于主轴的下方（见图 2-6b）。由此可见，借助于这种特殊的机械结构，实现了筛子在工作过程中皮带轮的几何中心（即旋转中心）保持不动，主轴的中心线绕皮带轮几何中心线旋转。同时也必须指出，采用这种机械结构，虽然能实现皮带轮自定中心，但固定在筛箱上的主轴以及固定在主轴上的皮带轮都参与了振动过程，致使振动质量较大。为了有效地减少参与振动的质量，常采用图 2-7 所示的机械结构，这种筛分机称为轴承偏心式自定中心振动筛。

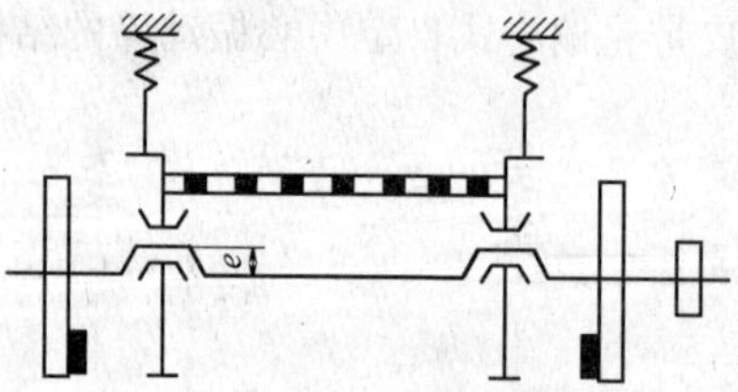

图 2-7　轴承偏心式自定中心振动筛的结构及工作原理示意图

由图 2-7 可知，不平衡重块的位置恰好与偏心轴颈的位置相反，从而实现了与皮带轮偏心式自定中心振动筛完全一样的工作原理。然而在这种筛分机中，主轴和皮带轮都不参与振动，只作回转运动，所以参与振动的质量小，能耗低，且可以获得较大的振幅。

由于自定中心振动筛在工作过程中能自定中心，从而大大地改善了电动机和传动皮带的工作条件，使得这种筛子的振幅可以比惯性振动筛的大一些，振动频率比惯性振动筛的低一些，规格也可以比惯性振动筛制造得大一些，筛分物料的最大块粒度也相应提高到了 150 mm。

2.2.2.3　重型振动筛

重型振动筛是一种特殊的座式皮带轮偏心式自定中心振动筛，其基本结构如图 2-8 所示。

重型振动筛的突出特点是，结构坚固，能承受较大的冲击负荷，适合于筛分密度大、粒度粗的物料，给料的最大块粒度可达 350 mm。

重型振动筛在机械结构上的突出特点是，不在筛子的主轴上设置偏心质量，借助于一个自动调整振动器产生激振力，从而避免了在启动或停车过程中，由于共振作用而使筛子的振幅急剧增加所带来的危害。

重型振动筛的自动调整振动器的机械结构如图 2-9 所示，它的突出特点是，可以为筛分机提供一个大小随筛子的转速变化的激振力。当筛子在启动或停车过程中通过共振区的低转速范围时，重锤产生的离心惯性力不足以压缩弹簧，而处在旋转中心附近，这时施加到筛子上的激振力很小，从而使筛子平稳地通过共振区。当筛子的主轴在电动机的带动下以高速旋转时，重锤产生的离心惯性力迅速增加，从而压迫弹簧到达轮子的外缘，使筛分机在较大的激振力作用下进入正常工作状态。

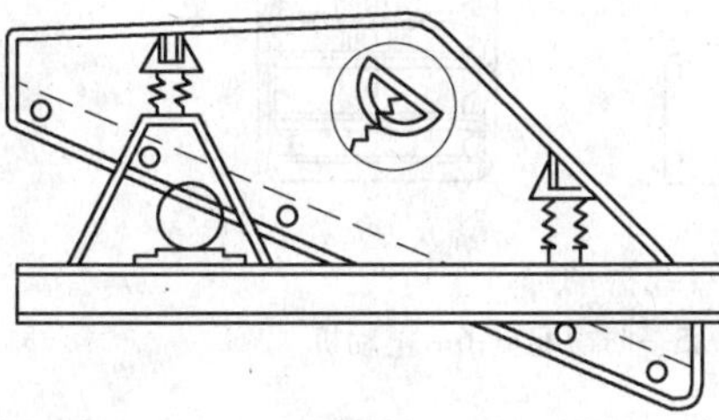

图 2-8 重型振动筛结构示意图

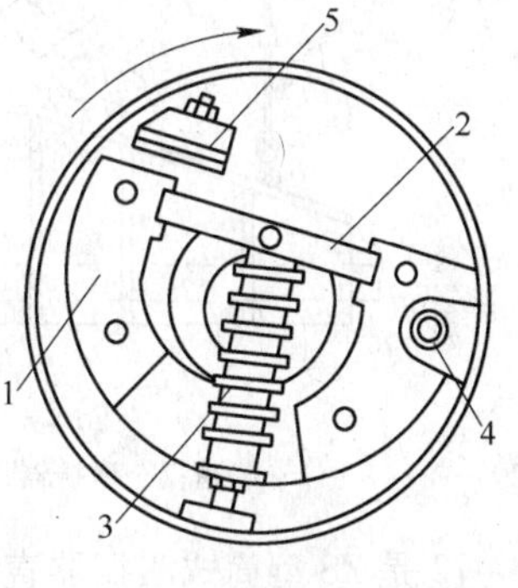

图 2-9 重型振动筛的自动调整振动器

1—重锤；2—卡板；3—弹簧；4—小轴；5—撞铁

2.2.2.4 双轴直线振动筛

双轴直线振动筛是靠两根带偏心重块的主轴作同步反向旋转而产生振动的筛分机，其筛面呈水平或稍微倾斜安装。与圆运动振动筛相比，直线振动筛具有如下的优点：

（1）运动轨迹为直线，物料在筛面上的运动情况比较好，因而筛分效率比较高；

（2）筛面可以水平安装，因而降低了筛子的安装高度；

（3）由于筛箱常呈水平安装，所以它除了用于物料的筛分以外，特别适合于物料的脱水、脱泥和脱介。

双轴直线振动筛激振器的工作原理如图 2-10 所示。两偏心重块的质量相等，且作同步反向回转，所以在任何时候，两偏心重块产生的离心惯性力在 K 方向（即振动方向）上的分力总是互相叠加，而在垂直于 K 方向上的离心惯性力分力总是互相抵消，从而形成了单一的沿 K 方向的激振力，驱动筛分机作直线振动。

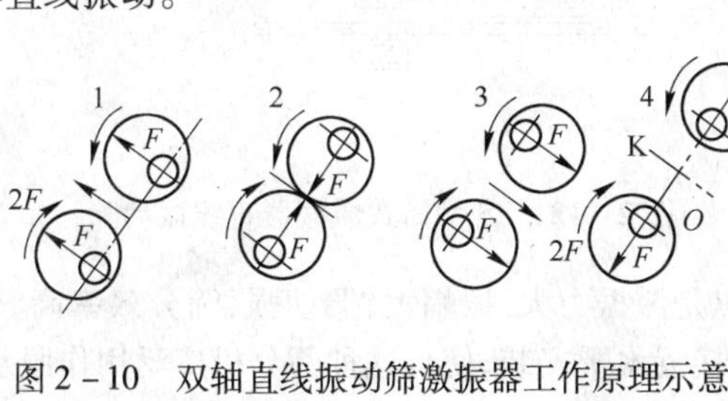

图 2-10 双轴直线振动筛激振器工作原理示意图

双轴直线振动筛的激振器有箱式、筒式和自同步式3种。箱式激振器和筒式激振器的主要区别是轴的长短和偏心重块的形式，前者采用带偏心重块的短轴，而后者则采用长偏心轴。自同步式激振器的突出特点是，两根轴分别用电动机驱动。

图2-11是箱式激振器双轴直线振动筛的构造。这种筛分机主要由双层筛面的筛箱、激振器和吊挂装置组成。吊挂装置包括钢丝绳、隔振弹簧和防摆配重。倾斜安装的箱式激振器由电动机带动，产生与筛面成45°角的往复运动，以便使物料在筛面上有最大的运动速度。被筛物料从右侧给入，在筛面上跳跃前进，筛下产品从下部排出，收集在筛下漏斗中，而筛上产品从左侧排出。

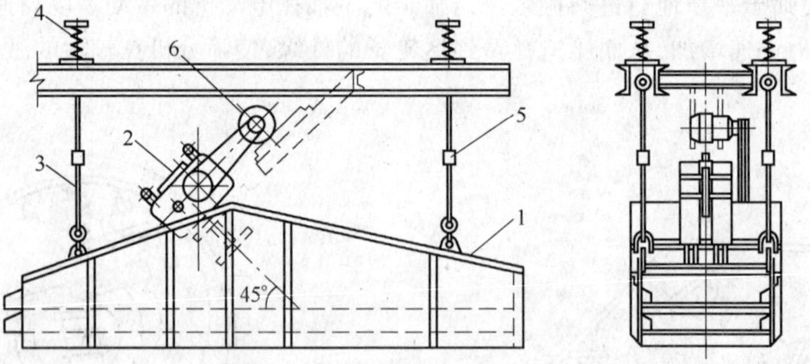

图2-11 箱式激振器双轴直线振动筛

1—筛箱；2—激振器；3—钢丝绳；4—隔振弹簧；5—防摆配重；6—电动机

图2-12是ZS型筒式激振器直线振动筛，它分单层和双层两种。筛箱安装在支撑装置上，支撑装置共有4组，包括压板、座耳、弹簧和弹簧座，座耳为铰链式，便于调整筛箱的角度。更换弹簧座可以把筛箱的倾角调整成0°、2.5°和5°。

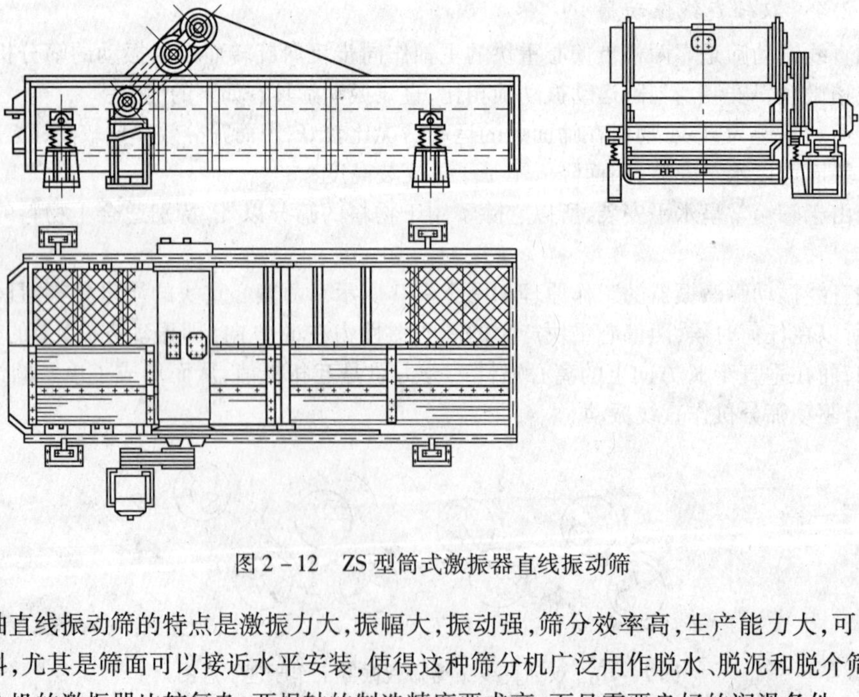

图2-12 ZS型筒式激振器直线振动筛

双轴直线振动筛的特点是激振力大，振幅大，振动强，筛分效率高，生产能力大，可以筛分粗粒级物料，尤其是筛面可以接近水平安装，使得这种筛分机广泛用作脱水、脱泥和脱介筛。但是，这种筛分机的激振器比较复杂，两根轴的制造精度要求高，而且需要良好的润滑条件。

2.2.2.5　共振筛

上述4种振动筛都是在远超共振的非共振状态下工作,其工作频率远大于系统的固有频率,而共振筛却是在共振状态下工作,其工作频率接近于系统的固有频率,共振筛也恰恰是因此而得名。

根据激振机构的不同,可以将共振筛细分为弹性连杆式共振筛和惯性式共振筛两种类型。目前在生产中使用的弹性连杆式共振筛主要有RS型共振筛、15 m^2 双筛箱共振筛、30 m^2 双筛箱共振筛和CDR-84型双筛箱共振筛等;惯性式共振筛主要有SZG型惯性式共振筛和平衡底座式惯性共振筛等。

RS型共振筛的结构如图2－13所示。这种筛分机具有筛箱和平衡架2个振动体,平衡架通过橡胶弹簧固定在基础上。筛箱与平衡架之间装有导向板弹簧和由带间隙的非线性弹簧组成的主振弹簧。电动机带动装在平衡架上的偏心轴,然后通过装有传动弹簧的连杆,将力传给筛箱,驱动筛箱作往复运动,同时,平衡架也受到反方向的作用力,而作反向运动。

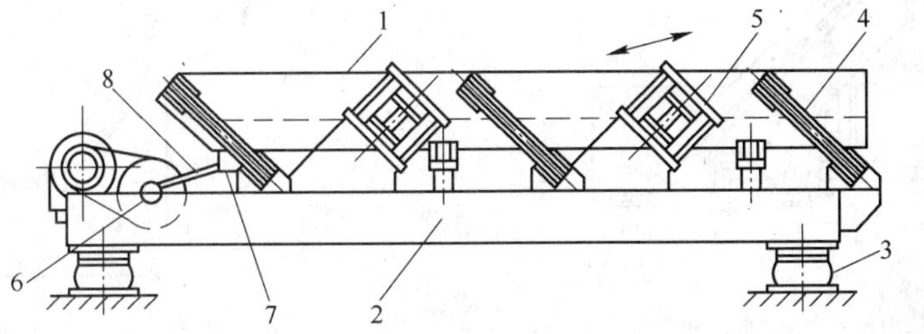

图2－13　RS型共振筛的结构图

1—筛箱;2—平衡架;3—橡胶弹簧;4—导向板弹簧;5—主振弹簧;6—偏心轴;7—传动弹簧;8—连杆

在RS型共振筛中,有4种不同形式的弹簧。主振弹簧具有较大的刚度,使系统处于近共振状态下工作,它的作用是储存能量和释放能量;导向板弹簧的作用是使筛箱与平衡架沿垂直于板弹簧的方向振动;传动弹簧用以传递激振力,并减小筛分机工作过程中传给偏心轴的惯性力和筛分机启动时电动机的转矩,使系统实现弹性振动;隔振弹簧(即橡胶弹簧)用以隔离机器的振动,减小传给基础的动载荷。

共振筛的筛箱、弹簧和机架等部分组成一个弹性系统,产生弹性振动。在筛分机的工作过程中,筛箱的振动动能和弹簧系统的弹性势能互相转化,所以只需要给筛子补充在能量转换过程中损失掉的能量,即可维持正常工作。

共振筛的突出特点是筛面面积大,生产能力大,筛分效率高,且能耗比较低。但这种筛分机的制造工艺复杂,橡胶弹簧也容易老化。

2.2.3　细筛

细筛一般指筛孔尺寸小于0.4 mm、用于筛分0.2～0.045 mm以下物料的筛分设备。当物料中的欲回收成分在细级别中大量富集时,细筛常用作选择筛分设备,以得到高品位的筛下物。

按振动频率划分,细筛可分为固定细筛、中频振动细筛和高频振动细筛3类,中频细筛的振动频率一般为13～20 Hz;高频细筛的振动频率一般为23～50 Hz。目前生产中使用的固定细筛主要有平面固定细筛和弧形细筛等,中频细筛主要有HZS1632型双轴直线振动细筛和ZK-BX1856型双轴直线振动细筛等,高频细筛主要有GPXS系列、DZS系列高频振动电磁细筛、德瑞克高频振动细筛、MVS 型电磁振动高频振网筛、双轴直线振动高频细筛和单轴圆振动高频细筛等。

平面固定细筛(图 2-14)通常以较大的倾角安装,筛面倾角一般为 45°~50°。筛面是由尼龙制成的条缝筛板,缝宽通常在 0.1~0.3 mm 之间变动。平面固定细筛的筛分效率不高,但因结构十分简单,应用较为广泛。

生产中使用的弧形细筛如图 2-15 所示,这种细筛利用物料沿弧形筛面运动时产生的离心惯性力来提高筛分过程的筛分效率。弧形细筛的构造也比较简单,但筛分效率却明显比平面固定细筛的高。

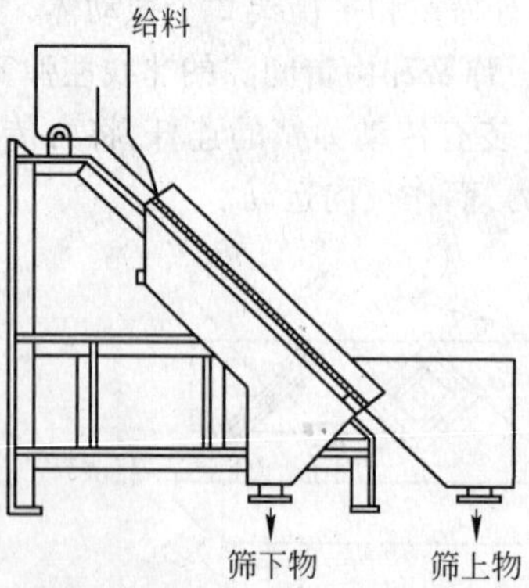

图 2-14 平面固定细筛

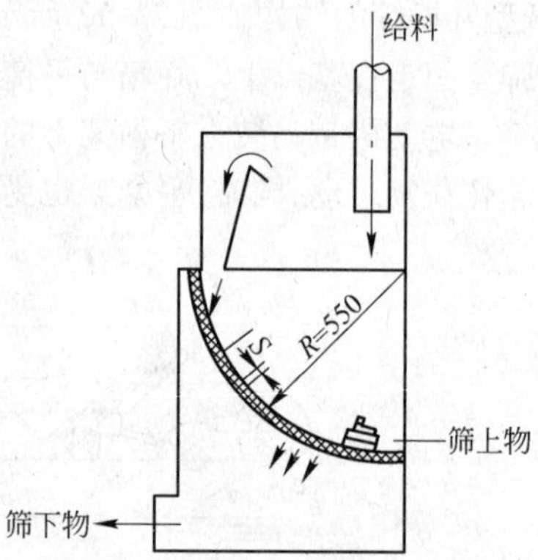

图 2-15 弧形细筛

美国德瑞克公司生产的聚氨酯筛网重叠式高频振动细筛,是目前以最小占地面积和最小功率获取最大筛分能力的高频振动细筛,其结构如图 2-16 所示。这种细筛的特点是并联给料、直线振动配合 15°~25°的筛面倾角,筛分物料流动区域长,传递速度快,筛网开孔率高且耐磨损。筛网的筛孔通常为 0.15 mm 和 0.10 mm。

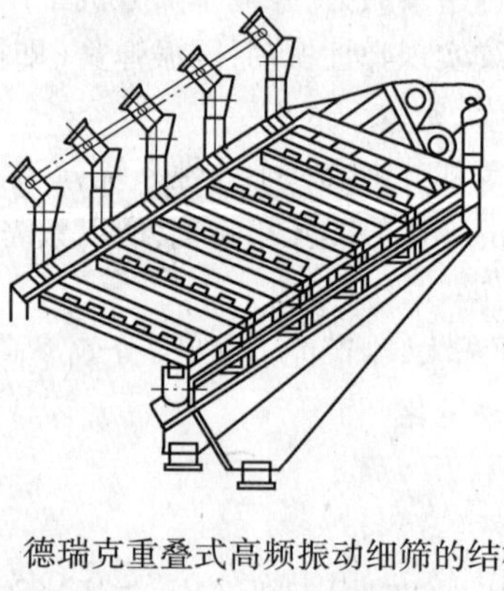

图 2-16 德瑞克重叠式高频振动细筛的结构示意图

MVS 型电磁振动高频振网筛是一种筛面振动筛分机械,适用于粉体物料的筛分、分级和脱水,其结构如图 2-17 所示。这种筛分设备的突出特点和技术特征体现在:(1) 筛面振动、筛箱不动;(2) 筛面高频振动,频率 5 Hz,振幅 1~2 mm,有很高的振动强度,其加速度可达 8~10 g,是一般振动筛振动强度的 2~3 倍,所以不堵塞,筛面自清洗能力强,筛分效率高,处理能力大;(3) 筛面由 3 层筛网组成;(4) 筛分机的安装角度可随时方便地调节,以适应物料的性质及不同筛分作业;(5) 筛分机的振动参数采用计算机集控;(6) 功耗小,每个电磁振动器的功率仅 150 W;

(7) 实现封闭式作业,减少环境污染。

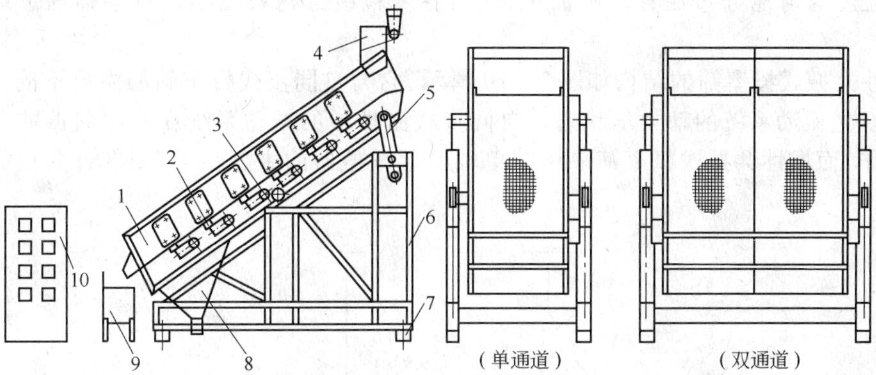

图2-17　MVS型系列电磁振动高频振网筛结构示意图

1—筛箱;2—筛网;3—振动器;4—给料箱;5—传动装置;6—机架;
7—橡胶减震器;8—筛下漏斗;9—筛上接矿槽;10—控制柜

MVS型电磁振动高频振网筛工作时,布置在筛箱外侧的电磁振动器通过传动系统把振动导入筛箱内,振动系统的振动构件托住筛网并激振筛网。筛网采用两端折钩、纵向张紧。每台设备沿纵向布置有若干组振动器及传动系统,电磁振动器由电控柜集中控制,每个振动系统分别具有独立激振筛面,可随时分段调节。筛箱安装具有一定倾角,并且可调。物料在筛面高频振动作用下沿筛面流动、分层、透筛。

2.2.4　其他筛分设备

在工业生产上使用的筛分机械中,还有两种筛分机的工作原理与前面所介绍的明显不同,它们是概率筛和等厚筛。

2.2.4.1　概率筛

概率筛的筛分过程是按照概率理论进行的,由于这种筛分机是瑞典人摩根森(F. Mogensen)于20世纪50年代首先研制成功的,所以又称为摩根森筛。中国研制的概率筛于1977年问世,在工业生产中得到广泛应用的有自同步式概率筛和惯性共振式概率筛等。

自同步式概率筛的工作原理如图2-18所示,其结构如图2-19所示。这种筛分设备由1个箱形框架和3~6层坡度自上而下递增、筛孔尺寸自上而下递减的筛面所组成。筛箱上带偏心

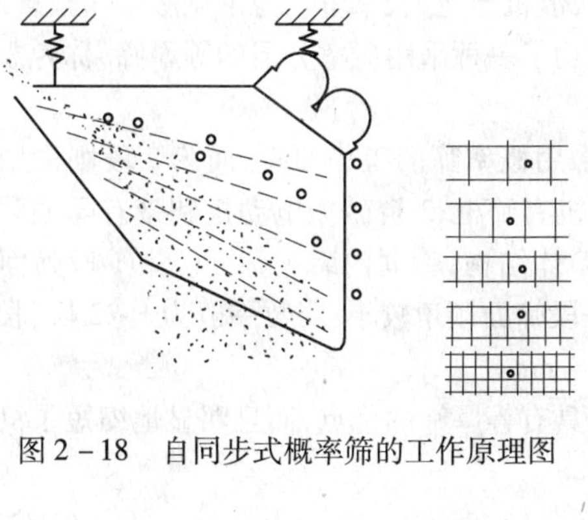

图2-18　自同步式概率筛的工作原理图

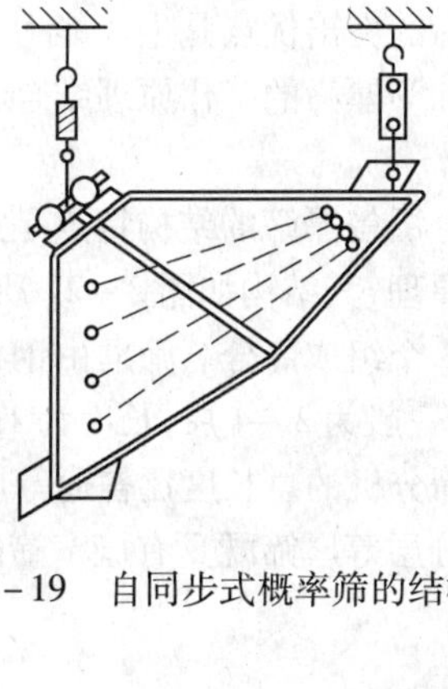

图2-19　自同步式概率筛的结构图

块的激振器使悬挂在弹簧上的筛箱作高频直线振动。物料从筛箱上部给入后，迅速松散，并按不同粒度均匀地分布在各层筛面上，然后各个粒级的物料分别从各层筛面下端及下方排出。

惯性共振式概率筛的结构如图 2－20 所示，它与自同步式概率筛的主要不同是激振器的形式及主振动系统的动力学状态。自同步式激振器的振动系统在远超共振的非共振状态下工作，而惯性共振式概率筛采用的单轴惯性激振器的主振系统，则在近共振的状态下工作。

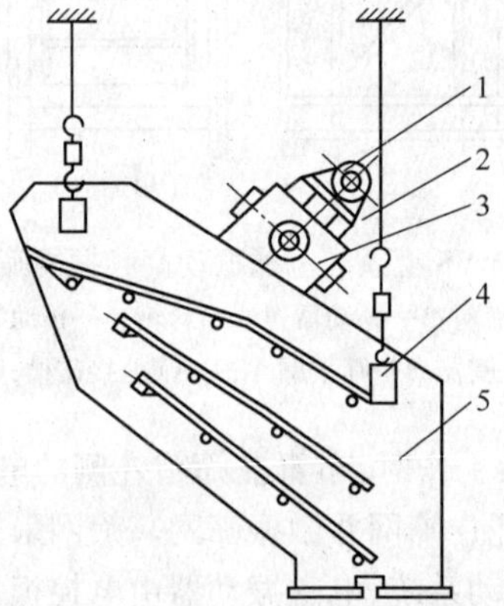

图 2－20　惯性共振式概率筛的结构

1—传动部分；2—平衡质体；3—剪切橡胶弹簧；4—隔振弹簧；5—筛箱

概率筛的突出优点是：

(1) 处理能力大，单位筛面面积的生产能力可达一般振动筛的 5 倍以上；

(2) 筛孔不容易被堵塞，由于采用了较大的筛孔尺寸和筛面倾角，物料透筛能力强，不容易堵塞筛孔；

(3) 结构简单，使用维护方便，筛面使用寿命长，生产费用低。

2.2.4.2　等厚筛

等厚筛是一种采用大厚度筛分法的筛分机械，在其工作过程中，筛面上的物料层厚度一般为筛孔尺寸的 6～10 倍。普通等厚筛具有 3 段倾角不同的冲孔金属板筛面，给料段一般长 3 m，倾角为 34°，中段长 0.75 m，倾角为 12°，排料段长 4.5 m，倾角为 0°。筛分机宽 2.2 m，总长度达 10.45 m。

等厚筛的突出优点是生产能力大、筛分效率高，但机器庞大、笨重。为了克服这些缺点，人们将概率筛和等厚筛的工作原理结合在一起，研制成功了一种采用概率分层的等厚筛，称为概率分层等厚筛。

概率分层等厚筛的结构特点是第 1 段基本上采用概率筛的工作原理，而第 2 段则采用等厚筛的筛分原理，其结构如图 2－21 所示。这种筛分机有筛框、2 台激振电动机和带有隔振弹簧的隔振器等 3 个组成部分。筛框由钢板与型钢焊成箱体结构，筛框内装有筛面。第 1 段筛面倾角较大，层数一般为 2～4 层，长度为 1.5 m 左右；第 2 段筛面倾角较小，层数一般为 1～2 层，长度为 2～5 m。筛分机的总长度比普通等厚筛缩短了 2～4 m。

概率分层等厚筛既具有概率筛的优良性能，又具有等厚筛的优点，而且明显地缩短了机器的长度。

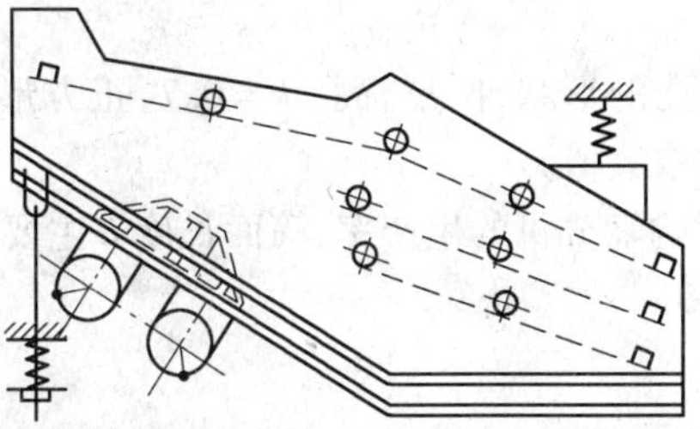

图2-21　概率分层等厚筛的结构示意图

2.3　筛分过程的影响因素及筛分机生产率计算

2.3.1　影响筛分过程的因素

筛分过程的影响因素主要包括物料性质、筛分机特性和操作条件三方面。

2.3.1.1　物料性质

物料性质对筛分过程的影响主要体现在待筛物料的粒度组成、含水量、含泥量和颗粒形状等几方面，其中以物料粒度组成的影响最为重要。待筛物料中易筛颗粒、难筛颗粒和阻碍颗粒的含量是影响筛分作业数、质量指标的重要因素，易筛颗粒含量越高，筛分越容易进行，在给料速度一定的情况下，筛分效率将随着易筛颗粒含量的增加而上升；而难筛颗粒和阻碍颗粒的含量越高，筛分越难以进行，筛分作业的数、质量指标将随之而下降。因此，在实际生产中，一般要求入筛物料中的最大块粒度不大于筛孔尺寸的2.5~4.0倍。

干筛时，若入筛物料中含有较多的水或泥，则会使细粒黏结成团或附着在粗粒表面而不易透筛，从而使筛分效率急剧下降。因此，当物料含水、含泥较多时，需要采用湿筛或进行预先洗矿脱泥以强化筛分过程、改善筛分指标。

此外，入筛物料的颗粒形状也会对筛分过程产生一定的影响。一般来说，圆形颗粒容易通过方形筛孔，长条状、板状及片状颗粒则难于通过方形筛孔，而容易通过长条形筛孔。在实际生产中，破碎产物的颗粒大都呈多角形，它们通过方形筛孔比通过圆形筛孔要容易一些。

2.3.1.2　筛分机特性

筛分机特性对筛分过程的影响主要体现在筛面形式、筛面尺寸、筛孔形状及筛分机的运动特性等方面。其中，筛分机的运动特性是决定筛分效率的主要因素，两者之间的对应关系见表2-1。

表2-1　不同类型筛分机的筛分效率

筛分机类型	固定筛	摇动筛	振动筛
筛分效率/%	50~60	70~80	90以上

实际生产中使用的筛面主要有棒条形筛面、钢板冲孔筛面和钢丝编织筛面3种。棒条形筛面耐冲击、耐磨损、使用寿命长，且价格便宜，但筛分效率较低。钢丝编织筛面的筛分效率较高，但抗冲击性能和耐磨性都比较差，使用寿命短，价格高。钢板冲孔筛面则介于二者之间。因此，棒条形筛面和钢板冲孔筛面多用在处理粗粒级物料的筛分设备上，而钢丝编织筛面则常用于处理细粒级物料的筛分设备上。

筛孔形状主要影响筛下产物的最大块粒度 d_{max} 与筛孔公称尺寸 s 之间的关系，两者之间的关系为：

$$d_{max} = k \cdot s \tag{2-5}$$

式中，系数 k 的取值取决于筛孔的形状，圆形筛孔 $k=0.7$，正方形筛孔 $k=0.9$，长方形筛孔 $k=1.2\sim1.7$（板状或长条状颗粒取大值）。

此外，筛面宽度 B 主要影响筛分机的生产率，筛面长度 L 主要影响筛分机的筛分效率。一般情况下，$B:L=1:1.25$ 或 $1:1.3$。

2.3.1.3 操作条件

对筛分过程有影响的操作条件主要是给料方式，为了保证筛分过程的正常进行，在生产中要求筛分机的给料均匀、连续，且给料速度适宜。以便使物料沿整个筛面的宽度上铺成一薄层，既充分利用筛面，又便于细粒通过筛孔，使筛分过程获得较高的生产率和筛分效率。

2.3.2 筛分机生产率计算

2.3.2.1 固定筛

在生产实践中，固定筛的生产能力一般按下式进行计算：

$$Q = \varepsilon \cdot A \cdot s \tag{2-6}$$

式中 Q——筛分机按给料计的生产能力，t/h；

A——筛分机的筛面面积，m^2；

s——筛孔尺寸，mm；

ε——比生产率，即筛孔尺寸为1 mm时单位筛面面积的生产率，t/(mm · h · m^2)，对于不同类型的筛分机，ε 的数值可从表2-2和表2-3中选取。

表2-2 固定格筛和条筛的比生产率

筛孔尺寸/mm	10	12.5	20	30	40	50	75	100	150	200
比生产率 ε/t · (mm · h · m^2)$^{-1}$	1.4	1.35	1.2	1.0	0.85	0.75	0.53	0.40	0.26	0.2

表2-3 滚轴筛的比生产率

筛孔尺寸/mm	50	75	100	125
比生产率 ε/t · (mm · h · m^2)$^{-1}$	0.8~0.9	0.8~0.85	0.75~0.85	0.8~0.9

2.3.2.2 振动筛

对于振动筛的生产能力，综合考虑影响筛分过程的各种因素，以校正系数的方式将它们引入计算公式中，从而得振动筛生产能力的计算公式为：

$$Q = A_1 \cdot \rho_0 \cdot q \cdot K \cdot L \cdot M \cdot N \cdot O \cdot P \tag{2-7}$$

式中 Q——振动筛按给料计的生产能力，t/h；

A_1——筛分机的有效筛面面积，m^2，一般取筛面几何面积的0.8~0.9倍；

ρ_0——入筛物料的堆密度，t/m^3；

q——单位面积筛面的平均生产能力，m^3/(m^2 · h)，不同筛孔尺寸时的 q 值可以从表2-4中选取；

K——代表细粒影响的校正系数；

L——代表粗粒影响的校正系数；

M——与筛分效率有关的校正系数；

N——代表颗粒形状影响的校正系数；

O——代表湿度影响的校正系数；

P——与筛分方法有关的校正系数。

各个校正系数的数值可以从表2－5中选取。

表2－4　单位面积筛面的生产能力

筛孔尺寸/mm	0.16	0.2	0.3	0.4	0.6	0.8	1.17	2	3.15	5
$q/m^3\cdot(m^2\cdot h)^{-1}$	1.9	2.2	2.5	2.8	3.2	3.7	4.4	5.5	7	11
筛孔尺寸/mm	8	10	16	20	25	31.5	40	50	80	100
$q/m^3\cdot(m^2\cdot h)^{-1}$	17	19	25.5	28	31	34	38	42	56	63

表2－5　校正系数*K*、*L*、*M*、*N*、*O*、*P*的数值

给料中粒度小于筛孔尺寸之半的颗粒含量/%	0	10	20	30	40	50	60	70	80	90
*K*的数值	0.2	0.4	0.6	0.8	1.0	1.2	1.4	1.6	1.8	2.0
给料中粒度大于筛孔尺寸的颗粒含量/%	10	20	25	30	40	50	60	70	80	90
*L*的数值	0.94	0.97	1.0	1.03	1.09	1.18	1.32	1.55	2.00	3.36
筛分效率/%	40	50	60	70	80	90	92	94	96	98
*M*的数值	2.3	2.1	1.9	1.6	1.3	1.0	0.9	0.8	0.6	0.4
颗粒形状	除煤以外的破碎物料			圆形颗粒（如砾石）			煤			
*N*的数值	1.0			1.25			1.5			
物料的湿度	筛孔尺寸小于25 mm						筛孔尺寸大于25 mm			
	干的		湿的		成团		视湿度而定			
*O*的数值	1.0		0.75～0.85		0.2～0.6		0.9～1.0			
筛分方法	筛孔尺寸小于25 mm						筛孔尺寸大于25 mm			
	干式			湿式（附有喷水）			任何情况			
*P*的数值	1.0			1.25～1.4			1.0			

3 物料的破碎

3.1 概述

利用外力克服颗粒内部各个质点之间的内聚力,从而将物料块破坏成小块的过程,称为粉碎过程。按照破碎力的作用形式及产物粒度,常将粉碎过程细分为破碎和磨碎。破碎力主要是压应力,产物粒度大于5 mm时称为破碎;破碎主要是借磨削和冲击实现且产物粒度小于5 mm时称为磨碎。

3.1.1 破碎过程的技术指标

破碎过程的技术指标主要包括破碎比和破碎效率。

破碎比表征物料经过破碎过程而达到的破碎程度,也就是给料粒度与产物粒度的比值,常用字母 i 表示。根据具体的计算方法,破碎比又可细分为极限破碎比 $i_{极限}$、名义破碎比 $i_{名义}$ 和真实破碎比 $i_{真实}$。

(1) 极限破碎比。用物料破碎前后的最大粒度 $D_{最大}$ 和 $d_{最大}$ 计算出来的破碎比称为极限破碎比。即:

$$i_{极限} = D_{最大}/d_{最大} \tag{3-1}$$

物料的最大粒度是指物料中有95%(中国)或80%(欧美国家)的颗粒都能通过的正方形筛孔的边长。在进行破碎工艺设计时常常采用极限破碎比。

(2) 名义破碎比。用破碎机给料口的有效宽度(0.85b)和排料口宽度 $b_{排}$ 计算出来的破碎比称为名义破碎比。即:

$$i_{名义} = 0.85b/b_{排} \tag{3-2}$$

在进行破碎机负荷的近似计算时常采用名义破碎比。

(3) 真实破碎比。用给料平均粒度 $D_{平均}$ 和产物平均粒度 $d_{平均}$ 计算出来的破碎比称为真实破碎比。即:

$$i_{真实} = D_{平均}/d_{平均} \tag{3-3}$$

由于真实破碎比能比较真实地反映破碎过程,故在试验研究工作中常采用真实破碎比。

在实际生产中,习惯上把破碎作业细分为粗碎、中碎和细碎,把磨碎作业细分为粗磨和细磨,其具体的分段情况见表3-1。

表3-1 破碎和磨碎作业的分段情况

作业名称		给料最大粒度/mm	产物最大粒度/mm
破碎	粗碎	1500~300	350~100
	中碎	350~100	100~40
	细碎	100~40	30~10
磨碎	粗磨	30~10	1.0~0.3
	细磨	1.0~0.3	<0.1

每一个破碎作业的破碎比称为部分破碎比，整个破碎回路的破碎比称为总破碎比，记为$i_{总}$，两者之间的关系为：

$$i_{总}=i_1\times i_2\times i_3\times\cdots\times i_n \tag{3-4}$$

破碎效率通常定义为每消耗1 kW·h能量所获得的破碎产物的吨数。破碎机的技术效率E则是指破碎产物中新产生的某一细粒级的质量与给料中大于该粒级的质量之比，其数学表达式为：

$$E=Q(\beta-\alpha)/[Q(1-\alpha)]=[(\beta-\alpha)/(1-\alpha)]\times100\% \tag{3-5}$$

式中 E——破碎机的生产能力，t/h；

β——产物中指定细粒级别的质量分数，%；

α——给料中指定细粒级别的质量分数，%。

3.1.2 物料的机械强度

物料的机械强度是指它单位面积上所能承受的外力，单位是Pa、kPa或MPa，是物料抗破坏能力的一个重要指标，通常包括在静载荷条件下测得的抗压强度、抗拉强度、抗剪强度和抗弯强度，它们的大小顺序为：

抗压强度＞抗剪强度＞抗弯强度＞抗拉强度

在生产实践中，常根据物料机械强度的大小将其分为硬、中硬、软3级或很硬、硬、中硬、软及很软5级。

为了定量地表示物料的机械强度对破碎过程的影响，在实际工作中引用了物料的可碎性系数和可磨性系数，其定义式分别为：

$$可碎性指数=\frac{破碎机在同样条件下破碎指定物料的生产率}{该破碎机破碎中硬物料的生产率} \tag{3-6}$$

$$可磨性指数=\frac{磨机在同样条件下磨细指定物料的生产率}{该磨机磨细中硬物料的生产率} \tag{3-7}$$

这里的中硬物料一般以石英为代表，把它的可碎性系数和可磨性系数定为1。

3.2 物料破碎的功耗学说

在破碎过程中，破碎机械对物料做功，使其发生变形，当变形超过极限时即产生破碎。发生破碎后，外力所做的功有一少部分转变成了新生表面的表面能，而其余大部分则以热的形式损失掉。由此可见，物料的破碎过程从宏观的角度看是一个粒度减小的过程，但它的力学实质却是一个功能转换过程。物料破碎的功耗学说就是关于物料破碎过程中功能转换规律的理论，也就是关于在一定的给料粒度条件下，从输入到破碎过程中的能量与其产物粒度之间关系的研究。

迄今为止，人们已经提出了许多种物料破碎的功耗学说，但没有一个能与实际情况完全吻合。这主要有两方面的原因：其一是供给破碎设备或磨碎设备的能量，绝大部分被设备本身所吸收，仅有一小部分用于破碎物料，而用于物料破碎的这部分能量又无法单独测定；其二是物料都具有一定的塑性，消耗一定的能量使其形状改变，但并不产生新的表面，而所有的物料破碎功耗学说都假定物料是脆性的，即认为没产生破碎的物料块的伸展或收缩不消耗能量。

在已提出的物料破碎功耗学说中，被人们广泛接受的仅有面积学说、体积学说和裂缝学说。

3.2.1 面积学说

物料破碎功耗的面积学说是雷廷智(P. R. Rittinger)于1867年提出的。这一学说认为,物料破碎过程中消耗的能量与这一过程所产生的新表面积成正比。由于一定质量、粒度均匀的物料的表面积与其粒度成反比,所以雷廷智面积学说的数学表达式为:

$$E = K(1/D_2 - 1/D_1) \tag{3-8}$$

式中 E——输入到破碎过程的能量;
K——常数;
D_1——给料的粒度;
D_2——破碎产物的粒度。

大量的研究结果表明,面积学说适用于产物粒度小于10 μm的细磨过程。

3.2.2 体积学说

物料破碎功耗的体积学说是吉尔皮切夫(В. П. Кирпичев)和基克(F. Kick)分别于1874年和1885年单独提出的。这一学说认为,物料破碎过程中消耗的能量与颗粒的体积减小成正比。也就是说,外力对物料所做的功主要用来使其中的颗粒发生变形,当变形超过极限时即发生破裂,而物体发生变形积蓄的能量与其体积成正比,因此破碎物料所消耗的功与颗粒的体积减小成正比。这一学说的数学表达式为:

$$A = 2.303KQ\lg i \tag{3-9}$$

式中 A——破碎物料需要的功;
K——常数;
i——破碎过程的破碎比;
Q——破碎物料的吨数。

根据赫基(R. T. Hukki)的研究结果,体积学说适用于物料的粗碎过程。

3.2.3 裂缝学说

物料破碎功耗的裂缝学说是邦德(F. C. Bond)通过对许多破碎过程的归纳分析,于1952年提出的。邦德认为,物料破碎过程中消耗的功与颗粒内新生成的裂缝长度成正比,在数值上它等于产物所代表的功减去给料所代表的功。当物料中的颗粒形状相似时,单位体积物料的表面积与颗粒的粒度成反比,而单位体积物料内的裂缝长度与其表面积的一个边成正比,因此裂缝的长度与颗粒粒度的平方根成反比,所以邦德裂缝学说的数学表达式为:

$$W = \frac{10W_i}{\sqrt{P}} - \frac{10W_i}{\sqrt{F}} \tag{3-10}$$

式中 W——破碎物料所消耗的功,kW·h/st;
P——破碎产物中有80%的颗粒都能通过的方形筛孔的边长,μm;
F——给料中有80%的颗粒都能通过的方形筛孔的边长,μm;
W_i——功指数,kW·h/st。

这里的st代表短吨,即907.18 kg。功指数是一个表征物料抗击破碎和磨碎能力的参数,在数值上它等于把1 st理论上粒度为无限大的物料破碎到有80%的颗粒都能通过100 μm的筛孔所需要的能量。

邦德对这一学说所作的解释是,破碎物料时,外力所做的功首先使物料块发生变形,当变形超过极限后即生成裂缝,裂缝一旦产生,储存在物料块内部的变形能即促使其扩展,继之形成断面。因此,破碎物料所需要的功,应考虑变形能和表面能两部分,前者与体积成正比,后者与表面积成正比。若等同地考虑这两部分能量,则所需要的功应同它们的几何平均值成正比。即:

$$W \propto \sqrt{VS}$$

或

$$W \propto \sqrt{D^3 \cdot D^2} = D^{2.5} \tag{3-11}$$

对于单位体积的物料,则有:

$$W \propto D^{2.5}/D^3 = 1/D^{0.5} \tag{3-12}$$

目前,在试验研究和生产实践中,邦德的裂缝学说常用于以下几方面:

(1) 在测定出了功指数 W_i 的情况下,计算各种粒度范围的破碎、磨碎功耗;

(2) 选择破碎和磨碎设备;

(3) 比较破碎和磨碎设备的工作效率,亦即首先按下式计算出设备的操作功指数:

$$W_i = W \Big/ \left(\frac{10}{\sqrt{P}} - \frac{10}{\sqrt{F}}\right) \tag{3-13}$$

然后进行比较。

关于功指数 W_i 的测定方法,邦德提出了如下几种:

(1) 用邦德本人设计的双摆式冲击试验机测出物料的冲击破碎强度 C(单位为 lb · ft/in 试件厚),并测出物料的密度 ρ_1,则物料的破碎功指数 W_i 为:

$$W_i = 2.59C/\rho_1 \tag{3-14}$$

(2) 用 $D \times L = 305\ \text{mm} \times 610\ \text{mm}$ 的邦德棒磨机测定物料的棒磨可磨度,也就是测出它每转一周新产生的试验筛孔 P_i(μm)以下粒级物料的质量 m_{rp}(g),并测出给料及产物中有 80% 能通过的试验筛孔边长 F_{80}(μm)和 P_{80}(μm),则物料的棒磨功指数 W_{ir} 为:

$$W_{ir} = 68.32 \Big/ \left[p_i^{0.23} \times m_{rp}^{0.625}\left(\frac{10}{\sqrt{P_{80}}} - \frac{10}{\sqrt{F_{80}}}\right)\right] \tag{3-15}$$

(3) 用 $D \times L = 305\ \text{mm} \times 305\ \text{mm}$ 的邦德球磨机测定物料的球磨可磨度,也就是测出它每转一周新产生的试验筛孔 P_i(μm)以下粒级物料的质量 m_{bp}(g),并测出给料及产物中有 80% 能通过的试验筛孔边长 F_{80}(μm)和 P_{80}(μm),则物料的球磨功指数 W_{ib} 为:

$$W_{ib} = 49.04 \Big/ \left[p_i^{0.23} \times m_{bp}^{0.82}\left(\frac{10}{\sqrt{P_{80}}} - \frac{10}{\sqrt{F_{80}}}\right)\right] \tag{3-16}$$

用上述方法测得的功指数称为实验室功指数。经与生产数据比较发现,W_{ir} 与内径为 8 ft(英尺)的棒磨机开路湿式磨矿时的功指数一致,W_{ib} 与内径为 8 ft 的溢流型球磨机湿式闭路磨矿时的功指数一致。

此外,近年来一些学者和研究工作者又提出了一些比较简单的功指数测定方法和功指数模拟计算方法。由于本书的篇幅有限,不能在此一一介绍。

3.3 破碎设备

根据处理物料的粒度,常将破碎设备分为粗碎、中碎和细碎破碎机。

3.3.1 粗碎破碎机

粗碎破碎机属于重型设备,用于将待处理的原料破碎到适合于运输或可用中碎设备处理的粒度,且通常采用开路作业方式。生产中常用的粗碎设备主要有颚式破碎机和旋回破碎机两类。

3.3.1.1　颚式破碎机

颚式破碎机的突出特点是它的工作部件是两个像动物颚一样的颚板,两个颚板以一个适宜的夹角安装。一个颚板通常固定不动,称为定颚;另一个颚板工作时可相对于定颚摆动,称为可动颚板或动颚。颚式破碎机的规格以给料口处两颚板之间的间隙和颚板的宽度来表示,例如规格为1680 mm×2130 mm 的颚式破碎机,可以破碎最大粒度达1220 mm 的物料,当排料口的宽度为203 mm 时,其处理能力为725 t/h。

颚式破碎机最早由布莱克(W. E. Black)于1858 年获得发明专利,经过150 年的发展,目前生产中使用的颚式破碎机主要有双肘板颚式破碎机和单肘板颚式破碎机。

A　双肘板颚式破碎机

双肘板颚式破碎机的动颚上端固定在一个心轴上,工作时动颚的上端固定不动,下端相对于定颚做简单的前后摆动,所以习惯上又被称为简摆颚式破碎机。

图3-1是双肘板颚式破碎机的结构简图。从图3-1中可以看出,这种设备主要由机架、工作机构、传动机构、调整机构、保险装置和润滑装置等部分组成。齿条形衬板用螺栓固定在机架前壁上形成定颚,动颚的表面也固定有齿条形衬板。动颚与定颚的齿板采用齿峰对齿谷的配合方式安装,以利于弯折待破碎的物料。

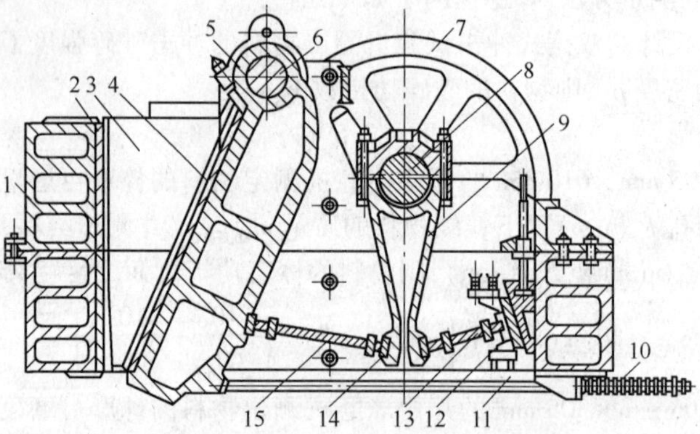

图3-1　双肘板颚式破碎机的结构

1—机架;2—破碎齿板;3—侧面衬板;4—破碎衬板;5—可动颚板;6—心轴;7—飞轮;8—偏心轴;9—连杆;10—弹簧;11—拉杆;12—楔块;13—后肘板;14—肘板支座;15—前肘板

动颚、定颚及两个侧壁一起构成破碎腔,破碎机工作时物料在此腔内受到破碎。破碎腔的侧壁上固定有平滑的衬板。动颚和定颚下端的间隙称为排料口,破碎过的物料借重力从这里排出。动颚的上端悬挂在心轴上,下端背部通过前肘板与连杆形成活动联结,后肘板的前端与连杆活动联结,后端与机架后壁活动联结。连杆通过滑动轴承悬挂在偏心轴上。偏心轴的两端分别安装有皮带轮和飞轮,皮带轮除了起传动作用外,还与飞轮一起起着调节和平衡负荷的作用。当皮带轮带动偏心轴旋转时,悬挂在它上面的连杆上下运动,从而通过前、后肘板带动动颚做前后摆动。

破碎机下面的水平拉杆前端拉着动颚,后端通过弹簧与机器后壁联结,既能防止动颚前进到端点时因惯性力而与肘板脱离,又能帮助动颚后退。后肘板支座与机器后壁之间设有活动楔块,通过升降楔块可对排料口的大小进行无级调节。颚式破碎机的保险装置常常是后肘板,在进行设备设计时,人为地提高后肘板的许用应力(约提高30%),从而使后肘板的断面面积减小,强度降低,当破碎腔内落入不能被破碎的大块物料时,后肘板折断,从而保护其他重要部件不受损坏。

颚式破碎机的润滑方式既有稀油润滑，也有干油润滑。大型颚式破碎机的偏心轴受力较大，往往采用稀油循环润滑，心轴采用干油润滑，而小型颚式破碎机则都采用干油润滑。此外，为了保证设备正常工作，大型颚式破碎机的偏心轴处还设有冷却水循环系统，以帮助散热。

图3－2是简摆颚式破碎机的工作原理示意图。当皮带轮带动偏心轴旋转时，牵动连杆上下运动，从而带动前、后肘板作舒展和收缩运动。前、后肘板的运动带动动颚做前后摆动。当动颚向前运动靠近定颚时，对破碎腔内的物料进行破碎；当动颚后退时，已破碎的物料借重力从破碎腔内落下。简摆颚式破碎机的偏心轴每旋转一周，有半周进行破碎，半周排料。

颚式破碎机的摆动系统重心低，启动转矩大，致使大型颚式破碎机的启动比较困难。为了更好地解决这一问题，国产的1200 mm×1500 mm简摆颚式破碎机采用了分段启动装置，它与一般简摆颚式破碎机的不同之处在于，在这种设备上，皮带轮与偏心轴和飞轮与偏心轴之间各安装了1个离合器。启动前两个离合器都是打开的，第1步启动只有皮带轮运转。皮带轮运转正常后，它与偏心轴之间的离合器闭合，从而使偏心轴与皮带轮一起运转。当它们运转正常后，飞轮与偏心轴之间的离合器闭合，皮带轮、偏心轴和飞轮成为一个运动整体全部进入运转状态。离合器的打开与闭合由液压系统控制，各段启动的时间间隔由时间继电器控制液压系统来实现。

图3－3是我国生产的液压颚式破碎机的示意图。这种设备的结构特点是在连杆上装有一个液压缸，启动前缸内无油，活塞与缸体可以发生相对运动。启动时开始充油，因而刚开始启动时，连杆的下端、两个肘板和动颚均不运动，只有缸体以上的部件运动。当液压缸内的空间被油充满时，活塞与缸体之间不能再发生相对运动，从而使肘板和动颚都进入运动状态。

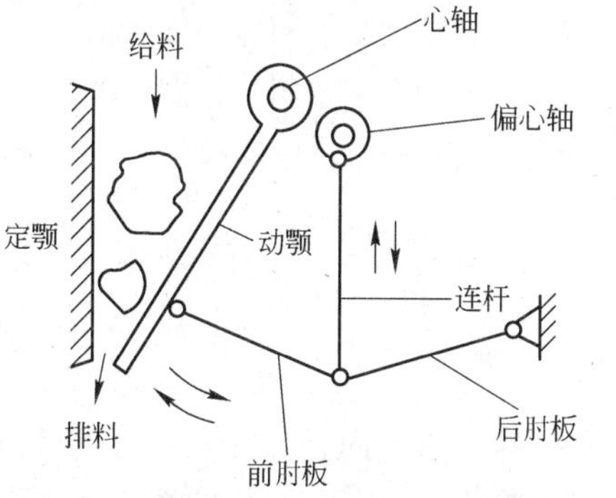

图3－2　简摆颚式破碎机的工作原理示意图

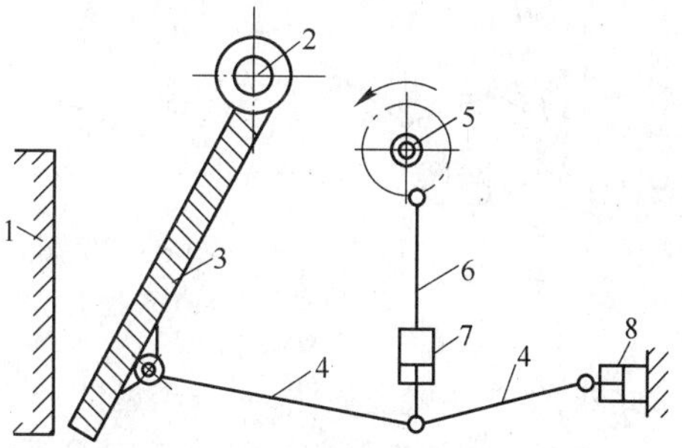

图3－3　液压颚式破碎机示意图

1—定颚；2—心轴；3—动颚；4—肘板；5—偏心轴；6—连杆；7—保险液压缸；8—调整液压缸

在连杆上安装液压缸的作用，除了实现如上所述的分两段启动外，还起过载保护作用，当破碎腔内落入不能被破碎的大块物料时，缸体内油压急剧上升，缸体上的安全阀打开，缸内的油自动流出，从而使动颚停止运动，避免事故发生。此外，在这种设备的后肘板和机架的后壁之间也设有一个液压缸，用于调整排料口的大小。

B　单肘板颚式破碎机

图3－4是单肘板颚式破碎机的结构简图。它与双肘板颚式破碎机的主要不同在于，去掉了心轴和连杆，动颚直接悬挂在偏心轴上，动颚的下端只联结一个肘板。这些结构的改变，使得工作时动颚在空间作平面运动，即动颚既在水平方向上有前后摆动，在垂直方向上也有运动，所以单肘板颚式破碎机又称为复杂摆动颚式破碎机。

与简摆颚式破碎机相比,复杂摆动型颚式破碎机的动颚重量和破碎力均集中在偏心轴上,使其受力状况恶化,所以单肘板颚式破碎机以前多制造成中小型设备。随着高强度材料和大型滚柱轴承的出现,单肘板颚式破碎机已实现大型化。许多国家都相继生产出了给料口宽度达1000~1500 mm的大型单肘板颚式破碎机。

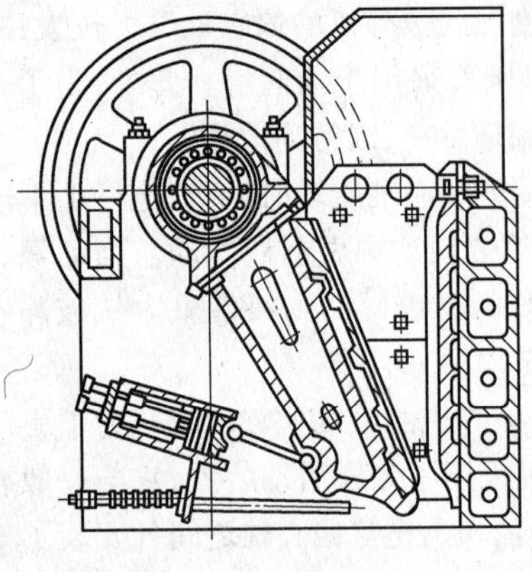

图3-4　单肘板颚式破碎机的结构

两种颚式破碎机结构上的差异,使它们的动颚运动特征也有所不同(见图3-5a),从而导致了两种破碎机性能上的一系列差异。单肘板颚式破碎机动颚的上部水平行程大,适合上部压碎大块物料的要求,同时它还具有较大的垂直行程(为水平行程的2.5~3.0倍),对物料有明显的研磨作用,并能促进排料。因此,单肘板颚式破碎机的产物较细,破碎比较大(一般可达4~8,而简摆颚式破碎机只能达3~6),但颚板的磨损也比较严重。另外,复杂摆动型颚式破碎机的动颚是上下交替破碎和排料,空转的行程约为1/5,而简摆颚式破碎机是半周破碎,半周排料,因而规格相同时,单肘板颚式破碎机的生产能力通常是简摆颚式破碎机的1.2~1.3倍。

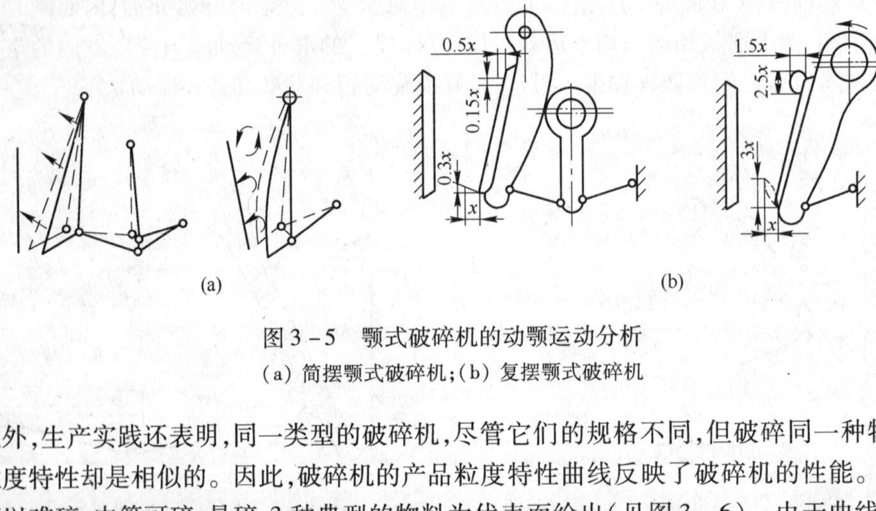

(a)　　(b)

图3-5　颚式破碎机的动颚运动分析
(a) 简摆颚式破碎机;(b) 复摆颚式破碎机

此外,生产实践还表明,同一类型的破碎机,尽管它们的规格不同,但破碎同一种物料时,产物的粒度特性却是相似的。因此,破碎机的产品粒度特性曲线反映了破碎机的性能。这种曲线一般都以难碎、中等可碎、易碎,3种典型的物料为代表而绘出(见图3-6)。由于曲线的横坐标以相对粒度(排料粒度与排料口宽度的比值)表示,所以从此曲线上可以查出任意排料口宽度时,破碎产物的最大粒度、产物中粒度大于排料口尺寸的质量分数(即残余百分率)、产物中任意粒度下的产率和任意产率下的粒度;还可以根据生产工艺所要求的破碎产物中某一粒级的产率、破碎产物的最大粒度等,从此曲线上查出所需要的破碎机排料口宽度。

除了双肘板颚式破碎机和单肘板颚式破碎机以外,外动颚颚式破碎机也已经在生产中得到了应用,这种类型破碎机的结构如图3-7和图3-8所示。

PEWD400×750型外动颚颚式破碎机的主要特点是,定颚置于动颚和偏心轴之间,破碎腔倾斜设置,并且从上到下分为两段,两段的动颚和定颚具有不同的倾角,上段适用于粗碎,下段适用于细碎,从而达到较高的破碎比。

PEWS2560 mm型筛分破碎机的主要特点是,在保持外动颚颚式破碎机结构特征的基础上,在动颚衬板的下部沿排料口方向设有长条形筛孔,构成筛分板。动颚朝着定颚运动时破碎，向相反方向运动时筛分，在一台设备中完成破碎和筛分两个作业，可及时将达到粒度要求的破碎产物排出破碎腔，减少破碎机的堵塞和过粉碎现象，有利于提高破碎机的生产能力和破碎比。

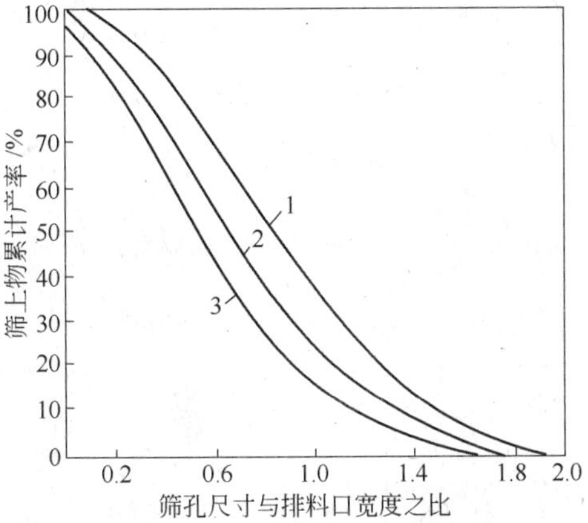

图 3－6 颚式破碎机产品粒度特性曲线

1—难碎物料；2—中等可碎物料；3—易碎物料

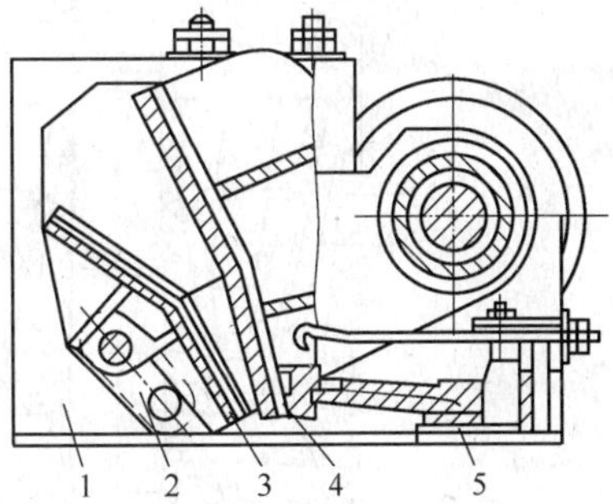

图 3－7 PEWD400×750 型外动颚颚式破碎机的结构

1—机架；2—摆动杆；3—动颚；4—可调颚部；5—调整机构

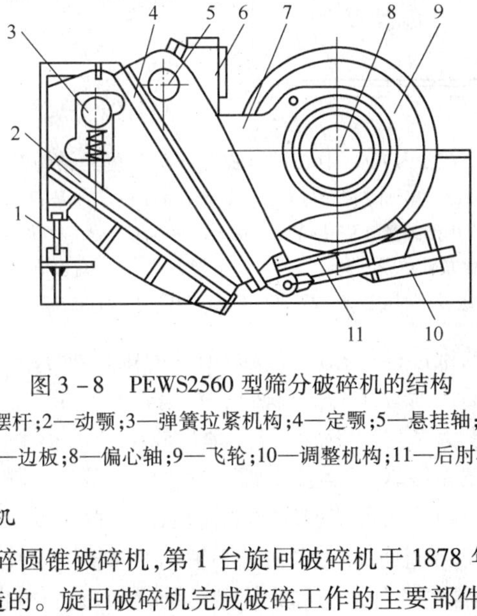

图 3－8 PEWS2560 型筛分破碎机的结构

1—外置摆杆；2—动颚；3—弹簧拉紧机构；4—定颚；5—悬挂轴；6—机架；7—边板；8—偏心轴；9—飞轮；10—调整机构；11—后肘板

3.3.1.2 *旋回破碎机*

旋回破碎机又称为粗碎圆锥破碎机，第 1 台旋回破碎机于 1878 年问世，是根据美国人查尔斯（B . Charles）的专利制造的。旋回破碎机完成破碎工作的主要部件是内外两个以相反方向放置的截头圆锥体，内锥体锥顶向上称为动锥，外锥体锥顶向下称为定锥，两者之间的环形间隙即是破碎腔。

旋回破碎机的规格常用破碎机给料口宽度/排料口宽度（中国）或动锥底部直径（欧洲和美国）表示，比如，目前生产中使用的大规格旋回破碎机有 2030 mm/250 mm 和 1600 mm/2896 mm，后者的单台设备生产能力为 $q=10000$ t/h。中心排料式旋回破碎机的基本结构如图 3－9 所示，从图中可以看出，旋回破碎机主要由机架、工作机构、传动机构、调整机构和润滑系统等部分组成。

机架由横梁、中部机架及下部机架用螺栓联结而成。中部机架内壁铺有数圈衬板而成为定锥。机架下部通过 4 块放射状筋板而固着中心套筒。两根横梁呈十字交叉布置，在它们的交叉点悬吊着动锥。动锥体固定在主轴上,锥体表面固定有环形衬板,衬板与锥体之间通常浇灌锌合金,以保证两者紧密结合。衬板上端用螺母压紧,并有锁紧板防止螺母松动。

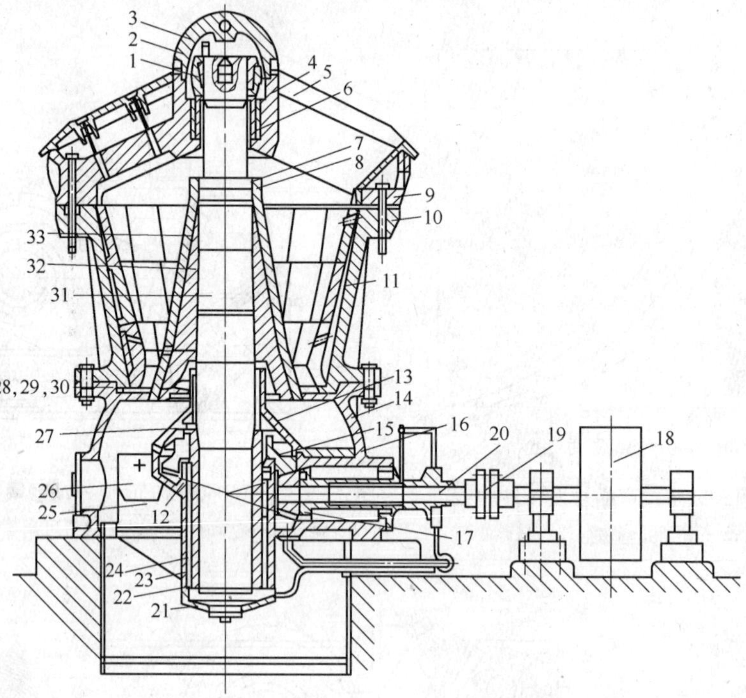

图3-9 中心排料式旋回破碎机的结构

1—锥形压套;2—锥形螺母;3—楔形键;4—衬套;5—锥形衬套;6—支承环;7—锁紧板;8—螺母;9—横梁;10—固定圆锥;11—衬板;12—止推圆盘;13—挡油环;14—下机架;15—大圆锥齿轮;16—护板;17—小圆锥齿轮;18—三角皮带轮;19—弹性联轴器;20—传动轴;21—机架下盖;22—偏心轴套;23—衬套;24—中心套筒;25—筋板;26—护板;27—压盖;28,29,30—密封套环;31—主轴;32—可动圆锥;33—衬板

主轴通过装在其上端的锥形螺母悬挂在横梁顶点的锥形轴承上,锥形轴承能满足动锥摆动及自转的要求。主轴下端插入偏心套的偏心轴孔中,偏心套插在中心套筒内,中心套筒内壁压有衬套。偏心轴套上端安装有大圆锥伞齿轮,与大伞齿轮啮合的小伞齿轮安装在水平传动轴上。两个伞齿轮和中心套筒用压盖压紧,压盖上端插入动锥底部的环形槽内。

当电动机通过皮带轮及弹性联轴节带动水平轴旋转时,两个伞齿轮带动偏心套筒转动,从而使主轴绕悬吊点作圆周摆动,而主轴自身也在偏心轴套的摩擦力矩作用下作自转。因此,动锥的运动既有公转也有自转,动锥的这种运动称为旋摆运动,旋回破碎机也正是因此而得名。动锥在破碎腔内沿定锥的周边滚动,当动锥靠近定锥时进行破碎,与之相对的一边则进行排料,因而旋回破碎机的破碎和排料都是连续进行的。

图3-10是旋回破碎机的工作原理示意图。设备工作时,进入破碎腔的物料不断受到冲击、挤压和弯曲作用而破碎;被破碎的物料靠自重从破碎机底部排出。旋回破碎机的最大给料粒度通常为给料口宽度的0.85倍。

应该指出的是,旋回破碎机空转时,动锥的自转方向与偏心套一致,但动锥的自转速度比偏心套的低许多。给入物料后,由于物料对动锥体的摩擦力矩比偏心套对它的摩擦力矩要大得多,所以工作时动锥沿反向自转。

旋回破碎机排料口大小的调节通过升降动锥来实现,普通旋回破碎机的排料口调节装置在主轴上端的悬吊点处，当拧紧锥形螺母时，动锥上升，排料口减小；当旋松锥形螺母时，动锥下降，排料口增加；而液压旋回破碎机的排料口调节则借助于液压系统来实现。

液压旋回破碎机与普通旋回破碎机的不同在于，或者在主轴支撑点的悬吊环处安装液压缸，让主轴和动锥的重量及破碎力都作用在液压缸上；或者在主轴的底部设置液压缸，让主轴直接支撑在液压缸上。通过改变液压缸中的油量，可以使主轴上升或下降，从而改变破碎机的排料口大小。此外，安装液压缸还可以起到过载保护作用。

旋回破碎机的伞齿轮、偏心套、水平轴的轴承等处采用稀油循环润滑，主轴的悬吊点处采用干油润滑。

旋回破碎机的产品粒度特性曲线如图3-11所示。对比图3-11和图3-6不难发现，由于旋回破碎机是连续工作，所以其破碎产品的粒度比颚式破碎机的稍细、稍均匀一些。

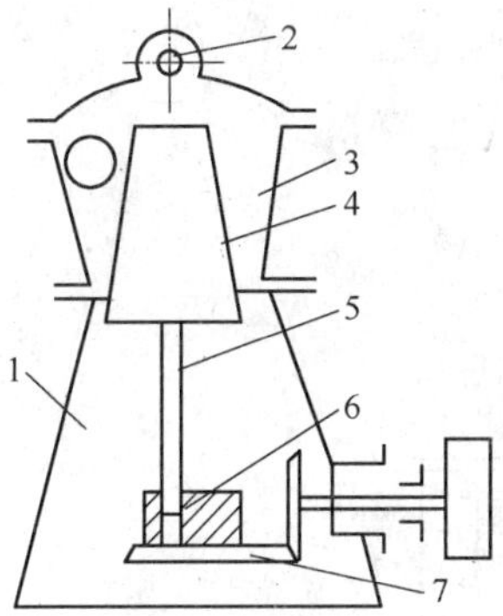

图3-10　旋回破碎机的工作原理示意图

1—下机架；2—悬挂点；3—固定圆锥；4—可动圆锥；5—主轴；6—偏心轴套；7—伞齿轮

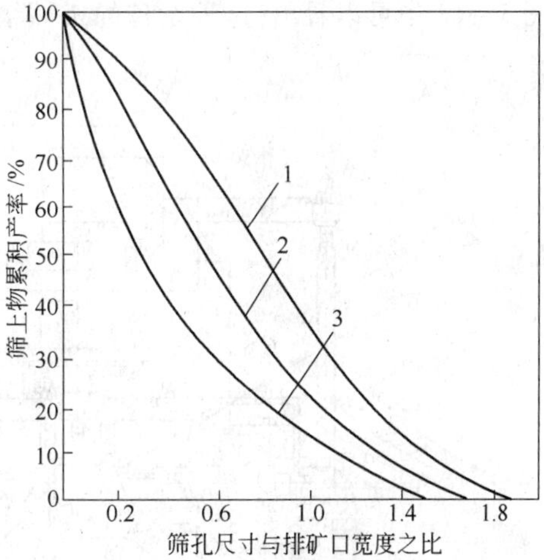

图3-11　旋回破碎机的产品粒度特性曲线

1—难碎物料；2—中等可碎物料；3—易碎物料

3.3.1.3　旋回破碎机和颚式破碎机的比较

旋回破碎机和颚式破碎机是应用最广的粗碎设备，都有明显的优点和缺点。与颚式破碎机比较，旋回破碎机的优点主要有：

（1）破碎作用较强，当给料口宽度相同时，旋回破碎机的生产能力是颚式破碎机的2.5～3.0倍，破碎每吨物料的能耗为颚式破碎机的0.5～0.7倍；

（2）工作平稳，要求的基础质量仅为自身质量的2～3倍，而颚式破碎机要求的基础质量则为设备自身质量的5～10倍；

（3）可以挤满给料，不需设置料仓和给料机，而颚式破碎机则要求均匀给料，需要增设料仓和给料机，特别是当给料的最大粒度大于400 mm时，需要安装价格昂贵的重型板式给料机；

（4）旋回破碎机易于启动；

（5）旋回破碎机破碎产物中呈片状的物料较颚式破碎机破碎产物中的要少。

旋回破碎机的主要缺点是：

（1）机身较高，一般为颚式破碎机的3～4倍，所以厂房的建筑费用较高；

（2）设备自身的质量较大，当给料口的宽度相同时，旋回破碎机的质量为颚式破碎机的1.7～2.0倍，故设备的投资费用较高；

（3）当破碎潮湿或黏性物料时，旋回破碎机容易堵塞；

（4）旋回破碎机的安装、维护比较复杂，检修亦不方便。

3.3.2　中碎和细碎破碎机

目前生产中应用较多的中碎和细碎设备有圆锥破碎机、辊式破碎机、冲击式破碎机、选择性破碎机、高压辊磨机等。

3.3.2.1　圆锥破碎机

圆锥破碎机是旋回破碎机的改造形式，主要用作中碎和细碎设备，所以习惯上又称为中细碎圆锥破碎机。圆锥破碎机的规格通常用动锥底部直径表示（如 ϕ1700 mm 弹簧圆锥破碎机、ϕ2200 mm 液压圆锥破碎机），于 1880 年开始用于工业生产，其基本结构如图 3－12 所示。从图 3－12 中可以看出，这种设备的机械结构与旋回破碎机的非常相似，两者的区别主要表现在：

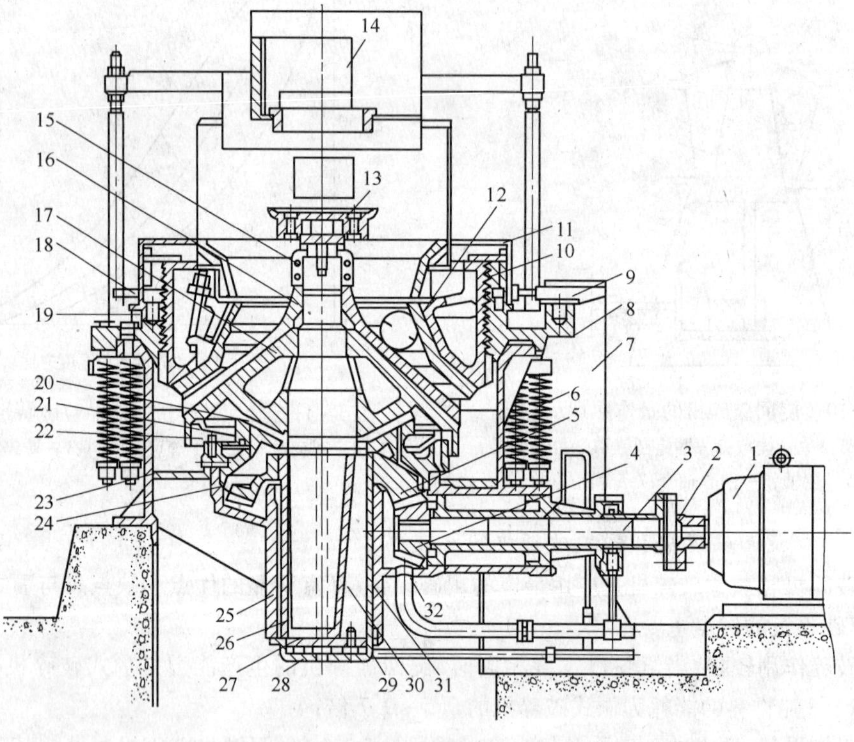

图 3－12　圆锥破碎机的结构

1—电动机；2—联轴节；3—传动轴；4—小圆锥齿轮；5—大圆锥齿轮；6—保险弹簧；7—机架；8—支承环；9—推动油缸；10—调整环；11—防尘罩；12—固定锥衬板；13—给料盘；14—给料箱；15—主轴；16—可动锥衬板；17—可动锥体；18—锁紧螺母；19—活塞；20—球面轴瓦；21—球面轴承座；22—球形颈圈；23—环形槽；24—筋板；25—中心套筒；26—衬套；27—止推圆盘；28—机架下盖；29—进油孔；30—锥形衬套；31—偏心轴承；32—排油孔

（1）破碎工作件的形状及放置不同。旋回破碎机两个圆锥的形状都是急倾斜，且动锥是正立的截头圆锥，定锥是倒立的截头圆锥；而圆锥破碎机的两个圆锥的形状均为缓倾斜的正立截头圆锥，而且两锥体之间具有一定长度的平行破碎区（平行带），以便使物料在破碎机内经受多次破碎；此外，动锥的顶部还设置了一个给料盘，以便使物料均匀地进入破碎腔。

（2）由于旋回破碎机的动锥形状为急倾斜，破碎物料时，作用在它上面的垂直分力较小，所以采用结构比较简单的悬吊式支撑；而圆锥破碎机的动锥形状为缓倾斜，破碎物料时，作用在它上面的垂直分力很大，需要采用球面轴承支撑，为此动锥体（见图3－12）的下端加工成球面，支撑在球面轴瓦上，球面轴瓦固定在球面轴承座上，轴承座直接盖住下面的伞齿轮传动系统和中心套筒。

（3）旋回破碎机采用干式防尘装置，而圆锥破碎机采用水封防尘装置，以适应粉尘较大的工作环境。

（4）旋回破碎机借助于升降动锥来调节排料口的大小，圆锥破碎机则通过升降定锥来调节排料口的大小。在图3－12所示的圆锥破碎机中，支承环被弹簧压紧在圆柱形机架上，调整环借梯形螺纹拧在支承环内，定锥衬板通过U形栓固定在调整环内。支承环上缘沿周边设有若干个锁紧缸，充油后锁紧缸的活塞向上顶起拧在锁紧环上的锁紧螺母。锁紧螺母被向上顶起时，使调整环与支承环之间的梯形螺纹锁紧，从而保护梯形螺纹免遭破坏。调整环上固定有防尘罩，它的外圆周边有一圈齿块。当液压缸推动齿块时，就可以使调整环旋转。锁紧螺母卸载后，就松开了梯形螺纹，此时借助于液压缸向下拧调整环，使排料口减小，向上拧调整环，则排料口增大。排料口调整好以后，使锁紧缸充油，锁紧梯形螺纹。

（5）旋回破碎机的过载保护装置可有可无，但圆锥破碎机的过载保护装置则必不可少。在圆锥破碎机中，联结支承环和机架的弹簧有两种作用，其一是设备正常工作时，它产生足够大的压力把支承环（定锥的一部分）压死，保证破碎过程正常进行；其二是当有不能被破碎的物料块进入破碎腔时，破碎力急剧增加，迫使弹簧压缩，整个定锥被向上抬起，让不能被破碎的物料块顺利排出，此后弹簧又恢复正常的工作状态。这种借助于弹簧装置实现排料口调节和过载保护的破碎机称为弹簧圆锥破碎机。若弹簧装置由设置在动锥主轴下面的液压缸取代，即变为图3－13所示的液压圆锥破碎机。在这种破碎机中，通过改变液压缸中的油位来调节设备的排料口，而且当不能被破碎的物料块进入破碎腔时，导致主轴上所受的轴向力剧增，从而使液压缸中的压强迅速上升，当缸内的压强超过一定的极限时，液压缸上的安全阀打开，让部分油排出，保护设备免遭破坏。

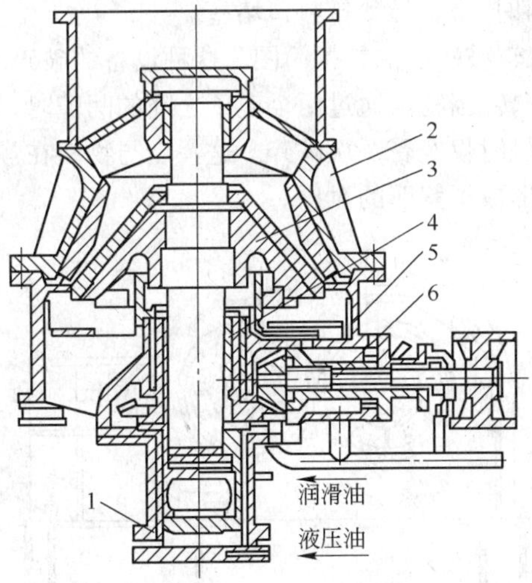

图3－13　底部单缸液压圆锥破碎机的结构

1—液压油缸；2—固定锥；3—可动锥；4—偏心轴套；5—机架；6—传动轴

根据破碎腔的形状和平行带的长度可以把圆锥破碎机细分为图3－14所示的标准型、中间型和短头型3种。标准型圆锥破碎机的平行带短，给料口宽度大，可以给入较大的物料块，但物料在设备中经受的破碎次数较少，产物粒度粗，因而常被用作中碎设备。短头型圆锥破碎机的平行带较长，物料在设备内经受的破碎次数多，产物粒度细，但给料口的宽度小，所以被用作细碎设备。中间型介于前两种之间。

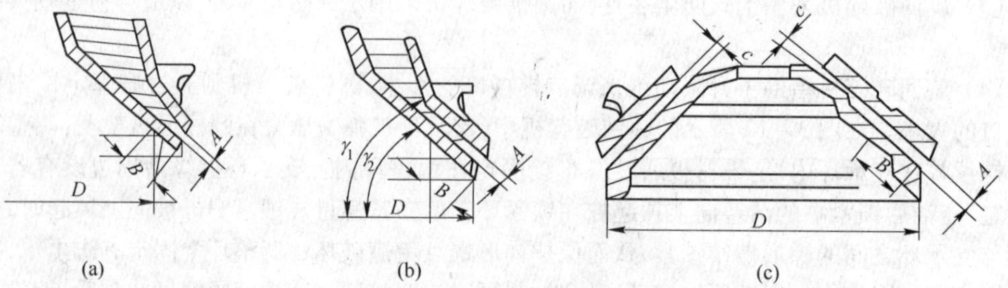

图3－14 中碎和细碎圆锥破碎机的破碎腔形式

(a) 标准型；(b) 中间型；(c) 短头型

由于圆锥破碎机具有破碎比大、效率高、能耗低、产品粒度均匀且适合破碎坚硬物料等优点，所以是目前应用最广泛的中碎和细碎设备，特别是在大、中型规模的生产厂中，迄今为止尚没有能够代替它们的合适机械。但这种设备在破碎黏性物料时容易堵塞，常常需要在破碎前进行碎散和脱泥。

目前生产中使用的圆锥破碎机主要有美卓(MESTO)的HP、MP、GP系列圆锥破碎机，山特维克(SANDVIK)的H、S型系列破碎机，PY和PYY系列圆锥破碎机，西蒙斯(SYMONS)圆锥破碎机。

3.3.2.2 辊式破碎机

辊式破碎机是工业上应用最早的一种破碎设备，于1806首次用于工业生产中。由于这种破碎设备的结构简单、工作可靠，目前仍被广泛用来破碎脆性、黏结、冻结和不耐研磨的物料(例如石灰石、煤炭、白垩、石膏、钨矿石和较软的铁矿石等)，这是因为，用颚式破碎机和旋回破碎机破碎含有较多大块的脆性物料时，常常导致排料口堵塞。

图3－15是标准弹簧双辊破碎机的结构简图。这种设备的破碎工作件是两个水平放置的圆辊。工作时两个辊子相对旋转，当物料通过两个辊子之间的间隙时，经受很大的压力而破碎。这就是说，物料经过辊式破碎机时仅经受一次破碎。这一点与物料在颚式破碎机、旋回破碎机和圆锥破碎机中经受多次破碎，形成了鲜明的对比。

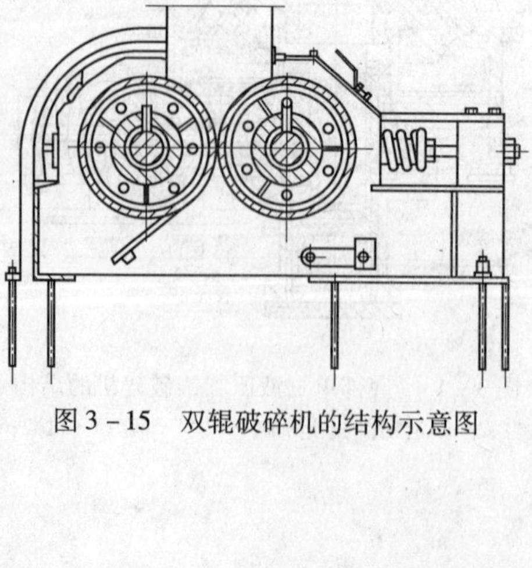

图3－15 双辊破碎机的结构示意图

在双辊破碎机中,一个辊子的轴承是固定的,称为固定辊;另一个辊子的轴承可以沿辊子的径向作水平移动,称为可动辊。调整两个辊子轴承之间的间隙,即可改变辊子之间的间隙(亦即排料口)。可动辊的轴承座与保险弹簧相联结,设备正常工作时,弹簧的压力足以使可动辊保持不动。当两个辊子之间落入不能被破碎的物料块时,因载荷过大而使弹簧进一步压缩,可动辊后移,排料口增大,从而起到过载保护作用。

有些辊式破碎机仅有一个相对于固定板旋转的辊子,称为单辊破碎机。此外,还有3个、4个和6个辊子的辊式破碎机,分别称为三辊、四辊和六辊破碎机。在某些辊式破碎机中,辊子的直径和旋转速度都可能是不同的。

辊式破碎机的辊子表面有光滑的和带齿的两种形式,后者通常被称为齿辊破碎机(见图3-16)。光滑辊面的辊式破碎机常常用作细碎设备,而齿辊破碎机则往往用在破碎粗粒物料的场合。破碎物料时,突出的齿插入物料内部,实现了压碎和割裂的联合作用,因此,在辊径相同的条件下,齿辊破碎机可以处理较大粒度的物料。齿辊破碎机通常用来破碎较软或较黏的铁矿石、较脆的石灰石和煤炭等,辊子直径为1000 mm的齿辊破碎机可以破碎最大块粒度为400 mm的物料。

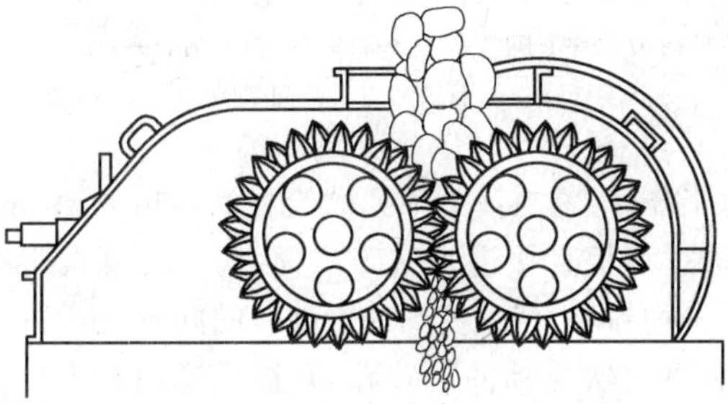

图3-16 双齿辊破碎机的结构简图

辊式破碎机的规格用辊子的直径和长度 $D \times L$ 来表示。这种设备的主要优点是结构简单、紧凑、轻便,工作可靠,产品粒度细而均匀,自由给料时过粉碎轻。但这种设备的生产能力低,占地面积大,且磨损严重。

3.3.2.3 *冲击式破碎机*

通常物料的抗冲击强度比其抗压强度要小一个数量级,而且高频冲击下能量散失较少。因此,采用冲击的方式破碎物料时,破碎效率高,破碎单位质量物料的能耗低。冲击式破碎机正是基于这一事实而发展起来的。利用冲击能破碎物料的机械主要有反击式破碎机、冲击颚式破碎机、锤式破碎机和选择式破碎机等。

反击式破碎机的规格以转子的直径和长度 $D \times L$ 表示。反击式破碎机的转子轴通常采用水平安装,转子轴被置于竖直方向的称为立式冲击破碎机,如LCP5立式冲击破碎机、同步破碎机等。反击式破碎机按照转子的数目,分为单转子和双转子两种;双转子反击式破碎机按照2个转子的配置方式,又细分为两转子反向的、两转子同向的和呈高差配置的3种。

单转子反击式破碎机的结构如图3-17所示。这种设备由转子、反击板和机体等部件组成,转子上固定有3块以上的打击板。在上机体上悬吊着2块反击板,构成2个破碎腔。打击板和反击板下缘之间的间隙即是反击式破碎机的排料口,调节拉杆上的螺母就可以调整破碎机排料口的大小。

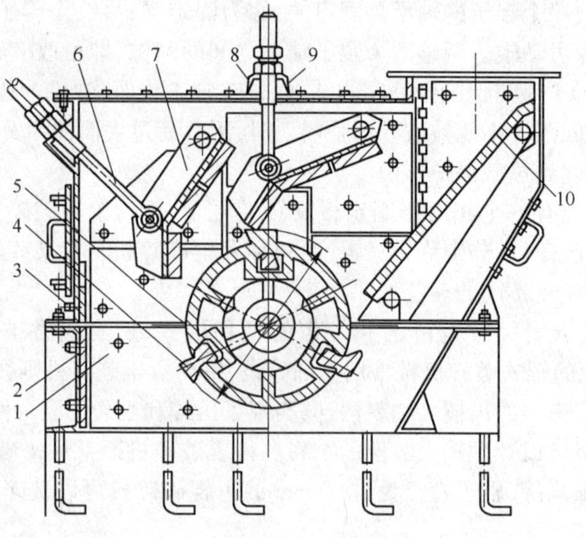

图 3－17 单转子反击式破碎机的结构
1—机体保护衬板;2—下机体;3—上机体;4—打击板;5—转子;6—拉杆螺栓;
7—反击板;8—球面垫圈;9—锥面垫圈;10—给料溜板

单转子反击式破碎机工作时,物料沿带筛孔的给料溜板给入,粒度小于筛孔尺寸的物料块,在沿溜板下滑的过程中,透过溜板直接进入破碎产物中,而粒度大于筛孔的物料块则溜入破碎腔。高速旋转的打击板打击物料块,使之受到冲击破碎的同时,还以一定的速度飞向反击板。当物料块撞击到反击板时,它将再次受到冲击破碎,并被反弹回打击板。破碎过程将如此反复进行,直到物料块的粒度小于第 1 个破碎腔的排料口尺寸后,即进入第 2 个破碎腔继续经受破碎。当然,物料块在破碎腔内除了经受打击板和反击板的冲击破碎作用之外,物料块之间的相互撞击也会产生一定的冲击破碎作用,加速物料的破碎过程。粒度达到要求的物料块从最后一个破碎腔排出,形成最终破碎产物。整个转子和反击板等工作部件用一个罩子罩住,给料口处设有链幕,以遮住破碎腔内的物料块往外飞。当有不能被破碎的物料块进入破碎腔时,反击板被向上顶起,这样的物料块排出后,反击板又落下,从而起到过载保护作用。

在反击式破碎机中,物料块越大,它的动能也就越大,受到的冲击破碎作用也越强,所以反击式破碎机的产品粒度比较均匀。在这种设备的破碎过程中,能量损失小,破碎效率高,而且物料块容易在结合力较弱的不同组分结合面上发生破裂。另外,反击式破碎机的质量轻,体积小,结构简单,但破碎比可高达 30～40,最大可达 150。这是其他任何一种破碎设备都无法比拟的。因而采用反击式破碎机时,可以简化破碎流程,节省投资费用。只是由于它的转子高速旋转,磨损严重成了这种设备的致命弱点,所以长期以来只用于破碎一些脆性和硬度不大的物料。

选择性破碎机是基于待破碎的物料块之间因成分不同而具有不同的抗冲击破碎强度(如煤和煤矸石)而进行工作的,其基本结构如图 3－18 所示。选择性破碎机的主要工作部件是一个带筛孔的圆筒,筛孔尺寸即为破碎产物的粒度上限,圆筒内设置有提升板,将待碎物料块提升到圆筒的最高处后,让其自由跌落。容易破碎的物料块落下时,因受到冲击而得以破碎,当其粒度小于筛孔尺寸时,便透筛而过,形成破碎产物;但较为坚硬的物料块却不能得到破碎。

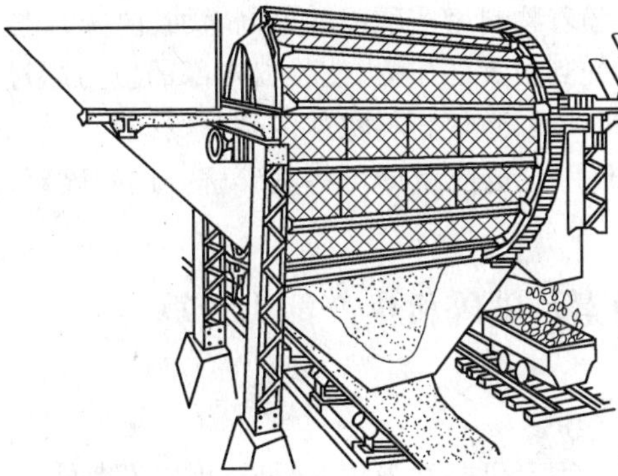

图 3-18 选择性破碎机的结构

选择性破碎机的圆筒有 4°~10°的锥角，提升板也有一定的倾斜度，使圆筒内的物料随着圆筒的旋转而不断前进，使不能得到破碎的物料块最终从圆筒的末端排出，从而起到破碎和分选的双重作用。选择性破碎机的圆筒直径一般为 2.5~3.0 m，长度为 4.5~6.0 m，转速为 10~20 r/min。

目前，选择性破碎机主要用于破碎原煤，其主要优点是维护工作量小，不易产生故障，但工作时噪声大、粉尘多。

3.3.2.4 高压辊磨机

长期的工作实践表明，破碎过程的能耗和钢耗都明显比磨碎过程低，所以多碎少磨是物料粉碎过程一直坚持的一项重要原则。为了有效地降低破碎产品的粒度，德国的施温迪希(G. Schwendig)教授等进行了大量的试验研究，于 20 世纪 80 年代，提出了利用高压辊磨机对物料进行预损伤粉碎的理论。在此基础上，德国的 Krupp Polgsius 公司于 1985 年制造出了世界上第 1 台规格为 1800 mm×570 mm 的工业型高压辊磨机，注册商标为 POLYCOM，于 1986 年在 Leimen 水泥厂正式投入工业使用。继 Krupp 公司之后，德国的 KHD Humboldt Wedag 公司、美国的 Fuller 公司、丹麦的 F. L. Smith 公司等也先后生产出了多种规格的高压辊磨机。生产中应用的高压辊磨机的最大规格为 ϕ2800 mm×500 mm，驱动功率为 1200 kW，于 1987 年初在南非一金刚石矿山正式投入工业生产，处理的是含金刚石的金伯利岩，给料最大粒度约为 130 mm，生产能力达 250 t/h。

高压辊磨机的机械结构与图 3-15 所示的光滑辊面双辊破碎机非常相似，其工作部件也是两个直径和长度相同的辊子，其中一个辊子的轴承座是固定的，称为固定辊；另一个辊子的轴承座与液压缸联结，随着缸内压强的变化，可以使辊子沿径向前后移动，因而称为活动辊。2 个辊子分别由 2 台电动机通过各自的减速装置带动，其中带动活动辊的电动机及其减速装置安装在一活动小车上，可以随着活动辊一起前后移动。高压辊磨机的工作原理如图 3-19 所示。

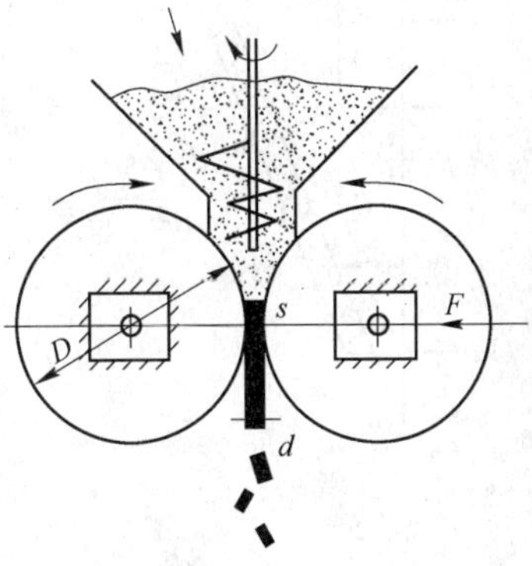

图 3-19 高压辊磨机的工作原理示意图

物料由给料装置给入两个沿相反方向旋转的辊子之间，辊子便对物料施加一较大的挤压力，首先是形状不规则的大物料块受到点接触压力，使物料的整体体积减小而趋于密实，并随辊子一起向下移动，与此同时物料也由受点接触压力变为受线接触压力,使物料更加密实。随着物料密实程度的急剧增加,内应力也迅速上升。当物料通过两个辊子之间的最小间隙时,将受到更大的压力,使物料内部的应力超过其耐压强度极限,这时物料块内便开始出现裂纹并不断扩展,致使物料块从内部开始破碎,形成一动即碎的饼状小块(见图3-19),在下一个工序中,仅用少量能量即可将其碎解。这一破碎过程就是预损伤粉碎理论的一个具体实施。

3.4　破碎过程的影响因素及破碎机生产能力计算

3.4.1　破碎过程的影响因素

概括地讲,破碎过程的影响因素可归纳为物料性质、破碎设备性能和操作条件三大类。

3.4.1.1　*影响破碎过程的物料性质*

对破碎过程有影响的物料性质主要包括物料的硬度、密度、平均粒度和结构、含水量、含泥量等。物料硬度越大,越不容易破碎;物料的密度越大,按给料计的设备处理能力就越大;当物料的最大粒度一定时,平均粒度越细,需要的破碎工作量就越少;结构松弛、节理发育良好的物料容易被破碎,而含水、含泥量大的物料易黏结,严重时会导致破碎腔堵塞。

3.4.1.2　*破碎设备*

这一类影响因素主要包括:设备的类型、规格、排料口和啮角等。破碎设备的类型和规格是决定它能否满足特定作业要求的首要条件,因而在选择破碎设备时,首先要根据待碎物料的性质和数量,确定采用什么类型的设备及其规格。就一台具体的设备来说,排料口的尺寸实际上决定着它的工作质量和生产能力。当排料口过大时,大部分物料未经破碎即通过排料口,从而使设备的生产能力很大,但破碎比却很小;反之,当排料口过小时,虽然破碎比会明显增大,但设备的生产能力却因此而严重下降。所以,在确定破碎机的排料口尺寸时,应根据具体情况,两者兼顾,综合考虑。

破碎设备的啮角是指钳住物料块时,破碎工作部件表面之间的夹角,通常用符号 α 表示。根据这一定义,颚式破碎机的啮角就是钳住物料块时,动颚与定颚之间的夹角(见图3-20),旋回破碎机和圆锥破碎机的啮角指的是动锥和定锥表面之间的夹角,而辊式破碎机的啮角则是指物料块与两辊面接触点的切线之间的夹角(见图3-21)。

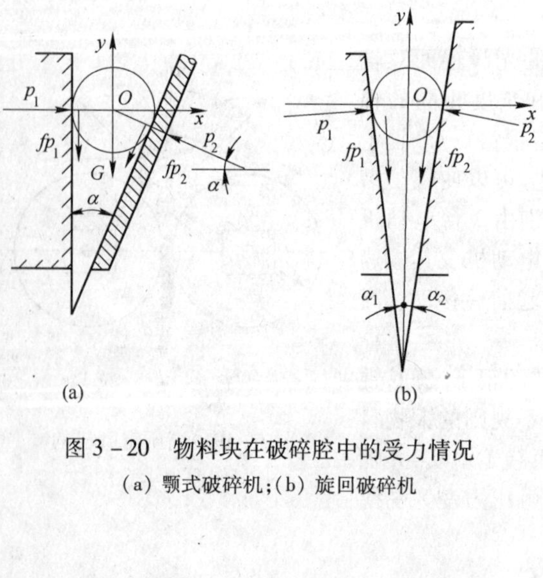

图3-20　物料块在破碎腔中的受力情况
(a) 颚式破碎机;(b) 旋回破碎机

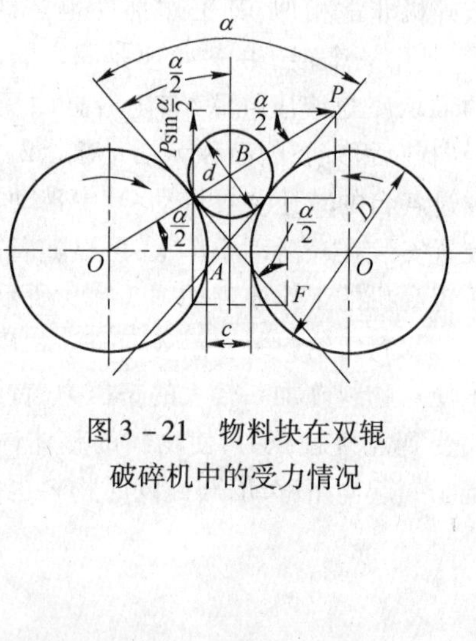

图3-21　物料块在双辊破碎机中的受力情况

破碎设备啮角的大小直接决定着破碎过程是否能安全顺利地进行，是一个非常重要的设备工作参数。这一点通过后面的受力分析，可以得到更清楚的认识。

图3－21是双辊破碎机工作时的受力示意图，图中的α角即为啮角。设物料块与辊面接触点处的作用力为P，则辊面与物料块之间的摩擦力$F=fP$，其中f是辊面与物料块之间的静摩擦系数，保证物料块被两个辊子钳住不向上飞出的力学条件是：

$$2P\sin(\alpha/2)\leqslant 2fP\cos(\alpha/2)+G$$

式中，G是物料块自身的重力，与$2fP\cos(\alpha/2)$相比可以忽略不计，因而上式可近似地表示为：

$$2P\sin(\alpha/2)\leqslant 2fP\cos(\alpha/2) \tag{3-17}$$

$$\tan(\alpha/2)\leqslant f=\tan\varphi \tag{3-18}$$

式中，φ是物料块与破碎机械工作部件表面之间的静摩擦角。由上式可得：

$$\alpha\leqslant 2\varphi \tag{3-19}$$

式(3－19)就是所有以工作部件压碎物料的破碎机械必须满足的力学条件。

3.4.1.3　操作条件

影响破碎过程的操作条件主要是给料条件和破碎设备的作业形式。连续均匀地给料既能保证生产正常进行，又能提高设备的生产能力和工作效率；此外，闭路破碎时，破碎机的生产能力可增加15%～40%。

3.4.2　破碎机生产能力计算

由于破碎过程的影响因素很多，而且许多因素的具体影响机理尚没有完全研究清楚，所以很难从理论上推导出破碎机生产能力的计算公式，只能通过引入修正系数的方法，把那些主要因素对破碎机生产能力的影响在计算公式中体现出来。例如颚式破碎机、旋回破碎机和圆锥破碎机开路破碎时的生产能力可按下式进行计算：

$$Q=K_1\times K_2\times K_3\times Q_0 \tag{3-20}$$

式中　Q——待计算的破碎机按给料计的生产能力，t/h；

K_1——物料的可碎性系数，见表3－2；

K_2——物料密度修正系数，其计算式为$K_2=\rho_0/1600\approx\rho_1/2700$，其中$\rho_0$和$\rho_1$分别是物料的堆密度和密度，单位为$kg/m^3$；

K_3——物料的粒度或破碎比修正系数，其值见表3－3和表3－4；

Q_0——标准条件(破碎堆密度为1600 kg/m^3的中硬物料)下破碎机开路破碎时的生产能力，t/h，其计算公式为：

$$Q_0=q_0\times b_{排} \tag{3-21}$$

式中　q_0——破碎机排料口单位宽度的生产能力，t/(h·mm)，具体数值见表3－5、表3－6、表3－7和表3－8；

$b_{排}$——破碎机排料口宽度，mm。

表3－2　物料可碎性系数 K_1

物料硬度	耐压强度/MPa	K_1
硬	160～200	0.9～0.95
中硬	80～160	1.0
软	<80	1.1～1.2

表3-3 粗碎设备的物料粒度校正系数 K_2

给料最大粒度与设备给料口宽度之比	0.85	0.6	0.4
K_2	1.0	1.1	1.2

表3-4 中碎和细碎设备的物料粒度校正系数 K_3

标准型和中间型圆锥破碎机		短头型圆锥破碎机	
$b_{排}/b$	K_3	$b_{排}/b$	K_3
0.60	0.90~0.98	0.40	0.90~0.94
0.55	0.92~1.00	0.25	1.00~1.05
0.40	0.96~1.06	0.15	1.06~1.12
0.35	1.00~1.10	0.075	1.14~1.20

注:1. $b_{排}$ 为前一段破碎机的排料口宽度;b 为本段破碎机的给料口宽度。

2. 有预先筛分取小值,没有预先筛分取大值。

表3-5 颚式破碎机的 q_0 值

设备规格/mm	250×400	400×600	600×900	900×1200	1200×1500	1500×2100
q_0/t·(h·mm)$^{-1}$	0.4	0.65	0.95~1.0	1.25~1.3	1.9	2.7

表3-6 旋回破碎机的 q_0 值

设备规格/mm	500/75	700/130	900/160	1200/180	1500/180	1500/300
q_0/t·(h·mm)$^{-1}$	2.5	3.0	4.5	6.0	10.5	13.5

表3-7 开路破碎时标准型和中间型圆锥破碎机的 q_0 值

设备规格/mm	ϕ600	ϕ900	ϕ1200	ϕ1650	ϕ1750	ϕ2100	ϕ2200
q_0/t·(h·mm)$^{-1}$	1.0	2.5	4.0~4.5	7.8~8.0	8.0~9.0	13.0~13.5	14.0~15.0

注:当排料口小时取大值,当排料口大时取小值。

表3-8 开路破碎时短头型圆锥破碎机的 q_0 值

设备规格/mm	ϕ900	ϕ1200	ϕ1650	ϕ1750	ϕ2100	ϕ2200
q_0/t·(h·mm)$^{-1}$	4.0	6.5	12.0	14.0	21.0	24.0

当破碎机采用闭路作业形式时,其生产能力计算公式为:

$$Q_{闭} = KQ_{开} \tag{3-22}$$

式中 $Q_{闭}$——破碎机闭路破碎时的生产能力,t/h;

$Q_{开}$——破碎机开路破碎时的生产能力,t/h;

K——系数,其值为1.15~1.40。

光滑辊面的辊式破碎机的生产能力,可以根据通过两个辊子之间间隙的物料量进行计算,即:

$$Q = V\rho_1/1000 = 60n\pi DLe\mu\rho_1/1000 = 0.1885eDLn\mu\rho_1 \tag{3-23}$$

式中 Q——光滑辊面辊式破碎机的生产能力,t/h

V——单位时间通过两个辊子之间的物料体积,m^3/h;

ρ_1——物料的密度,kg/m^3;

n——辊子的转速,r/min;

D——辊子的直径,m;

L——辊子的长度,m;

e——两个辊子之间的间隙宽度,m;

μ——破碎物料的松散系数,对于中硬物料,其值为 0.2 ~ 0.3,对于潮湿的或黏性的物料其值为 0.4 ~ 0.6。

另外,冲击式破碎机的生产能力常常利用如下的经验公式进行计算:

$$Q = 0.006C(h + a)dbn\rho_1 \tag{3-24}$$

式中 Q——冲击式破碎机的生产能力,t/h;

C——打击板的个数;

h——打击板的高度,m;

a——打击板与反击板之间的间隙,m;

d——排料粒度,m;

b——打击板的宽度,m;

n——转子的转速,r/min;

ρ_1——破碎物料的密度,kg/m^3。

应该说明的是,上述各个计算公式都不可能包括所有的影响因素,而且待破碎物料的性质又千差万别,所以利用这些公式的计算结果都是近似的,必须用实践资料进行校核。

4 物料的磨碎过程

4.1 磨碎作业的评价指标

磨碎(磨矿)作业是选前准备的最后阶段。在此阶段,物料经受冲击和研磨的联合作用。磨碎作业可以以干式进行,也可以以湿式进行。在大多数情况下,因为磨碎作业的产品直接给入选别回路,所以磨碎产品的质量是影响分选指标的重要因素。在实际工作中,常常用磨机运转率、磨机的生产率、磨机的比生产率和磨矿效率等技术指标来评价磨碎(磨矿)作业的工作质量。

磨机运转率也称为磨机作业率,指的是磨机实际运转的小时数与日历总小时数之比,亦即:

$$\text{磨机运转率} = \frac{\text{磨机实际运转的小时数}}{\text{日历总小时数}} \times 100\% \tag{4-1}$$

磨机运转率一般每月计算一次,整个工厂的磨机运转率按所有磨机的平均值计,停止给料的空转时间也计入磨机的实际运转时数。磨机运转率反应磨机的技术状态和工厂的管理水平。一些技术水平比较先进的选矿厂,其球磨机的运转率可高达98%,大多数选矿厂的磨机运转率在90%~98%之间。

磨机的生产率和比生产率都是磨机磨碎物料能力的定量表示方式,它们直接从数量上衡量磨机的工作情况。磨机的生产率是指单位时间内新给入磨机的物料量 Q,单位为 t/h;磨机的比生产率是指单位时间、单位磨机有效容积所产出的新生 -0.074 mm 粒级的数量 $q_{-0.074}$,单位为 t/(m^3·h),磨机的比生产率又称为磨机的利用系数。若磨机给料中 -0.074 mm 的质量分数为 β_f,磨碎产物中 -0.074 mm 的质量分数为 β_p,磨机的有效容积为 V(m^3),则磨机的生产率 Q 与磨机的比生产率 $q_{-0.074}$ 之间的关系为:

$$q_{-0.074} = Q(\beta_p - \beta_f)/V \tag{4-2}$$

按新给料计的磨机生产率 Q 计算简单,但没有考虑给料粒度、磨碎产品粒度和磨机的容积等因素,所以只能在这些因素都相同的条件下对各台磨机的工作情况进行评价,而磨机的比生产率却比较真实地反映了磨机的工作情况,可以在不同的工作条件下,比较不同规格磨机的工作情况,所以尽管它计算复杂一些,仍得到了广泛应用。

磨矿效率是磨机的单位能耗生产率,也就是磨机每消耗 1 kW·h 能量所处理的物料量。在生产实践中,磨机的磨矿效率既可以表示为每消耗 1 kW·h 能量所处理的新给料的吨数,记为 μ,也可以表示为每消耗 1 kW·h 能量所产生的 -0.074 mm 粒级的吨数,记为 $\mu_{-0.074}$。由此可见,磨矿效率是从能耗的角度对磨碎过程进行评价的一个数字指标,尤其是采用后一种表示方法时,它就把磨碎设备的能耗与磨碎效果紧密地联系了起来。

4.2 钢球在磨机内的运动及其磨碎作用

4.2.1 磨机内钢球的运动状态

滚筒式磨机的突出特点是利用松散的磨矿介质,这些磨矿介质个体相对于待磨碎的物料块而言,尺寸大、硬度高、质量大,但相对于磨机的容积而言,却是很小的。磨矿介质在磨机内的堆积体积稍小于磨机容积的1/2。

由于磨机筒体的旋转和摩擦作用,磨矿介质沿着磨机筒体上升的一侧被提高,直到达到动力平衡点。此后,它们将以某种运动方式,落回到整个磨矿介质载荷的底脚。

滚筒式磨机内磨矿介质的运动情况取决于磨机筒体的运转速度、介质充填率、磨机衬板的形状和磨机内矿浆的浓度等,尤其是磨机筒体的运转速度和介质充填率,它们对磨矿介质的运动情况具有最为重要的影响。滚筒式磨机的介质充填率是磨矿介质以及它们之间的空隙与磨机有效容积之比,通常用字母 φ 表示,可以用如下的公式进行近似计算:

$$\varphi = 113 - 126(H_c/D_m) \tag{4-3}$$

式中 H_c——从磨机筒体内部顶点到静止的磨矿介质表面的距离,m;

D_m——磨机筒体加衬板以后的内径,m。

大量的研究结果表明,当磨矿介质为钢球且充填率低于40%时,钢球沿滚筒内壁的滑动非常严重,特别是当介质充填率很低时,钢球在筒体内壁的最低点附近跳动。当介质充填率大于40%以后,钢球沿筒体内壁的滑动现象逐渐消失。根据磨机筒体旋转速度的不同,钢球在磨机内呈现出图4-1所示的3种基本运动状态。

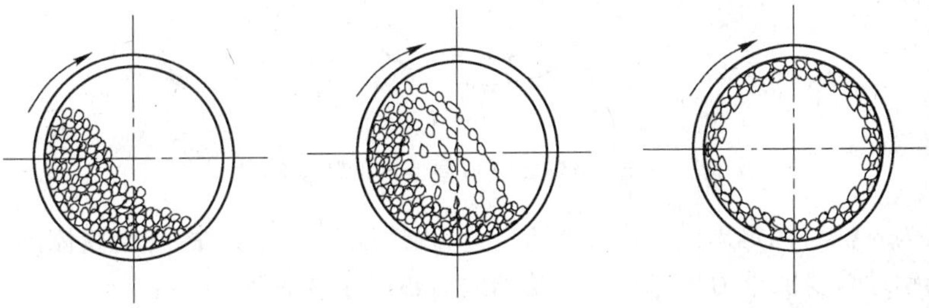

图4-1 钢球在磨机内的运动状态

(a) 泻落式;(b) 抛落式;(c) 离心式

当磨机筒体低速转动时,球荷整体沿筒体旋转方向偏转一个角度(见图4-1a)。这时,除了每个钢球都绕自身的轴线旋转外,位于球荷顶部的钢球还不断地沿球荷表面滚下,球荷的这种运动状态称为泻落运动状态。在此状态下,介质的磨碎作用主要是研磨。随着磨机筒体旋转速度的增加,球荷整体的偏转高度不断上升。

当磨机筒体的转速增加到一定程度时,球荷顶部的钢球将不再沿球荷表面滚下,而是沿一抛物线轨迹落下(见图4-1b)。这时,钢球的运动状态发生了质的变化,实践中把钢球的这种运动状态称为抛落运动状态。在此运动状态下,抛落下的钢球将对物料块产生冲击破碎作用,所以介质的磨碎作用是研磨和冲击的结合。钢球脱离筒壁开始作抛落运动的点,称为脱离点;过脱离点的筒体半径与筒体垂直直径之间的夹角,称为脱离角。随着筒体转速的增加,脱离点的位置逐渐上移,脱离角逐渐减小,直到脱离点移到筒体的最高点,脱离角相应减小到零,从而使钢球的运动状态又发生了一次质的变化,此时钢球紧紧贴在筒体内壁上,同它一起旋转(见图4-1c),钢球的这种运动状态称为离心运动状态。在离心运动状态下,钢球与钢球之间、钢球与磨机衬板之间都没有相对运动,球荷与磨机筒体一起作回转运动,所以没有任何磨碎作用,可称为磨机的非工作状态,而前两种运动状态是磨机的工作状态。

4.2.2 抛落运动状态下钢球的运动分析

前已述及,钢球在磨机内作泻落运动或抛落运动是磨机的两种工作状态,查明钢球在这两种运动状态下的运动规律,是研究和控制物料磨碎过程的基础。然而,由于钢球的泻落运动过程比较复杂,目前已进行的研究非常有限,所以本节仅就钢球作抛落运动时的受力情况和运动轨迹进行一些分析。

图4-2是钢球作抛落运动时的运动轨迹和受力图。从图4-2中可以看出,钢球在磨机内的运动轨迹由两部分组成,其中钢球在磨机衬板附近被向上提升阶段的轨迹是一段圆弧,而落回到球荷底角的轨迹是一段抛物线。图中的 A_1 点既是钢球运动轨迹的开始点,又是钢球运动轨迹的终点;A_3 点是钢球的脱离点;α 角为脱离角。

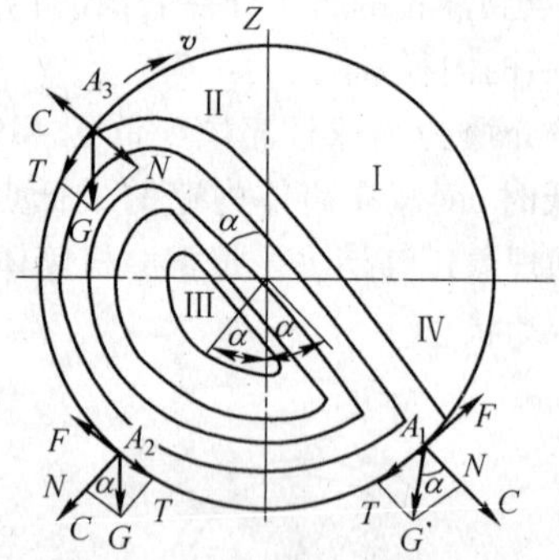

图4-2　钢球在磨机筒体内的运动轨迹

若一质量为 m(kg)的钢球沿着内径为 R(m)、线速度为 v(m/s)的磨机筒体内壁被提升,在脱离点 A_3 处,钢球自身的重力恰好与它所受到的离心惯性力平衡,即有:

$$mv^2/R = mg\cos\alpha$$

或

$$v = \sqrt{Rg\cos\alpha} \tag{4-4}$$

由于 v 与磨机筒体转速 n(r/min)之间的关系为:

$$v = \pi Rn/30$$

且有:

$$\sqrt{g} = \sqrt{9.807} = 3.132 \approx \pi$$

将上述两式代入式(4-4)得:

$$n = 30.0\ \sqrt{\cos\alpha/R} \tag{4-5}$$

式(4-5)反映了筒体转速 n 与钢球在磨机内的上升高度或脱离角 α 之间的关系。从式中可以看出,随着 n 值的增加,α 角逐渐减小,当 n 值增加到使 $\alpha=0$ 时,钢球即进入了离心运动状态。此时,磨机筒体的转速称为磨机的临界转速,亦即磨机筒体内的最外层钢球开始发生离心运动时磨机的转速,记为 n_c,单位为 r/min。由于这时 $\cos\alpha=1$,代入式(4-5)得:

$$n_c = 30.0/\sqrt{R} = 42.4/\sqrt{D} \tag{4-6}$$

式中　D——磨机筒体加衬板以后的内径,m。

磨机正常工作时的实际运转速度 n 通常为其临界转速 n_c 的50%~90%,n 与 n_c 之比称为磨机的转速率,记为 ψ,即:

$$\psi = (n/n_c) \times 100\% \tag{4-7}$$

由于

$$n = 30.0\ \sqrt{\cos\alpha/R}$$

$$n_c = 30.0/\sqrt{R}$$

代入式(4-7)得:

$$\psi^2 = \cos\alpha \tag{4-8}$$

4.2.3 超临界转速运转及其磨碎作用

在推导式(4－6)时,没有考虑钢球与磨机衬板之间的相对滑动,所以计算结果必定会有一定的误差。一般情况下,磨机的实际临界转速要比式(4－6)计算的结果约高20%。尤其是当磨矿介质的充填率远低于40%时,钢球沿磨机衬板的下滑非常剧烈,此时,尽管磨机筒体的实际转速比其临界转速高许多,磨机内的钢球并不发生离心运动,这种现象称为磨机的超临界转速运转。

磨机工作在超临界转速运转状态时,钢球在磨机内剧烈滑动,从而加剧了钢球与钢球之间、钢球与磨机衬板之间的相对运动,致使磨碎作用明显增强,这已被一些选矿厂的生产实践所证实,只是磨机衬板的磨损速度也明显增加。

4.3 钢球在磨机内的运动轨迹和磨矿作业条件的确定

4.3.1 钢球作抛落运动时的运动轨迹方程

在图4－3中,取钢球的脱离点 A 为坐标原点,AX 轴和 AY 轴分别平行于磨机筒体横截面的水平轴和垂直轴,在 XAY 坐标系中,钢球从 B 点到 A 点的圆运动轨迹方程为:

$$(X-R\sin\alpha)^2+(Y+R\cos\alpha)^2=R^2 \tag{4-9}$$

而从 A 点到 B 点的抛物线运动轨迹的参数方程为:

$$X=tv\cos\alpha$$

$$Y=tv\sin\alpha-gt^2/2$$

消去参数 t,并利用关系式:

$$v=\sqrt{Rg\cos\alpha}$$

得到钢球的抛落运动轨迹在直角坐标系中的方程为:

$$Y=X\tan\alpha-X^2/(2R\cos^3\alpha) \tag{4-10}$$

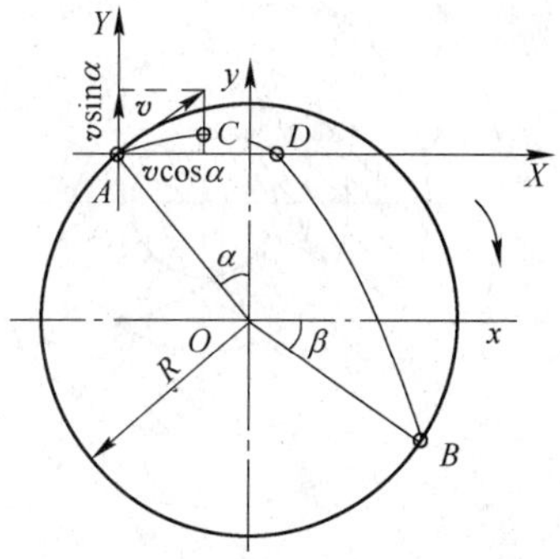

图4－3 钢球的圆运动轨迹和抛物线运动轨迹

由式(4－9)和式(4－10)可以求出钢球运动轨迹上任意一点的坐标。例如,对于抛物线的顶点 C,由于钢球的垂直位移在该点达到最大值,所以在这一点上有:

$$\mathrm{d}Y/\mathrm{d}X=0$$

即:

$$\tan\alpha-X_C/(R\cos^3\alpha)=0$$

由此可得:

$$X_C=R\sin\alpha\cdot\cos^2\alpha \tag{4-11}$$

$$Y_C=0.5R\sin^2\alpha\cdot\cos\alpha \tag{4-12}$$

又比如钢球的落回点 B,由于它既是抛物线轨迹的终点,又是圆轨迹的起点,所以联立式(4－9)和式(4－10)求解得:

$$X_B=4R\sin\alpha\cdot\cos^2\alpha \tag{4-13}$$

$$Y_B=-4R\sin^2\alpha\cdot\cos\alpha \tag{4-14}$$

在以磨机筒体截面的圆心为坐标原点的直角坐标系 xoy 中,落回点 B 的坐标为:

$$x_B=4R\sin\alpha\cdot\cos^2\alpha-R\sin\alpha \tag{4-15}$$

$$y_B=-4R\sin^2\alpha\cdot\cos\alpha+R\cos\alpha \tag{4-16}$$

在落回点,钢球中心与磨机筒体截面中心的连线和筒体截面水平轴的夹角称为钢球的落回角,记为 β。由图4－3可知:

$$\sin\beta = -y_B/R = 4\sin^2\alpha \cdot \cos\alpha - \cos\alpha = \sin(3\alpha - 90°)$$

所以有：

$$\beta = 3\alpha - 90° \tag{4-17}$$

因此，钢球的抛物线轨迹所对应的圆心角为：

$$\alpha + 90° + 3\alpha - 90° = 4\alpha$$

钢球的圆轨迹所对应的圆心角为：　$360° - 4\alpha$

磨机筒体内同时作圆运动的钢球可以有若干层，在任何一层中，各个钢球的运动情况都完全相同，且由于处在同一力场内，所以各层钢球的运动规律是相似的，只是各层钢球的脱离点和落回点不同。

在作圆运动期间，各层钢球的旋转半径 R_i 与其脱离角 α_i 之间的关系均符合式(4-5)，即：

$$n = 30\sqrt{\cos\alpha_i / R_i}$$

或

$$R_i = 900\cos\alpha_i / n^2$$

当 n 值一定时，$900/n^2$ 为一常数，把它记为 a，则：

$$R_i = a\cos\alpha_i \tag{4-18}$$

式(4-18)是半径为 $a/2$ 的圆的极坐标方程，极点位于磨机筒体的圆心处。这说明，尽管各层钢球的回转半径和脱离角不同，但它们的脱离点却都位于同一圆上。

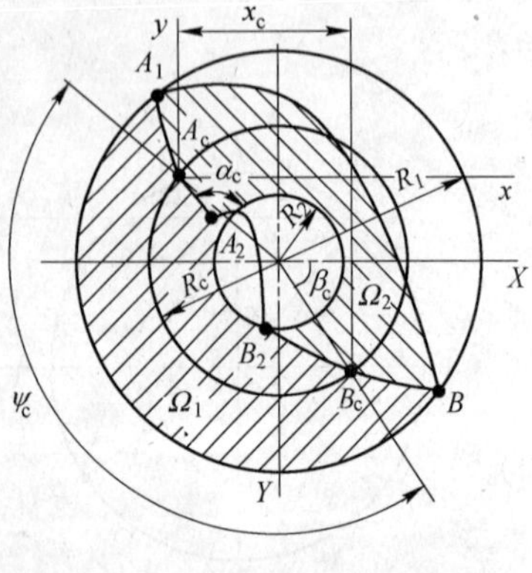

图4-4　磨机筒体截面的分区情况

当磨机内的钢球作抛落运动时，根据钢球的运动轨迹，可以把磨机筒体的截面划分为图4-4所示的4个区域。

(1) 钢球作圆运动区(图中的实影线部分)，在此区域内，钢球被筒体向上提升的同时，还绕自身的轴线旋转，从而对夹在钢球之间的物料块产生磨削作用。

(2) 钢球作抛落运动区(图中的虚影线部分)，钢球在抛落运动过程中，不产生任何形式的磨碎作用，只有到达落回点的瞬间，才对物料块产生冲击破碎作用。在落回点附近，钢球的运动非常激烈，磨碎作用也最强。

(3) 肾形区，这一区域紧靠磨机筒体的中心部位，钢球只作蠕动，它们的磨碎作用很弱。

(4) 空白区，即钢球作抛落运动区以外的区域，在这里自然没有磨碎作用。

4.3.2　磨机转速的确定

物料在磨机内受到的粉碎作用来自冲击破碎和研磨两方面，而冲击破碎作用的强弱程度，主要取决于钢球到达落回点时的动能。因此，使钢球在磨机内具有尽可能大的自由下落高度，将是提高磨碎效果的重要条件。钢球的自由下落高度 h 就是其抛物线运动轨迹顶点的纵坐标 Y_C 与落回点的纵坐标 Y_B 之差。由式(4-12)和式(4-14)得：

$$h = Y_C - Y_B = 4.5R\sin^2\alpha \cdot \cos\alpha \tag{4-19}$$

由上式得：

$$\partial h/\partial\alpha = 4.5R(2\sin\alpha \cdot \cos^2\alpha - \sin^3\alpha)$$

$$\partial^2 h/\partial\alpha^2 = 4.5R(2\cos^3\alpha - 7\sin^2\alpha \cdot \cos\alpha) = 4.5R(9\cos^3\alpha - 7\cos\alpha)$$

令 $\partial h/\partial\alpha = 0$ 得：

$$4.5R(2\sin\alpha \cdot \cos^2\alpha - \sin^3\alpha) = 0$$

由于 $R \neq 0$，$\sin\alpha \neq 0$，所以上式变为：

$$2\cos^2\alpha - \sin^2\alpha = 2 - 3\sin^2\alpha = 0$$

由上式得：

$$\alpha = 54°44'$$

当 $\alpha = 54°44'$时，有：

$$\partial^2 h/\partial\alpha^2 = -10.392R < 0$$

所以当 $\alpha = 54°44'$时，h 取得极大值，即有：

$$h_{max} = 1.732R$$

若使磨机筒体内最外层钢球具有最大的下落高度，则由式(4－5)：

$$n = 30\sqrt{\cos\alpha/R}$$

得：

$$n = 30\sqrt{\cos54°44'/R} = 22.80/\sqrt{R} = 32.24/\sqrt{D} \tag{4-20}$$

同时，由式(4－8)：

$$\psi^2 = \cos\alpha$$

得：

$$\psi = \sqrt{\cos\alpha} = \sqrt{\cos54°44'} = 76\% \tag{4-21}$$

这说明，若使最外层钢球具有最大的下落高度或最强的冲击破碎作用，磨机的转速率应为76%。然而，导出这一结果时，既没考虑钢球与磨机衬板之间的滑动，也没有考虑钢球充填率的影响，所以上述理论计算结果与生产实际情况有一定的误差。为了克服这一缺欠，研究工作者曾在一些假定条件下，推导出适宜的磨机转速率为：

$$\psi = 88\%$$

然而，由于推导条件太理想化，使得这一结果也不能与实际情况完全吻合。考虑到转速太低时，磨机的磨碎效果很差，而转速太高时，又将导致磨损加剧，钢耗上升，因而生产实践中将 $\psi = 76\% \sim 88\%$ 称为“最适宜的转速率”。

4.4　磨碎过程的能耗

磨碎过程的能耗通常用磨机的有用功率来描述。磨机的有用功率就是用于推动磨矿介质运动，从而产生磨碎作用的那一部分能耗，记为 N_y。磨机的有用功率通常为磨机总能耗的 75% ~ 80%，其具体数值可根据磨矿介质在磨机内的运动情况，从理论上进行计算，也可以对它进行实际测量。

4.4.1　钢球作泻落运动时的功率计算

如图 4－5 所示，磨机筒体内的钢球作泻落运动时，整个球荷在筒体内偏转一个角度。图中的阴影部分表示球荷，其质量为 m，质心为 S，所对应的圆心角为 Ω，由几何学知识可知，质心 S 位于 Ω 角的垂直平分线上，它到筒体圆心的距离 X 为：

$$X = 2R^3\sin^3(\Omega/2)/(3A) \tag{4-22}$$

式中，A 是阴影部分的面积，当球荷的充填率为 φ 时，有：

$$A = \varphi\pi R^2 \tag{4-23}$$

由上述两式得：

$$X = 2R^3\sin^3(\Omega/2)/(3\varphi\pi R^2) = D\sin^3(\Omega/2)/(3\varphi\pi) \tag{4-24}$$

式中，R 和 D 分别是磨机筒体的半径和直径，单位为 m。

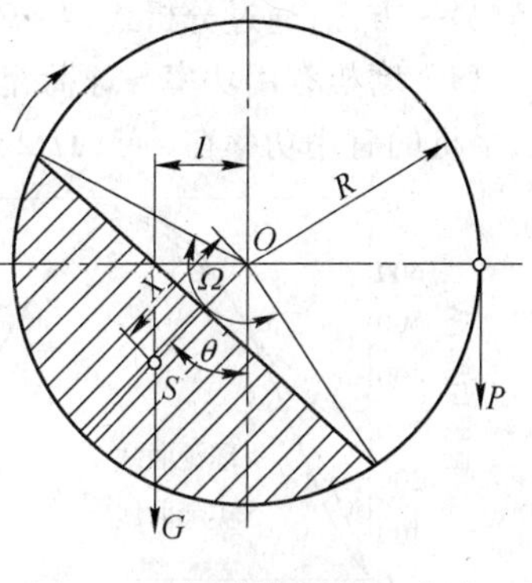

图 4－5　钢球作泻落运动时磨机筒体的断面图

若磨机筒体的内长为 L(m)，磨机内球荷的堆密度为 ρ_0 (kg/m^3)，则球荷的质量 m(kg)为：

$$m = \pi D^2 L\varphi\rho_0/4 \tag{4-25}$$

它对磨机筒体中心 O 的力矩 M(N·m)为：

$$M = mgl \tag{4-26}$$

式中，l 是 mg 对圆心 O 的作用力臂，由图4-5可以看出：

$$l = X\sin\theta = D\sin^3(\Omega/2)\sin\theta/(3\varphi\pi) \tag{4-27}$$

式(4-26)所示的力矩 M 是磨机运转时的阻力矩，若保持磨机在这一状态下连续运转，必须通过电动机供给磨机一个大小与 M 相等、方向相反的转矩，以克服阻力矩 M。因此，对于磨机的有用功率 N_y 可作如下推导：

使磨机旋转一周需要做的功为 $2\pi M$(N·m)，为了使磨机以每分钟 n 转的速度旋转，所需的功率为：

$$\pi Mn/30 = \pi mgln/30$$

根据定义，这就是磨机的有用功率 N_y，单位为W，即：

$$N_y = \pi mgln/30 \tag{4-28}$$

将 m 和 l 的表达式代入上式得：

$$N_y = \pi nD^3 L\rho_0 g\sin^3(\Omega/2)\sin\theta/360$$

由关系式：$\psi = n/n_c = n\sqrt{R}/30 = n\sqrt{D/2}/30$

得：$n = 30\psi\sqrt{2/D}$，代入上式，并取 $g = 9.807\ \text{m/s}^2$ 进行整理得：

$$N_y = 3.63D^{2.5}L\rho_0\psi\sin^3(\Omega/2)\sin\theta \tag{4-29}$$

式中，Ω 与磨机内球荷充填率 φ 之间的关系，可由图4-5导出，即：

$$\begin{aligned}\varphi &= A/(\pi R^2) = [\pi R^2 \times \Omega/2\pi - R\sin(\Omega/2) \times R\cos(\Omega/2)]/(\pi R^2)\\ &= 0.5(\Omega - \sin\Omega)/\pi\end{aligned} \tag{4-30}$$

式(4-29)中的 θ 与磨机的转速率 ψ、球荷充填率 φ、球荷同磨机衬板之间的摩擦系数 f_0 有关。经过理论推导，它们之间的关系为：

$$\begin{aligned}&4.62\psi\sin^3(\Omega/2)\sin\theta = 2.31f_0\{3\cos\theta[\sin(\Omega/2) - \cos^2(\Omega/2) \times \ln(1-\sin(\Omega/2))\\ &+ \cos^2(\Omega/2)\ln(\cos(\Omega/2))] + \psi^2[\Omega - 2\sin(\Omega/2)(7+6\cos(\Omega/2)+2\cos^2(\Omega/2))/15]\}\end{aligned} \tag{4-31}$$

进行泻落运动状态下的磨机有用功率计算时，首先根据充填率 φ 利用式(4-30)计算出 Ω，然后用 ψ、Ω 和 f_0 按关系式(4-31)求出 θ，最后再利用式(4-29)求出磨机的有用功率。

另一方面，通过分析式(4-29)，还可以得到如下一些重要结论：

(1) 磨机有用功率与球荷充填率的关系。由式(4-29)可知，当其他参数固定，仅有 Ω 变化时，磨机的有用功率在 $\sin^3(\Omega/2) = 1$ 或 $\Omega = \pi$ 时取得最大值，由式(4-30)可知，$\Omega = \pi$ 所对应的球荷充填率 $\varphi = 50\%$。当 $\varphi < 50\%$ 时，球荷所对应的圆心角 $\Omega < \pi$，且当 $0 < \Omega < \pi$ 时，$\sin^3(\Omega/2)$ 是一单调增加函数，所以磨机的有用功率随着 φ 的增加而增加。然而，当 $\varphi > 50\%$ 以后，球荷所对应的圆心角 $\Omega > \pi$，且当 $\pi < \Omega < 2\pi$ 时，$\sin^3(\Omega/2)$ 是一单调减小函数，从而使磨机的有用功率随着 φ 的增加而下降。图4-6中的理论曲线和实测曲线都证实了上述分析。正因为如此，在生产实

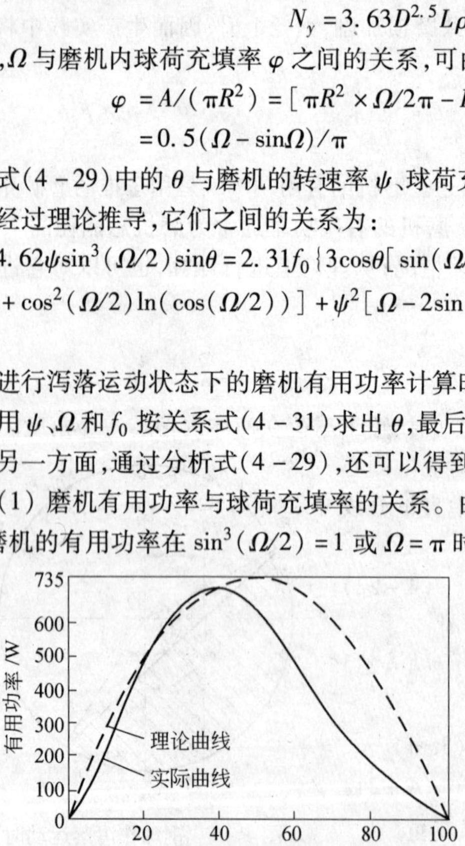

图4-6　有用功率与充填率的关系

践中球荷的充填率都在50%以下。

(2) 有用功率与磨机尺寸的关系。当φ和ψ保持恒定时,Ω和θ对于不同尺寸的磨机均表现为定值,所以式(4－29)中的$3.63\rho_0\psi\sin^3(\Omega/2)\sin\theta$可用一常数$k$代替,亦即:

$$N_y = kD^{2.5}L \tag{4-32}$$

这说明,其他条件不变时,磨机的有用功率与其筒体直径的2.5次方成正比,与其筒体长度的1次方成正比。

当同一类型不同规格的2台磨机,在相同的条件下工作时,两者的有用功率之比为:

$$N_{y1}/N_{y2} = D_1^{2.5}L_1/D_2^{2.5}L_2 \tag{4-33}$$

利用这一关系,可根据小型试验磨机的试验结果,推算出设计磨机需要的功率。

磨机单位容积的有用功率称为磨机的比有用功率,记为N'_y,根据定义得:

$$N'_y = N_y/V = 4kD^{2.5}L/(\pi D^2L) = 4k\sqrt{D}/\pi$$

式中,$4k/\pi$仍为一常数,记为k',则:

$$N'_y = k'\sqrt{D} \tag{4-34}$$

由此可见,当其他条件一定时,磨机的比有用功率与其筒体直径的平方根成正比,因而磨机的直径越大,单位容积的磨碎功也就越大,它的比生产率或利用系数也越大。

4.4.2　钢球作抛落运动时的功率计算

图4－7是钢球作抛落运动时的磨机筒体断面图。在这种工作状态下,若忽略钢球与磨机衬板之间的相对滑动,则磨机的有用功率就等于球荷所获得的能量。使球荷获得能量所消耗的功包括两个部分:其一是把球荷从落回点提升到脱离点所消耗的功,外力所做的这一部分功转变成了球荷增加的势能;其二是使球荷从脱离点以一定的初速度抛落所消耗的功,外力所做的这一部分功转变成了钢球脱离筒体时的动能。根据前苏联人安德烈耶夫(С. Е. Андлеев)等的推导,前者为:

$$0.864\rho_0VD^{0.5}\psi^3[8(1-\lambda^4)-16\psi^4(1-\lambda^6)/3]$$

后者为:$0.864\rho_0VD^{0.5}\psi^3(1-\lambda^4)$

所以钢球作抛落运动时,磨机的有用功率计算式为:

$$N_y = 0.864\rho_0VD^{0.5}\psi^3[9(1-\lambda^4)-16\psi^4(1-\lambda^6)/3] \tag{4-35}$$

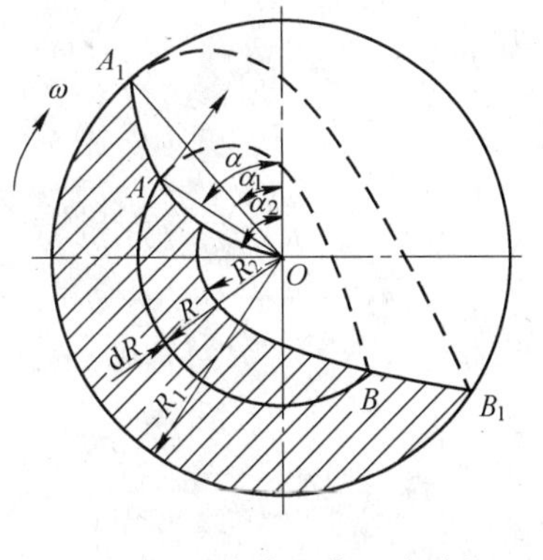

图4－7　钢球作抛落运动时的磨机筒体断面图

式中　ρ_0——磨矿介质(球荷)的堆密度,kg/m³;

V——磨机的有效容积,m³;

D——磨机筒体的直径,m;

ψ——磨机的转速率;

λ——球荷层的最小半径R_2与最大半径R_1之比,由球荷脱离点的轨迹方程:

$$R_i = \alpha\cos\alpha_i$$

得:$R_1 = \alpha\cos\alpha_1$和$R_2 = \alpha\cos\alpha_2$,所以有:

$$\lambda = R_1/R_2 = \alpha\cos\alpha_1/\alpha\cos\alpha_2 = \cos\alpha_1/\cos\alpha_2 \tag{4-36}$$

根据理论推导,φ、ψ、α_1和α_2之间的关系为:

$$\varphi = \{[(\pi-2\alpha_1)\cos2\alpha_1+\sin2\alpha_1-\alpha_1+\sin4\alpha_1/4]-$$

$$[(\pi-2\alpha_2)\cos2\alpha_2+\sin2\alpha_2-\alpha_2+\sin4\alpha_2/4]\}/(2\pi\psi^4) \quad (4-37)$$

当计算钢球作抛落运动的磨机有用功率时，首先根据磨机的转速率，利用关系式：$\psi^2=\cos\alpha_1$，计算出 α_1，再由 φ、ψ 和 α_1 利用式(4－37)和式(4－36)计算出 λ，最后利用式(4－35)计算出钢球作抛落运动时磨机的有用功率。

上述磨机有用功率的计算式都是在一些假定条件下推导出来的，其计算结果必定会有一些误差。经过与实测值对比，在 $\varphi=30\%\sim50\%$、$\psi=60\%\sim85\%$ 的范围内，式(4－35)的计算值与实测值的平均偏差约为4%；在 $\varphi=30\%\sim50\%$、$\psi=60\%\sim94\%$ 的范围内，式(4－29)的计算值与实测值的平均偏差也同样为4%左右。

5　磨碎机械

磨碎机械按照磨碎产物粒度的粗细分为粗磨设备、细磨设备和超细粉碎设备；按是否利用磨矿介质又可分为有介质磨矿设备和无介质磨矿设备两大类。粗磨和细磨设备包括球磨机、管磨机、棒磨机、砾磨机和自磨机等；超细粉碎设备包括离心磨、振动磨、搅拌磨、气流磨、喷射粉碎机、分级研磨机、超细粉碎机、胶体磨、雷蒙磨和ISA磨机等；有介质磨矿设备包括球磨机和棒磨机；无介质磨矿设备包括自磨机、砾磨机和气流式磨机、涡轮式粉碎机、胶体磨和雷蒙磨等。

5.1　球磨机和棒磨机

5.1.1　基本类型和构造

球磨机和棒磨机分别以钢球和钢棒作为磨矿介质，其规格通常都以筒体的内径和长度（$D \times L$）来表示，例如，目前生产中使用的最大规格的球磨机为$\phi 7.92$ m×11.6 m，中国生产的最大规格的球磨机为$\phi 5.5$ m×8.5 m。按照排料方式球磨机又分为格子型、溢流型和周边排料型三种；棒磨机又分为溢流型和周边排料型两种。按照筒体的形状球磨机又分为短筒型（$L \leqslant D$）、长筒型$L=(1.5 \sim 3.0)D$、锥形$L=(0.25 \sim 1.0)D$和管形$L=(3 \sim 6)D$，其中管形球磨机习惯上称为管磨机，而棒磨机仅有$L=(1.5 \sim 2.5)D$的筒形一种。周边排料型磨机应用较少，而管磨机的结构又与常规球磨机的大同小异，只是筒体内常常用隔板分成几个研磨室，在同一个设备内实现多段磨碎。因此，生产中常用的球磨机和棒磨机的基本类型主要有格子型球磨机、溢流型球磨机和溢流型棒磨机三种。

5.1.1.1　格子型球磨机

格子型球磨机的结构如图5－1所示。从图5－1中可以看出，格子型球磨机主要由筒体、给料端部、排料端部、主轴承和传动系统等部分组成。

磨机的筒体是一个空心圆柱筒，通常用18～36 mm厚的钢板卷制而成。筒体的两端焊有法兰盘，磨机的两个端盖用螺栓联结在法兰盘上。为了保护筒体不被磨损和调整磨机内介质的运动状态，筒体内壁上铺有耐磨衬板。衬板通常用高锰钢、橡胶或复合材料制造，常见的形状如图5－2所示。筒体中部还开有人孔，供检修磨机时使用。

磨机的给料端部由端盖、中空轴颈和给料器等组成。端盖内壁铺有平的扇形衬板，端盖外焊有中空轴颈，中空轴颈内镶有带螺旋叶片的轴颈内套，除保护轴颈外还有向磨机筒体内推进物料的作用。给料器固定在中空轴颈的端部，其形式取决于磨机是开路作业还是闭路作业、是湿磨还是干磨。干磨时常采用某种形式的振动给料机，而湿磨时常用的给料器有图5－3所示的鼓式、蜗式和联合式三种。

鼓式给料器的端部为截头圆锥形盖子，盖子与外壳之间装有扇形孔隔板，外壳内装有螺旋，物料通过扇形孔由螺旋送入磨机内，这种给料器用于开路作业，且给料点位置较高的情况。

蜗式给料器有单勺和双勺两种，勺子将物料舀起，通过侧壁上的孔进入中空轴颈，由此进入磨机，这种给料器通常与给料点较低的第2段开路或闭路磨矿用磨机配合使用。

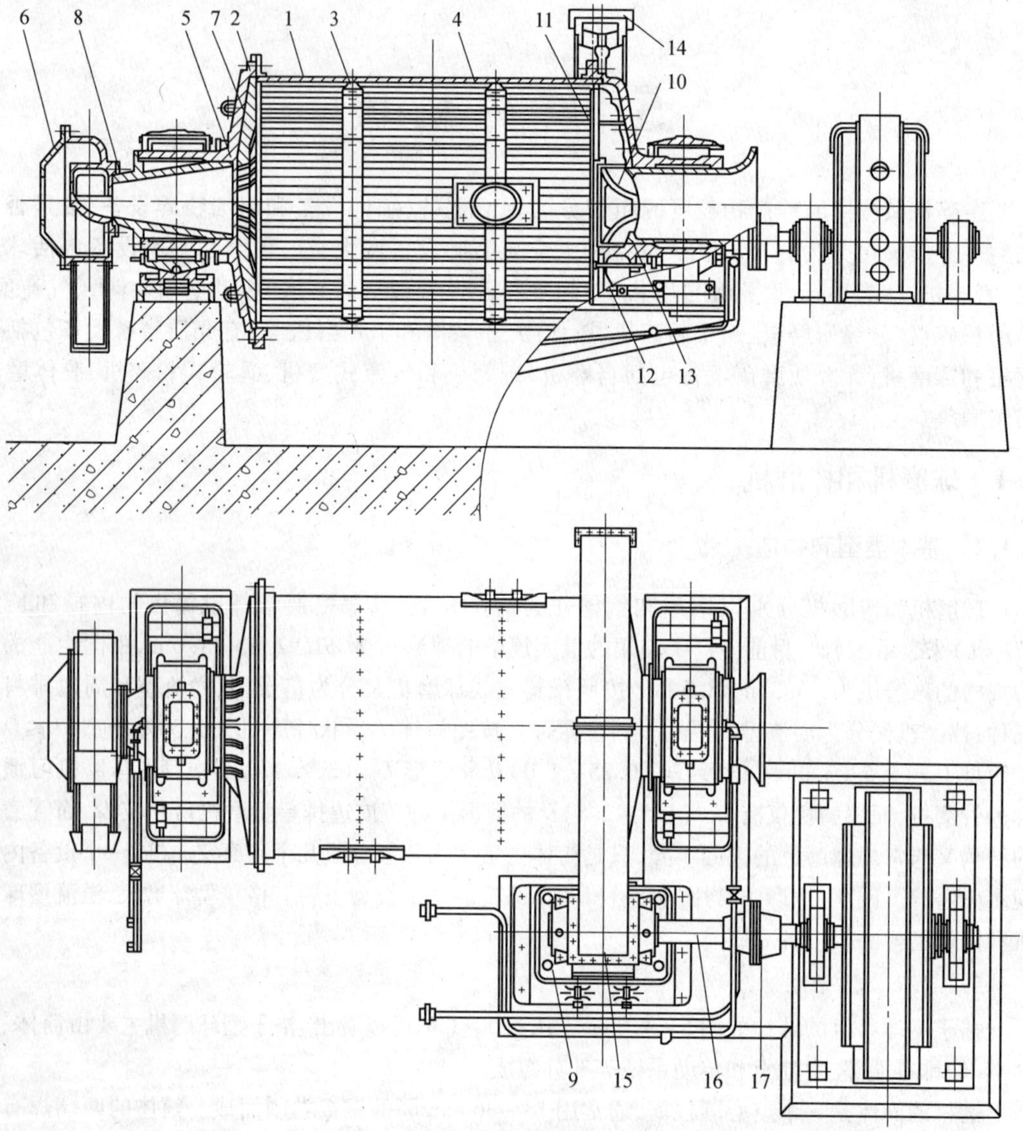

图5-1　格子型球磨机的结构

1—筒体；2—法兰盘；3—螺钉；4—人孔盖；5—中空轴颈端盖；6—联合给料器；7—端衬板；8—轴颈内套；9—防尘罩；10—中空轴颈端盖；11—格子衬板；12—中心衬板；13—轴承内套；14—大齿圈；15—小齿轮；16—传动轴；17—联轴节

联合给料器由鼓式和蜗式两种给料器组合而成，可以同时给入磨机的新给料和分级机的返砂，所以它适合与第1段闭路磨矿用磨机配合使用。

格子型球磨机的排料端部如图5-4所示，它主要由格子板、端盖和排料中空轴颈等组成。带有中空轴颈的端盖和筒体之间设置有一个格子板，格子板相当于一个屏障，将钢球和粗颗粒拦隔在筒体内，磨细的颗粒从格子板上的孔眼排出。排料端盖的内壁被放射状筋条分成若干个扇形室，扇形室内衬有簸箕形衬板，用螺栓固定在端盖上。扇形室朝向筒体的一面用格子衬板盖住。

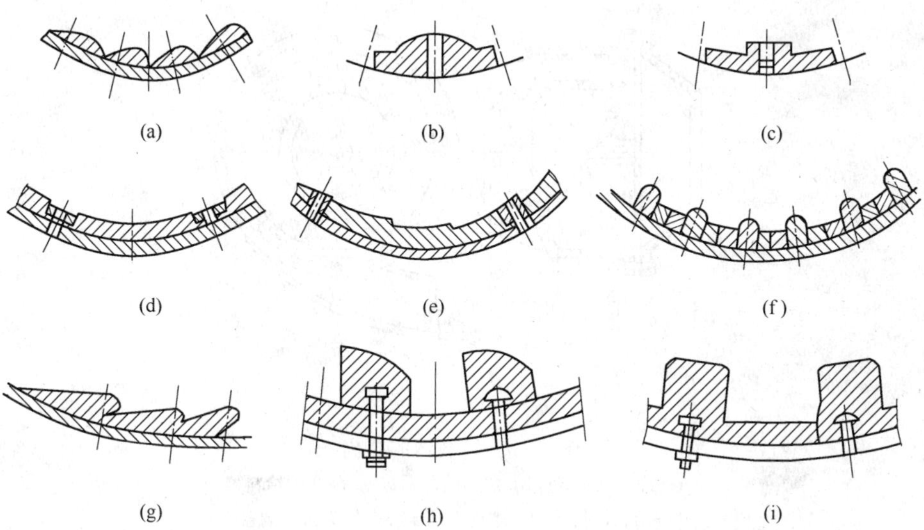

图 5－2　衬板的常见形状

（a）楔形；（b）波形；（c）平凸形；（d）平形；（e）阶梯形；（f）长条形；（g）船舵形；（h）K 型橡胶衬板；（i）B 型橡胶衬板

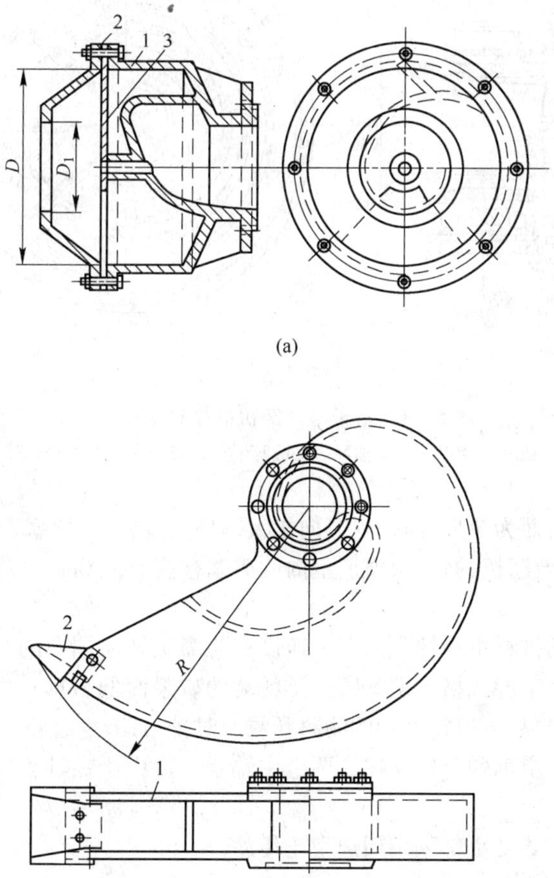

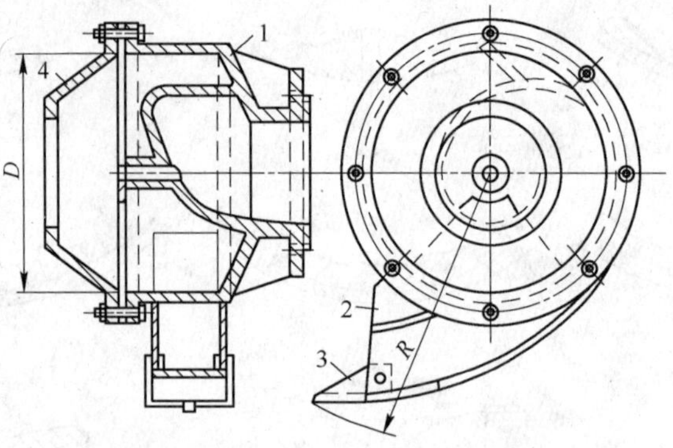

(c)

图5-3 给料器的结构

(a) 鼓式给料器;(b) 蜗式给料器;(c) 联合式给料器

1—给料器机体;2—螺旋形勺子;3—勺头;4—端盖

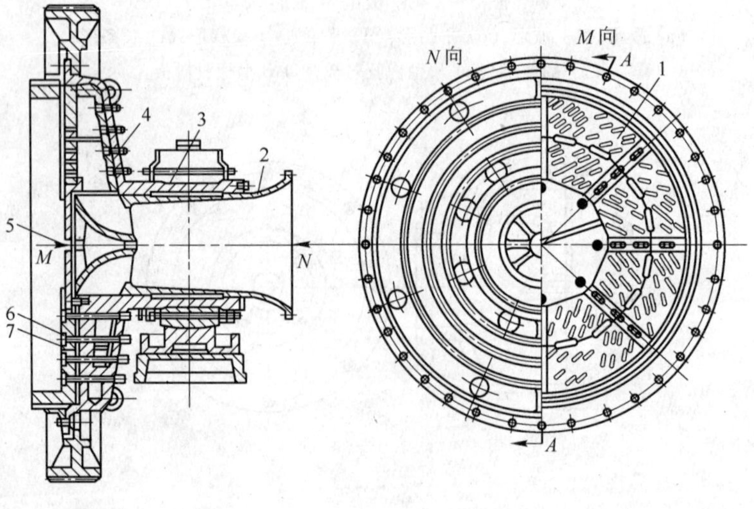

图5-4 格子型球磨机的排料端盖

1—格子衬板;2—轴承内套;3—中空轴颈;4—簸箕形衬板;5—中心衬板;6—筋条;7—楔铁

格子板上的孔眼的断面为梯形,向排料方向扩大,以防止格子板堵塞。磨细的颗粒随矿浆通过格子板进入扇形室,随着磨机的转动,扇形室内的矿浆被提升到高处,然后沿壁流入排料中空轴颈而排出。

干式格子型球磨机的排料中空轴颈内套上还设有与磨机转向同向的螺旋叶片,以帮助磨细的物料从磨机内排出。由于湿式格子型球磨机排料端的矿浆面低于排料中空轴颈中的矿浆面,所以属于低水平的强制排料,可以将磨细的物料颗粒及时排出,减少过磨。

球磨机筒体两端的中空轴颈分别支撑在两个主轴承上。由于主轴承的载荷很大,所以一般都采用稀油循环润滑。

滚筒式磨机的传动方式几乎都采用周边齿轮传动。

5.1.1.2 溢流型球磨机

溢流型球磨机的结构如图5-5所示。

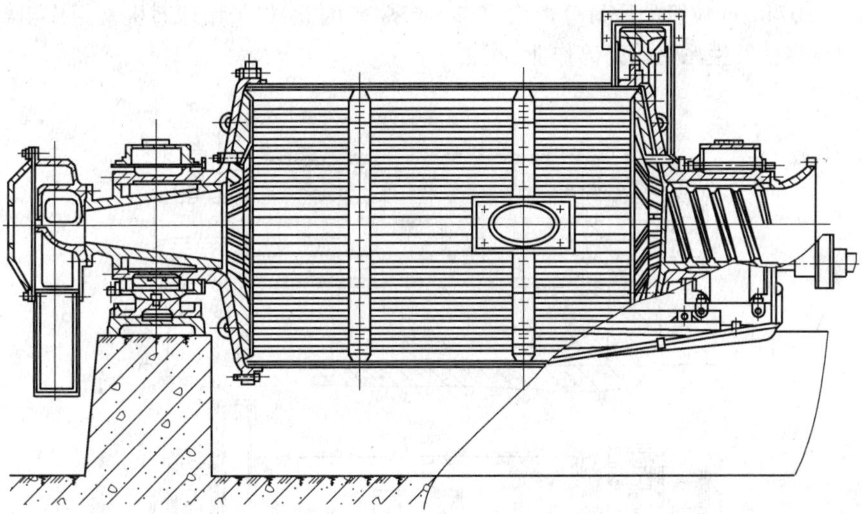

图 5－5 溢流型球磨机的结构

从图 5－5 中可以看出,溢流型球磨机的结构与格子型球磨机的结构基本相同,两者的区别主要是排料端部的结构。溢流型球磨机的排料端部设有排料格子板和扇形提升室,只是排料中空轴颈的直径明显比给料中空轴颈的直径大,从而在磨机的给料端和排料端之间形成一矿浆的液面差,磨细的颗粒和矿浆一起借重力从磨机中溢流出去。为了防止小钢球和粗颗粒随矿浆一起溢流出去,在溢流型球磨机的排料中空轴颈内镶有与磨机旋转方向相反的螺旋叶片,磨细的颗粒悬浮在矿浆中从螺旋叶片上面溢流出去,由矿浆带出的没有磨细的粗颗粒和小钢球则沉在螺旋叶片之间,被反向旋转的螺旋叶片送回磨机内。

5.1.1.3 溢流型棒磨机

虽然中心周边排料型棒磨机和端部周边排料型棒磨机在某些场合也有应用,但生产中使用的棒磨机绝大部分都是溢流型,其结构如图 5－6 所示。

对比图 5－5 和图 5－6 可以看出,溢流型棒磨机的结构与溢流型球磨机的大致相同,只是因前者采用比磨机筒体长度短 25～50 mm 的钢棒作为磨矿介质,为了保证钢棒顺利运动,溢流型棒磨机的筒体长度一般比同直径溢流型球磨机的要长一些,且内铺较平滑的波形衬板;两个端盖的曲率也较球磨机的小一些,且内铺平滑衬板。

此外,为了加快矿浆在棒磨机中的运动并使装棒容易,溢流型棒磨机的排料中空轴颈比同直径溢流型球磨机的要大许多,大型棒磨机排料中空轴颈的直径可达 1200 mm 以上,检修时人可以经此出入,因而筒体上可以不设人孔。

5.1.2 球磨机和棒磨机的工艺性能及用途

格子型球磨机属于低水平强制排料型磨碎设备,磨机筒体内储存的矿浆少,已磨细的颗粒能及时排出,因而发生过磨的可能性较小。同时由于有格子板拦住,磨机内可以多装球,也便于装小球,从而增加了磨碎过程的研磨面积和单位时间内冲击破碎的次数,使磨机具有较强的磨碎能力,加上磨机筒体内矿浆的液面较低,对钢球落下时的缓冲作用弱,所以格子型球磨机的生产率比同规格溢流型球磨机的大 10%～15%,且磨矿效率也比后者的高。然而,由于格子型球磨机的排料速度快,物料在磨机内停留的时间短,产物粒度相对较粗,适宜的磨碎产物粒度为 0.3～

0.2 mm 或 -0.074 mm 粒级的质量分数为 45% ~65%。因此,格子型球磨机常用作粗磨设备,或用在被磨物料容易发生泥化的磨碎作业。

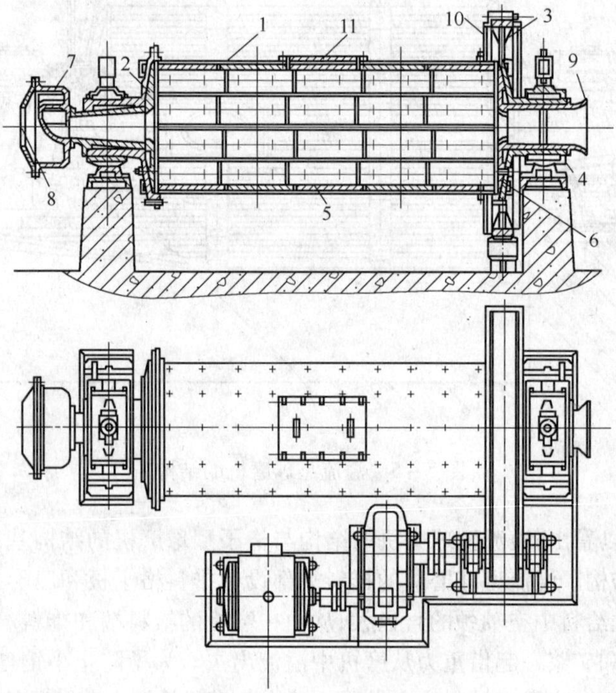

图 5-6 溢流型棒磨机的结构

1—筒体;2—端盖;3—传动齿轮;4—主轴承;5—筒体衬板;6—端盖衬板;
7—给料器;8—给料口;9—排料口;10—法兰盘;11—检查孔

与格子型球磨机相比,由于溢流型球磨机的磨细产物是从排料中空轴颈中溢流出去的,因而磨碎产物的粒度相对较细,设备规格相同时生产能率较小,磨碎过程的过粉碎现象严重,磨矿效率也明显较低;但由于溢流型球磨机的结构简单、价格低廉且适合于作细磨设备,所以溢流型球磨机在生产实践中同样得到了广泛应用。

与球磨机不同,棒磨机内的磨矿介质是钢棒,所以工作特性与球磨机的有着明显的差异。由于钢球之间是点接触,钢棒之间是线接触,当钢棒之间夹有颗粒时,粗颗粒首先受到破碎,而细颗粒则受到一定程度的保护。另一方面,当钢棒沿筒体内壁向上提升时,夹在钢棒之间的细颗粒从缝隙中漏出,从而使粗颗粒集中受到钢棒落下时的冲击破碎。正是由于棒磨机这种特有的选择性破碎粗颗粒的作用,而使得这种磨碎设备的产物粒度均匀,且磨碎过程的过粉碎现象较轻,因而棒磨机常常开路工作。此外,钢棒介质单位体积的表面积比钢球介质的小,所以棒磨机的利用系数比相同筒体直径球磨机的要低一些,且不适宜作细磨设备。

一般来说,棒磨机的生产率比同规格格子型球磨机的低 15% 左右,比同规格溢流型球磨机的低 5% 左右。棒磨机的这些工作特性决定了它适宜作钨矿石、锡矿石及其他一些脆性物料的磨碎设备,以减轻过粉碎现象,提高分选作业的回收率。除此之外,棒磨机也可以在两段磨矿回路中用作粗磨设备,尤其是当处理黏性物料时,棒磨机常取代细碎破碎机,以解决细碎设备排料口的堵塞问题。在生产中,棒磨机的转速率一般在 50% ~65% 之间。

5.1.3 球磨机和棒磨机磨碎过程的影响因素

有介质磨碎过程的影响因素一般可归纳为物料性质、磨机结构和磨机的工作条件三方面。

5.1.3.1 物料性质

待磨物料对磨碎过程的影响主要体现在物料的可磨性、给料粒度及产物粒度等几方面。

A 物料的可磨性

可磨性是指物料由某一粒度磨碎到规定粒度的难易程度，它既可以用相对方法表示，即可磨性，也可以用绝对方法表示，即可磨度。由这两个概念的定义可知，无论是采用相对表示方法还是采用绝对表示方法，都是物料的硬度越大，可磨性越小，磨机的生产率也就越低。

B 给料粒度和产物粒度

给料粒度和产物粒度是磨机生产率的主要影响因素。一般来说，给料粒度越粗，磨碎到规定细度所需要的时间越长，磨机的生产率也就越低。然而这一影响并不是孤立的，其影响程度还会随物料性质和磨碎产物粒度的变化而改变。正如表5－1和表5－2中的数据所表明的那样，磨机的相对生产能力随着给料粒度的减小而增加，但上升的幅度却随着磨碎产品粒度的减小而下降，尤其是处理非均质物料时，其下降趋势更为明显。

表5－1 处理不均匀物料时磨机的相对生产能力

给料粒度/mm	最终产物中－0.074 mm级别的质量分数(%)不同时的相对生产能力					
	40	48	60	72	85	95
－40＋0	0.77	0.81	0.83	0.81	0.80	0.78
－30＋0	0.83	0.86	0.87	0.85	0.83	0.80
－20＋0	0.89	0.92	0.92	0.88	0.86	0.82
－10＋0	1.02	1.03	1.00	0.93	0.90	0.85
－5＋0	1.15	1.13	1.05	0.95	0.91	0.85
－3＋0	1.19	1.16	1.06	0.95	0.91	0.85

表5－2 处理均匀物料时磨机的相对生产能力

给料粒度/mm	最终产物中－0.074 mm级别的质量分数(%)不同时的相对生产能力					
	40	48	60	72	85	95
－40＋0	0.75	0.79	0.83	0.86	0.88	0.90
－20＋0	0.86	0.89	0.92	0.95	0.96	0.96
－10＋0	0.97	0.99	1.00	1.01	1.02	1.02
－5＋0	1.04	1.05	1.05	1.05	1.05	1.05
－3＋0	1.06	1.06	1.06	1.06	1.06	1.06

磨碎产物粒度通常用其中最大颗粒的粒度或－0.074 mm粒级的质量分数表示(见表5－3)，它对磨机生产率的影响表现在两方面。其一，从被磨物料的粒度来看，随着磨碎时间的延续，被磨物料的平均粒度逐渐减小，从而使磨机的生产率不断上升；其二，从被磨物料的可磨性来看，在磨碎的初始阶段，易磨颗粒首先被磨碎，随着时间的推移，被磨物料的平均可磨性逐渐下降，从而使磨机的生产率不断减小。当磨机处理均质物料时，由于后一种现象不甚明显，因而磨机的生产率随着磨碎产物粒度的下降而上升(见表5－2)；然而，当磨机处

理非均质物料时，后一种现象表现得特别突出，从而导致磨机的生产率随着磨碎产物粒度的下降而明显减小(见表5-1)。

表5-3　磨碎产物粒度表示方法一览表

产物粒度/mm	0.5	0.4	0.3	0.2	0.15	0.1	0.074
网　目	32	35	48	65	100	150	200
-0.074 mm粒级的质量分数/%		35~45	45~55	55~65	70~80	80~90	95

5.1.3.2　磨机的结构参数

磨机的结构参数对磨碎过程的影响主要表现在磨机的类型和规格尺寸两方面。

磨机类型对磨碎过程的影响在前面已作了详细分析。概括地说，格子型球磨机的生产率大，磨碎过程的过粉碎较轻，但磨碎产物的粒度较粗，不适宜作细磨设备；溢流型球磨机的生产率比同规格格子型球磨机的低10%~15%，且磨碎过程的过粉碎现象严重，但产物粒度比较细，用作细磨设备时明显优于格子型球磨机；溢流型棒磨机的生产率比同规格溢流型球磨机和格子型球磨机的分别低5%和15%左右，但它的磨碎产物粒度均匀，适宜开路作业，节省分级设备。

磨机的规格尺寸主要是筒体的直径和长度，这两个参数主要影响磨机的生产率和磨碎产物粒度。实践表明，磨机的生产率Q与其筒体尺寸的关系为：

$$Q=KD^{2.5\sim2.6}L \tag{5-1}$$

磨机筒体的长度在一定程度上决定了物料在磨机内的停留时间，长度太大，会因物料在磨机内停留的时间太长而导致过粉碎加剧；反之，若筒体过短，则又可能达不到要求的磨碎产物细度。所以棒磨机筒体的长径比一般为1.5~2.5，而球磨机筒体的长径比则通常为1~1.5。

5.1.3.3　磨机工作条件

影响物料磨碎过程的磨机工作条件主要包括磨机的转速率ψ、磨矿介质的充填率φ、磨碎过程的矿浆浓度、磨机的给料速度、分级机的工作情况、循环负荷以及磨矿介质的形状、尺寸等。

A　转速率ψ和充填率φ

转速率和充填率是决定磨机所能产生的磨碎作用的关键因素。实践表明，当$\varphi=30\%\sim50\%$、$\psi=40\%\sim80\%$时，磨机的有用功率随着转速率的增加而上升，这表明磨机的生产率将随着转速率的增加而上升；另一方面，当转速率为一适宜值时，理论分析和生产实践均表明，磨机的生产率在$\varphi=40\%\sim50\%$之间出现最大值。因此，工业生产中球磨机的转速率一般为70%~80%，磨矿介质充填率一般为40%~50%；而棒磨机的转速率通常为50%~65%，磨矿介质的充填率通常为35%~45%。

B　磨矿介质的形状和尺寸

磨矿介质的形状除了钢球和钢棒以外，由于钢质短柱、钢质柱球等异形磨矿介质的磨碎效果比钢球的要好一些，所以在一些铁矿石选矿厂的第2段磨矿作业中，已经用异形磨矿介质替代了钢球。

当采用钢球作磨矿介质或采用异形磨矿介质时，在一定的充填率下，磨矿介质的尺寸越小，装入的磨矿介质的个数就越多，磨矿介质的表面积也就越大，因而单位时间内磨矿介质冲击固体颗粒的次数也越多，介质研磨物料的面积也越大，而打击颗粒的冲击力却比较小。随着磨矿介质尺寸的增加，颗粒所受到的打击力增大，但单位时间内打击颗粒的次数和研磨物料的面积却随之而下降。所以，对于一定粒度的物料，总存在着一个最佳的磨矿介质尺寸，使得物料的磨碎速度最大。人们从长期的生产实践中总结出物料块的直径 d 与有效破碎所需要的磨矿介质尺寸 D 之间的关系为：

$$D = id^n \tag{5-2}$$

式中，i 和 n 是两个随被磨物料性质而变的参数，可以通过试验确定。当无法进行试验或作粗略估算时，可以采用如下的邦德经验公式进行计算。

$$D = 25.4\sqrt{d} \tag{5-3}$$

上述两式中的 D 和 d 的单位均为 mm，且 d 是按 80% 过筛计的给料最大粒度。

C 矿浆浓度和给料速度

磨碎过程的矿浆浓度通常以矿浆中固体物料的质量分数表示。所以矿浆浓度越高，单位体积矿浆内颗粒的数目也就越多，矿浆的黏度也越大，颗粒越容易黏附在磨矿介质上，这无疑会有利于物料的磨碎，但黏稠的矿浆又会对下落的磨矿介质产生较大的缓冲作用，从而削弱了它们对固体颗粒的冲击力。综合上述两方面的作用，在磨碎过程中，矿浆的浓度存在着最佳范围。就中等转速率的磨机而言，磨碎产物粒度大于 0.15 mm 或处理密度较大的物料时，适宜的磨矿矿浆浓度为 75% ~80%；磨碎产物粒度小于 0.1 mm 或处理密度较小的物料时，适宜的磨碎矿浆浓度为 65% ~75%。

磨机的给料要求均匀连续，较大的波动会导致严重问题。因为若给料量太少，磨机内下落的磨矿介质会直接打在衬板上，使磨损加剧，过粉碎严重；而给料量过大时，又容易产生“胀肚”现象。所谓胀肚现象，就是磨机内的磨矿介质和被磨物料黏结在一起，使磨碎作用大大降低。胀肚现象是磨机的常见故障之一，严重时需要停止生产，进行专门处理。

D 循环负荷

循环负荷是磨机采用闭路作业时，分级设备分出的、返回磨机的粗粒级物料量与新给入磨机的物料量之比，记为 C。循环负荷对磨机生产率的影响情况如图 5－7 所示。从图 5－7 中可以看出，理论曲线和经验曲线都表明，当循环负荷较小时，适当增加其数值，可以加速已磨碎颗粒从磨机中排出，提高磨机的处理能力，降低磨碎能耗。然而，当循环负荷达到一定数值（600%）后，磨机的生产率将不再随着循环负荷的增加而明显上升，而是趋近于一条渐近线，借助于增加循环负荷提高磨机生产率的幅度不大于 40%。通常情况下，磨机循环负荷的适宜值为 150% ~600%。

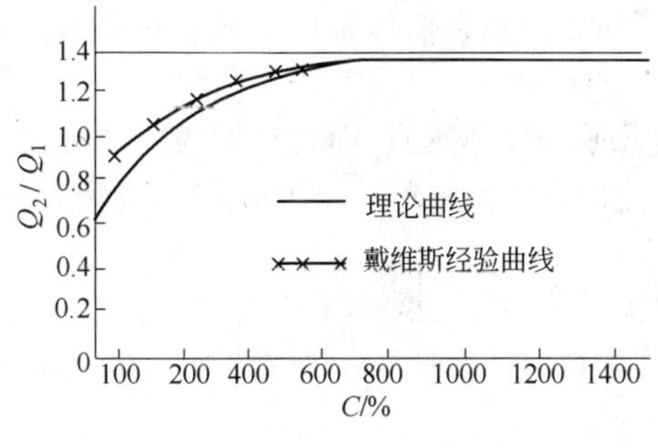

图 5－7 磨机生产率与循环负荷的关系

5.2 自磨机和砾磨机

前面介绍的破碎设备和磨碎设备的共同特点是利用钢材制成的破碎工件或磨矿介质直接作

用在被粉碎的物料块上,从而产生破碎或磨碎作用,因而在物料的粉碎过程中,消耗了大量的钢材。这一方面导致生产费用上升,同时在某些情况下,还会因能对磨碎产物造成铁污染而不能采用这些粉碎方法。此外,这些常规的破碎、磨碎设备因自身的结构和工作原理限制,破碎比都很低,所以在大多数情况下,碎磨流程都由4~5个以上的工作段组成。尽管利用冲击式破碎机可以在一定程度上简化粉碎流程,但因其机械结构和材料的限制,这种粉碎设备的应用范围迄今尚非常有限。为了克服上述常规破碎、磨碎设备的缺陷,早在20世纪40年代,人们就开始了无介质磨矿工艺的探索。经过大量的研究,于1950~1960年间在工业上获得了成功应用,并在以后的生产实践中不断发展和完善。

无介质磨矿工艺实质上就是借助于被破碎物料块之间的相互碰撞和摩擦,达到磨碎物料的目的,亦即通常所说的自磨和砾磨。自磨机和砾磨机的根本区别在于,自磨机中发挥冲击破碎作用的大块物料来自给入磨机的待粉碎物料,而砾磨机中发挥冲击破碎作用的大块物料则是专门加入磨机中的。

自磨工艺的突出特点是钢耗低、铁污染轻、物料泥化轻、破碎比大,其破碎比的上限值可达3000~4000,用一台自磨机就可以完成常规粉碎流程中的中碎、细碎和粗磨三段作业,从而使生产流程大为简化,使基建费用和操作维护费用明显降低。

当然,物料的自磨工艺并非尽善尽美,尚有一些问题需要进一步研究解决。例如,自磨机的作业率比球磨机的低8%~10%,比生产率仅为有介质磨碎设备的1/2到2/3,而能耗却比后者的高10%~20%。诸如此类的问题,都有待进一步研究和完善。

与球磨机和棒磨机一样,自磨机和砾磨机的规格也用筒体的直径和长度($D \times L$)表示。例如,德国Krupp Polysius公司制造的目前世界上最大的半自磨机的规格为ϕ12.2 m×7.31 m,装机容量为21000 kW;印度尼西亚生产的ϕ10.36 m×5.18 m自磨机,装机容量为12000 kW,处理能力达35000 t/d。

5.2.1 自磨机

按照作业方式自磨机又分为干式和湿式两种。与常规的球磨机和棒磨机相比,自磨机在机械结构方面有如下4个突出特点:

(1) 自磨机的筒体直径D很大、长度L很短,长径比一般为0.35左右,仅为普通球磨机的1/4到1/3、棒磨机的1/7到1/4。自磨机的筒体直径大是为了保证物料块落到底脚时有足够大的冲击力,而长度短则是为了防止物料在筒体轴向上发生粒度偏析现象,干扰磨碎过程的正常进行。

(2) 自磨机的两个端盖几乎与筒体垂直,而且在端盖内侧还设有三角形断面的波峰衬板。波峰衬板除能对物料起到一定的破碎作用外,还能引起物料块翻滚,帮助消除物料块在磨机内的粒度偏析现象。

(3) 自磨机的筒体内壁上除了铺有光滑衬板外,还装有丁字形提升衬板,以便把物料块提升到足够的高度,这样既可保证物料块落下时具有足够的冲击力,又能有效地减少物料块沿筒体内壁的下滑,减轻衬板磨损。

(4) 自磨机的给料中空轴颈的直径较大,以便于给入大块物料。正是由于自磨机给料中空轴颈的直径通常可达1200 mm以上,所以磨机筒体上一般不需再设人孔。

5.2.1.1 干式自磨机

图5-8是干式自磨机的结构简图。从图5-8中可以看出,这种设备主要由给料漏斗部分、筒体部分、传动部分、润滑系统和基础部分组成。

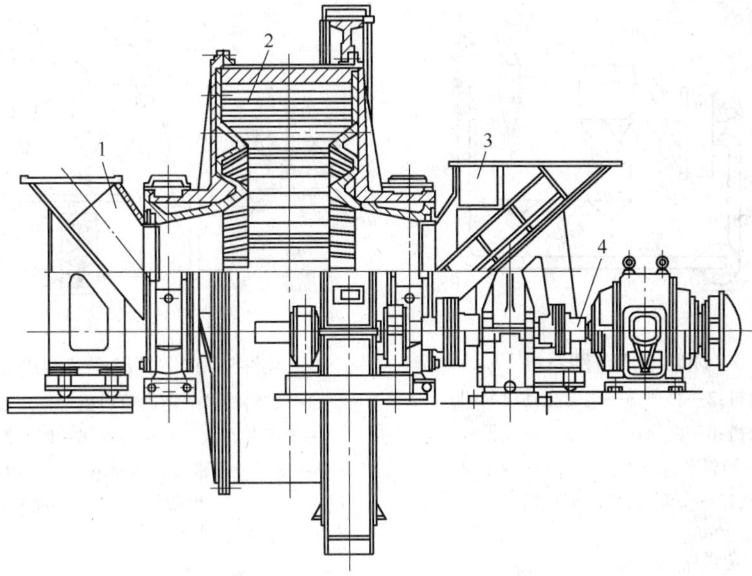

图 5－8 干式自磨机的结构
1—给料漏斗;2—筒体;3—排料漏斗;4—传动部分

干式自磨机磨碎产物的排出和分级都借助于风力来完成,因而这种设备的工作系统包括磨机本身和风路系统两部分。按照风路系统中气流的运动情况,又分为闭路干式自磨系统和开路干式自磨系统两种。在闭路干式自磨系统中,运送物料的气流循环使用,为了保证生产过程能正常进行,用一单独的净化装置,从系统中抽出一部分含粉尘的气体,净化后排入大气。而在开路干式自磨系统中,运送物料的气流全部经净化后排入大气。

图 5－9 是一铁矿石选矿厂采用的闭路干式自磨系统示意图。干式自磨机内已磨碎的物料在主风机的抽力作用下,随气流一起经过沉降箱和旋风分离器进行分级,产出粗、细两个粒级的产物,然后通过锁气器间断地排入粉料仓中。经过两次分级后仍然没有沉降下来的少量微细颗粒,将在风路系统中循环。为了保证主风路系统中有一定的真空度、避免粉尘外逸,并及时地从主风路系统中分出一部分循环的微细颗粒,在自磨机和主风机之间的管路上,连接了 1 个由文丘里流量计、洗涤器和辅风机组成的副风路系统。

图 5－10 是某选矿厂所采用的开路干式自磨系统示意图。在这一工作系统中,磨碎的物料随气流一起经过沉降箱和四管旋风分离器进行分级,分出的物料通过重锤锁气器间断地排入水槽中,而含有微细颗粒的气流经过水浴除尘器进行净化后排入大气,由分级和净化获得的最终磨碎产物给入第 2 段磨矿作业。

对比图 5－9 和图 5－10 可以看出,开路自磨系统由于没有副风路系统,而节省了设备,简化了管路,且设备配置紧凑。但全部气流都需要净化,因而能耗高,净化设备多。所以,只有用风量不大的小型自磨机,才适宜采用开路工作系统。

干式自磨机的优点主要有:可以给入较大的物料块、产物排出速度快、生产率较大、产物粒度粗而均匀、磨碎过程的过粉碎现象较轻等,但它需要复杂的风路系统,管路磨损严重,能耗也比较高,特别是当物料的含水量大于 4% 时,还需要对物料进行预先干燥。因此,干式自磨工艺仅在水源缺乏的地区才被采用。

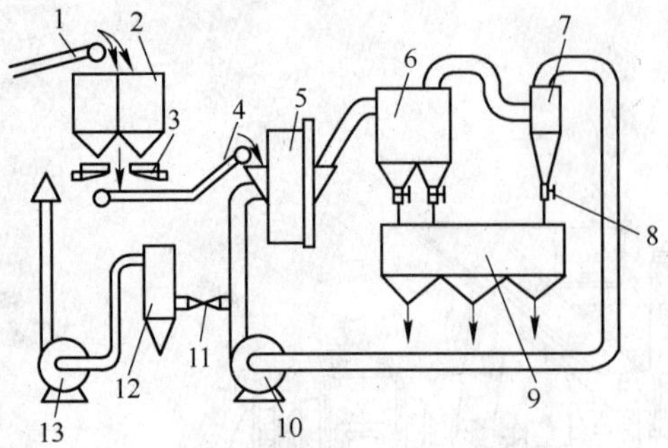

图5-9 闭路干式自磨系统

1,4—皮带运输机;2—料仓;3—电磁振动给料机;5—干式自磨机;6—沉降箱;7—旋风分离器;8—锁气器;9—粉料仓;10—主风机;11—文丘里流量计;12—洗涤器;13—辅风机

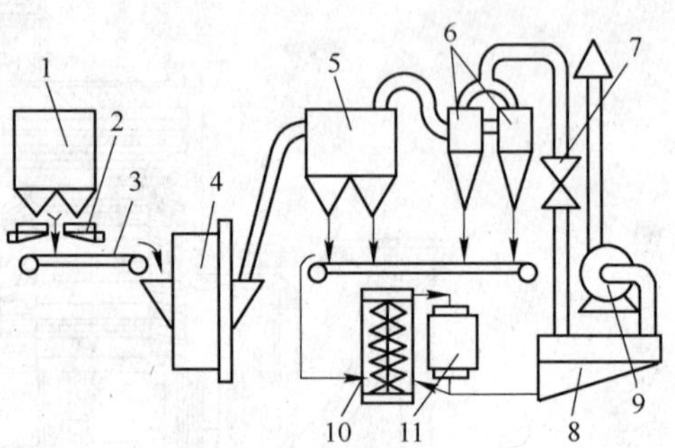

图5-10 开路干式自磨系统

1—贮料槽;2—电振给料机;3—皮带运输机;4—干式自磨机;5—沉降箱;6—四管旋风分离器;7—文丘里流量计;8—水浴除尘器;9—主风机;10—螺旋分级机;11—球磨机

5.2.1.2 湿式自磨机

图5-11是湿式自磨机的结构示意图。对比图5-11和图5-8可以看出,湿式自磨机和干式自磨机的结构非常相似,两者的不同仅在于:

(1) 湿式自磨机的端盖呈锥形,上面仅设一圈波峰衬板;

(2) 湿式自磨机的排料端增设了一个排料格子板;

(3) 湿式自磨机的排料中空轴颈内装有圆筒筛,圆筒筛内还装有返砂管和返砂勺,返砂管内设置有螺旋叶片。

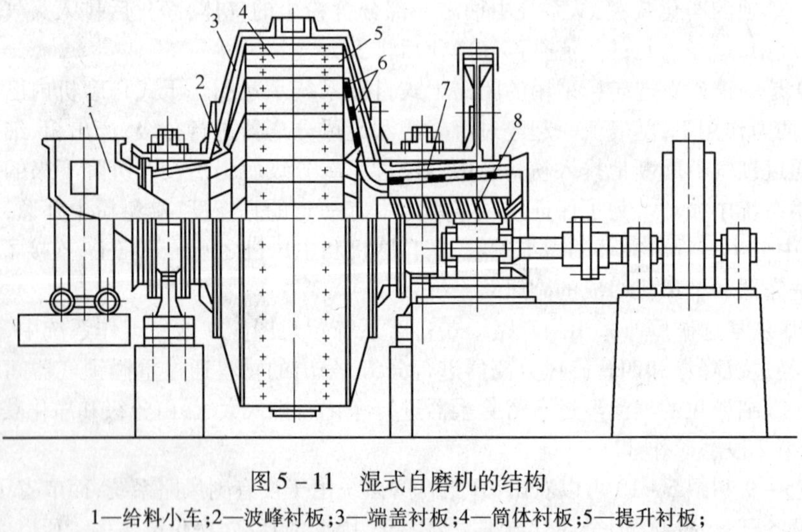

图5-11 湿式自磨机的结构

1—给料小车;2—波峰衬板;3—端盖衬板;4—筒体衬板;5—提升衬板;6—格子板;7—圆筒筛;8—自返装置

通过格子板从湿式自磨机内排出的矿浆,经过圆筒筛筛分后,筛上的粗粒部分由返砂勺挡回返砂管,被反向旋转的螺旋叶片送回自磨机内再磨,筛下的细粒部分则通过排料中空轴颈排出,成为磨碎产物。

在湿式自磨机内,由于矿浆的缓冲作用降低了物料块落下时的冲击破碎能力,致使25~75 mm粒级的物料块非常难以破碎,常常在湿式自磨机内形成积累,生产中把这部分物料块称为

"难磨粒子"或"顽石"。顽石在自磨机内积累过多时,将导致磨机的生产率显著下降。为了克服这一问题,生产中常采用如下一些处理顽石的措施:

(1) 增加自磨机给料中大块物料的比例,增强冲击力;

(2) 在自磨机内加入少量的大钢球,帮助破碎顽石,在这种情况下,加入钢球的体积一般不超过自磨机有效容积的2%;

(3) 将顽石从自磨机内引出,单独进行处理或用作下一段砾磨机的磨矿介质。

湿式自磨机、分级设备、顽石处理设施组成湿式自磨系统。与干式自磨系统相比,湿式自磨系统的优点主要表现在:

(1) 湿式自磨系统的辅助设备比干式的少,物料运输简单,因而投资费用比干式的低5%~10%;

(2) 湿式自磨的能耗比干式的低25%~30%;

(3) 湿式自磨能处理含水、含泥量较大的物料;

(4) 湿式自磨产生的粉尘少,工业卫生条件好。

湿式自磨系统的缺点主要有:磨机衬板因受矿浆的浸蚀作用,磨损比干式的明显严重,而且处理物料的最大块也比干式的要小一些,磨机的生产率也比干式的低一些。

此外,当自磨机处理性质不均匀的物料时,往往在磨机中加入占筒体有效容积6%~10%的钢球,帮助完成破碎,习惯上把这种磨碎作业称为半自磨。半自磨的设备生产率高,单位功耗低,但却不能降低钢耗,有时甚至比有介质磨矿时的钢耗还高。

5.2.2 砾磨机

砾磨机的机械构造与格子型球磨机的非常相似,事实上早期的砾磨就是在格子型球磨机中进行的,只是使用的磨矿介质不是钢球,而是一定粒度的砾石。由于磨矿介质的更换,使砾磨机的生产率仅为同规格球磨机的30%~50%。自1949年加拿大一矿山采用放大磨机筒体的方法,使功率相同的砾磨机的生产率赶上了球磨机以后,砾磨机的应用才得到了迅速发展。

目前生产中使用的砾磨机与格子型球磨机的区别主要表现在:

(1) 砾磨机用砾石代替钢球作磨矿介质,称为砾介;

(2) 功率相同时,砾磨机的筒体容积比球磨机的要大许多;

(3) 砾磨机中增设了提升衬板,以减少砾介沿衬板下滑,使磨机处在抛落式工作状态。

砾磨机的磨碎比与球磨机的相近,但砾磨机能降低钢耗,而且对磨碎产物的铁污染比较轻,所以这种磨碎设备特别适合处理要求铁污染轻的物料。

砾介起初是采用卵石,但现在绝大部分都采用适宜粒度的待磨物料作砾介。一般来说,砾介取自前一段自磨机时,其尺寸为25~60 mm;砾介取自破碎筛分产物时,粒度为40~80 mm;砾磨机用作粗磨设备时,砾介的适宜尺寸为80~250 mm。

5.2.3 自磨过程的影响因素

物料自磨过程的力学特征与常规磨碎过程的力学特征并无明显差异,所以对常规磨碎过程有影响的物料性质、磨机结构和操作条件等,对物料的自磨过程同样会产生重要影响。由于这些因素的影响机理大同小异,因而在此不再作全面的重复分析,仅结合自磨过程的特点,分析以下几个有特殊影响的因素。

5.2.3.1 给料粒度特性

在自磨过程中,物料既是被磨对象,又是磨矿介质,因而给料粒度特性对自磨过程的影响远远大于对常规磨碎过程的影响。若给料中最大块的粒度过小或粗粒的含量偏低,则会因冲击破碎作用太弱而导致顽石在磨机内形成积累,所以自磨机给料中的最大块粒度一般要求不小于250~300 mm,而且粗粒级的含量还必须适宜。

5.2.3.2 充填率

自磨机的充填率实际上就是被磨物料及其颗粒之间的间隙与磨机筒体有效容积之比,有时也用料位表示。所谓料位,就是物料在磨机内所占据的高度。与有介质磨碎过程的介质充填率不同,自磨机的充填率是给料速度、磨碎速度和排料速度达到动态平衡时的一个平衡值,只能通过改变操作条件进行调节,不能事先人为确定。

试验结果表明,当充填率在35%~40%之间时,自磨机的有用功率出现最大值,这一点与球磨机的非常相似,只是后者的介质充填率范围为40%~50%。当自磨机的充填率超过40%时,就有可能使磨机的工作情况失常,甚至会发生胀肚故障。

5.2.3.3 筒体转速

筒体转速对自磨过程的影响与被磨物料的硬度、粒度组成、充填率、提升衬板高度、磨碎过程的矿浆浓度、磨碎产品的细度等因素有关,因涉及的因素较多,使得自磨机的适宜转速率的范围很宽(65%~90%),然而大多数自磨机的转速率在70%~80%之间,与球磨机的转速率相当。当处理一定的物料时,自磨机的适宜转速率需要通过试验来确定。

一般来说,充填率大时,转速率应低一些,以免发生离心现象;给料中大块含量低时,转速率也应低一些,以降低大块物料的消耗速度,维持较长时间的冲击破碎作用。此外,粗磨时可适当增加提升衬板的高度,降低磨机转速;而细磨时则可以适当增加磨机的转速,降低提升衬板的高度。

5.2.3.4 附加钢球

在自磨机中加入少量直径在100~150 mm之间的钢球,既可以帮助破碎顽石,又可以解决因大块物料的数量不足而产生的问题,因而能大幅度提高自磨机的生产率,降低磨碎功耗。然而,添加钢球会导致衬板的磨损加剧,钢耗明显上升。所以应根据具体情况,慎重考虑是否需要添加钢球,以及加入钢球的数量。

5.2.3.5 风量

采用干式自磨工艺时,磨碎产物的运输和粒度控制都借助于风力完成,所以风路中风量的大小对干式自磨系统的工作情况具有重要影响。当风量由小变大时,磨机的生产率随之上升,产物粒度相应变粗。然而当风量大到足以将磨细的颗粒及时排出时,磨机的生产率即趋于稳定,继续增加风量将会干扰磨碎过程的正常进行,严重时会导致自磨机的生产率下降。

5.3 超细粉碎设备

随着科学技术的不断发展,在冶金、化工、建材等工业部门的生产实践中,对物料磨细程度的要求逐渐提高,尤其是石墨、滑石、高岭石、方解石等矿物原料的磨碎产物粒度甚至要求达到2 μm以下。在生产中,把这些产品粒度远远超过常规磨碎指标的磨碎作业称为微细粉碎和超细粉碎。对于这样的磨碎作业,如采用常规的磨矿设备,它们的生产率将会显著下降。为了满足生产的需要,一些研究工作者从1940年前后开始,致力于新型粉碎设备的研究。经过不懈的努力,终于使一批所谓的超细粉碎设备相继问世。其中比较重要的有超细粉碎机、分级研磨机、喷射粉磨机、气流磨、振动磨、搅拌磨、胶体磨、雷蒙磨、离心磨、ISA 磨机等。

5.3.1 超细粉碎机

图 5-12 是超细粉碎机的结构和工作原理示意图。这种粉碎设备主要由机座、机壳、隔环、主轴、粉碎叶轮、分级叶轮、风机叶轮、排渣装置和加料器等部分组成。隔环把机壳内的空间分为第 1、第 2 粉碎室和鼓风机室。

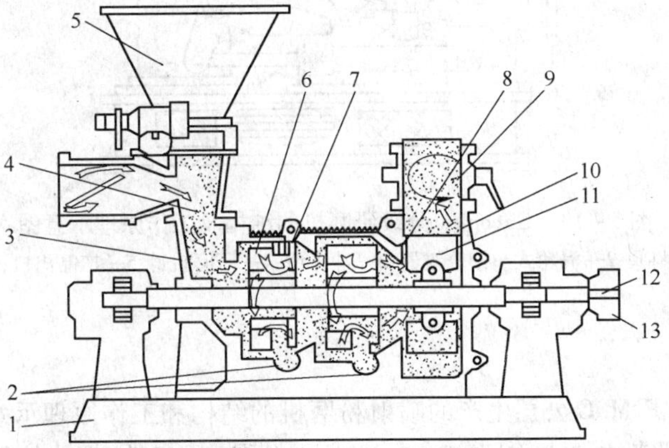

图 5-12 超细粉碎机结构和工作原理示意图

1—机座;2—排渣装置;3—加料装置;4—加料器;5—加料斗;6—粉碎叶轮;7—分级叶轮;8—隔环;9—蝶阀;10—机壳;11—风机叶轮;12—主轴;13—皮带轮

超细粉碎机工作时,由电动机通过皮带轮带动装在主轴上的粉碎叶轮、分级叶轮和风机叶轮高速旋转,从而在粉碎室内形成高速旋转气流。小于 10 mm 的干粉物料通过加料器连续加入第 1 粉碎室后,物料在随气流一起高速旋转的同时,颗粒之间相互冲击、碰撞、摩擦、剪切。另外,颗粒因受离心惯性力的作用而被抛向机壳内壁,在这里它们将再次受到撞击、摩擦和剪切等作用,颗粒在这些因素的作用下被逐渐粉碎,直至粒度减小到一定程度后被气流带入第 2 粉碎室。由于第 2 粉碎室中的叶轮直径比前一粉碎室中的叶轮直径大,所以进入第 2 粉碎室的颗粒,将在更强的冲击、摩擦、碰撞、剪切作用下被进一步粉碎,颗粒的粒度减小到几微米至数十微米后被气流带出,经鼓风机室排出机外。

超细粉碎机广泛用来对颜料、涂料、农药、非金属矿石和化工原料等进行超细粉碎加工,其磨碎产物的平均粒度一般在 3 ~ 100 μm 之间。

5.3.2 分级研磨机

德国 Alpine 公司生产的 Circoplex 分级研磨机的结构和工作原理如图 5-13 所示。待磨物料经旋转给料阀首先给入分级室,进行预先分级,分出的粒度合格部分直接从产品出口排出;其余部分则进入研磨室,在冲击锤的高速冲击和研磨作用下被粉碎;上升气流经进气管进入研磨室,将粉碎后的物料输送到卧式涡轮超细分级器进行分级,分出的粒度合格部分也经产品出口排出,分出的粒度不合格部分返回研磨室继续粉碎。

分级研磨机适宜对中等硬度以下的物料进行细磨或超细磨,其产物粒度可以通过改变涡轮分级器的转速来调节。

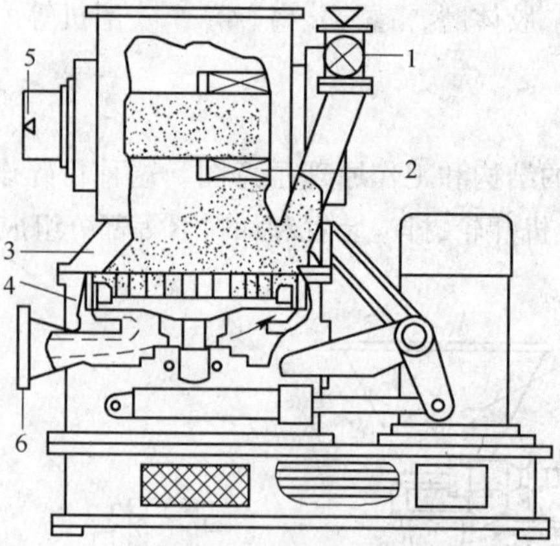

图 5-13　Circoplex 分级研磨机的结构及工作原理示意图
1—旋转给料阀;2—涡轮式超细分级器;3—冲击锤;4—研磨轨道;5—产品出口;6—进气管

5.3.3　喷射粉磨机

图 5-14 是美国 P. M. C 公司生产的喷射粉磨机的结构和工作原理示意图。从图 5-14 中可以看出,这种粉碎设备主要由重锤式冲击部件、分级轮、风扇轮、螺旋给料机、转子轴等组成。设备的两端带有通风机,空气沿图中箭头所指的方向流动。在转子轴的附近装有分级叶片,借分级叶片的旋转,使粗颗粒返回粉碎室,而已被磨碎的细颗粒则借气流输送通过分级叶片,再经过风扇室排到机外。

喷射粉碎机多用来对非金属矿石和化工原料等进行细磨或超细磨,其产物粒度可通过改变转子的转速和分级叶片的长度来调节,也可以借改变风量进行调节。这种粉碎设备的产物平均粒度为 10 μm 左右。

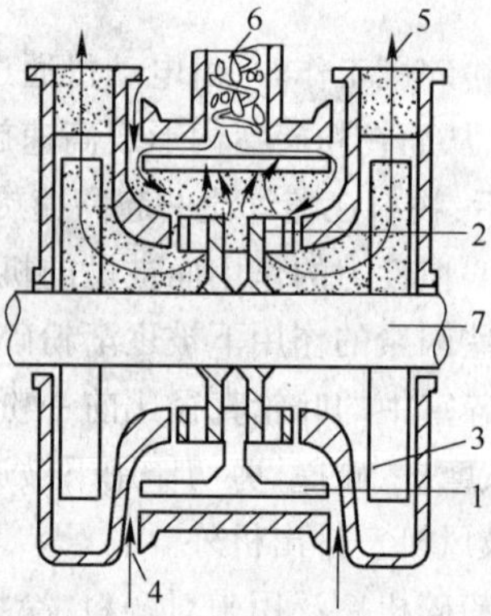

图 5-14　喷射粉磨机的结构及工作原理示意图
1—重锤式冲击部件;2—分级轮;3—风扇轮;4—环形空气入口;5—产品出口;6—螺旋给料机;7—转子轴

5.3.4　气流磨

气流磨是最常用的超细粉碎设备之一,它利用高速(300 ~ 500 m/s)气流或过热(300 ~ 400℃)蒸汽的能量使颗粒相互冲击、碰撞、摩擦,从而导致颗粒粉碎。在这种设备中,高速气流是通过安装在磨机周边的喷嘴将高压(0.3 ~ 0.9 MPa)空气或高压(0.7 ~ 2 MPa)热气流喷出后迅速膨胀产生的。由于喷嘴附近气流的速度梯度很高,因而大部分粉碎作用发生在喷嘴附近。在粉碎室中,颗粒与颗粒之间的碰撞频率远远高于颗粒与器壁间的碰撞,因而气流磨中的粉碎作用主要来自颗粒之间的相互冲击和碰撞。

气流磨广泛用来对金属、化妆品、药品、塑料、染料、颜料、填料、杀虫剂、食品、煅烧氧化铝、碳化钨、碳化锆、炭黑、硫、重晶石、石榴石、云母、石膏、刚玉、沸石、石棉、蛇纹石、高岭土、石灰石、煤、焦炭、木质纤维素等物料进行超细粉碎,其磨碎产物粒度一般可达 1 ~ 5 μm。

5.3.5 振动磨

振动磨是利用研磨介质在作高频振动的筒体内对物料进行冲击、摩擦、剪切等作用而使物料粉碎的细磨与超细磨设备。与球磨机相比，振动磨具有如下一些突出特点：

(1) 振动磨的筒体不旋转，而是作高频率、小振幅的振动，筒体内的被磨物料在随磨矿介质一起振动的过程中，受到冲击、摩擦和剪切，从而被粉碎；

(2) 振动磨内磨矿介质的充填率可达80%，工作时研磨物料的面积比球磨机中的大许多，因而振动磨的生产率比同容积球磨机的生产率大10倍以上；

(3) 振动磨的粉碎工艺设置方式灵活，可进行干式、湿式、连续和间歇粉碎；

(4) 振动磨的结构简单，外形尺寸比球磨机小，操作方便；

(5) 通过调节振动磨的振动频率和振幅、磨矿介质的类型、配比和粒度等可进行细磨和超细磨；

(6) 振动磨的磨碎产物粒度细，平均值可达1 μm以下。

振动磨按振动特点可将其分为惯性式和偏旋式两种，按筒体数目可分为单筒式和多筒式两种，按操作方法可分为间歇式和连续式两种。

图5-15是两圆筒上下串联的连续式振动磨的机械结构简图。这种振动磨的主要组成部分有带冷却或加热夹套的上筒体和下筒体，两者依靠支撑板联结在主轴上，并坐落在支座上，支座通过弹簧联结在机座上；主轴通过万向节和联轴器与电动机连接；上筒体出口与下筒体入口由上下筒体连接管相连，上下两个筒体出口处均设有带孔的隔板。

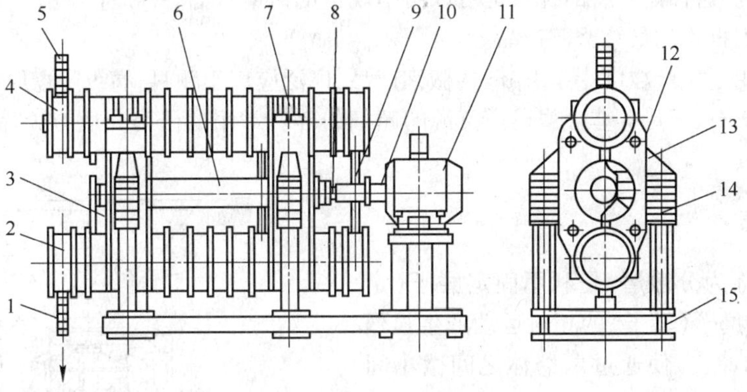

图5-15 连续式振动磨的结构

1—出料管；2—下筒体；3—冷却或加热管；4—上筒体；5—加料管；6—轴；7—紧固节；8—万向节；9—连接管；10—联轴器；11—电动机；12—支撑板；13—支座；14—弹簧；15—机座

物料通过加料管给入上筒体内进行粗磨，磨碎的物料通过带孔隔板，经过上下筒体连接管被吸进下筒体，被进一步磨碎。磨碎的最终产物通过下筒体出口处的带孔隔板，经过出料管排出。

图5-16所示是德国生产的Palla型振动磨，在这种设备中有上下安置的2个管形筒体，筒体之间由2~4个横沟件连接；横沟件由橡胶弹簧支承于机架上；在横沟件中部装有主轴的轴承，主轴上固定有偏心块，电动机通过万向联轴器驱动主轴。小规格的Palla型振动磨有2个偏心块，大规格的则有4个偏心块，每个偏心块都由2件组成，其间的相互角度可调，以调节离心惯性力的大小。离心惯性力使管形筒体和横沟件在橡胶弹簧上振动。

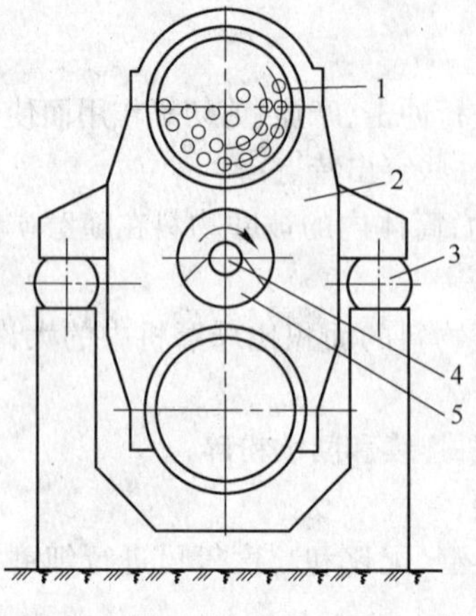

图 5 – 16　Palla 型振动磨结构示意图
1—筒体;2—横沟件;3—橡胶弹簧;
4—主轴;5—偏心块

5.3.6　搅拌磨

搅拌磨主要由一个固定的内装小尺寸研磨介质的研磨筒和一个旋转搅拌器构成,由于最初使用的研磨介质是玻璃砂,因此有时又称为砂磨机。搅拌磨主要是通过搅拌器搅动研磨介质产生冲击、摩擦和剪切作用使物料粉碎。按工作方式搅拌磨可分为间歇式、连续式和循环式 3 种;按筒体的放置方式可分为卧式和立式(包括塔式磨、立式螺旋搅拌磨和 TRZK 搅拌磨等)两大类。

间歇式搅拌磨主要由带冷却套的研磨筒、搅拌装置和循环卸料装置等组成。冷却套内可通入不同温度的冷却介质,以控制研磨物料时的温度;研磨筒内壁及搅拌装置的外壁可根据应用场合的具体情况镶上不同的材料;循环卸料装置既可保证物料在研磨过程中不断循环,又可保证最终磨碎产物及时排出。

连续式搅拌磨研磨筒的上下两端装有格栅,磨碎产物的粒度通过调节给料速度而控制物料在研磨筒内的停留时间来保证。

循环式搅拌磨是由一台搅拌磨和一个大容积的循环罐组成,循环罐的容积为磨机研磨筒容积的 10 倍左右。这种搅拌磨的优点是可以用小规格的研磨设备,一次生产出质量均匀、粒度分布范围较窄的大批量的最终磨碎产品。

搅拌磨可用于生产粒度小于 1 μm 的微细产品,广泛应用于颜料、高级陶瓷原料、煤浆以及高岭土、滑石、石灰石、云母等非金属矿产资源的超细粉碎。常用的研磨介质有天然砂、玻璃珠、氧化锆球、钢球等。

5.3.7　胶体磨

胶体磨又称为分散磨,是利用固定磨子(定子)和高速旋转磨子(转子)的相对运动产生强烈的剪切、摩擦和冲击,使通过两磨体之间微小间隙的浆料被有效地粉碎、分散、混合、乳化、微粒化。按照机械结构,胶体磨可分为盘式、锤式及透平式和孔口式等多种类型。

盘式胶体磨由一个高速旋转盘和一个固定盘组成,两个盘之间有 0.02 ~ 1 mm 的间隙。盘的形状可以是平的、带槽的和锥形的,旋转盘的转速为 50 ~ 250 r/s,圆周速度可达 40 m/s。盘式胶体磨的给料粒度一般为 – 0.2 mm,磨碎产物粒度可达 1 μm 以下。

美国的 Morehouse-Cowles 公司生产盘式胶体磨的结构如图 5 – 17 所示。

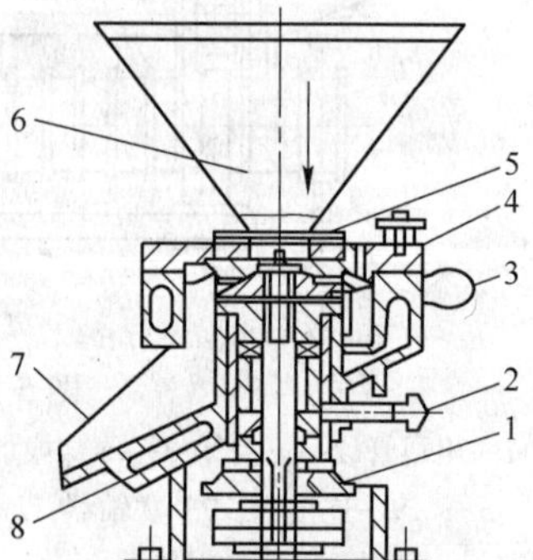

图 5 – 17　Morehouse-Cowles 型胶体磨的结构
1—调节手轮;2—锁紧螺钉;3—水出口;
4—上部和下部圆盘(旋转盘和固定盘);
5—混合器(分散物料);6—给料漏斗;
7—产物溜槽;8—水入口

5.3.8 雷蒙磨

雷蒙磨又称为悬辊式盘磨机，属于圆盘不动型盘磨机，其结构如图 5－18 所示。辊子的轴安装在梅花架上，梅花架由传动装置带动而快速旋转。磨环是固定不动的，物料由机体侧面通过给料机和溜槽给入机内，在辊子和磨环之间受到磨碎作用。气流从磨环下部沿切线方向吹入，经过辊子和圆盘之间的磨碎区，把磨细的物料带入磨机上部的风力分级机（选粉机）。

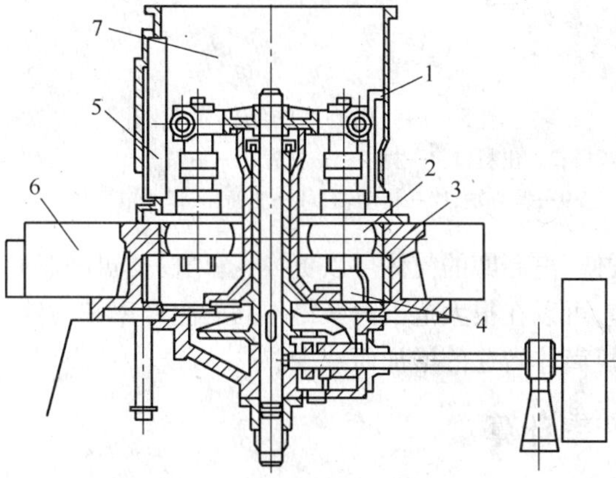

图 5－18　雷蒙磨（悬辊式盘磨机）

1—梅花架；2—辊子；3—磨环；4—铲刀；5—给料部；6—返回风箱；7—排料部

梅花架上悬有 3～5 个辊子，绕机体中心轴线公转。公转产生的离心惯性力使辊子向外张开、压紧磨环并在其上面滚动。给入磨机内的物料由铲刀铲起，然后送入辊子与磨环之间进行磨碎。铲刀与梅花架连接在一起，铲刀是倾斜安装的，每个辊子前面都有一把铲刀，使物料形成一股物料流连续送至辊子与磨环之间。

雷蒙磨中的风力分级机单独由一台电动机驱动，以便根据磨碎产物粒度的不同要求，灵活地进行调节。雷蒙磨的突出优点是性能稳定、操作方便、能耗较低、产品粒度可调范围较宽，因而广泛用来对煤、焦炭、石膏、石灰石、滑石、石墨、膨润土、陶土、硫黄以及颜料、化工原料、化肥、农药等进行细磨。雷蒙磨的给料粒度一般为 15～20 mm，磨碎产物粒度通常为 0.044～0.125 mm。

5.3.9 离心磨

离心磨的突出特点是它的研磨室在围绕一固定轴旋转的同时，还以某一预先确定的频率和振幅振动，因而无临界转速。图 5－19 是德国鲁奇公司生产的离心磨的结构示意图。装有衬板的可更换研磨筒，借助于夹紧螺栓固定在转臂上。当穿过横臂的两根偏心轴同步旋转时，固定在横臂 V 形槽中的磨机筒体也围绕一个平行于筒体轴心线的轴做圆周运动。筒体高速回转时，带动筒体内的物料和磨矿介质旋转和振动，夹在介质之间的物料在碰撞、冲击和研磨的作用下被粉碎。

与常规的球磨机相比，离心磨的突出优点有：

（1）磨矿效率高，单位磨机筒体容积或单位质量研磨介质的能量转换可达常规球磨机的 30 倍，因而输入功率相同时，离心磨的外形尺寸比球磨机的小许多，设备自身的质量仅为球磨机的 1/2～1/5；

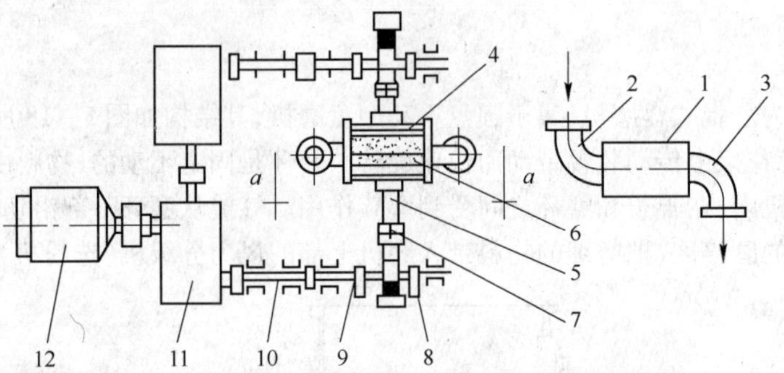

图5－19 离心磨的结构示意图

1—筒体;2—进料口;3—出料口;4—衬板;5—横臂;6—物料及介质;7—螺栓;8—平衡铁;
9—偏心轴;10—传动轴;11—变速箱;12—电动机

(2) 磨机筒体装卸方便,离心磨的筒体可以更换,备用筒体可随时装上;

(3) 改变筒体的转速,可以在很大范围内获得不同的生产率和磨碎产物的细度,在一定范围内,磨碎产物的粒度随磨机筒体转速的增加而减少。

5.4 磨碎设备的生产率计算

5.4.1 球磨机和棒磨机的生产率计算

迄今为止,已提出的计算球磨机和棒磨机生产率的方法主要有容积法、邦德功指数法、汤普森(C. F. Thompson)法和转换系数法等。限于本书的篇幅,仅介绍容积法。

采用容积法计算磨机的生产率时,首先需要确定磨机的比生产率 $q_{-0.074}$,采用的计算公式为:

$$q_{-0.074} = K_1 K_2 K_3 K_4 q_{0,\ -0.074} \tag{5-4}$$

而磨机的生产率计算公式为:

$$Q_{-0.074} = K_1 K_2 K_3 K_4 q_{0,\ -0.074} V \tag{5-5}$$

式中 $Q_{-0.074}$——待计算磨机按新生 -0.074 mm 计的生产率,t/h;

$q_{-0.074}$——工业生产磨机或工业试验磨机的比生产率,t/(m^3·h);

K_1——物料可磨性校正系数,需要通过试验确定,无试验资料时,可近似地从表5-4中选取;

K_2——磨机类型校正系数,亦即待计算磨机的类型系数与标准磨机的类型系数之比,磨机的类型系数如表5-5所示;

K_3——磨机直径校正系数,其计算式为:

$$K_3 = \sqrt{D - 2\delta} / \sqrt{D_0 - 2\delta_0} \tag{5-6}$$

式中 D, D_0——分别是待计算磨机和工业生产或工业试验磨机的筒体内径,m;

δ, δ_0——分别是相应的衬板厚度,m;

K_4——磨机的给料粒度和产物粒度校正系数,其计算式为:

$$K_4 = m_1 / m_2 \tag{5-7}$$

式中 m_1, m_2——分别是在一定的给料及产物粒度下,待计算磨机和工业生产或工业试验磨机的相对生产能力,其值可以从表5-1和表5-2中查得;

V——待计算磨机的筒体有效容积,m^3。

表 5-4 物料的可磨性校正系数 K_1

待磨物料的软硬情况	很软	软	中硬	硬	很硬
K_1	2.00	1.50	1.00	0.75	0.50

由于磨机按新生 -0.074 mm 计的生产率 $Q_{-0.074}$ 与按新给料计的生产率 Q 之间存在如下关系：

$$Q_{-0.074}=Q(\beta_{排-0.074}-\beta_{给-0.074})$$

所以按新给料计的磨机生产率计算公式为：

$$Q=Q_{-0.074}/(\beta_{排-0.074}-\beta_{给-0.074}) \tag{5-8}$$

式中，$\beta_{排-0.074}$、$\beta_{给-0.074}$分别是磨机排料和给料中 -0.074 mm 粒级的质量分数，无试验资料时，可分别从图 5-20 和图 5-21 中选取。

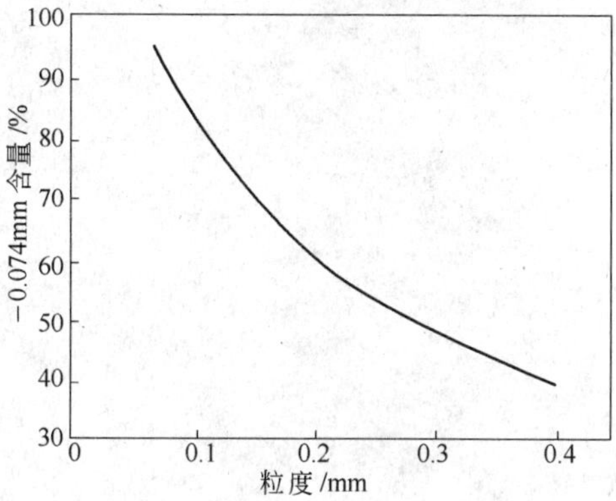

图 5-20 磨碎产物中 -0.074 mm 含量与产物粒度的关系

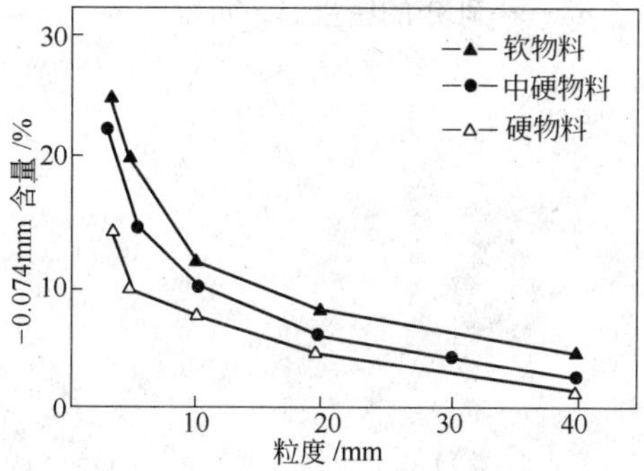

图 5-21 破碎产物中 -0.074 mm 含量与产物粒度的关系

表 5-5 磨机类型系数 K_2

工业生产或试验磨机的类型 \ 待计算磨机的类型	格子型球磨机	溢流型球磨机	棒磨机
格子型球磨机	1.0	0.91~0.87	
溢流型球磨机	1.10~1.15	1.0	
棒 磨 机			1.0

5.4.2 自磨机和砾磨机的生产率计算

自磨机和砾磨机的生产率的计算，主要是基于式(4-33)：

$$N_Y=KD^{2.5}L$$

和式(5-1)：

$$Q=KD^{2.5\sim2.6}L$$

采用按比例放大的方法进行。

对于自磨机，根据半工业试验的数据按下式计算生产率：

$$Q=Q_1(D/D_1)^kL/L_1 \tag{5-9}$$

式中 Q——待计算自磨机的生产率，t/h；

Q_1——半工业试验自磨机的生产率，t/h；

D——待计算自磨机的筒体直径，m；

D_1——半工业试验自磨机的筒体直径,m;

L——待计算自磨机的筒体长度,m;

L_1——半工业试验自磨机的筒体长度,m;

k——与自磨机的作业方式和磨碎产物粒度有关的指数,湿式磨矿时 $k=2.5\sim2.6$,干式粗磨时 $k=2.8\sim3.1$,干式细磨时 $k=2.5\sim2.8$。

对于砾磨机,则是采用放大球磨机的方法计算其生产率,亦即在生产率和安装功率相同的条件下,由球磨机的规格尺寸来推算砾磨机的规格尺寸,其计算式为:

$$L_P D_P^{2.5} = 7800 L D^{2.5} / \rho_P \qquad (5-10)$$

式中 L_P——砾磨机筒体的长度,m;

D_P——砾磨机筒体的直径,m;

L——球磨机筒体的长度,m;

D——球磨机筒体的直径,m;

ρ_P——砾介的密度,kg/m^3。

6 破碎和磨碎流程

6.1 破碎流程

破碎流程是指联结破碎作业及其辅助作业的程序。破碎机和筛分机的不同组合就构成了各种各样的破碎流程。一台破碎机与它的辅助设备构成一个破碎段,包括几个破碎段的破碎流程就称为几段破碎流程。此外,按照筛分机的配置方式,又可以把破碎流程分为开路破碎流程和闭路破碎流程两大类。

生产中常见的破碎流程如图6-1所示,根据处理物料的具体情况,有时在适当的破碎机前增设预先筛分作业,以提高破碎设备的利用效率。

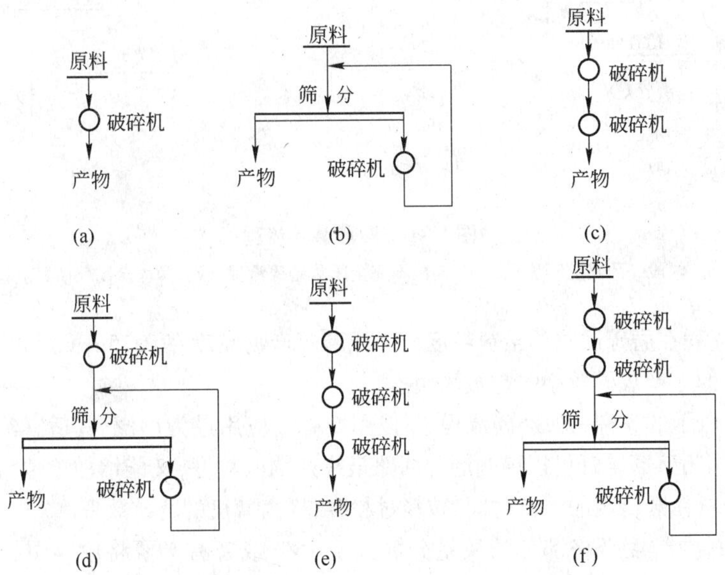

图6-1 常见的破碎流程

(a) 一段开路破碎流程;(b) 一段闭路破碎流程;(c) 两段开路破碎流程;(d) 两段一闭路破碎流程;(e) 三段开路破碎流程;(f) 三段一闭路破碎流程

开路破碎流程的优点是投资少、设备配置简单,但破碎产物的粒度粗而不均匀,常导致后续磨碎设备的生产率下降、能耗上升。由于磨碎设备的能耗大、能量利用效率低,因而目前生产中广泛采用闭路破碎流程,且坚持多碎少磨的原则。只有当物料的含水和含泥量较高,采用闭路作业筛分机因堵塞严重而无法正常工作时,才采用开路破碎流程。

6.2 磨碎流程

磨碎流程是指联结磨碎作业及其辅助作业的程序。一台磨碎设备与其辅助设备构成一个磨碎段。在生产实践中多采用一段磨碎流程和两段磨碎流程。根据分级机的配置方式,一段和两段磨碎流程有图6-2和图6-3所示的几种常见形式。

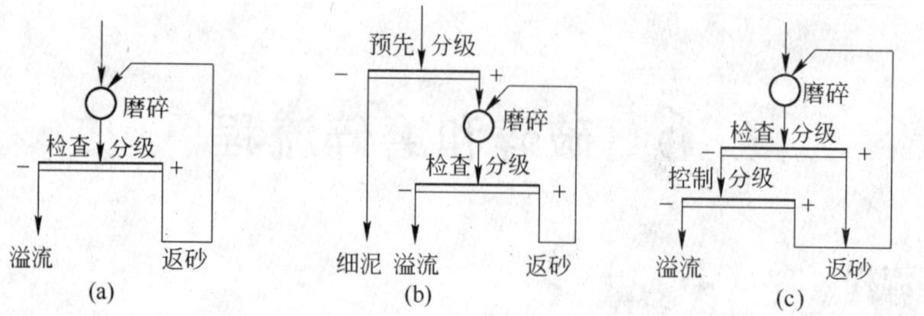

图6-2 一段磨碎流程

（a）一段闭路磨碎流程；（b）带预先分级的一段闭路磨碎流程；（c）带控制分级的一段闭路磨碎流程

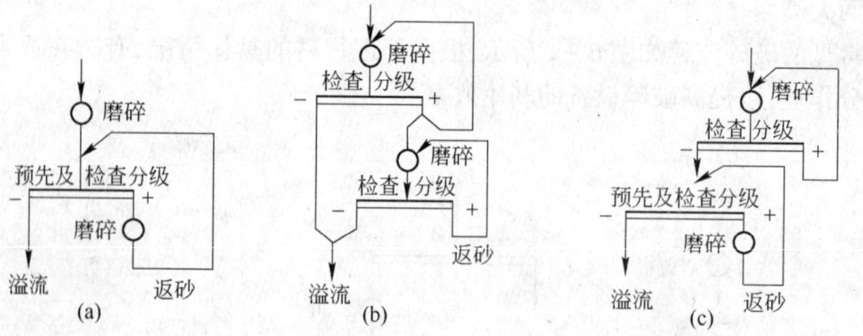

图6-3 两段磨碎流程

（a）两段一闭路磨碎流程；（b）两段不完全闭路磨碎流程；（c）两段全闭路磨碎流程

一段磨碎流程在磨碎回路的给料粒度较细或磨碎产物粒度在0.15 mm以上、或被磨物料的硬度小、或工厂的生产规模较小时常被采用。

在图6-2所示的3种一段磨碎流程中，以图6-2a应用最为广泛，其适宜给料最大粒度为6~20 mm。采用闭路磨碎既可以控制磨碎回路最终产物的粒度，又能增加单位时间通过磨机的物料量，缩短物料在磨机内的停留时间，减轻过粉碎，提高磨机的磨矿效率。

当待磨物料中粒度合格部分的质量分数大于15%或者有必要将原料中的细泥和可溶性盐类预先分出进行单独处理时，可采用图6-2b所示的流程。预先分级设备一般采用机械分级机。这种磨碎流程的给料粒度上限大都在6~7 mm以下，以免导致分级机严重磨损。若预先分级仅是为了分出合格粒级、减小磨机负荷，则流程中的预先分级作业和检查分级作业可以合并。

当要求在一段磨碎条件下得到较细的磨碎产物或需要对磨碎产物的粒度进行严格控制时，多采用图6-2c所示的流程。由于在这种流程中，磨机常常因给料粒度不均而很难实现磨矿介质的合理配比，所以磨矿效率一般较低，而且分级机工作也不稳定。

在图6-3所示的3种两段磨碎流程中，图6-3c所示的流程应用最广泛。

两段磨碎流程的磨碎比大，可以产出较细或很细的磨碎产物，而且两段磨机分别完成粗磨和细磨，所以可根据各自的给料性质选择适宜的操作条件。因而两段磨碎流程中的设备工作效率高，磨碎产物粒度均匀，泥化较轻。当要求磨碎产物粒度小于0.15 mm（相当于-0.074 mm粒级的质量分数为70%~80%），或物料难以磨碎，或物料中有价成分呈不均匀浸染且容易泥化时，通常采用两段磨碎流程。此外，当需要对物料进行阶段磨碎、阶段选别时，也必须采用两段磨碎流程。

与一段磨碎流程比较，两段磨碎流程使用的设备多，配置复杂，操作和管理不便，尤其是两段磨机的负荷平衡比较困难。

一般说来，除两段磨碎流程中有时第1段采用的棒磨机以外，磨碎设备均采用闭路作业。与磨机组成闭路的分级设备，常常采用螺旋分级机或水力旋流器。此外，也有采用筛分机与磨碎设备构成闭路磨碎作业的应用实例。

6.3 自磨和砾磨流程

自磨工艺的应用实践表明，由1台自磨机同时完成常规的中碎、细碎和粗磨3个粉碎作业较为合适，所以在采用自磨工艺的碎、磨流程中，一般仅设粗碎一段破碎，粗碎作业的产物直接给入自磨机进行磨碎。

生产中采用的自磨流程，根据设备的配置情况，分为一段全自磨流程、一段半自磨流程、两段全自磨流程和两段半自磨流程4种。一段自磨流程适用于磨碎产物中 -0.074 mm 粒级的质量分数小于60%的情况，当要求磨碎产物中 -0.074 mm 粒级的质量分数大于70%时，则适宜采用两段自磨流程。

图6-4是一段全自磨流程的应用实例。当采用一段自磨流程处理硬度较大的物料时，常常需要在磨碎回路中设置处理顽石的破碎设备，形成图6-4b和图6-4c所示的两种一段自磨流程。

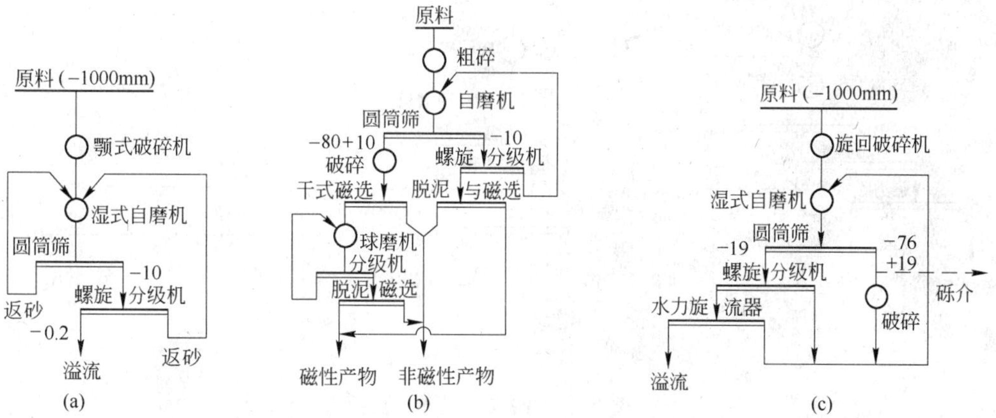

图6-4 一段全自磨流程

(a) 简单的一段全自磨流程；(b) 顽石破碎后单独处理的一段全自磨流程；(c) 顽石破碎后返回的一段全自磨流程

一段半自磨流程是把粗碎后的物料用半自磨机一次磨碎到要求的产物粒度。由于采用这种磨碎流程并不能降低钢耗，所以仅在个别特殊情况下才采用。

两段全自磨流程是第1段采用自磨机、第2段采用砾磨机或两段都采用砾磨机的磨碎流程。图6-5是3个两段全自磨流程的应用实例。

两段半自磨流程是一段采用自磨机，另一段采用常规磨碎设备的两段磨碎流程。第1段采用自磨机，第2段采用球磨机；或者第1段采用棒磨机，第2段采用砾磨机；或者第1段采用半自磨机，第2段采用球磨机，诸如此类的磨碎生产流程均属于两段半自磨流程，其应用实例如

图6－6所示。

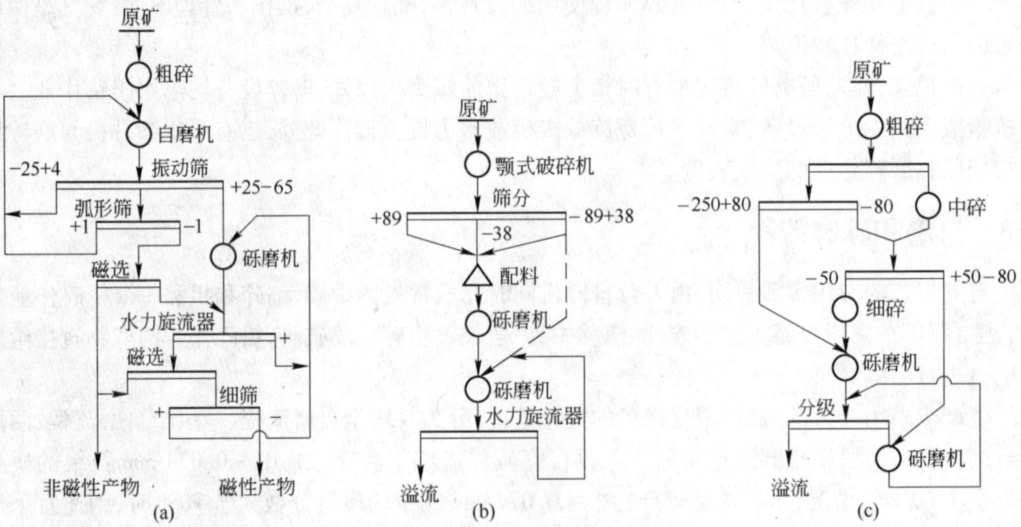

图6－5　两段全自磨流程

（a）自磨机与砾磨机组成的两段全自磨流程；（b）带配料系统的两段砾磨流程；（c）不带配料系统的两段砾磨流程

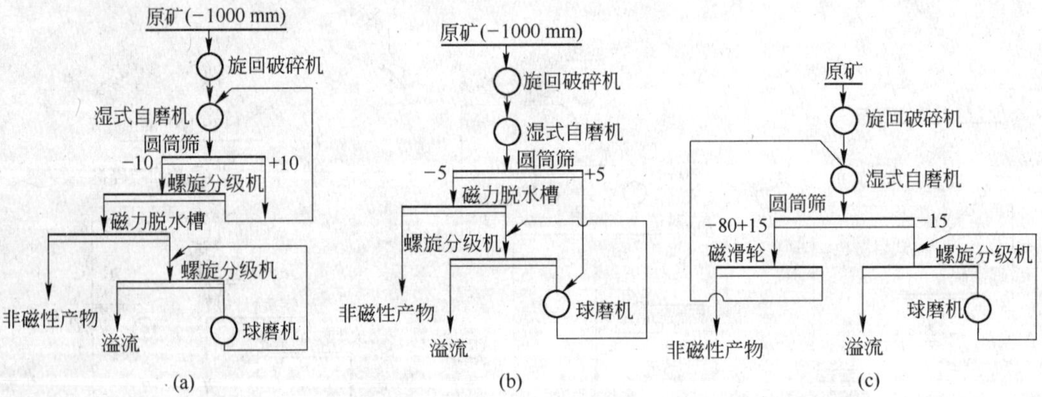

图6－6　两段半自磨流程

（a）自磨机闭路作业的两段半自磨流程；（b）自磨机开路作业的两段半自磨流程；（c）带磁滑轮预选的两段半自磨流程

第2篇

磁选和电选

7 磁选的基本原理

7.1 磁选的物理基础

磁选是基于待分选物料中不同组分导磁性之间的差异而进行的，所以了解磁学的一些基本概念是学习磁选的首要前提。

7.1.1 磁学的概念

7.1.1.1 *磁感应强度和磁场强度*

场是处所、场所的意思。磁场强度在空间的分布称为磁场。磁的相互作用是通过磁场进行的。表示磁场性质的物理量包括磁感应强度和磁场强度。

由于磁场是矢量场，因而磁场不仅有强弱，而且还有方向性。磁场的强弱及其方向综合体现磁场特性，而磁场最基本的特性是对其中的带电导体有磁场力的作用。所以研究磁场的强弱，必须从分析电流在磁场中的受力情况入手，从中找出表示磁场强弱的物理量。

磁感应强度是用来描述磁场性质的物理量，它既有大小，又有方向，与电场中的电场强度相对应，本应称为磁场强度，但在磁学的发展过程中，磁场强度已被另一个物理量所占有，因而只能称为磁感应强度。

磁感应强度通常用字母 B 表示，其定义是：磁场中某点的磁感应强度的大小，等于该点处的导线通过每单位电流所受力的最大值，它的方向为放在该点的小磁针的N极所指的方向。

要确定磁感应强度 B 的大小，可以利用载流导线在外磁场中受力这一效应。安培发现，一段通电导线在磁场中所受力的大小与线段长度 L 以及其中通过的电流 I 成正比。为了反映磁场中各点的磁场强弱，设想在通电导线上取一小段长度 $\mathrm{d}L$，$\mathrm{d}L$ 必须足够小，一方面可以把它看作一段直线，另一方面又可以认为在 $\mathrm{d}L$ 范围内磁场强度变化不大，可近似地表示为一个常量。在上述条件下，可以把 $I\mathrm{d}L$ 看作一个矢量，它的大小等于导线中的电流 I 与长度 $\mathrm{d}L$ 的乘积，它的方向与电流的方向相同。$I\mathrm{d}L$ 称为电流线，根据安培定律，电流线所受力 $\mathrm{d}F$ 可表示为：

$$\mathrm{d}F = KBI\mathrm{d}L\sin\theta \tag{7-1}$$

式中 θ——$I\mathrm{d}L$ 与 B 的夹角。

在国际单位制中，B 的单位是根据 $\mathrm{d}F$ 和 $I\mathrm{d}L$ 的单位确定的，因而 $K=1$，所以，式(7－1)可写成：

$$\mathrm{d}F = BI\mathrm{d}L\sin\theta \tag{7-2}$$

当 $\theta=90°$ 时,电流线的受力最大,这时式(7-2)变为:

$$dF_m = BIdL \tag{7-3}$$

因而磁感应强度的大小为:

$$B = dF_m/IdL \tag{7-4}$$

在国际单位制中,dF 的单位为N;I 的单位为A;dL 的单位为m;B 的单位为T;在电磁单位制中 B 的单位为Gs,两者的换算关系为:

$$1\text{T} = 10^4\text{Gs}$$

磁场强度是指在任何介质中,磁场中某点的磁感应强度 B 与同一点上磁介质的磁导率 μ 的比值,常用符号 H 表示,简称为 H 矢量,即:

$$H = B/\mu \tag{7-5}$$

在国际单位制中,磁场强度 H 的单位为A/m(安培每米);磁导率 μ 的单位为H/m(亨利每米)。在电磁单位制中,磁场强度 H 的单位为Oe(奥斯特);1 Oe等于真空中磁感应强度为1 Gs处的磁场强度。两种单位制之间的换算关系为:

$$1\text{A/m} = 4\pi\times10^{-3}\text{Oe}$$

7.1.1.2　非均匀磁场和磁场梯度

根据磁场中磁力线的分布状态,可将磁场分为均匀磁场和非均匀磁场。典型的均匀磁场和非均匀磁场如图7-1所示。

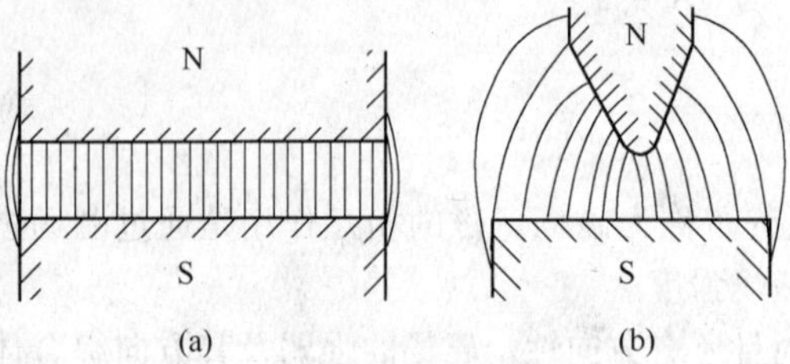

图7-1　两种不同的磁场示意图
(a) 均匀磁场;(b) 非均匀磁场

图7-1a所示的磁场为均匀磁场。在这种磁场中,磁力线的分布是均匀的,各点的磁场强度大小相等、方向相同,即磁场强度 H 等于常数。图7-1b所示的磁场为非均匀磁场。在这种磁场中,磁力线的分布是不均匀的,各点磁场强度的大小和方向都是变化的,亦即磁场强度 H 不是常数。

磁场的不均匀程度用磁场梯度表示,有时也称为磁场强度的变化率,其表示形式为 dH/dx 或 grad$H$。显然,在均匀磁场中 $dH/dx=0$;在非均匀磁场中 $dH/dx\neq0$。dH/dx 愈大,磁场的不均匀程度愈高。磁场中某点的磁场梯度的方向为磁场强度在该点处的变化率最大的方向;该点处磁场梯度的大小恰好是这个最大变化率的数值。

分选磁性不同的固体颗粒必须在非均匀磁场中进行。因为在均匀磁场中磁性颗粒只受到转矩作用,转矩使它的长轴平行于磁场方向,处于稳定状态;而在非均匀磁场中,磁性颗粒除受到转矩的作用外,还受到磁力作用。磁力呈现出引力作用,使磁性颗粒向着磁场强度升高的方向移动,最后被吸到磁极上。正是由于磁力的作用,才有可能将磁性强的固体颗粒与磁性较弱或非磁性的固体颗粒分开。因此,位于磁选设备分选空间中的磁场,不但要有一定的磁场强度,而且还必须有适当的磁场梯度。

磁场中某点的磁场梯度目前还不能直接测量,需要根据测得的磁场强度随空间距离的变化值,通过计算或作图求出该点的磁场梯度。例如,已经测得永磁筒式磁选机分选空间中距磁极表面不同高度的磁场强度如表7-1所示。

表7-1　距磁极表面不同高度的磁场强度

距离/m	0	0.01	0.02	0.03	0.04	0.05	0.06
磁场强度/$\text{A}\cdot\text{m}^{-1}$	127200	93600	77600	64800	55200	48000	41600

以到磁极表面的距离为横坐标，以磁场强度为纵坐标，将不同距离各点所对应的磁场强度标示在坐标系中，连接各点的曲线称为磁场强度的分布线（见图 7－2）。若需要求 A 点的磁场梯度，可过 A 点作曲线的切线，切线的斜率就是该点的磁场梯度，其单位是 A/m^2。由此可见，磁场梯度就是沿磁场强度最大变化率方向上，单位距离的磁场强度变化值。如果已知磁场强度在最大变化率方向上的分布函数 $H(x)$，则这一分布函数的导数就是磁场梯度的分布函数式。

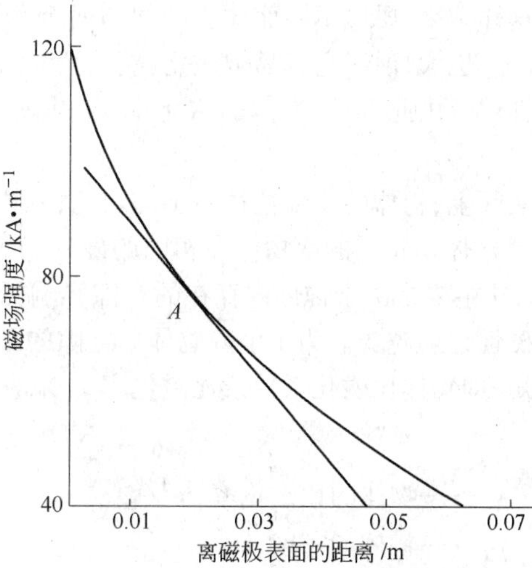

图 7－2　磁场强度分布曲线

必须指出，在数量场中梯度有一个重要性质，即数量场中某点的梯度垂直于过该点的等位面，而且指向数量场分布函数增大的方向。另外，只有在下述情况下，梯度的概念才可以用在矢量场中，即在矢量场中选定了这样一些特定的方向，在这些方向上矢量场（如磁场强度）具有同一方向，在此方向上场矢量对距离的变化率可认为是场数量对距离的变化率，而且数值最大。

7.1.1.3　物体的磁化

原子是有磁性的，由原子或分子组成的物体也具有磁性。原子中各个电子产生的磁效应用原子磁矩表示；分子产生的磁效应用分子磁矩表示。物体在不受外磁场作用时，由于分子的热运动使得分子磁矩的取向分散，其矢量和为零，所以物体不显示磁性。当把物体置于磁场中时，分子磁矩沿外磁场方向取向，其矢量和不等于零，从而使物体显示出磁性，这就是物体被磁化的实质。

不同磁性的物体，在相同的磁场中被磁化时，由于分子磁矩取向程度的不同，使其磁性有强弱之分。所谓非磁性物体，只是这种物体中的分子磁矩在磁场中的取向程度极小而已，并不是绝对没有磁性。假如将其置于极强的外磁场中，它也可能显示出较强的磁性。

物体被磁化的程度用磁化强度 M 表示，磁化强度是单位体积物体的磁矩，即：

$$M = \sum P_m / V \qquad (7-6)$$

式中　$\sum P_m$——物体中各原子（或分子）磁矩的矢量和；

V——物体的体积。

磁化强度的物理意义是在磁感应强度为 B 的外磁场作用下，单位体积物体的磁矩，是一个体现在外磁场作用下物体被磁化程度的物理量，其单位为 A/m。

如果把磁性和体积都相同的甲乙两个物体，分别置于不同的外磁场中磁化，若甲物体在较强的磁场中被磁化，乙物体在较弱的磁场中被磁化，则甲物体的磁化强度必然比乙物体的大，但这并不表明甲物体的磁性比乙物体的强，因为两者被磁化的条件（外磁场强度）不一样。如果两个物体在相同的外磁场中磁化，则它们的磁化强度必定是相同的。所以对于质地均匀的物体常用单位外磁场强度使物体所产生的磁化强度来表示它的磁性，即：

$$\kappa_0 = M/H \qquad (7-7)$$

式中　κ_0——物体的磁化系数或磁化率；

M——物体的磁化强度，A/m；

H——外磁场强度，A/m。

这样一来,质地不同而体积相同的两个物体在相同的外磁场强度下被磁化时,磁矩大的物体,其 κ_0 也大,说明它容易被磁化,或磁性强;磁矩小的物体,其 κ_0 也小,说明它不容易被磁化,或磁性弱。由此可见,物体的磁化率 κ_0 是表示物体被磁化难易程度的物理量,是一个无量纲的量。

实际上,物体的质地往往是不均匀的,其内部常存在一些空隙,因而对于同一性质(化学组成相同)、体积相同的两物体在相同的外磁场中被磁化时,可以有不同的磁化强度,亦即有不同的 κ_0,这主要是由于物体内存在的空隙影响的结果,空隙越多,取向的分子磁矩数量就越少,物体的磁性也就越弱。为了消除物体中空隙的影响,需要用单位磁场强度在单位质量物体上产生的磁矩,即物体比磁化系数或比磁化率 χ_0 来表示物体的磁性,即:

$$\chi_0 = \sum P_{\mathrm{m}}/(V\rho_1 H) = \kappa_0/\rho_1 \tag{7-8}$$

式中　χ_0——物体的比磁化率,$\mathrm{m^3/kg}$;

ρ_1——物体的密度,$\mathrm{kg/m^3}$。

7.1.1.4　退磁场

物体在外磁场中被磁化后,如果两端出现磁极,将在物体内部产生磁场,其方向与外磁场方向相反或接近相反,因而有减退磁化的作用,这个磁场称为退磁场,其示意图如图7-3所示。

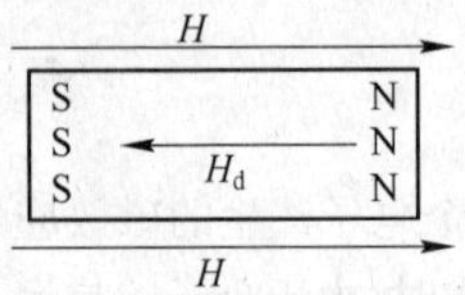

图7-3　物体在外磁场中磁化时的退磁场示意图

退磁场强度 H_{d} 在物体内部的方向是从N极到S极,恰好与外磁场的方向相反。在一般的物体中,退磁场往往是不均匀的,因而使原来有可能均匀的磁化也会变成不均匀,在这种情况下,磁化强度和退磁场之间不能找出简单的关系。当磁化均匀时,产生的退磁场强度与磁化强度成正比,即:

$$H_{\mathrm{d}} = -NM \tag{7-9}$$

式中　M——物体的磁化强度,A/m;

H_{d}——退磁场强度,A/m;

N——退磁系数,其数值取决于物体的形状。

当图7-4所示的几种典型形状的物体在均匀磁场中被磁化时,对于无限大的圆形薄片,$N_x = N_y = 0$,$N_z = 1$;对于无限长柱体,$N_x = N_y = 1/2$,$N_z = 0$;对于球体,$N_x = N_y = N_z = 1/3$。

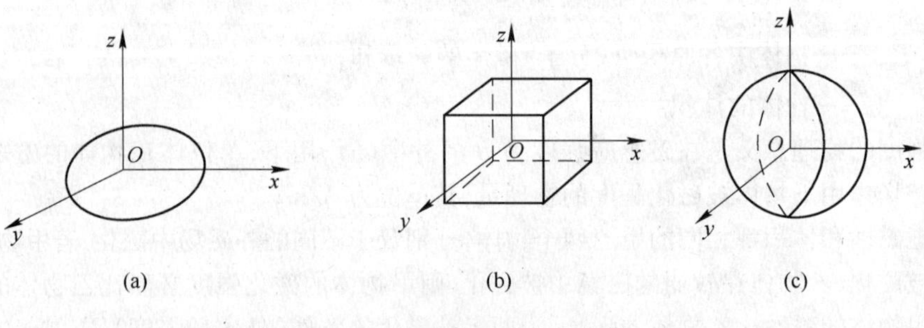

图7-4　几种典型形状的物体
(a) 无限大的圆形薄片; (b) 无限长的柱体; (c) 球体

在分选实践中,由于颗粒大都呈不规则的几何形状,所以 N 一般取为0.16。

7.1.2　磁场的基本定律

与磁选有关的磁场的基本定律主要是磁场中的高斯定律和安培环路定律。

7.1.2.1 磁场中的高斯定律

由普通物理学的知识可知,磁感应线(B 线)是一闭合线,因而穿入任意一个闭合曲面的磁感应线的条数必然等于穿出该闭合曲面的磁感应线的条数,即通过任何一个闭合曲面的总磁通量必然为零。若闭合曲面的面积为 S,它包含的体积为 ΔV,对于有限体积元 ΔV 有:

$$\Phi_m = \oint_S B \cdot dS = 0 \tag{7-10}$$

根据场论的概念,对于磁场中任意一点均存在:

$$\mathrm{div}B = 0 \text{ 或表示为 } \nabla \times B = 0 \tag{7-11}$$

即磁感应强度 B 的散度为零,这就是磁场中的高斯定律,是磁场的一个重要性质。

7.1.2.2 安培环路定律

安培环路定律简称安培定律,是电磁学中的重要定律之一,其内容是:在磁场中通过任何闭合线,磁感应强度的环流正比于闭合线所包围电流的代数和。在真空或空气中安培定律的表达式为:

$$\oint B\mathrm{d}l = \mu_0 \sum I \tag{7-12}$$

式中 μ_0——真空中的磁导率,$\mu_0 = 4\pi \times 10^{-7}$ H/m;

$\sum I$——被闭合线包围的各导线中传导电流的代数和。

在有磁介质的情况下,式(7-12)可写成:

$$\oint B\mathrm{d}l = \mu_0 (\sum I + I_s) \tag{7-13}$$

式中 I_s——闭合线内的分子表面电流(磁化电流)。

在磁场中,沿任何闭合曲线作磁场强度 H 的环路积分,等于包围在该闭合曲线内各电流强度的代数和,其数学表达式为:

$$\oint LH\mathrm{d}l = \sum I \tag{7-14}$$

式(7-14)对空间中有无介质都适用,是安培定律的普遍形式,它表明若采用磁场强度矢量 H 表征磁场特性,则无论有无磁介质,磁场强度的环路仅与传导电流有关,而与磁化电流无关。

根据矢量场的旋度概念,磁场强度 H 的旋度为:

$$\mathrm{rot}H = J \text{ 或 } \nabla \times H = J \tag{7-15}$$

式中 J——传导电流密度。

如果所研究的磁场内不连环传导电流,即 $J = 0$,则:

$$\mathrm{rot}H = 0 \text{ 或 } \nabla \times H = 0 \tag{7-16}$$

这样的磁场为无旋场,这是磁场的另一个重要性质。

在磁分离空间的磁场中,任何一点的磁感应强度 B 的散度为零,亦即磁分离空间的磁场是无源场;同时,因磁分离空间中任何一点磁场强度 H 的旋度为零,所以磁分离空间的磁场是无旋场。由于磁选设备分选空间的磁场是无源无旋场,其磁位函数必然满足拉普拉斯方程。根据相似原理,为无源无旋场造型时,几何相似是唯一的相似准则。这就是说,只要把待测的微小空间按几何相似条件放大若干倍,做成模型,则模型与原型具有相同的磁场特性。

7.1.3 在磁介质中有关物理量之间的关系

根据物理学的知识,当电流所产生的磁场中有磁介质时,例如,在含有铁芯的螺绕环内(见

图7－5），安培环路定律可表示为：

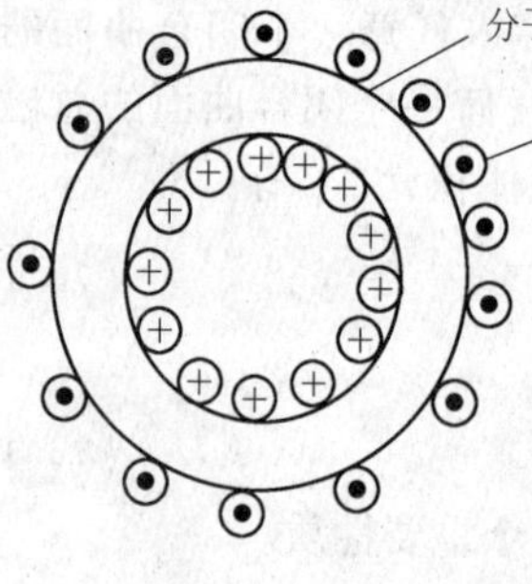

图7－5　有铁芯的螺绕环

$$\oint B\mathrm{d}l = \mu_0 \sum I + \mu_0 \oint M\mathrm{d}l \qquad (7-17)$$

移项后得：

$$\oint [(B - \mu_0 M)/\mu_0]\mathrm{d}l = \sum I \qquad (7-18)$$

式（7－18）中等号左边中括号内的代数式，整体可看作是一个新的与磁场性质有关的矢量 H，即令：

$$H = (B - \mu_0 M)/\mu_0 \qquad (7-19)$$

由式（7－19）得到3个磁矢量的普遍关系式为：

$$B = \mu_0 (H + M) \qquad (7-20)$$

由式（7－20）可以看出，当电流所产生的磁场中有磁介质时，磁场中任意一点的磁感应强度 B，除了包括电流产生的磁场外，还应考虑磁介质磁化后，分子电流产生的附加磁场。

因为 $M = \kappa_0 H$，所以式（7－20）又可写成：

$$B = \mu_0 (1 + \kappa_0) H \qquad (7-21)$$

令 $\mu_r = 1 + \kappa_0$，这里的 μ_r 是磁介质的相对磁导率，因而式（7－21）又可写为：

$$B = \mu_0 \mu_r H = \mu H \qquad (7-22)$$

7.2　磁性颗粒在非均匀磁场中所受的磁力

当一个载流线圈在磁场中运动时，如果线圈中的电流强度不变，则磁力所做的功 ΔW 恒等于线圈中的电流 I 与通过线圈的磁通量的增量 $\Delta\Phi$ 的乘积，即：

$$\Delta W = I \times \Delta\Phi \qquad (7-23)$$

如图7－6所示，如果线圈所包围的面积为 A，它在不均匀磁场中移动了一段微小距离 ΔL，设线圈移动前所在处的磁场强度为 H，移动后线圈所在处的磁场强度为 $H + \Delta H$，当介质的相对磁导率 $\mu_r = 1$ 时，磁力所做的功 ΔW 为：

$$\Delta W = I \times \Delta\Phi = I[A(H + \Delta H) - AH]\mu_0 = IA\Delta H\mu_0 \qquad (7-24)$$

式中　IA——线圈的磁矩。

令 $P_m = IA$，则式（7－24）变为：

$$\Delta W = \mu_0 P_m \times \Delta H \qquad (7-25)$$

如果载流线圈在磁场中受磁场作用的合力为 F_m，则磁力所做的功 ΔW 又等于合力 F_m 与位移 ΔL 的乘积，即：

$$\Delta W = F_m \times \Delta L \qquad (7-26)$$

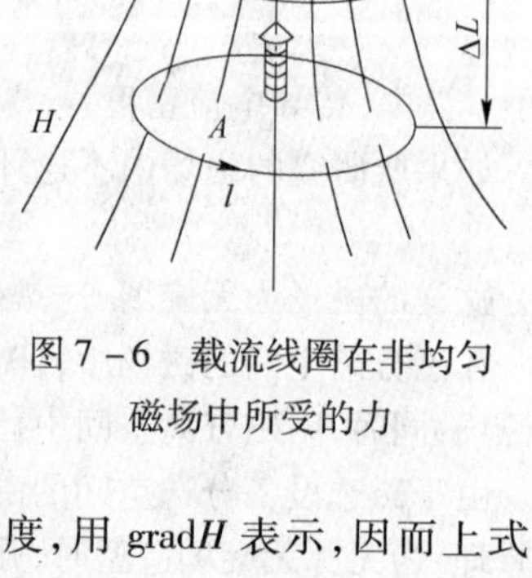

图7－6　载流线圈在非均匀磁场中所受的力

比较式（7－25）和式（7－26）得：

$$F_m = \mu_0 \times P_m \times \Delta H/\Delta L$$

式中，$\Delta H/\Delta L$ 为线圈位移方向上的磁场强度变化率，即磁场梯度，用 $\mathrm{grad}H$ 表示，因而上式可写成：

$$F_m = \mu_0 \times P_m \times \mathrm{grad}H \qquad (7-27)$$

磁性颗粒在磁场中被磁化后，其磁效应亦可用一个等效的元电流表示，这个元电流的磁矩为 P_m，它与一个小的载流线圈在磁场中受到的作用等效，所以磁性颗粒在不均匀磁场中所受的磁力同样可以用式(7－27)表示。设颗粒的体积为ΔV,磁化强度为M,则$P_m = M \cdot \Delta V$,其中的$M = \kappa_0 H$,所以有：

$$P_m = \kappa_0 H \cdot \Delta V \tag{7-28}$$

把式(7－28)代入式(7－27)得：

$$F_m = \mu_0 \kappa_0 \cdot \Delta V H \mathrm{grad} H \tag{7-29}$$

由式(7－8)：

$$\chi_0 = \kappa_0 / \rho_1$$

得：

$$\kappa_0 = \chi_0 \rho_1$$

代入式(7－29)得：

$$F_m = \mu_0 \chi_0 \rho_1 \cdot \Delta V H \mathrm{grad} H = m \mu_0 \chi_0 H \mathrm{grad} H \tag{7-30}$$

式中，$m = \rho_1 \cdot \Delta V$为颗粒的质量,式(7－30)的等号两边同除以$m$,即得到作用在单位质量颗粒上的磁力为：

$$f_m = F_m / m = \mu_0 \chi_0 H \mathrm{grad} H \tag{7-31}$$

式中,f_m为比磁力,单位为N/kg;$H\mathrm{grad}H$为磁场力。

由式(7－31)可知,作用在单位质量磁性颗粒上的磁力f_m,由反映磁性颗粒的比磁化系数χ_0和反映颗粒所在处磁场特性的磁场力$H\mathrm{grad}H$两部分组成。在分选强磁性物料(矿物)时,由于颗粒的磁性强,χ_0很大,克服机械力所需要的磁场力$H\mathrm{grad}H$则可以小一些;分选弱磁性物料(矿物)时,由于颗粒的磁性很弱,χ_0很小,克服机械力所需要的磁场力$H\mathrm{grad}H$就很大。

从式(7－31)中还可以看出,如果颗粒所在处的磁场梯度$\mathrm{grad}H = 0$,即使磁场强度很高,作用在磁性颗粒上的比磁力也等于零。这说明磁选必须在非均匀磁场中进行。为了提高磁场力$H\mathrm{grad}H$,不仅需要设法提高磁场强度H,而且应该研究提高磁场梯度$\mathrm{grad}H$的措施。正是由于一系列场强高、梯度大的强磁场磁选机的陆续问世,才使得磁选的应用范围不断扩大。

应该指出的是,利用式(7－31)计算颗粒所受的比磁力时,一般采用颗粒中心处的磁场强度H,因此,只有在磁场梯度$\mathrm{grad}H$等于常数时,计算结果才是准确的。但在实际生产中,磁选设备分选空间的$\mathrm{grad}H$不是常数,所以颗粒的粒度越小,其计算误差也就越小。对于粗颗粒或尺寸较大的物料块,必须将其分成许多体积很小的部分,先对每个小部分所受的磁力进行计算,然后再求出总的磁力。这在实际工作中是很难做到的,所以在通常的情况下,多是根据磁选机的类型,结合实际情况,首先估算出作用在颗粒上的机械力的合力$\sum F_{机}$,然后再确定所需要的磁力。

磁性颗粒在磁场中所受比磁力的大小,按式(7－31)计算;磁力的方向是沿磁场梯度的方向,即颗粒所受磁力的方向指向磁场强度升高的方向。而某点处的磁场梯度方向可能与该点的磁场方向平行,也可能与磁场方向垂直或成某一角度,但磁场梯度一定与等磁场线(磁场中磁场强度相等的点的连线)垂直。一个“细长”磁性颗粒在不均匀磁场中,其长轴方向一定平行于磁场方向,而其所受磁力方向是沿磁场梯度方向。

7.3　磁选过程所需要的磁力

7.3.1　磁选分离的基本条件

磁选是根据物料中不同颗粒之间的磁性差异,在非均匀磁场中借助于颗粒所受磁力、机械力等的不同而进行分离的一种方法。磁选是在磁选设备分选空间的磁场中进行的,被分选的物料给入磁选设备的分选空间后,受到磁力和机械力(包括重力、摩擦力、流体阻力、离心惯性力等)的作用,物料中磁性不同的颗粒因受到不同的磁力作用,而沿着不同的路径运动,在不同位置分别接取就可得到磁性产物和非磁性产物。

磁选过程的示意图如图7－7所示。进入磁性产物的磁性颗粒的路径由作用在这些颗粒上的磁力和所有机械力的合力决定;而进入非磁性产物的非磁性颗粒的运动路径则由作用在它们上面的机械力的合力决定。因此,为了保证把被分选物料中的磁性颗粒与非磁性颗粒分开,必须满足的条件是:

$$F_{\mathrm{m}} > \sum F_{机} \tag{7-32}$$

式中　F_{m}——作用在磁性颗粒上的磁力;

$\sum F_{机}$——作用在颗粒上的与磁力方向相反的所有机械力的合力。

如果要分离磁性较强和磁性较弱的两种固体颗粒,则必须满足的条件为:

$$F_{1\mathrm{m}} > \sum F_{机} > F_{2\mathrm{m}} \tag{7-33}$$

式中,$F_{1\mathrm{m}}$和$F_{2\mathrm{m}}$分别是作用在磁性较强颗粒和磁性较弱颗粒上的磁力。

由此可见,磁选是利用磁力和机械力对不同磁性的颗粒产生的不同作用而实现的。两种颗粒(或矿物)的磁性差别越大,越容易实现分离。而对于磁性相近的固体颗粒,则不容易实现有效分离。

7.3.2　回收磁性颗粒所需要的磁力

由磁选必须满足的条件可知,与磁力相竞争的力是作用在颗粒上的机械力。分选设备类型不同时,每种机械力的重要性也不同。磁性颗粒在磁场中分离有吸出型(见图7－7)、吸住型和偏移型(见图7－8)三种基本形式。在上面给料的干式磁分离过程中,磁性颗粒(或物料块)所受的机械力主要是重力和离心惯性力。在湿式磁分离中,磁性颗粒所受的机械力主要是重力和流体对颗粒运动产生的阻力。

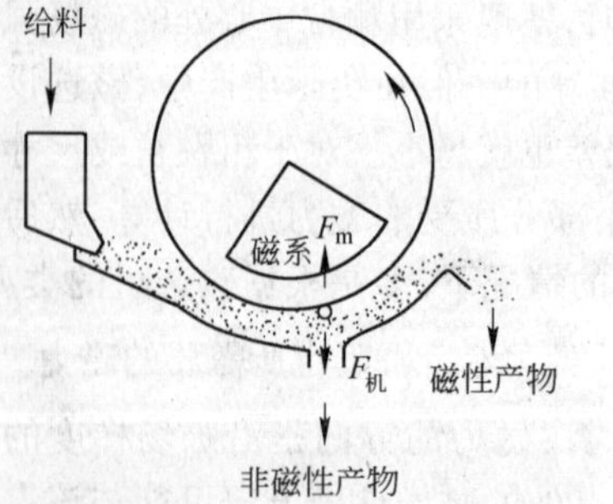

图7－7　物料在磁选机中分离的示意图

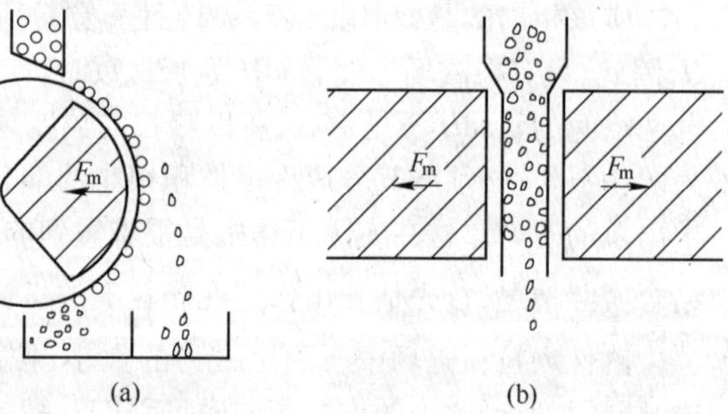

图7－8　物料在磁场中分离的示意图
(a) 吸住型;(b) 偏移型

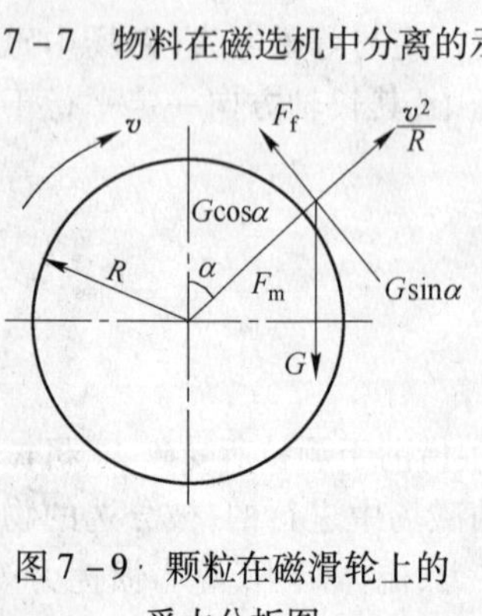

图7－9　颗粒在磁滑轮上的受力分析图

7.3.2.1　上面给料的干式磁分离所需要的比磁力

上面给料时,颗粒或物料块直接给到回转的筒面或辊面上,磁性颗粒或物料块做曲线运动。这时磁分离的任务是将磁性颗粒或物料块吸在筒面或辊面上,非磁性颗粒或物料块在离心惯性力和重力的作用下,脱离辊面,从而实现两种性质颗粒或物料块的分离。为了便于分析问题,考虑作用于单位质量的磁性颗粒上的磁力和机械力,在这种情况下,作用在颗粒上的各种力如图7－9所示。

设分选圆筒的半径为 R,圆周速度为 v,颗粒或物料块在圆筒上的位置到圆筒中心的连线与圆筒垂直直径之间的夹角为 α。在惯性系(以地面为参考)中,忽略颗粒之间的摩擦力和压力以后,作用在单位质量磁性颗粒上的力有重力 G、筒皮对颗粒的摩擦力 F_f、磁系对磁性颗粒的磁吸引力 F_m、与磁力方向相反的离心惯性力 F_C。

重力在圆筒表面切线上的分力会引起磁性颗粒在圆筒表面上滑动,为了避免颗粒在筒面上滑动,必须满足的条件为:

$$F_f \geqslant g\sin\alpha$$

或

$$(F_m + g\cos\alpha - v^2/R)\tan\varphi \geqslant g\sin\alpha$$

由此得:

$$\begin{aligned} F_m &\geqslant v^2/R - g\cos\alpha + g\sin\alpha/\tan\varphi \\ &= v^2/R + g\sin(\alpha-\varphi)/\sin\varphi \end{aligned} \tag{7-34}$$

式中,φ 为颗粒和筒面之间的静摩擦角;$\tan\varphi$ 为颗粒和筒面之间的静摩擦系数。

从式(7-34)中可以看出,在辊筒半径、旋转速度和静摩擦角一定时,颗粒在不同位置上(即 α 角不同)时,所受的机械力也不同。要把磁性颗粒吸在辊筒表面上,所需要的磁力也不同,因而必须求出所需要的最大磁力。

当 $\mathrm{d}F_m/\mathrm{d}\alpha = 0$ 时,F_m 有最大值,为此对式(7-34)求导得:

$$\mathrm{d}F_m/\mathrm{d}\alpha = g\{\mathrm{d}[\sin(\alpha-\varphi)/\sin\varphi]/\mathrm{d}\alpha\} = g\cos(\alpha-\varphi)/\sin\varphi$$

若令 $\mathrm{d}F_m/\mathrm{d}\alpha = 0$,由于 $g/\sin\varphi \neq 0$,必有:

$$\cos(\alpha-\varphi) = 0,\text{或 } \alpha-\varphi = 90°$$

亦即当 $\alpha = 90° + \varphi$ 时,颗粒所需要的磁力最大,此时:

$$F_m = v^2/R + g/\sin\varphi \tag{7-35}$$

对于表面较为粗糙的皮带,$\varphi = 30°$ 或 $\sin\varphi = 0.5$,因而有:

$$F_m = v^2/R + 2g$$

此时颗粒所在的位置角 $\alpha = 120°$,所需要的比磁力最大。

需要指出的是,如果颗粒直径 d 与辊筒半径 R 比较,不能忽略($d/R > 0.05$)时,上述计算式中的 R 应以 $R + 0.5d$ 代替,辊筒表面的运动线速度 v 也应以 $v(R+0.5d)/R$ 代替,此时,式(7-34) 变为:

$$F_m = v^2(R+0.5d)/R^2 + g\sin(\alpha-\varphi)/\sin\varphi \tag{7-36}$$

利用式(7-35)和式(7-36)计算磁性颗粒的比磁力时,v 的单位为 m/s,R 和 d 的单位为 m,重力加速度 g 取为 9.81 $\mathrm{m/s^2}$,F_m 的单位为 N/kg。

7.3.2.2 下面给料湿式磁分离所需要的比磁力

干式分选时,空气对颗粒运动的阻力可以忽略不计,而当分选过程在水介质中进行时,水对颗粒运动的阻力、特别是对微细颗粒的运动阻力则不能忽略。当矿浆经给料槽流入磁选机的工作区后,在矿浆沿一弧形槽运动的过程中,包含在矿浆中的磁性颗粒被吸向圆筒,磁性颗粒的受力情况如图 7-10 所示。

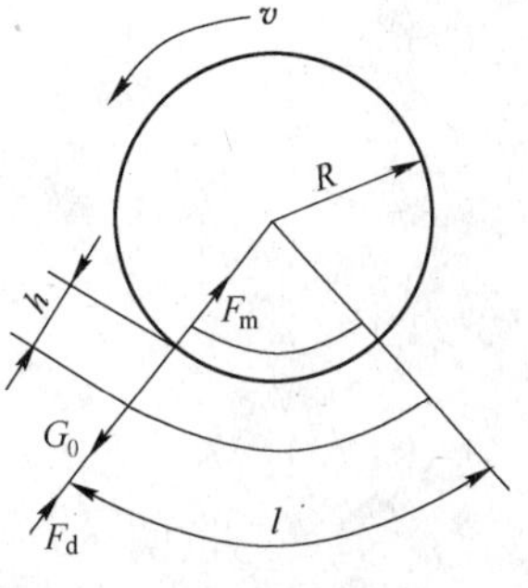

图 7-10 下面给料湿式磁选机中颗粒的受力分析

在水介质中,作用在单位质量磁性颗粒上的比重力 g_0 为:

$$g_0 = g(\rho_1 - 1000)/\rho_1 \tag{7-37}$$

式中 ρ_1——磁性颗粒的密度,$\mathrm{kg/m^3}$。

由于水介质的作用,使得磁性颗粒在磁力作用方向上的运动速度下降。在实际分选过程中,水介质对颗粒运动的比阻力(介质对单位质量颗粒的运动阻力) F_d 一般用下式进行计算:

$$F_d = 18\mu v/(d^2\rho_1) \quad (7-38)$$

式中　F_d——作用在颗粒上的比阻力,N/kg;

μ——水介质的黏度,Pa · s;

v——磁性颗粒在磁力作用方向上的运动速度,m/s;

d——颗粒的粒度,m。

由上述分析可知,在磁力作用方向上,作用在单位质量磁性颗粒上的合力的最小值 F 为:

$$F = F_m - g(\rho_1 - 1000)/\rho_1 - 18\mu v/(d^2\rho_1) \quad (7-39)$$

由牛顿第二定律得磁性颗粒在磁力作用方向上的运动方程为:

$$F_m - g(\rho_1 - 1000)/\rho_1 - 18\mu v/(d^2\rho_1) = a \quad (7-40)$$

式中　a——磁性颗粒在磁力作用方向上的加速度,m/s²。

如果分选空间中距圆筒表面最远点到圆筒表面的距离为 h,磁性颗粒在加速度 a 的作用下,从该点运动到圆筒表面所需的时间为 t_1,则三者之间的关系为:

$$h = at_1^2/2$$

如果矿浆在磁选机的分选空间内运动的距离为 L,平均运动速度为 v_0,则磁性颗粒通过分选空间的运动时间 t_2 为:

$$t_2 = L/v_0$$

在上述情况下,把通过分选空间的矿浆中携带的磁性颗粒全部吸到圆筒表面的条件为:

$$t_1 \leqslant t_2$$

或

$$a \geqslant 2hv_0^2/L^2$$

把这一条件代入式(7-40)得:

$$F_m \geqslant g(\rho_1 - 1000)/\rho_1 + 18\mu v/(d^2\rho_1) + 2hv_0^2/L^2 \quad (7-41)$$

从式(7-41)中可以看出,在湿式磁选过程中,吸出磁性颗粒所需要的磁力,与颗粒的粒度、密度、矿浆通过分选空间的平均运动速度等有关,颗粒的粒度越小、密度越大,所需要的磁力也就越大。

8 矿物的磁性

8.1 物质按磁性分类

磁性是物质最基本的属性之一,自然界中各种物质都具有不同程度的磁性,其中少数物质表现出很强的磁性,而大多数物质的磁性都很弱。

8.1.1 物质磁性的起因

自然界中的物质都是由分子组成的,而分子是由原子组成的,原子又是由原子核和核外电子所构成。原子核、电子、原子和分子都在不停地运动着,随着它们的运动,必定会产生磁效应,这个磁效应就是磁性。

原子核运动所产生的磁效应称为原子核的磁性,电子运动所产生的磁效应称为电子的磁性。原子核的磁性用原子核磁矩表示,电子的磁性用电子磁矩表示。但由于原子核磁矩通常很小,仅为电子磁矩的千分之一,所以一般情况下可忽略不计。

原子核外的电子同时呈现两种运动,其一是沿围绕原子核的电子轨道运动;其二是电子本身的自旋运动,这两种运动都产生磁效应。因此,电子磁矩实际上包含电子轨道磁矩和电子自旋磁矩两部分。从理论上讲,原子磁矩包括原子核磁矩和电子磁矩两部分,但因原子核磁矩通常可忽略不计,所以原子磁矩主要是电子轨道磁矩与电子自旋磁矩的矢量和。

许多磁性物质都是具有各种结构的晶体,晶体中存在着晶格场。由于受到晶格场的作用,电子轨道磁矩的方向是变化的,因而不能产生联合磁矩,这一现象被称为轨道磁矩的猝灭,亦即它对外不表现磁性。显然,原子的磁性主要来源于电子的自旋磁矩。由此可见,电子自旋磁矩是许多固态物质的磁性根源。

在原子中,电子分布在不同的轨道中,形成若干个壳层。具有相同主量子数(n 值)的电子,构成一个主壳层。在同一主壳层中,电子的轨道形状还有差别,在不同形状的轨道中运动的电子又形成若干个次壳层。所谓电子的分布,是指在一个主壳层和次壳层中最多能容纳的电子数,该数反映电子在各个壳层中的充填情况。在填满了电子的次壳层中,各个电子沿轨道运动,分别占据了所有可能的方向,从而形成了一个球形的对称体。因此,合成的总轨道磁矩等于零,电子的自旋磁矩也相互抵消。这表明,原子的磁性仅以未被填满的次壳层中的电子的自旋磁矩表现出来。然而应该指出:原子中存在着位于未被填满的那些次壳层中的电子,只是物质具有磁性的必要条件,并不是充分条件。处在不同原子中未被填满的壳层中的电子,它们之间有“交换作用”,而这种交换作用才是物料具有磁性的重要原因。

8.1.2 物质按磁性分类

在物理学中,根据物质的相对磁导率将其分为三类:一类为顺磁性物质,简称顺磁质,例如锰、铬、铂、氧等,这些物质的相对磁导率 μ_r 大于 1,也就是说,顺磁质的磁导率 μ 大于真空中的磁导率 μ_0。另一类为抗磁性物质,简称抗磁质,例如汞、铜、铋、硫、氯、氢、银、金、锌、铅等,这些物质的相对磁导率 μ_r 小于 1,也就是说,抗磁质的磁导率 μ 小于真空中的磁

导率 μ_0。事实上，所有的抗磁质和大多数顺磁质的相对磁导率 μ_r 与 1 相差甚微。第三类为铁磁性物质，简称铁磁质，这类物质包括铁、钴、镍、钆以及这些金属的合金和铁氧体物质等，它们的相对磁导率 μ_r 的数值很大（$\mu_r >> 1$ 或 $\mu >> \mu_0$），并且还具有一些特殊性质，铁磁质所表现出的磁性称为铁磁性。

此外，自然界中还存在着反铁磁性物质和亚铁磁性物质。反铁磁性物质在奈耳温度（反铁磁性物质转变成顺磁质时的温度）以上表现为顺磁质，由于奈耳温度很低，所以在通常的室温下，可以把反铁磁性物质列为顺磁质一类。亚铁磁性物质的宏观磁性大体上与铁磁质类似，因而从应用的观点出发，可把亚铁磁性物质列为铁磁质一类。

在门捷列夫元素周期表中所列的 100 多种元素中，到目前为止，发现 9 种纯元素晶体具有铁磁性，它们是 3 种 3d 金属铁、钴、镍和 6 种 4f 金属钆、铽、镝、钬、铒和铥，但在常温下后 5 种元素呈顺磁性，所以共有 54 种元素具有顺磁性，有 46 种元素具有抗磁性。在 54 种顺磁性元素中，有 31 种元素不仅自身是顺磁性的，其化合物也是顺磁性的，它们是 Sc、Ti、V、Cr、Mn、Y、Mo、Tc、Ru、Pd、Rh、Ta、W、Re、Os、Ir、Pt、Ce、Pr、Nd、Sm、Eu、Tb、Dy、Ho、Er、Tm、Yb、U、Pu、Am；另外，16 种元素在纯态时是顺磁性的，而它们的化合物却是反磁性的，这 16 种元素是 Li、O、Na、Mg、Al、Ca、Ga、Sr、Zr、Nb、Sn、Ba、La、Lu、Hf、Th；其余 7 种元素的化合物是顺磁性的，它们是 N、K、Cu、Rb、Cs、Au、Tc，其中 N 和 Cu 在纯态时是微抗磁性的。

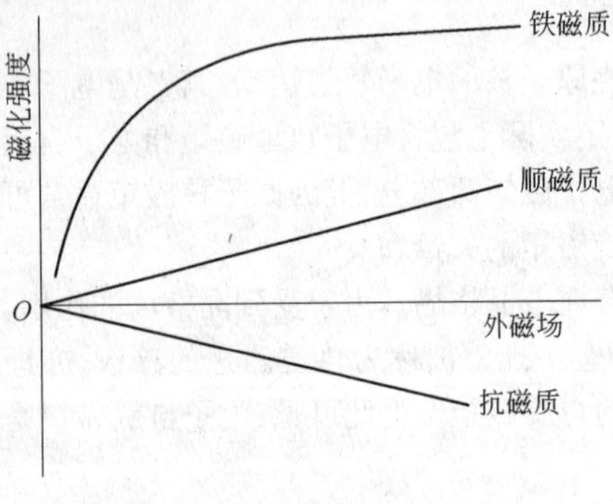

图 8－1　各类物质的磁化强度与外磁场的关系示意图

各种物质的磁化强度与磁化磁场强度的关系如图 8－1 所示。

从图 8－1 中可以看出，顺磁性物质和抗磁性物质的磁化强度与磁化磁场强度之间都呈直线关系，但前者的磁化强度随着磁化磁场强度的增加成正值直线，后者的磁化强度随着磁化磁场强度的增加则是一条负值的直线；而铁磁质的磁化强度与磁化磁场强度之间则呈现曲线关系，它与前两种之间的主要区别在于铁磁质存在磁饱和现象，而另外两者却没有磁饱和现象。

铁磁质的磁化不能用原子磁矩在外加磁场作用下定向排列的理论来解释，因为铁磁质的原子磁矩同具有相似化学性质的其他元素的原子磁矩并无本质区别，例如在铁、钴、镍和非铁磁质的锰、铬的原子内，3d 层都是没有填满的壳层，其原子都有一定的磁矩，其中铁、钴、镍的分别为 $4\mu_B$、$3\mu_B$、$2\mu_B$（μ_B 是玻尔磁子），锰和铬的均为 $4\mu_B$。尽管锰和铬的原子磁矩都大于钴和镍的原子磁矩，它们却都不是铁磁质。

实际上，物质是否具有铁磁性，不完全在于组成物质的原子磁矩的大小，而在于形成物质的原子之间的相互作用的不同。由于铁磁质内原子间的相互作用，使一定小区域内的原子磁矩自发取向，出现自发磁化区域，这个小区域称为磁畴。在通常情况下，物体内各磁畴的自发磁化方向不同，所以对外不显示磁性。当将其置于外磁场中时，各个磁畴的磁矩转向外磁场方向，从而对外显示出磁性。由于是整个磁畴的磁矩转向，不是单个原子磁矩的转向，所以只需要不太强的磁场，就可以使铁磁质磁化到饱和状态。正是由于磁畴的存在，才使得铁磁质呈现出强磁性。当温度高于居里点（铁磁质转变成顺磁质时的温度）时，分子的热运动能量超过了自发磁化的等效磁场能量，致使全部磁畴瓦解，铁磁质也就变成了普通的顺磁质。

图8－2是多晶体的磁畴结构示意图。铁磁质的磁畴尺寸变化范围较大,通常为10^{-5} m数量级,而磁畴壁的尺寸为10^{-7} m数量级。一个磁畴体积的数量级约为10^{-15} m^3,一个原子体积的数量级约为10^{-30} m^3,一个磁畴内约含有10^{15}个原子。

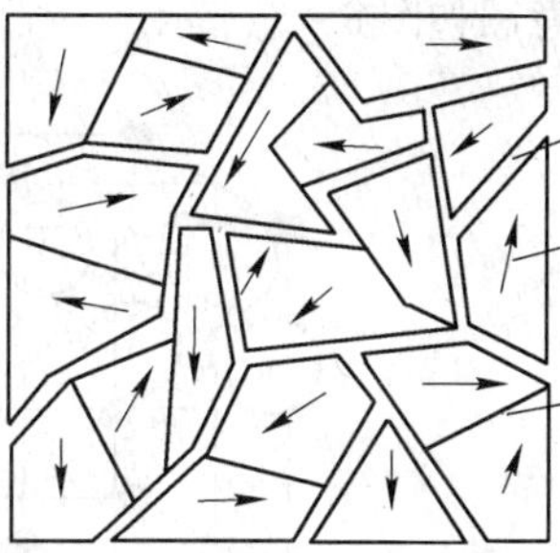

图8－2　多晶体铁磁质的磁畴结构示意图

在实际工作中,可对固体物料进行磁化率测定,以确定其磁性强弱。例如通过实际测定,将自然界中存在的矿物分为强磁性矿物、弱磁性矿物和非磁性矿物。

强磁性矿物的物质比磁化系数$\chi \geq 3.8 \times 10^{-5}$ m^3/kg。在磁场强度为$(0.8 \sim 1.2) \times 10^5$ A/m的弱磁场磁选机中可将其回收。属于这类矿物的有磁铁矿、磁赤铁矿(γ-赤铁矿)、钛磁铁矿、磁黄铁矿、锌铁尖晶石等,它们大都属于亚铁磁性物质。

弱磁性矿物的物质比磁化系数$\chi = (1.26 \sim 75) \times 10^{-7}$ m^3/kg,在磁场强度为$(0.8 \sim 1.6) \times 10^6$ A/m的强磁场磁选机中可以将其回收。赤铁矿、镜铁矿、褐铁矿、菱铁矿、钛铁矿、铬铁矿、水锰矿、硬锰矿、软锰矿、金红石、黑钨矿、黑云母、角闪石、绿泥石、绿帘石、蛇纹石、橄榄石、石榴石、电气石、辉石等都属于弱磁性矿物,它们中的大多数是顺磁性物质,少数属于反铁磁性物质。

非磁性矿物的物质比磁化系数$\chi < 1.26 \times 10^{-7}$ m^3/kg,在目前的技术条件下,还不能用磁选方法对这类矿物进行回收。自然界中存在的矿物,绝大部分属于非磁性矿物。例如方铅矿、闪锌矿、辉铜矿、辉锑矿、红砷镍矿、白钨矿、锡石、自然金、自然硫、石墨、金刚石、石膏、萤石、刚玉、高岭土、煤、石英、长石、方解石等都属于此类矿物,其中有一些是顺磁质,有一些是抗磁质(如方铅矿、自然金、辉锑矿和自然硫等)。

应当指出的是,矿物的磁性受到很多因素的影响,来自不同产地、不同矿床的矿物,其磁性往往也不相同,有时甚至差别很大。这是由于它们的成矿条件不同、杂质含量不同、晶体结构不同等因素所致。所以对于一种具体的矿物,必须通过实际测定才能确定其磁性的强弱。另外,对矿物按磁性进行分类所依据的物质比磁化系数的范围,特别是划分弱磁性矿物和非磁性矿物所依据的物质比磁化系数的界限并不十分严格,这只是一种大致的分类,随着磁选技术的不断发展,进行分类所依据的物质比磁化系数的范围也会相应发生变化。

各种常见矿物的物质比磁化系数值见附表1。

8.2　强磁性矿物的磁性

所谓强磁性矿物,通常是指可以用弱磁场磁选机对其进行回收的矿物。这些矿物属于亚铁磁性物质,其磁性来源于磁性离子的间接交换作用,这与铁磁质的磁性来源于磁性原子的直接交换作用在磁性本质上是有差别的。

8.2.1　强磁性矿物的结构和磁性之间的关系

强磁性矿物的磁性在本质上属于亚铁磁性。最典型的亚铁磁性物质是铁氧体,而磁铁矿和磁赤铁矿都是铁氧体,它们的磁性与晶体结构有关。

铁氧体的晶体结构有尖晶石型、磁铅石型和石榴石型3种,并以尖晶石型为主要代表。尖晶石型铁氧体的一般化学式为$MOFe_2O_3$,式中的M代表二价金属离子,如Fe^{2+}、Co^{2+}、Ca^{2+}、Ni^{2+}、Cd^{2+}、Mg^{2+}、Mn^{2+}、Zn^{2+}等。磁铁矿的分子式为Fe_3O_4,可写成$FeO^{2+}Fe_2^{3+}O_3$,这类铁氧体的晶体结构与镁铝尖晶石($MgOAl_2O_3$)的相同,所以称为尖晶石型铁氧体。镁铝尖晶石型晶体结构的晶胞示意图如图 8 - 3 所示。

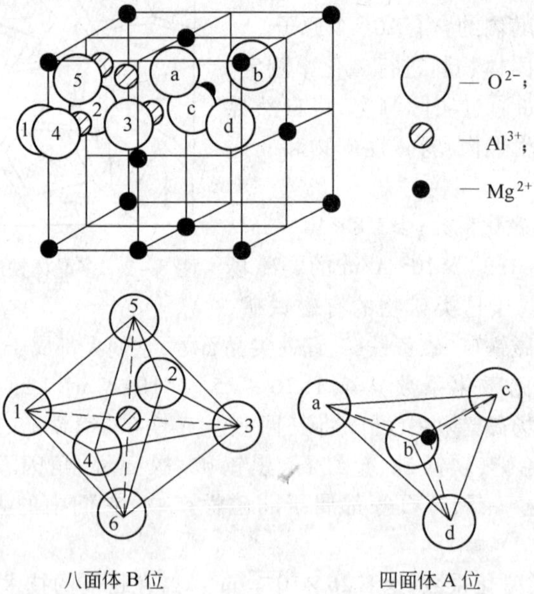

图 8 - 3　镁铝尖晶石型晶体结构的晶胞示意图

从图 8 - 3 中可以看出,在 Mg^{2+} 的周围有 4 个最邻近的 O^{2-},构成 1 个正四面体,Mg^{2+} 处在正四面体的中心位置,称为 a 位。而 Al^{3+} 最邻近的有 6 个 O^{2-},构成 1 个正八面体,Al^{3+} 处在正八面体的中心位置,称为 b 位。每种金属离子都有可能占据 a 位或 b 位,其结构式可表示为:

$$\underset{\text{a 位}}{(M^{2+}_{1-x}Fe^{3+}_{x})}\underset{\text{b 位}}{(M^{2+}_{x}Fe^{3+}_{2-x})}O_4$$

在上面的结构式中,当 $x=0$ 时,结构式为$(M^{2+})(Fe^{3+}_2)O_4$,M^{2+} 全在 a 位,Fe^{3+} 全在 b 位,金属离子的这种分布与镁铝尖晶石的分布相同,具有这种分布的铁氧体称为正尖晶石型结构的铁氧体;当 $x=1$ 时,结构式为$(Fe^{3+})(M^{2+}Fe^{3+})O_4$,表示 M^{2+} 全在 b 位,而 Fe^{3+} 分别占据 a 位和 b 位,金属离子的这种分布与在镁铝尖晶石中的分布恰好相反,所以把这种分布的铁氧体称为反尖晶石型结构的铁氧体,磁铁矿的结构就属于反尖晶石型铁氧体;当 $0<x<1$ 时,在 a 位和 b 位上可同时具有两种金属离子,这样的铁氧体称为正反混合型铁氧体。

在尖晶石铁氧体中,金属离子分布在 a 位和 b 位,当每种金属离子都具有磁矩时,存在 3 种间接交换作用。第 1 种是 a—a 超交换作用,也就是 a 位上的金属离子通过 O^{2-} 与相邻 a 位上的金属离子之间的间接交换作用;第 2 种是 b—b 超交换作用;第 3 种是 a—b 超交换作用。根据理论分析,a—b 超交换作用最强,因此 a 次晶格和 b 次晶格上的离子磁矩反向平行排列,通常 a 次晶格和 b 次晶格的磁矩大小不等,两者之差就是宏观磁矩的大小,这些物质表现出来的磁性称为亚铁磁性。这就是铁氧体自发磁化,产生磁性的内在原因。

在铁磁质中,原子磁矩相互平行排列。在反铁磁质中,磁矩分为对等的两组,各形成 1 个次晶格,在同一组内的磁矩相互平行,但两组之间彼此反平行,所以其综合自发磁化为零。在亚铁磁质中,磁矩分占两个不对等的次晶格,反向平行的磁矩不能完全相互抵消,所以宏观上表现出与铁磁质类似的自发磁化现象。三种磁性的磁矩排列示意图如图 8－4 所示。

8.2.2 强磁性矿物的磁性

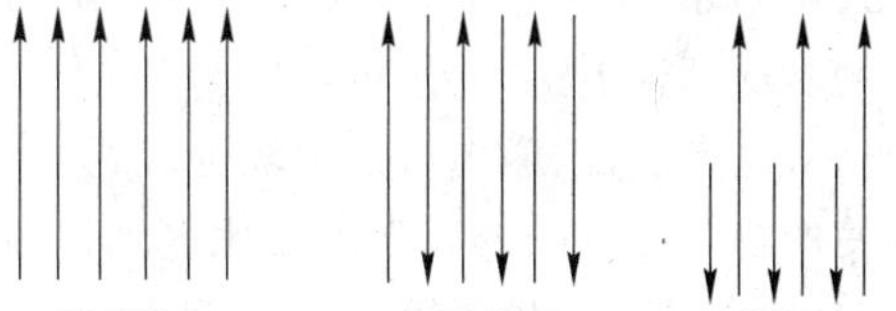

图 8－4 三种磁性的磁矩排列示意图

磁铁矿、磁赤铁矿、钛磁铁矿、磁黄铁矿等都属于强磁性矿物，它们都具有强磁性矿物在磁性上的共同特性。由于磁铁矿是典型的强磁性矿物，又是磁选的主要回收对象，因而在这里以磁铁矿为例，通过对它的磁性分析，阐明强磁性矿物的磁性特点。

8.2.2.1 *磁铁矿在磁场中磁化*

鞍山某天然磁铁矿和人工磁铁矿的比磁化强度和比磁化系数与外部磁化磁场的关系如图 8－5 所示。由图 8－5 中的磁化曲线 $M_b=f(H)$ 可以看出，磁铁矿在磁化磁场强度 $H=0$ 时，它的比磁化强度 $M_b=0$。随着外部磁场强度 H 的增加，磁铁矿的比磁化强度 M_b 不断增加。在开始阶段增加缓慢，随后增加迅速，此后又变为缓慢增加。直到外磁场强度增加而比磁化强度 M_b 不再增加时，比磁化强度 M_b 达到最大值。此点称为磁饱和点，用 $M_{b,max}$ 表示。如果从磁饱和点开始降低外部磁化磁场强度 H，M_b 将随之减小，但并不沿原来的曲线变化，而是沿着位于原来曲线上方的另一条曲线下降。当 H 减小到零时，M_b 并不下降为零，而是保留一定的数值，这一数值称为剩磁，用 M_{br} 表示。这种磁化强度变化滞后于磁化磁场强度变化的现象称为磁滞现象。如果要消除磁铁矿的剩磁 M_{br}，需要对磁铁矿施加一个与磁化磁场方向相反的磁场，这个磁场称为退磁场。随着退磁场的强度逐渐增大，M_b 继续下降，直到 M_b 等于零。消除剩磁 M_{br} 所施加的退磁场强度称为矫顽力，用 H_c 表示。

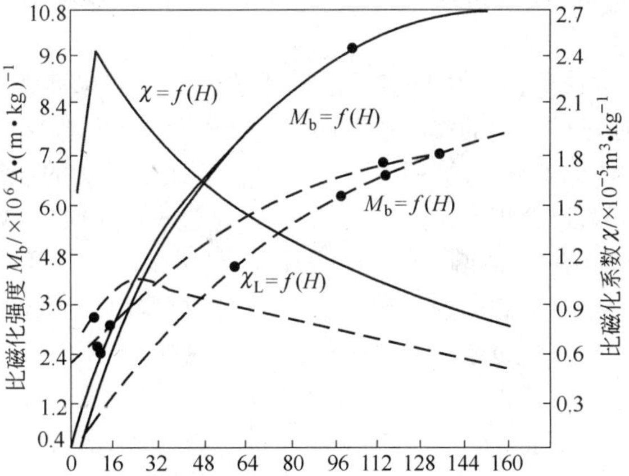

图 8－5 磁铁矿的比磁化强度和比磁化系数与磁化磁场强度的关系

实线—天然磁铁矿；虚线—人工磁铁矿

由图 8－5 中的比磁化系数曲线 $\chi=f(H)$ 可以看出，磁铁矿的比磁化系数并不是一个常数，它随着磁化磁场强度 H 的变化而变化。开始时，比磁化系数 χ 随磁化场强 H 的增加而迅速增加，并且很快达到最大值。此后，磁化场强 H 再增加，比磁化系数 χ 不仅不增加，反而减小。在相同的磁化磁场强度条件下，不同矿物的比磁化系数也不相同，χ 达到最大值所需要的磁化磁场强度 H 也不同，它们所具有的剩磁 M_{br} 和矫顽力 H_c 都不相同。另外，即使是同一种矿物，例如都是天然磁铁矿，化学组成都是 Fe_3O_4，但当它们的生成特性（如晶体结构、晶格缺陷、类质同相置换等）不同时，它们的χ、M_{br}和H_c也都不相同。

从图8－5中还可以看出，使磁铁矿的比磁化系数χ达到最大值所需要的磁化磁场强度是很低的。从理论上讲，磁选过程应当使颗粒处于最大比磁化系数状态，以便使颗粒受到较大的磁力。从这点出发，磁选机的磁场强度为达到最大比磁化系数所需要的磁场强度。然而，实际生产中使用的磁选机的磁场强度要比这高得多。这是由于颗粒受到的比磁力大小不仅与比磁化系数有关，还取决于磁场强度和磁场梯度的大小。当磁场强度太低时，比磁化系数虽然达到了最大值，但仍不能产生足够大的比磁力。

8.2.2.2　*磁铁矿的磁性特点*

磁铁矿属于亚铁磁质，是典型的强磁性矿物，其磁性具有如下一些特点：

（1）磁铁矿的比磁化强度M_b不是磁化磁场强度H的单值函数，对于同一个磁化场强，它的比磁化强度可以有多个不同的数值，这就是说，强磁性矿物的比磁化强度不仅与它们本身的性质有关，还与磁化磁场强度的变化过程有关；

（2）磁铁矿的比磁化系数χ不是常数，与磁化磁场强度H也不呈线性关系，而且磁铁矿的比磁化系数很大，是弱磁性矿物的几百倍乃至几千倍，且在较低的磁化场强作用下，就能达到最大值；

（3）磁铁矿的比磁化强度不仅数值大，而且在较低的磁化场强作用下就能达到磁饱和；

（4）磁铁矿存在剩磁现象，当离开磁化磁场以后，它仍然保留着一定的剩磁；

（5）磁铁矿的强磁性特点是可以改变的，它具有一个临界点，即居里点（575℃）。当温度超过磁铁矿的居里点时，亚铁磁性的磁铁矿变为顺磁性的弱磁性矿物。

图8－5中的曲线还表明，人工磁铁矿（焙烧磁铁矿）具有和天然磁铁矿相似的磁性特点，比如比磁化系数的数值大且不是常数，存在磁饱和现象和磁滞现象，只是在具体数值上有些差异。两者比较，焙烧磁铁矿的剩磁M_{br}和矫顽力H_c都比天然磁铁矿的大，而比磁化系数χ却比天然磁铁矿的小。

焙烧磁铁矿与天然磁铁矿在磁性上存在差异，主要是因为假象赤铁矿还原成人工磁铁矿是从矿块的表面开始的，通过矿块中的裂隙逐渐达到完全还原，所以焙烧产品中总是存在着还原程度不同的各种颗粒。在还原不充分的颗粒中，总是存在着或多或少的假象赤铁矿残核。在焙烧磁铁矿的表面或某个局部，还会因局部焙烧温度过高（超过γ－赤铁矿的居里点620℃），而使得强磁性的γ－赤铁矿变为弱磁性的β－赤铁矿。其次，假象赤铁矿经焙烧后，矿块内部组织结构的不均匀程度有所增加，这将对磁畴的运动产生较大的阻抗作用，导致焙烧磁铁矿的剩磁和矫顽力都比天然磁铁矿的大，当然这也是它的比磁化系数较小的一个原因。

在实际生产中，由于焙烧磁铁矿的剩磁高，矫顽力大，致使颗粒之间的磁团聚现象严重。加之它的比磁化系数小，磁性较弱，所以焙烧磁铁矿的分选过程比天然磁铁矿的分选过程要难控制一些，选别指标（精矿的铁品位和金属回收率等）比天然磁铁矿的要低一些。

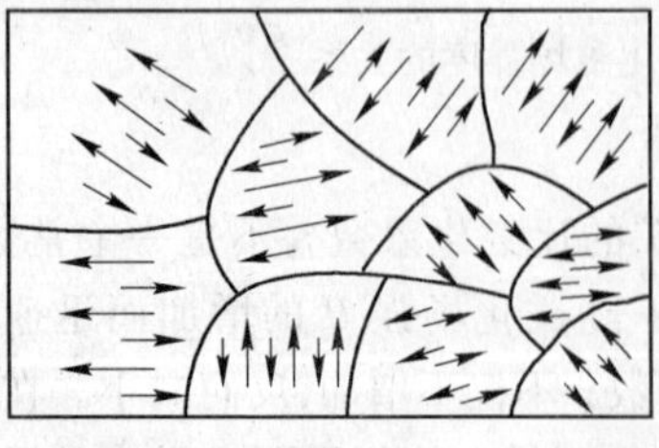

图8－6　亚铁磁质的磁畴磁矩示意图

8.2.2.3　*磁铁矿的磁化本质*

磁铁矿在外磁场中被磁化的本质，可用磁畴理论来解释。磁铁矿属于亚铁磁质，与铁磁质相似，亚铁磁质也是由许许多多的磁畴组成的，只是它的磁畴内包含相互反平行而又不能彼此完全抵消的磁矩，它的磁畴磁矩是反平行的磁矩相互抵消后的剩余磁矩。在没有外磁场作用时，相邻磁畴的剩余磁矩的方向各不相同，它们之间存在着一个过渡层，称为磁畴壁。亚铁磁质的磁畴磁矩示意图如图8－6所示。

强磁性矿物的磁化是通过磁畴的两种基本运动进行的。一种是磁畴磁矩的一致转动；另一种是磁畴壁的移动。强磁性矿物在没有外磁场作用时，磁畴磁矩取不同的方向，磁矩的矢量和等于零，因而对外不显示磁性（见图8－7a）。磁畴的这种排列方式使磁体处于能量最小的稳定状态，相当于图8－5中$H=0, M_b=0$的原点状态。

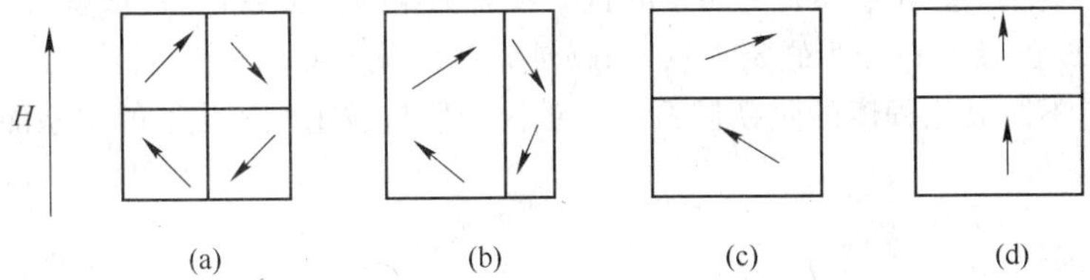

图8－7 强磁性矿物磁化时磁畴的变动过程

有外磁场作用时，起初虽然磁化磁场强度较低，但由于磁矩与外磁场同向排列时的磁能低于磁矩与外磁场反向排列时的磁能，从而使磁畴磁矩方向与外磁场方向成小角度的磁畴处于有利地位，其体积逐渐扩大，而磁畴磁矩方向与外磁场方向成较大角度的磁畴的体积则逐渐缩小。这一过程是通过磁畴壁的逐渐移动实现的，其示意图如图8－7b所示。这时矿物的宏观磁矩不再为零，即$M_b \neq 0$，矿物开始显示出磁性。在这一阶段，M_b缓慢增加，而χ却迅速增加。

随着外磁场强度的不断增加，磁畴壁的移动也不断进行。当外磁场的强度增加到一定值时，磁畴壁就以相当快的速度跳跃式地移动，直到磁畴磁矩的方向与外磁场的方向相差很大的磁畴全部被吞并，产生一个突变，如图8－7c所示。此时M_b增加很快，χ值迅速增加并经过最大值后下降。由于磁畴体积的扩张或缩小不是逐渐进行的，而是在外磁场强度H达到一定值时突然进行的，所以M_b的增加不是连续变化，而是由许多跳跃式的突变组成的。这就决定了磁铁矿的磁化过程是不可逆的。

再增大外磁场强度，留存的磁畴磁矩向外磁场方向旋转（见图8－7c）。直到所有的磁畴磁矩都沿外磁场方向整齐排列，如图8－7d所示，这时磁化达到饱和，M_b达最大值。当磁化达到饱和后，降低磁化磁场强度，由于磁化过程的不可逆性，以及矿物内部含有的杂质及其组成的不均匀性等对磁畴运动的阻抗，磁畴壁不能完全恢复到原来的位置，因而产生了磁滞现象，并在外磁场停止作用（$H=0$）时，磁畴的某种排列被保持下来，使矿物留有部分磁性，表现为剩磁现象。

由磁化过程的磁畴运动可知，在磁化前期，磁畴的运动是以磁畴壁的移动为主，而磁化后期则是以磁畴转动为主。磁畴在运动过程中，磁畴壁的移动比磁畴的转动所需要的能量要小一些，所以在外磁场的强度较低时，磁畴是以磁畴壁的移动为主，而当外磁场的强度达到一定值后，才能发生磁畴的转动。

8.2.3 影响强磁性矿物磁性的因素

8.2.3.1 氧化程度的影响

磁铁矿在矿床中经受长期的氧化作用以后，局部或全部变成假象赤铁矿（仍然保持着磁铁矿的晶体结构，其化学成分已经变成了Fe_2O_3）。随着氧化程度的增加，矿物的磁性将发生很大变化。磁铁矿的分子式是Fe_3O_4，也可以写成$FeO \cdot Fe_2O_3$，这表明磁铁矿中的铁元素有两种价态，即Fe^{2+}和Fe^{3+}。磁铁矿的氧化过程也就是其中的Fe^{2+}被氧化成Fe^{3+}的过程，磁铁矿被氧化的程度越高，其中的Fe^{2+}含量就越少，矿物的磁性也就越弱。当磁铁矿被完全氧化后，其中的Fe^{2+}全部变成了Fe^{3+}，它也完全变成了假象赤铁矿。

在生产中，通常用铁矿石的磁性率来表示其磁性。所谓铁矿石的磁性率就是矿石中 FeO 的质量分数与全铁(Fe)的质量分数之比，常用百分数表示，即：

$$磁性率 = [w(FeO)/w(Fe)] \times 100\%$$

纯磁铁矿的磁性率为42.8%。生产中一般把磁性率大于36%的铁矿石划为磁铁矿石(或称为未氧化矿石)；把磁性率为28%～36%的铁矿石划为半假象赤铁矿石(或称为半氧化矿石)；把磁性率小于28%的铁矿石划为假象赤铁矿石(或称为氧化矿石)。

图8-8是不同氧化程度的磁铁矿石的比磁化系数与磁化磁场强度的关系曲线。

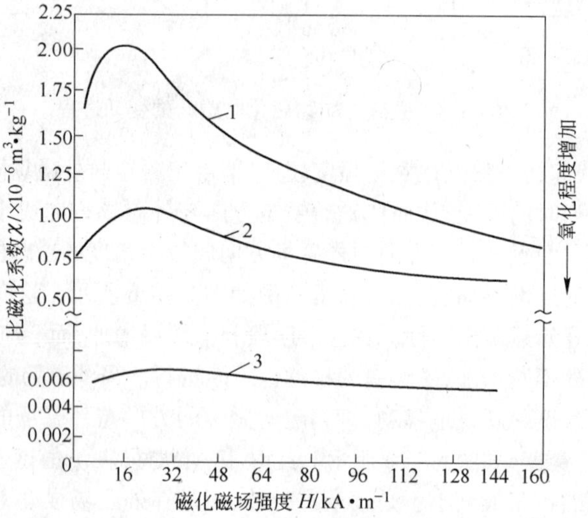

图8-8　不同氧化程度磁铁矿石的比磁化系数曲线

1—磁铁矿，磁性率=42.8%；2—半假象赤铁矿，磁性率=32.5%；3—假象赤铁矿，磁性率=11.1%

由图8-8中的曲线可以看出，随着氧化程度的增加，矿物的比磁化系数逐渐降低。例如磁性率从42.8%降低到11.1%时，矿物的最大比磁化系数由 $2.05 \times 10^{-3}\ m^3/kg$ 降到 $0.007 \times 10^{-3}\ m^3/kg$；在磁化磁场强度为 $80 \times 10^3\ A/m$ 时，比磁化系数从 $1.2 \times 10^{-3}\ m^3/kg$ 降到 $0.006 \times 10^{-3}\ m^3/kg$。由曲线的形状可以看出，随着氧化程度的增加，比磁化系数的最大值愈来愈不明显，曲线愈来愈接近直线。这说明强磁性的磁铁矿在长期氧化作用下，逐渐变成了弱磁性的假象赤铁矿。

应当指出，采用磁性率表示矿石的磁性时，有一定的局限性。因为自然界中的铁矿石由单纯的磁铁矿组成的情况很少见，大多数的铁矿石都是一些铁矿物的共生体。除磁铁矿以外的其他铁矿物中的 FeO 和 Fe 也参与了磁性率的计算，所以此时磁性率就不能正确地反映矿石的磁性。例如，当矿石中含有较多的硅酸铁时，若硅酸铁中的 FeO 也参与磁性率的计算，将使得磁性率增大，有时甚至会大于纯磁铁矿的磁性率，从而使人们误认为是强磁性矿石，而实际上却是磁性并不很强的矿石。又如，当矿石中含有较多的磁黄铁矿时，若磁黄铁矿中的 Fe 也参与磁性率的计算，将使得磁性率下降，从而被误认为是磁性很弱的矿石，而实际上却是磁性很强的矿石。一般来说，用磁性率表示矿石的磁性，只对单一的磁铁矿矿石才比较准确；对于共生有少量黄铁矿、磁黄铁矿的矿石，也可大致应用；而对于以菱铁矿、褐铁矿或镜铁矿为主的铁矿石则不能应用。

8.2.3.2　粒度的影响

强磁性矿物颗粒粒度的大小对其磁性有显著的影响。一般来说，随着颗粒粒度的减小，强磁性矿物的比磁化系数也随之减小，而矫顽力却随之增加，这表明粒度越细，越不容易磁化，也越不容易退磁。

某磁铁矿石的比磁化系数χ、矫顽力H_c与颗粒粒度d的关系如表8－1和图8－9所示。从表8－1中的数据和图8－9中的曲线可以看出，上述规律在颗粒粒度小于40 μm时表现得明显，特别是当粒度小于20 μm时，表现得更加突出。

表8－1 铁矿石的χ和H_c与矿石的粒度d之间的关系

粒度 d/mm	−0.074 +0.039	−0.039 +0.027	−0.027 +0.020	−0.020 +0.013	−0.013 +0.010	−0.010 +0.000
比磁化系数χ/$m^3 \cdot kg^{-1}$	7.88×10^{-4}	7.38×10^{-4}	7.13×10^{-4}	6.00×10^{-4}	4.88×10^{-4}	2.75×10^{-4}
矫顽力H_c/$A \cdot m^{-1}$	3280	9680	13680	20320	22000	24640

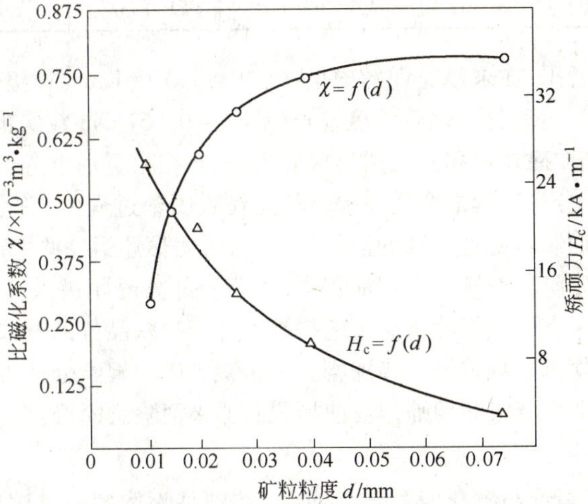

图8－9 铁矿石的比磁化系数χ和矫顽力H_c与粒度d的关系

上述规律同样可以用磁畴理论进行解释。研究发现，磁铁矿颗粒的磁性是由磁畴壁的移动和磁畴的转动产生的，当颗粒粒度较大时，磁畴壁的移动占主导地位，随着粒度的减小，每个颗粒中包含的磁畴数目减少，磁化时磁畴壁的移动相对减少，磁畴的转动逐渐占主导地位。当磁铁矿的粒度降到单磁畴状态时，磁畴壁的移动将随之消失，此时颗粒的磁性完全是来自磁畴的转动。由于磁畴转动所需要的能量比磁畴壁的移动所需要的要大得多，因而随着颗粒粒度的减小，其比磁化系数也相应减小，磁性减弱，但矫顽力却增加。

在磨矿过程中，总是要产生一些小于20 μm的细小颗粒，特别是在细磨过程的磨碎产物中，微细粒级的含量将会更高。由于粒度越细，其磁性也就越弱，在磁选过程中就容易流失，所以在实际生产中应尽量避免过粉碎现象发生。然而，事物总是一分为二的，正是由于粒度小，矫顽力大，才使得微细粒级的磁铁矿颗粒具有较大的剩磁，因而形成牢固的磁性颗粒链或磁性颗粒团，磁团或磁链比原来的单个颗粒大许多，其整体的磁性也明显增加，从而使分选过程的细粒级损失相应下降，金属回收率提高。对磁铁矿矿石分选所得的磁性产物进行的分析结果（见表8－2）进一步证实了上述分析。

表8－2 分选磁铁矿矿石所得磁性产物的分析结果

粒级/mm	未经处理的磁性产物（保留磁团状态）			经氧化处理的磁性产物（矿粒呈单颗粒状态）		
	γ/%	w(TFe)/%	铁分布/%	γ/%	w(TFe)/%	铁分布/%
+0.1	17.66	60.3	18.04	3.81	33.4	2.25
−0.1 +0.074	21.45	54.3	20.18	9.36	36.2	5.98

续表8－2

粒级/mm	未经处理的磁性产物(保留磁团状态)			经氧化处理的磁性产物(矿粒呈单颗粒状态)		
	γ/%	w(TFe)/%	铁分布/%	γ/%	w(TFe)/%	铁分布/%
－0.074 ＋0.061	53.55	61.6	57.06	18.66	67.2	22.12
－0.061 ＋0.054	0.894	0.7	0.63	9.70	61.2	10.47
－0.054 ＋0.044	3.063	4.6	1.84	10.21	56.4	10.16
－0.044 ＋0.020	1.62	30.4	0.86	30.11	56.4	26.96
－0.020 ＋0.010	0.61	32.3	0.99	13.00	60.2	13.81
－0.010	1.16			5.15	57.7	5.25
合　计	100.00	57.7	100.00	100.00	56.69	100.00

从表8－2中可以看出,在未经处理的磁性产物中,－0.061 mm粒级的产率为7.34%,且该级别的铁品位较低,而经过氧化处理后的磁性产物中,－0.061 mm粒级的产率为68.17%,且铁品位较高。这是由于细粒磁铁矿相互吸引形成磁团,分布在粗级别中造成的。

磁团聚有利于减少分选过程的金属损失。然而在磁团聚过程中,总会有一些脉石颗粒被包裹在磁团和磁链中,从而影响磁性产物的质量。另外,磁团聚还给一些生产过程的正常操作带来困难。例如,在阶段磨碎阶段选别的生产流程中,由于一部分磁团进入分级机溢流中,使分级粒度变粗,分选指标下降。在采用细筛再磨工艺提高磁性产物铁品位的分选流程中,磁团聚将大大降低细筛的筛分效率,使过磨现象进一步加剧。为了减少磁团聚给分选过程造成的不利影响,在实际生产中,常常在第2次分级和细筛作业前加脱磁器来消除磁团聚。

8.2.3.3　颗粒形状的影响

物体的磁化强度一般都与磁化时的条件有关,特别是物体的形状因素,对其磁性的影响很大。图8－10是不同形状的磁铁矿颗粒的比磁化强度、比磁化系数与磁化磁场强度的关系。从图8－10中的曲线可以看出,体积相同而形状不同的同一种颗粒,在同一磁化磁场中被磁化时,所显示出的磁性有着明显的差异。长条形颗粒的比磁化强度、比磁化系数均比球形颗粒的大,即$M_{b1} > M_{b2}$和$\chi_{01} > \chi_{02}$。

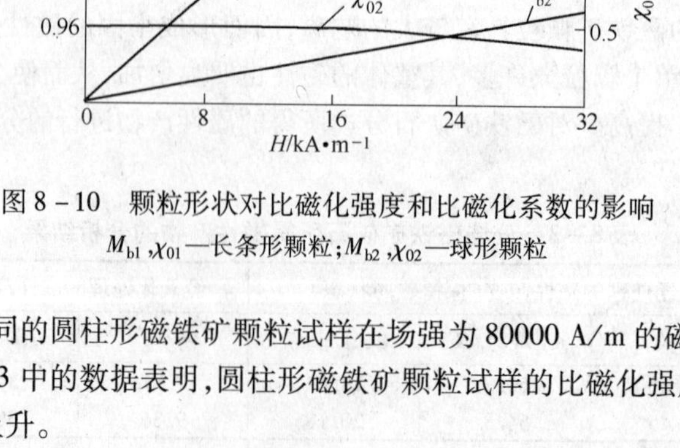

图8－10　颗粒形状对比磁化强度和比磁化系数的影响

M_{b1},χ_{01}—长条形颗粒;M_{b2},χ_{02}—球形颗粒

表8－3是长度不同的圆柱形磁铁矿颗粒试样在场强为80000 A/m的磁化磁场中磁化时,测得的试验数据。表8－3中的数据表明,圆柱形磁铁矿颗粒试样的比磁化强度和比磁化系数都随着试样长度的增加而上升。

表 8－3　圆柱形磁铁矿颗粒试样的比磁化强度和比磁化系数

试样长度/m	0.02	0.04	0.06	0.08	0.28
比磁化强度 M_b/kA·(m·kg)$^{-1}$	2.6	4.4	4.8	5.1	7.7
比磁化系数 χ_0/m^3·kg^{-1}	3.99×10^{-4}	6.85×10^{-4}	7.45×10^{-4}	7.95×10^{-4}	12.00×10^{-4}

上述事实表明，磁性颗粒的形状对其磁性有较为显著的影响，形状不同的颗粒在相同的外部磁化磁场中磁化时，尺寸相对长的颗粒的磁性比尺寸相对短的颗粒的磁性要强。产生这种现象的原因是，不同形状的物体，磁化时本身所产生的退磁场不同所致。假设磁化是均匀的。$H_{退}$ 与颗粒的磁化强度 M 成正比，即：

$$H_{退} = -NM \tag{8-1}$$

式中，N 是比例系数，其大小决定于颗粒的形状，称为退磁系数。

式(8－1)中的负号表示 $H_{退}$ 的方向与 M 的方向相反。

这样，由于 $H_{退}$ 的存在，实际作用于颗粒的有效磁化磁场强度比原来的磁化磁场强度要小。我们把原来的磁化磁场称为外磁场，以 $H_{外}$ 表示，把实际作用于颗粒的磁化磁场称为有效磁场，以 $H_{有效}$ 表示。三者之间在数量上有以下关系：

$$H_{有效} = H_{外} - H_{退} = H_{外} - NM \tag{8-2}$$

式(8－2)表明，颗粒的退磁场愈大，作用在颗粒上的有效磁场愈小，颗粒的磁化效果愈差。

退磁系数 N 决定于颗粒形状与颗粒的几何尺寸比 m(或称相对长度)，即 $m = l/\sqrt{S}$，其中 l 为颗粒在磁化方向上的长度，S 为颗粒垂直于磁化方向的断面面积。表 8－4 是不同形状、不同尺寸比的物体的退磁系数。从表中可以看出，随着尺寸比 m 的增加，各种形状物体的退磁系数 N 逐渐减小。当物体的尺寸比 m 很小时，物体的几何形状对 N 有较大影响。但这种影响随着尺寸比 m 的增大而减小。当 m 大于 10 时，不同形状物体的退磁系数 N 很接近。因此，广义地讲，影响退磁系数 N 的因素，首先是尺寸比，其次才是几何形状。

表 8－4　不同形状物体的退磁系数

尺寸比 m	退磁系数 N				
	椭球体	圆柱体	棱柱体，其底为		
			1∶1	1∶2	1∶4
10	0.020	0.018	0.018	0.017	0.016
8	0.033	0.024	0.023	0.023	0.022
6	0.051	0.037	0.036	0.034	0.032
4	0.086	0.063	0.060	0.057	0.054
3	0.104	0.086	0.083	0.080	0.075
2	0.174	0.127			
1	0.334	0.279			

在 7.1 节中已述及，对于无限薄的圆盘状物体，退磁系数为最大，N 等于 1；对于无限长的物体，退磁系数最小，N 为 0；对于一般物体，N 在 0 与 1 之间。实际生产中的物料颗粒，均呈不规则的几何形状。大体上在 1 个方向上稍长些，因此可取 $m\approx2$，$N\approx0.16$。

应当指出的是，表 8－4 所列数据与所作分析是对规则几何体而言，且是在均匀的磁化磁场中测出的。但在实际生产中，物料或矿石中颗粒的形状并不规则，磁选机的磁场又是不均匀的，所以表中的数据仅为实际分选过程的近似值。

前面曾介绍，具有一定形状的物体(颗粒或物料块)，其磁性强弱可用物体磁化系数 κ_0 或物体的比磁化系数χ_0来表示。由本节知道，由于颗粒的形状或尺寸比对颗粒的磁性有影响，当样品在相同的外加磁化磁场中磁化时，样品中形状与尺寸比不同的颗粒具有不同的磁化系数。于是为了便于表示、比较和评定物料的磁性强弱，必须消除形状或尺寸比的影响。因此，采用磁化强度与作用在颗粒内部的有效磁场强度的比值，表示颗粒磁性的大小。这一比值称为物质磁化系数。它也分为物质磁化系数和物质比磁化系数，分别用κ和χ表示。即：

$$\kappa = M/H_{有效} = M/(H_{外} - H_{退}) \tag{8-3}$$

$$\chi = \kappa/\rho_1 = M/[(H_{外} - H_{退})\rho_1] \tag{8-4}$$

显然，只要组成相同，不论颗粒的形状与尺寸比如何，在同样大小的有效磁场中磁化时，就有相等的物质磁化系数和物质比磁化系数。

由表8-4知道，在样品尺寸比m很大时，样品的形状对磁性影响很小。所以，为了消除形状的影响，一般在进行物料的磁化系数测定时，都将样品制成长棒形，且使尺寸比m很大，以便使样品的退磁场很小，可以忽略不计。这样，作用在样品上的有效磁化磁场强度与外部施加的磁场强度接近相等。因此，只要知道外加磁场强度$H_{外}$、样品的磁化强度M和样品的密度ρ_1，就可以求出物质的磁化系数和物质比磁化系数。

知道了物质磁化系数后，可通过下式计算物体磁化系数。

$$\begin{aligned}\kappa_0 &= M/H_{外} = M/(H_{有效} + H_{退}) \\ &= \kappa H_{有效}/(H_{有效} + N\kappa H_{有效}) = \kappa/(1 + N_{\kappa})\end{aligned} \tag{8-5}$$

$$\begin{aligned}\chi_0 &= \kappa_0/\rho_1 = \kappa/[(1 + N\kappa)\rho_1] \\ &= \chi\rho_1/[(1 + N\chi\rho_1)\rho_1] = \chi/(1 + N\chi\rho_1)\end{aligned} \tag{8-6}$$

在物料分选过程中，所遇到的是具有一定形状的颗粒，因此，应该用物体比磁化系数来表示它的磁性。而在一般文献资料上所列出的强磁性矿物的磁化系数，都是物质比磁化系数。

8.3 弱磁性矿物的磁性

弱磁性矿物的磁性比强磁性矿物的要弱得多。它们的比磁化系数只有$(19 \sim 750) \times 10^{-8}$ m^3/kg。这是由它们的物质结构和磁化本质所决定的。

弱磁性矿物绝大多数属于顺磁质，只有个别矿物，如赤铁矿等属于反铁磁质。对于顺磁性物质来说，它们的原子或分子都具有未被抵消的电子磁矩，因而使原子有一个总磁矩。在无外磁场时，原子磁矩的方向是无规则的，所以物体不显示出宏观磁性。只有在外部磁场作用下，部分原子磁矩转向外磁场方向，因而对外显示出磁性。但由于它的磁性来源是部分原子磁矩的转动，而属于亚铁磁质的磁铁矿的磁性是来源于磁畴运动，所以，弱磁性矿物的比磁化系数比强磁性矿物的低许多。由于原子磁矩的磁性主要由电子自旋所贡献，而要使电子自旋方向完全一致需要极高的外磁场（大约为8.0×10^7 A/m），这实际上是达不到的，所以弱磁性矿物没有磁饱和现象。

反铁磁质与亚铁磁质在结构上是一样的，都是由磁畴组成，但磁畴内部的微观结构不同。在亚铁磁质中，磁畴磁矩不为零；而在反铁磁质中，每个磁畴的磁矩都等于零，外磁场对它几乎不产生什么影响。因此反铁磁质的磁化率接近于零。与亚铁磁质存在着居里点一样，反铁磁质也存在着使其转化为顺磁质的特定温度，这个温度称为涅耳温度。由于涅耳温度极低，多数在绝对温度几十度，即-200℃左右，因此，在一般情况下（如室温）反铁磁质均表现为顺磁质。

由于顺磁质与亚铁磁质在结构和磁化本质上的差别，致使纯的弱磁性矿物，不具有强磁性矿物的磁性特点。弱磁性矿物的比磁化系数不仅数值小，而且与磁化磁场强度无关，是一个常数；矿物的磁化强度与磁化磁场强度成简单的线性关系，弱磁性矿物没有磁滞现象和剩磁现象。

需要指出的是，弱磁性矿物之间在磁性上的差别还是很大的。即使是同一种矿物，由于矿床成因类型不同,矿石的形成条件不同,矿物内部结构上的某些差异,使得矿物的比磁化系数有较大的差别。例如,江西铁坑铁矿的高硅型蜂窝状褐铁矿的比磁化系数为 0.8×10^{-6} m^3/kg;同一矿山的矽卡岩型褐铁矿的比磁化系数为 2.25×10^{-6} m^3/kg。

另外,在弱磁性矿物中夹杂有强磁性矿物时,即使是极少量,也会对其比磁化系数产生较大的、甚至是很大的影响。假象赤铁矿是弱磁性铁矿物,其比磁化系数比赤铁矿、褐铁矿、镜铁矿、菱铁矿的都高,其原因就在于假象赤铁矿中往往会或多或少地夹带一些强磁性的磁铁矿。

8.4　弱磁性铁矿物的磁性转变

弱磁性铁矿物由于其磁性弱,不能用弱磁场磁选设备进行有效分选。为了用弱磁场磁选设备处理弱磁性铁矿石,常运用磁化焙烧将弱磁性铁矿石中的弱磁性铁矿物(如赤铁矿、褐铁矿、黄铁矿、菱铁矿等)转变为强磁性铁矿物。

磁化焙烧按其焙烧炉的形式分为竖炉焙烧、转炉焙烧、沸腾炉焙烧以及斜坡炉焙烧等。竖炉焙烧适合处理粒度为75～25 mm的块矿;沸腾炉焙烧就是在流态化沸腾床中对矿石进行磁化焙烧,适于处理3～0 mm的粉矿;回转窑是一种主要用来处理粒度在30 mm以下的矿石的炉型。在国内应用历史最长、最为普遍的是竖炉焙烧。

8.4.1　磁化焙烧的原理和分类

磁化焙烧是矿石加热到一定温度后,在一定的气氛中进行化学反应的过程。经磁化焙烧后,铁矿物的磁性显著增强,脉石矿物的磁性则变化不大。铁锰矿石经磁化焙烧后,其中的弱磁性铁矿物转变成强磁性铁矿物,而锰矿物的磁性则变化不大。因此,各种弱磁性铁矿石或铁锰矿石,经磁化焙烧后都可以用弱磁场磁选设备对其进行有效分选。

磁化焙烧除了增加矿物的磁性外,还能排除矿石中的结晶水、二氧化碳和硫、砷等一些有害杂质,并能使坚硬致密的矿石结构疏松,有利于降低磨矿费用。

常用的磁化焙烧法可分为:还原焙烧、中性焙烧、氧化焙烧和氧化还原焙烧。

8.4.1.1　还原焙烧

赤铁矿、褐铁矿和铁锰矿石在加热到一定温度后,与适量的还原剂作用,就可以使弱磁性的赤铁矿转变为强磁性的磁铁矿。常用的还原剂有 C、CO 和 H_2。赤铁矿(Fe_2O_3)与还原剂作用的反应如下:

$$3Fe_2O_3 + C \xrightarrow{570℃} 2Fe_3O_4 + CO\uparrow$$

$$3Fe_2O_3 + CO \xrightarrow{570℃} 2Fe_3O_4 + CO_2\uparrow$$

$$3Fe_2O_3 + H_2 \xrightarrow{570℃} 2Fe_3O_4 + H_2O\uparrow$$

褐铁矿($Fe_2O_3\cdot nH_2O$)在加热到一定温度后开始脱水,变成赤铁矿,按上述反应被还原成磁铁矿。

在铁锰矿石的磁化焙烧过程中,发生的还原反应为:

$$MnO_2 + CO \longrightarrow MnO + CO_2\uparrow$$

$$MnO_2 + H_2 \longrightarrow MnO + H_2O\uparrow$$

$$3Fe_2O_3 + CO \longrightarrow 2Fe_3O_4 + CO_2\uparrow$$

$$3Fe_2O_3 + H_2 \longrightarrow 2Fe_3O_4 + H_2O\uparrow$$

矿石的还原焙烧程度一般用还原度 R 表示,其定义式为:

$$R=[w(FeO)/w(TFe)]\times 100\%$$

式中　$w(FeO)$——还原焙烧矿石中 FeO 的质量分数；

$w(TFe)$——还原焙烧矿中全铁的质量分数。

若赤铁矿全部还原成磁铁矿，则还原程度最佳，矿物的磁性最强，此时的还原度 $R=42.8\%$。

8.4.1.2　中性焙烧

菱铁矿、菱镁铁矿等碳酸铁矿石以及菱铁矿与赤铁矿或褐铁矿的比值大于1[$w(FeCO_3)$：$w(Fe_2O_3)$大于1]的含有多种铁矿物的铁矿石，都可以用中性磁化焙烧法进行处理。中性磁化焙烧法就是将这些矿石与空气隔绝加热至适当的温度后，使菱铁矿分解生成磁铁矿。对于含多种铁矿物的铁矿石，菱铁矿分解出的一氧化碳可以将赤铁矿或褐铁矿还原成磁铁矿，其化学反应式为：

$$3FeCO_3 \xrightarrow{300\sim400℃} Fe_3O_4+2CO_2+CO$$

$$3Fe_2O_3+CO \xrightarrow{570℃} 2Fe_3O_4+CO_2$$

8.4.1.3　氧化焙烧

黄铁矿(FeS_2)在氧化气氛中短时间焙烧时被氧化成磁黄铁矿，其化学反应为：

$$7FeS_2+6O_2 \longrightarrow Fe_7S_8+6SO_2$$

如焙烧时间很长，则磁黄铁矿可继续与 O_2 发生反应，生成磁铁矿，其化学反应为：

$$3Fe_7S_8+38O_2 \longrightarrow 7Fe_3O_4+24SO_2$$

这种焙烧方法多用于稀有金属矿石分选产物的提纯，采用焙烧磁选工艺，分出其中的黄铁矿杂质。

8.4.1.4　氧化还原焙烧

含有黄铁矿、赤铁矿或褐铁矿的铁矿石，在菱铁矿与赤铁矿的比值[$w(FeCO_3)$：$w(Fe_2O_3)$]小于1时，可用氧化还原焙烧法处理。氧化还原焙烧法就是将矿石加热至一定温度，在氧化气氛中将矿石中的 $FeCO_3$ 氧化成 Fe_2O_3，然后再在还原气氛中将 Fe_2O_3 还原成 Fe_3O_4，其化学反应为：

$$4FeCO_3+O_2 \longrightarrow 2Fe_2O_3+4CO_2$$

$$3Fe_2O_3+CO \longrightarrow 2Fe_3O_4+CO_2$$

8.4.2　铁矿物磁化焙烧图

弱磁性铁氧化物矿物转变为强磁性铁氧化物矿物，可用铁－氧系图来研究其磁化焙烧过程。一般将其称为铁矿物磁化焙烧图，如图8－11所示。

图8－11表示温度不同时各种铁氧化物相互转变的关系。图中 *A* 点为赤铁矿(约30%的氧和70%的铁)，*L* 点为褐铁矿，*C* 点为菱铁矿。

菱铁矿在400℃以下开始分解，到500℃时结束(*CBD* 线段)，完成磁化过程。褐铁矿在300～400℃下开始脱水，脱水结束后，褐铁矿变成赤铁矿。赤铁矿在还原气氛中加热到400℃时，还原反应开始进行，但还原速度很慢，在温度为570℃时，赤铁矿在较短的时间内即可完全被还原为磁铁矿(*D* 点)。当赤铁矿还原反应终止于 *D* 点或 *G* 点时，变成磁铁矿，并完成了磁化过程。磁铁矿在无氧气氛中迅速冷却时，其组成不变，仍是磁铁矿(*DM* 线段)。磁铁矿在400℃以下、在空气中冷却时，被氧化成强磁性的 γ-Fe_2O_3(*DEN* 线段)；如在400℃以上在空气中冷却，则被氧化成弱磁性的 α-Fe_2O_3(*DB* 线段)。Fe_3O_4、γ-Fe_2O_3 和 α-Fe_2O_3 的特性见表8－5。

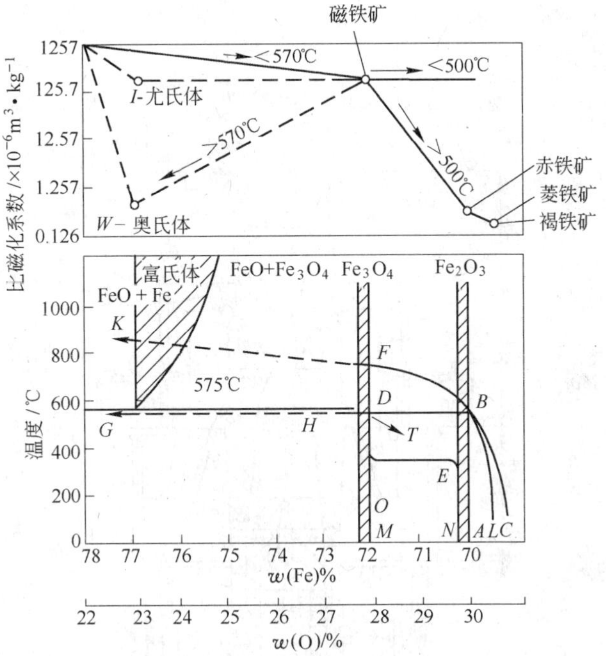

图 8-11 铁矿物磁化焙烧图

表 8-5 几种铁氧化物的特性

分子式	晶形	晶格常数/nm	磁性
Fe_3O_4	立方晶系	0.84	强磁性
$\gamma\text{-}Fe_2O_3$	立方晶系	0.84	强磁性
$\alpha\text{-}Fe_2O_3$	菱形晶系	0.542	弱磁性

由图 8-11 可以看出，最佳磁化过程是沿着 *ABDM* 线段或 *ABDEN* 线段进行的。所以磁化焙烧过程的温度必须适当，温度过高时将生成弱磁性富氏体（Fe_3O_4-FeO 固溶体）和硅酸铁；温度过低时，还原反应速度慢，影响生产能力。在工业生产中，赤铁矿矿石的有效还原温度下限是 450℃，上限为 700～800℃，最佳为 570℃。当采用固体还原剂时，还原温度是 800～900℃。

8.4.3 焙烧炉

我国在生产实践中，对弱磁性铁矿石主要是采用还原焙烧处理，常用的还原焙烧炉有鞍山竖炉和回转窑两种。

8.4.3.1 鞍山竖炉

鞍山竖炉的炉体结构如图 8-12 所示，炉子的有效容积为 50 m^3，炉体高为 9 m，炉长为 6 m，宽为 3 m。炉子沿纵向自上而下分为预热带、加热带和还原带三部分。

由给料漏斗向下至斜坡和加热带交点处为预热带，高 2700 mm。这一带的作用在于利用上升废气热量预热矿石，这里的废气温度平均为 150～200℃。

加热带是由炉体腰部最窄处（即导火孔中心线至上部平行区）到炉体砌砖的斜坡交点，它的高度约为 900～1000 mm，宽为 400 mm。为避免矿石掉入燃烧室，加热带下部的导火孔下沿砌砖呈梯形扩散状。

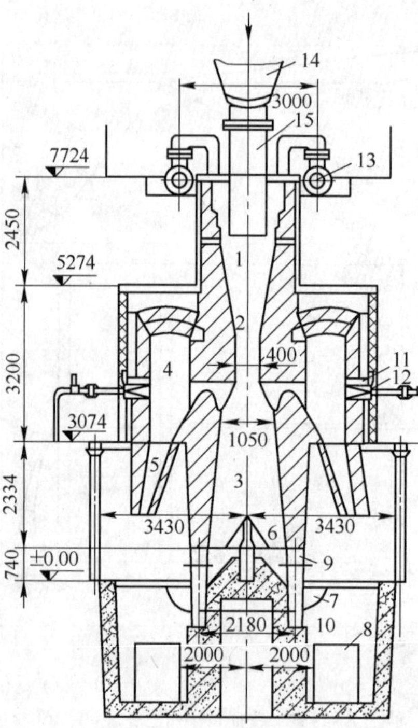

图 8－12　50 m^3 竖炉的结构图

1—预热带；2—加热带；3—还原带；4—燃烧室；5—灰斗；6—还原煤气喷出塔；7—排料辊；8—搬出机；9—水箱梁；10—冷却水池；11—窥视孔；12—加热煤气喷嘴；13—废气排出管；14—给料槽；15—给料漏斗

还原带是从加热带导火孔向下直至炉底，有效长度为 2600 mm。为了使矿石在还原带与还原剂（煤气）充分接触，还原带向下逐渐变宽，呈向下扩散状。

炉体的下部两侧有 2 个长 6 m 的冷却箱梁，用来承受整个炉体的重力。为了防止炉壁受热变形，水箱内保持有足够的水量。为防止水温过高，供给的水为循环水。

在炉子的中部两侧设有燃烧室，它的有效容积为 9.55 m^3。加热煤气和空气通过高压煤气喷嘴喷入燃烧室，在燃烧室内充分燃烧，起蓄热作用，温度一般为 1000～1100℃，靠对流和辐射将热量从导火孔传给矿石。炉子的下部还原带内装有 6 个生铁铸成的还原煤气喷出塔，用以供给还原煤气。每个塔有 3 层檐，沿长度方向有 4 个孔，还原煤气由檐下喷孔喷出，和自上而下的被加热矿石形成对流，矿石被还原。炉子的最下部两侧装有 4 个排料辊，用来排出已经被还原的矿石。它们的转速可以根据矿石还原质量进行调节。在排料辊的下面有搬出机，用来搬出已还原的矿石。

为了不使空气通过排料辊处的排料口进入还原带，采用水封装置，它是一个用混凝土筑成的水槽，其中有循环水。排出的矿石落入水封槽中冷却，避免在较高温度下与空气接触而重新氧化失去磁性。

为排出还原焙烧过程中产生的废气，竖炉装有一台抽烟机，抽烟机通过废气管道直接和炉内相通。

8.4.3.2　回转窑

回转窑也是一种磁化焙烧设备。广泛采用的回转窑的结构如图 8－13 所示。炉体呈圆筒形，直径为 3.6～4.0 m，长度达 50 m 或更长，用钢板制成，炉内用耐火砖作衬里。回转窑的炉身分为加热带、还原带和冷却带三部分。

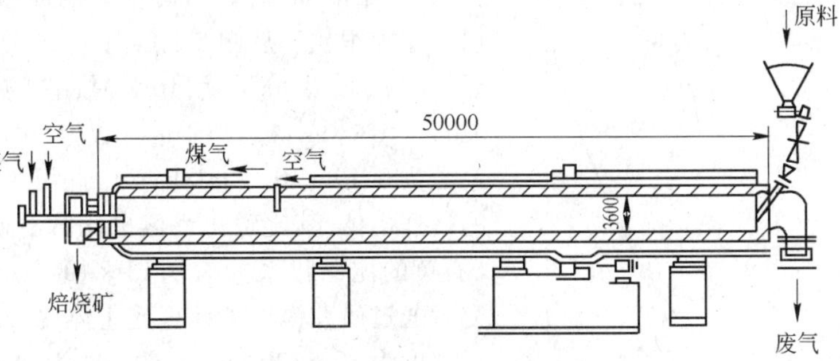

图 8－13 回转窑的结构(图中数字单位为 mm)

矿石从炉子尾端通过圆盘给料机,沿溜槽进入炉内加热带,随炉体转动并向前移动,和逆向流动的热气接触而被加热,然后进入还原带,与还原煤气反应而还原成磁铁矿。还原好的矿石进入冷却带,与进入炉内的煤气相遇,煤气被预热,矿石被冷却,冷却后的矿石从排料端排到炉外。矿石一般在炉内停留 3～4 h,炉内充填系数为20%～30%。由于受炉体长度的限制,排出矿石的温度仍然很高,为了进一步冷却,有时在回转窑的排料端安装 1 个冷却筒,在冷却筒中喷水冷却,使矿石的温度降到 50～70℃。

回转窑适用于处理粒度为 30～0 mm 的中等粒度矿石,其焙烧矿的质量较为均匀。回转窑的处理能力与给矿粒度和设备规格有关。当给料粒度为 30～0 mm、设备规格为 ϕ3.6 m×50 m 时,处理能力约为1000 t/d。

8.5 物料的磁性对磁选过程的影响

磁选是根据物料在磁性上的差别进行分离的分选方法。因此物料的磁性强弱、物料中不同组分之间磁性差异的大小和被分选物料的磁性特点等,都对磁选过程有着显著的影响。

在本章的前面几节中曾涉及焙烧磁铁矿的磁性对选别造成的影响,矿石粒度引起矿石磁性不同对选别过程的影响,这些内容在本节中不再重述。下面仅就磁铁矿矿石中含有铁矿物的种类以及铁矿物与脉石连生体对选别过程的影响进行分析。

处理强磁性的磁铁矿矿石,一般都采用弱磁场磁选设备组成的单一磁选工艺。而磁铁矿矿石中又都程度不同地含有某些弱磁性铁矿物,特别是在矿体上部,由于氧化作用,矿石的磁性率都比较低。由于弱磁性铁矿物在弱磁场磁选设备中不能被回收,所以造成金属流失,影响金属回收率。如果弱磁性铁矿物的含量高到一定程度,在技术条件允许的情况下,需要考虑回收这些弱磁性铁矿物。

其次,在弱磁性铁矿石中也往往含有强磁性的铁矿物,例如鞍山式赤铁矿矿石和假象赤铁矿矿石中都含有磁铁矿。对于这些含有磁铁矿的弱磁性铁矿石,采用强磁选－浮选工艺处理时,强磁性矿物对选别过程影响很大,如没有相应措施,强磁场磁选设备会发生磁性堵塞,造成选别工艺难以实现。为此,在用强磁场磁选设备处理此类矿石的流程中,在强磁场磁选设备前面加弱磁场磁选机或中磁场磁选机,预先选出强磁性矿物。

在磁铁矿矿石的分选过程中,经常出现磁铁矿与脉石矿物的连生体进入磁性产物而影响选别产物质量的现象。因此研究连生体中磁铁矿含量对连生体磁性的影响是很有必要的。根据测定,连生体的比磁化系数与其中磁铁矿含量的关系如图 8－14 所示。

图8-14中的曲线表明,连生体的比磁化系数随其中磁铁矿含量的增加而提高,但不是直线关系,开始增加缓慢,当磁铁矿的质量分数大于50%以后增加很快。从图8-14中可以看出,当连生体中磁铁矿的质量分数为10%时,它的比磁化系数为$0.04\times10^{-3}\ m^3/kg$;当质量分数为50%时,它的比磁化系数为$0.19\times10^{-3}\ m^3/kg$。由此可见,即使是磁铁矿的贫连生体,其比磁化系数也比脉石矿物的要高得多(石英的比磁化系数为$0.13\times10^{-6}\ m^3/kg$)。一些研究者通过研究提出了计算连生体比磁化系数(磁化磁场强度为80~120 kA/m)的公式为:

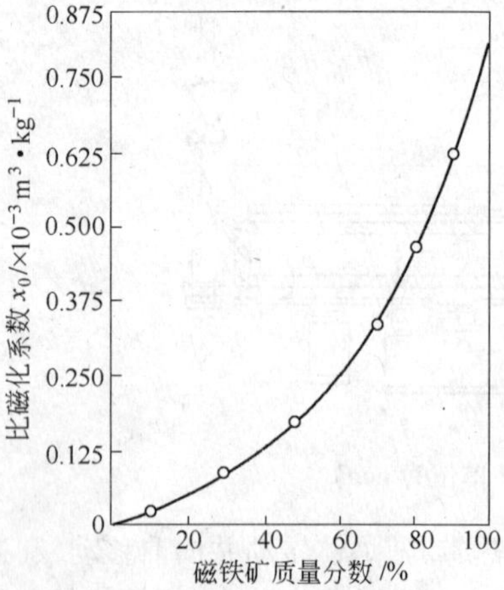

图8-14　磁铁矿含量对连生体颗粒比磁化系数的影响

$$\chi_{连}\approx1.13\times10^{-5}w_{磁}^2/(127+w_{磁})\qquad(8-7)$$

式中　$\chi_{连}$——连生体的物体比磁化率,m^3/kg;

$w_{磁}$——连生体中磁铁矿的质量分数,%。

在目前的恒定磁场磁选设备的分选过程中,连生体进入磁性产物的可能性是很大的。表8-6是分选磁铁矿矿石所得磁性产物的显微镜观察结果。

表8-6　磁性产物的显微镜观察结果

-0.074 mm 含量/%	铁品位/%	各种颗粒所占的质量分数/%		
		单体磁铁矿	单体石英	连生体
85	64.08	43.78	8.36	47.86
85	63.94	58.90	5.90	35.20
71	58.35	55.79	5.89	38.32

表8-6中的数据表明,在磁选所得的磁性产物中,单体状态存在的脉石是较少的,而以连生体状态存在的脉石却是较多的。因此,可以认为大量连生体的存在是影响磁选精矿质量的主要因素。鉴于此,在磁铁矿矿石的选矿厂中,常采用细筛再磨工艺,提高最终精矿的质量。一些选矿厂曾经应用细筛工艺获得了表8-7所示的技术指标。

表8-7　几个选矿厂应用细筛的指标

厂　名	产品名称	产率/%	铁品位/%	筛分效率/%	筛分段数
南芬选矿厂	给料 筛下产物 筛上产物	100.00 33.58 66.42	60.91 66.09 58.29	33.43	2
大石河选矿厂	给料 筛下产物 筛上产物	100.00 57.42 42.58	63.15 67.68 57.64	46.67	2
齐大山选矿厂	给料 筛下产物 筛上产物	100.00 65.38 34.62	53.20 59.40 42.42	60.07	2
大孤山选矿厂	给料 筛下产物 筛上产物	100.00 48.62 51.38	60.36 64.09 58.01	33.43	3

当然细筛的应用需要具备一定的条件,即要求单体铁矿物与连生体存在粒度界限,也就是大于某一粒级的颗粒主要为连生体,小于某一粒级的颗粒主要是单体铁矿物。对于连生体部分通过再磨达到矿物单体解离,再一次去分选。细筛在流程中起到了控制分级和提高分选产物质量的作用。某选矿厂磁选所得磁性产物(细筛给料)的粒度筛析结果列于表8-8中。

表8-8　南芬选矿厂细筛给料的筛析结果

粒级/mm	产率/%		铁品位/%	
	部　分	累　计	部　分	累　计
+0.125	1.90	100.00	15.19	64.82
-0.125 +0.1	1.90	98.10	21.91	65.82
-0.1 +0.071	11.20	96.20	52.57	66.68
-0.071 +0.063	11.80	85.00	64.61	68.44
-0.063 +0.05	20.30	73.20	68.04	69.15
-0.05	52.90	52.90	69.55	69.55

从表8-8中可以看出,以0.1 mm为粒度分界线,分出大于0.1 mm的低品位粗粒级后,可以明显提高细粒级的铁品位。

9　磁分离空间的磁场特性

9.1　磁选机的磁系

磁选设备的磁源是它们的磁系,有永磁磁系和电磁磁系两种。磁选设备的磁场由磁系产生,根据磁场的特点可将磁场分为恒定磁场、交变磁场、脉动磁场和旋转磁场。

目前产生恒定磁场的方法有两种,其一是由通入直流电的电磁铁产生,另一种则是由永磁材料产生。后者目前广泛应用,而且是磁选设备上常用的一种磁场。

交变磁场由通交流电的电磁铁产生。这种磁场尚未得到广泛应用。

脉动磁场的产生方法有三种,一种是由通入直流电和交流电的电磁铁产生;另一种是由在永磁材料上加一交流线圈产生;第三种是由直接通入脉动电流的电磁铁产生。这种磁场在部分磁选机中已得到应用。

旋转磁场是当圆筒对固定多极磁系或可动多极磁系(磁系皆由极性沿圆周交替排列的磁极组成)做快速相对运动时形成的。这种磁场应用在旋转磁场磁选机中。

磁选设备的磁系按照磁极的配置方式可分为开放磁系和闭合磁系两种。所谓开放磁系是指磁极在同一侧做相邻配置且磁极之间无感应铁磁介质的磁系。常用的开放磁系形式如图 9 – 1 所示。开放磁系按照磁极的排列特点又分为平面磁系、弧面磁系和塔形磁系 3 种。图 9 – 1a 为平面磁系,其磁极排列为平面,带式磁选机采用的是这种磁系;图 9 – 1b 为弧面磁系,其磁极排列为圆弧面,筒式磁选机采用的是这种磁系;图 9 – 1c 为塔形磁系,其磁极排列为塔形,某些磁力脱水槽采用的是这种磁系。

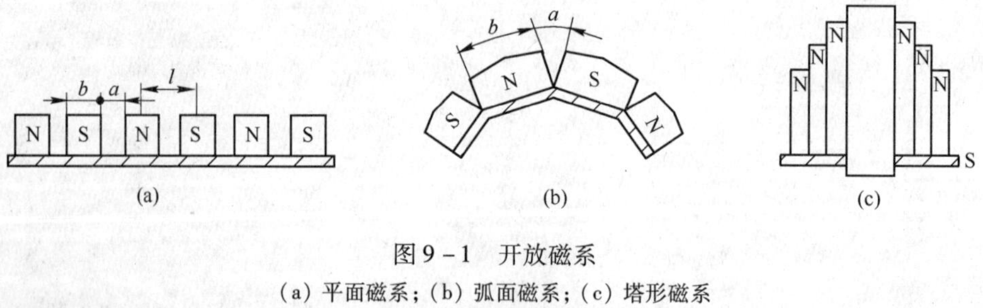

图 9 – 1　开放磁系

(a) 平面磁系;(b) 弧面磁系;(c) 塔形磁系

在开放磁系中,磁力线通过空气的路程长,磁路的磁阻大,漏磁损失大,因而分选空间的磁场强度低,这种磁系应用在分选强磁性物料的弱磁场磁选设备中。但开放磁系的分选空间比较大,能处理粗粒级物料,且设备处理能力大。

磁极做相对配置的磁系称为闭合磁系。在这种磁系中,空气隙小,磁力线通过空气的路程短,磁阻小,漏磁损失小,磁场强度高。又由于采用具有特殊形状的聚磁感应磁极,磁场梯度也大,因而磁场力大。但这种磁系只适于处理细粒物料,且生产能力一般较低。这种磁系应用于分选弱磁性物料的强磁场磁选设备中。常见的闭合磁系磁路类型如图 9 – 2 所示。

闭合磁系根据磁极间放置介质的不同、分选面的多少,还可分成单分选面闭合磁系和多分选面闭合磁系两种。

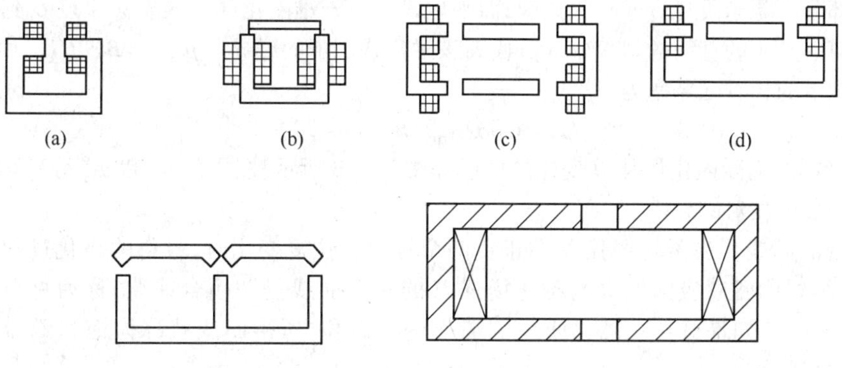

图 9-2 闭合磁系的磁路类型

(a)~(d) 方框磁路；(e) 山字形磁路；(f) 螺旋管线圈无铁芯磁路

9.2 磁选设备中常用的磁性材料及其磁特性

由前一节知道，磁选设备的磁系，无论是开放磁系还是闭合磁系都离不开磁性材料。在各种磁性材料中，最重要的是以铁为代表的一类磁性很强的材料，它具有铁磁性。除铁之外，钴、镍、钆、镝和钬等也具有铁磁性。另一类是铁和其他金属或非金属组成的合金，以及某些包含铁的氧化物(铁氧体)。为了更好地应用它们，必须了解它们的磁特性。

9.2.1 铁磁性材料的磁特性

铁磁性材料的磁特性常用特性曲线的形式来表示。其中最常用的是 $B=f(H)$ 曲线(或 $M=f(H)$ 曲线)。材料的磁特性，除了与给定的测量参数(如磁化场强、温度、有无机械应力等)有关外，还与“磁化经历”有关。实际应用时，为了得到 $B=f(H)$ 曲线，材料(试样)必须预先进行脱磁，以使样品的原始状态处于材料的磁化强度 $M=0$，以及没有磁畴磁化从优取向的退磁状态。材料的磁化可分成以下几种 $B=f(H)$ 曲线。

(1) 起始磁化曲线。起始磁化曲线是磁化场强 H 单调地增加时所得到的曲线。铁磁性材料的起始磁化曲线的共同特点是，曲线由陡峭段和平坦段组成(见图 9-3)。分界点 P 位于曲线

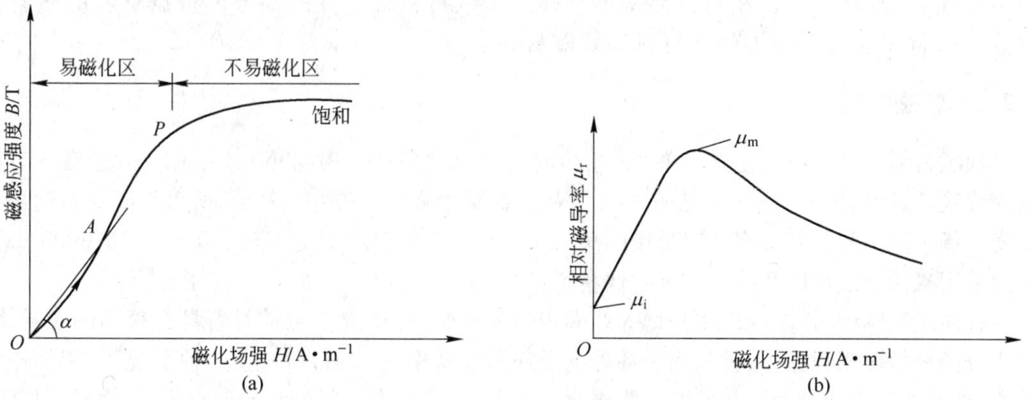

图 9-3 磁性材料的起始磁化曲线

(a) 起始磁化曲线；(b) 相对磁导率与磁化磁场强度的关系

上段弯曲部分。陡峭段对应于易磁化区，而平坦段对应于难磁化区。从坐标原点 O 到 $B=f(H)$ 曲线上任何一点 A 的直线的斜率($\tan\alpha$)代表该磁化状态下的磁导率 $\mu_0\mu_r = B_A/H_A$。由此式求出该磁化状态下的相对磁导率为：

$$\mu_r = \tan\alpha/\mu_0 = B_A/(\mu_0 H_A)$$

式中，μ_r 是纯数，它随磁化场强 H 变化的曲线如图 9－3b 所示，图中的 μ_i 和 μ_m 分别称为起始相对磁导率和最大相对磁导率。

(2) 磁滞回线。当磁化场强 H 在正负两个方向上往复变化时，材料的磁化过程经历一个循环过程，材料的磁感应强度 B 与磁化场强 H 的关系曲线是一闭合曲线，称为材料的磁滞回线(见图 9－4)。如果材料在磁化曲线两端都达到饱和，所得曲线就称为饱和磁滞回线或主磁滞回线。

(3) 正常磁化曲线。磁化磁场强度 H 由正负最大值逐渐缩小循环范围，便得到由大到小一系列磁滞回线，习惯上称为正常磁化曲线(见图 9－5)，是材料磁性的另一种体现形式。由图 9－5 可以看出，正常磁化曲线与起始磁化曲线的形状很相似。

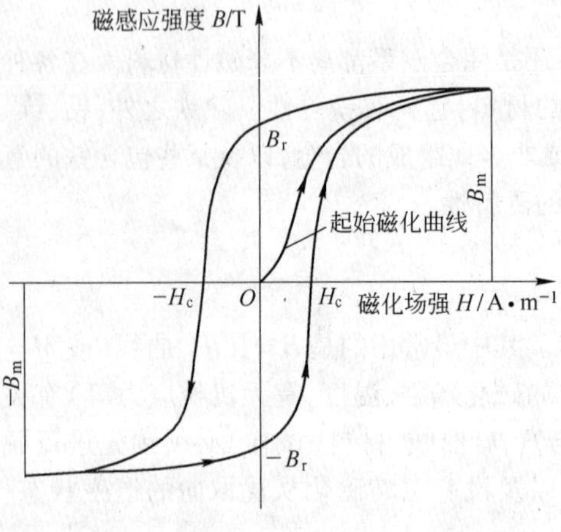

图 9－4　铁磁性材料的磁滞回线

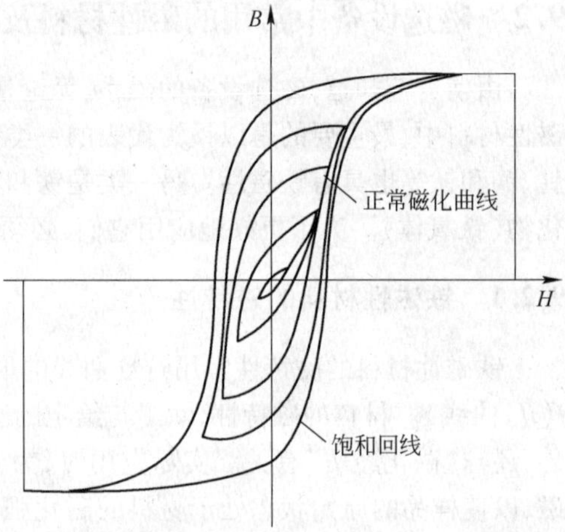

图 9－5　正常磁化曲线和各自相关的磁滞回线

由上述相应的 $B=f(H)$ 曲线和 $\mu=f(H)$ 曲线可以知道，材料的饱和磁感应强度、剩余磁感应强度、矫顽力以及相对磁导率等是标志磁性材料磁特性的参数。根据材料的磁特性参数可以将磁性材料分为软磁材料和硬磁材料。

9.2.2　软磁材料

软磁材料的基本特征是磁导率高(在相同几何尺寸条件下磁阻小)，矫顽力小，这意味着磁滞回线狭长，所包围的面积小(见图 9－6)，从而在交变磁场中磁滞损耗小，所以软磁材料适用于交变磁场中。一般交变频率低时采用图 9－6a 的软磁性材料。当交变频率高时(大于3000 Hz)，一般采用磁滞回线如图 9－6b 的软磁性材料。

在通电线圈中，铁芯的作用是增大线圈内的磁通量，这就要求磁性材料具有很高的磁导率。这里分两种情况来讨论，一种是用于各种电子通讯设备中的软磁材料，在这种情况下，工作电流很小，铁芯的工作状态处于起始的一段磁化曲线上，因此要求材料的起始磁导率 μ_i 值高；另一种用于电动机、发电机、变压器的软磁材料，这里电流很大，铁芯的工作状态接近饱和，因此要求材料的最大磁导率 μ_m 高，饱和磁化强度大。

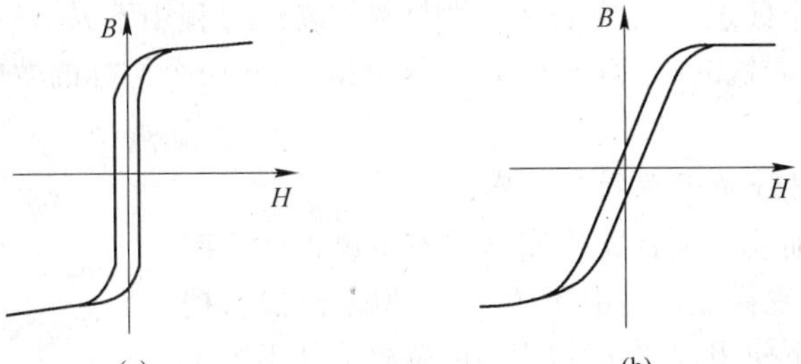

(a) (b)

图9-6 软磁材料的磁滞回线

磁选设备上所用的软磁材料有工程纯铁、导磁不锈钢和低碳钢等。强磁场磁选设备经常选用工程纯铁制作铁芯、磁轭和极头,而选用导磁不锈钢制作感应介质。在弱磁场磁选设备中,磁系的磁导板往往选用低碳钢。

几种软磁材料的性能见表9-1。

表9-1 软磁材料的性能一览表

材 料	化学成分/%	μ_i	μ_m	H_c/A·m^{-1}	$\mu_0 M_s$/T	ρ/nΩ·m	居里点/℃
纯 铁	0.05 杂质	10000	200000	4.0	2.15	100	770
纯铁(DT1)	0.44 杂质	>3500	<96	—	—	—	—
纯铁(DT2)	0.28 杂质	>4000	<80	—	—	—	—
纯铁(DT3)	0.38 杂质	>4500	<64	—	—	—	—
硅钢(热轧)	4Si 余为 Fe	450	8000	4.8	1.97	600	690
硅钢(冷轧晶粒取向)	3.2Si 余为 Fe	600	10000	16.0	2.0	500	700
45 坡莫合金	45Ni 余为 Fe	2500	25000	24.0	1.6	500	440
78 坡莫合金	78.5Ni 余为 Fe	8000	100000	4.0	1.0	160	580
超坡莫合金	79Ni,5Mo,0.5Mn 余为 Fe	10000 ~ 12000	100000 ~ 150000	0.32	0.8	600	400

9.2.3 硬磁材料

硬磁材料也称为永磁材料,其基本特征是它的剩磁高、矫顽力大,在工作空间中能产生很大的磁场能。生产中常用的硬磁材料有两种,一种是合金磁性材料,又称为永磁合金或硬磁合金,例如 Al-Ni-Co 合金、Ce-Co-Cu 合金;另一种是陶瓷磁性材料,又称为铁氧体,它是具有 $MO \cdot Fe_2O_3$ 分子式的物质,式中 M 为 Ba、Sr 或 Pb 时分别称为钡铁氧体、锶铁氧体和铅铁氧体。

9.2.3.1 永磁材料的磁特性曲线

永磁材料作为磁选设备的磁源使用时,首先将其在磁化磁场中充磁,取出后使用。因此,表征永磁材料磁特性的是它的饱和磁滞回线中,处于第2象限的这段曲线,该段曲线称为永磁材料的退磁曲线。永磁材料的磁性能由退磁曲线来体现。如果材料成分一定、制造工艺条件相同,则生产出的永磁材料的退磁曲线是相同的。

图9-7所示的是锶铁氧体的退磁曲线。

在图9-7中,退磁曲线与 B 轴的交点 B_r 称为剩余磁感应强度,简称剩磁,是磁性材料剩磁量大小的一个标志;与 H 轴的交点 H_c 称为磁铁的矫顽力,表示要去掉剩磁需加的反向磁场,是磁性材料稳定性的一个标志。H_c 大表示磁性材料在使用过程中不易退磁,使用寿命也就越长。可见对永磁材料来说,磁铁的 B_r 和 H_c 是两个质量指标,这两个指标的数值越大,说明该种永磁材料的质量越优。

9.2.3.2　永磁材料的视在剩余磁感

永磁材料的退磁曲线一般都是在闭合状态下测得的。而在实际使用时,是先把磁铁磁化达饱和,然后去掉磁化磁场,把磁铁取出在开路情况下使用,此时磁铁表面的磁感值并不等于剩余磁感 B_r,而是小于 B_r 的某一值,此时的磁感应值称为视在剩余磁感,记为 B_d。视在剩余磁感受退磁因素的影响,即受磁铁的形状和尺寸比的影响。

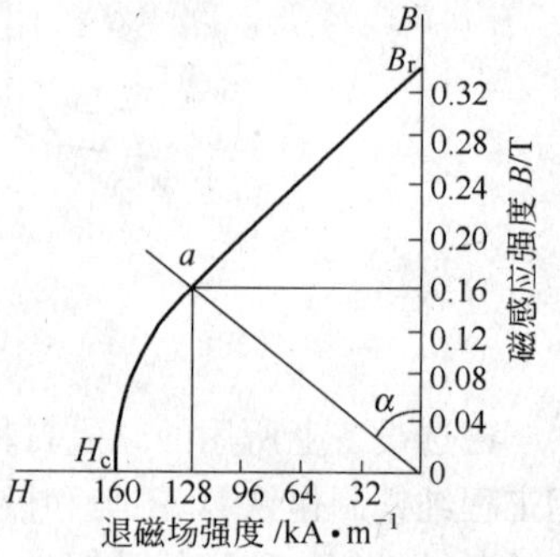

图9-7　锶铁氧体的退磁曲线(磁特性曲线)

永磁材料在闭合磁路中磁化,磁感应强度可表示为:

$$B=\mu_0 H+\mu_0 M \tag{9-1}$$

式中　B——永磁材料的磁感应强度,T;

H——磁化磁场强度,A/m;

M——磁铁的磁化强度,A/m。

当去掉外磁场,将磁铁从闭合磁路中取出后,其视在剩余磁感 B_d 可用下式表示:

$$B_d=\mu_0 M-\mu_0 H_d \tag{9-2}$$

式中,H_d 是磁铁本身产生的退磁场强度,单位是 A/m,可表示成退磁系数 N 与磁化强度的乘积,即:

$$H_d=NM$$

将上述关系代入式(9-2)得:

$$B_d=\mu_0 H_d/N-\mu_0 H_d=\mu_0 H_d[(1-N)/N]$$

所以退磁场与视在剩余磁感的比值可写成:

$$\tan\theta=\mu_0 H_d/B_d=N/(1-N) \tag{9-3}$$

由式(9-3)可知,如果已知磁铁的退磁因子,就可以计算出 θ 角,即可在退磁曲线上划出磁铁的工作线。磁铁工作线和退磁曲线的交点的纵坐标值即为磁铁在该状态下的视在剩余磁感值(见图9-7)。

圆柱形磁铁的退磁系数由下式求出:

$$N=5.5(m+0.54)^{-1.4}\quad (m<10\text{时}) \tag{9-4}$$

而矩形截面的柱状磁铁(底部有衔铁)的退磁系数可由下式求出:

$$N=-1.94+3.14/m-0.34/m^2+9.83/m_1-21.69/m_1^2+16.08/m_1^3 \tag{9-5}$$

式中　m——磁铁的尺寸比,为圆柱状时,$m=l_m/d_m$,矩形截面时,$m=l_m/\sqrt{S_m}$;

m_1——磁铁截面的长宽比。

9.2.3.3　磁铁的磁能积

由物理学知道,磁铁的磁能密度 $W(\mathrm{J/m^3})$ 可表示为:

$$W=B_d H_d/2 \tag{9-6}$$

式中,B_d 和 H_d 分别为磁铁在某一工作状态下,在退磁曲线上所对应的剩余磁感和退磁场。

退磁曲线上每一点所对应的 B 与 H 相乘所得之积,称为磁能积,代表在此工作状态下磁铁的能量。退磁曲线上每一点的 B 值和对应的 H 值的乘积都对 B 作图，可得到一曲线（如图 9－8 所示），此曲线称为磁能积曲线。在所有的乘积中，其中有一最大值称为最大磁能积，是衡量永磁材料的一个重要数据，也是判断永磁材料好坏的一个最好判别量。磁铁最大磁能积标志着磁铁里的最大能量密度，使磁铁工作在这一点，能以最少的磁性材料获得所需要的通量；如果不是工作在这一点，磁铁的能量则不能完全发挥出来。

由以上的讨论和分析可知，永磁材料的剩余磁感应强度 B_r、矫顽力 H_c 以及最大磁能积是磁铁的 3 个性能指标。几种永磁材料的性能如表 9－2 所示。

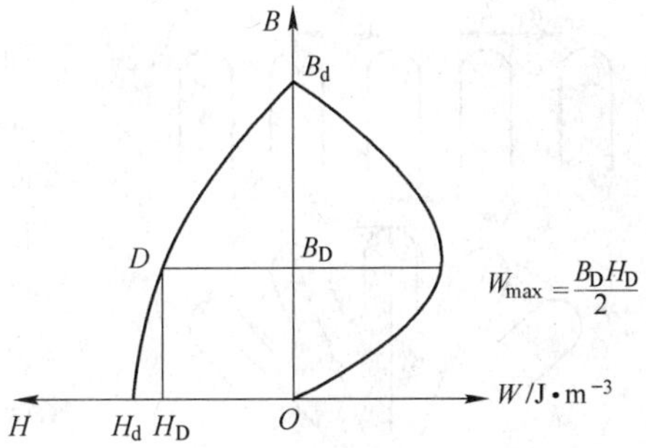

图 9－8 磁铁的退磁曲线和磁能积曲线

表 9－2 几种硬磁材料的性能一览表

材 料	化学成分/%	$H_c/A\cdot m^{-1}$	B_r/T	$(BH)_{max}/J\cdot m^{-3}$
钡铁氧体（异性）	$BaO\cdot nFe_2O_3$ ($n=5\sim6$)	$(128\sim176)\times10^3$	0.34～0.38	$(1.6\sim2.0)\times10^4$
锶铁氧体（异性）	$SrO\cdot nFe_2O_3$ ($n=5\sim6$)	$(144\sim216)\times10^3$	0.36～0.40	$(2.23\sim2.79)\times10^4$
LNG5-3（异性）	8Al，14Ni，24Co，3Cu，余为 Fe	60×10^3	1.32	6.0×10^4
LNG8-2（异性）	7Al，15Ni，35Co，4Cu，5Ti，余为 Fe	108×10^3	1.1	7.17×10^4
钐钴合金	$SmCo_5$	693×10^3	0.98	1.91×10^5
铈钴铜合金	32.7Ce，10.2Co，49.2Cu，余为 Fe	330×10^3	0.65	7.33×10^4

9.3 开放磁系的磁场特性及其影响因素

9.3.1 开放磁系的磁场特性

磁选设备的磁场特性是指在其分选空间内，磁场强度 H 和磁场力 $H\mathrm{grad}H$ 的大小及其变化规律。研究磁系的磁场特性对正确选择磁选设备、提高分选效果、设计磁选设备时确定合理的磁系结构参数等都具有重要意义。

试验研究表明，在开放磁系（平面与弧面）中，在磁极对称面或磁极间隙对称面上，磁场强度的变化规律，可用如下指数方程表述，即：

$$H_x = H_0 e^{-cx} \tag{9-7}$$

式中 H_x——离开磁极表面的距离为 x 处的磁场强度，A/m；

H_0——磁极表面处的磁场强度，A/m；

e——自然对数的底数；

c——磁场非均匀性的系数，m^{-1}。

式（9－7）原是一经验公式，1936 年苏联学者索切涅夫从理论上证实，该式所描述的指数磁场，是由按等位线弯曲的几个磁极才能产生的。实际上很难做出这样复杂的磁极。如将磁极端面做成一定半径的弧形，弧的半径 $r\approx0.4l$（l 为极距），且磁极面宽和极隙宽的比值在 1.0～1.5

的范围内，电磁磁系才可产生近似于指数关系的磁场。磁极的形状及排列示意图见图9-9。

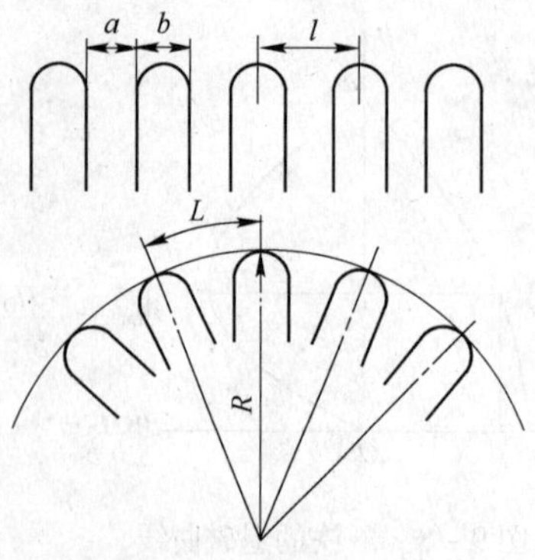

图9-9 弧形磁极的形状及排列

对永磁磁系的实际测定结果表明，永磁磁系沿磁极对称面上的磁场变化规律和电磁磁系相似，尤其在离开磁极表面6 mm以后（一般永磁磁选机的筒皮厚度为3 mm，磁极面至筒皮内表面约3 mm，分选空间位置超过6 mm），仅仅在数值上有所不同，因此永磁磁系也可应用式(9-7)进行计算。

另外，由式(9-7)还可以得到磁场梯度和磁场力的变化规律。将式(9-7)对 x 求导，即得到磁场梯度表达式：

$$\mathrm{grad}H = \mathrm{d}H_x/\mathrm{d}x = -cH_0\mathrm{e}^{-cx} = -cH_x \tag{9-8}$$

离开磁极表面距离为 x 处的磁场力表达式为：

$$H\mathrm{grad}H = H_x \cdot (-cH_x) = -cH_x^2 = -cH_0^2\mathrm{e}^{-2cx} \tag{9-9}$$

式中，负号仅表示磁场梯度和磁场力随 x 增大而降低，因此可略去，即有：

$$\mathrm{grad}H = cH_x \tag{9-10}$$

$$H\mathrm{grad}H = cH_0^2\mathrm{e}^{-2cx} \tag{9-11}$$

由式(9-7)和式(9-11)可以看出，当 $x=0$ 时，$H_x=H_0$，$H\mathrm{grad}H=cH_0^2$，此为磁场强度和磁场力的最大值。当 $x\to\infty$ 时，$H_x=0$，$H_x\mathrm{grad}H=0$，此为磁场强度和磁场力的最小值。由此可见，在平面与弧面磁系中，在磁极或极隙对称面上，极表面处的磁场强度和磁场力最大；离开磁极表面愈远，场强和磁场力逐渐减小；至无限远处，场强与磁场力达最小值（为零）。

上述诸式中的系数 c 称为磁场不均匀系数。研究表明，c 的大小主要与极距有关。对于弧面磁系，磁极排列的圆弧半径也影响 c 的大小。

对于平面磁系：
$$c = \pi/l \tag{9-12}$$

对于弧面磁系：
$$c = \pi/l + 1/R \tag{9-13}$$

式中 l——极距，即磁极中心线间的距离，m；

R——弧面磁系的圆弧半径，m。

由式(9-10)可以得出：

$$c = \pi/l = \mathrm{grad}H/H_x \tag{9-14}$$

$$c = \pi/l + 1/R = \mathrm{grad}H/H_x \tag{9-15}$$

由式(9-14)和式(9-15)可以看出，系数 c 的物理意义是单位磁场强度的磁场梯度。因而可以说，c 和 grad$H$ 一样，都表征磁场的非均匀性，但 c 比 grad$H$ 简便。因为若 R 为定值（平面磁系可认为 $R\to\infty$），c 只与极距有关。而 grad$H$ 则不然，它不仅与 l 有关，而且还与 H 有关。

试验研究表明，在磁选机的分选空间内，实际上非均匀系数 c 在各点是不相同的，它除了因 x 值的不同而不同外，还随 y 值（即随平行于通过极心平面的平面位置）不同而不同。产生这种现象的原因，是由于实际磁系的极数通常是有限的，且磁极端面的形状也不能与指数磁场理论完全相符。

9.3.2 极宽 *b* 与极隙宽 *a* 的比值对磁场特性的影响

在磁选过程中，一般要求磁性颗粒在随运输装置（如圆筒、皮带）移动的过程中，应受到较均匀的磁力，以便使运输装置不但能顺利搬运磁性产品，而且在搬运过程中不使磁性产品脱落。在开放磁系中，当极距相同时，b/a 的不同比值，影响着磁场强度沿极距方向的变化规律。无论电磁磁系还是永磁磁系，只要 b/a 的数值适宜，就能产生所需要的磁场。不同的 b/a 值时，磁场强度沿极距 l 方向的变化规律，如图 9－10 所示。

图 9－10 表明，对于永磁磁系，当极间隙接近零时（$b/a=\infty$），极隙中心处的场强比极面中心处的高很多，当 $b/a=1$ 时，极面中心处的场强比极隙中心处的高，只有 $b/a=3$ 时，场强沿极距方向的变化比较均匀。根据分选过程对磁力的要求，永磁磁系的 b/a 值在 2～3 是比较合适的；对于电磁磁系，当 b/a 的值为 0.75 和 3 时，场强沿极距方向的变化都是不均匀的，只有 b/a 的值等于 1.2 时，场强变化比较均匀，所以电磁磁系的 b/a 值在 1.2～1.5 是合适的。

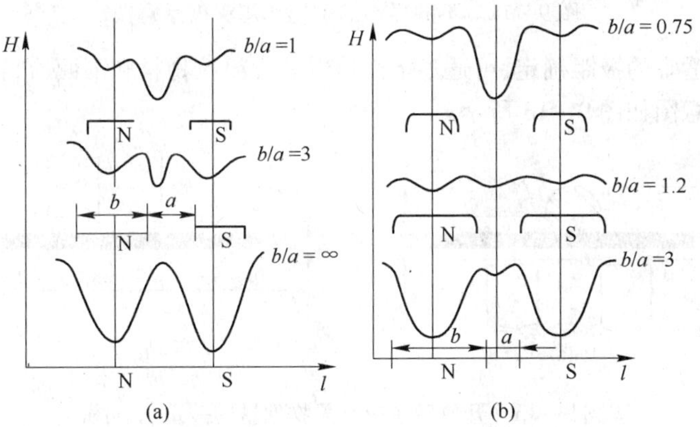

图 9－10 b/a 值不同时磁场强度沿极距 l 方向的变化曲线

（a）永磁磁系；（b）电磁磁系

由以上电磁磁系与永磁磁系的比较看出，在满足分选要求的前提下，永磁磁系的 b/a 值比电磁磁系的大，也就是说永磁磁系的极面宽，而极隙小。这是由于永磁材料（锶铁氧体和钡铁氧体等）的剩余磁感低，必须采用较宽的极面才能产生所需要的磁通；另一方面，由于永磁材料具有各向异性，磁通由侧面漏出的量少，所以允许减少极间隙。上述 b/a 的适宜值适用于一般筒式和带式磁选机。而对于干式离心筒式磁选机，b/a 的适宜值可达到 5。

9.3.3 极距对磁场特性的影响

极距 l 是开放磁系的一个主要结构参数。它影响着磁场强度的大小、磁场的不均匀程度和磁场力的作用深度。不同极距条件下的 $H=f(x)$ 和 $H\mathrm{grad}H=f(x)$ 曲线如图 9－11 所示。不同极距的磁场作用深度示意图如图 9－12 所示。

由图 9－11 和图 9－12 可以看出，离极面同一距离处，极距大的磁场强度高，磁场作用深度大，但磁场的不均匀性降低；反之，极距小时，在极面和极面附近，H 和 $H\mathrm{grad}H$ 很大，但离开极面稍远些，H 和 $H\mathrm{grad}H$ 急剧降低，即磁场作用深度小。由此可见，极距是影响磁场特性的重要因

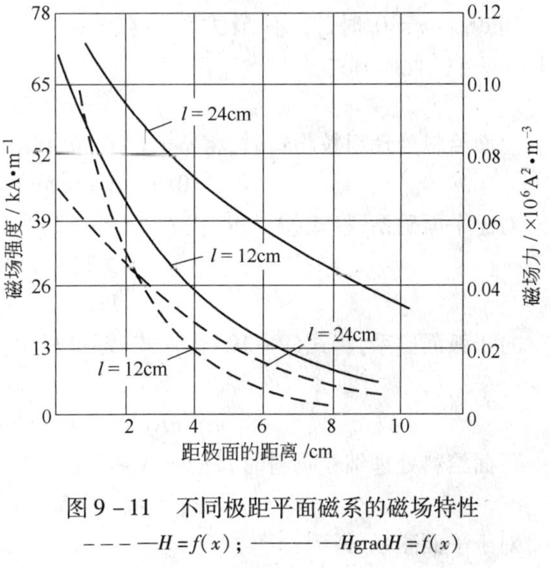

图 9－11 不同极距平面磁系的磁场特性

－－－－$H=f(x)$；———$H\mathrm{grad}H=f(x)$

素，在开放磁系中选择适宜的极距是十分重要的。

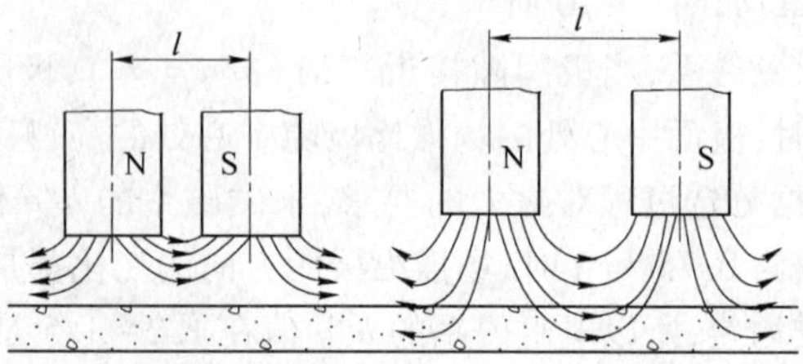

图9-12　不同极距的磁场作用深度示意图

在理论上，最适宜的极距确定，可通过上面给料处理粗粒物料和下面给料处理细粒物料两种情况来分析，其示意图如图9-13所示。

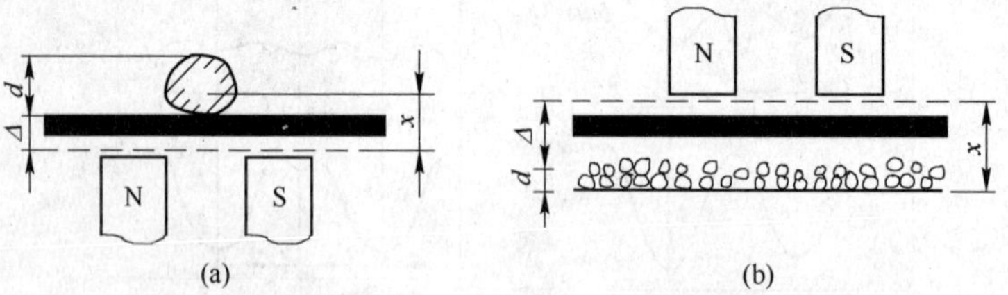

图9-13　开放磁系中有关物理量的关系示意图

(a) 上面给料处理粗粒，d 为颗粒粒度上限，Δ 是磁极表面到被选颗粒下端面的距离；

(b) 下面给料处理细粒，d 为矿浆层厚度，Δ 是磁极表面到被选颗粒或矿浆层上表面的距离

在开放磁系中，作用在磁性颗粒上的比磁力 f_m 可表示为：

$$f_m = \mu_0 \chi_0 H \mathrm{grad} H = \mu_0 \chi_0 c H_0^2 \mathrm{e}^{-2cx} \tag{9-16}$$

上面给料处理粗粒物料时，式(9-16)中的 x 是最大颗粒中心到磁极表面的距离，即 $x = \Delta + 0.5d$；下面给料处理细粒物料时，$x = \Delta + d$。

将式(9-16)对 c 求导数，得：

$$\mathrm{d}f_m/\mathrm{d}c = \mu_0 \chi_0 H_0^2 \mathrm{e}^{-2cx}(1-2cx) \tag{9-17}$$

当 $\mathrm{d}f_m/\mathrm{d}c = 0$ 时，f_m 有最大值。在式(9-17)中，μ_0，χ_0，H_0，e^{-2cx} 都不等于零，故只有 $1-2cx=0$，此时有：

$$c = 0.5/x \tag{9-18}$$

上面给料处理粗粒物料时，将 $x = \Delta + 0.5d$ 代入式(9-18)，得到：

$$c = 0.5/(\Delta + 0.5d) = 1/(2\Delta + d) \tag{9-19}$$

对于平面磁系，将式(9-19)代入式(9-12)中，得：

$$1/(2\Delta + d) = \pi/l$$

或

$$l = \pi(2\Delta + d) \tag{9-20}$$

对于弧面磁系，将式(9-19)代入式(9-13)中，得到：

$$1/(2\Delta + d) = \pi/l + 1/R$$

或

$$l = \pi R(2\Delta + d)/[R - (2\Delta + d)] \tag{9-21}$$

下面给料处理细粒物料时，将 $x = \Delta + d$ 代入式(9-18)中，得到：

$$c = 0.5/(\Delta + d) \tag{9-22}$$

对于平面磁系，得到：

$$l = 2\pi(\Delta + d) \tag{9-23}$$

对于弧面磁系，得到：

$$l=2\pi R(\Delta+d)/[R-2(\Delta+d)] \quad (9-24)$$

对于开放弧面磁系弱磁场磁选机，按式(9－21)计算出的极距 l 偏大，用上面给料的筒式磁选机干选大块物料时，情况更加突出。这是因为物料块尺寸大，在对其重心处的磁场力进行计算时假定了磁场强度和梯度是按直线规律变化的，其实，它们是按指数规律变化的。考虑这种情况，式(9－21)变为：

$$l=2\pi Rd/[R\ln(1+d/\Delta)-2d] \quad (9-25)$$

一般情况，分选磁铁矿矿石所用的弱磁场磁选机，其极距 $l=100\sim250$ mm，分选粗粒物料的筒式磁选机，合适的极距在 220 ~ 250 mm 之间。

9.4　闭合磁系的磁场特性

在实际生产中，有时在原磁极之间安置一个整体的、具有一定形状的感应磁介质（如转辊、转盘和转锥等）构成磁路，这时在磁极间所形成的分选空间是单层的；而有时在磁极之间安置多层分选介质（齿板、冲压网、钢毛、球等），这类介质所形成的分选空间是多层的。由于在磁极间放入了磁介质，减少了气隙的磁阻，大大提高了气隙中的磁场强度，同时由于介质的存在提高了介质附近的磁场梯度，大大提高了分选空间的磁场力。

9.4.1　单层感应磁极对的磁场特性

9.4.1.1　闭合磁系单层分选空间磁极对的形状

常见的闭合型磁系磁极对的形状有图 9－14 所示的几种。图 9－14a 所示的磁极对由一平面极（原磁极）和一尖形齿极（感应磁极）组成；图 9－14b 和图 9－14c 所示的磁极对由一平面极（原磁极）和多个平齿或尖形齿极（感应磁极）组成；图 9－14d 和图 9－14e 所示的磁极对由槽形极（原磁极）和多个平齿或尖齿极（感应磁极）组成；图 9－14f 所示的磁极对由弧面极和凹形极组成。

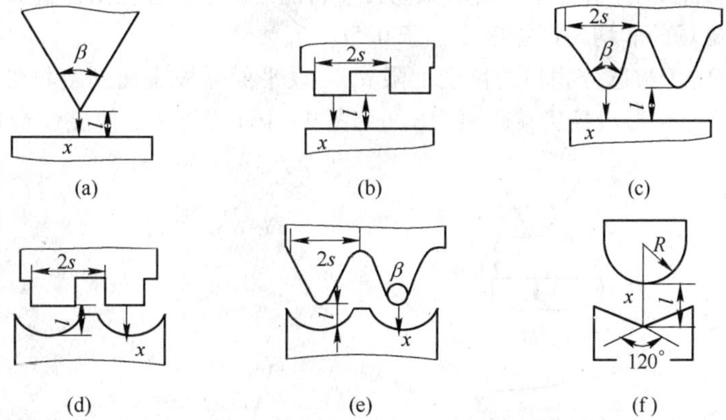

图 9－14　常见的闭合磁系磁极对的形状

9.4.1.2　三角形单齿磁极－平面磁极对

在三角形单齿磁极－平面磁极对中，一般平面磁极为原磁极，三角形磁极为感应磁极（图 9－14a）。研究表明，在这种磁极对的分选空间中，沿磁极对称面上的磁场强度变化规律可以用如下的经验公式来表述：

$$H_x=H_0/(1-ay^2)^{0.5}=H_0/\{1-a[(l-x)/l]^2\}^{0.5} \quad (9-26)$$

式中　H_x——离开齿形磁极距离为 x 处的磁场强度,A/m;

H_0——平面磁极上的磁场强度,A/m;

a——与极距 l 有关的系数,$a \approx 0.3 + 0.25l$,m;

y——离开平面磁极的相对距离,$y = (l - x)/l = 1 - x/l$;

l——极距,m;

x——离开齿形磁极的距离,m。

将式(9-26)对 x 求导数,得到磁场梯度的表达式:

$$\mathrm{grad}H = \mathrm{d}H_x/\mathrm{d}x = -aH_0 y/[l(1 - ay^2)^{1.5}] \tag{9-27}$$

磁场力 $H\mathrm{grad}H$ 的变化规律为:

$$H\mathrm{grad}H = -aH_0^2 y/[l(1 - ay^2)^2] \tag{9-28}$$

式(9-28)中的负号表示磁场力随 x 的增大而降低,可以省去。即沿齿极对称面上磁场力的变化规律为:

$$H\mathrm{grad}H = aH_0^2[(l - x)/l]/\{l\{1 - a[(l - x)/l]^2\}^2\} \tag{9-29}$$

由式(9-26)和式(9-29)可以看出,当 $x = 0$ 时,$y = 1$,此时有:

$$H_x = H_0/(1 - a)^{0.5} \qquad H\mathrm{grad}H = aH_0^2/[l(1 - a)^2]$$

此为 H 和 $H\mathrm{grad}H$ 的最大值;当 $x = l$ 时,$y = 0$,此时有:

$$H_x = H_0 \qquad H\mathrm{grad}H = 0$$

此为 H 和 $H\mathrm{grad}H$ 的最小值。可见在三角形单齿磁极-平面磁极对中,在齿极对称面上,齿尖处 H 和 $H\mathrm{grad}H$ 最大;离开齿极愈远,H 和 $H\mathrm{grad}H$ 逐渐减小;至平面磁极对,H 和 $H\mathrm{grad}H$ 最小。

这种磁系的齿尖角一般为60°左右。为了避免三角形齿极达到饱和状态以及齿尖因颗粒磨损而变形,一般将齿尖作成圆弧形,取尖端圆弧半径 $r = 0.5l$。

在这种磁极对中,极距大小对 H 和 $H\mathrm{grad}H$ 都有很大的影响。当极距不同时,两磁极之间的分选空间中,磁场强度 H 与离开齿极的相对距离 x/l 之间的关系曲线如图9-15所示。从图9-15中看到,极距 l 增大,工作空间的磁场强度将随之减小。在相对距离 x/l 大于0.5时,磁场开始趋于均匀,磁场的非均匀区深度 h 小于 $0.5l$。

适宜的极距决定于被选分物料的粒度上限 d_m。设平面磁极表面到给料带工作表面的距离为 Δ,给料带表面到三角形齿极尖端距离为 x_0(见图9-16)。若考虑使磁性颗粒与非磁性颗粒

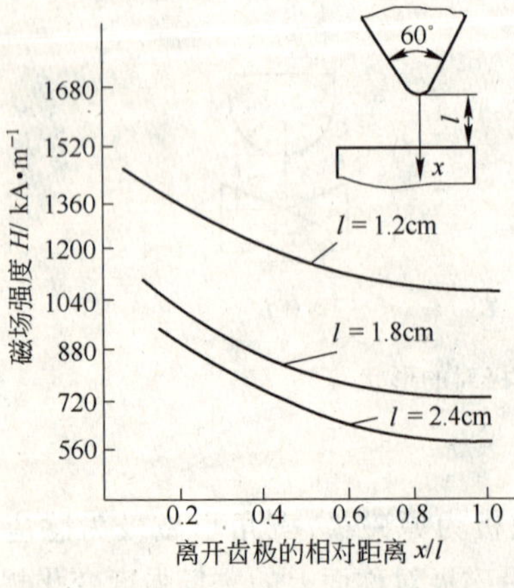

图9-15　三角形单齿磁极-平面磁极对的 $H = f(x/l)$ 曲线

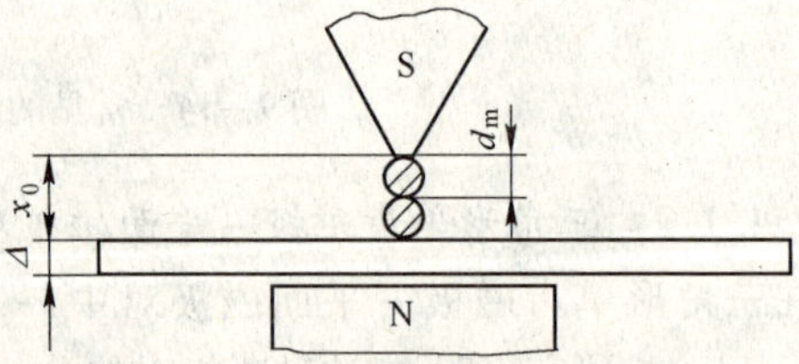

图9-16　三角形单齿磁极-平面磁极对极距的确定

分两层排出，x_0 至少应为 $2d_m$。因此，适宜的极距 $l=x_0+\Delta=2d_m+\Delta$。

9.4.1.3　*多齿磁极－平面磁极对*

多齿磁极－平面磁极对（见图 9－14b、c）用于干式感应辊式强磁场磁选机。研究结果表明，在这种磁极对的分选空间中，沿磁极对称面上磁场强度的变化规律可用如下的经验公式表述。

$$\begin{aligned}H_x &= H_0/(1-a_1y_1^n)^{0.5} \\ &= H_0/\{1-a_1[(s-x)/s]^n\}^{0.5}\end{aligned} \tag{9-30}$$

式中　H_x——离开齿形磁极距离为 x 处的磁场强度，A/m；

H_0——平面磁极上的磁场强度，A/m；

a_1——与齿距 $2s$ 和齿形有关的系数，可从图 9－17 中 $a_1=f(2s)$ 曲线查出；

y_1——离开齿形磁极的相对距离，$y_1=(s-x)/s=1-x/s$（适用于 $x\leqslant s$）；

s——齿距之半，m；

n——与齿形有关的系数，对于三角形齿 $n\approx2$，矩形齿 $n=1.5$；

x——离开齿形磁极的距离，m。

由式（9－30）通过对 x 求导数，得出齿极对称面上的磁场梯度，进而可得到磁场力的表达式为：

$$H\text{grad}H=0.5na_1H_0^2[(s-x)/s]^{n-1}/\{s\{1-a_1[(s-x)/s]^n\}^2\} \tag{9-31}$$

由式（9－30）和式（9－31）可以看出，当 $x=0$ 时：

$$H_x=H_0/(1-a_1)^{0.5}$$

$$H\text{grad}H=0.5na_1H_0^2/[s(1-a_1)^2]$$

此为 H 和 $H\text{grad}H$ 的最大值；当 $x=s$ 时：

$$H_x=H_0 \qquad H\text{grad}H=0$$

此为 H 和 $H\text{grad}H$ 的最小值。

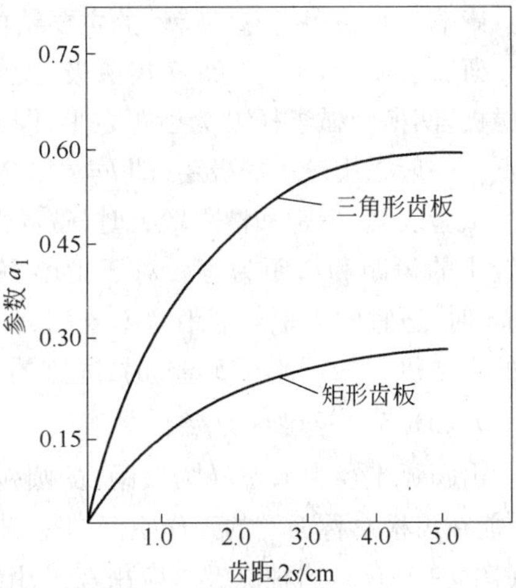

图 9－17　参数 a_1 与齿距 $2s$ 的关系曲线（$l=s$）

由以上分析可知，在多齿磁极－平面磁极对的齿极对称面上，齿极表面处的 H 和 $H\text{grad}H$ 最大；离开齿极愈远，H 和 $H\text{grad}H$ 愈小；当离开齿极的距离等于齿距之半时，$H\text{grad}H$ 等于零。因此，在这种磁极对中，并不是整个分选空间都是不均匀磁场，而是只有深度 $h\leqslant s$ 的区域内为不均匀磁场。

影响多齿磁极－平面磁极对磁场特性的主要因素有齿形、极距和齿距 $2s$。研究表明，三角形齿的尖削角 $\beta\approx45°$、齿尖圆弧半径 $r\approx0.2s$ 较好；矩形齿的齿高 $c\leqslant2s$、齿宽 b 与齿槽宽 a 之比 $b/a\approx1$ 较好。

极距 l 的选取，从磁场特性考虑，应取 $l=s$；在生产中取 $l>2d_m$。

齿距 $2s$ 愈大，磁场强度和磁场不均匀性愈大，即 $H\text{grad}H$ 愈大；当 $2s$ 较大时，两极之间整个工作空间都是不均匀的，因此，多齿磁极应采用较大的齿距。在实践中，齿距 $2s$ 决定于给料方式和物料粒度。对于上面给料，物料最大粒度 d_m 小于 6 mm 时，一般取 $2s\approx(2\sim3)d_m$，对于下面给料，物料最大粒度 d_m 小于 4 mm，一般取 $2s\approx6d_m$。

9.4.1.4　*多齿磁极－槽形磁极对*

图 9－14 中 d 和 e 是这种磁极对的形式。对于矩形多齿磁极－槽形磁极对（图 9－14d），当齿距 $2s$ 小于 50 mm 时，在齿极对称面上磁场强度的变化规律可用如下经验公式表述：

$$H_x = H_0[1 + m(l - x)] \tag{9-32}$$

式中　H_x——在齿极对称面上离齿极距离为 x 处的磁场强度，A/m；

H_0——槽形磁极底上的磁场强度，A/m；

m——系数，$m=(H_1-H_0)/(lH_0)$；

H_1——齿极极面（$x=0$）上的磁场强度，A/m；

l——极距，m；

x——离开齿极的距离，m。

通过对式（9-32）求 x 的导数，进而得到磁场力的表达式为：

$$H\text{grad}H = mH_0^2[1 + m(l - x)] \tag{9-33}$$

当 $x=0$ 时，$H_x=H_0(1+ml)$，$H\text{grad}H=mH_0^2(1+ml)$，此为 H 和 $H\text{grad}H$ 的最大值；当 $x=l$ 时，$H_x=H_0$，$H\text{grad}H=mH_0^2$，此为 H 和 $H\text{grad}H$ 的最小值。由上面的讨论可知，用槽形磁极代替平面磁极时，$H\text{grad}H$ 的最小值不是零，即整个工作空间都是不均匀磁场。这是槽形磁极优于平面磁极的地方。

影响这种磁极对磁场特性的主要结构参数有齿形、槽形、极距、齿距和槽距等。

研究表明，对于三角形多齿磁极，尖削角 $\beta=45°\sim60°$、齿端圆弧半径 $r=0.2s$ 为宜；对于槽形磁极，凹槽圆弧半径 R 为齿距之半，即 $R=s$ 为宜。另外，极距 l 增大，m 变小，即磁场不均匀性降低。一般采用较小的极距，即 $l=s$ 较合适。

试验表明，齿距和槽距增大时，磁场强度和磁场的非均匀性都降低，致使磁场力下降，因此采用较小的齿距和槽距为宜。对于矩形多齿磁极-槽形磁极对、上面给料的磁选机，当 d_m 大于5 mm 时，适宜的齿距与槽距为 $2s=(1.5\sim2.0)d_m$，对于三角形多齿磁极-槽形磁极对、下面给料的磁选机，当 d_m 小于5 mm 时，适宜的齿距与槽距为 $2s=(6\sim10)d_m$。

9.4.1.5　*等磁场力磁极对*

由圆弧半径为 $1.6l$（l 为极距）的圆弧形单齿磁极和张开角为120°的角槽形磁极组合的磁极对，能在齿极对称面上的工作空间内得到处处都相等的磁场力。这种磁极对称为等磁场力磁极对（图9-14f）。这种磁极对应用在采用绝对法测定物料比磁化系数的磁天平中。在这种磁极对中，沿齿极对称面上磁场强度的变化规律是：

$$H_x = H_1 y^{0.5} = H_1[(1-x)/l]^{0.5} \tag{9-34}$$

式中　H_x——离开齿极 x 距离处的磁场强度，A/m；

H_1——齿极上（$x=0$）的磁场强度，A/m；

y——离开齿极的相对距离，$y=(l-x)/l=1-x/l$；

l——极距，m；

x——离开齿极的距离，m。

磁场梯度与磁场力的变化规律为：

$$\text{grad}H = \text{d}H_x/\text{d}x = -0.5H_1[(l-x)/l]^{-0.5}/l \tag{9-35}$$

$$H\text{grad}H = -0.5H_1^2/l \tag{9-36}$$

省去式（9-36）中的负号，得到磁场力表达式：

$$H\text{grad}H = 0.5H_1^2/l \tag{9-37}$$

从式（9-37）中可以看出，在这种磁极对中，$H\text{grad}H$ 与 x 无关。当 H_1 与 l 一定时，$H\text{grad}H$ 是一常数。在这种磁极对中，颗粒所受的磁力方向，是从角槽形磁极张开角的角顶为起点，指向圆弧形齿极的半径方向。

9.4.2　多层聚磁感应介质的磁场特性

一般采用磁模拟法研究闭合磁系多层感应介质的磁场特性。磁模拟法是根据相似原理进行的。磁选设备分选空间的磁场是无源无旋场（$\mathrm{div}B=0$，$\mathrm{rot}H=0$）。根据相似原理，为无源无旋场造型时，作为相似的唯一原则便是几何相似。这就是说，只要把待测的微小空间按几何相似条件放大若干倍做成模型，那么模型与原型具有相同的磁场特性。磁选设备中应用的感应介质（齿板、钢毛、网介质等）一般都是采用磁模拟法进行研究的。

9.4.2.1　齿板聚磁介质的磁场特性

齿板聚磁介质应用在 shp（仿琼斯）型湿式强磁场磁选机中，其材质多是工程纯铁或导磁不锈钢。在磁选机的两原磁极之间设置多层齿板作为聚磁介质时，一般以齿尖对齿尖进行安装（见图 9－18）。经过测定，在齿板间的一个分选间隙内，磁场强度和磁场力在间隙中心两边呈对称分布，在齿谷与齿谷连线两边也是对称的，故只需要分析 1/4 分选间隙的磁场特性。

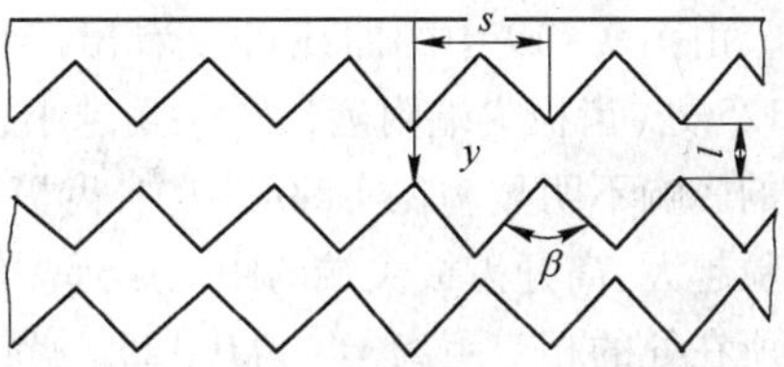

图 9－18　多层齿板的形状及配置

试验研究结果表明，沿齿极对称面上的磁场强度变化，可用下面的公式表示：

$$H_y=K_1K_2K_3H_0\mathrm{e}^{0.45[(s-4y)/s]^2} \tag{9-38}$$

式中　H_0——背景磁场强度，A/m；

s——齿板的齿距，m；

y——离齿极的距离，m；

K_1——系数，与齿板的齿尖角和背景磁场强度有关，其值见表 9－3；

K_2——系数，和齿板的极距有关，其值见表 9－4；

K_3——系数，和齿板的材质有关，一般材质 $K_3=2.75$。

表 9－3　式(9－38)中的 K_1 值

齿极的齿尖角 β/(°)	背景磁场强度 H_0/kA·m^{-1}				
	200	280	360	440	520
60	1.19	1.04	0.87	0.83	0.80
75	1.17	1.02	0.86	0.81	0.78
90	1.15	1.00	0.85	0.80	0.77
105	1.13	0.98	0.84	0.79	0.76

表 9－4　式(9－38)中的 K_2 值（$H_0=280$ kA/m，$\beta=90°$时）

极距 l	$0.45s$	$0.5s$	$0.6s$	$0.65s$
K_2	1.03	1.0	0.98	0.76

式(9－38)应用的条件为 $l\approx(0.45\sim0.65)s$ 和齿尖角 $\beta=60°\sim105°$。式(9－38)对 y 求导数，得：

$$\mathrm{d}H_y/\mathrm{d}y=-3.6K_1K_2K_3H_0(s-4y)\mathrm{e}^{0.45[(s-4y)/s]^2}/s^2 \tag{9-39}$$

磁场力 $(H\mathrm{grad}H)_y$ 为：

$$(H\mathrm{grad}H)_y=-3.6K_1^2K_2^2K_3^2(H_0/s)^2(s-4y)\mathrm{e}^{0.9[(s-4y)/s]^2} \tag{9-40}$$

在离齿尖 $y=0.25s$ 处的磁场力 $H\mathrm{grad}H=0$，而靠近齿极处（$y=0$），磁场力为：

$$(H\mathrm{grad}H)_{y=0} = -3.6K_1^2K_2^2K_3^2H_0^2\mathrm{e}^{0.9}/s \qquad (9-41)$$

由以上讨论可知，在齿板介质对中，齿极处的磁场力最大，离开齿极越远，磁场力越小，在离开齿极的距离等于齿距的1/4（$y=0.25s$）处，磁场力最小（为零）。可见，这种齿板的非均匀区深度 $h=0.25s$。

影响多层齿板介质磁场特性的主要结构参数是齿尖角、极距和齿距。图9－19是在多层齿板构成的多分选面闭合磁系中，采用不同的尖削角齿板时，沿齿极对称面上，磁场力$H\mathrm{grad}H$ 与离开齿极的相对距离（y/s）之间的关系，其测定条件为：极距 $l=12$ mm，齿距 $s=24$ mm，背景磁场强度 $H_0=280$ kA/m。

由图9－19中的曲线可以看出，当极距 l 和齿距 s 一定时，在离齿极的相对位置（y/s）< 0.125处（齿极尖端附近），齿尖角越小，磁场力越大；而在（y/s）>0.125处，齿尖角的大小对磁场力的影响不明显。在实际应用中，齿极所吸着的磁性颗粒中心总是要离开齿极尖端一定距离。颗粒越大，离开齿极尖端的距离越远。假如磁性颗粒为球形，且它的最大直径为0.25s，则颗粒中心所在处的相对距离 y/s 为0.125。此时，齿尖角的大小对此颗粒所受磁力已无明显的影响。

在齿距一定的条件下，齿尖角越小，单位体积分选槽内的齿板充填数量越少，因而齿极的有效吸着表面积越小，设备的处理能力就越低；同时，齿尖角越小，齿谷越深，处于齿谷处的磁性颗粒从齿谷到齿尖端的运动距离越大，在分选过程中，磁性颗粒特别是细粒越容易流失；另外，齿尖角越小，保证齿尖对位组装的难度增加，而且齿极尖端越容易达到磁饱和。由此可见，在实际应用中，不宜选用齿尖角过大或过小的齿板，一般选用80°～100°的齿尖角，现在生产中采用90°尖角的齿板。

多层齿板不同极距配置时，沿齿板对称面上的相对磁场强度 H_y/H_0 和离齿极相对距离 y/s 之间的关系示于图9－20中。测量条件为齿尖角 $\beta=90°$，齿距 $s=24$ mm，背景磁场强度 $H_0=280$ kA/m。

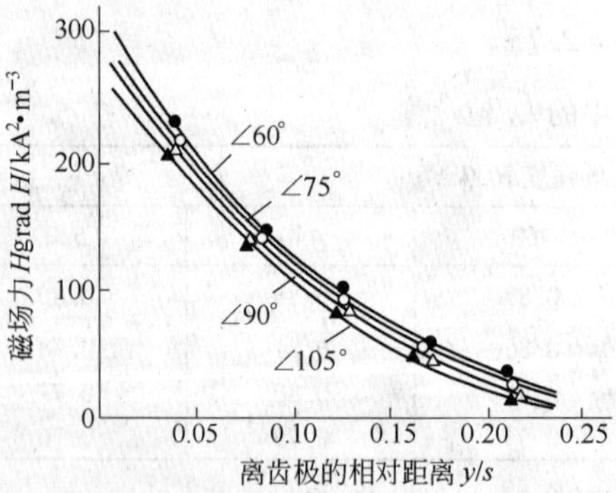

图9－19　不同齿尖角时沿齿极对称面上的 $H\mathrm{grad}H=f(y/s)$ 曲线

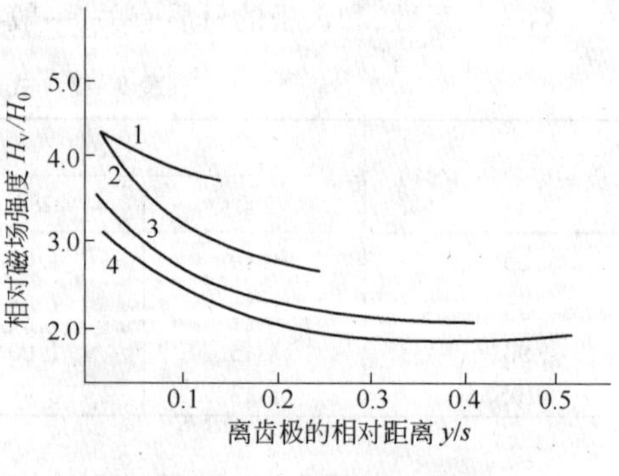

图9－20　不同极距时沿齿极对称面上的 $H_y/H_0=f(y/s)$ 曲线

1—$l=0.25s$；2—$l=0.5s$；3—$l=0.75s$；4—$l=s$

从图9－20中的曲线看出，当极距 l 一定时，离齿极的相对距离 y/s 越大，磁场强度越低，在齿尖附近，磁场强度下降很快，磁场梯度大；而离齿极较远处，下降得慢，即磁场梯度小。同时，当 $l\leqslant0.5s$ 时，整个空隙内的磁场是不均匀的；而当 $l>0.5s$ 时，在离齿极的相对距离（y/s）>0.25s处的磁场趋于均匀。由此可见，多层齿板的磁场非均匀区深度 $h\approx0.25s$。其他齿距也有上述规律。可见，适宜的极距约等于半个齿距（$l=0.5s$）。

从图9－20中还可看出，随着极距的增大，磁场强度和梯度都显著降低，这必将造成细粒磁性颗粒的流失。

在生产实践中，适宜的极距取决于被选物料的粒度上限 d_m。为了使分选空间畅通，避免齿板堵塞，相对的两个齿尖端各吸着一个磁性颗粒后，在两个齿尖端的间隙上还应留有 1～2 个颗粒能通过的空间。为了保证分选的顺利进行，极距应选取 $l \approx 3d_m$ 为宜。

图 9－21 是不同齿距时，沿齿极对称面上的 $H\mathrm{grad}H = f(y/s)$ 曲线。测试条件为尖削角 $\beta = 90°$，极距 $l = 12$ mm，背景磁场强度 $H_0 = 280$ kA/m。

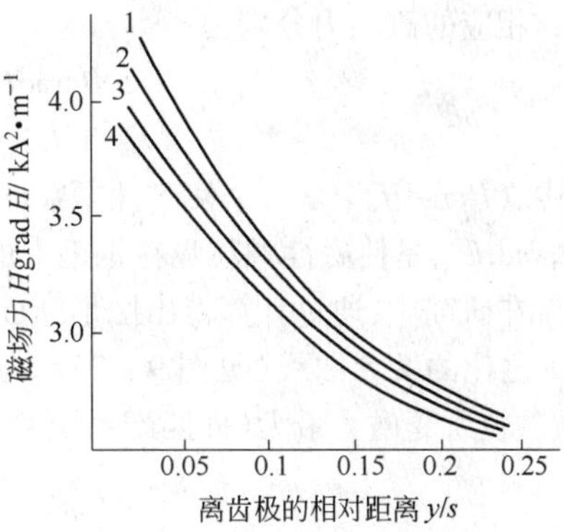

图 9－21 不同齿距时沿齿极对称面上的 $H\mathrm{grad}H = f(y/s)$ 曲线

1—$s = 18$ mm；2—$s = 21$ mm；3—$s = 24$ mm；4—$s = 27$ mm

从图 9－21 中可以看出，齿距不同的齿板，当离开齿极的相对距离（y/s）相同时，随着齿距 s 的增大，磁场力变小；在齿极附近，磁场力相差较大，在极中心附近相差较小。当极距约为齿距之半时，这种规律是普遍的。可见齿距大的齿板适用于处理粗粒物料，齿距小的齿板适用于处理细粒物料。齿板的齿距和欲回收颗粒粒度的适宜匹配关系，可以通过颗粒所受磁力公式推导得出。磁性颗粒所受到的比磁力 f_m 为：

$$f_m = \mu_0 \kappa_0 V H\mathrm{grad}H \tag{9-42}$$

设磁性颗粒为球形，半径为 R，则其体积 $V = 4\pi R^3/3$，将体积 V 及式（9－40）代入式（9－42）得：

$$f_m = 15K_1^2 K_2^2 K_3^2 \mu_0 \kappa_0 (H_0/s)^2 R^3 (s-4y) e^{0.9[(s-4y)/s]^2} \tag{9-43}$$

对 s 求导数，在 $df_m/ds = 0$ 时，f_m 有最大值，此时有：

$$s = 5.45 d_m \tag{9-44}$$

式（9－44）即为齿板的齿距和欲回收颗粒粒度的适宜匹配关系。在实际应用中，可取 $s = (5 \sim 6) d_m$。

9.4.2.2 丝状聚磁介质的磁场特性

钢毛是一种很微细（一般为十几微米至几十微米）的不锈钢磁性材料，有矩形断面和圆形断面两种。钢毛置于均匀的背景磁场中，在钢毛周围产生很高的磁场梯度，但磁场力的作用范围很小。为了说明钢毛介质的磁场特性，分析一根圆形断面钢毛在均匀磁场中的磁化（见图 9－22）。在背景磁场强度 H_0 小于钢毛达饱和磁化强度的磁场强度 H_s 的条件下，磁场强度可以用下式近似表示：

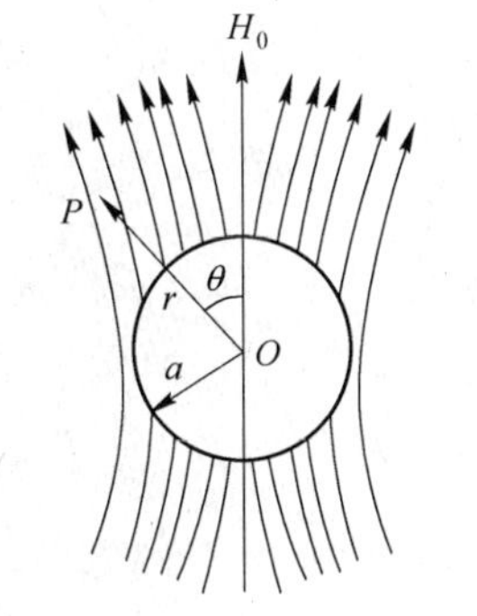

图 9－22 在均匀磁场中磁化的钢毛

$$H_r = H_0(1 + a^2/r^2)(-\cos\theta) \tag{9-45}$$

$$H_\theta = H_0(1 - a^2/r^2)\sin\theta \tag{9-46}$$

式中 H_r——径向磁场强度分量，A/m；
H_θ——切向磁场强度分量，A/m；
H_0——背景磁场强度，A/m；
a——钢毛半径，m；
r——P 点到钢毛中心的距离，m；
θ——磁化方向与直线 OP 的夹角，(°)。

由式（9－45）和式（9－46）可知，在钢毛介质表面上（$r = a$），当 $\theta = 0°$ 和 $\theta = 180°$ 时，$H_r = 2H_0$，$H_\theta = 0$。磁场梯度分量为：

$$\partial H_r / \partial r = 2a^2 H_0 \cos\theta / r^3 \tag{9-47}$$

$$\partial H_\theta / \partial r = 2a^2 H_0 \sin\theta / r^3 \tag{9-48}$$

$$\partial H_r / \partial r = H_0 (1 + a^2 / r^2) \sin\theta \tag{9-49}$$

$$\partial H_\theta / \partial \theta = H_0 (1 - a^2 / r^2) \cos\theta \tag{9-50}$$

相应的磁场力分别为：

$$(H\text{grad}H)_r = H_r g \partial H_r / \partial r + H_\theta g \partial H_\theta / \partial r \tag{9-51}$$

$$(H\text{grad}H)_\theta = (H_r g \partial H_r / \partial \theta + H_\theta g \partial H_\theta / \partial \theta) / r \tag{9-52}$$

式中，$(H\text{grad}H)_\theta$ 是一个使磁性颗粒向圆形钢毛表面（$\theta = 0°$ 和 $\theta = 180°$ 的位置）移动的磁场力，$(H\text{grad}H)_r$ 是使磁性颗粒吸在钢毛上的磁场力。

在研究中，通过计算得出圆形断面钢毛表面上吸附磁性颗粒的磁力与钢毛直径 a 和颗粒直径 b 之比的关系曲线（见图 9－23）。从图 9－23 中可以看出，当钢毛直径约是颗粒直径的 3 倍时，颗粒所受磁力最大（即匹配系统）。

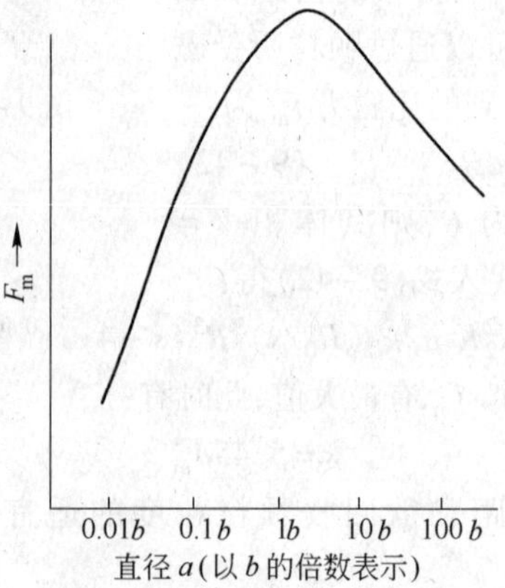

图 9－23　钢毛直径和颗粒直径之比与相对磁力的关系

10 磁选设备

在磁选生产实践中,由于所处理物料的磁性不同,粒度和其他物理性质不同,所以需要采用不同性能和结构的磁选设备。随着磁选技术的进步,磁选设备也不断发展和完善。目前国内外应用的磁选设备类型很多,规格也比较复杂。通常按磁场强弱将磁选设备分为弱磁场磁选机、强磁场磁选机和中等磁场磁选机三类。

弱磁场磁选机磁极表面的磁场强度 $H=(72\sim160)$ kA/m,磁场力 $H\mathrm{grad}H=(2.6\sim5)\times10^{11}$ $\mathrm{A^2/m^3}$,用于分选强磁性物料。

中等磁场磁选机磁极表面的磁场强度 $H=(160\sim480)$ kA/m,磁场力 $H\mathrm{grad}H=(5\sim128)\times10^{11}$ $\mathrm{A^2/m^3}$,用于分选中等磁性的物料,也可用于再选作业。

强磁场磁选机磁极表面的磁场强度 $H=(480\sim1600)$ kA/m,磁场力 $H\mathrm{grad}H=(128\sim576)\times10^{11}$ $\mathrm{A^2/m^3}$,用于分选弱磁性物料。

另一种分类法是按磁选过程所采用的分选介质种类,把磁选设备分为干式磁选机和湿式磁选机两类。干式磁选机以空气为介质,主要用于分选大块(粗粒)强磁性物料和细粒弱磁性物料;湿式磁选机以水或磁流体为介质,主要用于分选细粒强磁性物料和细粒弱磁性物料。

10.1 弱磁场磁选设备

10.1.1 永磁筒式磁选机

永磁筒式磁选机是处理铁矿石的选矿厂普遍应用的一种磁选设备。根据磁选机槽体(或底箱)的结构,永磁筒式磁选机分为顺流型、逆流型和半逆流型三种类型,其槽体的示意图如图 10-1 所示。

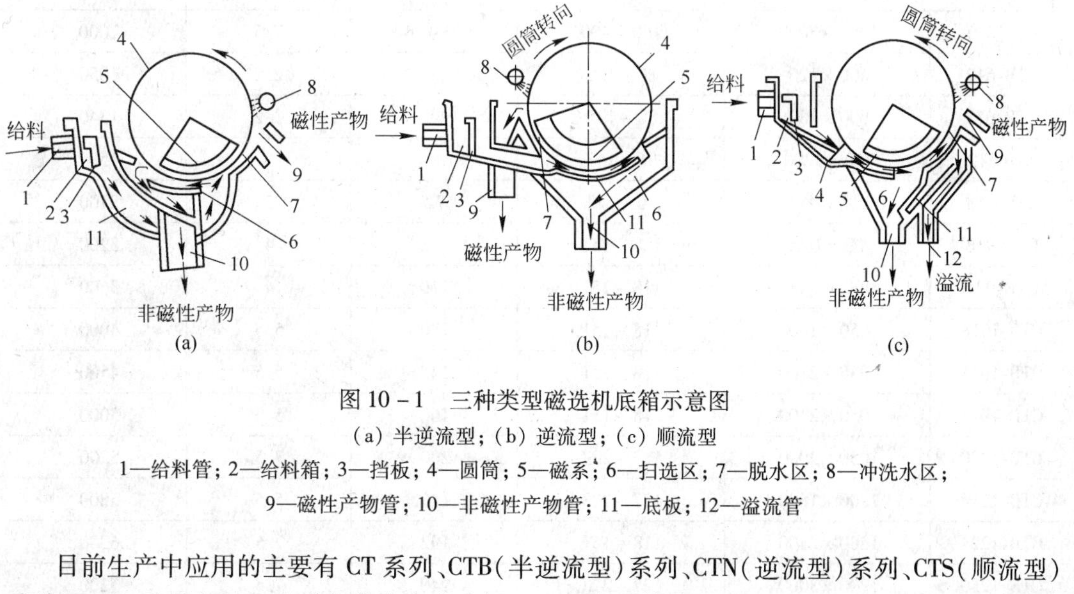

图 10-1 三种类型磁选机底箱示意图

(a) 半逆流型;(b) 逆流型;(c) 顺流型

1—给料管;2—给料箱;3—挡板;4—圆筒;5—磁系;6—扫选区;7—脱水区;8—冲洗水区;9—磁性产物管;10—非磁性产物管;11—底板;12—溢流管

目前生产中应用的主要有 CT 系列、CTB(半逆流型)系列、CTN(逆流型)系列、CTS(顺流型)系列、DPMS 系列和 ZCT 系列永磁筒式磁选机。一些永磁筒式磁选机的规格和主要技术参数见

表 10 - 1,其中 CT 系列永磁筒式磁选机 3 种类型的槽体都有。

表 10 - 1　一些永磁筒式磁选机的规格和主要技术参数一览表

设备型号	滚筒尺寸(筒径×筒长)/mm	筒表磁场强度 /kA · m⁻¹	处理能力 /t · h⁻¹	电机功率 /kW	设备质量 /kg
CT-406	400 × 600	80 ~ 450	2 ~ 4	0.55	400
CT-603	600 × 300	80 ~ 400	2 ~ 4	0.55	400
CT-606	600 × 600	80 ~ 400	4 ~ 8	1.1	950
CT-609	600 × 900	80 ~ 400	7 ~ 14	1.6	1300
CT-612	600 × 1200	80 ~ 400	10 ~ 20	1.6	1500
CT-618	600 × 1800	80 ~ 400	15 ~ 30	1.6	1800
CT-712	750 × 1200	120 ~ 400	15 ~ 30	1.6	2000
CT-715	750 × 1500	120 ~ 400	20 ~ 40	2.6	2000
CT-718	750 × 1800	120 ~ 400	20 ~ 45	2.6	2200
CT-724	750 × 2400	120 ~ 400	30 ~ 65	2.6	2500
CT-918	900 × 1800	130 ~ 400	45 ~ 80	4.0	2800
CT-924	900 × 2400	130 ~ 400	70 ~ 110	4.0	3500
CT-930	900 × 3000	130 ~ 400	90 ~ 140	5.5	4300
CT-1018	1050 × 1800	140 ~ 400	50 ~ 80	4.0	4200
CT-1021	1050 × 2100	140 ~ 400	60 ~ 100	5.5	4800
CT-1024	1050 × 2400	140 ~ 400	80 ~ 120	5.5	5400
CT-1030	1050 × 3000	140 ~ 400	130 ~ 200	7.5	5900
CT-1030(双)	1050 × 3000	150 ~ 400	130 ~ 200	7.5 × 2	11200
CT-1218	1200 × 1800	160 ~ 400	80 ~ 140	5.5	5100
CT-1224	1200 × 2400	160 ~ 400	100 ~ 190	7.5	6100
CT-1230	1200 × 3000	160 ~ 400	130 ~ 240	7.5	7000
CTB-612	600 × 120	80 ~ 135	32	2.2	1050
CTB-618	600 × 180	80 ~ 135	48	2.2	1340
CTB-712	750 × 1200	96 ~ 143	48	3	1500
CTB-718	750 × 1800	96 ~ 143	72	3	2100
CTB-918	900 × 1800	118 ~ 151	90	4	3200
CTB-924	900 × 2400	118 ~ 151	110	4	3600
CTB-1018	1050 × 1800	118 ~ 151	120	5.5	4000
CTB-1021	1050 × 2100	118 ~ 151	140	5.5	4500
CTB-1024	1050 × 2400	118 ~ 151	160	5.5	5000
CTB-1030	1050 × 3000	127 ~ 223	200	7.5	5200
CTB-1218	1200 × 1800	127 ~ 223	140	5.5	5800
CTB-1224	1200 × 2400	118 ~ 151	192	7.5	6200
CTB-1230	1200 × 3000	127 ~ 223	240	7.5	7200

续表 10－1

设备型号	滚筒尺寸(筒径×筒长)/mm	筒表磁场强度/kA·m^{-1}	处理能力/t·h^{-1}	电机功率/kW	设备质量/kg
CTB-1530	1200×3000	143～239	270	11	8200
CTB-1540	1500×4000	143～239	350	11	8600
CTN-612	600×1200	80～135	32	2.2	990
CTN-618	600×1800	80～135	48	2.2	1330
CTN-712	750×1200	96～143	48	3	1500
CTN-718	750×1800	96～143	72	3	2100
CTN-918	900×1800	118～151	90	4	3200
CTN-924	900×2400	118～151	110	4	3600
CTN-1018	1050×1800	118～151	120	5.5	4000
CTN-1021	1050×2100	118～151	140	5.5	4500
CTN-1024	1050×2400	127～223	160	5.5	5000
CTN-1030	1050×3000	127～223	200	7.5	5200
CTN-1218	1200×1800	127～223	140	5.5	5800
CTN-1224	1200×2400	118～151	192	7.5	6200
CTN-1230	1200×3000	127～223	240	7.5	7200
CTN-1530	1200×3000	143～239	270	11	8200
CTN-1540	1500×4000	143～239	350	11	8600
CTS-612	600×1200	80～135	32	2.2	960
CTS-618	600×1800	80～135	48	2.2	1340
CTS-712	750×1200	96～143	48	3	1500
CTS-718	750×1800	96～143	72	3	2100
CTS-918	900×1800	118～151	90	4	3200
CTS-924	900×2400	118～151	110	4	3600
CTS-1018	1050×1800	118～151	120	5.5	4000
CTS-1021	1050×2100	127～223	140	5.5	4500
CTS-1024	1050×2400	127～223	160	5.5	5000
CTS-1030	1050×3000	127～223	200	7.5	5200
CTS-1218	1200×1800	127～223	140	5.5	5800
CTS-1224	1200×2400	127～239	192	7.5	6200
CTS-1230	1200×3000	127～223	240	7.5	7200
CTS-1530	1500×3000	143～239	270	11	8200
CTS-1540	1500×4000	143～239	350	11	8600

10.1.1.1 半逆流型永磁筒式磁选机

图 10－2 是半逆流型湿式弱磁场筒式磁选机的结构图。这种设备主要由圆筒、磁系和槽体

(或称为底箱)等三部分组成。

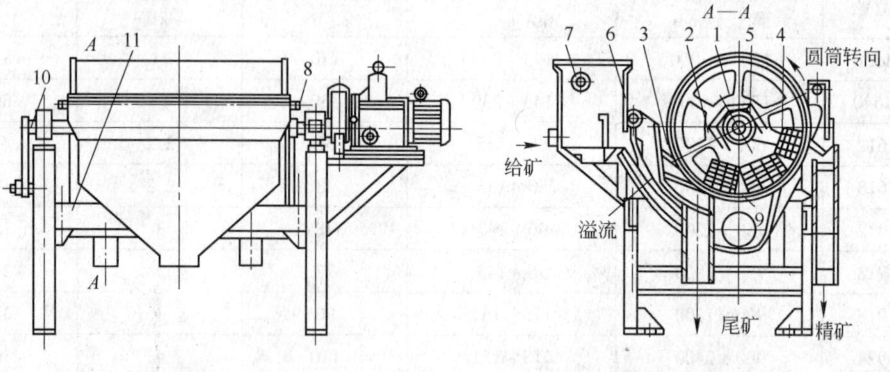

图10-2　半逆流型永磁筒式磁选机的结构

1—圆筒;2—磁系;3—槽体;4—磁导板;5—支架;6—喷水管;7—给料箱;8—卸矿水管;9—底板;10—磁偏角调整装置;11—支架

圆筒是用不锈钢板卷成,为了保护筒皮,在上面加一层薄的橡胶带或绕一层细铜线,或粘上一层耐磨橡胶。这不仅可以防止筒皮磨损,同时也有利于磁性颗粒在筒皮上附着及圆筒对磁性产物的携带作用。保护层的厚度一般为2 mm左右。圆筒端盖是用铝或铜铸成的。圆筒的各部分之所以采用非磁性材料,是为了避免磁力线与筒体形成短路。圆筒由电动机经减速机带动。圆筒的旋转线速度一般为1.0~1.7 m/s。

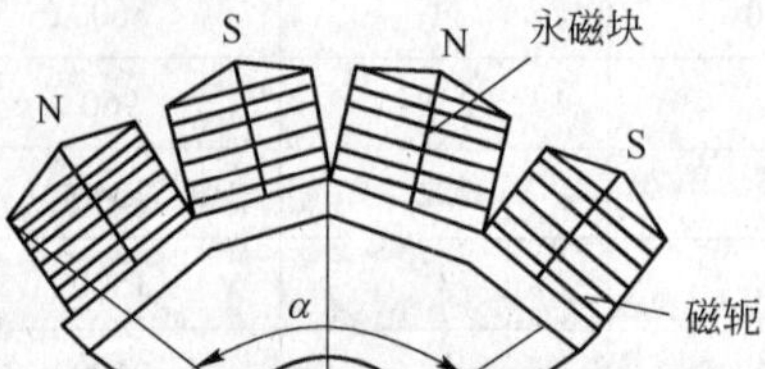

图10-3　四极磁系结构示意图

磁系是磁选机产生磁场的机构。图10-3的磁系为四极磁系(也有三极或多极的)。每个磁极由永磁块组成,用铜螺钉穿过磁块中心孔固定在马鞍状磁导板上。磁导板经支架与筒体固定在同一轴上,磁系不旋转。也有的磁系是用永磁块粘结组成,用粘结的方法固定在底板上,再用上述方法固定在轴上。磁系磁极的极面宽度为130 mm(65 mm×2),中间磁极为170 mm(85 mm×2)。磁极的磁性是沿圆周交替排列(N-S-N-S或S-N-S-N)的。同一极沿轴向极性相同。磁系包角α为106°~128°。磁系偏角(磁系中心线偏向磁性产物排出端与垂直中心线的夹角)为15°~20°。磁系偏角可以通过装在轴上的转向装置调节。

半逆流型槽体如图10-1a和图10-2所示。矿浆从它的下方给到圆筒的下部,非磁性产物的移动方向和圆筒的旋转方向相反,磁性产物的移动方向和圆筒旋转方向相同。具有这种特点的槽体称为半逆流型槽体。槽体靠近磁系的部位需要使用非导磁材料,其余可用普通钢板制成,或用硬质塑料板制成。

槽体的下部为给料区,其中插有喷水管,用来调节选别作业的矿浆浓度,把矿浆吹散成较松散的悬浮状态进入分选空间,有利于提高选别指标。在给料区上部有底板(现场称为堰板),底板上开有矩形孔,用于排出非磁性产物。底板和圆筒之间的间隙为30~40 mm(可以调节)。

磁选机的磁场特性是指磁系所产生的磁场强度及其分布规律。磁选机的磁场特性一般都是实际测量的。图10-4是CT-718型磁选机的磁系磁场分布特性曲线。

由图 10－4 的磁场特性曲线可以看出,磁场强度随着距磁极表面距离的增加而减少。在圆筒表面,磁极边缘处的磁场强度高于磁极面中心和极间隙中心处的磁场强度;距离圆筒表面 50 mm 以后,除磁极最外边 2 点外,其余各点磁场强度均相近。圆筒表面的平均磁场强度一般为 120 kA/m 左右。

矿石在磁选机中的分选过程大致为:矿浆经过给料箱进入磁选机槽体以后,在喷水管喷出水(现场称为吹散水)的作用下,呈松散状态进入给料区;磁性颗粒在磁场力的作用下,被吸在圆筒的表面上,随圆筒一起向上移动;在移动过程中,由于磁系的极性交替,使得磁性颗粒成链地进行翻动(现场称为磁翻或磁搅拌);在翻动过程中,夹杂在磁性颗粒中间的一部分非磁性颗粒被清除出去,这有利于提高磁性产物的质量。磁性颗粒随圆筒转到磁系边缘磁场较弱的区域时,被冲洗水冲进磁性产物槽中;非磁性颗粒和磁性很弱的颗粒,则随矿浆流一起,通过槽体底板上的孔进入非磁性产物管中。

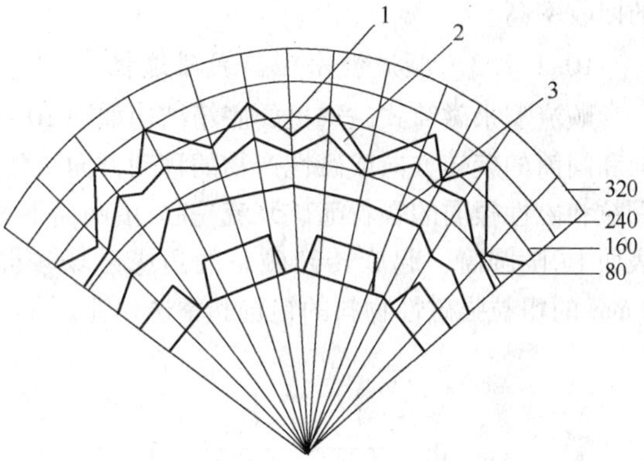

图 10－4 永磁磁系磁场强度分布(kA/m)
1—磁极表面上磁场强度分布;2—距磁极表面 10 mm 处磁场强度分布;3—距磁极表面 50 mm 处磁场强度分布

在半逆流型磁选机中,矿浆以松散悬浮状态从槽底下方进入分选空间,给料处矿浆的运动方向与磁场力方向基本相同,所以,颗粒可以到达磁场力很高的圆筒表面上。另外,非磁性产物经槽体底板上的孔排出,从而使溢流面的高度保持在槽体中矿浆的水平面上。半逆流型磁选机的这两个特点,决定了它可以得到较高的磁性产物质量和选别回收率。这种类型的磁选机常用作粗选设备和精选设备,尤其适合用作 0.15～0 mm 的强磁性物料(矿石)的精选设备。

10.1.1.2 *逆流型永磁筒式磁选机*

逆流型永磁筒式磁选机的底箱结构如图 10－1b 和图 10－5 所示,这种类型磁选机的给料方向和圆筒旋转方向或磁性产物的移动方向相反。矿浆由给料箱直接进入到圆筒的磁系下方,非磁性颗粒和磁性很弱的颗粒随矿浆流一起,经位于给料口相反侧底板上的孔进入尾矿管中;磁性颗粒被吸在圆筒表面,随着圆筒的旋转,逆着给料方向移动到磁性产物排出端,被排到磁性产物槽中。

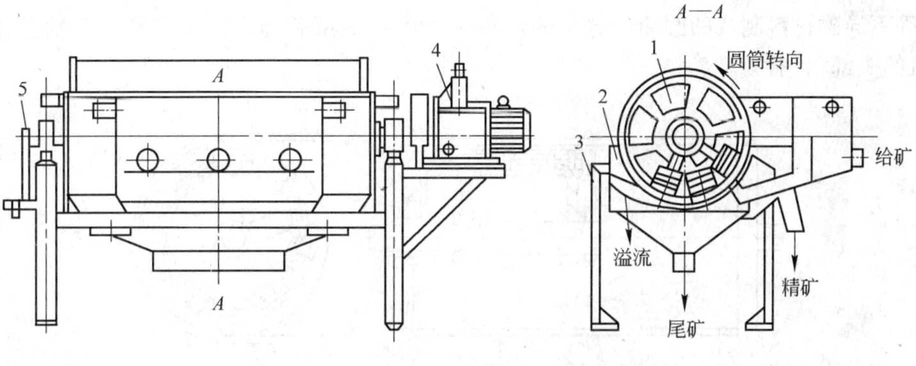

图 10－5 逆流型永磁筒式磁选机的结构
1—圆筒;2—槽体;3—机架;4—传动部分;5—转向装置

逆流型磁选机的适宜给料粒度为0.6～0 mm,用在细粒强磁性物料的粗选和扫选作业。由于这种磁选机的磁性产物排出端距给料口较近,磁翻作用差,所以磁性产物质量不高,但它的非磁性产物排出口距给料口较远,矿浆经过较长的选别区,增加了磁性颗粒被吸着的机会,另外两种产物排出口间的距离远,磁性颗粒混入非磁性产物中的可能性小,所以这种磁选机对磁性颗粒的回收率高。

10.1.1.3　顺流型永磁筒式磁选机

顺流型永磁筒式磁选机的底箱结构如图10－1c和图10－6所示,这种类型磁选机的给料方向和圆筒的旋转方向或磁性产物的移动方向一致。矿浆由给料箱直接给入到磁系下方,非磁性颗粒和磁性很弱的颗粒随矿浆流一起,由圆筒下方两底板之间的间隙排出;磁性颗粒被吸在圆筒表面上,随圆筒一起旋转到磁系的边缘磁场较弱处排出。顺流型磁选机适用于粒度为6.0～0 mm的粗粒强磁性物料的粗选和精选作业。

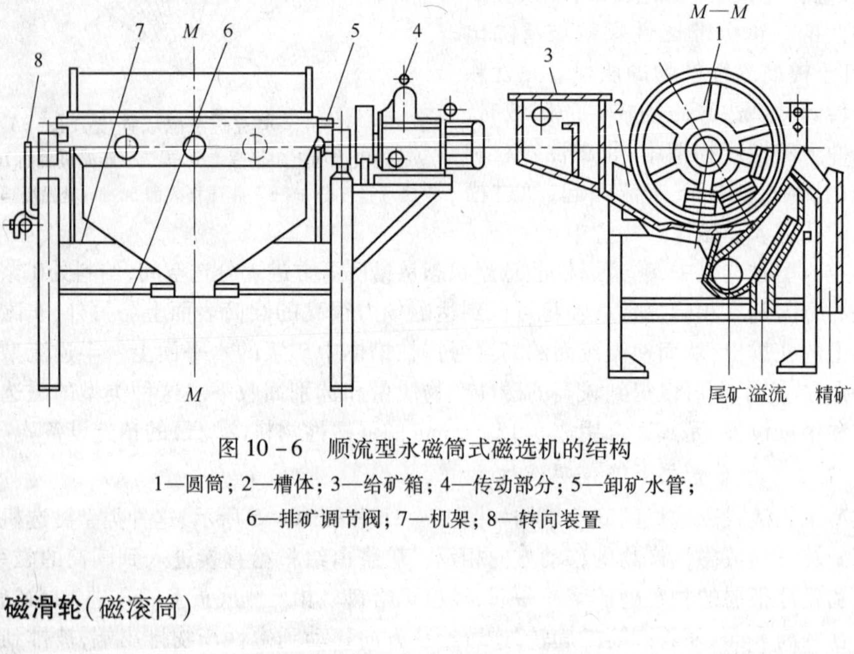

图10－6　顺流型永磁筒式磁选机的结构

1—圆筒；2—槽体；3—给矿箱；4—传动部分；5—卸矿水管；6—排矿调节阀；7—机架；8—转向装置

10.1.2　磁滑轮(磁滚筒)

磁滑轮(亦称磁滚筒或干式大块磁选机)有永磁的和电磁的两种。永磁磁滑轮的结构如图10－7所示。这种设备的主要组成部分是一个回转的多极磁系,套在磁系外面的是用不锈钢或铜、铝等不导磁材料制成的圆筒。磁系的包角为360°。磁系和圆筒固定在同一个轴上,安装在皮带机的头部(代替首轮)。

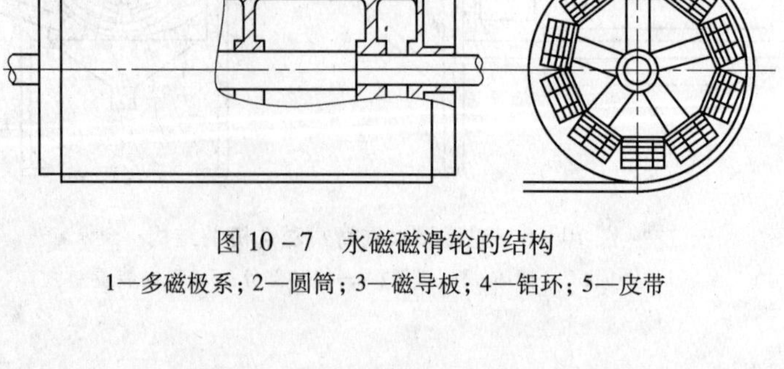

图10－7　永磁磁滑轮的结构

1—多磁极系；2—圆筒；3—磁导板；4—铝环；5—皮带

目前使用的磁滑轮的磁系结构一种是磁极沿物料运动方向同极性排列(极性沿轴向是交替排列的);另一种是磁极沿物料运动方向异极性排列。由于磁极沿圆筒方向极性交替,减少了两端的漏磁,提高了圆筒表面的磁场强度,所以近年来采用后一种排列方式的较多。图10-8是永磁磁滑轮的磁场强度分布曲线。

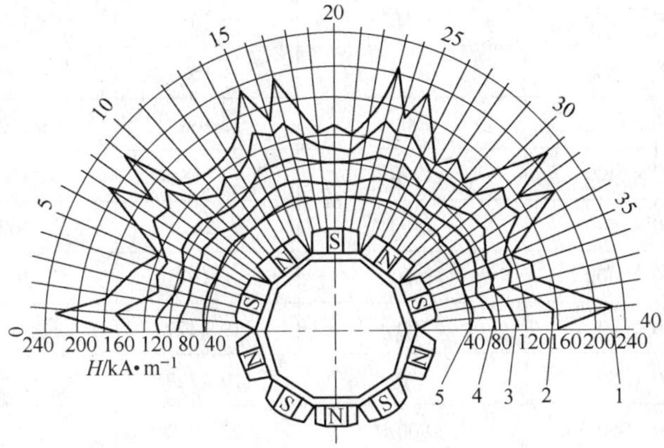

图10-8 永磁磁滑轮的磁场强度分布曲线

1—距离磁系表面0 mm; 2—距离磁系表面10 mm; 3—距离磁系表面30 mm;
4—距离磁系表面50 mm; 5—距离磁系表面80 mm

在实际使用中,物料均匀地给到皮带上,当物料随皮带一起经过圆筒时,非磁性或磁性很弱的颗粒在离心惯性和重力的作用下脱离皮带面;而磁性较强的颗粒则受磁力的作用被吸在皮带上,并由皮带带到圆筒的下部,当皮带离开圆筒伸直时,由于磁场强度减弱而落入磁性产物槽中。磁性产物的产率和质量,通过调节装在圆筒下方的分离板的位置来控制。目前生产中使用的磁滑轮(磁滚筒)的主要型号和技术性能见表10-2。

表10-2 磁滑轮(磁滚筒)的主要型号和技术性能一览表

设备型号	圆筒尺寸(筒径×筒长)/mm	皮带宽度/mm	筒表磁场强度/kA·m⁻¹	给料粒度/mm	处理能力/t·h⁻¹
CT-0404	410×465	400	120~128	10~40	20~30
CT-0505	520×500	400	120	10~40	20~40
CT-0506	520×600	500	120	10~40	40~60
CT-0507	520×750	650	120	10~40	60~80
CT-0707	750×750	650	>128	10~60	80~100
CT-0709	750×950	800	>128	10~60	100
CT-0816	800×1600	1400	>128	10~60	100~150
CT-1010	1000×970	800	160~168	10~100	150~200
CT-1012	1000×1170	1000	>160	≤100	200
CT-1014	1000×1400	1200	>160	≤100	200
CT-1016	1000×1600	1400	160~168	10~100	150~200
CT-1210	1200×970	800	160~168	10~100	150~200
CT-1212	1200×1170	1000	>168	≤100	200

续表 10－2

设备型号	圆筒尺寸(筒径×筒长)/mm	皮带宽度/mm	筒表磁场强度/kA·m^{-1}	给料粒度/mm	处理能力/t·h^{-1}
CT-1214	1200×1400	1200	>168	≤100	200
CT-1216	1200×1600	1400	>168	≤100	200
CT-1218	1200×1800	1600	>168	≤100	200
CT-1412	1400×1200	1000	>168	≤120	200
CT-1414	1400×1400	1200	>168	≤120	200
CT-1416	1400×1600	1400	328	-400	300
CT-1518	1500×1800	1600	≥350	-400	600
CTDG-0505	500×600	500	119~127	-50	50
CTDG-0606	630×850	650	119~127	-50	100
CTDG-0808N	800×950	800	223~239	-200	200
CTDG-0808	800×950	800	127~135	-100	150
CTDG-0808F	800×950	1000	191~207	-140	200
CTDG-0810	800×1200	1000	127~135	-100	100~200
CTDG-0810F	800×1250	1000	191~207	-100	250~300
CTDG-0814	800×1600	1400	127~135	-100	500
CTDG-1010N	1000×1150	1000	334	-200	300~400
CTDG-1210F	1250×1275	1000	199~215	-350	300~400
CTDG-1516N	1500×1800	1600	223~255	-350	600~800

在大多数情况下,永磁磁滑轮(磁滚筒或大块干式磁选机)只能选出可直接丢弃的非磁性产物和尚需进一步处理的中间产物。用永磁磁滑轮对磁铁矿型铁矿石进行干式预选,可以预先抛弃混入矿石中的废石,恢复地质品位,实现节能增产。对于直接入炉的富矿,在入炉前应用这种设备选出混入的废石,以提高入炉矿石的品位。

在磁化焙烧铁矿石的选矿厂中,用永磁磁滑轮处理块状焙烧矿,选出焙烧质量较好的矿石送入下一作业(如破碎、磨碎和磁选),而将没焙烧好的矿块返回还原焙烧炉再次焙烧,用这种设备控制焙烧矿的质量。

10.1.3　磁力脱水槽

磁力脱水槽也称为磁力脱泥槽,是一种重力和磁力联合作用的选别设备,广泛应用于磁选工艺中,用来脱除物料中非磁性或磁性较弱的微细粒级部分,也用作预先浓缩设备。磁力脱水槽的磁源有永磁磁源和电磁磁源两种。永磁磁源有放置于槽体底部的,也有放置在顶部的,而电磁磁源必须放置在顶部。

永磁和电磁磁力脱水槽的结构如图10－9和图10－10所示。两种磁力脱水槽的主要组成部分都是槽体、磁源、给料筒、给水装置和排料装置。

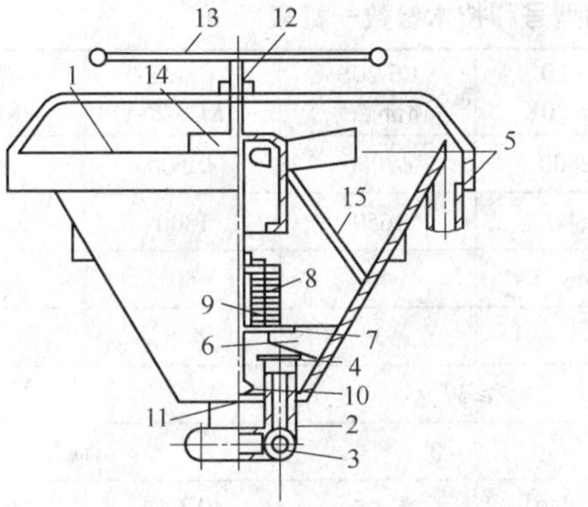

图 10-9 永磁磁力脱水槽

1—平底锥形槽体；2—上升水管；3—水圈；4—迎水帽；5—溢流槽；6—支架；7—导磁板；8—塔形磁系；9—硬质塑料管；10—排矿胶砣；11—排矿口胶垫；12—丝杠；13—调节手轮；14—给矿筒；15—支架

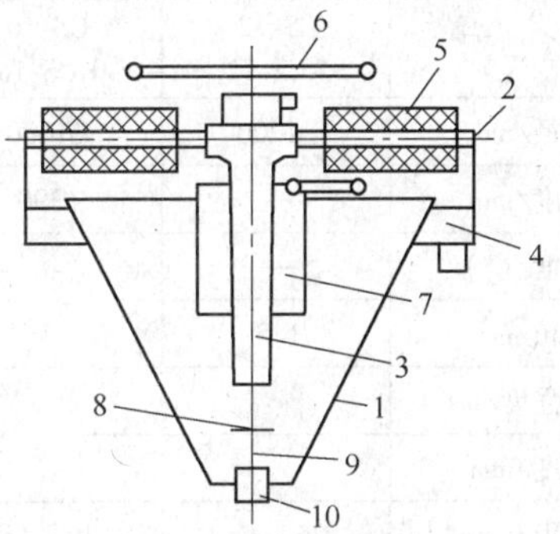

图 10-10 电磁磁力脱水槽的结构

1—槽体；2—铁芯；3—铁质空心筒；4—溢流槽；5—线圈；6—手轮；7—拢料圈；8—反水盘；9—丝杠；10—排矿口及排矿阀

永磁磁力脱水槽的塔形磁系由许多永磁块摞合而成，放置在磁导板上，并通过非磁性材料(不锈钢或铜)支架支撑在槽体的中下部。给料筒是用非磁性铝板或硬质塑料板制成，并由铝支架支撑在槽体的上部，上升水管装在槽体的底部，在每根水管口的上方装有迎水帽，以便使上升水能沿槽体的水平截面均匀地分散开。排料装置是由铁质调节手轮、丝杠(上段是铁质，下段是铜质)和排矿胶砣组成。

电磁磁力脱水槽的磁源是由装成十字形的 4 个铁芯、圈套在铁芯上的激磁线圈、与铁芯连在一起的空心筒组成。铁芯支持在槽体上面的溢流槽的外壁上，4 个线圈的磁通方向一致，空心筒外部有一个用非磁性材料制成的给料筒，空心筒的内部有一个连接排矿砣的丝杠。在丝杠下部还有一个铜质反水盘。线圈通电后在槽体内壁与空心筒之间形成磁场。

图 10-9 和图 10-10 表明，在两种磁力脱水槽内，沿轴向的磁场强度都是上部弱下部强；沿径向的磁场强度都是外部弱中间强。永磁磁力脱水槽的等磁场强度线(磁场强度相同点的连线)大致和塔形磁系表面平行，而电磁磁力脱水槽的等磁场强度线在拢料圈周围大致成圆柱面。

在磁力脱水槽中，颗粒受到的力有重力、磁力和上升水流的作用力。重力作用是使颗粒向下沉降，磁力作用是加速磁性颗粒的沉降，而上升水流的作用力是阻止颗粒沉降，使非磁性的或弱磁性的微细颗粒随上升水流一起进入溢流中，从而与磁性颗粒分开。同时上升水流还可以使磁性颗粒呈松散状态，把夹杂在其中的非磁性颗粒冲洗出来，从而提高磁性产物的质量。

在选分过程中，矿浆由给料管沿切线方向进入给料筒内，比较均匀地散布在脱水槽的磁场中。磁性颗粒在重力和磁力的作用下，克服上升水流的向上作用力，而沉降到槽体底部从排矿口排出；非磁性的微细颗粒在上升水流的作用下，克服重力等作用而与上升水流一起进入溢流中。

由于磁力脱水槽具有结构简单，无运转部件，维护方便、操作简单、处理能力大和分选指标较好等优点，所以被广泛地应用于强磁性铁矿石的选矿厂中。

表 10-3 是生产中使用的磁力脱水槽的部分型号及技术参数。

表 10－3　磁力脱水槽的型号和技术参数一览表

设备型号	CS-12 KCS-12	CS-16 KCS-16	CS-20 KCS-20K	CS-20S （顶部磁系）	CS-25 KCS-25	CS-30 KCS-30
上口直径/mm	ϕ1200	ϕ1600	ϕ2000	ϕ2000	ϕ2500	ϕ3000
槽体高度/mm	—	1390	1600	1650	1800	2000
槽体锥度/(°)	—	48	48	46	50	56
沉淀面积/m^2	1.5	2	3	3	4.8	7
磁感应强度/mT	≥30					
溢流粒度/mm	1.5～0					
处理能力/$t \cdot h^{-1}$	25～40	30～45	35～50	35～50	40～55	45～60

10.1.4　磁团聚重力选矿机

磁团聚重选法是利用不同颗粒的磁性和密度等多种性质的差异，综合磁聚力、剪切力和重力等多种力的作用进行分选的方法。实现磁团聚重选法的设备是磁团聚重力选矿机，图 10－11 为 ϕ2500 mm 磁团聚重力选矿机的结构示意图。

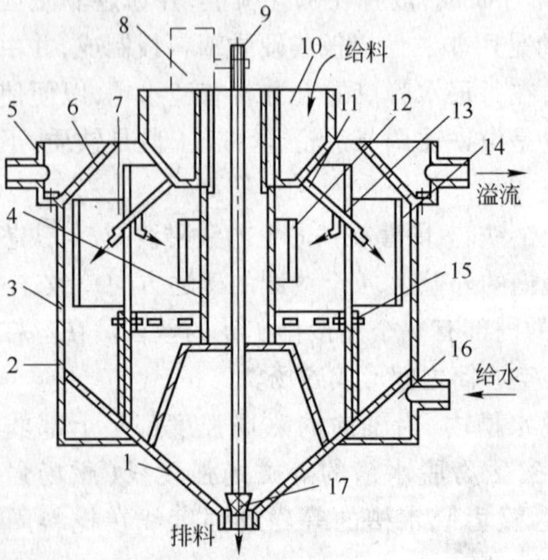

图 10－11　ϕ2500 mm 磁团聚重力选矿机的结构
1—底锥；2—筒体；3—支架；4—中心筒；5—溢流槽；6—溢流锥；7—浓度监测管；8—自控执行器；9—升降杆；10—给料槽；11—给料管；12—内磁系；13—中磁系；14—外磁系；15—给水环；16—水包；17—排料阀

磁团聚重力选矿机的分选筒体为一圆柱体，磁化的矿浆通过给料槽由给料管沿水平切向给入筒体中上部，在筒体内设置内、中、外 3 层由永磁块构成的小型永磁磁系，从而在分选区内形成 3 层磁场强度为 12～0 kA/m 的不均匀磁场，使磁性颗粒在分选区内受到间歇、脉动的磁化作用，形成适宜的轻度磁团聚。

磁团聚重力选矿机从筒体下部水包和给水环沿圆周切向给入由下而上旋转上升的分选水流，在此水流作用下，矿浆处于弥散悬浮状态。水流在一定的压强下沿切向给入，产生水力搅拌作用，对矿浆施加一剪切作用力。水流的剪切作用自下而上随着圆周速度的降低，而逐步减弱。剪切作用力的这种变化符合分选机分选过程的需要。分选水流的压强选择以能破坏矿浆的结构化状态、不断分散磁聚团、使分选区的矿浆处于分散与团聚的反复交变状态为宜。

磁团聚重力选矿机的重力分选作用主要取决于上升水流的竖直速度，该速度通过分选水流的流量来控制。分选水流的流量选择和控制，应以保证入选物料中分选粒度上限的贫连生体颗粒进入溢流为准。

矿浆给入磁团聚重力选矿机后，进入分散与团聚的交变状态，在旋转上升水流的剪切作用和重力、浮力作用下，磁性颗粒聚团与上升水流成逆向运动，自上而下地不断净化，最后进入分选机底锥经排料阀门排出。被分散的非磁性颗粒和连生体颗粒被上升水流带向分选机上部，从溢流槽排出。正常工作状态下，磁团聚重选机内的矿浆自下到上分为净化聚团沉积区、磁聚团分散与团聚交变分选区和悬浮溢流区 3 个区域。

磁团聚重力选矿机采用浓度监测管、自控执行器和升降杆组成分选浓度的自动控制系统，保证分选区的矿浆浓度（固体质量分数）稳定在 30% ~35% 之间。磁团聚重力选矿机的型号和主要技术参数如表 10－4 所示。

表 10－4 磁团聚重力选矿机的型号和主要技术参数一览表

设备型号	Φ1000 型	Φ1200 型	Φ1800 型	Φ2100 型	Φ2500 型
给矿粒度/mm	－1	－1	－1	－1	－1
给矿浓度/%	25 ~ 30	25 ~ 30	25 ~ 30	25 ~ 30	25 ~ 30
处理能力/$t \cdot h^{-1}$	20	30	60	90	120
给水量/$m^3 \cdot h^{-1}$	15	20	40	80	120
水流上升速度/$mm \cdot s^{-1}$	20	20	20	20	20
磁场强度/$kA \cdot m^{-1}$	16	16	16	16	16

10.1.5 磁选柱和磁场筛选机

使用弱磁场磁选设备分选强磁选铁矿石时，有效克服非磁性颗粒的机械夹杂现象，是提高最终精矿铁品位的关键之一。由于永磁筒式磁选机的磁场强度比较高，在分选过程中存在较强的磁化磁团聚现象；而磁力脱水槽和磁团聚重力选矿机因采用恒定磁场，允许的上升水流速度小，只能分出微细粒级脉石及部分细粒连生体。所以，在这些设备的分选过程中，都不同程度的存在磁聚团中夹杂连生体颗粒和单体脉石颗粒的现象，不能彻底解决非磁性夹杂问题，从而降低了精矿品位。磁选柱和磁场筛选机就是为了更好地解决强磁性铁矿石分选过程中的非磁性夹杂问题而研制的。

10.1.5.1 磁选柱

磁选柱是一个由外套和多个励磁线圈组成的分选内筒、给排矿装置及电控柜构成的一种电磁式磁重分选设备，其结构如图 10－12 所示。

磁选柱的突出特征在于：分选筒、励磁线圈和外套各分为上下两组的形式组成；上下励磁线圈设置在上下分选筒外侧；励磁线圈由与之连接的可用程序控制的电控柜供电，励磁线圈的极性是一致的或有 1 ~2 组极性相反的。由于励磁线圈借助顺序通断电励磁，在分选柱内形成时有时无、顺序下移的磁场力，允许的上升水流速度高达 20 ~60 mm/s，从而能高效分出连生体，获得高品位的磁铁矿精矿，但存在耗水量较大设备高度较高的问题。

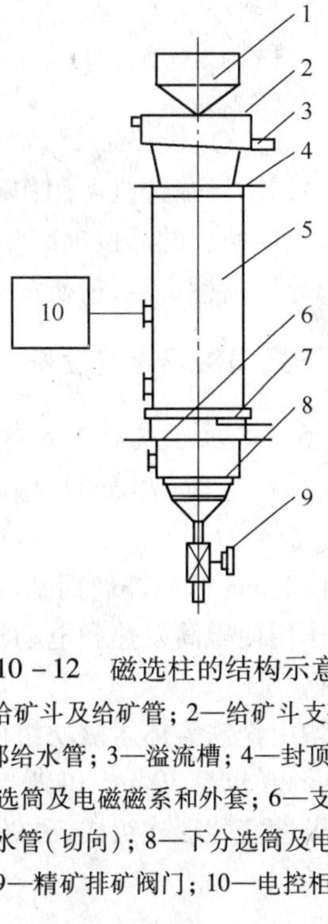

图 10－12 磁选柱的结构示意图

1—给矿斗及给矿管；2—给矿斗支架和上部给水管；3—溢流槽；4—封顶套；5—上分选筒及电磁磁系和外套；6—支撑法兰；7—主给水管（切向）；8—下分选筒及电磁磁系；9—精矿排矿阀门；10—电控柜

设备运行时，矿浆由给矿斗进入磁选柱中上部，磁性颗粒，尤其是单体磁性颗粒在由上而下移动的磁场力作用下，团聚与分散交替进行，再加上上升水流的冲洗作用，使夹杂在磁聚团中的脉石、细泥、贫连生体颗粒不断地被剔除出去。分选出的尾矿从顶部溢流槽排出，精矿经下部阀门排出。

磁场强度、磁场变换周期、上升水流速度、精矿排出速度是影响磁选柱选别指标的主要因素。磁选柱用作最后一段精选设备时，可以使磁铁矿精矿的铁品位达到65%～69%。

磁选柱的规格和主要技术参数见表10－5。

表10－5　磁选柱的规格和主要技术参数一览表

设备规格 /mm	磁场强度 /kA·m^{-1}	处理能力 /t·h^{-1}	给矿粒度 /mm	给矿耗水量 /m^3·t^{-1}	装机功率 /kW	设备外径 /mm	设备高度 /mm
φ250	7～14	2～3	－0.2	2～4	1.0	400	2000
φ400	7～14	5～8	－0.2	2～4	2.5	700	3000
φ500	7～14	10～14	－0.2	2～4	3.0	800	3500
φ600	7～14	15～20	－0.2	2～4	4.0	940	4200

10.1.5.2　*磁场筛选机*

磁场筛选机与传统磁选机的最大区别在于这种设备不靠磁场直接吸引，而是在只有常规弱磁场磁选机的磁场强度几十分之一的均匀磁场中，利用单体解离的强磁性铁矿物颗粒与脉石及贫连生体颗粒磁性的差异，使前者实现有效磁团聚，增加它们与脉石及贫连生体颗粒的尺寸差和密度差，然后利用安装在磁场中、筛孔比给矿中最大颗粒的尺寸大许多倍的专用筛分装置，使形成链状磁团聚体的强磁性铁矿物沿筛面运动，从而进入精矿箱中；不能形成磁团聚体的单体脉石和贫连生体颗粒透过筛面，经尾矿排出装置排出。

图10－13　CSX型系列磁场筛选机

CSX型系列磁场筛选机的外貌如图10－13所示。生产实践表明，这种设备能有效分离夹杂于磁铁矿选别精矿中的连生体，对已解离的单体磁铁矿颗粒实现优先回收，提高铁精矿的品位。

CSX系列磁场筛选机可用作不同类型、不同粒度的磁铁矿、钒钛磁铁矿、焙烧磁铁矿的精选设备，可以使铁精矿的品位提高2～5个百分点，而且对给矿浓度、给矿粒度、矿浆流量等的波动适应性强，分选指标稳定；精矿浓度高（65%～75%），易于脱水过滤。

10.1.6　干式弱磁场磁选设备

10.1.6.1　*永磁双筒干式磁选机*

永磁双筒干式磁选机的结构如图10－14所示。它主要由辊筒、磁系、分选箱、给料机和传动装置组成。

辊筒由2 mm厚的玻璃钢制成，在筒面上粘有一层耐磨橡胶。由于辊筒的转速高，为了防止由于涡流作用使辊筒发热和电动机功耗增加，这种磁选机的筒皮不采用不锈钢而用玻璃钢或铁锰铝无磁钢。

磁系均由锶铁氧体永磁块组成，其中圆缺磁系由27个磁极按N-S-N极性交替形式排列，磁极距为50 mm（也有30 mm和90 mm的），磁系包角为270°，装在辊筒内固定不动；同心磁系由36个磁极按极性交替形式组成，磁极距也是50 mm，磁系包角为360°，装在辊筒内，且和辊筒同心安装，可以旋转。

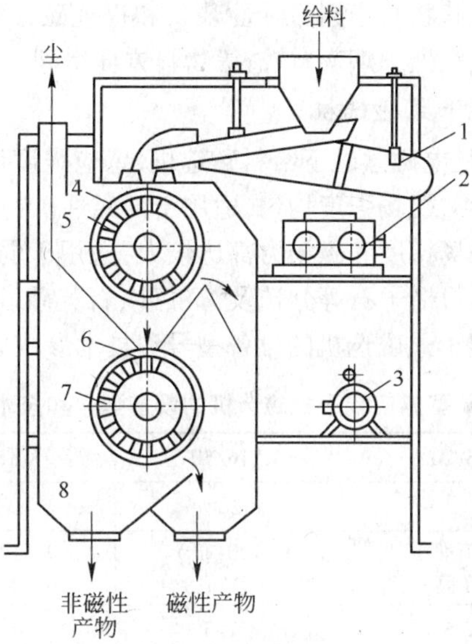

图 10-14 永磁双筒干式磁选机的结构

1—电振给料机；2—无级调速器；3—电动机；4—上辊筒；5—圆缺磁系；6—下辊筒；7—同心磁系；8—感应排料辊

分选箱用泡沫塑料密封。在分选箱的顶部装有管道，和除尘器相连，使分选箱内处于负压状态工作。可调挡板装在分选箱内，其作用是截取分选产物和改变选别流程。

图 10-15 是 ϕ600 mm、36 极干式永磁磁选机径向的磁场特性。比较图 10-10 和图 10-4 可以看出：干式磁选机和湿式磁选机由于磁系结构不同，它们的磁场特性也明显不同。干式磁选机等高度（距极面相同距离）的磁场强度较湿式磁选机的磁场平稳，磁场梯度大，磁场作用深度小，即干式磁选机的磁极表面磁场力很大，但磁场力随离开极面距离的增加而迅速下降。而湿式磁选机等高度的磁场强度不平稳，特别是筒皮表面处等高度上的磁场强度差别较大，磁场强度随着距极面高度的增加而下降，但不及干选机下降得快，因此湿式磁选机磁场梯度小，磁场作用深度大。

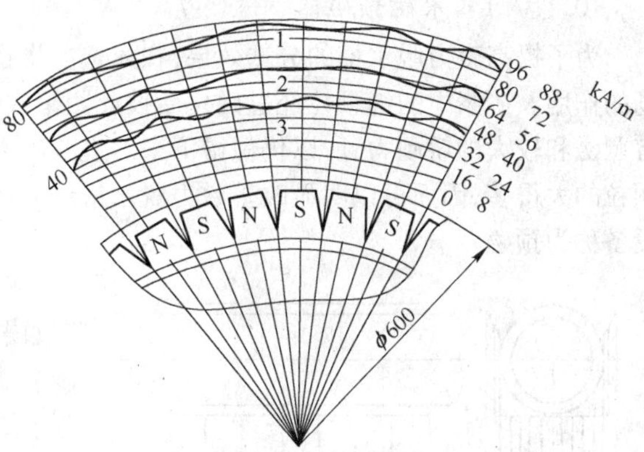

图 10-15 干式永磁磁选机径向磁场特性

1—筒表面；2—距筒表面 5 mm 处；3—距筒表面 10 mm 处

在实际应用中，磨细的干物料由电振给料机给到上辊筒进行粗选，磁性颗粒吸在筒面上被带到无极区（圆缺部分）卸下，从磁性产物区排出；非磁性颗粒在离心惯性力的作用下被抛离筒面，从非磁性产物区排出；中间产物则经漏斗给到下辊筒进行再选。由于同心磁系与圆筒的旋转方向相反，因而颗粒受到强烈的离心惯性力和磁翻作用，非磁性颗粒被抛离筒面而进入非磁性产物区，磁性颗粒通过感应排料辊进入磁性产物区。

这种磁选机主要用于分选粒度较粗的强磁性物料。它和干式自磨机所组成的干选流程具有工艺流程简单、设备数量少、占地面积小、节水、投资少和成本低等优点。

这种磁选机也适用于从粉状物料中剔除磁性杂质和提纯磁性材料。在冶金、化工、水泥、陶瓷、砂轮、粮食等工业部门以及在处理烟灰、炉渣等物料方面得到日益广泛的应用。

10.1.6.2　KY 型感应辊干式磁选机

KY 型感应辊干式磁选机是电磁激磁下给料磁选机，感应强度调节方便且范围大，在低磁场区（0～120 kA/m），磁场梯度小，磁场强度均匀，适用于强磁性矿物精选，如磁铁矿、焙烧矿等；在高磁场区（大于 120 kA/m），磁场梯度和磁场力都比较大，适用于弱磁性矿物分选及非金属矿提纯，如赤铁矿、钛铁矿、锰矿物、石榴子石等分选及海滨砂、石英砂、蓝晶石、硅线石、红柱石、金刚石、锆石等提纯。KY 型感应辊干式磁选机的设备型号和技术参数见表 10－6。

表 10－6　KY 型感应辊干式磁选机的设备型号和技术参数一览表

设备型号	KY16/20	KY16/50	KY16/75	KY16/110
感应辊数目	1	2	2	2
磁场强度/$kA \cdot m^{-1}$	0～120（低） >120（高）	0～120（低） >120（高）	0～120（低） 0～2.1（高）	0～120（低） 0～2.1（高）
给矿粒度/mm	<1.5	<1.5	<1.5	<1.5
给矿含水率/%	≤1	≤1	≤1	≤1
处理能力/$kg \cdot h^{-1}$	100～200	500～1000	700～1500	1000～2000

10.1.7　预磁器和脱磁器

10.1.7.1　永磁预磁器

为了提高磁力脱水槽的分选效果，在入选前将物料进行预先磁化，即使矿浆受到一段磁化磁场的作用。矿浆中的细颗粒经过磁化后彼此团聚成磁团，这种磁团在离开磁场以后，由于颗粒具有剩磁和较大的矫顽力，所以仍保留下来。进入磁力脱水槽内，磁团所受的磁力和重力要比单个颗粒的大得多，因而可以明显改善磁力脱水槽的分选效果，减少金属流失。产生预先磁化磁场的设备称为预磁器。

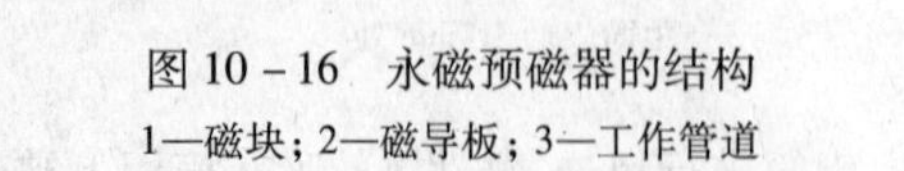

图 10－16　永磁预磁器的结构

1—磁块；2—磁导板；3—工作管道

根据生产实践，不同的物料预磁效果也不同。例如未氧化的磁铁矿矿石的剩磁值小，预磁效果不显著，所以处理这类矿石的许多选厂不用预磁器。对于焙烧磁铁矿矿石和局部氧化的磁铁矿矿石，因为它们的剩磁和矫顽力值比未氧化磁铁矿矿石的大，预磁效果良好，所以通常在给入磁力脱水槽前进行预磁。

图 10－16 是常见的永磁预磁器的结构图，它是由磁铁（永磁块）、磁导板和工作管道（硬质塑料或橡胶管）组成。管道内平均磁场强度为 40 kA/m 左右。

10.1.7.2　脱磁器

物料经过磁化后，保留有剩磁，影响下段作业的进行。比如在阶段磨矿阶段选别的生产流程中，一段选出的磁性产物进入分级机以后，会造成溢流跑粗，影响分选指标。另外，选出的磁性产物进入细筛前如不脱磁，会降低细筛的筛分效率。因此，在强磁性物料的分选过程中，脱磁器是一种不可缺少的辅助设备。常用的脱磁器有工频脱磁器和脉冲脱磁器两种。

工频脱磁器的结构如图 10－17 所示。它是一个套在非磁性材料管上的 5 个不同外径、不同长度的同轴塔形线圈构成,线圈内通入工频交流电。其工作原理是根据在不同的外磁场作用下,强磁性物料的磁感应强度 B(或磁化强度 M)和外磁场强度 H 形成形状相似而面积不等的磁滞回线而进行脱磁的。当脱磁器通入交流电后,在线圈中心线方向上产生方向不断变化、大小逐渐变小的磁场。矿浆在线圈内的管道中流动时,将受到激磁线圈产生的沿轴向磁场强度逐渐减弱的交变磁场的作用,其中的磁性颗粒受到正反向的反复磁化,强磁性矿粒的剩余磁化强度或剩余磁感应强度逐渐减弱,直至完全失去剩磁。磁性颗粒的退磁过程如图 10－18 所示。

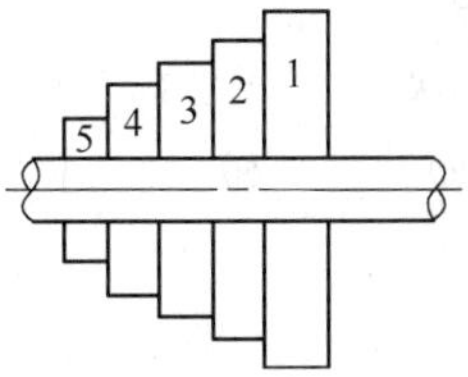

图 10－17 工频脱磁器的结构示意图

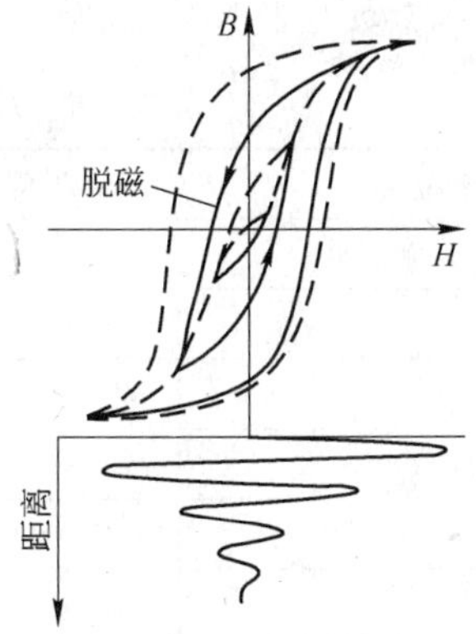

图 10－18 磁性颗粒的脱磁磁滞回线

STB 系列脱磁器的规格和主要技术参数见表 10－7。

表 10－7 SBT 系列脱磁器的规格和主要技术参数一览表

设备型号	SBT－50	SBT－75	SBT－100	SBT－150	SBT－200	SBT－250	SBT－300
公称通径/mm	50	75	100	150	200	250	300
轴向最大磁感应强度/mT	80	50	50	50	50	50	50
工作电压/V	220	220	220	380	380	380	380
额定电流/A	9	10	12	14～16	14～16	15～18	15～20
交流功率/kW	2	2.2	2.7	5.5	<6.1	<6.5	<7.5
处理能力/$m^3 \cdot h^{-1}$	25	45	60	130	230	350	400

脉冲脱磁器是属于间歇脉冲衰减振荡的超工频脱磁器。它是利用 LC 振荡的基本原理,用并联电容与脱磁线圈组成并联谐振电路,使脱磁线圈产生衰减振荡的脉冲波,由此产生衰减振荡的脉冲磁场,使磁性物料在线圈里受到高频交换的退磁场作用,最终使剩磁消失。

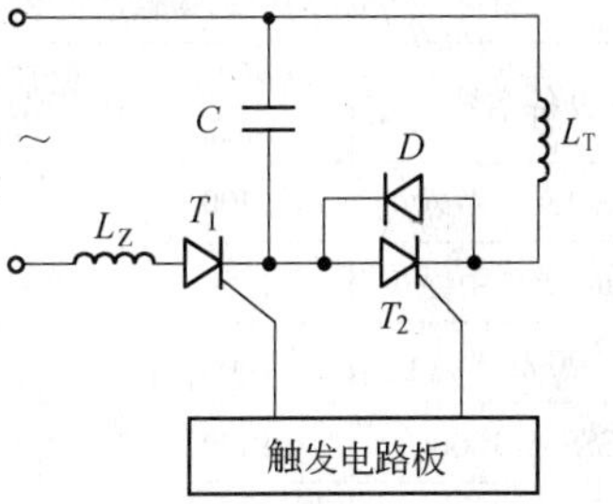

图 10－19 脉冲脱磁器工作原理图

T_1,T_2—可控硅; C—电容; L_T—脱磁线圈; D—硅整流; L_Z—阻流圈

脉冲脱磁器的工作原理如图 10－19 所示。在主回路中电容 C 与脱磁线圈组成并联电路,T_1 和 T_2 交替通、断,其控制系统由触发电路板控制。当 T_2 阻断、T_1 导通时,电源以 220 V 的电压向电容 C 充电,当 C 充电达 E 时(E 为电源电压);T_1 阻断,T_2 导通,C 向脱磁线圈 L_T 放电,储能于 L_T 之中,此时 C 上电压下降,直至趋近于零;而电感线圈电压

上升,当线圈电压 $E_L = -E$ 时,L_T 通过整流二极管再向电容 C 充电。如此循环不止。实际上 LC 电路中有电阻存在,振荡过程中其振幅逐渐减小,直到电容电压与线圈电压平衡均趋近于零。

物料磁化后,要去掉它的剩磁,所需脱磁器的最大磁场强度应为其矫顽力的 5 ~ 7 倍,而工频脱磁器的磁场强度约在 24 ~ 32 kA/m(最高约在 64 kA/m)。天然磁铁矿的矫顽力一般在 4.0 ~ 6.4 kA/m,从磁场强度角度上讲,工频脱磁器可以满足需要。而对焙烧磁铁矿,由于矫顽力高(最高可达 16 kA/m),所以使用工频脱磁器的脱磁效果不好。脉冲脱磁器最高磁场强度可达 80 kA/m 以上,满足了焙烧矿对磁场的要求。脉冲脱磁器能量消耗少,脱磁效果好。几种脉冲脱磁器的主要技术参数见表 10 – 8。

表 10 – 8　几种脉冲脱磁器的主要技术参数

设 备 型 号	GMT 型	PMC 型	MCT-100	MCT-150	MCT-200
电源电压/V	220	二相 380	二相 380	二相 380	二相 380
电源电流/A	0.7 ~ 2	3 ~ 4	3 ~ 4	3 ~ 4	3 ~ 4
振荡频率/Hz	400 ~ 1000	600 ~ 1000	900 ~ 1000	750 ~ 800	600 ~ 700
振荡电流/A	—	—	45 ~ 50	60 ~ 65	60 ~ 70
脉冲磁场/kA · m^{-1}	85 ~ 195	80 ~ 120	0 ~ 80	0 ~ 64	0 ~ 48
输矿管径/mm	100 ~ 325	100 ~ 300	100	150	200
最大处理量/m^3 · h^{-1}	—	60 ~ 300	60	130	230

10.2　中磁场磁选设备

中磁场磁选机主要用作强磁性矿石的粗选和扫选设备,尤其是当矿石中非磁性脉石矿物的结晶粒度与磁铁矿的相比明显较粗时,在粗磨条件下就产生大量的单体脉石矿物颗粒,此时大都采用阶段磨 – 选流程,即用中磁场磁选机在粗磨条件下进行粗选,丢弃大量的脉石矿物,降低二段磨矿设备的负荷,减少磨矿能耗,提高选矿厂的经济效益。

生产中使用的中磁场磁选机主要有 SLon 立环脉动中磁场磁选机、CT 系列永磁筒式磁选机、ZCT 系列筒式磁选机、SSS – II 湿式双频双立环高梯度磁选机、PMHIS 系列和 DPMS 系列永磁中强磁场磁选机、DYC 型永磁中强磁场磁选机。几种中磁场磁选机的设备型号和技术参数见表 10 – 9。

表 10 – 9　几种中磁场磁选机的设备型号和技术参数一览表

SLon 立环脉动中磁场磁选机和 SSS-II 湿式双频双立环高梯度磁选机及 DLS 系列立环中磁场磁选机							
设备型号	转环外径 /mm	给矿粒度 /mm	给矿浓度 /%	处理能力 /t · h^{-1}	额定背景磁感强度/T	脉动冲程 /mm	脉动频率/Hz
SLon-1500 中磁机	1500			30 ~ 50	0 ~ 0.4		
SLon-1750 中磁机	1750	0 ~ 1.3	10 ~ 40	30 ~ 50	0 ~ 0.6	0 ~ 30	0 ~ 5
SLon-2000 中磁机	2000			50 ~ 80	0 ~ 0.6		
SSS-II-1000	1000			3 ~ 8			
SSS-II-1200	1200			10 ~ 20			
SSS-II-1500	1500	0.01 ~ 2	—	15 ~ 30	0.5	—	—
SSS-II-1750	1750			25 ~ 50			
SSS-II-2000	2000			40 ~ 60			

续表 10-9

SLon 立环脉动中磁场磁选机和 SSS-II 湿式双频双立环高梯度磁选机及 DLS 系列立环中磁场磁选机

设备型号	转环外径/mm	给矿粒度/mm	给矿浓度/%	处理能力/t·h^{-1}	额定背景磁感强度/T	脉动冲程/mm	脉动频率/Hz
DLS-150	1500	0~1.3	10~40	20~30	0~0.4	18~40	0~7.5
DLS-175	1750			30~50	0~0.6	0~20	0~5
DLS-200	2000			50~80	0~0.6	6~26	0~5

PMHIS 系列永磁中磁场磁选机

设备型号	Φ400×800	Φ600×1200	Φ600×1800	Φ750×1200	Φ750×1800	Φ1000×1800	Φ1000×2400
磁感应强度/T	0.8						
给矿粒度/mm	0.5~30						
处理能力/t·h^{-1}	1~3	8~15	15~30	12~30	20~45	30~40	70~120

10.3 强磁场磁选设备

强磁场磁选设备主要用于选别弱磁性物料。干式强磁场盘式磁选机和辊式磁选机常常用于分选有色金属矿石和稀有金属矿石，尽管它们的工作情况良好，但都不适用于分选粒度细、数量大的物料。1965 年以后，在湿式强磁场磁选机设计中采用了“多层感应磁极”，其最大特点是保证有较高的磁场强度和磁场梯度，并且大大地增加了分选区域，从而使湿式强磁场磁选机的处理能力大为提高。研究及生产实践结果表明，这类设备适用于分选细粒和微细粒浸染的弱磁性铁矿石。

10.3.1 干式强磁场磁选机

10.3.1.1 电磁盘式强磁场磁选设备

盘式磁选机是生产中使用较多的干式强磁场磁选设备。它有单盘（ϕ900 mm）、双盘（ϕ576 mm）和三盘（ϕ600 mm）3 种。ϕ576 mm 双盘干式强磁选机已有系列产品，应用较广。

ϕ576 mm 干式强磁场双盘磁选机的结构如图 10-20 所示，其主体部分是由“山”字形磁系、

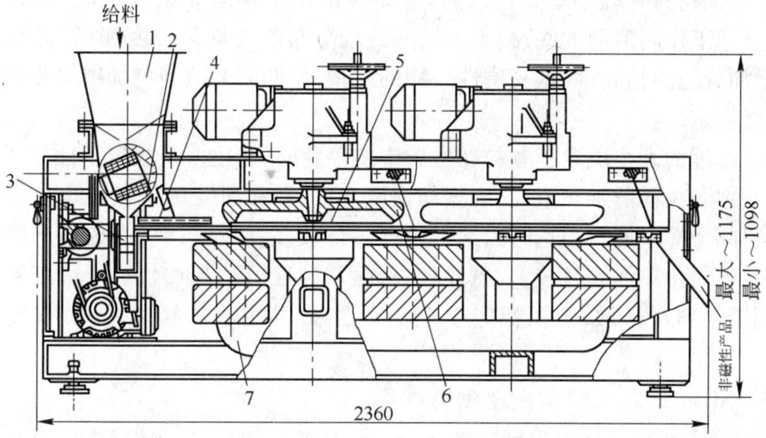

图 10-20 ϕ576 mm 干式强磁场双盘磁选机的结构

1—给料斗；2—给料圆盘；3—强磁性产物接料斗；4—筛料槽；5—振动槽；6—圆盘；7—磁系

悬吊在磁系上方的旋转圆盘和振动槽(或皮带)组成。磁系和圆盘组成闭合磁路。圆盘好像一个翻扣的带有尖边的碟子,其直径约为振动槽宽度的1.5倍。圆盘用专用的电动机通过蜗轮蜗杆减速箱带动。转动手轮可使圆盘垂直升降(调节范围为0～20 mm),用以调节极距(即圆盘齿尖与振动槽间的距离)。调节螺栓可使减速箱连同圆盘一起绕心轴转动一个不大的角度,使圆盘边缘和振动槽之间的距离沿原料前进方向逐渐减少,圆盘的前后部可以选出磁性不同的产物。振动槽由6块弹簧板紧固在机架上,用偏心振动机构带动。

为了预先分出给料中的强磁性颗粒,以防止它们堵塞圆盘边缘和振动槽之间的间隙,在振动槽的给料端装有弱磁场磁选机(现场也称给料圆筒)。

入选物料经给料斗下部的闸门给到永磁分选筒,强磁性颗粒被分选出来,经斜槽落入首部强磁性产品接料斗中;弱磁性颗粒在重力和离心惯性力的作用下,落到筛子上。筛上物由筛框一侧排到接料斗中,筛下物(弱磁性物料)由振动槽带到磁盘下面的强磁场区分选。磁性颗粒被吸到圆盘上,带至侧面弱磁场区,在重力和离心惯性力的作用下,落到两侧的接料斗中,非磁性物料则沿给料槽直至尾部进入接料斗中。

双盘磁选机操作中调节的主要因素有给料层厚度、磁场强度、工作间隙、振动槽的振动速度等。被选物料粒度较粗时,给料层可以厚一些;给料粒度细时应薄一些。一般处理粗粒物料时,给料层厚度以不超过最大粒度的1.5倍为宜。为了保证处理量不至于过低,中等粒级物料的给料层厚度可达最大粒度的4倍左右,而细粒级物料可达10倍左右。

原料中若磁性组分含量低,给料层应薄些,如过厚,则处于最下层的磁性颗粒,不但受到磁力较小,而且除自重外,还受到上面非磁性颗粒的压力,不能被吸出,降低磁性组分的回收率。磁性组分含量高时,给料层可以适当厚些。

当双盘磁选机的工作间隙一定时,两极间的磁场强度取决于线圈的安匝数。由于匝数是不可以调节的,所以只有通过改变电流的大小来调节磁场强度。磁场强度的大小取决于被处理原料的磁性和作业要求。处理磁性强些的物料或用在精选作业时,应采用较弱的磁场强度。而处理磁性弱些的物料或用在扫选作业时,则应该采用较强的磁场强度。

电流一定时,改变工作间隙的大小可使磁场强度和磁场梯度同时发生变化。减少工作间隙会使磁场力急剧增加。工作间隙的大小取决于被处理物料的粒度和作业要求。处理粗粒物料时应大些,处理细级别物料时应小些。扫选时,应尽可能把工作间隙调节到最小限度以提高回收率;精选时,最好把工作间隙调大些,减少两极间磁场分布的非均匀程度和加大磁性颗粒到盘齿尖的距离,以增加分选的精确度,提高磁性产物的质量,但同时要适当增加电流强度,以保持工作间隙的磁场强度稳定。

振动槽振动速度的大小决定了颗粒在磁场中的停留时间,也就是决定了磁选机的处理能力。振动槽的振动频率与振幅的乘积愈大,则振动速度愈大,颗粒所受的机械力也愈大,导致颗粒在磁场中的停留时间愈短。通常扫选时因给料中连生体较多,磁性较弱,为提高回收率,振动速度应低些。精选时给料中单体颗粒较多,磁性较强,振动速度可适当加快。处理细粒物料时,振动频率宜高,以利于物料层松散,但振幅应小些。反之,处理粗粒物料时,振动频率宜低,振幅应大些。

10.3.1.2 SLon干式振动高梯度磁选机

SLon干式振动高梯度磁选机主要由转环、磁轭、激磁线圈、机架、转环振动电机、给矿斗振动电机、振动机构、轮胎联轴器、限位机构等组成,其主要特点是采用了振动给矿、连续振动分选、振动排出磁性物的设计构思,较为圆满地解决了干物料在分选过程中流动困难的问题。SLon-1000

干式振动高梯度磁选机的外形如图 10－21 所示。

在 SLon 干式振动高梯度磁选机的工作过程中，待分选的干物料进入给料系统后，在给矿斗振动电机的作用下，沿上磁轭缝隙进入分选区。转环支撑在振动机构的主振弹簧上，靠轮胎联轴器传递扭矩。在转环振动电机的作用下，转环一边振动，一边连续旋转。转环内装有磁介质盒，磁性颗粒被吸附在磁介质盒上，非磁性颗粒在转环振动力作用下穿过转环，进入非磁性产物斗排出机外。磁性颗粒随着转环转动脱离磁场，在转环振动力作用下脱离转环，被收集到磁性产物斗。磁性产物斗也随转环一起振动，从而将磁性产物排出机外。SLon-1000 干式振动高梯度磁选机的主要技术参数见表 10－10。

图 10－21 SLon-1000 干式振动高梯度磁选机的外形图

表 10－10 SLon-1000 干式振动高梯度磁选机的主要技术参数

转环外径/mm	转换转速/$r \cdot min^{-1}$	给矿粒度 -0.074 mm	处理能力/$t \cdot h^{-1}$	额定背景场强/T	额定激磁电流/A
1000	0～3	30%～100%	2～3	1.0	1100
额定激磁电压/V	**额定激磁功率/kW**	**转环电机功率/kW**	**转环振动电机功率/kW**	**振动给料电机功率/kW**	**转环振幅/mm**
27.3	28.6	1.1	1.5	0.18	2～4

10.3.1.3 稀土永磁干式强磁场磁选机

RTG 系列稀土永磁强磁力筒式磁选机和 CR 系列稀土永磁辊式强磁场磁选机的磁系采用高性能稀土钕铁硼材料制作，分选区的最高磁感应强度达到 0.8 T 以上、磁场力可达到电磁强磁场磁选机的水平甚至更高。

RTG 系列稀土永磁强磁场筒式磁选机的分选筒体采用耐磨不锈钢精制而成，设备的主要技术参数见表 10－11。待分选的物料通过振动给料器均匀地给到分选筒的上部，旋转的筒体把非磁性颗粒抛离筒体，磁性颗粒则受到强磁场力的作用被吸向筒体，借助于分矿板可以方便、精确地将磁性、非磁性颗粒分离开。这种干式强磁场磁选设备的特点是，处理能力大，分选物料的粒级范围宽，分离精度高且不易堵塞，设备结构简单，维护方便，耗电量低。

表 10－11 RTG 系列稀土永磁强磁场筒式磁选机的主要技术参数

筒体直径/mm	筒体长度/mm	分选筒转速/$r \cdot min^{-1}$
400,600	450,600,900,1200	50,60,100
筒表磁感应强度/T	**给矿粒度/mm**	**处理能力/$t \cdot h^{-1}$**
0.8	0.074～10	0.3～8

CR 系列稀土永磁辊式强磁场磁选机由分选磁辊、张紧辊、传送分选胶带、分隔板和给料器等几个基本部分构成，图 10－22 是这种设备的结构和分选示意图，其主要技术参数见表 10－12。

表 10-12 CR 系列稀土永磁辊式强磁场磁选机的主要技术参数

磁辊直径/mm	磁辊长度/mm	主机功率/kW
100,150,200,250,300	500,1000,1500	2.2~4.0
磁辊表面磁感应强度/T	给矿粒度/mm	处理能力/$t\cdot h^{-1}$
1.2~1.8	0.5~5.0	1.5~8.5

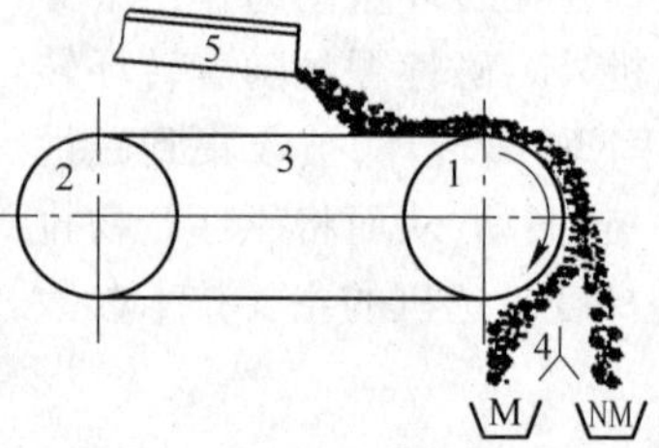

图 10-22 CR 系列稀土永磁辊式强磁场磁选机的结构和分选示意图

1—分选磁辊；2—张紧辊；3—传送分选胶带；4—分隔板；5—给料器

设备工作时，入选物料通过给料器，均匀给入分选带面后，在均匀带速的拖动下进入分选磁辊，非磁性颗粒由于不受磁力作用，在离心惯性力和重力的作用下呈抛物运动，落入非磁性产品接料槽中；而磁性颗粒则由于受到较大磁力的作用被吸在分选磁辊区的带面上，由分选带带离磁辊区后落入磁性产品接料槽中，从而实现磁性颗粒与非磁性颗粒的分离。

10.3.1.4 DPMS 系列干式永磁强磁场磁选机

DPMS 系列干式永磁强磁场磁选机适合于分选 -45 mm 赤铁矿、褐铁矿、锰矿、钛铁矿、钨矿、石榴子石、铬矿以及非金属物料的除铁，有圆筒式和辊带式两种主要类型。DPMS 系列单筒和辊带干式永磁强磁场磁选机的主要规格和技术参数列于表 10-13 和表 10-14 中。

表 10-13 DPMS 系列单筒干式永磁强磁场磁选机的主要技术参数

设备规格/mm	$\phi300\times500$	$\phi300\times1000$	$\phi300\times1200$	$\phi600\times1000$	$\phi600\times1200$
圆筒转速/$r\cdot min^{-1}$	20~100				
处理能力/$t\cdot h^{-1}$	1~3	5~10	6~12	15~50	15~50
传动功率/kW	0.55	1.5	1.5	2.2	3.0
筒面磁感应强度/T	≥0.8				
入选粒度/mm	0~45 分级入选				

表 10-14 DPMS 系列辊带干式永磁强磁场磁选机的主要技术参数

设备规格/mm	$\phi100\times500$	$\phi100\times1000$	$\phi100\times1500$	$\phi150\times500$	$\phi150\times1000$	$\phi150\times1500$
圆筒转速/$r\cdot min^{-1}$	35~200					
处理能力/$t\cdot h^{-1}$	1~2	2~5	3~10	1~3	3~6	5~12
传动功率/kW	0.37	0.55	1.1	0.37	0.55	1.1
筒面场强/T	≥1.5					
入选粒度/mm	-45					

10.3.2 琼斯型湿式强磁场磁选机

琼斯(Jones)湿式强磁场磁选机首先是在英国发展起来的,由德国洪堡公司制造。这种磁选机的外形尺寸为6300 mm×4005 mm×4250 mm,转盘直径为3170 mm,处理能力为100~120 t/h。琼斯湿式强磁场磁选机的结构如图10-23所示。这种磁选机的机体由一钢制的框架组成,在框架上装2个U形磁轭,在磁轭的水平部位上,安装4组励磁线圈,线圈外部有密封保护壳,用风扇吹风冷却。在2个U形磁轭之间装有上下2个转盘,转盘起铁芯作用,与磁轭构成闭合磁路。分选箱直接固定于转盘的周边,所以分选箱与极头之间只有一道空气间隙。转盘和分选箱通过蜗轮蜗杆传动装置及垂直中心轴驱动,在U形磁轭之间旋转。

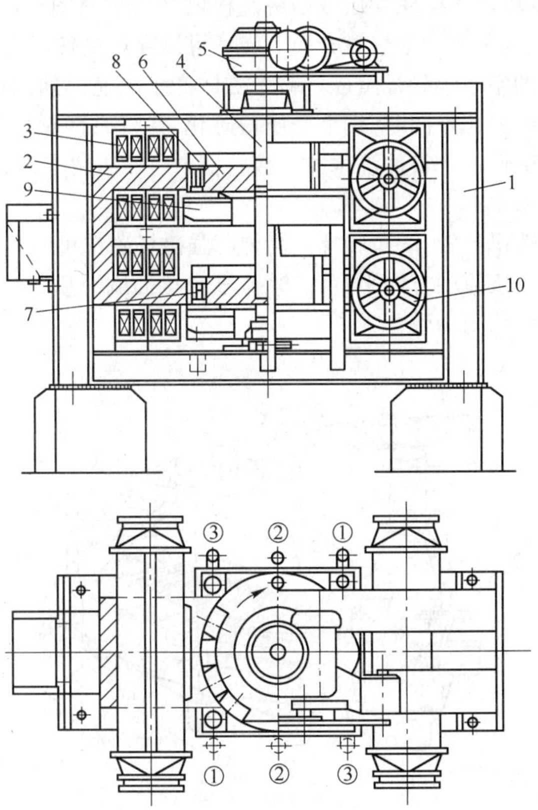

图10-23 DP-317型琼斯湿式强磁场磁选机

1—框架;2—U形磁轭;3—线圈;4—垂直中心轴;5—蜗杆传动装置;6—转盘;7—分选箱;8—拢料圈;9—非磁性产物溜槽;10—线圈外部的密封保护壳;①—非磁性产物;②—磁性产物;③—中间产物

设备工作时,矿浆从磁场的进口处给入,通过分选箱内的齿板缝隙,非磁性颗粒不受磁场的作用,流至下部的产品接受槽中成为非磁性产物。磁性颗粒被吸附于齿板上,并随分选箱一起移动,在脱离磁场区之前(转盘转动约60°),用压力水清洗吸附于齿板上的物料,将其中夹杂的非磁性颗粒和连生体颗粒冲洗出去,成为中间产物,进入中间产物接受槽。当分选箱转到磁中性(即$H=0$)区时,设有冲洗装置,用压力水将吸附于齿板上的磁性颗粒冲洗出去,成为磁性产物。

在琼斯湿式强磁场磁选机中,磁场空隙的最大磁场强度可达960 kA/m,转盘转速为

3 ~ 4 r/min，齿板尖角 80° ~ 100°，齿板缝隙宽度一般为 1 ~ 3 mm。

中国通过大量的试验研究工作，也制造出了仿琼斯型强磁场磁选机（shp 型），其型号有 shp-1000、shp-2000 和 shp-3200 三种，转盘直径分别为 1000 mm、2000 mm 和 3200 mm。

琼斯强磁场磁选机除用于分选赤铁矿、菱铁矿、钛铁矿和铌铁矿矿石外，还可用来分选有色和稀有金属矿石，如从铅矿石中回收钨矿物；也可以用来从高炉煤气灰和粉磨燃料灰中分离出铁氧化物。

10.3.3　萨拉转环式高梯度强磁场磁选机

萨拉（Sala）转环式高梯度强磁场磁选机是由美国麻省理工学院与 Sala 磁力公司合作研制成功的。图 10 – 24 是萨拉转环式高梯度强磁场磁选机的结构示意图。这种设备具有一个有若干个分选箱的转环，分选箱内装入钢毛聚磁介质。转环可以穿过由鞍形线圈组成的包铁电磁体，磁铁线圈由可以进行水冷的空心铜导线组成。鞍形磁体产生磁通，当装有钢毛介质的转环连续不断地进出鞍形磁体造成的磁化空间时，钢毛介质被磁化，并将磁性颗粒收集在钢毛上，随着转环旋转，钢毛被带出磁场，磁性产物被冲洗水冲入接料槽中。非磁性产物在磁化空间通过非磁性产物管时进入相应的接料槽中。

与琼斯型强磁场磁选机比较，萨拉转环式高梯度强磁场磁选机的主要特点是：

（1）磁场的方向和矿浆流的方向平行，矿浆流不直接冲刷介质，在整个分选空间内，各点的磁场强度和矿浆流都保持均匀一致；

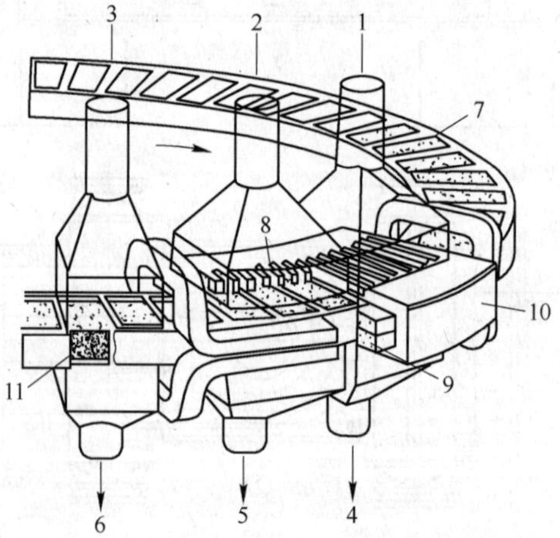

图 10 – 24　Sala 转环式 HGMS 磁选机的结构示意图

1—给入矿浆；2,3—冲洗水；4,5—非磁性产物；6—磁性产物；7—旋转圆盘；8—分选槽；9—螺线管线圈；10—螺线管的铁壳；11—分选室中的介质

（2）钢毛介质只占分选空间体积的 5% ~ 12%，钢毛介质比表面积大，因此处理量大；

（3）磁体漏磁少，钢毛剩磁低，当转环分选箱离开磁场时，磁场很快消失，甚至不用高压水就能洗净磁性物料；

（4）磁化体积是一个独立系统，可以不受影响地做大或做小，且转环不是磁路的组成部分，可以做得很轻，这样减少了设备的质量。

琼斯型磁选机对 – 30 μm 的细粒级弱磁性颗粒的回收效果差，而萨拉转环式高梯度强磁场磁选机则能有效地回收微细粒级的弱磁性颗粒。

10.3.4 SLon立环脉动高梯度磁选机

20世纪80年代初开始研制的SLon立环脉动高梯度磁选机，较好地解决了高梯度磁选设备磁介质容易堵塞的问题，其突出优点是富集比大，对给矿粒度、浓度和品位波动适应性强，工作可靠，操作维护方便。SLon立环脉动高梯度磁选机已形成系列化产品(见表10－15)，在弱磁性铁矿石的选矿生产中得到了广泛应用。

表10－15 SLon立环脉动高梯度磁选机主要技术参数一览表

设备型号	SLon-500	SLon-750	SLon-1000	SLon-1250	SLon-1500	SLon-1750	SLon-2000
转环外径/mm	500	750	1000	1250	1500	1750	2000
转环转速/$r \cdot min^{-1}$	0.3～3		2～4				
给矿粒度/mm	－1.0		－1.3				
给矿浓度/%	10～40						
处理能力/$t \cdot h^{-1}$	0.03～0.125	0.06～0.25	4～7	10～18	20～30	30～50	50～80
额定背景磁感应强度/T	1.0						
最高背景磁感应强度/T	1.1		1.2	1.1			
额定激磁电流/A	1300	1200	1050	1000	1050	1400	1400
额定激磁电压/V	12.3	23	27.3	35	42	44	53
额定激磁功率/kW	16	22	28.6	35	44	62	74
转环电动机功率/kW	0.37	0.55	1.1	1.5	3	4	5.5
脉动电动机功率/kW	0.37	0.75	2.2	2.2	4	4	7.5
脉动冲程/mm	0～50		0～30	0～20	0～30		
脉动频率/Hz	0～7		0～5				
耗水量/$m^3 \cdot h^{-1}$	0.75～1.5	1.5～3.0	10～20	30～50	60～100	80～150	100～200

图10－25是SLon-1500型立环脉动高梯度磁选机的结构示意图。这种设备主要由脉动机

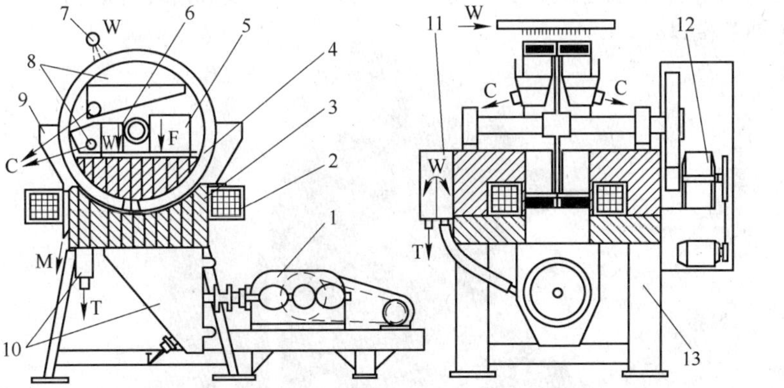

图10－25 SLon-1500的结构示意图

1—脉动机构；2—激磁线圈；3—铁轭；4—转环；5—给料斗；6—漂洗水；7—磁性产物冲洗水管；8—磁性产物斗；9—中间产物斗；10—非磁性产物斗；11—液面斗；12—转环驱动机构；13—机架；F—给料；W—清水；C—磁性产物；M—中间产物；T—非磁性产物

构、激磁线圈、铁轭、转环和各种料斗、水斗组成。立环内装有导磁不锈钢板网介质(也可以根据需要充填钢毛等磁介质)。转环和脉动机构分别由电动机驱动。

设备工作时,转环作顺时针旋转,矿浆从给料斗给入,沿上铁轭缝隙流经转环,其中的磁性颗粒被吸在磁介质表面,由转环带至顶部无磁场区后,被冲洗水冲入磁性产物斗中。同时,当给料中有粗颗粒不能穿过磁介质堆时,它们会停留在磁介质堆的上表面,当磁介质堆被转环带至顶部时,被冲洗水冲入磁性产物斗中。

当鼓膜在冲程箱的驱动下作往复运动时,只要矿浆液面高度能浸没转环下部的磁介质,分选室内的矿浆便做上下往复运动,从而使物料在分选过程中始终保持松散状态,这可以有效地消除非磁性颗粒的机械夹杂,提高磁性产物的质量。此外,脉动还有效地防止了磁介质的堵塞。

为了保证良好的分选效果,使脉动充分发挥作用,维持矿浆液面高度至关重要。为此,SLon 立环脉动高梯度磁选机通过调节非磁性产物斗下部的阀门、给料量或漂洗水量来实现液位调节。同时,这种设备还有一定的液位自我调节能力,当外部因素引起矿浆面升高时,非磁性产物的排放有阀门和液位斗溢流面两种通道;当矿浆面较低时,液位斗不排料,非磁性产物只能经阀门排出。另外,矿浆面较低时,液面至阀门的高差减小,非磁性产物的流速自动变慢。

SLon 立环脉动高梯度磁选机的分选区大致分为受料区、排料区和漂洗区 3 部分。当转环上的分选室进入分选区时,主要是接受给料,分选室内的磁介质迅速捕获矿浆中的磁性颗粒,并排走一部分非磁性产物;当它随转环到达分选区中部时,上铁轭位于此处的缝隙与大气相通,分选室内的大部分非磁性产物迅速从排料管排出;当分选室转至漂洗区时,脉动漂洗水将剩下的非磁性颗粒洗净;当它转出分选区时,室内剩下的水分及其夹带的少量颗粒从中间产物斗排走;中间产物可酌情排入非磁性产物、磁性产物或返回给料;选出的磁性产物一小部分借重力落入磁性产物小斗中,大部分被带至顶部被冲洗至磁性产物大斗。

10.3.5　DLS 系列立环高梯度磁选机

DLS 系列立环高梯度磁选机的外形如图 10－26 所示,其主要技术参数列于表 10－16 中。这种设备采用转环立式旋转、反冲精矿,并配有高频振动机构,同样较好地解决了高梯度磁选设备磁介质容易堵塞的问题,也同样具有富集比大、对给矿粒度和浓度等波动适应性强、工作可靠、操作维护方便等优点。

图 10－26　DLS 系列立环高梯度磁选机的外形

表 10-16 DLS 系列立环高梯度磁选机主要技术参数一览表

设备型号	DLS-75	DLS-100	DLS-125	DLS-150	DLS-175	DLS-200	DLS-250
转环外径/mm	750	1000	1250	1500	1750	2000	2500
转环转速/$r \cdot min^{-1}$	0.5~3		2~4				2~3
给矿粒度/mm	-1.0	-1.3					
给矿浓度/%	10~40						
处理能力/$t \cdot h^{-1}$	0.1~0.5	4~7	10~18	20~30	30~50	50~80	80~150
额定背景磁感应强度/T	1.0						
最高背景磁感应强度/T	1.1	1.2	1.1				
额定激磁电流/A	1200	1050	1000	1050	1400	1400	1700
额定激磁电压/V	17	27	35	42	44	53	55
额定激磁功率/kW	20	28	35	44	62	74	94
转环电动机功率/kW	0.55	1.1	1.5	3	4	5.5	11
脉动电动机功率/kW	0.75	2.2	2.2	4	4	7.5	11
脉动冲程/mm	0~50	0~30	0~20	0~30			
脉动频率/Hz	0~7	0~5					
耗水量/$m^3 \cdot h^{-1}$	1.5~3.0	10~20	30~50	60~100	80~150	100~200	200~400

DLS 系列磁选机采用转环立式旋转方式，对于每一组磁介质而言，冲洗精矿的方向与给矿方向相反，粗颗粒不必穿过磁介质堆便可冲洗出来，从而有效地防止了磁介质的堵塞；设备内设置的矿浆高频振动机构，驱动矿浆产生脉动运动，使矿浆中的矿粒始终处于松散状态，有利于提高磁性产物的质量。

DLS 系列立环高梯度磁选机可用作赤铁矿、褐铁矿、菱铁矿、钛铁矿、铬铁矿、黑钨矿、钽铌矿等弱磁性矿物的选别设备，也可用作石英、长石、霞石、萤石、硅线石、锂辉石、高岭土等非金属矿产资源的除铁设备。

10.3.6 MCH 型电磁环式强磁场磁选机

MCH 型电磁环式强磁场磁选机适用于分选比磁化系数为 $1.5 \times 10^{-7} \sim 6.0 \times 10^{-6} m^3/kg$ 的细粒弱磁性矿物。这种类型设备采用低电压、大电流、水外冷激磁线圈，具有线圈体积小、磁路短的优点。分选间隙的磁感应强度高达 1.8 T，分选区磁场不均匀度低于 6%。对硅线石、蓝晶石、霞石、石英砂等非金属矿物进行提纯处理，MCH 型电磁环式强磁场磁选机具有一定的优势。

图 10-27 是 MCH 型电磁环式强磁场磁选机的结构与工作原理图。这种磁选机由套于磁轭上的线圈部件中的激磁线圈产生磁场，经磁轭与分选环部件形成磁回路，从而在分选环介质间产生感应磁场。

设备工作时，给矿给水装置中的给矿嘴，在磁场中将矿浆给入分选环的介质中，磁性矿粒被磁化捕收于介质之上，非磁性矿粒则从介质间隙中流出，作为尾矿收集于接矿槽中；被捕收的磁性矿粒随分选环在磁场中向前运动并受到漂洗，部分夹杂的非磁性矿粒及磁性极弱的连生体作为中矿排入接矿槽中；漂洗后的精矿随分选环至中性区，介质间的感应磁场消失，在高压水的冲洗下精矿脱离介质排入接矿槽中。

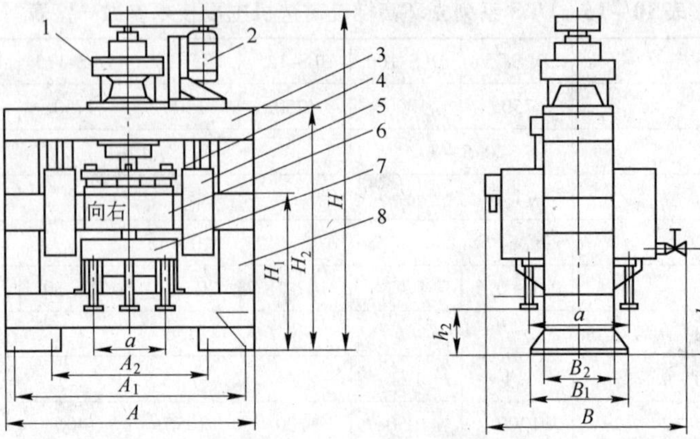

图10-27　MCH型电磁环式强磁场磁选机的结构与工作原理图

1—减速机；2—电动机；3—横梁；4—给矿给水装置；5—线圈部件；6—分选环部件；7—接矿槽；8—磁轭

MCH型电磁环式强磁场磁选机的主要技术参数见表10-17。

表10-17　MCH型电磁环式强磁场磁选机主要技术参数一览表

设备型号	分选环直径 /mm	磁感应强度 /T	分选环转速 /r·min⁻¹	入选粒度 /mm	给矿浓度 /%	处理能力 /t·h⁻¹
MCH-60	600	1.3~1.8	5	0.8~0	30~45	1~2
MCH-100	1000					4~7

10.3.7　电磁感应辊式强磁场磁选机

10.3.7.1　CS-1型电磁感应辊式强磁场磁选机

CS-1型湿式感应辊式强磁场磁选机是大型双辊湿式强磁场磁选机，它主要由给料箱、分选辊、电磁铁芯机架等组成，其结构如图10-28所示。

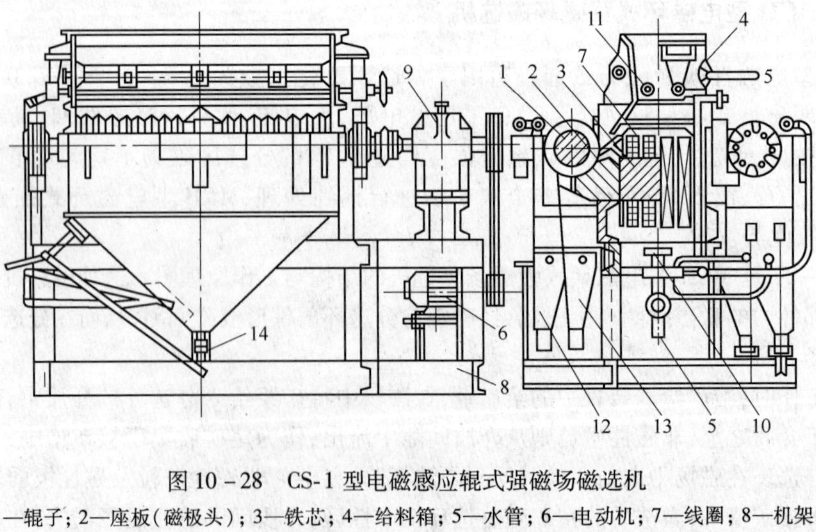

图10-28　CS-1型电磁感应辊式强磁场磁选机

1—辊子；2—座板（磁极头）；3—铁芯；4—给料箱；5—水管；6—电动机；7—线圈；8—机架；9—减速箱；10—风机；11—给料辊；12—磁性产物箱；13—非磁性产物箱；14—球形阀

这种磁选机的主体部分是由电磁铁芯、磁极头与感应辊组成的磁系。感应辊和磁极头均由工业纯铁制成。2个电磁铁芯和2个感应辊对称平行配置,4个磁极头连接在2个铁芯的端部,感应辊与磁极头组成“口”字形闭合磁路,2个感应辊与4个磁极头之间构成的间隙就是4个分选带。由于没有非选别用的空气隙,所以磁阻小、磁能利用率高。这种设备的适宜给料粒度为5~0 mm,分选间隙为14~28 mm,感应辊直径为375 mm,磁场强度为800~1488 kA/m。

分选物料时,原料由给料辊将其从给料箱侧壁的桃形孔引出,沿溜板和波形板给入感应辊和磁极头之间的分选间隙后,磁性颗粒在磁力的作用下被吸到感应辊齿上,并随感应辊一起旋转,当离开磁场区时,在重力和离心惯性力等机械力的作用下脱离辊齿,卸入磁性产物箱中,非磁性颗粒随矿浆流通过梳齿状的缺口流入非磁性产物箱内,然后分别从磁性产物箱、非磁性产物箱底部的排料阀排出。

CS-1型湿式感应辊式强磁场磁选机对中等粒度的氧化锰矿石和碳酸锰矿石有较好的选别效果。也可用于分选中等粒级的赤铁矿、褐铁矿、镜铁矿、菱铁矿等弱磁性物料,或者用于作钨矿物与锡矿物、锡矿物与褐铁矿的分离设备。

10.3.7.2 QCG型感应辊式强磁场磁选机

QCG型感应辊式强磁场磁选机也可用作分选中、粗粒弱磁性矿物的湿式强磁选设备。适用于分选赤铁矿、钛铁矿、菱锰矿、硬锰矿、石榴子石等比磁化系数为$1.9\times10^{-7}\sim7.5\times10^{-6}\,m^3/kg$弱磁性矿物,也可用于提纯海滨砂、玻璃砂、蓝晶石、金刚石等。该系列设备的激磁方式有电磁和永磁两种,线圈采用水外冷,冷却效果好,噪声小。感应辊有单辊、双辊垂直布置和双辊水平布置3种,双辊水平布置QCG型感应辊式强磁场磁选机的处理能力量大,而双辊垂直布置QCG型感应辊式强磁场磁选机可以连续完成矿物的粗选、精选或粗选、扫选。

QCG型感应辊式强磁场磁选机的设备型号和技术参数见表10-18。

表10-18 QCG型感应辊式强磁场磁选机主要技术参数一览表

设备型号	2QCG 25/105	1/1 QCG 25/105	2/2 QCG 25/105	1 QCG 25/105
感应辊数目	2	2	4	1
磁感应强度/T	1.8	1.4~1.6(上),1.6~1.8(下)	1.4~1.6(上),1.6~1.8(下)	1.9
入选粒度/mm	5~0			
给矿浓度/%	30~60			
处理能力/$t\cdot h^{-1}$	4~6	2~3	10~16	0.2~0.4

11 其他磁分离技术

11.1 磁流体分选

磁流体分选是 20 世纪 60 年代发展起来的一种新的分选方法。1959 年,意大利人米开列梯首先指出磁流体用于物料按密度分选的可能性。自此之后,许多国家进行了磁流体分选的理论、工艺和设备的研究,取得了较大的进展。我国在 1972 年研制出供分离单矿物用的磁流体静力分选仪,1976 年以后进入工业应用方面的研究,目前在细粒(0.5~0.2 mm)金刚石的精选方面取得了较大的进展。

11.1.1 磁流体分选概述

某些流体在磁场或电场与磁场的联合作用下能够磁化,从而呈现"似加重现象",对位于其中的颗粒产生磁浮力作用。这些流体称为磁流体,是非常稳定的两相流体。

似加重后的磁流体仍然具有流体原来的流动性、黏滞性等。似加重后的密度称为"视在密度",可以通过改变外加磁场强度、磁场梯度或电场强度来调节。由于"视在密度"比介质的原来密度高许多倍,所以"加重介质"对位于其中的物体产生的浮力可以达到原介质的许多倍。依据磁流体的这一特殊性质,发展的磁流体分选技术可用来分选密度范围较广的物料。

根据分选原理及分选介质的不同,磁流体分选技术可分为磁流体动力分选和磁流体静力分选两种。在不均匀磁场中,以铁磁性的胶粒悬浮液或顺磁性流体作为分选介质,根据颗粒之间密度和比磁化系数的差异而使不同性质颗粒分离的方法,称为磁流体静力分选。在磁场与电场的联合作用下,以强电解质溶液作为分选介质,根据颗粒之间密度、比磁化系数以及电导率的差异而使不同性质颗粒分离的方法,称为磁流体动力分选。

磁流体动力分选的研究历史较长,技术较为成熟。其优点是分选介质来源广,价格便宜,黏度低,分选设备简单,处理能力大。其缺点是分选介质的"视在密度"较小,分选精度差,只适用于对回收率要求不高的物料进行粗选。

与磁流体动力分选相比,磁流体静力分选发展较晚。其优点是分选介质的"视在密度"高,用磁铁矿制成的磁流体,其视在密度已经达到 21500 kg/m^3,介质的黏度较小,分选精度高。其缺点是设备较复杂,介质的价格贵,回收较困难,设备的处理能力比较小。

基于密度差异使物料分离,从这一意义上来说,磁流体分选与重选相似。但磁流体分选不仅基于密度差异,而且还基于物料磁性和电性的差异,因而又不同于普通的重选。

磁流体分选基于物料的磁性差异,静力分选又要求一个不均匀磁场,这与磁选相似。但磁流体分选要求有特定的分选介质,动力分选的磁场也可以是均匀磁场;磁流体分选不仅可以将磁性物料与非(弱)磁性物料分开,也可以将各种非(弱)磁性物料按密度差异分离开,这又使磁流体分选不同于一般普通磁选。所以有人把磁流体分选称为第 2 类磁选或特殊磁选。

磁流体分选可用于分选有色、稀有和贵金属矿石(锡、锆、金矿等)、黑色金属矿石(铁、锰矿等)、煤炭、非金属矿石(金刚石、钾盐等)。在岩矿鉴定中磁流体可代替重液进行矿物颗粒的分离。在固体废物的处理和利用中,磁流体分选法占有特殊的地位,它不仅可分选各种工业废渣,而且可从城市垃圾中分选铝、铜、锌、铅等金属。

11.1.2 磁流体静力分选的基本原理

磁流体静力分选与重介质分选具有相似之处。在重介质分选中，关键是选用密度介于入选物料中欲分离的高密度成分和低密度成分的密度之间的介质，即

$$\rho_1 > \rho_{su} > \rho_1'$$

式中，ρ_1 为高密度成分的密度；ρ_1' 为低密度成分的密度；ρ_{su}为重介质的密度；kg/m^3。

此时作用于单位体积颗粒上的力有颗粒自身的重力和介质的浮力，其合力 F 为：

$$F = (\rho_1 - \rho_{su})g \tag{11-1}$$

式中 ρ_1——颗粒的密度，kg/m^3；

g——重力加速度，m/s^2。

对于高密度成分，因 $\rho_1 > \rho_{su}$，故 $F > 0$，即方向向下；对于低密度成分，因 $\rho_1' < \rho_{su}$，故 $F < 0$，即方向向上。于是高密度成分下沉，低密度成分上浮，从而达到分离的目的。在这里，只有重力场的作用。

对于磁流体静力分选，除了重力场的作用外，还引入了磁场的作用。

将磁流体置于不均匀磁场中，它将被磁化而呈现似加重现象，产生一种磁浮力。如果在磁流体中加入不同密度的固体颗粒，颗粒将根据其密度差异悬浮在不同的高度上，从而实现分选。以适当的方式将不同高度上的颗粒分别截取，则获得不同的产物，完成了分选的过程，颗粒在顺磁性流体中的浮沉现象如图 11－1 所示。

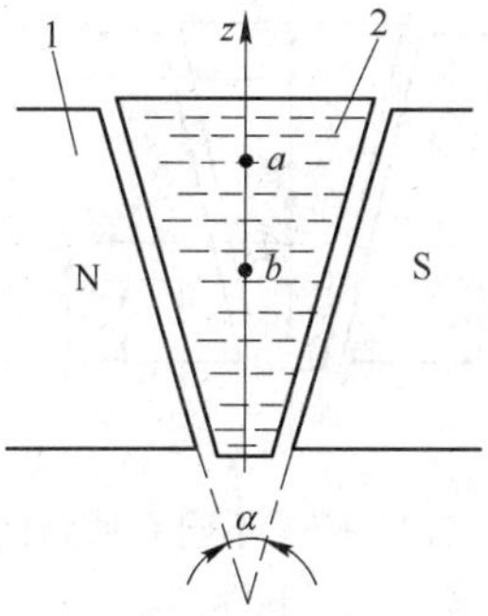

图 11－1 颗粒在顺磁性流体中的浮沉现象

1—磁极；2—顺磁性流体；

a，b—两种不同的颗粒

位于非均匀磁场中，一个体积为 V 的磁流体单元所受的重力 f_g 和磁力 f_m 分别为：

$$f_g = V\rho_m g \tag{11-2}$$

$$f_m = \mu_0 \kappa_m VH\mathrm{d}H/\mathrm{d}z \tag{11-3}$$

式中 ρ_m——磁流体的密度，kg/m^3；

κ_m——磁流体单元的物体磁化率；

g——重力加速度，9.81 m/s^2；

μ_0——真空中的磁导率；

$H\mathrm{d}H/\mathrm{d}z$——某点的磁场力，A^2/m^3。

其合力为：

$$f_{合} = f_g + f_m = V(\rho_m g + \mu_0 \kappa_m H\mathrm{d}H/\mathrm{d}z) \tag{11-4}$$

单位体积磁流体所受到的合力 $F_{合}$ 为：

$$F_{合} = \rho_m g + \mu_0 \kappa_m H\mathrm{d}H/\mathrm{d}z \tag{11-5}$$

式中，$F_{合}$ 可以看做是单位体积磁流体的“视在重力”。于是“视在密度”ρ_s 为：

$$\rho_s = \rho_m + (\mu_0 \kappa_m H\mathrm{d}H/\mathrm{d}z)/g \tag{11-6}$$

可见，真密度为 ρ_m，物体磁化率为 κ_m 的磁流体，将其放在磁场力为 $H\mathrm{d}H/\mathrm{d}z$ 的位置上，其“视在密度”ρ_s 比其真密度 ρ_m 增大的量为$(\mu_0 \kappa_m H\mathrm{d}H/\mathrm{d}z)/g$。从式（11－6）可以看出，磁流体的视在密度 ρ_s 与它的真密度 ρ_m、物体容积磁化率 κ_m、所在位置的磁场力 $H\mathrm{d}H/\mathrm{d}z$ 有关。ρ_m、κ_m、$H\mathrm{d}H/\mathrm{d}z$ 愈大，ρ_s 愈高。若将一个体积为 V、密度为 ρ_1、物体磁化率为 κ_0 的颗粒，放在上述磁流体单元的位置，则颗粒所受的重力 f_g'、磁力 f_m' 和介质浮力 f_F' 分别为：

$$f_g' = V\rho_1 g \tag{11-7}$$

$$f_m' = \mu_0 \kappa_0 VH\mathrm{d}H/\mathrm{d}z \tag{11-8}$$

$$f'_F = V\rho_s g = V\rho_m g + \mu_0 \kappa_m VHdH/dz \tag{11-9}$$

式中　$\mu_0 \kappa_m VHdH/dz$——颗粒所受的磁浮力。

若颗粒在此点处于平衡状态，则有：

$$f'_g + f'_m = f'_F$$

或
$$V\rho_1 g + \mu_0 \kappa_0 VHdH/dz = V\rho_m g + \mu_0 \kappa_m VHdH/dz$$

化简上式，得：
$$(\rho_1 - \rho_m) g = \mu_0 (\kappa_m - \kappa_0) HdH/dz$$

或
$$(\rho_1 - \rho_m) g / [\mu_0 (\kappa_m - \kappa_0)] = HdH/dz \tag{11-10}$$

式(11-10)就是颗粒在磁化了的磁流体中的悬浮条件。

对于一定的物料(ρ_1，κ_0 一定)和介质(ρ_m，κ_m 一定)而言，$(\rho_1 - \rho_m) g / [\mu_0 (\kappa_m - \kappa_0)]$是一个定值，可令其等于 C。不同的物料在同一介质中有不同的 C 值。对于一定的不均匀磁场，其中的每一点的磁场力 HdH/dz 有确定的数值。当颗粒在介质中的 C 值等于不均匀磁场中某点的磁场力 HdH/dz 时，颗粒即悬浮在该点。不同的颗粒在磁场中都有不同而又稳定的悬浮点。

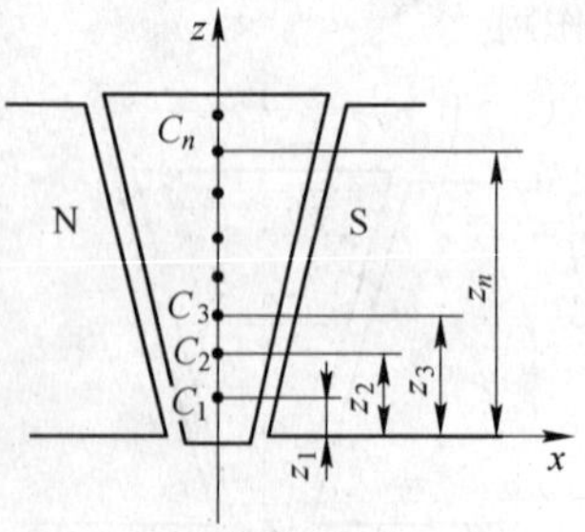

图 11-2　不同 C 值颗粒的悬浮高度

将不同的颗粒置于介质中某点时，只有 C 值等于该点的磁场力 HdH/dz 的颗粒才能稳定悬浮于此；$C > HdH/dz$ 的颗粒，将从该点下沉；$C < HdH/dz$ 的颗粒，则会从该点上浮。当它们下沉或上浮到某点、达到 $C = HdH/dz$ 时，就将在新的位置上呈现稳定悬浮状态。如图 11-2 所示，不同的颗粒由于 C 值不同，将悬浮在介质中 z 轴方向上不同的高度，若 $C_1 > C_2 > C_3 > \cdots > C_n$，则悬浮高度为 $z_1 < z_2 < z_3 \cdots < z_n$。

当两种颗粒悬浮的高度有一定的差值时，分选才有可能进行。颗粒的 C 值差越大，悬浮点高度 z 值差也越大，分选效果越好。

C 值相等或相近的颗粒不能得到分选，而颗粒的密度虽然相等或相近，但具有一定的 C 值差时仍可进行分选。若分选机所提供的最大磁场力 HdH/dz 小于某种物料的 C 值，该物料将不能悬浮，而沉到槽底，因而这种物料即不属于分选机处理的范围。

在磁流体静力分选机中，由于采用的磁极形状不同，颗粒在水平方向(沿磁力线方向)的受力和运动方向也不同。对于楔形磁极，颗粒将受到由分选槽中心线指向磁极面的挤压力；对于双曲线磁极，颗粒所受的挤压力正好与楔形磁极相反。颗粒在水平方向上的运动对分选不利，无论它使颗粒附着于分选槽侧壁或向中间堆积，都会使分选指标降低。

11.1.3　磁流体静力分选机

用于分选金刚石的磁流体静力分选机如图 11-3 所示，其主要组成部分是电磁铁、分选槽、给料与排料装置和直流电源等。

电磁铁由磁极、铁芯、线圈组成，是分选机的主要部分，分选过程要求的不均匀磁场由它产生。磁极采用的是线性力磁极，其表面的断面曲线为等轴双曲线。在这种磁极形成的不均匀磁场中，磁场力 HdH/dz 与 z 呈近似直线关系。因而不同颗粒在 z 轴方向的不同位置处的悬浮高差是一定的。铁芯为闭合马蹄形，铁芯和磁极的材料均为工程纯铁。铁芯由两臂与后梁组成，线圈对称地装在两臂上。分选槽用有机玻璃制成，有槽体、分离斗和缓冲漏斗 3 个组成部分，其结构如图 11-4 所示。

槽体是盛顺磁性流体的容器。它的一部分位于磁极的上部，一部分位于磁极的间隙中，另一部分位于磁极前部。位于磁极上部的是长方体槽，其作用为容纳给料漏斗和缓冲漏斗；位于磁极前部的是棱柱形槽体,用以容纳分离斗;位于磁极间隙中的部分,其形状与磁极间隙的形状相同,它的作用是收集 C 值大于磁场力的颗粒。槽体的最下部有 4 个排料口,可排出各种产物。

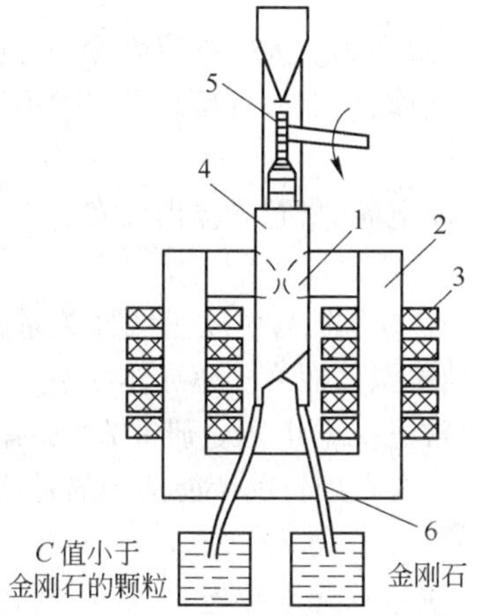

图 11－3　金刚石磁流体静力分选机

1—磁极;2—铁芯;3—线圈;4—分选槽;
5—给料装置;6—排料装置图

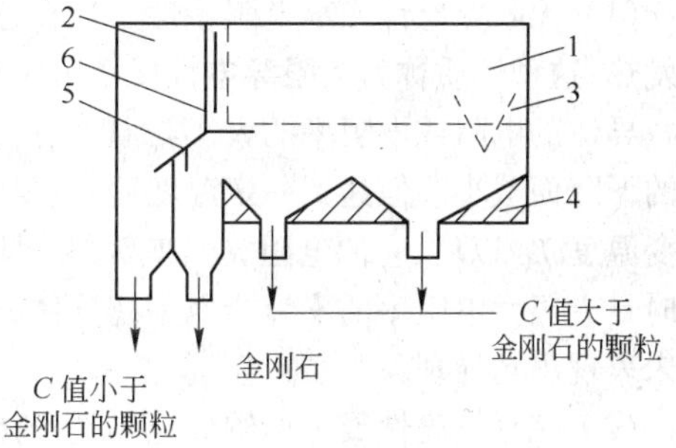

图 11－4　分选槽的结构

1—槽体;2—分离斗;3—缓冲漏斗;4—磁极;
5—分样板;6—调节杆

分离斗用于分别提取按 C 值分层的颗粒,内部有分样板和调节杆。分样板用于将各层颗粒隔开。C 值小于金刚石的颗粒通过分样板上面进入分离斗前部,由第 1 排料口排出。金刚石由分样板下面进入分离斗后部,由第 2 排料口排出。分样板与调节杆连成一体,通过调节杆的升降控制分样板的高度。在设备的使用过程中,可根据金刚石的悬浮高度及分布范围,将分样板调到适当位置。

缓冲漏斗是 2 片有机玻璃以一定倾斜度相对配置在槽体尾端的上部。其作用是降低颗粒的下降速度,以避免下降速度过大而使 C 值小于磁场力的颗粒夹带到槽体下部排出。

给料采用轮式给料装置,电动机带动装在给料漏斗下部的给料轮旋转,以达到均匀稳定给料的目的。这种分选机的排料采用间歇方式,以便于冲洗。电源是由激磁线圈提供的稳定连续可调的直流电。金刚石磁流体静力分选机的技术参数见表 11－1。

表 11－1　金刚石磁流体静力分选机的技术参数一览表

磁极最小间隙处磁场强度/kA · m^{-1}	最大磁场力/A^2 · m^{-3}	入选物料粒度/mm	处理能力/kg · h^{-1}	磁极可调角度/(°)	工作温度/℃	功率消耗/kW
≥1600(8A 时)	≥26(8A 时)	0.5～0.2	1.5～2.0	0～10	≥15	3.2

11.2　超导技术在磁选中的应用

超导技术是当代一门重要的高新技术,它与能源、材料、激光、高能物理、空间、电子计算机、交通运输、计量、电子技术、医疗等综合性科学技术领域和工业部门都有着密切的关系。目前这一新技术已成功应用到了磁分离过程中,研制出了超导磁选机。这种新型磁选机具有普通磁选机无法比拟的优越性,它可以在很大的分选空间内产生很高的磁场强度,消耗的能量极少,设备质量很小。

11.2.1　超导现象及超导体的基本性质

所谓超导现象,就是某些物质在一定的低温下,其电阻突然消失的现象。这一现象是荷兰的物理学家奥涅斯(H. K. Onnes)于 1911 年在研究低温下汞的电阻与温度的关系时发现的。具有这种特性的材料称为超导体,电阻消失前的状态称为常导状态,电阻消失后的状态称为超导状态。

如果在已经达到超导状态的超导体中激起电流,就可以得到相当大的电流密度,并且由于在超导体中没有能量损失,电流产生后,虽然没有外部电源的支撑,也能一直延续下去而不衰减。

处于超导状态的超导体具有如下一些基本特性:

(1) 无限导电性或零电阻特性　当在超导体中通过直流电流时,超导体内没有电阻,因而不会发热,这种性质称为无限导电性或零电阻特性。

导体的电阻或电阻率的大小与温度有关。在常温下导体的电阻与温度呈线性关系,随着温度的下降而减小。但达到一定温度后,电阻的大小将不再随着温度而变。超导体则不然,在达到转变温度 T_C 以后,它的电阻突然变为零,即这时不存在通常意义的电阻。研究发现,有些在常态时具有很大电阻率的不纯金属是超导体,而铜、铂、金、银等在直到目前所能达到的最低温度下尚未表现出超导现象。

(2) 完全抗磁性或迈斯纳效应　超导体除了上述引人注目的无限导电性外,还具有另一个重要特性即完全抗磁性。也就是说它是一种完全抗磁体,排斥通过它的所有磁力线,体内的磁感应强度为零。这一特性是荷兰物理学家迈斯纳(Meissner)和奥森菲尔德(Ocenfeld)于 1933 年首次发现的,所以又称为迈斯纳效应。

迈斯纳和奥森菲尔德用超导材料做成实心球,放入磁场中,在常导状态时,磁力线均匀穿入球中(见图 11－5a);当降低温度使其进入超导状态时,进入球内的磁力线被完全排出,使球内的磁场强度变为零(见图 11－5c)。这是由于球的表面上感应产生了抗磁电流,如图 11－5b 中的虚线所示。抗磁电流的磁场在球内总是与外磁场的方向相反,场强大小相等,因而两个磁场在球内的合成磁场的强度为零。换句话说,抗磁电流起着屏蔽磁场的作用,所以磁力线不能进入超导体。这种抗磁电流也称为屏蔽电流,它将在磁场中持续地存在下去,因而是一种持久电流。

(3) 临界特性　超导状态的存在是有条件的,由常导状态到超导状态的转变是突然发生的,因而超导体有所谓的临界特性。

前已述及,超导体只有在温度 T 降低到一定值 T_c 时才转变为超导态。即 $T > T_c$ 时为常导状态,$T < T_c$ 时为超导状态。这一转变温度 T_c 称为超导临界温度。每一种超导体都有一个特定的临界温度。

显然,临界温度 T_c 越高,实用价值越大。因此,高温超导体的研究是基础理论研究的重要课题。有人认为,超导体的临界温度如能提高到 40 K(液氢温度),就可引起另一次技术革命。目前具有最高临界温度的超导材料是 1973 年被发现的铌三锗(Nb_3Ge),其 $T_c = 23.4$ K,而一般超导金属元素的 T_c 只有几开(K)。

由于超导电流是一种电磁现象,所以也能由加上 1 个场强超过一定值 H_c 的磁场来破坏。这个磁场可以是外加的,也可以由通过超导体的电流本身来产生。当 $H < H_c$ 时为超导状态,当 $H > H_c$ 时恢复为常导状态,这里的 H_c 称为超导临界磁场强度。

研究发现,超导体并不能承载无限大的电流密度,它只能承载密度小于某一特定值 J_c 的电流。当 $J < J_c$ 时为超导状态,当 $J > J_c$ 时恢复为常导状态,J_c 称为超导临界电流密度。这是由于承载的电流太大时,由这一电流产生的磁场强度就可能超过超导临界磁场强度 H_c,从而使超导状态消失。

综合上述,超导状态仅存在于图 11－6 所示的曲面内,在曲面以外则为常导状态,此曲面称为超导临界面。

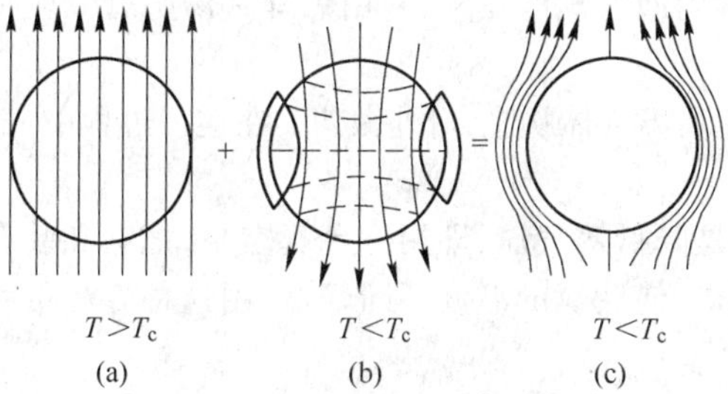

图 11-5 超导实心球在外磁场中的行为

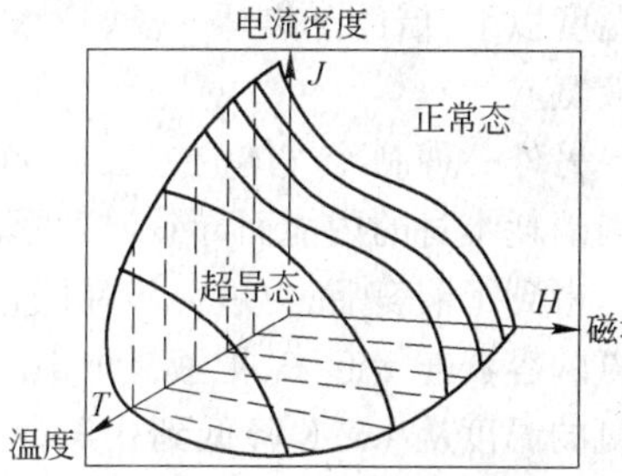

图 11-6 超导材料的临界面

11.2.2 低温的获得和保持

低温是实现超导电的前提,因此制冷技术的进步必将推动超导技术的发展。

物理学上的低温大致是指液态空气的温度(约 81 K 即 -192.16℃)以下,其极限值是绝对零度(-273.16℃)。绝对零度是永远不能达到的,因为达到绝对零度意味着分子热运动将完全停止,但运动是不可能完全停止的。因此,绝对零度是一个可以无限接近,但却是不可能达到的最冷状态。目前已经达到的最低温度为 3×10^{-7} K,并且还在继续向绝对零度靠近。

为了获得低温,首先是将气体液化。氦气是最好的制冷气体,它也最难液化,当压强 p = 101.325 kPa 时,氦气的液化温度为 4.2 K。在这样的压强下,无法使它变为固体。

液化气体最常用的方法是根据非理想气体节流膨胀(焦耳-汤姆逊膨胀)时的冷却效应,也就是让高压气体突然通过一个小孔或具有几个小孔的塞子(称为节流阀),使其压强降低,便成为低温气体。

要使气体通过节流阀后温度降低,必须先使气体的温度预冷到某一温度以下,否则温度反而会升高,这一温度称为转换温度。每种气体都有它自己特有的转换温度。在 15.2 MPa 下,氢气和氦气的转换温度分别为 193 K 和 40 K,而空气和其他气体的转换温度均高于通常的室温。因此,液化空气或氮气时不需要其他预冷剂,而液化氢气时需要用液态氮气作预冷剂,液化氦气时需要用液态氢气作预冷剂。

如图 11-7 是液化氮气的装置示意图。对氮气间隙液化处理时,首先使氮气经过压缩机变成高压气体,然后通过冷却器,使高压氮气的温度降低到室温。从冷却器出来后,高压氮气经分为内外两层的螺形管的内层向下流动,进入节流阀,体积突然膨胀,发生焦耳-汤姆逊冷却效应,其温度显著降低。低温氮气再经螺形管的外层向上流动,并返回压缩机。在螺形管中造成一个温度梯度,下面很冷,上面与室温接近。当高压氮气第 2 次进入螺形管向下流动时,由于管内有温度梯度,其温度逐渐下降,到达节流阀时,温度已很低。经节流阀膨胀后,温度进一步降低。高压氮气第 2 次经螺形管上升时,螺形管内的温度梯度将更大。如此反复进行,节流阀处的温度越来越低,直到这里的温度达到氮气的液化温度(77 K)时,氮气即在这里液化而流入下面的容器中。

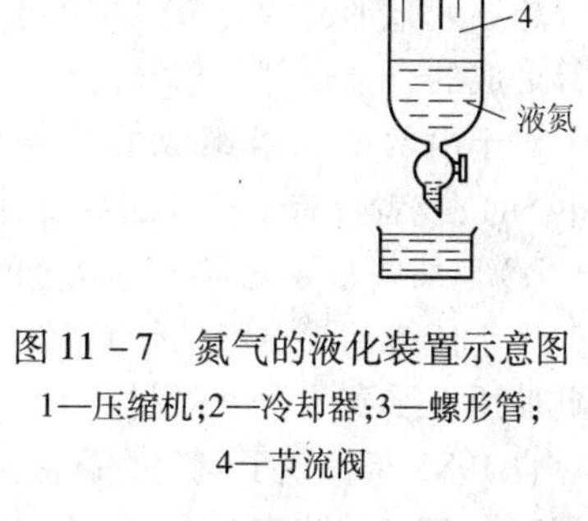

图 11-7 氮气的液化装置示意图

1—压缩机;2—冷却器;3—螺形管;4—节流阀

有了液氮以后,就可以进一步液化氢气和氦气。方法之一是先用液氮把氢气预冷到它的转变温度以下，借助于焦耳－汤姆逊效应得到液氢，再用液氢预冷氦气，利用焦耳－汤姆逊效应得到液氦。

另外一种制冷气体的方法是，在绝热条件下，使高温气体膨胀，对外做功。在这一过程中，气体因消耗本身的内能而导致温度降低。

得到了液氦后，再进一步降低它的温度的方法是降低蒸气压，即用一台真空泵，把它和装有液氦的容器连接起来，把液氦上面的氦气不断地抽走，使液氦的温度不断降低，用这种方法可将液氦的温度从4.2 K降低到0.8 K。

得到了液态气体后，还必须妥善保存，否则会很快蒸发掉。保存液态气体的方法是将它置于玻璃或金属制的杜瓦瓶中。玻璃杜瓦瓶与普通的热水瓶相似，是1个双层的玻璃容器，夹层的内壁上镀了1层银膜，夹层中的空气被抽走，变成真空。这个真空夹层不传热，阻止了瓶内外的热量交换。另外银层不太吸热，它能把辐射来的热能反射回去。由于玻璃器皿容易损坏，所以在目前绝大多数情况下，都使用金属杜瓦瓶。

11.2.3　超导材料

超导现象虽然早已发现，但由于一直没能找到合适的超导材料，致使超导技术得不到应用。直到20世纪60年代，随着一些有实用价值的超导材料的发现，才使超导技术的应用获得了迅速的发展，并逐渐形成为一项专门技术。

目前已发现的超导元素有28种，在化学元素周期表中大都位于中部，它们是：铍Be、钇Y、钛Ti、锆Zr、铪Hf、钍Th、钒V、铌Nb、钽Ta、镤Pa、钼Mo、钨W、铀U、锝Tc、铼Re、钌Ru、锇Os、铱Ir、锌Zn、镉Cd、汞Hg、铝Al、镓Ga、铟In、铊Tl、锡Sn、铅Pb、镧La，其中钛、锆、铌、铅等的临界温度都比较高。

研究发现，元素相同而结晶形式不同时，其临界温度也不同。如原始的白锡（正方结构）是超导体，而灰锡（金刚石结构）则不是超导体。此外，若超导元素有几种同位素，则各种同位素的临界温度也往往不相同。

将元素加上高压或做成薄膜，使其结晶构造发生变化，也可以改变它们的临界温度，并且可以将原来不具超导特性的元素变成超导元素。

一些常见的超导元素的临界温度见表11－2。

表11－2　部分超导元素的临界温度 T_C（K）

元素	钨W	铱Ir	镉Cd	锌Zn	铀U	铝Al	锡Sn	汞Hg	钒V	铅Pb	铌Nb
T_c	0.012	0.14	0.56	0.79	0.80	1.19	3.69	4.12	5.3	7.2	9.2

超导元素形成的合金也多半是超导体。例如铅与其他一些非超导元素铜、金、银、磷、砷、锑、铋等形成的合金也都是超导体。

对于由两种元素组成的超导化合物，其组成的两种元素可以都具超导特性，如铌三锡（Nb_3Sn）；或者仅有1种具超导特性，如钒三硅（V_3Si）；或者两种都不具超导特性，如锶铋化合物（$SrBi_3$）。某些超导化合物和合金的临界温度如表11－3所示。

由于传统超导材料的临界温度都比较低，最高的 $T_c = 23.4$ K（Nb_3Ge），需要液氦作制冷剂，因此使用上受到了很大限制。

自1986年发现了氧化物高温超导材料以后，经过大量的研究工作证实，许多物质的超导临界温度在77 K（液态氮的温度）以上，如铊系氧化物（$Tl_2Ba_2Ca_2Cu_3O_{10}$）的临界温度已达到125 K。

表 11-3 一些超导化合物和合金的临界温度 T_c(K)

化合物或合金	T_c	化合物或合金	T_c	化合物或合金	T_c
Nb-Ti 合金	10.6	NbN	15.6	Nb_3Ga	20.3
Nb-Ta-Ti 合金	10.0	V_3Si	16.9	$Nb_{12}Al_3Ge$	20.7
Nb_5Ti_5	9.6	Nb_3Sn	18.05	Nb_3Ge	23.4
Nb_2Zr	10.8	Nb_3Al	18.8		
V_3Ga	15.36	$Nb_3Al_{0.8}Ge_{0.2}$	20.2		

目前应用的超导材料主要有超导合金和超导化合物,尤其是铌-钛合金、铌三锡(Nb_3Sn)和钒三镓(V_3Ga)等应用得更为广泛。

目前使用的超导合金材料有线材和带材两种形式,线材又分单股和多股两种。由于把超导线和铜挤压在一起时可以获得最好的性能,所以不论是单股还是多股超导线材的外面都镀有一层铜。

Nb_3Sn 的性能比 Nb-Ti 合金的更好,前者的承载电流密度为 $1 \sim 5 \times 10^{10}$ A/m^2,而后者的承载电流密度为 1×10^8 A/m^2。但 Nb_3Sn 既硬又脆,必须制备在适当的基带上,然后才能绕成线圈形状,不能利用通常的拉丝方法,或者利用化学方法制成带材或线材。

在采用气相沉积法生产超导材料的工艺中,用氢不断地还原气态的铌和锡的氯化物,使铌锡化合物沉积在用作基带的不锈钢带上。基带用电加热到1000℃,在它的表面上发生如下的化学反应,生成 Nb_3Sn:

$$3NbCl_4 + SnCl_4 + 8H_2 = Nb_3Sn + 16HCl$$

在采用扩散法生成超导材料时,其主要过程是借助于浸渍,即用蒸发或沉积法先在铌线带上覆盖一层锡,然后将整体在1000℃下进行热处理,在铌和锡的边界处就发生扩散和化学反应而生成 Nb_3Sn。

11.2.4 超导磁选机

超导磁体在磁分离方面的应用主要是利用超导强磁体制造强磁场磁选机。20 世纪 70 年代研制的高梯度磁选机(HGMS)所产生的磁感应强度只能达到 2 T(相应的磁场强度为 1.6×10^6 A/m)左右,接近铁轭的饱和磁场。在这种设备中,捕获的物料通过吸附或改变运动方向而得到分选。应用在高岭土工业的高梯度磁选机的磁场(强度约为 2 T)是由质量达 60~70 t 的水冷式铜线圈提供的,系统中的铁轭质量达 200~300 t。分选空间是直径为 2~3 m、高度为 1 m 的容器,其内部放置钢毛介质,设备的能耗为 400~500 kW。而改用超导材料以后,可以使设备的生产能力增加 10 倍,能耗减少到原来的 1/10。

和常规的磁选机一样,超导磁选机也需要形成分选弱磁性物料所必需的高度非均匀磁场。产生非均匀磁场的方式之一,是在均匀磁场中放置聚磁介质,这种聚磁介质是用铁磁性材料做成的特殊形状的板、球、丝。这种方法的优点是提高了磁场强度和梯度,缺点是磁性颗粒沉积在介质上,为了进行清洗,必须使介质离开磁场。

产生非均匀磁场的方式之二,是利用特殊形状的线圈或磁轭产生非均匀磁场,如四极头磁选机、八极头磁选机等。四极头磁选机的 4 个磁极构成 1 个封闭的圆柱体,产生 1 个圆柱形的对称磁场。这个磁场在圆柱体的轴线处消失,并且有 1 个恒定的径向梯度。实际上,完全径向对称的磁场是不可能的,不可避免地会产生切向梯度和切向力,这对于分选过程是有些不利的。

产生非均匀磁场的第 3 种方式是利用螺线管。在这种情况下,每个螺线管的极是交替变更的。依据线圈横截面的几何形状及线圈间的距离，产生不同的径向和轴向梯度。利用螺线管的主要优点是能产生一个完全对称的径向磁场，而且制造容易。

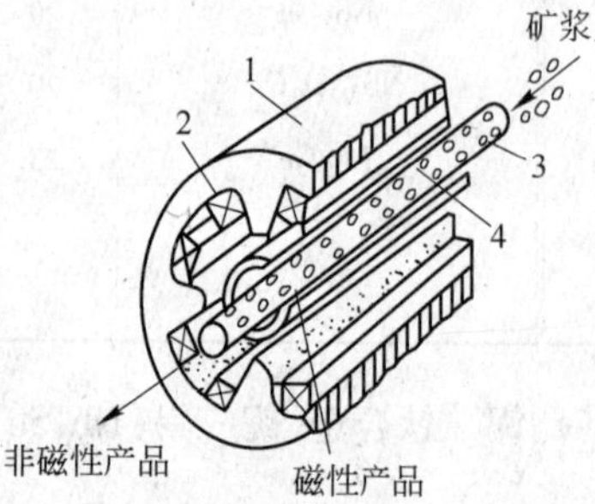

图 11－8　MK-1 型超导磁选机外形图
1—磁体；2—超导线圈；3—内分选管；
4—外分选管

目前生产中使用的超导磁选机主要有四极头超导磁选机和螺线管堆超导磁选机等，主要用于高岭土等陶瓷原料的提纯，也可用于煤炭脱硫、金属矿富集，污水处理等方面。

11.2.4.1　四极头超导磁选机

四极头超导磁选机是 1970 年英国的科恩和古德研制的试验型设备，其外形如图 11－8 所示。这种设备主要由密封在低温容器中的磁体和内、外分选管构成。

当磁体线圈中通过 70 A 的电流时，分选空间中的磁场强度达 $1.44 \sim 1.6 \times 10^6$ A/m，磁场梯度为 2.8×10^7 A/m^2。分选物料时，首先使磁体冷却到临界温度以下，然后将超导线圈接通电流可调的直流电源，达到正常运转。线圈用超导环路闭合开关构成回路，切断电源后，电流在回路中持续流动，产生所需要的磁场。在磁体的轴线上，有同心的内外两根管，内管的管壁上有很多小孔。矿浆连续地给入内管，其中的磁性颗粒，由于磁力的作用，通过管壁上的小孔进入外管中，被水流冲走，成为磁性产物。非磁性颗粒则随矿浆一起沿内管流出，成为非磁性产物。

11.2.4.2　螺线管堆超导磁选机

螺线管堆超导磁选机是一种连续操作的新型磁选机，其结构如图 11－9 所示。这种设备是由 10 个沿轴向排列且彼此有一定间距的短而厚的超导螺线管组成。激磁电流的方向使线圈磁场的极性相反，线圈产生一个径向对称的不均匀强磁场和方向向外的径向磁力。磁力在线圈附近最强，在轴线处降为零。

设备工作时，入选物料给入磁选机的圆环形断面分选区，磁性较强的颗粒在分选区外壁处富集。在分选区末端，矿浆流被分隔板分成两部分，靠外的一部分为磁性产物，靠内的一部分为非磁性产物。这种设备的技术参数及用于分选菱铁矿－石英混合物料的试验指标见表 11－4。

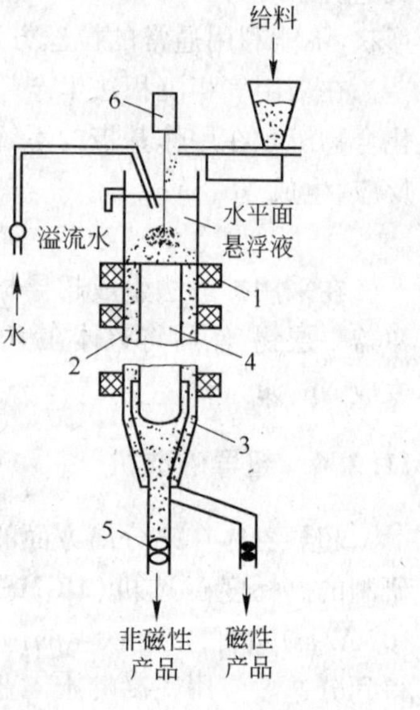

图 11－9　螺线管堆超导磁选机的结构
1—超导线圈；2—分选区；3—分隔板；
4—分选区限制器；5—阀门；6—搅拌器

表 11－4　螺线管堆超导磁选机的技术参数及分选指标

环形分选区尺寸（直径×长度）/mm	电流密度 /MA·m^{-2}	磁场强度 /MA·m^{-1}	分选指标		
			粒度/mm	处理能力/kg·h^{-1}	回收率/%
110×700	300	1.2～2.0	0.1～0.2	650～3000	87～97

通过试验发现，用螺线管堆超导磁选机进行分选时，待分选物料中的磁性成分含量和矿浆的浓度都不能太高，而矿浆在设备中的流动速度却不能太低，必须使矿浆呈湍流流动，适宜的流动

速度为0.7 m/s。

此外，抚顺隆基磁电设备有限公司与中国科学院电工研究所合作，于近期研制出了超导高梯度磁分离机样机，其技术参数见表11-5。

表11-5 超导高梯度磁分离机样机的技术参数一览表

中心磁感应强度/T	线圈内径/mm	线圈长度/mm	杜瓦内径/mm	杜瓦瓶外径/mm	室温孔径/mm	处理能力/t·h^{-1}
4	684	800	500	1120	500	3~5

11.3 磁种分选法

选择性磁种分选法的基本原理是，在控制适当的条件下，对物料进行表面磁化处理，也就是以微粒磁铁矿、铁氧体或磁流体等强磁性粒子作为磁性种子，通过某种物理或化学过程，使这些磁性种子选择性地黏附、罩盖在弱磁性或非磁性的目的颗粒上，提高其磁性，以便能够在较弱的磁场中将其回收。

与使用高分子聚合物的选择性絮凝法相比，选择性磁种技术的优点主要表现在：能改善絮凝过程，使过程速度加快，加入的磁种可以提高被絮凝物的磁化率，使其容易在磁场中分离出来，而且磁种可以回收再用。因此，近年来围绕将选择性磁种技术应用于固体物料分选过程和污水处理工艺等方面，进行了大量的试验研究，并已取得了令人满意的结果。

11.3.1 选择性磁种分选技术的理论基础

选择性磁种分选技术的实施有2个关键环节，即分散和异质凝聚。前者是使矿浆中的目的颗粒和非目的颗粒都呈分散状态，为下一个环节创造条件；后者是使磁性种子与目的颗粒发生异质凝聚。因而选择性磁种技术包括一系列的分散、絮凝过程，这些过程都依赖于物料中各组分的表面性质。

分散可以通过调节矿浆的化学性质，使其中包含的微细颗粒之间的排斥力大于吸引力来实现。而这里的异质凝聚，实质上就是微细的磁种颗粒有选择性地在粗颗粒上的附着，这一过程可以通过控制颗粒之间的相互作用能量来实现。根据胶体稳定性理论可知，凝聚的效率主要取决于颗粒之间的相互作用能。当磁性微粒与目的颗粒之间的最大相互作用能小于零时，也就是当没有势垒阻止磁种颗粒对目的颗粒的黏附时，两者即发生异质凝聚。

对于非磁性颗粒，如欲使它们的磁化系数成为类似于弱磁性矿物（如黑钨矿、菱铁矿等）的磁化系数，也就是使它们的物质比磁化系数达到在$2.0 \sim 20 \times 10^{-7}$ m^3/kg，需要添加的磁铁矿数量，可以用有效的磁化系数与岩石中磁铁矿的含量关系式来计算，亦即：

$$\chi = 1.04 \times 10^{-5} \pi [100\varphi(Fe_3O_4)]^{1.11} \qquad (11-11)$$

式中 χ——需要的物质比磁化系数，m^3/kg；

$\varphi(Fe_3O_4)$——需要加入的磁铁矿在混合物料中的体积分数。

另外，帕森纳格（P. Parsonage）等人认为，在利用磁种分选法进行物料分选的过程中，作为磁种的磁铁矿吸附在目的颗粒的表面，形成必要的罩盖层，因此，所需要的磁铁矿的体积与欲罩盖的颗粒的总体积、颗粒表面的罩盖度、罩盖层的厚度和磁铁矿在颗粒表面上的堆积系数成正比，当颗粒均为球形时，它们之间的关系为：

$$\text{所需磁铁矿的体积} = 8\pi r_1^2 r_2 \theta \Phi \qquad (11-12)$$

式中　r_1——目的颗粒的半径,m;

r_2——磁铁矿颗粒的半径,m;

θ——表面罩盖度,(°);

Φ——堆积系数,其值通常为0.5~0.7。

在被罩盖以后的颗粒中,磁铁矿的体积分数$\varphi(Fe_3O_4)$为:

$$\varphi(Fe_3O_4)=1/[1+r_1/(6r_2\theta\Phi)] \tag{11-13}$$

用式(11-13)计算出的结果表明,当磁铁矿颗粒的粒度r_2一定时,被罩盖颗粒的有效磁化系数随着其粒度r_1的增大而下降,这就给宽级别物料的分选带来了一定的困难。

11.3.2　磁种分选法的分类

磁种和目的颗粒结合的原理与絮凝和浮选过程中的某些原理是类似的。但各种磁性种子有选择性地与目的颗粒发生黏附的条件却是不同的,其作用机理也不完全相同。依据作用机理,可将磁种分选法分为以下几类:

(1) 凝聚磁种法。凝聚磁种法就是使用与目的颗粒具有相近等电点的磁种,通过分散并控制矿浆的pH值在两者的等电点之间,使磁种和目的颗粒产生异质共凝聚。例如,采用等电点为6.5左右、粒度小于1 μm的人造铁氧体,可以与等电点为6.2的TiO_2、等电点为7.8的SnO_2、等电点为6.05的ZnO等物质产生异质凝聚,使这些物质因表面吸附有磁种颗粒而产生磁性,从而可以用磁选法进行分离。

(2) 团聚磁种法。团聚磁种法是选用适当的药剂与目的颗粒发生作用,使它们的表面疏水,然后加入有机捕收团聚剂,使目的颗粒与磁种发生选择性团聚,增强其磁性,从而可利用磁选法对它们进行回收。例如,用油酸、塔尔油、煤油等作捕收团聚剂,用人造磁种对粒度为-0.074 mm、铁品位为32.00%的赤铁矿矿石进行的团聚磁种法分选试验结果表明,不加磁种时,铁的回收率仅为10%;加入磁种后,铁的回收率迅速上升,当磁种的加入量为矿石量的0.6%时,铁的回收率高达89%。

(3) 选择性磁罩盖法。选择性磁罩盖法,首先是选用适当的表面活性剂对目的颗粒的表面进行活化,然后加入微细粒磁铁矿的悬浮液,磁铁矿颗粒便有选择性地罩盖在目的颗粒的表面,此后再用磁选法进行分离。例如,采用1%的煤油或0.15%的二烃基季胺氯化物和伯胺氯化物的混合物作活化剂,用细磨的磁铁矿作磁种(添加量为1%),处理含SiO_2 16.92%、CaO 4.9%的菱镁矿矿石时,经过活化剂处理后,磁铁矿颗粒选择性地罩盖在硅、钙质脉石上,进行磁选分离后,获得了含SiO_2 0.72%、CaO 1.08%的高纯度菱镁矿精矿。

11.3.3　磁种的类型与制备方法

磁种分选法采用的磁种大致可归纳为3类。

第1类磁种是磁铁矿、钛磁铁矿、硅铁、铁屑等的粗粒或细粒粒子,使用时将它们直接加入磁分离过程。

第2类磁种是分子式为$MOFe_2O_3$的磁性铁氧体粒子。分子式中的M是二价金属(如Fe、Mn、Ni、Co、Ba、Mg等)离子,常用的铁氧体的化合物分子式为Fe_3O_4、$NiFe_2O_4$、$CoFe_2O_4$等。这类磁种的制备,是将摩尔比例为1.5~2.0的三价铁盐和二价金属盐,在有过量强碱存在下的溶液中沉淀而获得。

第3类磁种是磁流体,即非常微细的磁性粒子在液体载体中形成的超稳定胶体悬浮液。

12 电 选

对物料进行电选是基于物料具有不同的电学性质,当颗粒经过高压电场时,利用作用在这些颗粒上的电场力和机械力的差异进行分选的一种选别方法。

从历史上看,电选的发展经历了相当长的一段时间。早在1880年,就有人在静电场中分选谷物,亦即使碾过的小麦在一个与毛毡摩擦而带电的硬橡胶辊下通过,麦糠等一些密度小的物质被吸到辊子上,从而与密度较大的颗粒分开。1886年,卡尔潘特(F. R. Carpenter)曾用摩擦荷电的皮带富集含有方铅矿和黄铁矿的干砂矿。

1908年,在美国的威斯康星建成了一座利用静电场分选铅锌矿石的选矿厂。当时由于条件限制,电选只能在静电场中进行,因而分选效率低,设备的生产能力小。直到20世纪40年代,由于科学技术的发展,特别是在电选中应用了电晕带电方法以后,大大提高了分选效率,加之当时国际市场上对稀有金属的需求量急剧增加,促使人们重新注意研究和应用电选技术。

虽然电选的物料必须经过干燥、筛分、加热等预处理过程,但电选设备结构简单,操作容易,维修方便,生产费用较低,分选效果好,所以广泛应用于稀有金属矿石的精选,而且在有色金属矿石、非金属矿石、甚至在黑色金属矿石的分选中也得到了应用。另外,电选还用于分选粉煤、陶瓷、玻璃原料,建筑材料的提纯,工厂废料的回收及除尘,物料分级及精选谷物、种子和茶叶等。

12.1 电选的基本原理

12.1.1 矿物的电性质

在电选过程中,首先使固体颗粒带电,而使颗粒带电的方法主要取决于它们自身的电性质。矿物的电性质是指它们的电阻(或电导率)、介电常量、比导电度和整流性等。由于各种物料的组成不同,表现出的电性质也有明显差异,即使是属于同一种物料,由于所含杂质不同,其电性质也有差别。

12.1.1.1 *矿物的电阻*

矿物的电阻是指矿物颗粒的粒度 $d = 1$ mm 时,所测定出的欧姆数值。根据所测出的电阻值,常将矿物分为导体矿物、非导体矿物和中等导体矿物3种类型。

导体矿物的电阻小于 $1\times10^6\ \Omega$,表明这类矿物的导电性较好,在通常的电选过程中,能作为导体矿物被分出。

非导体矿物的电阻大于 $1\times10^7\ \Omega$,这类矿物的导电性很差,在通常的电选过程中,只能作为非导体矿物被分出。

中等导体矿物的导电性介于导体矿物和非导体矿物之间,在通常的电选过程中,这类矿物常作为中间产物被分出。

这里所说的导体矿物和非导体矿物与物理学中的导体、半导体和绝缘体之间有着很大的差别。所谓的导体矿物,是它们在电场中吸附电子以后,电子能在其颗粒上自由移动,或者在高压静电场中受到电极感应以后,能产生可以自由移动的正负电荷;所说的非导体矿物,在电晕电场中吸附电荷以后,电荷不能在其表面自由移动或传导,这些矿物在高压静电场中只能极化,正负电荷中心只发生偏离,而不能被移走,一旦离开电场,立即恢复原状,对外不表现正负电性;所说的中等导体矿物的导电性介于上述二者之间，除个别情况外，它们绝大部分是以连生体颗粒的形式出现。

12.1.1.2　*介电常量*

介电常量是介电体（非导体）的一个重要电性指标，通常用 ε 表示，表征介电体隔绝电荷之间相互作用的能力。在电介质中，电荷之间的相互作用力 F_ε 比在真空中的作用力 F_0 小，F_0 与 F_ε 之比称为该电介质的介电常量。电介质的介电常量越大，表示它隔绝电荷之间相互作用的能力越强，其自身的导电性也越好。反之，介电常量越小，电介质自身的导电性就越差。

在物理学中，介电常量又称为电容率，它是电介质的电容 C 与真空的电容 C_0 之比，即：

$$\varepsilon = C/C_0 \tag{12-1}$$

所以在所有的电介质中，电容器的电容都要比在真空中增大 ε 倍。

空气的介电常量近似等于 1，而其他物质的介电常量均大于 1。介电常量的大小与电场强度无关，仅与所使用的交流电的频率和环境温度有关。常见矿物的介电常量和电阻见附表 3。

12.1.1.3　*矿物的比导电度*

矿物的比导电度也是表征矿物电性质的一个指标。矿物的比导电度越小，其导电性就越好。试验发现，电子流入或流出矿物颗粒的难易程度，除与颗粒自身的电阻有关外，还与颗粒与电极之间接触界面的电阻有关，而界面电阻又与颗粒和电极的接触面（或接触点）的电位差有关。电位差较小时，电子往往不能流入或流出导电性差的矿物颗粒，而当电位差相当大时，电子就能流入或流出，此时导体矿物颗粒表现出导体的特性，而非导体矿物颗粒则在电场中表现出与导体矿物颗粒不同的行为。

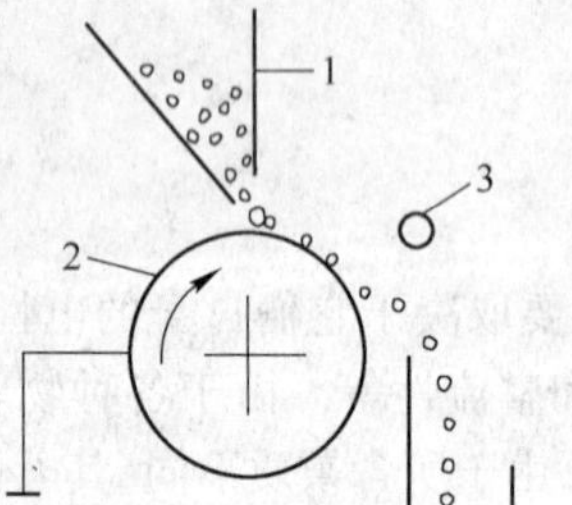

图 12－1　测定物料比导电度的装置示意图

1—给料斗；2—转筒；3—高压电极

电子流入或流出各种矿物颗粒所需要的电位差可用图 12－1所示的装置进行测定。被测物料由给料斗给到转筒上，通过两个电极所形成的电场。当电压达到一定值时，导电性较好的颗粒按照高压电极的极性获得或失去电子，从而带正电或负电并被高压电极吸引，致使其下落的轨迹发生偏离；导电性较差的颗粒则在重力和离心惯性力的作用下，基本上沿着正常的下落轨迹落下。采用不同的电压，就可以测出各种矿物成为导体时所需要的最低电压。石墨是良导体，所需要的电压也最低，仅为 2800 V，国际上习惯以它作为标准，把其他矿物在电场中成为导体时所需要的电位差与此标准相比较，两者的比值称为矿物的比导电度。例如，钛铁矿所需的最低电压为 7800 V，其比导电度为 2.79（＝7800/2800）。显然，两种矿物的比导电度相差越大，就越容易在电场中实现分离。

12.1.1.4　*矿物的整流性*

测定矿物的比导电度时发现，有些矿物只能在高压电极带正电时才起导体的作用，而另一些矿物则只有高压电极带负电时才起导体作用。例如，石英只有高压电极带正电且电位差为 8892～14820 V时，才表现为导体，高压电极带负电时则为非导体；而方解石只有高压电极带负电且电位差为 10920 V 时，才表现为导体，反之为非导体。还有一些矿物如磁铁矿、钛铁矿、金红石等，不管高压电极带正电还是带负电，当电位差达到一定的数值后，均表现为导体。矿物所表现出的这种电性质称为整流性，并规定只能在高压电极带负电时，获得正电荷的矿物为正整流性矿物；只能在高压电极带正电时，获得负电荷的矿物为负整流性矿物；不论高压电极带什么样的电荷,均表现为导体的矿物称为全整流性矿物。

根据矿物的电性质,可以原则上分析用电选法对其进行分选的可能性及实现有效分选的条件。

根据矿物的比导电度可以确定电选时采用的最低分选电压。例如,金红石的比导电度为3.03,所以使其成为导体的电压必须大于(2800×3.03)8484 V。

根据矿物的整流性可以确定高压电极的极性。例如,分选金红石和石英时,金红石呈全整流性,比导电度为3.03,使其成为导体的最低电压为8484 V;石英呈负整流性,使其成为导体的最低电压为8892 V;若高压电极的极性为正,由于两者呈现导体性质的电压非常接近,很难实现有效分选。因此,高压电极必须为负极,使石英呈现非导体性质,进而达到使两者分离的目的。

根据矿物的电阻(或电导率)可以判断用电选法对两种矿物进行分选的可能性。二者的电阻差别越大,越容易实现分离。常见矿物的比导电度和整流性见附表4。

12.1.2 颗粒在电场中带电的方法

在电选过程中,使颗粒带电的方法通常有摩擦带电、感应带电、接触带电以及在电晕放电电场中带电。

12.1.2.1 摩擦带电

摩擦带电是通过接触、碰撞、摩擦等方法使颗粒带电,其一是颗粒与颗粒之间相互摩擦,分别获得不同符号的电荷;其二是颗粒与某种材料摩擦、碰撞或颗粒在其上滚动等使颗粒带电。通过摩擦使颗粒带电的方法发明较早,但用于物料分选的历史并不长。

通过摩擦、碰撞等使颗粒带电,完全是由于电子的转移所致。介电常量大的颗粒,具有较高的能位,容易极化而释放出外层电子;反之,介电常量较小的颗粒,能位也较低,难于极化,容易接受电子。释放出电子的颗粒带正电,接受电子的颗粒带负电。

需要指出的是,并非所有的物料都能采用摩擦带电的方法使其带电,只有当相互摩擦的两种物料都是非导体,而且两者的介电常量又有明显的差别时,才能发生电子转移,并保持电荷;介电常量相同的两种非导体物料,由于其能位相同,很难产生电荷,所以不能用摩擦带电的方法使之分离;导体颗粒与导体颗粒相互摩擦碰撞时,也能产生电荷,但无法保持下来,所以也同样不能用这种方法进行分选。

12.1.2.2 感应带电

感应带电是颗粒并不与带电的电极接触,完全靠感应的方法带电。如导体颗粒移近电极时,由于电极的电场对导体中的自由电子发生作用,使导体颗粒靠近电极的一端产生与电极符号相反的电荷,远离电极的一端产生与电极符号相同的电荷。如颗粒从电场中移开,这两种相反的电荷便互相抵消,颗粒又恢复到不带电的状态。这种电荷称为感应电荷,可以用接地的方法移走。

非导体矿物在电场中只能被极化。非导体分子中的电子和原子核结合得相当紧密,电子处于束缚状态。当接近电极时,非导体分子中的电子和原子核之间只能作微观的相对运动,形成“电偶极子”。这些电偶极子大致按电场的方向排列(称为电偶极子的定向),因此在非导体和外电场垂直的两个表面上分别出现正、负电荷,如图12-2所示。这些正负电荷的数量相等,但不能离开原来的分子,因而称为“束缚电荷”。电场内的非导体由电荷的移动过程(或由电偶极子的定

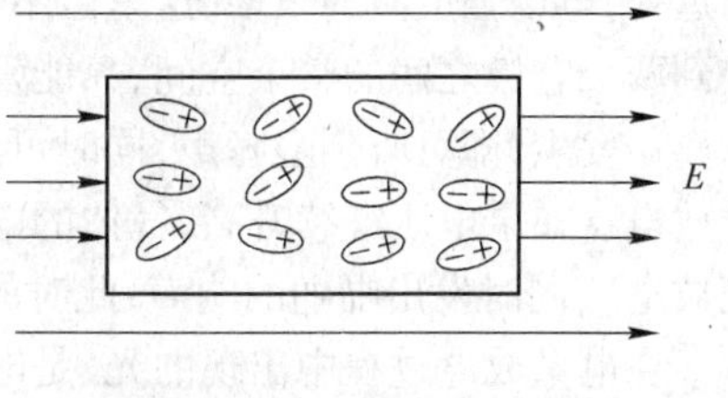

图12-2 电偶极子的定向

向）称为极化，束缚电荷与感应电荷不同，不能互相分离，也不能用接地等方法移走。两种电性不同的颗粒在分选电场中的运动有差异，利用这种差异可以将两种颗粒分开。

12.1.2.3　传导带电

颗粒与带电电极直接接触时，由于颗粒本身的电性质不同，与带电电极接触后所表现出的行为也明显不同。导电性好的颗粒，直接从电极上获得电荷（正电荷或负电荷），因同性电荷相斥而使颗粒被弹离电极；反之，不导电或导电性很差的颗粒则不能很快或根本不能从电极上获得电荷，只能受到电场的极化，极化后发生正、负电荷中心偏移，靠近电极的一端产生与电极极性相反的电荷，因而不能被电极排斥，从而使两种颗粒因运动轨迹的不同而得到分离。

12.1.2.4　电晕电场中带电

气体导电需要有两个条件，首先要有可移动的电荷（导电机构），其次要有使电荷做定向移动的力（电场）。在通常的情况下，气体是中性的，没有导电机构，所以气体是良好的绝缘体。但在外界因素的作用下，可使气体满足产生电流的第 1 个条件而具有导电性。如果同时有电场存在，满足了第 2 个条件，气体中就有电流通过。当气体具有导电性时，电流通过气体的现象称为气体放电。

气体分子在电离剂（如火焰、伦琴射线、紫外线）的作用下能获得足够的能量，致使其中的电子能够挣脱束缚力而离去，这样一来，1 个本来呈电中性的分子，就分离为 1 个带正电荷的阳离子和 1 个或几个带负电荷的电子，这些电子又可以与中性分子结合形成阴离子。这种从中性分子产生离子的过程称为电离。由此可见，气体中的离子是失去了电子或获得了电子的分子或原子形成的。当气体中有了离子和电子以后，在外电场的作用下，它们就分别作定向运动，形成电流。如上所述，由于与电场无关的外界电离剂的作用，使气体电离而诱发的导电性，称为被激导电性。

在没有电离剂时，气体中残存的电子或离子（由于宇宙射线和地壳上放射性元素的放射线作用，大气中经常有少数离子存在），在外加电场的作用下，也将在运动中获得动能。如果外加电场足够强，使这些电子或离子在与中性分子碰撞前，已经获得了足够的能量，则当它们同中性分子发生碰撞时，把足够的能量传递给中性分子，使其发生电离，这种电离称为碰撞电离。当气体中有碰撞电离存在时，虽然没有外界电离剂的作用，也能产生导电机构即电子和离子，从而使气体具有导电性，这种导电性称为自激导电性。气体因具备自激导电性而产生的放电现象称为自激放电，通常有电晕放电和火花放电两种形式。

电晕放电的电场称为电晕电场，这种电场是一种很不均匀的电场。电晕电场中有两个电极，其中一个电极的曲率很大，直径通常仅有 0.2～0.4 mm；另一个电极的曲率很小，直径一般为 120 mm。两个电极相距一定距离，在正常的大气压强下，提高两个电极之间的电压时，两极间即形成不均匀的电场。在大曲率的电极附近，电场强度很大，足以导致发生碰撞电离。而离开电极稍远处，电场强度减弱很多，这里已不能发生碰撞电离。所以，在电晕电场中，碰撞电离并不能发展到两个电极之间的整个空间，只能发生在大曲率电极附近很薄的一层里（称为电晕区）。碰撞电离一发生，即可听到咝咝声，同时可以看到围绕电极形成一圈光环，发出淡紫色光亮，此即为电晕放电。如果电压继续升高，气体的电离范围就逐渐扩大。当电压升至一定数值时，就发生“火花放电”，同时发出啪啪的响声，此时的电压称为击穿电压，这时电晕电场已遭破坏。

在电晕放电过程中出现的光，是电子或离子再化合时释放出的能量，或者是电子在原子内部移向更稳定的位置时释放出的能量。

电晕电极的极性通常为负的，因为负电晕放电的击穿电压比正电晕放电的要高得多，所以电晕电选机的电晕电极与高压电源的负极相连，而滚筒通常接地。

当电晕放电发生时，阳离子飞向负电极，阴离子飞向正电极（即接地圆筒），从而在此空间中形成了体电荷（即负电荷充满了电晕外区），通过此空间区的固体颗粒均能获得负电荷，这种带电方式称为电晕电场带电。由于物料传导电荷的能力不同，导电性较好的颗粒获得电荷后，能立刻（在0.01~0.025 s内）将电荷放走，不受电力作用；而导电性较差的颗粒则不能将获得的电荷放走，从而受到电力的作用。利用两者在不同力的作用下表现出的行为差异，就可以将它们分开。

12.1.3 电选的基本条件

被分选的物料颗粒进入电选机的电场以后，受到电力和机械力的作用。在较常用的圆筒形电晕电选机中，颗粒的受力情况如图12－3所示。在这种情况下，作用在颗粒上的电力包括库仑力、非均匀电场力和镜面力；作用在颗粒上的机械力包括重力和离心惯性力。

根据库仑定律，一个带电颗粒在电场中所受到的库仑力为：

$$f_1 = QE \tag{12-2}$$

式中 f_1——作用在颗粒上的库仑力，N；

Q——颗粒所带的电荷，C；

E——颗粒所在处的电场强度，N/C。

在电晕电场中，颗粒吸附离子所获得的电荷可由下式确定：

$$Q_t = [1 + 2(\varepsilon - 1)/(\varepsilon + 2)]Er^2M \tag{12-3}$$

式中 Q_t——颗粒在电场中经过 t 时间所获得的电荷；

ε——颗粒的介电常量；

r——颗粒的半径；

M——参数，其计算式为：

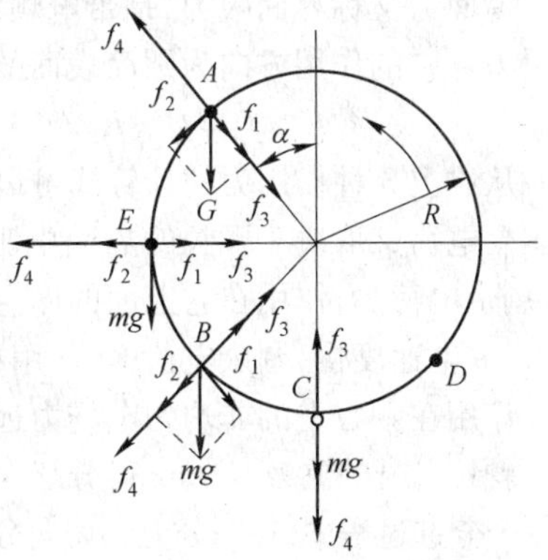

图12－3 颗粒在电晕电选机中的受力示意图

$$M = \pi knet/(1 + \pi knet) \tag{12-4}$$

式中 k——离子迁移率或称淌度，即在每10 mm为1 V电压下离子的迁移速度，当 p = 101.325 kPa时，$k = 2.1\times10^{-4}\ \mathrm{m^2/(V\cdot s)}$；

n——电场中离子的浓度，$n = 1.7\times10^9$ 个/m³；

e——电子电荷，$e = 1.601\times10^{-19}$ C。

实际上，颗粒在圆筒表面上吸附离子获得电荷的同时，也放出电荷给圆筒，颗粒上的剩余电荷取决于放电速度，因此，作用在颗粒上的库仑力应该为：

$$f_1 = Q(R)E \tag{12-5}$$

式中 $Q(R)$——颗粒上的剩余电荷，其表达式为：

$$Q(R) = Q_t f(R) \tag{12-6}$$

式中 $f(R)$——颗粒界面电阻的函数，对于导体颗粒（$R\to0$），它接近于0；对于非导体颗粒（$R\to\infty$），它接近于1。

综合上述各式，作用在颗粒上的库仑力的计算式为：

$$f_1 = Q_t f(R)E = [1 + 2(\varepsilon - 1)/(\varepsilon + 2)]E^2r^2Mf(R) \tag{12-7}$$

由式（12－7）可以看出，导体颗粒在电晕电场中不受库仑力的作用，只有非导体颗粒和半导体颗粒才受到方向指向圆筒的库仑力的作用。

非均匀电场力也称为有质动力。当电介质颗粒位于电场中时，将因极化而产生束缚电荷。

在均匀电场中，这将使电介质颗粒受到一个力矩的作用；在非均匀电场中，这将使电介质颗粒受到一个力的作用，这个力称为非均匀电场力，其计算式为：

$$f_2 = \alpha EV \mathrm{d}E/\mathrm{d}x \tag{12-8}$$

式中　α——极化率；
E——电场强度；
V——颗粒的体积；
$\mathrm{d}E/\mathrm{d}x$——电场梯度。

对于球形颗粒，$\alpha = 3(\varepsilon - 1)/[4\pi(\varepsilon + 2)]$，$V = 4\pi r^3/3$，则式(12－8)变为：

$$f_2 = r^3[(\varepsilon - 1)/(\varepsilon + 2)]E\mathrm{d}E/\mathrm{d}x \tag{12-9}$$

在电晕放电电场中，越靠近电晕电极，$\mathrm{d}E/\mathrm{d}x$ 越大，而在圆筒表面附近，电场已接近均匀，所以 $\mathrm{d}E/\mathrm{d}x$ 很小，从而使 f_2 也很小。f_2 的方向沿法线向外。

镜面力又称界面吸力，是带电颗粒表面的剩余电荷与圆筒表面相应位置的感应电荷之间的吸引力。它的作用方向为圆筒表面的内法线方向，其大小为：

$$f_3 = Q^2(R)/r^2 = [1 + 2(\varepsilon - 1)/(\varepsilon + 2)]^2E^2r^2M^2f^2(R) \tag{12-10}$$

从以上 3 种作用力的计算式可以看出，库仑力和镜面力的大小主要取决于颗粒的剩余电荷，而剩余电荷又取决于颗粒的界面电阻。对于导体颗粒，由于它的界面电阻接近于零，放电速度快，剩余电荷少，作用在它上面的库仑力和镜面力也接近于零。而对于非导体颗粒，它的界面电阻大，放电速度慢，剩余电荷多，作用在它上面的库仑力和镜面力大。

作用在颗粒上的非均匀电场力远远小于库仑力，实际上可以忽略不计。

颗粒自身的重力 $G = mg$ 可分解为沿圆筒径向上的径向分力和沿圆筒切线方向上的切向分力，在整个分选过程中，径向分力和切向分力是不断变化的。在 A、B 两点间的电场内（见图 12－3），重力从 A 点开始起着使颗粒沿筒面移动或脱离的作用。重力除在 E 点是一沿切线向下的力外，在 AB 之间其他各点上仅是其分力起作用。

作用在颗粒上的离心惯性力为：

$$f_4 = mv^2/R \tag{12-11}$$

式中　f_4——作用在颗粒上的离心惯性力，N；
m——颗粒的质量，kg；
v——颗粒所在处圆筒的运动线速度，m/s；
R——分选圆筒的半径，m。

颗粒在随辊筒一起运动的整个过程中，离心惯性力起着使颗粒脱离辊筒的作用。

综合上述，对物料进行电选的条件是：

导体颗粒必须在图 12－3 所示的 AB 范围内落下，其力学关系式为：

$$f_4 + f_2 > f_1 + f_3 + mg\cos\alpha \tag{12-12}$$

中等导电性颗粒必须在图 12－3 所示的 BC 范围内落下，其力学关系式为：

$$f_4 + f_2 > f_1 + f_3 - mg\cos\alpha \tag{12-13}$$

非导体颗粒必须在图 12－3 所示的 CD 范围内强制落下，其力学关系式为：

$$f_3 > f_4 + mg\cos\alpha \tag{12-14}$$

应该指出的是，以上所述均为理想情况，如电压不高，非导体颗粒所获得的电荷太少，而辊筒的转速又很高，则会因离心惯性力过大，库仑力、镜面力等又较小，从而导致非导体颗粒混杂于导体颗粒产物中；如电压提高，电晕电极又达到一定的要求，即作用区域恰当，使非导体颗粒有机会吸附较多的电荷，产生足够大的镜面力，则它们不仅不容易落到导体颗粒的产物中，而且随辊筒一起运动的范围远远超过 *CD* 之间，这时必须用毛刷将它们强制刷下。

12.1.4 电选的作用机理

美国学者穆勒（R. G. Mora）从电学的基本观点出发，研究矿物在电晕电场和静电场中的充电和放电过程，解释了电选的作用机理，并对导体颗粒和非导体颗粒在电晕电场和静电场中充放电的行为进行了如图 12－4 所示的分析。

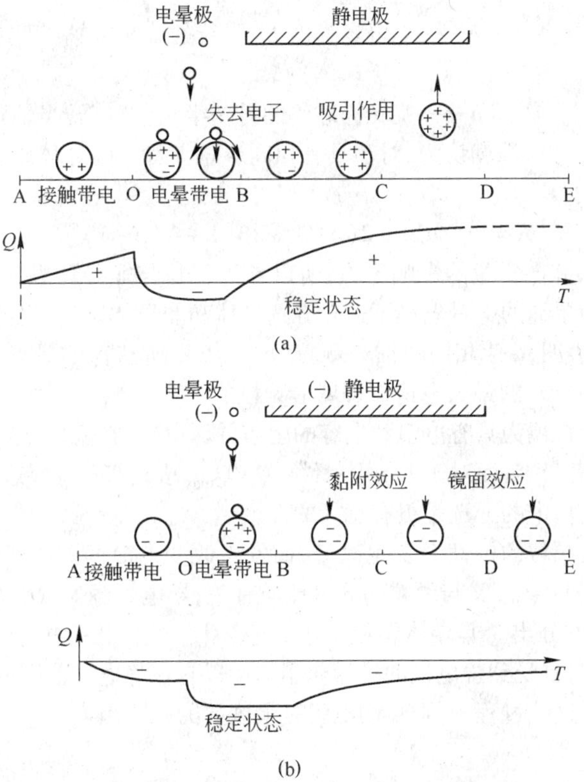

图 12－4 在电选过程中导体和非导体颗粒的不同充放电行为
（a）导体矿物；（b）非导体矿物

图 12－4 表明，颗粒在电场中受到传导带电、感应带电和电晕带电 3 种带电效应的作用，但导体颗粒与非导体颗粒有着完全不同的充放电过程。从电晕电场区到静电场区，非导体颗粒所带电荷的正负性不变，带有与高压电极的极性相同的电荷；而导体颗粒在电晕电场区内，所带电荷的正负性与非导体颗粒的相同，但进入静电场后，其电荷的正负性便发生了改变。

由于导体颗粒的介电常量比非导体颗粒的大，它获得的最大电荷比非导体颗粒的也大，但它的电阻较小，因而实际上当电荷达到平衡时，导体颗粒上的电荷比非导体颗粒上的电荷要少得多。一旦离开了电晕区，导体颗粒上的电荷很快地经接地电极传走，在高压静电极的作用下，电荷的正负性发生了变化，从而自辊筒上弹起，对辊筒来说，是发生了排斥作用；对高压静电极来说，则是异性电荷相吸引。

非导体颗粒的情况却与之不同，由于电阻大，加之受到静电极的排斥作用，使得它们在电晕电场中获得的电荷很难传走，于是便紧紧贴服在辊筒表面，穆勒将这一现象称为黏附效应。非导体颗粒在辊筒后面被毛刷刷下，导体颗粒从辊筒的前面落下，两者因离开辊筒的运动轨迹不同而得到分离。

穆勒推导出颗粒所获得最大电荷的计算公式为：

$$Q_{max}=4\pi\varepsilon_0 a^2\{(c^2/a^2)+2(\varepsilon-1)/3[1+N(\varepsilon-1)]\}E_0 \tag{12-15}$$

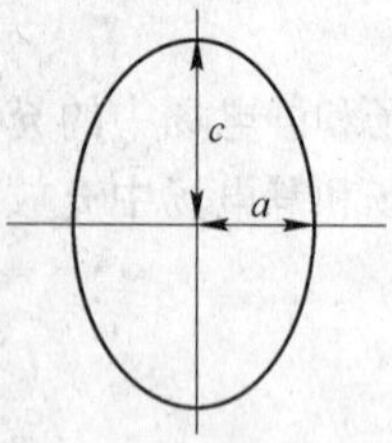

图 12-5 旋转椭球体的半轴图

式中 E_0——电晕电场强度（假定电晕电场是均匀的）；

Q_{max}——颗粒所获得的最大电荷；

ε_0——真空的绝对介电常量；

ε——颗粒的相对介电常量；

N——去极化因子；

c——与电场强度 E_0 平行的旋转半轴（见图 12-5，假定颗粒为旋转椭球体）；

a——旋转椭球体的另一半轴（非旋转半轴）。

穆勒认为，对于具有相同半轴 a 和 c 的导体颗粒和非导体颗粒，Q_{max} 取决于下式表示的因子 K：

$$K=(c^2/a^2)+2(\varepsilon-1)/\{3[1+N(\varepsilon-1)]\} \tag{12-16}$$

式(12-16)表明，介电常量的影响不大，所以导体颗粒与非导体颗粒所获得的电荷量差别不大。因此，穆勒认为单纯的电晕电场不适合分选导体和非导体矿物，但可以用来使颗粒按形状分级。进一步的研究表明，a 值相同的细长颗粒（$a/c=5$），所获得的最大电荷为球形颗粒的12倍，而扁平形颗粒（$c/a\approx0$）的最大电荷仅有球形颗粒的1/4。

此外，穆勒还将颗粒视为具有电阻和电容的阻容并联电路，在稳定状态时的电荷为 Q_s，对于导体颗粒，Q_s/Q_{max} 趋近于零；而对于非导体颗粒，Q_s/Q_{max} 接近等于1。这一分析是比较符合实际的，对了解颗粒在电场中的分选是很有意义的。

在静电场中，导体颗粒的极性会发生改变，而发生改变的时间取决于 Q_s/Q_{max} 和 E_0/E_s（E_s 为静电场的强度），而 Q_s/Q_{max} 又与颗粒的导电性质有关，导电性越好，Q_s/Q_{max} 的值就越小，颗粒就越容易从辊筒的前方分出。非导体颗粒由于其 Q_s/Q_{max} 的值接近等于1，仍然保持原来的极性，而不发生极性改变，且受到静电极的排斥作用。所以它在静电场范围内乃至更远距离处都不会落下。由此可见，在这一过程中，颗粒的电阻是最主要的影响因素。

12.2 电选机

电选机是用来分离不同电性物料的分选设备。根据电场的特征，可将电选机分为静电场电选机、电晕电场电选机和复合电场电选机3类；根据使颗粒带电方法的特征，可分为接触带电电选机、摩擦带电电选机和电晕带电电选机3类；根据设备的结构特征，可分为筒式（辊式）电选机、箱式电选机、板型电选机和筛网型电选机4类。

12.2.1 ϕ120×1500 双辊筒电选机

ϕ120×1500 双辊筒电选机主要由给料装置、接地辊筒电极、电晕电极、偏转电极和分割板等部分组成，其结构如图 12-6 所示。这种电选机的突出特点是运转可靠，操作方便，分选指标好，能满足一般分选的要求。

这种电选机的给料装置由2个圆辊组成，用1台电动机单独传动。给料装置内有电热元件，用以加热给料。加热后的物料给入两圆辊上方，借圆辊的旋转将物料经溜料板均匀地给到辊筒上。辊筒分为上下2个，用无缝钢管制成，表面镀硬铬，以保证耐磨、光滑和防锈。上下2个辊筒由1台电动机带动。

这种电选机的电晕电极采用 ϕ0.3～0.5 mm 的镍铬丝；偏转电极（静电极）采用 ϕ40 mm 的铝

管制成,两者均与辊筒轴线平行,并被固定在支架上。支架能使电晕电极和偏转电极相对于辊筒及它们之间的相对位置进行调节。工作时两极带高压,因而电极支架需要用高压瓷瓶支承于机架上。工作电压为 0 ~ 22000 V,且为负压输入。

当电晕电极和偏转电极上的电压升高到一定值时,在电晕电极和辊筒之间形成电晕电场,阴离子由电晕电极飞向辊筒,形成电晕电流,而在偏转电极和辊筒之间则形成静电场。当被分选的物料经干燥加热后落到辊筒表面、随辊筒一起旋转而进入电晕电场时,电晕电流使导体颗粒和非导体颗粒都带上负电荷,但导体颗粒由于界面电阻小,边荷电边放电,而非导体颗粒的界面电阻大,放电速度慢,所以当物料随着辊筒旋转离开电晕电场进入静电场时,导体颗粒所带的电荷要比非导体颗粒的少。导体颗粒进入静电场后仍继续放电,几乎不受电力作用,在重力和离心惯性力的作用下,脱离辊筒落入导体产物接料槽中。非导体颗粒由于放电速度很慢,进入静电场以后,在它的表面还剩余许多负电荷,受到的吸向辊筒的电力大于重力的分力和离心惯性力,因而被吸附到辊筒表面上。离开静电场后,在镜面力的作用下,非导体颗粒仍被吸附在辊筒表面上,直到被辊筒后面的刷子刷下,落入非导体产物接料槽中。介于导体和非导体之间的颗粒,则在中间部分落下。

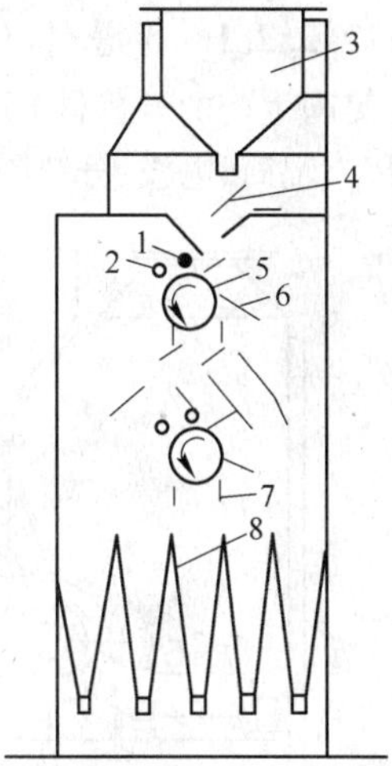

图 12 - 6　ϕ120 × 1500 双辊筒电选机结构示意图

1—电晕电极;2—偏转电极;
3—给料装置;4—溜料板;
5—辊筒电极;6—刷子;
7—分料调节板;
8—产品漏斗

偏转电极的作用在于更有助于导体颗粒的偏离。这是由于偏转电极产生高压静电场,物料进入此电场后,其中的导体颗粒靠近偏转电极的一端,感应产生正电,另一端则产生负电,但由于负电端很快放电,在颗粒上只剩下正电荷,从而使导体颗粒被吸向偏转电极一方,再加上重力和离心惯性力的作用,使得导体颗粒的下落轨迹比未加偏转电极时偏离辊筒更远。而非导体颗粒上的负电荷不能或极难放走,因此偏转电极对它没有影响。

ϕ120 × 1500 双辊筒电选机广泛用于白钨矿 - 锡石、锆石 - 金红石、钛铁矿 - 锆石 - 独居石的分离。这种电选设备的优点是处理能力大,分选效果好,高压直流电源简单(高压整流和操作箱在一起)。其缺点是电压较低,经常使用的只有 15000 ~ 17000 V,所以应用范围受到限制。

12.2.2　DX-1 型高压电选机

DX-1 型高压电选机的结构如图 12 - 7 所示。这种电选设备主要由电极、转鼓、给料部分、毛刷、传动装置和排料装置等部分组成。

DX-1 型高压电选机的电晕电极为 6 根电晕丝,在第 2 根电晕丝旁边设有直径为 45 mm 的钢管或铝管作为偏转电极。除电晕电极与分选转鼓之间的距离可调节外,整个电晕电极还可以环绕分选转鼓旋转一定角度。转鼓内部装有电热器和测温热电偶。电源线等自空心轴引入。空心轴固定不动,转鼓绕空心轴旋转,其转速调节范围为 0 ~ 300 r/min。

给料部分主要由给料斗、给料辊和电磁振动给料板 3 部分组成。振动板的背面装有电阻丝,将物料预热。分选细粒物料时,给料辊和电磁振动给料板同时使用;分选粗粒物料时,振动板不接通电源,只起导料和加热作用。给料辊直径为 80 mm,长 860 mm,转速为 27 ~ 100 r/min。排料毛刷的外径为 140 mm,转速为辊筒转速的 1.25 倍。

这种电选机的分选过程及工作原理与双辊筒电选机的相同,只是该机的电压可达 60000 V,

从而使电场力得到了加强。另外,因采用了多根电晕电极,并使用了较大直径的辊筒,使电场作用区域得以拓宽,物料在电场内荷电的机会增多,因而提高了分选效果。DX-1型高压电选机的适宜给料粒度为0~2 mm,处理能力为0.2~0.8 t/h。

12.2.2.1 卡普科(Carpco)电选机

美国生产的卡普科HP16-114型电选机的结构如图12-8所示。这种电选机主要由加热器、给料斗、辊筒、电极、分料隔板和接料斗等部分组成。

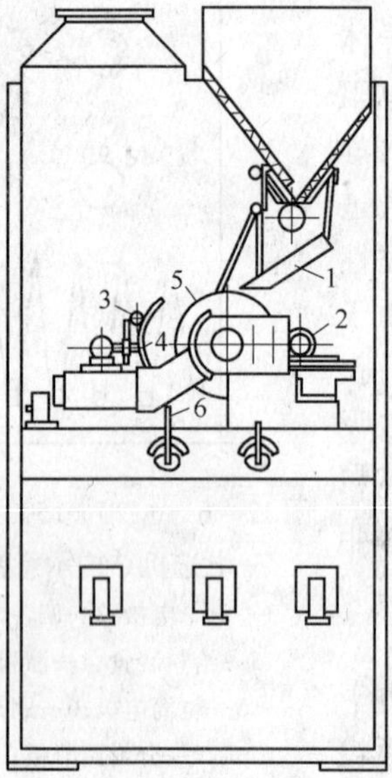

图12-7 DX-1型高压电选机的结构示意图

1—给料部分;2—毛刷;3—偏转电极;
4—电晕电极;5—转鼓;6—分料板

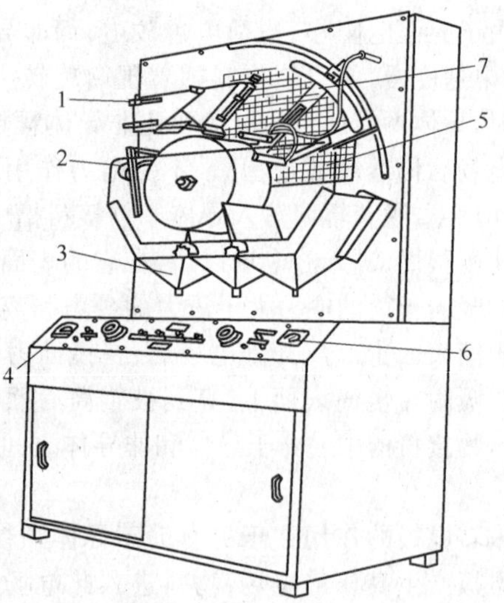

图12-8 卡普科HP16-114型电选机的结构图

1—给料斗位置调节器;2—红外灯;3—排料漏斗;4—转速表;
5—有机玻璃罩;6—电压表;7—高压电极支架

卡普科电选机的辊筒用不锈钢制成,备有直径为152 mm、254 mm、356 mm等多种规格,辊筒的转速可在0~600 r/min之间连续调节。辊筒用红外线加热,使辊筒表面保持所需要的温度。辊筒配有2个用黄铜圆管制成的高压电极,在圆管前方相距很近处放置一根直径约为0.25 mm的电晕丝。给料斗中装有电热器,能使物料保持最适宜的分选温度。装在柜子底部的整流器供给0~40000 V的正高压或负高压。

这种电选机采用的粗直径圆管电极可在窄范围造成密度大的非放电性电场,而电晕丝又可以向一定方向产生非常狭小的电晕电流,所以两者相互配合可产生非常强的束状放电区域。当被分选的物料随辊筒的旋转进入束状放电区域时,物料受到喷射放电作用。这种放电给导电性差的颗粒以充分的表面电荷,使它们被吸在辊筒表面上;而导电性好的颗粒,获得的电荷则迅速传到接地的辊筒上,成为不带电体,偏向高压电极一侧落下。

目前生产中使用的卡普科电选机有多种规格型号。例如,用于分选铁矿石的卡普科HL-120系列电选机,其辊筒直径有200 mm、250 mm、300 mm和350 mm等多种规格;用于分选钛铁矿的卡普科HTP231-200型电选机等。

12.2.2.2 YD系列高压电选机

生产中使用的YD系列电选机有YD-1型、YD-2型、YD-3型和YD-4型。图12-9是YD-2型电选机的结构图。

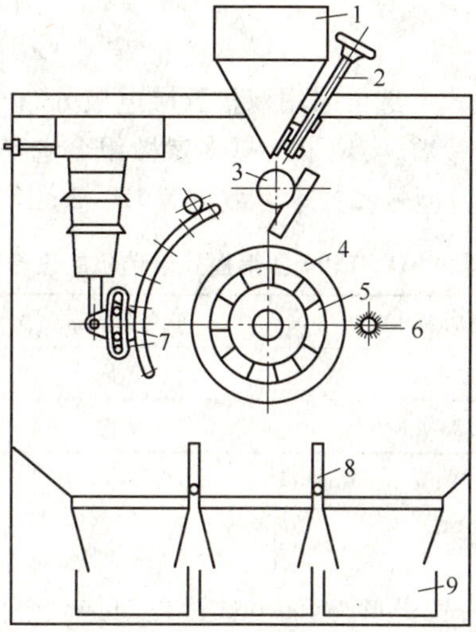

图 12－9　YD-2 型电选机的结构

1—给料斗;2—给料闸门调节器;3—给料辊;4—接地圆筒电极;5—加热装置;
6—毛刷;7—电晕电极和偏转电极;8—产品分隔板;9—接料槽

这种电选机的特点是:(1) 采用多根电晕电极,扩大了电晕放电区域,增加了颗粒在电场中的带电机会;(2) 圆筒电极直径较大,内部装有电热器,有利于物料分选;(3) 采用多元电晕静电复合弧形结构电极,最高工作电压可达60000 V,强化了分选过程,提高了对不同物料的适应性;(4) 采用适合不同颗粒物料的 V 型、W 型多长孔自流式振动给料器及适合于细微粉机械疏导式给料器。

YD-3 型电选机在 YD-2 型的基础上,又采用了竖直三级结构,可进行粗选、精选、扫选和中矿再选等作业,提高了单台设备的工作效率;并且还采用了刀片状电晕电极,比通常使用的镍铬丝耐用、安全;此外,YD-3 型电选机的 3 个圆筒电极用 3 台齿链式无级变速器分别进行调速,操作比较方便。

YD-4 型电选机的突出特点是有 2 个并列的圆筒,因而处理量大,结构紧凑。

YD 系列高压电选机的设备型号和技术参数见表 12－1。

表 12－1　YD 系列高压电选机的设备型号和技术参数一览表

设备型号	传动功率/kW	入选粒度/mm	处理能力/$t \cdot h^{-1}$
YD3030-11L	0.6	0.04～3.0	0.1～0.2
YD3030-11I	0.6	0.04～3.0	0.1～0.2
YD30100-11	0.75	0.04～3.0	0.5～0.8
YD30100-12	0.75×2	0.04～3.0	0.6～1.0
YD30200-13	1.5×3	0.04～3.0	1.0～2.0
YD31200-21F	3.0	0.04～0.1	2.0～4.0
YD31200-21K	3.0	0.04～3.0	2.0～4.0
YD31200-23	3.0×3	0.04～3.0	2.0～6.0
YD31300-23	9.0 kW	0.02～3.0 mm	3.0～6.0(T/h)
YD31300-21 K	4.4 kW	0.02～3.0 mm	4.0～6.0(T/h)
YD31300-21F	4.4 kW	0.02～3.0 mm	4.0～6.0(T/h)

12.2.3　筛板式电选机

SBD 型和 SDX-1500 型筛板式电选机采用双排五层电极分布，对非导体矿物进行多次分选，同时，每个电极可以独立地调整参数，实现了一机多参数组合选矿，提高了选别效率。SBD 型和 SDX-1500 型筛板式电选机的设备型号和技术参数见表 12－2。

表 12－2　SBD 型和 SDX-1500 型筛板式电选机的设备型号和技术参数

设备型号	传动功率/kW	入选粒度/mm	处理能力/$t \cdot h^{-1}$
SBD 型	1.0～1.4	－0.8	0.5～3.0
SDX-1500 型	1.0～14	－0.8	0.1～0.2

12.3　电选过程的影响因素

电选机是一种结构简单的分选设备，然而电选过程却是一个比较敏感而复杂的过程。这一过程的影响因素很多，这里仅对几个比较重要的影响因素做些介绍。

12.3.1　电场参数

对电选过程有重要影响的电场参数包括电极电压、电晕电流、电极的形式及配置等。

12.3.1.1　电极电压及电晕电流

在电选过程中，电压的高低和电晕放电电流的大小是两个非常重要的影响因素。例如，在锡石的电选过程，当采用圆弧多丝电极时，使用 15000 V 的电压，可获得 90% 的回收率，而采用单丝电极时，则需要 30000 V 的电压，才能达到同样的回收率。

当然，极间电压改变时，电晕电流也随之改变。例如，对某种电选机在电极距离为 60 mm 时，测得的电晕电流与极间电压的关系见表 12－3。由于电极电压较容易控制，所以电极电压是设备操作过程中的一个调节参数。

表 12－3　电晕电流与极间电压之间的关系

极间电压/kV	20	30	36	40	50
电晕电流/mA	1.0	1.2	1.4	2.0	2.5

根据操作经验，如欲提高导体产物的质量，电压可高一些；欲提高非导体产物的质量，电压可低一些。此外，对于同一种物料，当粒度不同时，最佳分选电压也有所不同。

电极电压的选择还与圆筒转速有关。当圆筒转速提高时，为了使非导体颗粒仍然能紧贴在圆筒表面，电极电压也需随之提高。

12.3.1.2　电极的类型及配置

电极的类型对分选效果影响很大。常用的电极类型如图 12－10 所示。

图 12－10a 所示的电晕电极由 5～9 根直径为 0.3 mm 左右的镍铬丝组成，具有强烈的电晕放电作用。这种电极尤其适用于从大量的导体物料中分出非导体颗粒，如钛铁矿除磷、从金红石中排除锆石等。

图 12－10b 所示的是静电－电晕复合电极，由 1 根直径为 40 mm 左右的铜管或铝管和 1 至数根直径为 0.3 mm 左右的镍铬丝组成。镍铬丝直径小，具有强烈的电晕放电作用，而大直径电极则主要产生静电作用，目前的圆筒形电晕电选机大多采用这种电极。

图 12－10c 所示的电极，是在静电－电晕复合电极的下方增加 1 个百叶窗状电极，具有强烈的静电吸引作用，同时又不阻挡导体颗粒的运动轨迹。这种电极特别适用于从大量的非导体物料中选出导体颗粒，例如从独居石中分选出铌铁矿等。

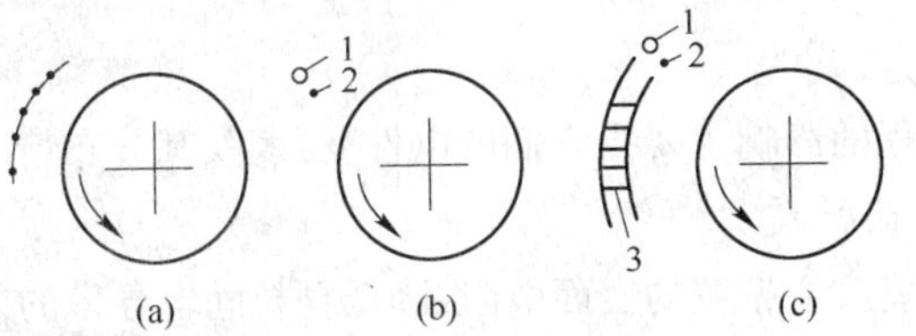

图 12－10 常见的电极类型

1—偏转电极；2—电晕电极；3—百叶窗状电极

电晕丝根数对电晕放电电流也同样具有明显的影响。电晕电流与电晕丝根数的关系如图 12－11 所示。从图 12－11 中可以看出，对于每 1 种直径的电晕丝，当电压一定时，存在最佳的电晕丝根数。这时单位电晕丝长度的电晕电流具有最大值。电晕丝根数超过最佳值时，由于电晕丝之间的距离太小，电晕丝之间互相屏蔽而使电晕电流下降。

在只有 1 根电晕丝的静电－电晕复合电场电选机中，电晕电极与圆筒中心的连线同垂直轴的夹角大多为 25°～35°。在一定的电压下，随着电晕电极与圆筒之间的距离减小，电晕电流将增加。偏转电极的方向与垂直轴之间的夹角大多为 50°～70°。

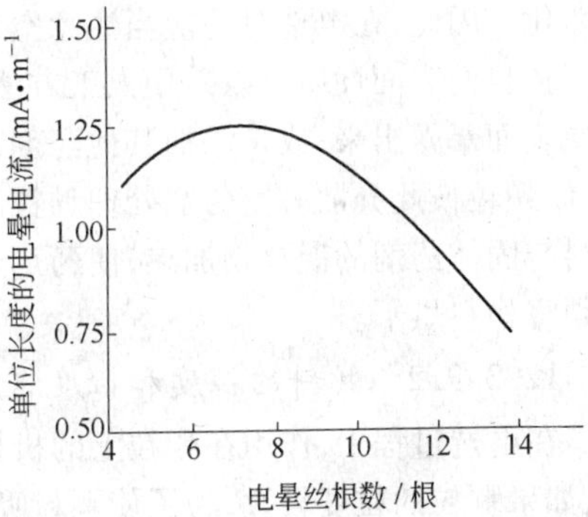

图 12－11 电晕电流与电晕丝根数的关系

此外，偏转电极电压、偏转电极与圆筒电极之间的距离、偏转电极的位置等对电晕电流都有一定的影响，卡尔乌霍夫曾在试验装置上就此进行过研究。这台试验装置的电晕电极电压为 24000 V，电晕电极角度为 50°，偏转电极角度为 90°。研究结果表明，当偏转电极与圆筒电极之间的距离一定时，电晕电流随着偏转电极电压的升高而下降；当电晕电极与圆筒电极之间的距离一定时，电晕电流随着偏转电极与圆筒电极之间距离的减小而下降；当电晕电极固定时，电晕电流随着偏转电极向电晕电极靠近而急剧下降。

卡尔乌霍夫的试验结果表明，偏转电极对电晕电流具有屏蔽作用，偏转电极电压越高、与圆筒电极的距离越近、越靠近电晕电极，屏蔽作用就越强。由于偏转电极既能改变导体颗粒的运动轨迹，又对电晕电流具有屏蔽作用，所以偏转电极对分选过程的影响是一综合效果。

12.3.2 机械因素

对电选过程有影响的机械因素主要包括圆筒转速和产品分隔板的位置两方面。

接地圆筒转速提高时，不仅使颗粒随圆筒一起做圆周运动所需要的力增加，而且使颗粒通过电晕放电区的时间缩短。因此，提高圆筒转速将使导体产物的产率增加，非导体产物的产率相应减小。相反，如接地圆筒的转速太低，不仅会导致导体颗粒混入非导体产物中，而且设备的处理量也会急剧下降。通常，当需要从大量的导体物料中分出非导体颗粒或分选粗粒级物料时，圆筒的转速应低一些；分选细粒级物料时，圆筒的转速应高一些；当需要提高导体产物的质量时，圆筒的转速要低一些；当需要提高非导体产物的质量时，圆筒的转速要高一些。

产品分隔板的位置影响分选产物的产率和质量。在图12－9所示的电选机中,前分隔板向右拨,将导致导体产物的产率增加、质量降低。因此,在实际工作中,必须根据产物质量和回收率等指标的要求,适当地选择前后分隔板的位置。

12.3.3 物料性质

物料性质对电选过程的影响主要指它们的电性、粒度及其分布情况等的影响。

12.3.3.1 物料表面性质

物料中的水分不但能改变颗粒的表面电阻,降低颗粒间电导率的差异,而且还能使非导体微粒黏附在导体颗粒上,或使导体微粒黏附在非导体颗粒上,从而改变它们原来的表面性质,使电选过程的分选精确度下降。因此,在电选前必须对物料进行加热干燥,以去除颗粒表面的水分。

加热温度应根据被分选物料的粒度和性质而定,一般来说,细粒物料对干燥程度的要求比粗粒物料的要高一些。辊筒式电选机要求被分选物料的水分不超过1%。对物料加热采用的温度也必须适宜,例如在分选金刚石时,若加热温度过高,会损坏部分金刚石的晶格,从而使这部分金刚石因电导率的改变而难以回收。

另外,由于不同颗粒的表面具有不同的吸湿性,往往因空气湿度的变化而引起颗粒表面水分的变化。因此,在电选时还应当注意空气湿度对分选过程的影响。

物料的表面性质可以采用人工方法来改变。例如,用酸除去颗粒表面的铁质和其他污染物,使原表面暴露出来;或是添加其他药剂,与颗粒表面生成新的化合物,或减少颗粒之间的黏附作用,使颗粒彼此分散。用药剂处理颗粒的表面一般都在水中进行,但也有进行干式处理的,即将物料与固体药剂的混合物加热,使药剂蒸发,产生的蒸气吸附在颗粒表面上。进行湿式处理后,必须将物料烘干。

12.3.3.2 物料的粒度和粒度组成

在电选过程中,作用在颗粒上的机械力使它具有离开辊筒的趋势。因此,在一定的辊筒转速下,如果颗粒的粒度较大,为了使颗粒吸附在辊筒上,就需要增加作用在它上面的电场力。通过改变电晕电极与辊筒间的距离或提高电压,可以达到提高电场力的目的。但在特定的设备上这2个参数的调整是有一定限度的,所以,目前电选处理的物料粒度上限一般为3 mm。

另一方面,原料中存在的微细颗粒会黏附在粗粒上,这将引起分选产物的质量降低和有用成分的损失。因此,电选前要求颗粒表面干净,没有微细颗粒的黏附现象。事先除去被分选物料中的微细颗粒,可大幅度改善电选效果。尤其是当原料中颗粒的导电性相差不大时,进行预先分级可明显提高电选的技术指标。电选处理物料的颗粒粒度下限约为0.05 mm,被处理物料粒度的最佳范围为0.15～0.4 mm。

第3篇

重　选

重选是最古老的分选方法之一,迄今已有数千年的应用历史。这种分选方法的实质,就是借助于多种力的作用,实现按密度分离。然而在分选过程中,颗粒的粒度和形状也会产生一定的影响。因此,如何最大限度地发挥密度的作用,限制粒度和颗粒形状的影响,一直是重选理论研究的核心。

由于重选是在多种力的作用下进行的,要利用"力"就必须有施加、传递或表现"力"的媒介,因此,重选过程必须在某种流体介质中进行。常用的介质有水、空气、重液或重悬浮液,其中应用最多的介质是水,称为湿式分选,以空气为介质时称为风力分选。

重液是密度大于1000 kg/m^3 的液体(如三溴甲烷 $CHBr_3$、四溴乙烷 $C_2H_2Br_4$ 等,前者的密度为2877 kg/m^3,后者的密度为2953 kg/m^3)或高密度盐类水溶液(如杜列液即碘化钾 KI 和碘化汞 HgI_2 的水溶液,最大密度可达3170 ~ 3190 kg/m^3;氯化锌 $ZnCl_2$ 的水溶液,最大密度可达1962 kg/m^3)。重液多在实验室用于分离物料(或矿石样品)中密度不同的组分。

工业上应用的重悬浮液是高密度、细粒级固体物料与水组成的两相流体,具有同重液一样的作用,利用这种介质进行的分选称为重介质分选(HMS)。

从宏观的角度讲,介质的作用在于强化固体物料的可选性,并借助于流动使颗粒群松散悬浮,使其具有发生相对位移的空间并按密度实现分层,此后可借介质流动或辅以机械机构将密度不同的产物分离。所以重选的实质就是一个松散－分层－分离过程。

生产中常用的重选方法有:

(1) 重介质分选。介质的密度介于待分选物料中高密度颗粒和低密度颗粒之间,可使物料有效地按密度分离;

(2) 跳汰分选。介质流作交变运动,使物料实现按密度分离;

(3) 摇床分选。在倾斜摇动的平面上,颗粒借机械力与水流冲洗力的作用而产生运动,使物料实现按密度分离;

(4) 溜槽分选。在斜面水流中,借助于流体动力和机械力的作用,使物料实现按密度分离;

选前的两个准备作业是分级和洗矿(包括脱水和脱泥):

(1) 分级。在上升流动、水平流动或回转运动的介质流中,使物料按粒度发生分离;

(2) 洗矿。用水力或辅以机械力的方法将被黏土胶结的物料块解离开。

由于重选是基于不同固体颗粒之间的密度差进行的,所以对物料进行重选的难易程度与待分离成分之间的密度差以及介质的密度有着非常密切的关系。综合这些因素,前人曾提出了对物料进行重选的可选性判断准则 E,其计算式为:

$$E = (\rho'_1 - \rho)/(\rho_1 - \rho)$$

式中 ρ_1'——被分选物料中高密度组分的密度,kg/m^3;

ρ_1——被分选物料中低密度组分的密度,kg/m^3;

ρ——介质的密度,kg/m^3。

E 大于2.5时,分选极易进行;E=2.5~1.75时,容易实现分选;E=1.75~1.5时,分选难易程度属中等;E=1.5~1.25时,分选比较困难;E 小于1.25时,分选极其困难。

当然,分选的难易程度与颗粒粒度也有关系,通常是物料的粒度愈细愈难选。一般来说,-0.074 mm粒级的物料用常规的重选法进行处理就比较困难。在重选的生产实践中,常把这部分物料称为矿泥。

对于自然金(ρ_1=1600~1900 kg/m^3)、黑钨矿(ρ_1=7300 kg/m^3)、锡石(ρ_1=6800~7100 kg/m^3)与石英(ρ_1=2650 kg/m^3)以及煤(ρ_1=1250 kg/m^3)与煤矸石(ρ_1=1800 kg/m^3)在水(ρ=1000 kg/m^3)中进行分离的情况,其 E 值分别为9.1~10.9、3.8、3.5~3.7和3.2,所以这些分选过程都非常容易进行,从而使重选成为处理金、钨、锡等矿石及煤炭的最有效方法。

此外,重选方法也常用来回收密度比较大的钍石(ρ_1=4400~5400 kg/m^3)、钛铁矿(ρ_1=4500~5500 kg/m^3)、金红石(ρ_1=4100~5200 kg/m^3)、锆石(ρ_1=4000~4900 kg/m^3)、独居石(ρ_1=4900~5500 kg/m^3)、钽铁矿(ρ_1=6700~8300 kg/m^3)、铌铁矿(ρ_1=5300~6600 kg/m^3)等稀有和有色金属矿物,还用于分选粗粒嵌布及少数细粒嵌布的赤铁矿矿石(ρ_1=4800~5300 kg/m^3)和锰矿石(软锰矿 ρ_1=4700~4800 kg/m^3 或硬锰矿 ρ_1=3700~4700 kg/m^3)以及石棉、金刚石等非金属矿物和固体废弃物。

重选方法的特点是不耗费贵重材料,适合处理粗、中粒级物料,而且设备简单,生产能力大,与其他分选方法相比生产成本低,不造成或较少造成环境污染,所以是优先考虑采用的分选方法。

13　颗粒在介质中的沉降运动

13.1　介质的性质及对颗粒运动的影响

垂直沉降是颗粒在介质中运动的基本形式。在真空中,不同密度、不同粒度、不同形状的颗粒,其沉降速度是相同的,但它们在介质中因所受浮力和阻力不同而有不同的沉降速度。因此,介质的性质是影响颗粒沉降过程的主要因素。

13.1.1　介质的密度和黏度

介质的密度是指单位体积内介质的质量,单位为 kg/m^3。液体的密度常用符号 ρ 表示,可通过测定一定体积的质量来计算。而悬浮液的密度则是指单位体积悬浮液内固体与液体的质量之和,通常用符号 ρ_{su} 表示,其计算公式为:

$$\rho_{su}=\varphi\rho_1+(1-\varphi)\rho=\varphi(\rho_1-\rho)+\rho \tag{13-1}$$

或

$$\rho_{su}=(1-\varphi_1)(\rho_1-\rho)+\rho=\rho_1-\varphi_1(\rho_1-\rho) \tag{13-2}$$

式中　φ——悬浮液的固体体积分数,即固体体积与悬浮液总体积之比;

φ_1——悬浮液的松散度,即液体体积与悬浮液总体积之比,$\varphi_1=1-\varphi$;

ρ_1——固体颗粒的密度,kg/m^3;

ρ——液体的密度,kg/m^3。

黏度是流体介质的最主要的性质之一。均质流体在作层流运动时,其黏性符合牛顿内摩擦定律,亦即:

$$F=\mu A\mathrm{d}u/\mathrm{d}y \tag{13-3}$$

式中　F——黏性摩擦力,N;

μ——流体的黏度,Pa·s;

A——摩擦面积,m^2;

$\mathrm{d}u/\mathrm{d}y$——速度梯度,s^{-1}。

流体的黏度 μ 与其密度 ρ 的比值称为运动黏度,以 υ 表示,单位为 m^2/s,即:

$$\upsilon=\mu/\rho \tag{13-4}$$

单位摩擦面积上的黏性摩擦力称为内摩擦切应力,记为 τ,单位为 Pa,其计算公式为:

$$\tau=\mu\mathrm{d}u/\mathrm{d}y \tag{13-5}$$

13.1.2　介质对颗粒的浮力和阻力

介质对颗粒的浮力是由介质内部的静压强差所引起的,在数值上等于颗粒所排开的介质的重力,它是属于静力性质的作用力,即与物体同介质之间是否有相对运动没有任何关系。

体积为 $V(m^3)$ 的固体颗粒,在密度为 ρ 的均质介质中所受的浮力 P(N)为:

$$P=V\rho g \tag{13-6}$$

该颗粒在密度为 ρ_{su} 的悬浮液中所受的浮力 P(N)为:

$$P=V\rho_{su}g=V\rho g+V\varphi(\rho_1-\rho)g \tag{13-7}$$

介质对颗粒的阻力又称为介质的绕流阻力,是颗粒与介质发生相对运动时,由于介质有黏性而产生的阻碍颗粒运动的作用力，其作用方向始终与颗粒和介质之间的相对运动速度方向相反。根据产生的具体情况，介质对颗粒的阻力又细分为摩擦阻力和压差阻力两种。

摩擦阻力又称为黏性阻力或黏滞阻力，产生的基本原因是，当颗粒与介质间有相对运动时，由于流体具有黏性，紧贴在颗粒表面的流体质点随颗粒一起运动，由此向外，流体质点运动速度与颗粒的运动速度之间的差异逐渐增加，流层间出现了速度梯度，层间摩擦力层层牵制，最后使颗粒受到一个宏观的阻碍发生相对运动的力。

产生压差阻力的基本原因是，当流体以较高的速度绕过颗粒流动时，由于流体黏性的作用导致边界层发生分离，使得颗粒后部出现旋涡（卡门涡街），从而导致颗粒前后的流体区域出现压强差，致使颗粒受到一个阻碍发生相对运动的力。

颗粒在介质中运动时，所受的阻力以哪一种为主，主要决定于介质的绕流流态，所以通常用表征流态的雷诺数来判断。在这种情况下，雷诺数的表达式为：

$$Re = dv\rho/\mu \tag{13-8}$$

式中　Re——介质的绕流雷诺数；

d——固体颗粒的粒度，m；

v——颗粒与介质之间的相对运动速度，m/s；

ρ——介质的密度，kg/m^3；

μ——介质的黏度，Pa · s。

当颗粒与介质之间的相对运动速度较低时，介质呈层流流态绕过颗粒（见图13－1a），此时颗粒所受的阻力以黏性阻力为主。斯托克斯（G. G. Stokes）在忽略压差阻力的条件下，利用积分的方法，求得作用于球形颗粒上的黏性阻力 R_s 计算式为：

$$R_s = 3\pi\mu dv \tag{13-9}$$

式（13－9）可用于计算绕流雷诺数 $Re<1$ 时的介质阻力。

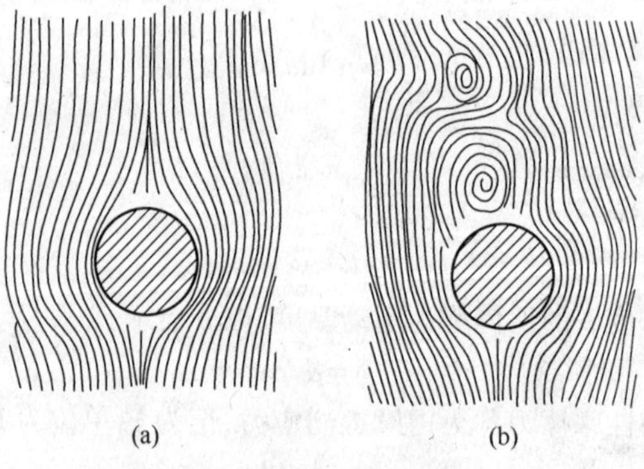

图13－1　介质绕流球体的流态
（a）层流；（b）湍流

当颗粒与介质之间的相对运动速度较高时，介质呈湍流流态绕过颗粒，在这种情况下，颗粒后面出现明显的旋涡区（见图13－1b），致使压差阻力占绝对优势，在不考虑黏性阻力的条件下，牛顿和雷廷智推导出的作用于球形颗粒上的压差阻力 R_{N-R} 计算式为：

$$R_{N-R} = (1/16 \sim 1/20)\pi d^2 v^2 \rho \tag{13-10}$$

式（13－10）可用于计算绕流雷诺数 $Re = 10^3 \sim 10^5$ 时的介质阻力。

绕流雷诺数 $Re = 1 \sim 10^3$ 范围内为阻力的过渡区，黏性阻力和压差阻力均占有相当比例，忽略任何一种都将使计算结果严重偏离实际。

为了寻求阻力计算通式，有人利用 Π 定理推导出了介质作用在颗粒上的阻力与各物理量之间的关系为：

$$R = \psi d^2 v^2 \rho \tag{13-11}$$

式中　ψ——阻力系数，是绕流雷诺数 Re 的函数。

对于球形颗粒，ψ 与绕流雷诺数 Re 之间呈单值函数关系，英国物理学家李莱（L. Rayleigh，1893 年）通过试验，在绕流雷诺数为 $10^3 \sim 10^6$ 的范围内，测出了图 13－2 所示的 ψ-Re 关系曲线，习惯上称为李莱曲线，它表明球形颗粒在介质中沉降时的阻力变化规律。由图 13－2 中的曲线可以看出，ψ 随着 Re 的增大而连续平滑地下降，但曲线的斜率并不一致。

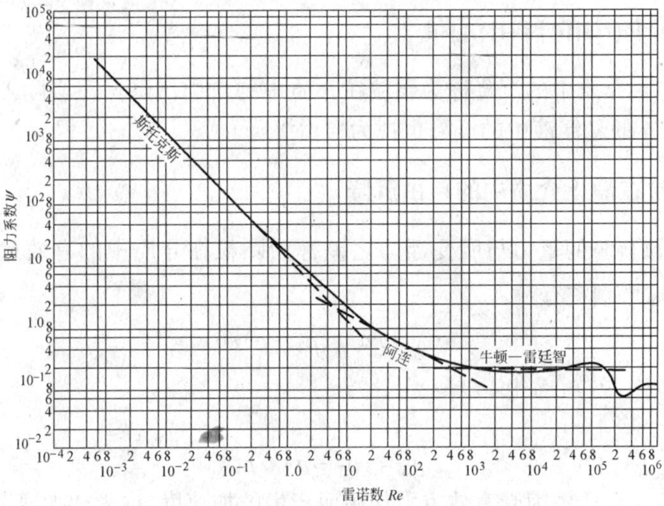

图 13－2　ψ-Re 关系（李莱）曲线

根据斜率的变化情况，李莱曲线可大致分为 3 段。当雷诺数很小时，李莱曲线近似为一条直线。由球形颗粒雷诺数的表达式 $Re = dv\rho/\mu$

可得：

$$\mu = dv\rho/Re$$

将上式代入斯托克斯阻力计算公式（13－9）得：

$$R_S = (3\pi/Re)\,d^2 v^2 \rho \tag{13-12}$$

将式（13－12）与阻力计算通式（13－11）对比，可知当雷诺数很小时，阻力系数 ψ 与绕流雷诺数 Re 的关系为：

$$\psi = 3\pi/Re \tag{13-13}$$

写成对数形式得：

$$\lg\psi = \lg(3\pi) - \lg Re \tag{13-14}$$

在对数坐标中，式（13－14）为一条直线，其斜率为－1，在李莱曲线上恰好与 Re 小于 1 的部分吻合。这充分证明，斯托克斯阻力计算公式很好地反映了在层流绕流条件下球形颗粒运动的阻力规律。

在 $Re = 10^3 \sim 10^5$ 的范围内，李莱曲线近似与横轴平行，可将 ψ 视为一常数，其值大致为 $\pi/16 \sim \pi/20$。此绕流雷诺数区域称为牛顿阻力区，阻力系数取其中间值 $\pi/18$，所以牛顿－雷廷智阻力计算公式可简化为：

$$R_{N-R} = \pi d^2 v^2 \rho/18 \tag{13-15}$$

这说明牛顿－雷廷智阻力计算公式近似地反映了湍流绕流条件下，球形颗粒运动的介质阻力变化规律。

在 $Re = 1 \sim 10^3$ 的范围内为阻力过渡区,目前还没有一个合适的公式能全面地描述这一区域内的介质阻力变化规律。当 $Re = 25 \sim 500$ 时,阿连提出的介质阻力系数 ψ 与绕流雷诺数 Re 之间的函数关系式:

$$\psi = 5\pi/(4\sqrt{Re}) \tag{13-16}$$

与李莱曲线中的这段曲线基本吻合,所以当绕流雷诺数 $Re = 25 \sim 500$ 时,可用阿连阻力计算公式:

$$R_A = 5\pi d^2 v^2 \rho/(4\sqrt{Re}) \tag{13-17}$$

来计算球形颗粒所受到的介质阻力。

13.2 颗粒在介质中的自由沉降

单个颗粒在广阔介质中的沉降称为颗粒在介质中的自由沉降。在实际工作中,把颗粒在固体体积分数小于3%的悬浮液中的沉降也视为自由沉降。

13.2.1 球形颗粒在静止介质中的自由沉降

在介质中,颗粒自身的重力与所受浮力之差称为颗粒在介质中的有效重力,常以 G_0 表示。对于密度为 ρ_1 的球形颗粒有:

$$G_0 = \pi d^3 g(\rho_1 - \rho)/6 \tag{13-18}$$

若令:$G_0 = mg_0 = \pi d^3 \rho_1 g_0/6$

代入上式(13-18)得:

$$g_0 = (\rho_1 - \rho)g/\rho_1 \tag{13-19}$$

式中 g_0——颗粒在介质中因受有效重力作用而产生的加速度,称为初加速度。

当 $\rho_1 < \rho$ 时,$g_0 < 0$,此时颗粒在介质中向上浮起;当 $\rho_1 > \rho$ 时,$g_0 > 0$,颗粒在介质中下沉。

颗粒在介质中开始沉降时,在初加速度 g_0 的作用下,速度越来越大,与此同时,介质对运动颗粒所产生的阻力也相应不断增加,因介质阻力的作用方向恰好同颗粒的运动速度方向相反,而使得颗粒沉降的加速度逐渐减小,最后阻力增加到与颗粒的有效重力相等,沉降速度也就达到了最大值,称为颗粒的自由沉降末速,记为 v_0。因此,自由沉降末速可按 $G_0 = R$ 的条件求得。对于密度为 ρ_1 的球形颗粒即为:

$$\pi d^3 g(\rho_1 - \rho)/6 = \psi d^2 v_0^2 \rho$$

根据上式可解出 v_0 的计算式为:

$$v_0 = [\pi d g(\rho_1 - \rho)/(6\psi\rho)]^{0.5} \tag{13-20}$$

在黏性阻力范围内,沉降达平衡时,有:

$$\pi d^3 g(\rho_1 - \rho)/6 = 3\pi\mu d v_{OS}$$

解之得:

$$v_{OS} = d^2 g(\rho_1 - \rho)/(18\mu) \tag{13-21}$$

式(13-21)称为斯托克斯自由沉降末速计算公式,适用于绕流雷诺数 $Re < 1$ 的情况,可用来计算0.1 mm以下的球形石英颗粒在水中的自由沉降末速。

在牛顿阻力区,由牛顿-雷廷智阻力计算公式(13-15)得关系式:

$$\pi d^3 g(\rho_1 - \rho)/6 = \pi d^2 v_{ON}^2 \rho/18$$

解之得:

$$v_{ON} = [3dg(\rho_1 - \rho)/\rho]^{0.5} \tag{13-22}$$

式(13-22)称为牛顿-雷廷智自由沉降末速计算公式，适用于绕流雷诺数 $Re=10^3 \sim 10^5$ 的情况，可用来计算粒度为2.8～57 mm的球形石英颗粒在水中的沉降末速。

在 $Re=25\sim500$ 的范围内，利用阿连阻力计算公式(13-17)得关系式：

$$\pi d^3 g(\rho_1-\rho)/6=5\pi d^2 v_{0A}^2\rho/(4Re^{0.5})$$

即：

$$[2dg(\rho_1-\rho)/15]^2=\mu v_{0A}^3\rho/d$$

由此解出：

$$v_{0A}=d[4g^2(\rho_1-\rho)^2/(225\mu\rho)]^{1/3} \tag{13-23}$$

式(13-23)称为阿连自由沉降末速计算公式，可用来计算粒度为0.4～1.7 mm的球形石英颗粒在水中的自由沉降末速。

13.2.2　非球形颗粒在静止介质中的自由沉降

一般来说，固体物料的颗粒形状是不规则的，从而使它们在介质中的自由沉降末速也不同于球形颗粒。研究两者之间的差异，主要是考查颗粒形状对沉降速度的影响。

13.2.2.1　*颗粒的形状和粒度表示方法*

体积相同时，球形颗粒的表面积最小，颗粒的形状偏离球形越远，其表面积也就越大，所以颗粒形状的不规则程度可以用同体积球的表面积与颗粒的表面积之比来衡量，称为球形系数，用符号 χ 表示，即有：

$$\chi=A_q/A_f \tag{13-24}$$

式中　A_q——与颗粒具有相同体积的球体的表面积，m^2；

A_f——非球形颗粒的表面积，m^2。

利亚申柯按照 χ 值的大小，把颗粒分成5种形状，各种形状所对应的 χ 值见表13-1。

表13-1　颗粒按形状的分类

颗粒形状	球　形	类球形	多角形	长条形	扁平形
χ 值	1.0	1.0～0.8	0.8～0.65	0.65～0.5	<0.5

对于非球形颗粒的粒度，通常采用与其表面积或体积相同的球体直径来表示，称为当量直径。当颗粒以其体积或质量参与过程的作用时（如重力、浮力等），即以同体积球体的直径来代表颗粒的直径，称为体积当量直径，记作 d_V，由关系式：

$$V_f=\pi d_V^3/6$$

得：

$$d_V=(6V_f/\pi)^{1/3} \tag{13-25}$$

式中　V_f——颗粒的体积，m^3。

如果颗粒以其表面积参与作用（如化学反应、摩擦阻力等），则取与其具有相同表面积的球的直径代表颗粒的直径，称为面积当量直径，记为 d_A，由定义得：

$$A_f=\pi d_A^2$$

由于颗粒的表面积 A_f 测定比较困难，而颗粒的体积 V_f 则比较容易测定，且颗粒的形状可以在显微镜下直接观察，从而确定出颗粒的球形系数 χ，因此 d_A 常通过测定出的 d_V 而求得。由式(13-24)得：

$$A_f=A_q/\chi$$

即有：

$$\pi d_A^2=A_q/\chi=\pi d_V^2/\chi$$

化简上式得：

$$d_A = d_V/\chi^{0.5} \tag{13-26}$$

13.2.2.2 非球形颗粒的自由沉降末速

形状不规则的颗粒，因表面积增加、棱角突出等原因，致使层流绕流时，所受的介质阻力因摩擦面积增加而增大；湍流绕流时，又会因后部的旋涡区增大而使得阻力增加。只有流线型颗粒沿轴向运动时，所受到的介质阻力才会有所减小。阻力增加的结果，将导致形状不规则颗粒的自由沉降速度比同体积、同密度球的明显降低。因此非球形颗粒的自由沉降末速计算式，可以通过对球形颗粒自由沉降末速计算公式的修正而获得。借鉴球形颗粒的自由沉降末速计算式，即式（13-20），可写出密度为 ρ_1 的非球形颗粒的沉降末速计算式为：

$$v_{0f} = [\pi d_V g(\rho_1 - \rho)\chi/(6\psi_A\rho)]^{0.5} \tag{13-27}$$

式中 v_{0f}——球形颗粒的自由沉降末速，m/s；

ψ_A——非球形颗粒的阻力系数。

将式（13-27）与同体积球形颗粒的自由沉降末速计算公式（13-20）相除得：

$$v_{0f}/v_0 = (\psi\chi/\psi_A)^{0.5}$$

从而得非球形颗粒的自由沉降末速计算公式为：

$$v_{0f} = v_0(\psi\chi/\psi_A)^{0.5} = Pv_0 \tag{13-28}$$

式（13-28）中的 $P = (\psi\chi/\psi_A)^{0.5}$，称为非球形颗粒自由沉降末速的形状修正系数。

考虑了形状的影响以后，当 Re 小于 0.05 时，非球形颗粒的斯托克斯自由沉降末速计算公式为：

$$v_{0S} = P_S d_V^2 g(\rho_1 - \rho)/18\mu \tag{13-29}$$

当 Re 大于 2000 时，非球形颗粒的牛顿自由沉降末速计算公式为：

$$v_{0N} = P_N[3d_V g(\rho_1 - \rho)/\rho]^{0.5} \tag{13-30}$$

上述两式中的形状修正系数 P_S 和 P_N，当颗粒的球形系数 $\chi = 0.3 \sim 0.9$ 时，可按如下经验公式计算：

$$P_S = 1 + 0.843\lg\chi \approx 1.03\chi^{0.5} \tag{13-31}$$

$$P_N = [1.5\chi/(8.95 - 7.39\chi)]^{0.5} \tag{13-32}$$

在生产实践中，为了简化计算程序，当对计算结果要求不太严格时，常用颗粒的球形系数代替形状修正系数，此时非球形颗粒的自由沉降末速计算公式分别为：

$$v_{0S} = \chi d_V^2 g(\rho_1 - \rho)/18\mu \tag{13-33}$$

$$v_{0N} = \chi[3d_V g(\rho_1 - \rho)/\rho]^{0.5} \tag{13-34}$$

$$v_{0A} = \chi d_V[4g^2(\rho_1 - \rho)^2/(225\mu\rho)]^{1/3} \tag{13-35}$$

13.2.2.3 颗粒的自由沉降等降比

由于颗粒的自由沉降末速同时受到密度、粒度及形状的影响，所以在同一介质中，性质不同的颗粒可能具有相同的沉降末速。密度不同而在同一介质中具有相同沉降末速的颗粒称为等降颗粒；在自由沉降条件下等降颗粒中低密度颗粒与高密度颗粒的粒度之比称为自由沉降等降比，记为 e_0，即：

$$e_0 = d_{V1}/d_{V2} \tag{13-36}$$

式中 d_{V1}——等降颗粒中低密度颗粒的粒度，m；

d_{V2}——等降颗粒中高密度颗粒的粒度，m。

对于密度分别为 ρ_1 和 ρ_1' 的 2 个颗粒，在等降条件下，由 $v_{01} = v_{02}$，可得关系式：

$$[\pi d_1 g(\rho_1-\rho)/(6\psi_1\rho)]^{0.5}=[\pi d_2 g(\rho_1'-\rho)/(6\psi_2\rho)]^{0.5}$$

由上式可解出：

$$e_0=d_1/d_2=\psi_1(\rho_1'-\rho)/[\psi_2(\rho_1-\rho)] \tag{13-37}$$

式(13－37)表明，自由沉降等降比 e_0 随着两种颗粒密度差($\rho_1'-\rho_1$)和介质密度 ρ 的增加而增加。当2个等降颗粒同时处于斯托克斯阻力范围内时，由式(13－33)得：

$$e_{OS}=(\chi_2/\chi_1)^{0.5}[(\rho_1'-\rho)/(\rho_1-\rho)]^{0.5} \tag{13-38}$$

当2个等降颗粒同时处于阿连阻力范围内时，由公式(13－35)得：

$$e_{OA}=(\chi_2/\chi_1)[(\rho_1'-\rho)/(\rho_1-\rho)]^{2/3} \tag{13-39}$$

当2个等降颗粒同处于牛顿阻力范围内时，由式(13－34)得：

$$e_{ON}=(\chi_2/\chi_1)^2[(\rho_1'-\rho)/(\rho_1-\rho)] \tag{13-40}$$

由上述3个计算公式可以看出，对于两种密度不变的固体颗粒，随着绕流流态从湍流向层流过渡，自由沉降等降比逐渐减小。正是由于微细粒级的等降比较小，才使得它们很难有效地按密度实现分层。

实践中把低密度大颗粒与高密度小颗粒的粒度比小于自由沉降等降比 e_0 的混合物料称为窄级别物料；反之则称为宽级别物料。

13.3　颗粒在悬浮粒群中的干涉沉降

13.3.1　颗粒在干涉沉降过程中的运动特点

颗粒在悬浮粒群中的沉降称为干涉沉降。此时颗粒的沉降速度除了受自由沉降时的影响因素支配外，还增加了一些新的影响因素。这些附加影响因素归纳起来大致如下：

(1) 粒群中任意一个颗粒的沉降，都将导致周围介质的运动，由于存在大量的固体颗粒，又会使介质的流动受到某种程度的阻碍，宏观上相当于增加了流体的黏性；

(2) 当颗粒在有限范围的悬浮粒群中沉降时，将在颗粒与颗粒之间或颗粒与器壁之间的间隙内产生一上升股流(见图13－3)，使颗粒与介质的相对运动速度增大；

(3) 固体粒群与流体介质组成的悬浮体密度 ρ_{su} 大于介质的密度 ρ，因而使颗粒所受到的浮力作用比在纯净流体介质中要增大；

(4) 颗粒之间的相互摩擦、碰撞，也会消耗一部分颗粒的运动动能，使粒群中每个颗粒的沉降速度都有一定程度降低。

上述诸因素的影响结果，使得颗粒的干涉沉降速度小于自由沉降速度。其降低程度随悬浮体中固体颗粒密集程度的增加而增加，因而颗粒的干涉沉降速度并不是一个定值。

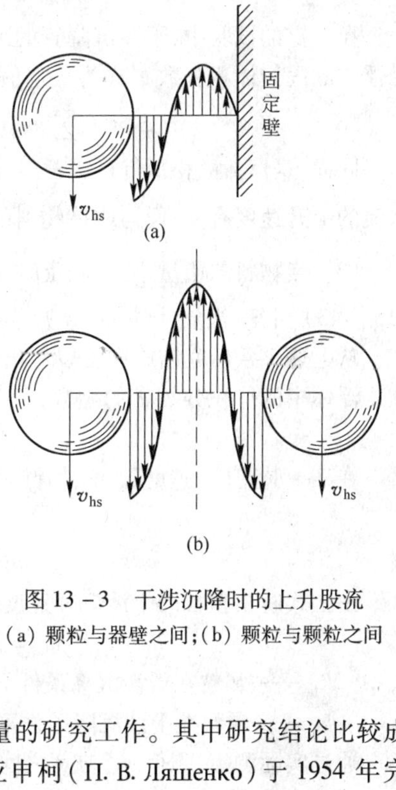

图13－3　干涉沉降时的上升股流
(a) 颗粒与器壁之间；(b) 颗粒与颗粒之间

13.3.2　颗粒的干涉沉降速度计算公式

为了探讨颗粒的干涉沉降规律，不少学者曾进行了大量的研究工作。其中研究结论比较成熟，且最早出现在相关著作中的研究成果，是苏联人利亚申柯(П. В. Лященко)于1954年完成的。

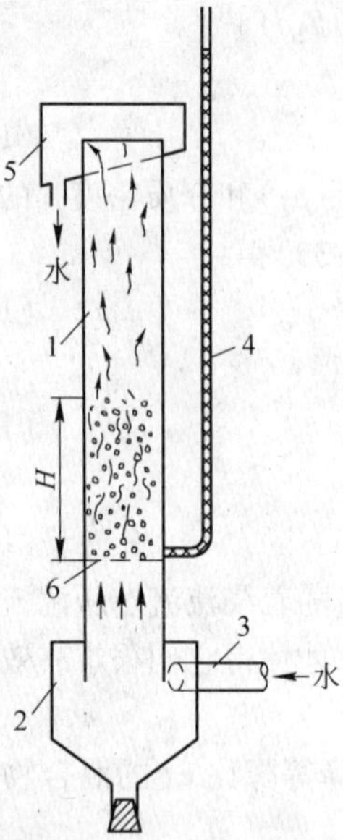

图 13－4　干涉沉降试验装置
1—悬浮物料用玻璃管；2—涡流管；
3—切向给水管；4—测压管；
5—溢流管；6—筛网

利亚申柯的试验装置如图 13－4 所示。他在研究中为了便于观测，将粒度均匀、密度相同的物料置于上升水流中悬浮，当上升水速一定时，物料的悬浮高度亦为一定值，物料中每个颗粒在空间的位置宏观上可认为是固定不变的。按照相对性原理，即当水流为静止时，各个颗粒将以相当于水流在净断面上的上升流速 u_a 下降，所以颗粒此时的干涉沉降速度 v_{hs} 可以用 u_a 表示，即：

$$v_{hs} = u_a \tag{13-41}$$

利亚申柯通过试验得到了如下一些结论：

（1）当水流上升速度很小时，物料层保持紧密，只有当 u_a 达到一定值后，物料才开始被整体地悬浮起来，此时流体介质的动压力恰好与物料在介质中的有效重力相等。使物料开始悬浮所需要的水流上升速度远远小于使物料中单个颗粒悬浮所需要的上升流速。这说明颗粒的干涉沉降速度 v_{hs} 小于其自由沉降末速 v_0。颗粒的 v_0 越大，使物料悬浮所需要的最小上升流速也就越大。

（2）当 u_a 一定时，对于质量 m 一定的均匀物料，其悬浮高度 H 也为一定值；增加物料的质量，悬浮高度亦相应增加，并有如下关系存在：

$$\sum m/H = \text{常数} \tag{13-42}$$

式中　$\sum m$—— 加入物料的质量总和。

在一定的试验中，干涉沉降管的断面面积 A 和物料的密度 ρ_1 均为定值，所以当 u_a 一定时，悬浮体的固体体积分数 φ 亦为一定值，即：

$$\varphi = \left(\sum m/\rho_1\right)/(AH) = \sum m/(\rho_1 AH) = \text{常数} \tag{13-43}$$

同样，悬浮体的松散度（$\varphi_1 = 1 - \varphi$）也为一常数。由此可见，悬浮体的固体体积分数 φ 仅与水流的上升速度有关，而与固体物料的质量 $\sum m$ 无关。

（3）当物料的质量 $\sum m$ 一定时，随着 u_a 的变化，其悬浮高度 H 也相应地增加或减小，由式（13－43）可知，当 u_a 增加时，φ 减小，反之当 u_a 减小时，φ 增大。

从上述 3 条研究结论中可以看出，物料的干涉沉降速度是单个颗粒的自由沉降末速 v_0 及其在悬浮体中的体积分数 φ 的函数，即有关系式：

$$v_{hs} = f(v_0, \varphi) \tag{13-44}$$

在某一水流上升速度 u_a 下，物料达到稳定悬浮时，悬浮体中每个颗粒的受力情况均可表示为：

$$G_0 = R_{hs}$$

或

$$\pi d^3 g(\rho_1 - \rho)/6 = \psi_{hs} d^2 v_{hs}^2 \rho$$

由上式解出颗粒的干涉沉降速度计算公式为：

$$v_{hs} = [\pi d g(\rho_1 - \rho)/(6\psi_{hs}\rho)]^{0.5} \tag{13-45}$$

式中　R_{hs}——颗粒在干涉沉降条件下所受到的介质阻力，N；

ψ_{hs}——颗粒在干涉沉降条件下的阻力系数。

通过实际测定，测得 ψ_{hs} 与 φ 之间的关系曲线如图 13－5 所示。由图 13－5 中的曲线可以看出，在双对数直角坐标系中，ψ_{hs}与φ呈直线关系，据此可写出一般的直线方程：

$$\lg\psi_{hs}=\lg\psi-k\lg(1-\varphi) \tag{13-46}$$

由式(13－46)得：

$$\psi_{hs}=\psi/(1-\varphi)^k \tag{13-47}$$

将式(13－47)代入式(13－45)得：$v_{hs}=[\pi dg(\rho_1-\rho)/(6\psi\rho)]^{0.5}(1-\varphi)^{k/2}$

令$k/2=n$，则上式简化为：

$$v_{hs}=v_0(1-\varphi)^n \tag{13-48}$$

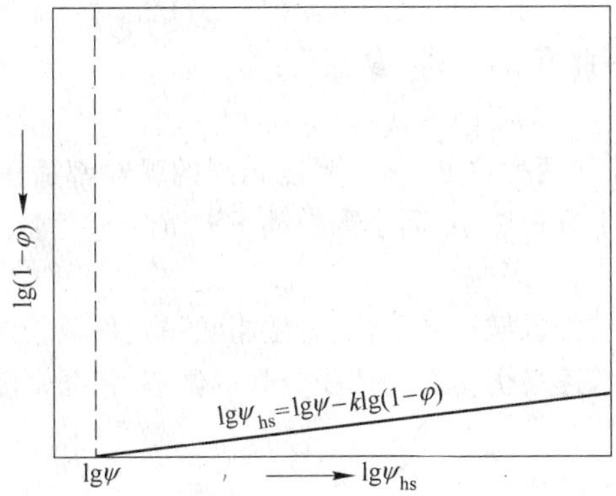

图 13－5　ψ_{hs}与φ的关系曲线

式(13－48)是由均匀物料的悬浮试验结果，推导出的颗粒干涉沉降速度公式。从式(13－48)中可以看出：

(1) 对于一定粒度、一定密度的固体颗粒，v_{hs}并无固定值，而是随着φ的增大而减小，这与v_0明显不同，v_0是颗粒的固有属性，在一定的介质中有固定值。

(2) 指数n表征物料中颗粒的粒度和形状的影响，粒度越小，形状越不规则，n值越大，v_{hs}也就越小。

式(13－48)中的指数n，可以通过一定的试验进行测定，前苏联的选矿研究设计院经过大量研究，得出n值与颗粒粒度和形状的关系见表13－2和表13－3。

表 13－2　n值与物料粒度之间的关系

物料粒度/mm	2.0	1.4	0.9	0.5	0.3	0.2	0.15	0.08
n	2.7	3.2	3.8	4.6	5.4	6.0	6.6	7.5

表 13－3　n值与物料颗粒形状之间的关系

颗 粒 形 状	浑 圆 形	多 角 形	长 条 形
n	2.5	3.5	4.5

13.3.3　物料沿垂向的重力分层及干涉沉降等降比

13.3.3.1　粒度不均匀物料的分层情况

若把粒度不同但密度相同的不均匀物料置于同一上升介质流中悬浮，则不同的粒级之间即发生相对运动，结果是形成不同的松散度，而达到每个粒级的干涉沉降速度都与介质的上升流速相等。设物料中最大粒度为d_1，比它稍小一些的粒度为d_2，它们的自由沉降末速分别为v_{01}和

v_{02}。开始时，粒群呈混杂状态置于悬浮管的筛网上（如图 13-6a 所示）。给入上升水流，当 u_a 达到粒群的最小干涉沉降速度时，各种粒度的颗粒，将因该条件下干涉沉降速度不同而发生相对运动。此时的体积分数 φ 接近于自然堆积时的 φ_0。

对于粒度为 d_1 的颗粒：　　$v_{hs1}=v_{01}(1-\varphi_0)^{n_1}$

对于粒度为 d_2 的颗粒：　　$v_{hs2}=v_{02}(1-\varphi_0)^{n_2}$

由表 13-2 和表 13-3 中的数据可以看出，恒有 $n_1\leqslant n_2$，由于 $(1-\varphi_0)<1$，所以有：

$$(1-\varphi_0)^{n_1}\geqslant(1-\varphi_0)^{n_2}$$

且因 $\rho_1=\rho'_1$，$d_1>d_2$，因此有 $v_{01}>v_{02}$，从而得：

$$v_{01}(1-\varphi_0)^{n_1}>v_{02}(1-\varphi_0)^{n_2}$$

上式所表示的关系对任何两种粒度不同、密度相同的颗粒都适用。它表明，在上升水流中，大颗粒的干涉沉降速度大，上升速度小；而小颗粒的干涉沉降速度小，上升速度大，结果导致按粒度差发生分层（见图 13-6b）。

随着悬浮柱的升高，上层细颗粒松散最快，下层粗颗粒则松散较慢，形成上稀下浓、上细下粗的悬浮柱，最后达到与上升水速平衡。通过体积分数的调整，相同密度不同粒度的颗粒就有了相同的干涉沉降速度。

13.3.3.2　干涉沉降等降比

若将由密度不同、粒度不同的颗粒构成的宽级别物料置于上升介质流中悬浮，当流速稳定后，即在管中形成松散度自上而下逐渐减小的悬浮柱（见图 13-7）。在下部形成比较纯净的高密度粗颗粒层；而上部则是比较纯净的低密度细颗粒层；中间相当高的范围内是混杂层。若将各窄层中处于混杂状态的颗粒视为等降颗粒，则对应的低密度颗粒与高密度颗粒的粒度之比，即可称为干涉沉降等降比，记为 e_{hs}，亦即：

$$e_{hs}=d_1/d_2 \tag{13-49}$$

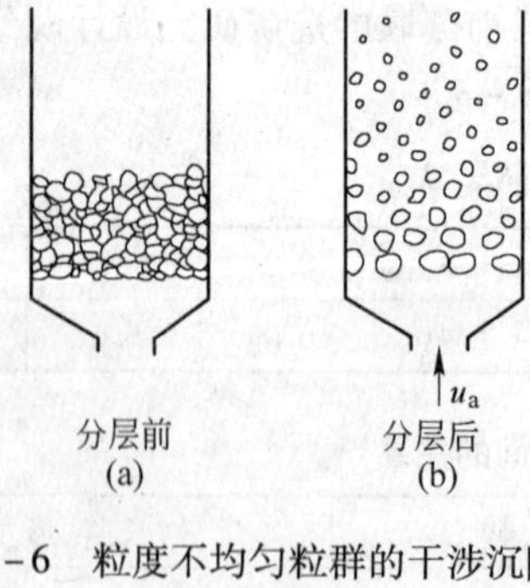

图 13-6　粒度不均匀粒群的干涉沉降分层

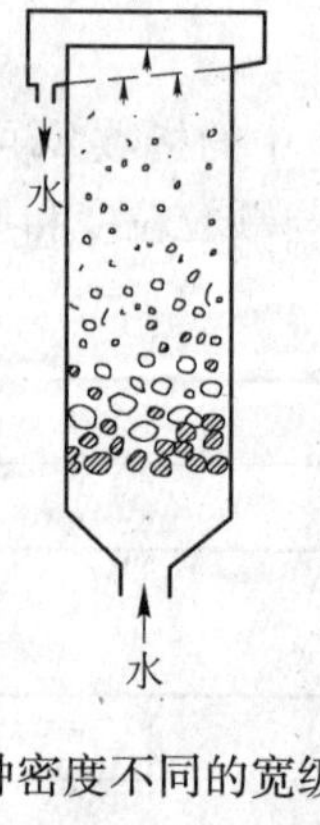

图 13-7　两种密度不同的宽级别混合物料在上升水流中的悬浮分层

由于混合粒群在同一上升介质流中悬浮，所以粒群中每一个颗粒的干涉沉降速度都是相同的。因此对于同一层中不同密度的颗粒亦必然存在如下的关系：

$$v_{01}\varphi_1^{n_1}=v_{02}\varphi'^{n_2}_1 \tag{13-50}$$

如果两颗粒的自由沉降是在同一阻力范围内，则有 $n_1=n_2=n$。大量的研究表明，对于球形颗粒，在牛顿阻力区 $n=2.39$，在斯托克斯阻力区 $n=4.7$。将斯托克斯自由沉降末速计算公式（13-21）代入式（13-50），即可解出斯托克斯阻力范围内的干涉沉降等降比为：

$$e_{hsS}=d_1/d_2=[(\rho_1'-\rho)/(\rho_1-\rho)]^{0.5}(\varphi_1'/\varphi_1)^{n/2}=e_{0S}(\varphi_1'/\varphi_1)^{2.35} \tag{13-51}$$

将牛顿—雷廷智自由沉降末速计算公式(13-22)代入式(13-50),即可解出牛顿阻力范围内的干涉沉降等降比为:

$$e_{hsN}=d_1/d_2=[(\rho_1'-\rho)/(\rho_1-\rho)](\varphi_1'/\varphi_1)^{2n}=e_{0N}(\varphi_1'/\varphi_1)^{4.78} \tag{13-52}$$

两种粒度不同的颗粒混杂时,总是粒度小者松散度大,而粒度大者松散度小,所以总是有 $\varphi_1'>\varphi_1$,由此可见,恒有 $e_{hs}>e_0$,且 e_{hs} 随着悬浮体中固体体积分数的增加而增大,这一特点对于重选过程是十分重要的。

14 水力分级

所谓分级,就是根据颗粒在流体介质中沉降速度的差异,将物料分成不同粒级的过程,按照所使用的介质,可分为风力分级和水力分级两种。

分级和筛分作业的目的都是要将粒度范围宽的物料分成粒度范围窄的若干个产物。但筛分是比较严格地按颗粒的几何尺寸分开,而分级则是按颗粒的沉降速度差分开,所以颗粒的形状、密度及沉降条件对按粒度分级的精确性均有影响。筛分产物和分级产物的粒度特性差异如图14-1所示。从图14-1中可以看出,筛分产物具有严格的粒度界限,而分级产物则因受颗粒密度的影响,在同一级别中,高密度颗粒的粒度要小于低密度颗粒的粒度,因而使产物的粒度范围变宽。

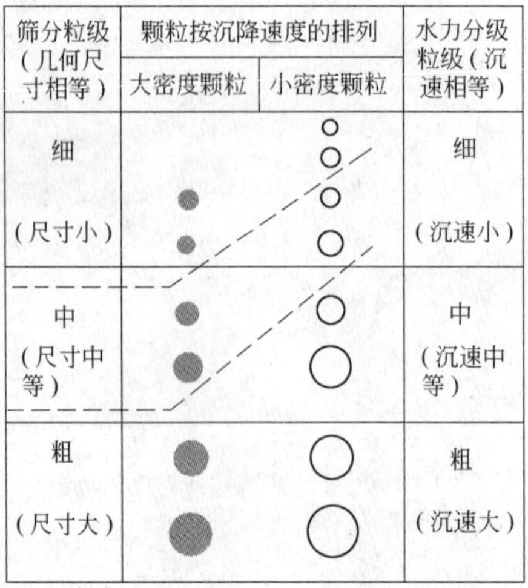

图14-1 分级和筛分产物的粒度特性示意图

对于分级过程,必须明确以下几个概念:

(1) 分级粒度,根据颗粒的沉降速度或介质的上升流速,按沉降末速公式计算出的、分开两种产物的临界颗粒的粒度;

(2) 分级产物粒度,是分级产物粗细程度的一个数字化量度,常常以产物的粒度范围(如0.1~0.05 mm或-0.1 mm+0.05 mm)或某一特定粒级(如+0.074 mm或-0.074 mm)在产物中的质量分数来表示;

(3) 分离粒度,是指实际进入沉砂和溢流中各有50%的极窄级别的粒度,是通过对分级的沉砂和溢流产物进行实际粒度分析得到的,一般用d_{50}表示。

水力分级在工业生产中的应用包括以下几方面:

(1) 与磨机组成闭路作业,及时分出粒度合格的产物,减少过磨,提高磨机的生产能力和磨矿效率;

(2) 在某些重选作业之前,将物料分成多个级别,分别入选;

(3) 对物料进行脱水或脱泥;

（4）测定微细物料（-0.074 mm）的粒度组成，水力分级的这种应用常称为水力分析。

14.1 水力分析

水力分析简称水析，是分析微细物料粒度组成的常用方法，在试验研究和工业生产中应用非常广泛。

几乎所有的水析均是在自由沉降条件下进行的，所以可以利用颗粒自由沉降末速公式进行计算，且水力分析处理的物料粒度一般均为 -0.074 mm，所以常用斯托克斯自由沉降末速计算公式（13－21）进行计算，且常不考虑颗粒形状的影响。同时，在实际操作中，由于物料粒度很细，为了防止颗粒互相团聚，影响分析结果，通常要加入浓度为0.01%～0.2%的水玻璃或其他分散剂。

常用的水析方法有重力沉降法和上升水流法，此外还可用沉降天平、激光粒度分析仪等分析仪器对微细物料进行粒度分析，有时也可以利用离心沉降法进行粒度分析。

14.1.1 重力沉降法

重力沉降法常用的分析装置如图14－2所示。在一个容积为1～2 L的玻璃容器外面，距上口不远处从上向下标注刻度。虹吸管的短管部分插入玻璃杯内，管口距玻璃杯底部应留有5～10 mm的距离，以便为物料沉积留出足够的空间。虹吸管的另一端带有夹子，并插入溢流接收槽内。

进行粒度分析时，准确地称量50～100 g待测物料，配成液固比为6∶1～10∶1的矿浆后倒入玻璃杯内，补加液体到规定的零刻度处。补加液体必须保证矿浆的固体体积分数 φ 不大于3%。由该刻度到虹吸管口的距离 h，就是颗粒的沉降距离。设预定的分级粒度为 d，在水中的自由沉降末速为 v_0，则沉降 h 高度所需的时间 t 为：

$$t=h/v_0=18h\mu/[d^2(\rho_1-\rho)g] \qquad (14-1)$$

式中 t——沉降时间，s；

h——沉降高度，m；

v_0——预定分级颗粒的自由沉降末速，m/s；

μ——液体的黏度，Pa·s；

d——预定分级颗粒的粒度，m；

ρ_1——待分析物料的密度，kg/m^3；

ρ——液体的密度，kg/m^3。

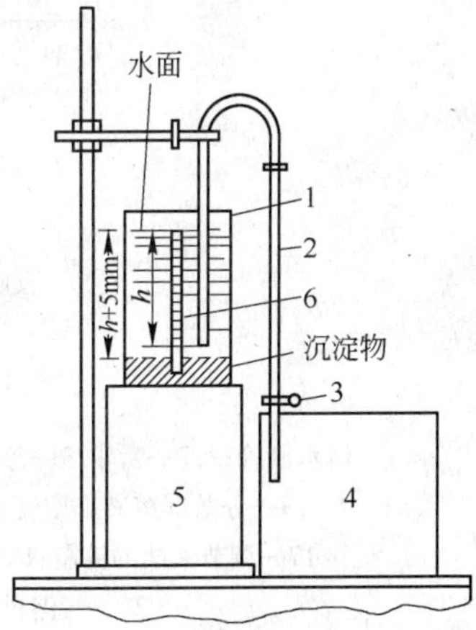

图14－2 沉降法水析装置

1—玻璃杯；2—虹吸管；3—夹子；4—溢流接收槽；5—玻璃杯座；6—标尺

开始沉降前，借搅拌使颗粒充分悬浮。停止搅拌后，立即开始计时。经过 t 时间后，打开虹吸管，吸出 h 高度内的矿浆，随同矿浆一起吸出的颗粒粒度全都小于 d。然而玻璃杯内仍有一部分粒度小于 d 的颗粒，因初始时悬浮高度小于 h 而较早地沉降下来，未能被吸出。因此，上述操作需重复数次，直到吸出的上清液几乎不含固体颗粒为止。最后留在玻璃杯内的固体，是颗粒粒度都大于 d 的产物。如需要分出多个粒级产物，则需按预定的分级粒度分别计算出相应的沉降时间 t，由细到粗依次进行上述操作。

将每次吸出的矿浆分别按粒度合并，静置沉淀，然后烘干、计量、化验，即可计算出各粒级的产率、金属分布率等数据。

这种水析方法比较准确,但费工、费时,多用来对其他水析方法进行校核,或者在没有连续水析器的情况下使用,或者用于制备微细粒级试验用样品。

14.1.2　上升水流法

利用上升水流进行水析的典型装置是连续水析器,图 14－3 是 4 管水析器的装置示意图。

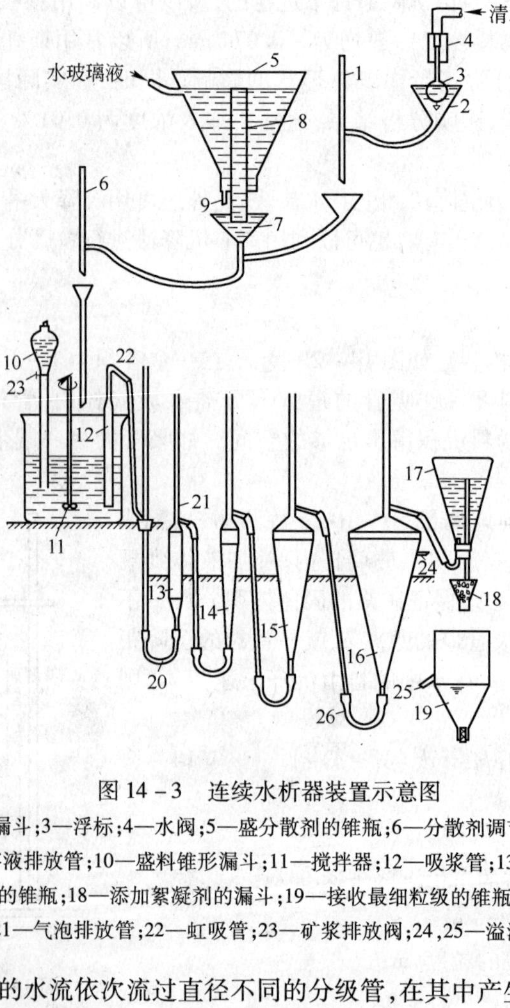

图 14－3　连续水析器装置示意图

1—清水滴管;2,7—漏斗;3—浮标;4—水阀;5—盛分散剂的锥瓶;6—分散剂调节滴管;8—进气中心管;9—分散剂溶液排放管;10—盛料锥形漏斗;11—搅拌器;12—吸浆管;13～16—分级管;17—调节液面的锥瓶;18—添加絮凝剂的漏斗;19—接收最细粒级的锥瓶;20,26—乳胶管;21—气泡排放管;22—虹吸管;23—矿浆排放阀;24,25—溢流管

工作时以相同流量的水流依次流过直径不同的分级管,在其中产生不同的上升水速,从而使物料按沉降速度不同分成 5 个级别。在实际操作中,给水量 Q 取决于水析器分级管的断面面积 A 和分级临界颗粒的自由沉降末速 v_0,它们之间的关系为:

$$A = \pi D^2/4 = Q/v_0 \tag{14-2}$$

在每个分级管中,自由沉降末速 v_0 大于管内上升水流速度 u_a 的颗粒即沉降下来,而 v_0 小于 u_a 的颗粒将进入下一个分级管内,依次进行分级。在每个分级管内保持悬浮的颗粒即为该次分级的临界颗粒。

由于经过每个分级管的水流的流量是相同的,由式(14－2)得各个分级管的直径 D 与管中的临界颗粒自由沉降末速的关系为:

$$D_1^2 v_{01} = D_2^2 v_{02} = D_3^2 v_{03} = D_4^2 v_{04} \tag{14-3}$$

当用斯托克斯自由沉降末速公式计算颗粒的沉降末速时,各个管中分级临界颗粒的粒度 d

与分级管直径 D 的关系为：

$$D_1 d_1 = D_2 d_2 = D_3 d_3 = D_4 d_4 \tag{14-4}$$

在实际操作中，每次水析用物料为 50 g 左右，装入带搅拌器的玻璃杯内。给料前将各分级管和连接胶管都充满水，打开管夹使矿浆流入各分级管内。在一般情况下，给料时间约为 1.5 h，2 h 后停止搅拌，待最末一级管中流出的溢流水清澈时停止给水。然后用夹子夹住各分级管下端的软胶管，按粗细顺序将各级产物清洗出来，再进行烘干、计量、化验。

这种水析方法 1 次可获得多级产品，操作简便，只需要保持水的流量恒定不变，所得结果也比较准确，但水析 1 个样品一般需要 8h 左右。

14.2　多室及单槽水力分级机

在物料分选的生产实践中，常常需要将物料分成若干个粒度范围较窄的级别，以便分别给入分选设备，对其进行有效的分选或生产出具有不同质量的产品。完成这项作业使用的主要设备是水力分级机，其工作原理有基于自由沉降的和基于干涉沉降的两种。由于后者的处理能力大，所以目前生产实践中多采用干涉沉降式水力分级机。

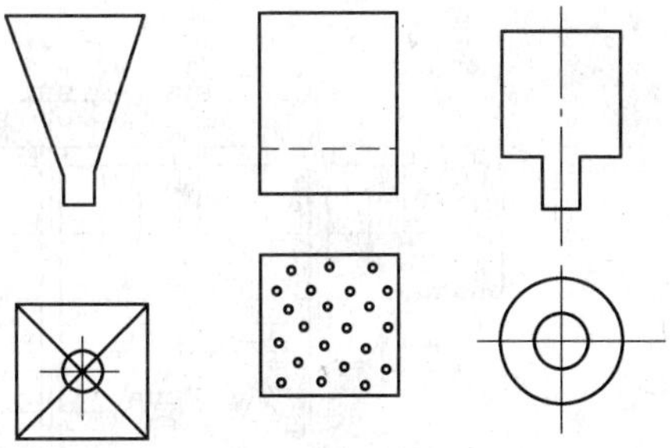

(a)　(b)　(c)

图 14-4　形成干涉沉降的方法示意图

(a) 利用向上扩大的断面形成不同粒级悬浮层；
(b) 利用筛板支撑粒群悬浮；
(c) 利用变断面水速不同支撑粒群悬浮

在水力分级机中，形成干涉沉降条件的方法有图 14-4 所示的几种形式。混合粒群在上升水流中粒度自下而上逐渐减小，如果连续给料并不断将上层细颗粒和下层粗颗粒分别排出，即可达到分级的目的。目前生产中应用较多的多室水力分级机有云锡式分级箱、机械搅拌式水力分级机、筛板式槽型水力分级机等；使用较多的单槽水力分级机有分泥斗、倾斜浓密箱等。它们被广泛用在物料的分级、浓缩、脱泥等项作业中。

14.2.1　云锡式分级箱

云锡式分级箱的结构如图 14-5 所示。设备的外观呈倒立的圆锥形，底部的一侧接有给水管，另一侧设沉砂排出管。分级箱常是 4～8 个串联工作，中间用溜槽连接起来，箱的上表面尺寸 ($B \times L$) 有 200 mm × 800 mm、300 mm × 800 mm、400 mm × 800 mm、600 mm × 800 mm、800 mm × 800 mm 5 种规格。主体箱高约 1000 mm，安装时由小到大排列。

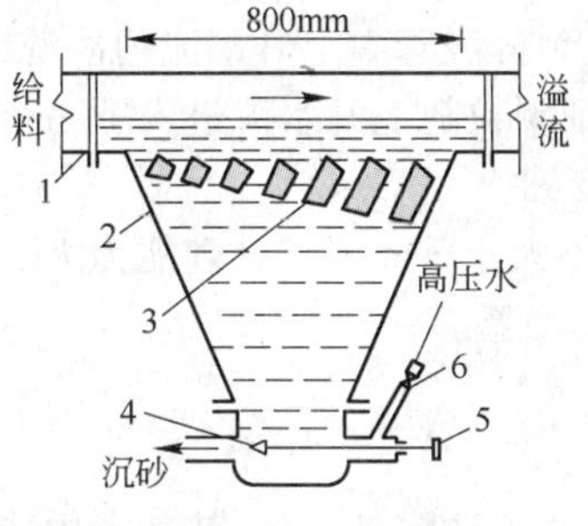

图 14-5　云锡式分级箱

1—矿浆溜槽；2—分级箱；3—阻砂条；4—砂芯(塞)；5—手轮；6—阀门

为了减小矿浆进入分级箱内时引起的扰动，并使箱内上升水流均匀分布，在箱的上表面垂直于流动方向安装有阻砂条，阻砂条之间的缝隙约 10 mm。从矿浆中沉落的固体颗粒经过阻砂条的缝隙时，受到上升水流的冲洗，细颗粒被带入下一个分级箱中，粗颗粒在分级箱内大致按干涉沉降规律分层，最后由沉砂口排出。沉砂的排出量用手轮旋动砂芯来调节。给水压强一般稳定在 300 kPa 左右。用阀门控制给水量，自首箱至末箱依次减小。

云锡式分级箱的优点是结构简单、不耗动力、便于操作；缺点是耗水量较大(通常为处理物料质量的5～6倍)，且矿浆在箱内易受扰动，分级效率低。

14.2.2　机械搅拌式水力分级机

机械搅拌式水力分级机的构造如图14－6所示，它的主体部分是4个角锥形分级室，各室的断面面积自给料端向排料端依次增大，在高度上呈阶梯状排列。角锥箱下方连接有圆筒部分、带玻璃观察孔的分级管和给水管。高压水流沿分级管的径向或切线方向给入，在给水管的下面还有缓冲箱，用以暂时堆存沉砂产物。从分级室排入缓冲箱的沉砂量由连杆下端的锥形塞控制。连杆从空心轴的内部穿过，轴的上端有一个圆盘，由蜗轮带动旋转。圆盘上有1～4个凸缘，圆盘转动时凸缘顶起连杆上端的横梁，从而将锥形塞提起，使沉砂间断地排入缓冲箱中。空心轴的下端装有若干个搅拌叶片，用以防止颗粒结团并将悬浮的粒群分散开。空心轴与蜗轮连接在一起，由传动轴带动旋转。

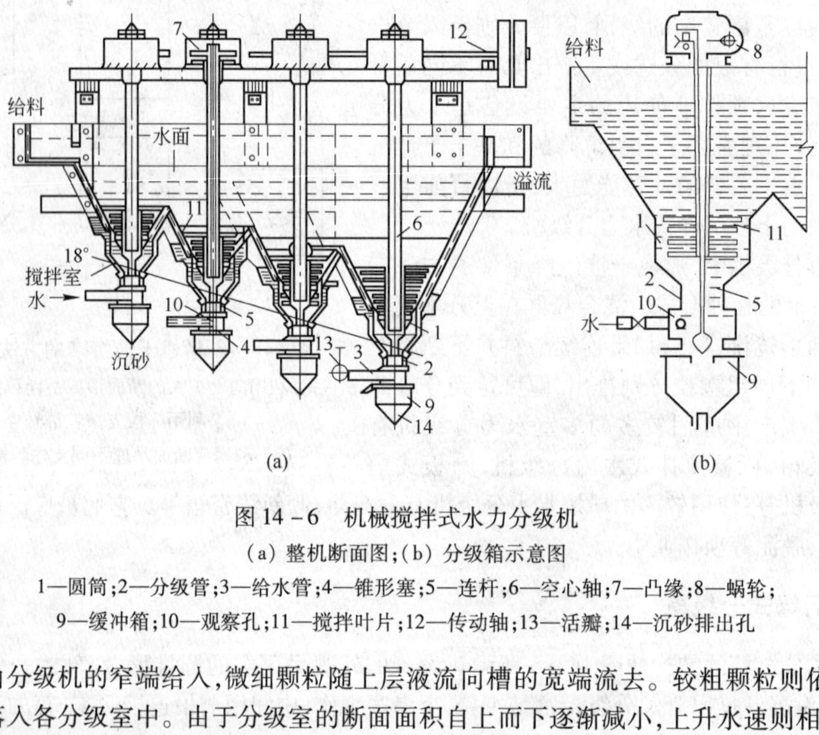

图14－6　机械搅拌式水力分级机

(a) 整机断面图；(b) 分级箱示意图

1—圆筒；2—分级管；3—给水管；4—锥形塞；5—连杆；6—空心轴；7—凸缘；8—蜗轮；9—缓冲箱；10—观察孔；11—搅拌叶片；12—传动轴；13—活瓣；14—沉砂排出孔

矿浆由分级机的窄端给入，微细颗粒随上层液流向槽的宽端流去。较粗颗粒则依沉降速度不同逐次落入各分级室中。由于分级室的断面面积自上而下逐渐减小，上升水速则相应地增大，因而可明显地形成干涉沉降分层。下部粗颗粒在沉降过程中受到分级管中上升水流的冲洗，再度被分级。最后，当锥形塞提起时将粗颗粒排出。悬浮层中的细颗粒随上升水流进入下一个分级室中。以后各室中的上升水速逐渐减小，沉砂的粒度也相应变细。

这种分级机的分级效率较高，沉砂浓度亦较大，节省水耗(不大于3 m^3/t)，处理能力大。其主要缺点是构造复杂，设备高度大，配置比较困难，而且沉砂口易堵塞。

14.2.3　筛板式槽型水力分级机

筛板式槽型水力分级机是借助于设置在分级室中的筛板造成干涉沉降条件，其基本构造如图14－7所示。机体外形为一角锥箱，箱内用垂直隔板分成4～8个分级室，每室的断面面积为200 mm×200 mm。筛板到底部留有一定的高度，高压水流由筛板下方引入，经筛孔向上流动，悬浮在筛板上方的粒群在干涉沉降条件下分层。粗颗粒通过筛板中心的排料孔排出，其排出数量由锥形阀控制。

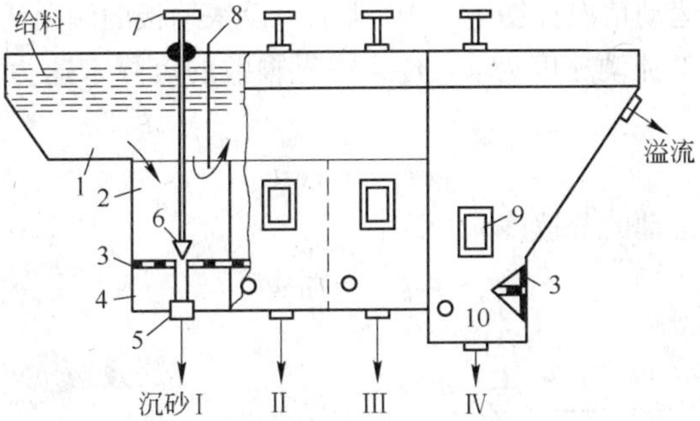

图 14－7 筛板式槽型水力分级机

1—给料槽;2—分级室;3—筛板;4—高压水室;5—排料口;6—排料调节塞;7—手轮;8—挡板(防止粗粒越室);9—玻璃窗;10—给水管

筛板式槽型水力分级机工作时,矿浆由设备窄端给入,流经各室。各室的上升水速依次减小,因而排出由粗到细的各级产物。这种分级设备的优点是构造简单,不需动力,高度较小,便于配置,但分级效率不高,而且沉砂浓度较低。

14.2.4 分泥斗

分泥斗又称圆锥分级机,既可用作脱泥浓缩设备,也可用作粗分级设备。分泥斗的外形为一倒立圆锥,如图 14－8 所示。中心插入给料圆筒,矿浆沿切线方向给入中心圆筒,然后由圆筒下端折上向周边溢流堰流去。在上升分速度带动下,细小颗粒进入溢流中,沉降速度大于液流上升分速度的粗颗粒则向下沉降,从底部沉砂口排出。分泥斗按溢流体积计的处理能力与圆锥底面积及分级临界颗粒的沉降末速之间的关系为:

$$KA = q_{ov}/v_0$$

式中,K 是考虑到"死区"而取的系数,一般为 0.75;q_{ov} 是溢流的体积流量,m^3/s;v_0 是分级临界颗粒的沉降末速,m/s;A 是分泥斗工作时矿浆的液面面积,m^2。

其计算式为:

$$A = \pi(D^2 - d^2)/4 \tag{14-5}$$

式中 D——圆锥的上底面直径,m;

d——给料圆筒的直径,m。

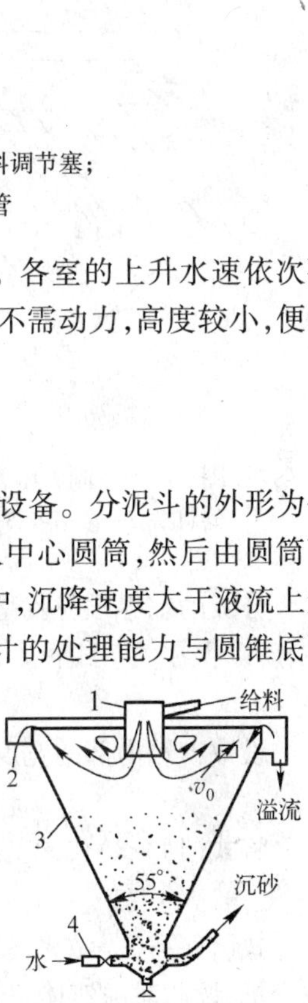

图 14－8 分泥斗简图

1—给料圆筒;2—环形溢流槽;3—锥体;4—给压水管

常用的分泥斗规格有 ϕ2000 mm 和 ϕ3000 mm 两种,其分级粒度多在 0.074 mm 以下,给料粒度一般小于 2 mm,用来对物料进行脱泥或浓缩。这种设备的容积大,可兼有贮料作用,且结构简单,易于制造,不耗费动力。它的缺点是分级效率低,安装高差较大,设备配置不方便。

14.2.5 倾斜浓密箱

倾斜浓密箱是 20 世纪 50 年代出现的一种高效浓缩、脱泥设备,其构造如图 14－9 所示。这种设备的特点是箱内设有上下 2 层倾斜板,上层用于增加沉降面积,下层用于减小旋涡扰动,所以上层板又称为浓缩板,下层板又称为稳定板。矿浆沿整个箱的宽度给入后,通过倾斜板之间的间隙向上流动,在此过程中颗粒在板间沉降聚集。沉降到板上的颗粒借重力向下滑落,由设备底部的排料口排出;含微细颗粒的溢流则由设备上部的溢流槽排出。

颗粒在浓缩板间的运动情况如图 14－10 所示。设浓缩板的倾角为 α，板长为 l，板间的垂直距离为 s，矿浆流沿板间的流动速度为 u。若某临界颗粒的沉降末速为 v_0，则它向板面法向运动的分速度 v_z 为：

$$v_z = v_0 \cos\alpha \tag{14-6}$$

沿浓缩板倾斜方向运动的分速度 v_y 为：

$$v_y = u - v_0 \sin\alpha \tag{14-7}$$

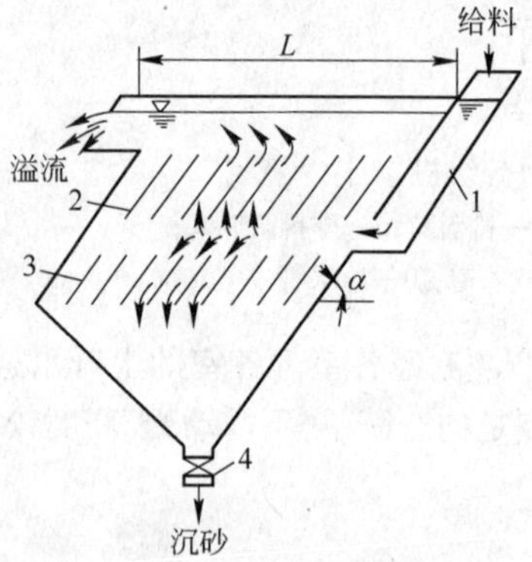

图 14－9　倾斜浓密箱结构示意图

1—给料槽；2—浓缩板；3—稳定板；4—排料口

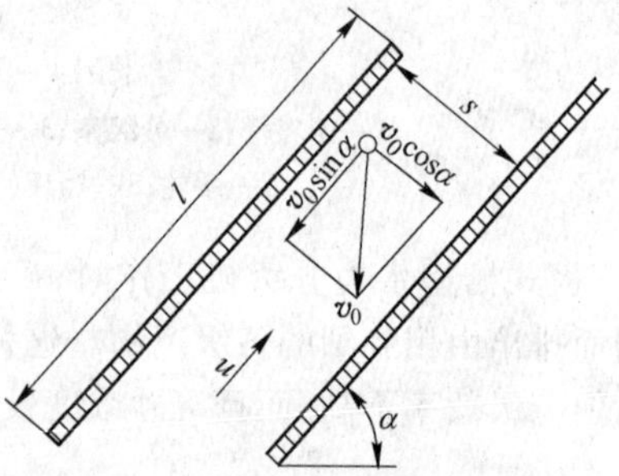

图 14－10　颗粒在浓缩板间的运动

分级的临界颗粒就是那些在沿板长 l 运动的时间内恰好沿浓缩板的法向运动了 s 距离的颗粒，所以存在关系式：

$$s/v_0\cos\alpha = l/(u - v_0\sin\alpha) \tag{14-8}$$

设浓密箱内部的宽度为 b，浓缩板的个数为 n，则溢流量 q_{ov} 为：

$$q_{ov} = nbsu$$

将式(14－8)代入上式得：

$$q_{ov} = nbv_0(l\cos\alpha + s\sin\alpha) \tag{14-9}$$

式(14－9)是浓密箱按溢流体积计的处理量计算式。当 $\alpha = 90°$ 时，即变成以垂直流工作的浓密机，设此时溢流体积处理量为 q'_{ov}，则有：

$$q'_{ov} = nbsv_0 \tag{14-10}$$

式中，ns 相当于不加倾斜板时箱表面的有效长度，此时箱表面的面积 A 为：

$$A = nbs \tag{14-11}$$

将式(14－10)与式(14－9)对比可见，设置倾斜板时浓密箱的有效表面积 A' 为：

$$A' = nb(l\cos\alpha + s\sin\alpha) \tag{14-12}$$

倾斜浓密箱的宽度 b 一般为 900～1800 mm，浓缩板的长度 l 为 400～500 mm，安装倾角 α 为 45°～55°，板间的垂直距离 s 为 15～20 mm，浓缩板的个数 n 为 38～42。这种设备结构简单，容易制造，不消耗动力，单位设备占地面积的处理能力大，脱泥效率高。其缺点是倾斜板之间的间隙易堵塞，需要定期停机处理。

14.3　螺旋分级机

螺旋分级机主要用于同磨矿设备组成闭路作业，或用来洗矿、脱水和脱泥等，其主要特点是利用连续旋转的螺旋叶片提升和运输沉砂。

螺旋分级机的外形是1个矩形斜槽(见图14－11),槽底倾角为12°～18.5°,底部呈半圆形。槽内安装有1或2个纵长的轴,沿轴长连续地安置螺旋形叶片,借上端传动机构带动螺旋轴旋转。矿浆由槽子旁侧中部附近给入,在槽的下部形成沉降分级面。粗颗粒沉到槽底,然后被螺旋叶片推动,向斜槽的上方移动,在运输过程中同时进行脱水。细颗粒被表层矿浆流携带经溢流堰排出。分级过程与在分泥斗中进行的基本相同(见图14－12)。

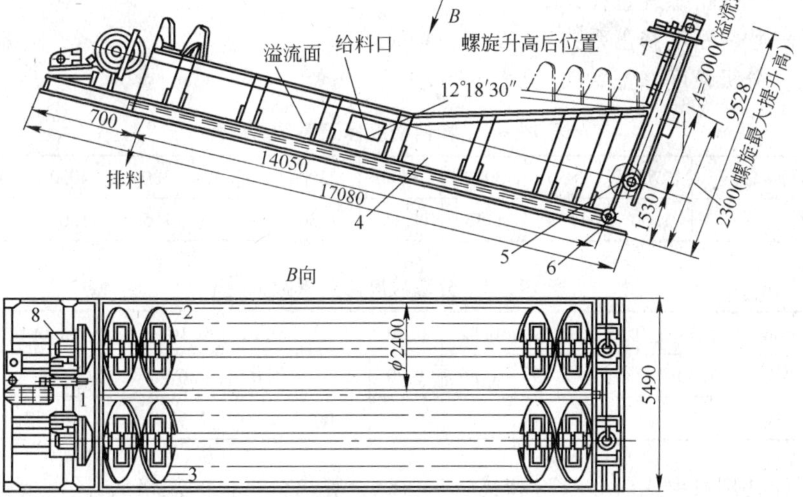

图14－11　ϕ2400 mm沉没式双螺旋分级机

1—传动装置;2,3—左、右螺旋;4—水槽;5—下部支座;6—放水阀;7—升降机构;8—上部支承

设分级液面的长度为L,溢流截面高度为h,矿浆纵向流速为u,分级临界颗粒的沉降速度为v_{cr},则由关系式:

$$h/v_{cr}=L/u$$

得:

$$v_{cr}=uh/L \tag{14-13}$$

如分级机单位时间的溢流量为Q,溢流堰宽度为b,则有关系式:

$$uh=Q/b$$

将上述关系式代入式(14－13)得:

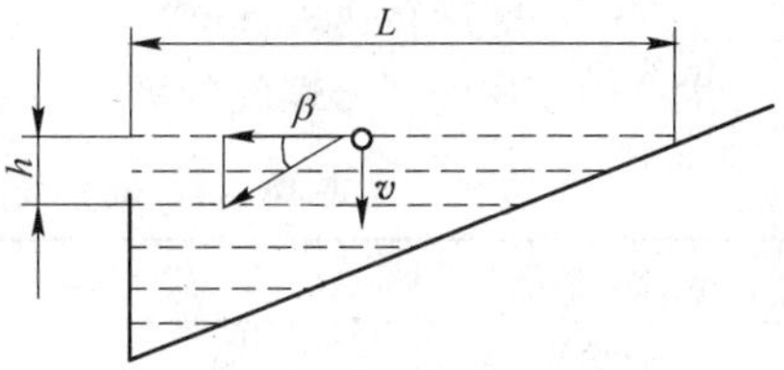

图14－12　螺旋分级机的分级原理示意图

$$v_{cr}=Q/(bL) \tag{14-14}$$

螺旋分级机根据螺旋数目不同可分为单螺旋分级机和双螺旋分级机。按溢流堰的高低又分为低堰式、高堰式和沉没式3种。

低堰式螺旋分级机的溢流堰低于螺旋轴下端的轴承。这种分级机的分级面积小,螺旋搅动的影响大,溢流粒度粗,所以一般用作洗矿设备。

高堰式和沉没式螺旋分级机的溢流堰均高于螺旋轴下端的轴承,两者的区别是沉没式螺旋分级机的螺旋叶片在末端全部浸没在矿浆中,而高堰式则有部分螺旋叶片露在矿浆表面以上。因此,沉没式螺旋分级机适用于细粒级物料的分级,而高堰式适用于较粗粒级物料的分级。一般来说,分级粒度在0.15 mm以上时采用高堰式,在0.15 mm以下时采用沉没式。

螺旋分级机按溢流中固体量计的生产能力,常用下列经验公式进行计算:

对于高堰式

$$Q_1=mK_1K_2(94D^2+16D) \tag{14-15}$$

对于沉没式　　$$Q_1 = mK_1K_2(75D^2 + 10D) \tag{14-16}$$

如已知需要同溢流一起分出的固体物料量 Q_1，则所需要的分级机的螺旋直径 D 可按下式计算：

对于高堰式　　$$D = -0.08 + 0.103[Q_1/(mK_1K_2)]^{0.5} \tag{14-17}$$

对于沉没式　　$$D = -0.07 + 0.115[Q_1/(mK_1K_2)]^{0.5} \tag{14-18}$$

式中　Q_1——按溢流中固体量计的分级机生产能力，t/d；

m——分级机螺旋的个数；

D——分级机螺旋直径，m；

K_1——物料密度修正系数（见表14－1）；

K_2——分级粒度修正系数（见表14－2）。

表14－1　物料密度修正系数 K_1 值

物料密度/kg·m^{-3}	2700	2850	3000	3200	3300	3500	3800	4000	4200	4500
K_1	1.00	1.08	1.15	1.15	1.30	1.40	1.55	1.65	1.75	1.90

表14－2　分级粒度修正系数 K_2 值

溢流粒度/mm		1.17	0.83	0.59	0.42	0.30	0.20	0.15	0.10	0.075	0.061	0.053	0.044
K_2	高堰式	2.50	2.37	2.19	1.96	1.70	1.41	1.00	0.67	0.46			
	沉没式						3.00	2.30	1.61	1.00	0.72	0.55	0.36

根据溢流处理量由式（14－17）和式（14－18）计算出分级机的规格后，还需要按返砂处理量进行验算。返砂量 Q_s 的计算公式为：

$$Q_s = 135mK_1nD^3 \tag{14-19}$$

式中　Q_s——按返砂中固体量计算的生产能力，t/d；

n——螺旋转速，r/min。

生产中使用的部分螺旋分级机的型号和主要技术参数见表14－3。

表14－3　部分螺旋分级机的型号和主要技术参数一览表

设备型号	形　式	螺旋直径/mm	螺旋转速/r·min^{-1}	水槽长度/mm
FG-3	高堰式单螺旋	300	12～30	3000
FG-5		500	8～12.5	4500
FG-7		750	6～10	5500
FG-10		1000	5～8	6500
FC-10	沉没式单螺旋			8400
FG-12	高堰式单螺旋	1200	4～6	6500
FC-12	沉没式单螺旋			8400
2FG-12	高堰式双螺旋			6500
2FC-12	沉没式双螺旋			8400
FG-15	高堰式单螺旋	1500		8300
FC-15	沉没式单螺旋			10500
2FG-15	高堰式双螺旋			8300
2FC-15	沉没式双螺旋			10500

续表 14－3

设备型号	形　式	螺旋直径/mm	螺旋转速/r·min^{-1}	水槽长度/mm
FG-20	高堰式单螺旋	2000	3.6～5.5	8400
FC-20	沉没式单螺旋			12900
2FG-20	高堰式双螺旋			8400
2FC-20	沉没式双螺旋			12900
FG-24	高堰式单螺旋	2400	3.67	9130
FC-24	沉没式单螺旋			14130
2FG-24	高堰式双螺旋			9130
2FC-24	沉没式双螺旋			14130
2FG-30	高堰式双螺旋	3000	3.2	12500
2FC-30	沉没式双螺旋			14300
FLG-500	高堰式单螺旋	500	8～15.5	—
FLG-750		750	4.5～10	—
FLG-1000		1000	1.6～7.4	—
FLGT-1000			1.6～7.4	—
FLG-1200		1200	5～7	—
FLGT-1200				—
FLG-1500		1500	4～6	—
FLGT-1500				—
FLG-2000		2000	3.6～5.5	—
FLGT-2000				—
2FLG-1200	高堰式双螺旋	1200	5～7	—
2FLG-1500		1500	2.5～6	—
2FLG-2000		2000	3.6～5.5	—
2FLC-1200	沉没式双螺旋	1200	5～8	—
2FLC-1500		1500	2.5～6	—

14.4 水力旋流器

水力旋流器是在回转流中利用离心惯性力进行分级的设备，由于它的结构简单、处理能力大、工艺效果良好，故广泛用于分级、浓缩、脱水以至选别作业。

水力旋流器的构造如图 14－13 所示，其主体是由 1 个圆筒与 1 个圆锥连接而成。在圆筒的中心插入 1 个溢流管，沿切线方向接有给矿管，在圆锥的下部留有沉砂口。旋流器的规格用圆筒的内径表示，其尺寸变化范围为 50～1000 mm，其中以 125 mm～500 mm 的旋流器较为常用。

矿浆在压力作用下沿给矿管进入旋流器后，随即在圆筒壁的限制下作回转运动。质量为 m 的颗粒随矿浆一起作回转运动时，所受到的离心惯性力 P_G 为：

$$P_G = m\omega^2 r \qquad (14-20)$$

惯性离心加速度 a 为：

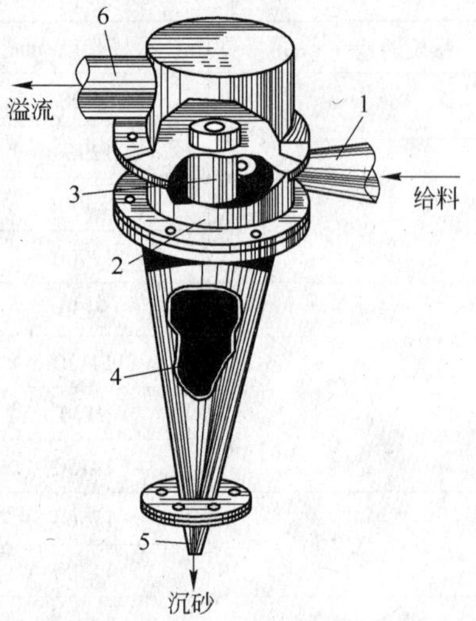

图 14－13　水力旋流器

1—给料管;2—圆柱体;3—溢流管;4—圆锥体;5—沉砂口;6—溢流排出管

$$a = P_G/m = \omega^2 r = u_t^2/r \tag{14-21}$$

式中　m——颗粒的质量,kg;

r——颗粒的回转半径,m;

ω——颗粒的回转角速度,rad/s;

u_t——颗粒的切向速度,m/s。

惯性离心加速度 a 与重力加速度 g 之比称为离心力强度或离心因数,用 i 表示,由定义得:

$$i = a/g \tag{14-22}$$

由于离心因数通常为几十乃至100,因此在旋流器中重力的影响可以忽略不计。正是由于颗粒所受的离心惯性力远远大于自身的重力,而使其沉降速度明显加快,使得设备的处理能力和作业指标都得到了大幅度的提高。

14.4.1　水力旋流器的分级原理

矿浆在一定压强下通过给矿管沿切向进入旋流器后,在旋流器内形成回转流,其切向速度在溢流管下口附近达最大值。同时,在后面矿浆的推动下,进入旋流器内的矿浆,一面向下运动,一面向中心运动,形成轴向和径向流动速度,即矿浆在旋流器内的流动属于三维运动,其流动情况如图 14－14 所示。

矿浆在旋流器内向下运动的过程中,因流动断面逐渐减小,所以内层矿浆转而向上运动,即矿浆在水力旋流器轴向上的运动是外层向下,内层向上,在任意一高度断面上均存在着一个速度方向的转变点。在该点上矿浆的轴向速度为零。把这些点连接起来,即构成一个近似锥形面,称为零速包络面,如图 14－15 所示。

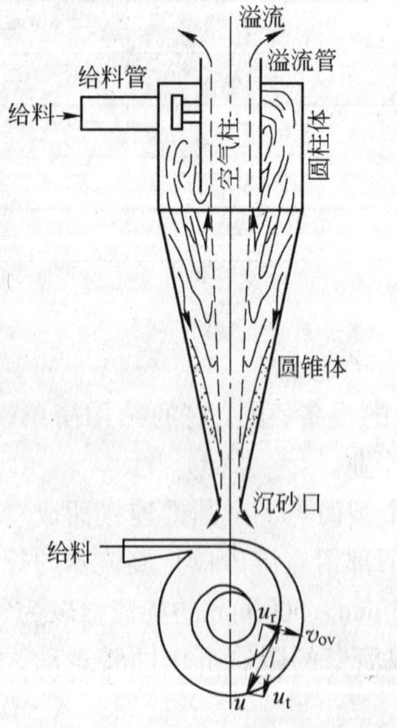

图 14－14　矿浆在水力旋流器纵断面上的流动示意图

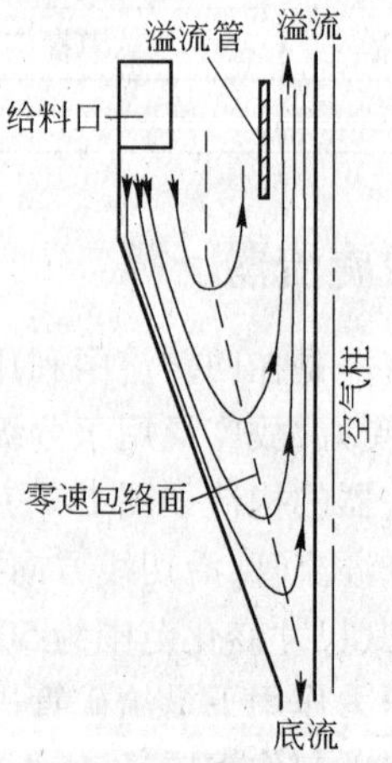

图 14－15　水力旋流器内液流的轴向运动速度及零速包络面

位于矿浆中的固体颗粒，由于离心惯性力的作用而产生向外运动的趋势，但由于矿浆由外向内的径向流动的阻碍，使得细小的颗粒因所受离心惯性力太小，不足以克服液流的阻力，而只能随向内的矿浆流一起进入零速包络面以内，并随向上的液流一起由溢流管排出，形成溢流产物；而较粗的颗粒则借较大的离心惯性力克服向内流动矿浆流的阻碍，向外运动至零速包络面以外，随向下的液流一起由沉砂口排出，形成沉砂产物。

14.4.2 水力旋流器的工艺计算

14.4.2.1 旋流器的生产能力计算

波瓦洛夫于1978年将水力旋流器视为流体通道，按局部阻力关系推导出了水力旋流器按矿浆体积计的生产能力计算式为：

$$q_V = K_0 d_f d_{ov} p^{0.5} \tag{14-23}$$

或

$$q_V = K_1 d_f d_{ov} p^{0.5} \tag{14-24}$$

式中 q_V——旋流器按矿浆体积计的生产能力，m^3/h；

d_f——旋流器给矿口的当量直径，m，当给矿口的宽×高=$b \times l$时，换算式为：

$$d_f = (4bl/\pi)^{0.5}$$

d_{ov}——旋流器的溢流管内径，m；

p——给料进口压强，kPa；

K_0，K_1——系数，随d_f/D而变化，其数值见表14-4，其中$K_0 = K_1/(d_f/D)$；

D——旋流器圆柱体部分（圆筒）的内径，m。

表14-4 旋流器处理量公式中K_0与K_1的数值

d_f/D	0.1	0.15	0.20	0.25	0.30
K_0	1100	987	930	924	987
K_1	110	148	186	231	296

14.4.2.2 旋流器分离粒度d_{50}的计算式

旋流器的分离粒度通常按如下经验公式进行计算：

$$d_{50} = 149\{d_{ov}Dc/[K_D d_s(\rho_1 - \rho)p^{0.5}]\}^{0.5} \tag{14-25}$$

式中 d_{50}——旋流器的分离粒度，μm；

d_{ov}——旋流器的溢流管直径，cm；

D——旋流器圆柱部分（圆筒）的内径，cm；

d_s——旋流器的沉砂口直径，cm；

c——旋流器给料的固体质量分数，%；

ρ——水的密度，kg/m^3；

ρ_1——固体物料的密度，kg/m^3；

p——旋流器给矿口处的压强，kPa；

K_D——旋流器的直径修正系数，与旋流器直径D的关系为：

$$K_D = 0.8 + 1.2/(1 + 0.1D) \tag{14-26}$$

根据生产实践经验，水力旋流器溢流产物的最大粒度约为d_{50}的1.5～2.0倍。由式（14-25）可见，减小旋流器的直径和溢流管的直径，或增大沉砂口的直径和降低给料浓度，均有助于减小分离粒度，增大给料压强虽然也可以减小分离粒度，但效果不会显著。

14.4.3　影响水力旋流器工作的因素

影响水力旋流器工作情况的因素包括旋流器的结构参数和操作条件。

影响水力旋流器工作情况的结构参数主要是旋流器的直径 D,其他结构尺寸均以此而变化。分级用旋流器的结构尺寸关系一般是:

$$d_f = (0.08 \sim 0.4)D$$

$$d_{ov} = (0.2 \sim 0.4)D$$

d_{ov}/d_s(或其倒数)称为角锥比,它是影响溢流和沉砂体积产率及分级粒度的重要参数,生产中使用的旋流器的角锥比通常为 3~4。

旋流器的结构参数对其体积处理量和分离粒度的影响可由各计算式看出。给矿口和溢流管直径与体积处理量呈线性关系,在旋流器直径一定的情况下,改变两者的尺寸是调节处理量的简便方法。减小给矿口和溢流管直径时,分离粒度亦将变细,但这种影响只在开路分级条件下才会表现出来。在闭路分级时,分级粒度被磨机的能力所制约,旋流器的结构参数影响不明显。

旋流器的直径对分离粒度和处理量有重要影响,对微细粒级物料进行分级或脱泥时,应采用小直径旋流器,并可由多个旋流器并联工作以满足处理量的要求。沉砂口的大小对处理量影响不大,但对沉砂产率和沉砂浓度有较大影响。旋流器锥角的大小关系到矿浆向下流动的阻力和分级面的大小。细分级或脱泥时应当采用较小的锥角(10°~15°),粗分级或浓缩时应采用较大的锥角(25°~40°)。

圆筒的高度和溢流管插入深度,在一定范围内对处理量和分级粒度没有明显影响,但过分增大或减小将影响分级效率。

影响水力旋流器工作情况的操作参数主要是给料压强和给料浓度。给料压强直接影响着旋流器的处理能力,对分级粒度影响较小。一般来说,采用较高压强(150~300 kPa)可获得稳定的分级效果,但带来的问题是磨损增加。给料方式可采用稳压箱或砂泵直接给料,从节能和稳定操作角度考虑,采用后一种给料方式效果较好。

给料浓度主要影响旋流器的分级效率。处理微细粒级物料时,应采用较低的给料浓度。根据生产经验,当分级粒度为 0.074 mm 时,给料浓度以 10%~20% 为宜,而分级粒度为 0.019 mm 时,浓度应取 5%~10%。

14.4.4　水力旋流器的应用和发展

旋流器以其结构简单、处理量大而获得了广泛应用。目前旋流器的规格继续向两个极端方向发展。一是微型化,已经制成了 ϕ10 mm 的微管旋流器,可用于 2~3 μm 高岭土的超细分级。另一方向是大型化,国外已有直径达 1000~1400 mm 的大型水力旋流器,用作大型球磨机闭路磨矿的分级设备。同时,为了提高单台设备的生产能力,减小设备占地面积,大型选矿厂普遍采用旋流器组作分级设备。

在旋流器的结构方面,因用途不同,已出现了许多变种形式,图 14-16 列出了生产中应用的几种。

图 14-16a 是底部补加冲洗水的旋流器,有利于减少混入沉砂中的微细颗粒的数量;图 14-16b是一种三产品水力旋流器,通过溢流管外的套管获得一定量的中间产品,可使溢流和沉砂的粒度界限更加清楚;图 14-16c 被称做短锥旋流器,锥体角度达到 90°~140°,由于沉砂难以排出,在底部形成旋转的高密度物料层,可以进行按密度分选,常用作砂金矿的粗选设备;图 14-16d 是脱砂旋流器,专门用于从瓷土等原料中脱出硅砂。除上述几种变种形式外,还有沉砂串联的旋流器、溢流串联的旋流器(母子旋流器)、微管旋流器组以及带导向板的旋流器等,可根据不同的用途进行选择。

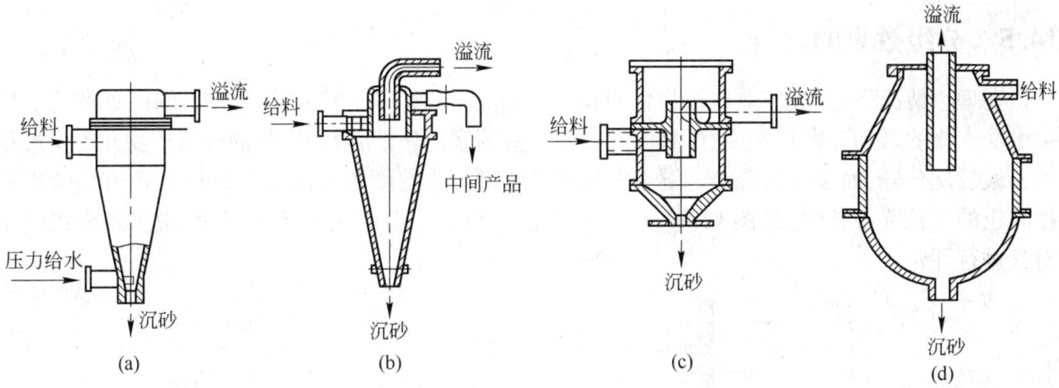

图 14-16 几种变种形式的水力旋流器

(a) 带有冲洗水的旋流器；(b) 三产品旋流器；(c) 短锥旋流器；(d) 脱砂旋流器

生产中使用的一些旋流器或旋流器组的型号和主要技术参数如表 14-5 所示。

表 14-5 旋流器或旋流器组的型号和主要技术参数一览表

类型	设备型号	圆筒内径 /mm	锥角/(°)	溢流管直径 /mm	沉砂口直径 /mm	给料粒度 /mm	给料压强 /MPa	处理能力 /$m^3 \cdot h^{-1}$
旋流器	FX660	660	20	180~240	80~150	16	0.03~0.2	250~350
	FX500	500	20,15	130~200	35~100	10	0.03~0.3	140~220
	FX350	350	20,15	80~120	30~70	6	0.04~0.3	60~100
	FX300	300	20,15	65~115	20~50	5	0.04~0.3	45~85
	FX250	250	20,15,10	60~100	16~45	3	0.06~0.35	40~60
	FX200	200	20,15,10	40~65	16~32	2	0.06~0.35	25~40
	FX150	150	20,15,8	30~45	8~22	1.5	0.06~0.35	11~20
	FX125	125	17,8	25~40	8~18	1	0.06~0.35	8~15
	FX100	100	20,15,8	20~40	8~18	1	0.06~0.35	5~12
	FX75	75	15,6	15~22	6~12	0.6	0.1~0.4	2~5
	FX50	50	15,6	11~16	3~8	0.3	0.1~0.4	1~2
旋流器组	FXK150×4	150	20	50,40,32,25	32,24,16	—	—	30~60
	FXK150×8	150	20	50,40,32,25	32,24,16	—	—	60~120
	FXK150×12	150	20	50,40,32,25	32,24,16	—	—	90~180
	FXK300×4	300	20	65,75	35,40	—	—	148~172
	FXK300×8	300	20	65,75	35,40	—	—	222~258
	FXK350×4	350	20	115,105,95	80,70,60	—	—	296~360
	FXK350×6	350	20	115,105,95	80,70,60	—	—	1184~1440
	FXK350×12	350	20	180,160,140	80,70,60	—	—	888~1080
	FXK500×4	500	20	180,160,140	110,90,70	—	—	680~880
	FX500×6	500	20	180,160,140	110,90,70	—	—	1020~1320
	FX660×6	660	20	305,254,203	152	—	—	1830~3150

14.5　分级效果的评价

在理想情况下，分级应严格按物料的粒度进行，分成图 14 - 17a 所示的粗、细两种产物。但由于受水流的紊动和颗粒密度、形状以及其他一些因素的影响，致使实际的分级产物并不是严格按分级粒度分开，而是有所混杂。混杂的规律是在沉砂中粒度越细的颗粒混杂越少，在溢流中粒度越粗的颗粒混杂越少（见图 14 - 17b）。这种混杂反映了分级的不完善程度，常采用分级效率对其进行评定。

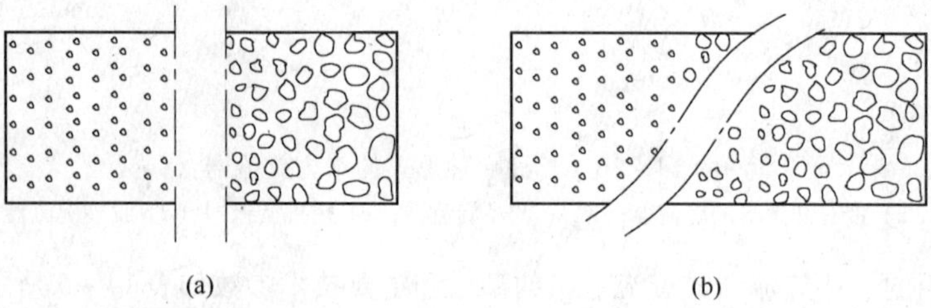

图 14 - 17　理想和实际分级产物对比

（a）理想分级情况；（b）实际分级情况

14.5.1　粒度分配曲线

粒度分配曲线是表示原料中各个粒级在沉砂或溢流中的分配率随粒度变化的曲线，是表达分级效率的常用图示方法之一，其基本形状如图 14 - 18 所示。在这条曲线上不仅可查得分离粒度 d_{50}的值，而且可以评定分级效率。

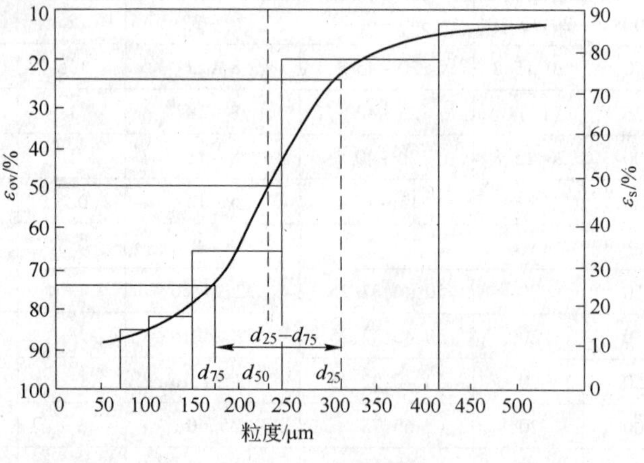

图 14 - 18　粒度分配曲线

图 14 - 18 中左侧的纵坐标 ε_{ov}代表各个粒级在溢流中的分配率；右侧的纵坐标 ε_s 代表各个粒级在沉砂中的分配率。

分配曲线的形状反映了分级效率。曲线愈接近于垂直，即曲线的中间部分愈陡，表示分级进行得愈精确，分级效率愈高。理想分级结果的分配曲线，中间部分应是在 d_{50}处垂直于横轴的直线。因此可用实际分配曲线的中间段偏离垂线的倾斜程度来评定分级效率。在数值上，取分配率为 25% 或 75% 的粒度值与分离粒度 d_{50}的差值作为评定尺度，称为可能偏差，用 E_f 表示，其常用的计算式为：

$$E_f = (d_{25} - d_{75})/2 \tag{14-27}$$

式中，d_{25}，d_{75}为溢流（或沉砂）中分配率为25%和75%的粒度值。

分配曲线也可用来评定原料按密度分选的效率，此时须将选别产物用重液分离成多个密度级别，然后计算出各密度级别在低密度产物和高密度产物中的分配率，再绘制出密度分配曲线。由曲线可查得分离密度ρ_{50}及相应的可能偏差E_p，这种方法在选煤生产中普遍用来评定分选效率。

14.5.2 分级效率的计算公式

上述粒度分配曲线绘制起来很麻烦，所以生产实践中较为普遍地应用公式计算分级效率。如图14－19所示，图中的α是原料中小于分离粒度（或某指定粒度）的细粒级质量分数；β是细粒产物中小于规定粒度颗粒的质量分数；γ是分级后细粒产物的产率；θ是粗粒产物中小于规定粒度颗粒的质量分数。

经过分级，溢流产物中细颗粒的含量由α提高到β，因此通过分级真正被分离到溢流中的细颗粒的质量与原料质量之比Γ为：

$$\Gamma = \gamma(\beta - \alpha) \tag{14-28}$$

在理想分级条件下，小于规定粒度的颗粒应全部进入溢流，粗颗粒则不进入，所以此时的溢流产率$\gamma_0 = \alpha$，且$\beta = 1$，被有效分级的细颗粒质量与原料质量之比Γ_0成为：

$$\Gamma_0 = \gamma_0(1 - \alpha) = \alpha(1 - \alpha) \tag{14-29}$$

分级效率η的物理含义是实际被分级出的细颗粒量与理想条件下应被分级出的细颗粒量之比，用百分数表示，即：

$$\eta = \Gamma/\Gamma_0 = \{\gamma(\beta - \alpha)/[\alpha(1 - \alpha)]\} \times 100\% \tag{14-30}$$

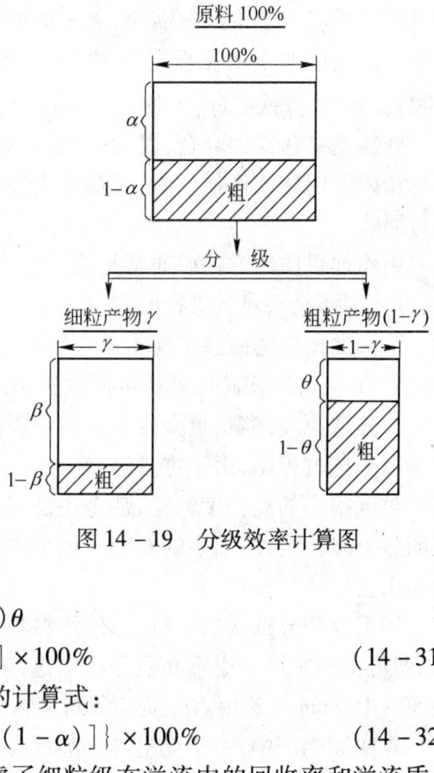

图14－19 分级效率计算图

由细颗粒质量在产物中的平衡关系：

$$\alpha = \gamma\beta + (1 - \gamma)\theta$$

得：

$$\gamma = [(\alpha - \theta)/(\beta - \theta)] \times 100\% \tag{14-31}$$

将式（14－31）代入式（14－30）中，得到分级效率的计算式：

$$\eta = \{(\alpha - \theta)(\beta - \alpha)/[\alpha(\beta - \theta)(1 - \alpha)]\} \times 100\% \tag{14-32}$$

式（14－32）是分级的综合效率计算式，它同时考虑了细粒级在溢流中的回收率和溢流质量的提高。如果只考虑细粒级在溢流中的回收率，则称为分级的量效率，记为ε_f，即：

$$\varepsilon_f = (\gamma\beta/\alpha) \times 100\% = \{\beta(\alpha - \theta)/[\alpha(\beta - \theta)]\} \times 100\% \tag{14-33}$$

另一方面，式（14－30）可改写为：

$$\begin{aligned}\eta &= \{\gamma(\beta - \alpha\beta - \alpha + \alpha\beta)/[\alpha(1 - \alpha)]\} \times 100\% \\ &= [\gamma\beta/\alpha - \gamma(1 - \beta)/(1 - \alpha)] \times 100\%\end{aligned} \tag{14-34}$$

式（14－34）等号右侧第1项表示细粒级在溢流中的回收率ε_f，第2项为粗粒级在溢流中的回收率ε_c。所以分级效率又代表溢流中细、粗两个粒级的回收率之差，即：

$$\eta = \varepsilon_f - \varepsilon_c \tag{14-35}$$

15 重介质分选

在密度大于1000 kg/m^3 的介质中进行的分选过程,称为重介质分选。分选时,介质密度常选择在物料中待分开的两种组分的密度之间,密度大于介质密度的颗粒将向下沉降,成为高密度产物;而密度小于介质密度的颗粒则向上浮起,成为低密度产物。

工业生产中使用的重介质是由密度比较大的固体微粒分散在水中构成的重悬浮液,其中的高密度固体微粒起到了加大介质密度的作用,称为加重质。加重质的粒度一般要求 -0.074 mm 占60% ~80%,能均匀分散于水中。位于重悬浮液中的粒度较大的固体颗粒将受到像均匀介质一样增大了的浮力作用。

为了适应工业生产的需要,要求加重质的密度适宜、价格低廉、便于回收。根据这些要求,在工业上使用的加重质主要有硅铁(ρ_1 = 6800 kg/m^3)、方铅矿(ρ_1 = 7500 kg/m^3)、磁铁矿(ρ_1 = 5000 kg/m^3)、黄铁矿(ρ_1 =4900 ~5100 kg/m^3)、毒砂(砷黄铁矿,ρ_1 =5900 ~6200 kg/m^3)。

硅铁是硅和铁的合金,以含硅13% ~18%最适合作为加重质使用,含硅过高,则韧性太强,不易粉碎。用硅铁作加重质,可配成密度为3200 ~3500 kg/m^3 的重悬浮液,可采用磁选法对其进行回收。

用作加重质的方铅矿通常是选矿厂选出的方铅矿精矿,可配制密度为3500 kg/m^3 的重悬浮液,可采用浮选法对其进行回收。

用作加重质的磁铁矿通常采用铁品位在60%以上的磁选精矿,配制的悬浮液最大密度可达2500 kg/m^3,对磁铁矿加重质可用磁选法回收。

从分选原理来看,重介质分选仅受固体颗粒密度的影响,与粒度、形状等其他因素无关。但在实际分选过程中,由于重悬浮液的黏度较高,致使在其中的颗粒的运动速度明显降低,尤其是那些粒度很小的高密度颗粒,甚至还没来得及沉降,即被介质带入了轻产物中,导致分选的精确度明显下降。此外,细小的颗粒与加重质的分离也比较困难。所以原料在入选前必须将细粒级分离出去。

用重介质分选法选煤时,一般给料粒度下限为3 ~6 mm,上限为300 ~400 mm。经过一次分选,即可得到精煤。用重介质分选法选别金属矿石时,通常给料粒度下限为1.5 ~3.0 mm,上限为50 ~150 mm。若用重介质旋流器进行分选,则给料粒度下限可降低到0.5 ~1.0 mm。

在实际生产中,由于受重悬浮液最高密度的限制,无法分选出高纯度的高密度产物,所以除了选煤以外,重介质分选法主要用作预选作业,即从待分选物料中选出低密度成分。例如,用于除去矿石中已单体解离的脉石矿物颗粒或混入的围岩。这种方法常用来处理呈集合体嵌布的有色金属矿石,在中碎以后,将已经单体解离的脉石矿物颗粒除去,可以减少给入磨碎和选别作业的矿石量,降低生产成本。此外,重介质分选法还用来从废汽车的破碎产物中回收金属、从废蓄电池中回收有价成分、处理生活垃圾、净化土壤等。

15.1 重悬浮液的性质

15.1.1 重悬浮液的黏度

重悬浮液是非均质两相流体,它的黏度与均质液体不同。其差异主要表现在悬浮液的黏度即使温度保持恒定，也不是一个定值，同时悬浮液的黏度明显比分散介质的大。其原因可归结为如下三个方面：

（1）悬浮液流动时，由于固体颗粒的存在，既增加了摩擦面积，又增加了流体层间的速度梯度，从而导致流动时的摩擦阻力增加。

（2）固体体积分数 φ 较高时，因固体颗粒间的摩擦、碰撞，使得悬浮液的流动变形阻力增大。

（3）由于加重质颗粒的表面积很大，它们彼此容易自发地联结起来，形成一种局部或整体的空间网状结构物，以降低表面能（见图 15－1），这种现象称为悬浮液的结构化。在形成结构化的悬浮液中，由于包裹在网格中的水失去了流动性，使得整个悬浮液具有一定的机械强度，因而流动性明显减弱，在外观上即表现为黏度增加。

结构化悬浮液是典型的非牛顿流体，其突出特点是，有一定的初始切应力 τ_{in}（见图 15－2），只有当外力克服了这一初始切应力后，悬浮液才开始流动。当流动的速度梯度达到一定值后，结构物被破坏，切应力又与速度梯度保持直线关系，此时有：

$$\tau = \tau_0 + \mu_0 \mathrm{d}u/\mathrm{d}h \tag{15－1}$$

式中 τ——结构化悬浮液的切应力，Pa；

τ_0——结构化悬浮液的静切应力，Pa；

μ_0——结构化悬浮液的牛顿黏度，Pa·s；

$\mathrm{d}u/\mathrm{d}h$——结构化悬浮液流动过程的速度梯度，s^{-1}。

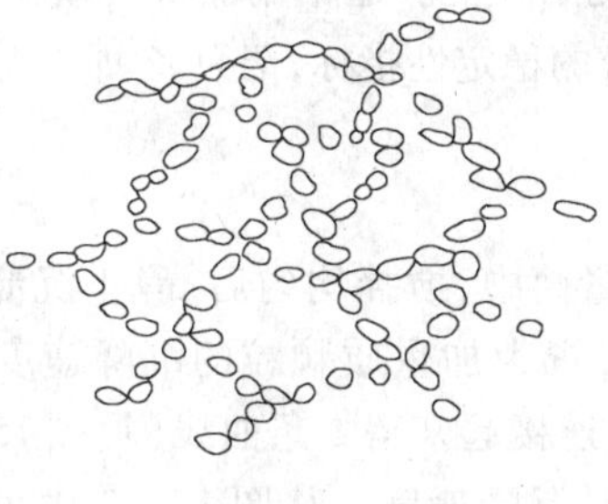

图 15－1 悬浮液结构化示意图

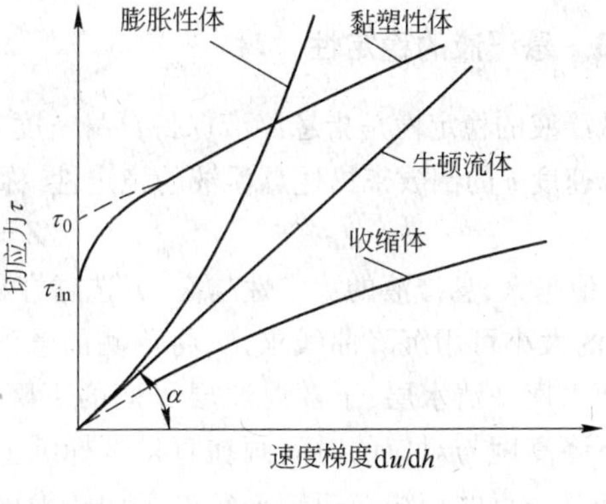

图 15－2 不同流体的流变特性曲线

15.1.2 悬浮液的密度

悬浮液的密度有物理密度和有效密度之分。悬浮液的物理密度由加重质的密度和体积分数共同决定，用符号 ρ_{su} 表示，计算式为：

$$\rho_{su} = \varphi(\rho_{hm} - 1000) + 1000 \tag{15－2}$$

式中 ρ_{hm}——加重质的密度，kg/m^3；

φ——悬浮液的固体体积分数，采用磨碎的加重质时最大值为 17%～35%，大多数为 25%，采用球形颗粒加重质时，最大值可达 43%～48%。

在结构化悬浮液中分选固体物料时，受静切应力 τ_0 的影响，颗粒向下沉降的条件为：

$$\pi d_V^3 \rho_1 g/6 > \pi d_V^3 \rho_{su} g/6 + F_0$$

式中 d_V——固体颗粒的体积当量直径，m；

ρ_1——固体颗粒的密度，kg/m^3；

F_0——由静切应力引起的静摩擦力，其值与颗粒表面积 A_f 和静切应力 τ_0 成正比：

$$F_0 = \tau_0 A_f / k \tag{15-3}$$

式中，k 是比例系数，与颗粒的粒度有关，介于 0.3 ~ 0.6 之间，当颗粒的粒度大于 10 mm 时，$k=0.6$。

由上述两式，可得颗粒在结构化悬浮液中能够下沉的条件是：

$$\rho_1 > \rho_{su} + 6\tau_0/(kd_V g\chi) \tag{15-4}$$

式(15-4)中的 $6\tau_0/(kd_V g\chi)$ 相当于悬浮液的静切应力引起的密度增大值。所以对于高密度颗粒的沉降来说，悬浮液的有效密度 ρ_{ef} 为：

$$\rho_{ef} = \rho_{su} + 6\tau_0/(kd_V g\chi) \tag{15-5}$$

由于静切应力的方向始终同颗粒的运动方向相反，所以当低密度颗粒上浮时，悬浮液的有效密度 ρ'_{ef} 则变为：

$$\rho'_{ef} = \rho_{su} - 6\tau_0/(kd_V g\chi) \tag{15-6}$$

由式(15-5)和式(15-6)可以看出，悬浮液的有效密度不仅与加重质的密度和体积分数有关，同时还与 τ_0 及固体颗粒的粒度和形状有关。

密度 ρ_1 介于上述两项有效密度之间的颗粒，既不能上浮，也不能下沉，因而得不到有效的分选。这种现象在形状不规则的细小颗粒上表现尤为突出，是造成分选效率不高的主要原因，这再次表明入选前脱除细小颗粒的必要性。

15.1.3　悬浮液的稳定性

悬浮液的稳定性是指悬浮液保持自身密度、黏度不变的性能。通常用加重质颗粒在悬浮液中沉降速度 v 的倒数来描述悬浮液的稳定性，称做悬浮液的稳定性指标，记为 Z，即：

$$Z = 1/v \tag{15-7}$$

Z 值越大，悬浮液的稳定性越高，分选越容易进行。

v 的大小可用沉降曲线求出，将待测的悬浮液置于量筒中，搅拌均匀后，静止沉淀，片刻在上部即出现一清水层，下部混浊层界面的下降速度即可视为加重质颗粒的沉降速度 v。将混浊层下降高度与对应的时间画在直角坐标纸上，将各点连接起来得 1 条曲线（见图 15-3），曲线上任意一点的切线与横轴夹角的正切即为该点的瞬时沉降速度。从图 15-3 中可以看出，沉降开始后，在相当长一段时间内曲线的斜率基本不变，评定悬浮液稳定性的沉降速度即以这一段为准。

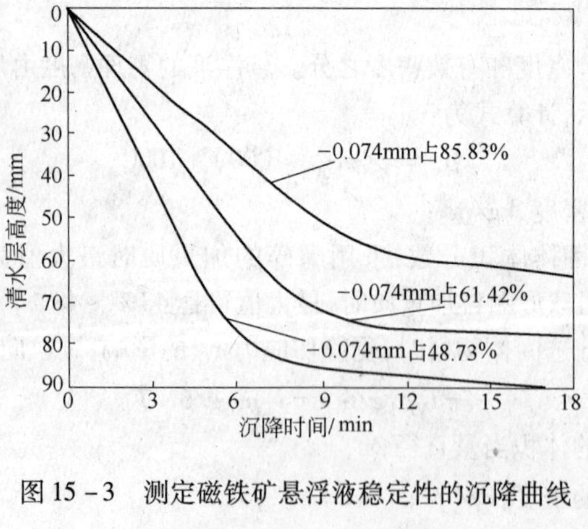

图 15-3　测定磁铁矿悬浮液稳定性的沉降曲线

15.1.4　影响悬浮液性质的因素

影响悬浮液性质的因素主要包括悬浮液的固体体积分数、加重质的密度、粒度和颗粒形状等。

悬浮液的固体体积分数不仅影响悬浮液的物理密度，而且当浓度较高时又是影响悬浮液黏度的主要因素。试验表明，悬浮液的黏度（与流出毛细管的时间成正比）随固体体积分数的增加而增加（见图 15－4），亦即一定体积悬浮液流出毛细管的时间不断延长。

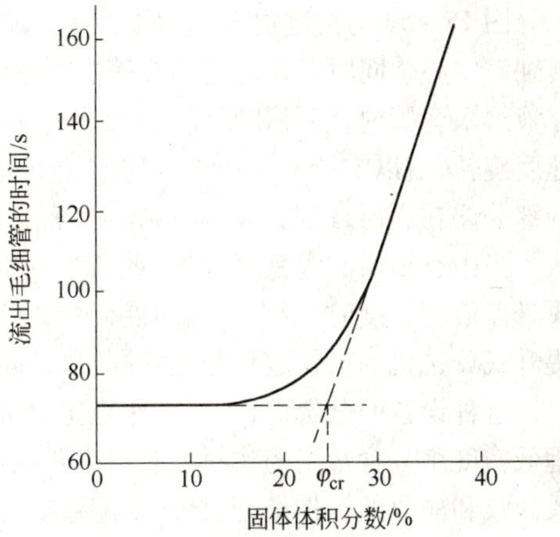

图 15－4　悬浮液的黏度与固体体积分数的关系

从图 15－4 中可以看出，固体体积分数较低时，黏度增加缓慢，而当固体体积分数超过某临界值 φ_{cr} 时，黏度急剧增大。φ_{cr} 称为临界固体体积分数。当悬浮液的固体体积分数超过临界值时，颗粒在其中的沉降速度急剧降低，从而使设备的生产能力明显下降，分选效率也将随之降低。

加重质的密度主要影响悬浮液的密度，而粒度和颗粒形状则主要影响悬浮液的黏度和稳定性。

悬浮液的黏度越大其稳定性也就越好，但颗粒在其中的沉降或上浮速度较低，使设备的生产能力和分选精确度下降；如果悬浮液的黏度比较小，则稳定性也比较差，严重时会影响分选过程的正常进行。因此，应综合考虑这两个指标。

15.2　重介质分选设备

15.2.1　圆锥型重介质分选机

圆锥型重介质分选机有内部提升式和外部提升式两种，结构如图 15－5 所示。

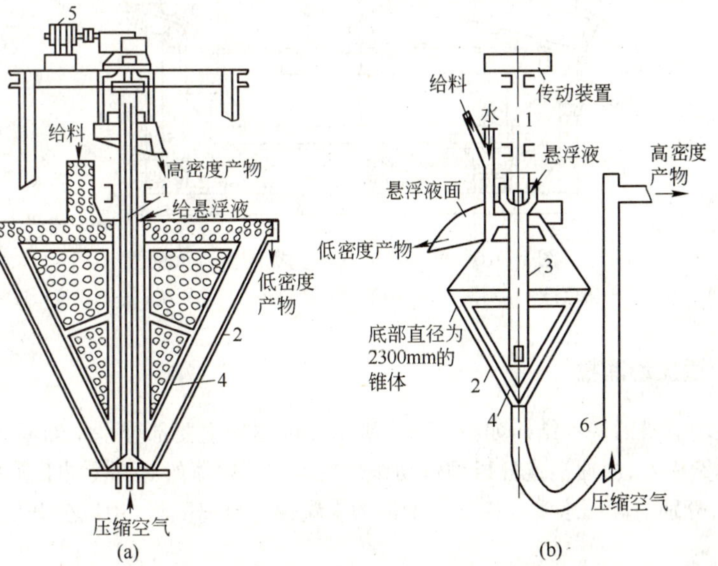

图 15－5　圆锥型重介质分选机结构示意图

（a）内部提升式单锥分选机；（b）外部提升式双锥分选机

1—中空轴；2—圆锥形分选槽；3—套管；4—刮板；5—电动机；6—外部空气提升管

图15－5a为内部提升式圆锥型重介质分选机，即在倒置的圆锥形分选槽内，安装有空心回转轴。空心轴同时又作为排出高密度产物的空气提升管。中空轴外面有一个带孔的套管，重悬浮液给入套管内，穿过孔眼流入分选圆锥内。套管外面固定有两个三角形刮板，以4～5 r/min的速度旋转，借以维持悬浮液密度均匀并防止被分选物料沉积。入选物料由上表面给入，密度较低的部分浮在表层，经四周溢流堰排出，密度较高的部分沉向底部。压缩空气由中空轴的下部给入。当中空轴内的高密度产物、重悬浮液和空气组成的气－固－液三相混合物的密度低于外部重悬浮液的密度时，中空轴内的混合物即向上流动，将高密度产物提升到一定高度后排出。外部提升式分选机的工作过程与此相同，只是高密度产物是由外部提升管排出（见图15－5b）。

这种设备的分选面积大、工作稳定、分离精确度较高。给料粒度范围为50～5 mm。适于处理低密度组分含量高的物料。它的主要缺点是需要使用微细粒加重质，介质循环量大，增加了介质回收和净化的工作量，而且需要配置空气压缩装置。

15.2.2 鼓型重介质分选机

鼓型重介质分选机的构造如图15－6所示，外形为一横卧的鼓形圆筒，由4个辊轮支撑，通过设置在圆筒外壁中部的大齿轮，由传动装置带动旋转。在圆筒内壁沿纵向设有带孔的扬板。入选物料与悬浮液一起从筒的一端给入。高密度颗粒沉到底部，由扬板提起投入排料溜槽中，低密度颗粒则随悬浮液一起从筒的另一端排出。这种设备结构简单，运转可靠，便于操作。在设备中，重悬浮液搅动强烈，所以可采用粒度较粗的加重质，且介质循环量少，它的主要缺点是分选面积小，搅动大，不适于处理细粒物料，给料粒度通常为150～6 mm。

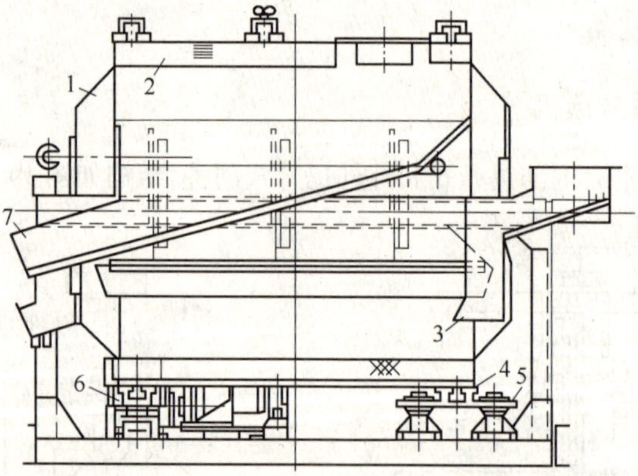

图15－6 鼓型重介质分选机的构造示意图

1—转鼓；2—扬板；3—给料漏斗；4—托辊；5—挡辊；6—传动系统；7—高密度产物漏斗

15.2.3 重介质振动溜槽

重介质振动溜槽的基本结构如图15－7所示。机体的主要部分是个断面为矩形的槽体，支承在倾斜的弹簧板上，由曲柄连杆机构带动作往复运动。槽体的底部为冲孔筛板，筛板下有5～6个独立水室，分别与高压水管连接。在槽体的末端设有分离隔板，用以分开低密度产物和高密度产物。

该设备工作时，待分选物料和重悬浮液一起由给料端给入重介质振动溜槽，介质在槽中受到摇动和上升水流的作用形成一个高浓度的床层，它对物料起着分选和运搬作用。分层后的高密度产物从分离隔板的下方排出，而低密度产物则由隔板上方流出。

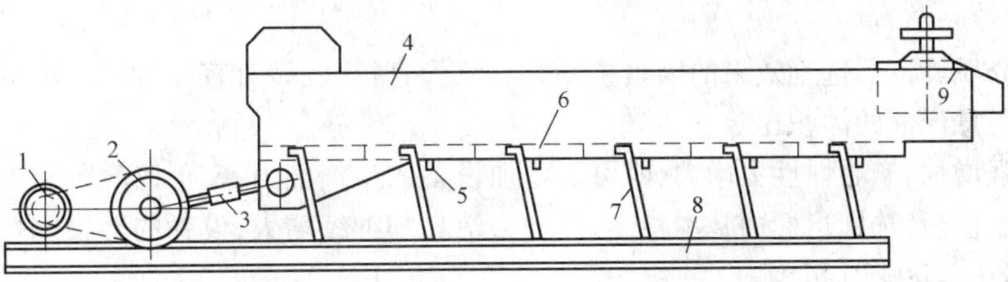

图15－7　重介质振动溜槽基本结构示意图

1—电动机；2—传动装置；3—连杆；4—槽体；5—给水管；6—槽底水室；
7—支承弹簧板；8—机架；9—分离隔板

重介质振动溜槽的优点是，床层在振动下易松散，可以使用粗粒（－1.5 mm）加重质。加重质在槽体的底部浓集，浓度可达60%，提高了分选密度。因此又可采用密度较低的加重质，例如用来对铁矿石进行预选时，可以采用细粒铁精矿作加重质。

重介质振动溜槽的处理能力很大，每100 mm槽宽的处理量达7 t/h，适于分选粗粒物料，给料粒度一般为75～6 mm。设备的机体笨重，工作时振动力很大，需要安装在坚固的地面基础上。

15.2.4　重介质旋流器

重介质旋流器属离心式分选设备，其结构与普通旋流器基本相同。在重介质旋流器内，加重质颗粒一方面在离心惯性力作用下向器壁产生浓集，同时又受重力作用向下沉降，致使悬浮液的密度自内而外、自上而下增大，形成图15－8所示的等密度面（图中曲线标注的密度单位为kg/m^3）。图中所示的情况是给入旋流器的悬浮液密度为1500 kg/m^3，溢流密度为1410 kg/m^3，沉砂密度为2780 kg/m^3。

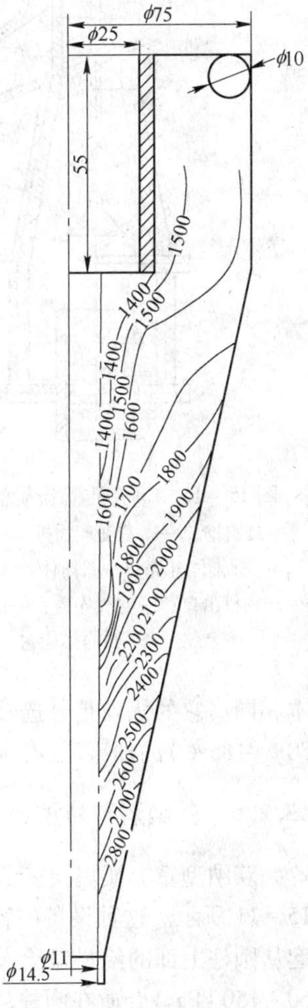

图15－8　重介质旋流器内等密度面的分布情况

在重介质旋流器内也同样存在轴向零速包络面。同悬浮液一起给入重介质旋流器的待分选物料，在自身重力、离心惯性力、浮力（包括径向的和轴向的）和介质阻力的作用下，不同密度和粒度的颗粒将运动到各自的平衡位置。分布在零速包络面以内的颗粒，密度较小，随向上流动的悬浮液一起由溢流管排出，成为低密度产物；分布在零速包络面以外的颗粒，密度较大，随向下流动的悬浮液一起向着沉砂口运动。但轴向零速包络面并不与等密度面重合，而是愈向下密度越大（见图15－9），因而位于零速包络面以外的颗粒，在随介质一起向下运动的过程中反复受到分选，而且是分选密度一次比一次高，从而使那些密度不是很高的颗粒不断进入零速包络面内，向上运动由溢流口排出。只有那些密度大于零速包络面下端悬浮液密度的颗粒，才能一直向下运动，由沉砂口排出，成为高密度产物。由此可见，重介质旋流器的分离密度取决于轴向零速包络面下端悬浮液的

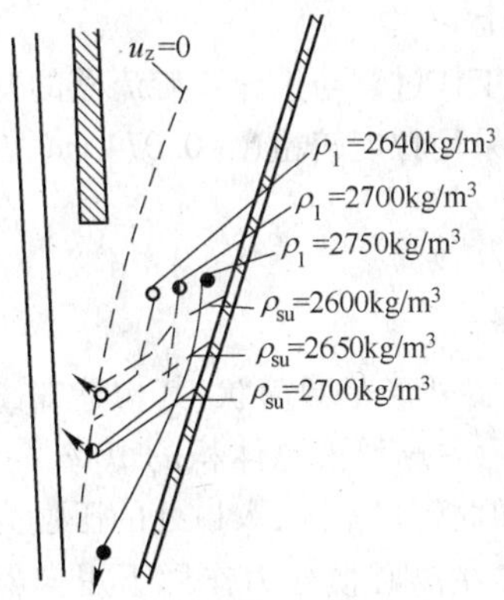

图15－9　重介质旋流器分选原理示意图

密度。

影响重介质旋流器选别效果的因素主要有溢流管直径、沉砂口直径、锥角、给料压强和给入的固体物料与悬浮液的体积比等。

给料压强增加，离心惯性力增大，既可以增加设备的生产能力，又可以改善分选效果。但压强增加到一定值后，选别指标即基本稳定，但动力消耗却继续增大，设备的磨损剧增。所以给料压强一般在 80～200 kPa 范围内。

增大沉砂口直径或减小溢流管直径，都会使零速包络面向内收缩，分离密度降低，高密度产物的产率增加。

加大锥角，加重质的浓集程度增加，分离密度提高，高密度产物的产率下降，但由于悬浮液密度分布更加不均而使得分选效率降低，所以锥角一般取为 15°～30°。

给入的固体物料体积与悬浮液体积之比一般为 1∶4～1∶6，增大比值将提高设备的处理能力，但因颗粒分层转移的阻力增大而使得分选效率降低。

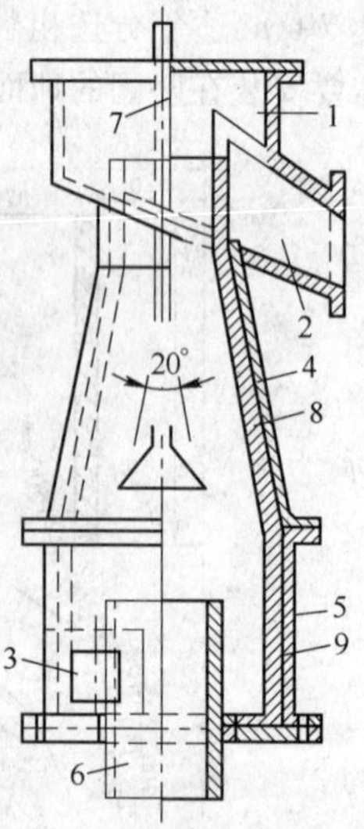

图 15－10　重介质涡流旋流器的结构
1—接料槽；2—高密度产物排出口；3—给料口；4—圆锥体外壳；5—圆筒体外壳；6—低密度产物排出口；7—空气导管；8—圆锥体内衬；9—圆筒体内衬

在生产实践中，大直径重介质旋流器常采用倾斜安装，而小直径重介质旋流器则采用竖直安装。

重介质旋流器的优点是处理能力大，占地面积小，可以采用密度较低的加重质，且可以降低分选粒度下限，最低可达 0.5 mm，最大给料粒度为 35 mm，但为了避免沉砂口堵塞和便于脱出介质，一般的给料粒度范围为 20～2 mm。

15.2.5　重介质涡流旋流器

重介质涡流旋流器的结构如图 15－10 所示，实质上它是一倒置的旋流器，不同之处是由顶部插入一空气导管，使旋流器中心处的压强与外部的大气压强相等，借以维持分选过程正常进行。调节空气导管喇叭口距溢流管口的距离，可以改变产物的产率分配，减小两者之间的距离，可以降低低密度产物的产率。该设备的另一个特点是沉砂口和溢流口的直径接近相等，所以可处理粗粒（60～2 mm）物料。这种设备的处理量较大，比相同直径的重介质旋流器大 1 倍以上。

重介质涡流旋流器的工作过程与重介质旋流器的基本相同。它的优点是分选效率高，能分选密度差较小的物料，可以采用粒度较粗（+0.074 mm 占 50%～85%）的加重质，有利于介质的净化和降低加重质的消耗。

15.2.6　荻纳型和特拉伊－费洛型重介质涡流旋流器

荻纳型重介质涡流旋流器又称 D. W. P 型动态涡流分选器，设备外形呈圆筒状，其构造如图 15－11 所示。这种设备的特点是，待分选物料同少量悬浮液（大约占悬浮液总体积的 10%）一起从圆柱上部的给料口给入，其余大部分悬浮液则由靠近下端的切向管口给入，入口处的压强为 60～150 kPa。介质在圆柱体内形成中空的旋涡流，密度大的颗粒在离心惯性力作用下甩向器壁，与一部分介质一起沿筒壁上升，通过高密度产物排出口排出；密度小的颗粒分布在空气柱周围，随部分悬浮液一起向下流动，最后通过圆柱体下部的排料口排出。

获纳型重介质涡流旋流器的优点是构造简单，体积小，单位处理量需要的厂房面积小；给料粒度下限可达0.2 mm，因此可预先多丢弃低密度成分，降低分选成本；给料压强低，颗粒在设备内的运动速度低，设备磨损轻，使用寿命长。

特拉伊—费洛型重介质涡流旋流器实际上是由两个获纳型涡流旋流器串联而成，结构如图15－12所示。筒体上有两个渐开线形的介质进口和两个形状相同的高密度产物排出口。第1段分选后的低密度产物进入第2段再选，所以可分出两种高密度产物。当给入不同密度的悬浮液时，还可依次选出3种密度的产物。例如处理方铅矿—萤石矿石时，可以分出方铅矿、萤石和脉石矿物，分选指标比获纳型旋流器的高。

图15－11　获纳型重介质涡旋流器

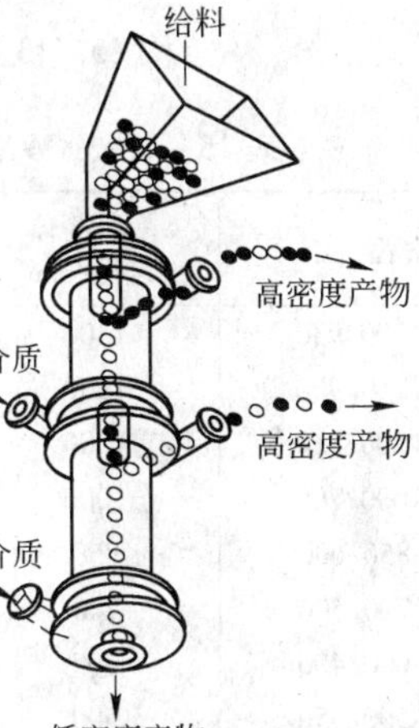

图15－12　特拉伊—费洛型重介质涡流旋流器

15.2.7　三产品重介质旋流器

三产品重介质旋流器是由两台两产品重介质旋流器串联而成的，分为有压给料和无压给料两大类，两者的分选原理相同。第一段采用低密度悬浮液进行主选，选出低密度产物（精煤），高密度产物随大量经一段浓缩的高密度悬浮液给入第二段旋流器进行再选，分选出中间密度产物（中煤）和高密度产物（矸石）。三产品旋流器的主要优点是只用一套悬浮液循环系统，简化再选物料的输送。三产品旋流器的特点是工艺简单、基建投资少、生产成本较低。在选煤厂得到了广泛的应用。3NZX系列有压给料三产品重介质旋流器的设备型号和主要技术参数见表15－1。

表15－1　3NZX系列有压给料三产品重介质旋流器的型号和主要技术参数一览表

设备型号	一段筒体直径/mm	二段筒体直径/mm	入料粒度/mm	工作压强/MPa	最小循环量/$m^3 \cdot h^{-1}$	生产能力/$t \cdot h^{-1}$
3NZX1200/850	1200	850	≤80	0.20～0.30	800	280～400
3NZX1000/700	1000	700	≤70	0.15～0.22	600	170～300
3NZX 850/600	850	600	≤60	0.12～0.17	450	100～180
3NZX 710/500	710	500	≤50	0.10～0.15	300	70～120
3NZX 500/350	500	350	≤25	0.05～0.10	210	25～60

3NWX系列无压给料三产品重介质旋流器的一段旋流器为圆筒型，二段旋流器为圆筒型或圆筒圆锥型，其结构图如图15－13所示。无压给料3NWX型三产品重介质旋流器的主要性能参数见表15－2。

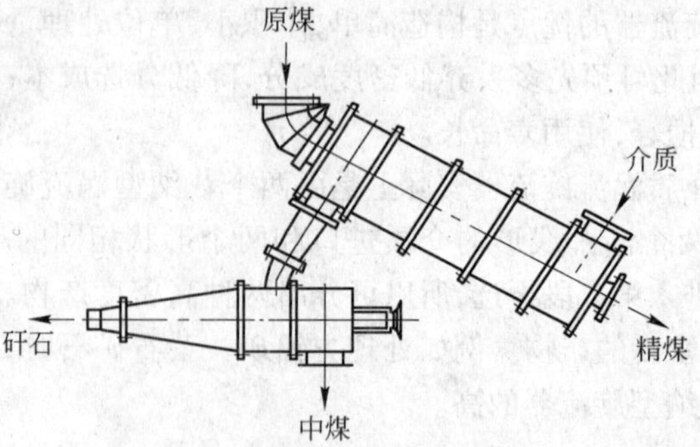

图15－13 无压给料三产品重介质旋流器结构示意图

表15－2 3NWX型无压给料三产品重介质旋流器性能参数一览表

设备型号	一段筒体直径/mm	二段筒体直径/mm	横截面积/m^2	生产能力/$t \cdot h^{-1}$	单位生产能力/$t \cdot (m^2 \cdot h)^{-1}$
3NWX1300/930	1300	930	1.3627	400～450	302～339
3NWX1250/900	1250	900	1.2266	300～400	245～326
3NWX1200/850	1200	850	1.1304	200～250	177～211
3NWX1000/700	1000	700	0.7850	160～200	204～255
3NWX 850/600	850	600	0.5617	100～140	176～247
3NWX 700/500	700	500	0.3847	70～100	182～260
3NWX 600/400	600	400	0.2826	50～70	177～248
3NWX 500/350	500	350	0.1963	25～50	127～255

15.2.8 斜轮重介质分选机和立轮重介质分选机

斜轮重介质分选机和立轮重介质分选机广泛用于选煤生产实践中。斜轮重介质分选机有两产品的和三产品的两大类,两产品的设备构造如图15－14所示。它是由分选槽、高密度产物提升轮和低密度产物排出装置等主要部件组成。分选槽是由钢板焊接而成的多边形槽体,上部呈矩形,底部顺沉物流向的两块钢板倾角为40°或45°。提升高密度产物的斜轮装在分选槽旁侧的机壳内,由电动机经减速机带动旋转。斜提升轮的下部与分选槽底部相通,提升轮的骨架用螺栓与轮盖固定在一起。斜提升轮轮盘的边帮和底盘分别由数块立筛板和筛底组成。在轮盘的整个圆面上,沿径向装有冲孔筛板制造的若干块叶板,高密度产物主要由叶板刮取提升。斜提升轮的轴由支座支承,支座用螺栓固定在机壳支架上。排低密度产物轮呈六角形,由电动机通过链轮带动旋转。

斜轮重介质分选机兼用水平液流和上升液流,在给料端下部位于分选带的高度引入水平液流,在分选槽底部引入上升液流。水平液流不断给分选带补充性质合格的悬浮液,防止分选带的介质密度降低。上升液流造成微弱的上升水速,防止悬浮液沉淀。水平和上升液流使分选槽中悬浮液的密度保持均匀稳定,同时形成水平液流运输浮物。待分选物料进入分选机后,按密度分为浮物和沉物两部分。浮物由水平液流运输至溢流堰处,由排低密度产物轮刮出。沉物下沉至分选槽底部,由斜提升轮提升至上部排料口排出。

斜轮重介质分选机的优点是分选精确度高、分选物料的粒度范围宽(可达1000～6 mm)、处理能力大(分选槽宽4 m的斜轮重介质分选机的处理能力可达350～500 t/h)、所需悬浮液的循环量少、悬浮液的性质比较稳定;其缺点是设备外形尺寸大、占地面积大。

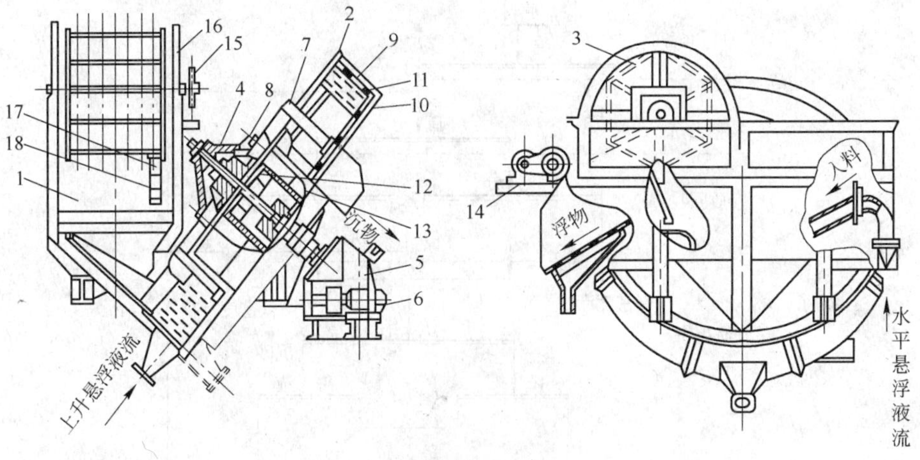

图 15－14　斜轮重介质分选机的结构

1—分选槽；2—斜提升轮；3—排低密度产物轮；4—提升轮轴；5—减速装置；6—电动机；7—提升轮骨架；8—转轮盖；9—立筛板；10—筛底；11—叶板；12—支座；13—轴承座；14—电动机；15—链轮；16—骨架；17—橡胶带；18—重锤

立轮重介质分选机作为块煤分选设备，在生产中也得到了广泛应用。例如，德国的大司卡(TESKA)型立轮重介质分选机、波兰的满萨(DISA)型立轮重介质分选机、中国的JL系列立轮重介质分选机等。

立轮重介质分选机与斜轮重介质分选机工作原理基本相同，其差别仅在于分选槽槽体型式、高密度产物提升轮安放位置和方位等机械结构上有所不同。在设备生产能力相同的条件下，立轮重介质分选机具有体积小、重量轻、功耗少、分选效率高及传动装置简单等优点。

15.3　重介质分选工艺流程

重介质分选工艺流程一般包括原料准备、介质制备、物料分选、介质回收及再生作业，以磁铁矿或硅铁作加重质的重介质分选流程如图 15－15 所示。

(1) 原料准备。重介质选别前的原料准备包括破碎、筛分、洗矿、脱水等作业。其目的是制备出粒度合乎要求、含泥量低、水分含量恒定的入选给料，以保证分选过程中介质黏度波动小，分选密度稳定。入选物料的上下限粒度一般是根据可选性试验的结果确定，入选前由筛分作业控制。为了减少物料中的含泥量，设置专门的洗矿作业或在筛分的同时向筛面上喷水洗掉颗粒表面附着的细泥。

(2) 介质制备。将块状的加重质(浇铸的硅铁、块状的磁铁矿等)破碎、磨碎到符合粒度要求，然后调配成一定密度的悬浮液供使用。采用喷雾法制成的硅铁或微细粒级磁铁矿精矿等作加重质时，则不必进行破碎和磨矿。

(3) 物料分选。即是在重介质分选设备内进行高、低密度组分的分离，这是重介质分选的中心环节。操作过程中应保持给料量稳定，并控制悬浮液的性质少变，将其密度的波动控制在 ±20 kg/m^3 之内。

(4) 介质的回收。随同分选产物一起从设备中排出的悬浮液需要回收、循环使用。简单的回收方法是用筛分设备筛出介质，这项工作一般分两段进行，由第 1 段筛分机脱出的大量介质仍保持原有的性质，可以直接返回分选流程中使用。在第 2 段筛分机上则进行喷水，借以洗掉黏附在物料块上的加重质，由此得到的稀悬浮液，需要进行净化和再生处理。

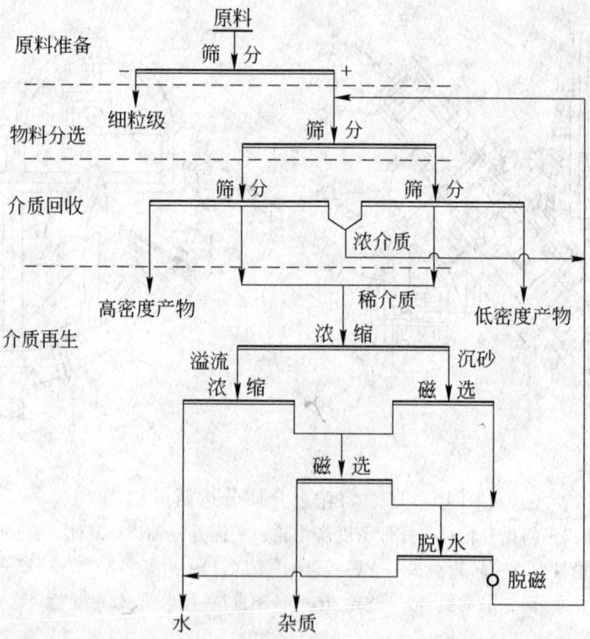

图15-15　以磁铁矿或硅铁作加重质的重介质分选流程

（5）介质的净化和再生。对稀介质进行提纯并提高浓度的作业称为介质的净化和再生，提纯后的悬浮液可根据生产流程的具体情况送到适当的部位。

16 跳汰分选

跳汰分选,是指在交变介质流中按密度分选固体物料的过程。图 16-1 是一种隔膜跳汰机结构示意图,利用偏心连杆机构或凸轮杠杆机构推动橡胶隔膜往复运动,从而迫使水流在跳汰室内产生脉动运动。

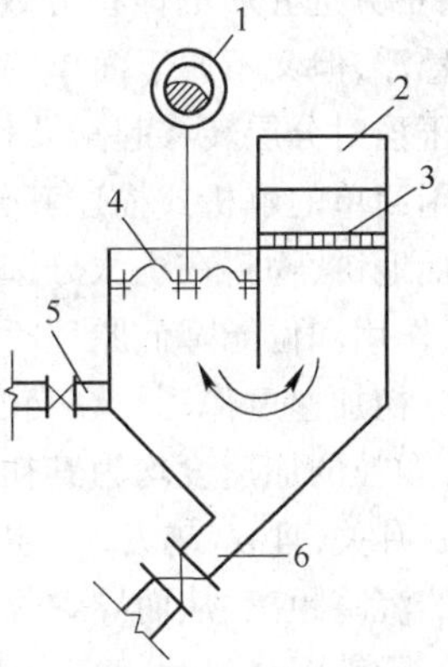

图 16-1 简单的隔膜跳汰机结构示意图
1—偏心轮;2—跳汰室;3—筛板;
4—橡胶隔膜;5—筛下给水管;
6—筛下高密度产物排出管

用跳汰机分选固体物料时,物料给到跳汰室筛板上,形成一个比较密集的物料层,称为床层。水流上升时床层被推动松散,使颗粒获得发生相对位移的空间条件,水流下降时床层又逐渐恢复紧密。经过床层的反复松散和紧密,高密度颗粒转入下层,低密度颗粒进入上层(见图 16-2)。上层的低密度物料被水平流动的介质流带到设备之外,形成低密度产物;下层的高密度物料或是透过筛板,或者是通过特殊的排料装置排出成为高密度产物。

推动水流在跳汰室内做交变运动的方法主要有:

(1) 利用偏心连杆机构带动橡胶隔膜迫使水流运动,这样的跳汰机称为隔膜跳汰机,在生产中应用最多;

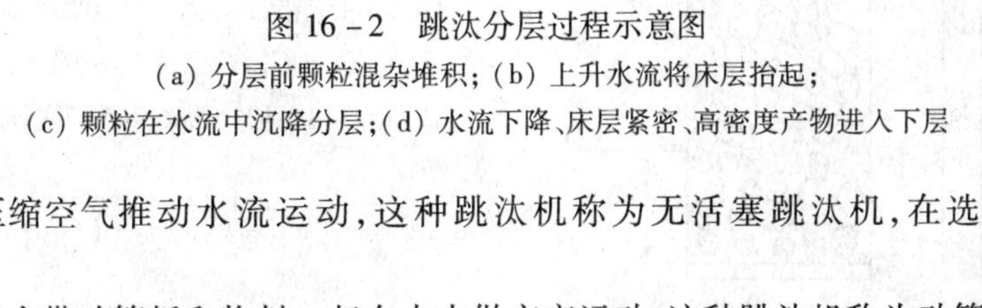

图 16-2 跳汰分层过程示意图
(a) 分层前颗粒混杂堆积;(b) 上升水流将床层抬起;
(c) 颗粒在水流中沉降分层;(d) 水流下降、床层紧密、高密度产物进入下层

(2) 利用压缩空气推动水流运动,这种跳汰机称为无活塞跳汰机,在选煤生产中应用颇多;

(3) 借机械力带动筛板和物料一起在水中做交变运动,这种跳汰机称为动筛跳汰机。

跳汰分选过程中,水流每完成 1 次周期性变化所用的时间称为跳汰周期。表示水流速度在 1 个周期内随时间变化的曲线称为跳汰周期曲线。水流在跳汰室内运动的最大距离称为水流冲程;而隔膜或筛板(动筛跳汰机)运动的最大距离称为机械冲程。水流或隔膜每分钟运动的周期次数称为冲次。水流冲程与机械冲程之比称作冲程系数。

跳汰分选是处理粗、中粒级固体物料的最有效方法,它的工艺简单,设备处理能力大,分选效率高,可经 1 次选别得到最终产品(成品产物或抛弃产物),所以应用范围十分广泛。

16.1　物料在跳汰机内的分选过程

16.1.1　跳汰分选原理

在跳汰分选过程中，水流呈非恒定流动，流体的动力作用时刻在发生变化，使得床层的松散度（床层中分选介质的体积分数）也处于周期性变化中。床层在变速水流推动下运动，颗粒在其中松散悬浮，但又不属于简单的干涉沉降。在整个分选过程中，床层的松散度并不大，颗粒之间的静力压强对分层转移起重要作用。由于动力和静力因素交织在一起，而且又处于变化之中，所以很难用简单的解析式描述其分层过程。

概括地讲，物料在跳汰分选过程中发生按密度分层，主要是基于初加速度作用、干涉沉降过程、吸入作用和位能降低原理等。

（1）初加速度作用。在交变水流作用下，物料在跳汰机内发生周期性的沉降过程，每当沉降开始时，颗粒的加速度均为其初加速度 $g_0(g_0=(\rho_1-\rho)g/\rho_1)$。由于 g_0 仅与颗粒的密度 ρ_1 和介质密度 ρ 有关，且 ρ_1 越大，g_0 也越大，因而在沉降末速达到之前的加速运动阶段，高密度颗粒获得较大的沉降距离，从而导致物料按密度发生分层。

（2）干涉沉降过程。交变水流推动跳汰室内的物料松散悬浮以后，颗粒便开始了干涉沉降过程，由于颗粒的密度越大，干涉沉降速度也越大，在床层松散期间，沉降的距离也越大，从而使高密度颗粒逐渐转移到床层的下层。

（3）吸入作用。吸入作用发生在交变水流的下降运动阶段，随着床层逐渐恢复紧密状态，粗颗粒失去了发生相对转移的空间条件，而细颗粒则在下降水流的吸入作用下，穿过粗颗粒之间的空隙，继续向下移动，从而使细小的高密度颗粒有可能进入床层的最底层。

（4）位能降低原理。物料在跳汰分选过程中实现按密度分层的位能降低原理是德国学者麦依尔（E. W. Mayer）提出的。麦依尔的分析过程如图 16－3 所示，图 16－3 中的 a 和 b 分别代表分层前后的理想情况。设床层的断面面积为 A、低密度颗粒和高密度颗粒的密度分别为 ρ_1 和 ρ'_1、它们所占床层的高度分别为 H 和 H'、介质的密度为 ρ、低密度颗粒和高密度颗粒在对应物料层中的体积分数分别为 φ 和 φ'、它们在介质中的有效重力分别为 G_0 和 G'_0，以床层底面为基准面，则分层前物料混合体的位能 E_1 为：

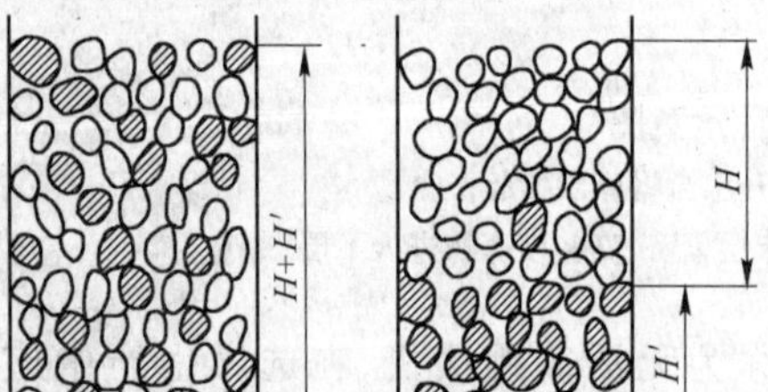

图 16－3　床层分层前后位能的变化
（a）分层前；（b）分层后

$$E_1=(H+H')(G_0+G'_0)/2 \qquad (16-1)$$

分层后体系的位能 E_2 为：

$$E_2=G'_0H'/2+G_0(H'+H/2) \qquad (16-2)$$

由式（16－1）和式（16－2）得分层后位能的变化值 ΔE 为：

$$\Delta E=-(E_1-E_2)=-(G'_0H-G_0H')/2 \qquad (16-3)$$

由于

$$G_0=AH\varphi(\rho_1-\rho)g$$
$$G'_0=AH'\varphi'(\rho'_1-\rho)g$$

代入式（16－3）中得：

$$\Delta E=-HH'A[\varphi'(\rho'_1-\rho)-\varphi(\rho_1-\rho)]g/2 \qquad (16-4)$$

由于在跳汰分选过程中，床层的松散度始终处于较低水平，即有 $\varphi\approx\varphi'$，所以有：

$$\varphi'(\rho'-\rho)-\varphi(\rho_1-\rho)>0$$

亦即：

$$\Delta E<0$$

这表明在跳汰分选过程中,物料发生按密度分层是一个位能降低的自发过程,只要床层的松散条件适宜,就能实现按密度分层。

16.1.2 颗粒在跳汰分选过程中的运动分析

在跳汰分选过程中,颗粒受到非恒定运动介质流的作用。在这种情况下,颗粒除受介质的速度阻力作用外,还有因水流的加速度运动和颗粒的加速运动所引起的附加力的作用。设垂直向上的方向为正,介质的密度为 ρ,介质运动的速度和加速度分别为 u 和 a,颗粒的密度和粒度分别为 ρ_1 和 d,颗粒的运动速度为 v,颗粒与介质的相对运动速度为 v_c($v_c = v - u$)。则颗粒在跳汰分选过程中受到的作用力包括:

(1) 颗粒在介质中的有效重力 G_0: $G_0 = -\pi d^3(\rho_1 - \rho)g/6$

(2) 水流的相对速度阻力 R_1: $R_1 = \pm\psi d^2 v_c^2 \rho$

(3) 介质的加速度附加惯性阻力 R_2: $R_2 = -\zeta\pi d^3\rho(\mathrm{d}v_c/\mathrm{d}t)/6$

式中,ζ 为质量联合系数,与颗粒形状有关,对于球形颗粒 $\zeta = 0.5$,这是被加速运动的颗粒所带动的周围介质所产生的惯性阻力;

(4) 加速运动的介质流对颗粒的附加推力 P_B,其值相当于颗粒体积占有的那部分介质获得加速度 a 所受到的作用力,即:$P_B = \pi d^3\rho a/6$;

(5) 颗粒运动时所受到的机械阻力 P_m,是颗粒在运动过程中相互碰撞、摩擦所引起的阻力,其数值取决于床层松散度以及颗粒的粒度和形状。由于影响机械阻力的因素很复杂,无法用数学式表达,所以目前在分析跳汰过程中颗粒运动的趋向时,没有把它考虑在内。

在忽略机械阻力的条件下,跳汰过程中颗粒的运动微分方程为:

$$\pi d^3\rho_1(\mathrm{d}v/\mathrm{d}t)/6 = G_0 + R_1 + R_2 + P_B$$

亦即:

$$\pi d^3\rho_1(\mathrm{d}v/\mathrm{d}t)/6 = \pi d^3(\rho_1 - \rho)g/6 \pm \psi d^2 v_c^2\rho - \zeta\pi d^3\rho(\mathrm{d}v_c/\mathrm{d}t)/6 + \pi d^3\rho a/6$$

或

$$\mathrm{d}v/\mathrm{d}t = -(\rho_1 - \rho)g/\rho_1 \pm 6\psi v_c^2\rho/(\pi d\rho_1) - \zeta\rho(\mathrm{d}v_c/\mathrm{d}t)/\rho_1 + \rho a/\rho_1 \tag{16-5}$$

将 $v_c = v - u$ 代入式(16-5),经整理后得:

$$\mathrm{d}v/\mathrm{d}t = -(\rho_1 - \rho)g/(\rho_1 + \zeta\rho) \pm 6\psi(v - u)^2\rho/[\pi d(\rho_1 - \zeta\rho)] + (\rho + \zeta\rho)a/(\rho_1 + \zeta\rho) \tag{16-6}$$

式(16-6)即是颗粒在非恒定垂直运动介质流中的运动微分方程。它首先由维诺格拉道夫(Н. Н. Виноградов)于1952年提出,后来又经过赫旺(В. И. Хван)等人补充。

由式(16-6)可以看出,颗粒运动的加速度基本上由3种加速度因素构成:其一是重力加速度因素;第2种是速度阻力加速度因素;第3种则是由介质的加速度引起的附加推力加速度因素。

重力加速度是静力性质因素,随颗粒密度的增加而增大,与颗粒的粒度和形状无关,所以属于按密度分层的基本作用因素。

速度阻力加速度与颗粒的密度和粒度同时有关,高密度细颗粒与低密度粗颗粒因有相近的速度阻力加速度,将引起同样的运动,以至不能有效分层。这项影响随着相对速度的增大、作用时间的延长而增强。减小这项因素影响的唯一办法是减小相对速度及控制其作用时间。

第3种是由介质加速运动引起的颗粒运动加速度,也是只与颗粒的密度有关。但由于介质加速度的方向是变化的,其对分层的影响亦不一样。当介质的加速度方向向上时,高密度颗粒的上升加速度比低密度颗粒的小，对按密度分层有利。反之，加速度方向向下时，高密度颗粒则会因加速度小而滞留在上层，对按密度分层不利。所以在采用跳汰分选法选别物料时，水流向下的加速度应尽量减小。

应该指出，式(16－6)表示的颗粒在跳汰分选过程中的运动微分方程，忽视了床层悬浮体内静压强增大对颗粒运动的影响，仍然用介质的密度计算颗粒所受到的浮力，这是不符合实际的。此外，这一公式还忽略了机械阻力的影响，所以只能用来定性地分析一些因素对跳汰分选过程的影响。

16.1.3 偏心连杆机构跳汰机内水流的运动特性及物料的分层过程

目前在工业生产中应用最多的是采用偏心连杆机构传动的跳汰机，在这类跳汰机内水流运动有着共同的特性。如图16－4所示，设偏心轮的转速为n(r/min)(相当于跳汰冲次)、旋转角速度为ω(rad/s)、偏心距为r(m)，跳汰机的机械冲程$l=2r$。如偏心距在图中从上方垂线开始顺时针转动，经过t时间(s)转过φ角(rad)，则：

$$\varphi=\omega t \qquad \omega=\pi n/30 \tag{16-7}$$

当连杆长度相对于偏心距较大(一般连杆长度约为偏心距的5～10倍以上)时，隔膜的运动速度近似等于偏心距端点的垂直运动分速度c，即

$$c=r\omega\sin\varphi=(l\omega\sin\omega t)/2 \tag{16-8}$$

若用β表示跳汰机的冲程系数，则跳汰室内的水流运动速度u为：

$$u=\beta c=(\beta l\omega\sin\omega t)/2 \tag{16-9}$$

将式(16－7)代入式(16－9)中，经整理得：

$$u=(\beta ln\pi\sin\omega t)/60 \tag{16-10}$$

式(16－10)表明，在偏心连杆机构驱动下，水流速度随时间的变化呈正弦曲线，如图16－5所示。因此，习惯上把由偏心连杆机构驱动的隔膜跳汰机的周期曲线称为正弦跳汰周期曲线。当$\omega t=0$或π时，水流的运动速度最小，$u_{\min}=0$。当$\omega t=\pi/2$或$3\pi/2$时，水流的运动速度达最大值$u_{\max}$，即：

$$u_{\max}=\beta ln\pi/60 \tag{16-11}$$

在1个周期$T=60/n$内，按绝对值计算的水流平均运动速度u_{av}为：

$$u_{av}=2\beta l/T=2\beta ln/60 \tag{16-12}$$

将式(16－9)对时间t求导得水流运动的加速度a为：

$$a=(\beta l\omega^2\cos\omega t)/2=(\beta ln^2\pi^2\cos\omega t)/1800 \tag{16-13}$$

式(16－13)表明水流的加速度变化为一余弦曲线(见图16－5)。当$\omega t=\pi/2$或$3\pi/2$时，$a=0$。当$\omega t=0$或π时，水流的运动加速度达最大值$a_{\max}$，即：

$$a_{\max}=(\beta ln^2\pi^2)/1800 \tag{16-14}$$

将式(16－9)对时间t积分得跳汰室内脉动水流的位移h为：

$$h=\beta l(1-\cos\omega t)/2 \tag{16-15}$$

当$\omega t=\pi$时，跳汰室内水流的位移达最大值$h_{\max}$，即：

$$h_{\max}=\beta l \tag{16-16}$$

由式(16－10)、式(16－13)、式(16－15)可以看出，水流速度、加速度和位移与冲程、冲次之间的关系为：

$$u\propto ln \tag{16-17}$$

$$a\propto ln^2 \tag{16-18}$$

$$h \propto l \tag{16-19}$$

这说明改变冲程和冲次，对水流速度、加速度和位移的影响是不同的。

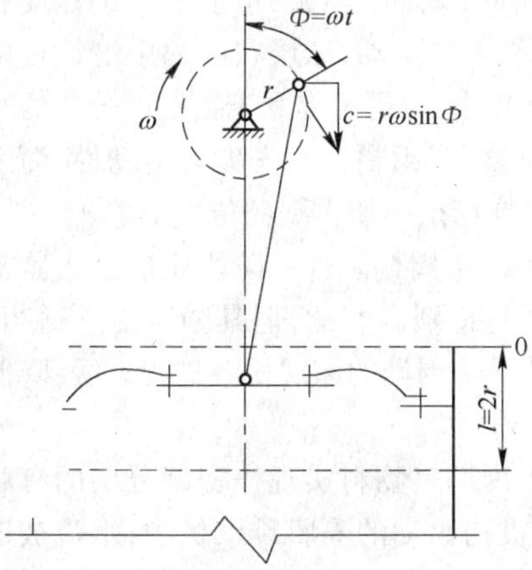

图 16－4　偏心连杆机构运动示意图

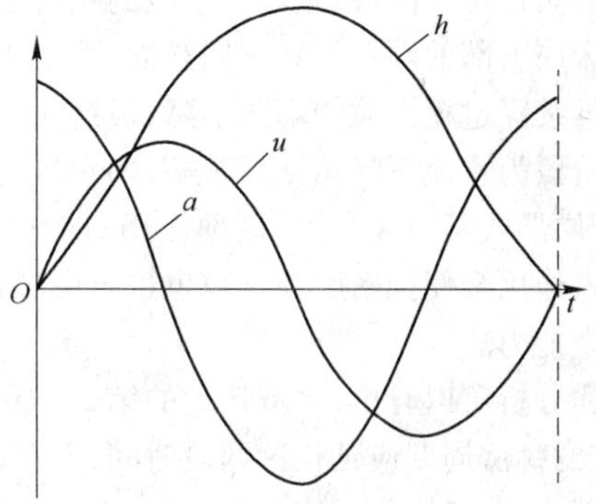

图 16－5　正弦跳汰周期的水流速度、加速度和位移曲线

为了分析在正弦跳汰周期的各阶段物料的分层过程，将 1 个周期分成图 16－6 所示的 4 个阶段。

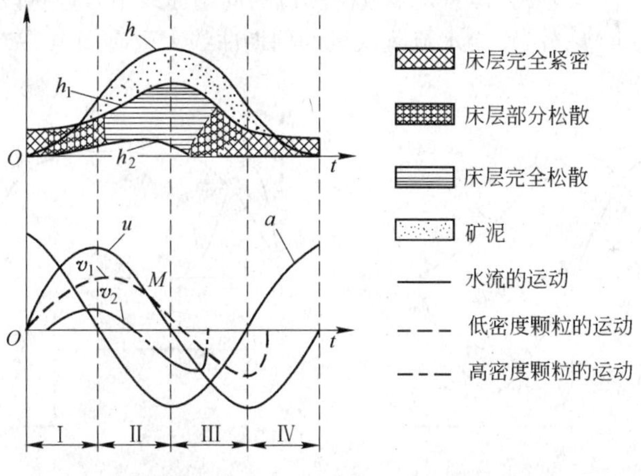

图 16－6　在正弦跳汰周期的 4 个阶段床层的松散－分层过程

h，h_1，h_2—水流、低密度颗粒和高密度颗粒的位移；u，v_1，v_2—水流、低密度颗粒和高密度颗粒的运动速度；a—水流运动的加速度

第Ⅰ阶段为水流上升运动前半期，即水流运动的第 1 个 1/4 周期。在这一阶段，水流的速度和加速度均为正值。此阶段的初期，床层呈紧密状态静止在筛板上面，随着水流上升速度的增加，当速度阻力和加速度推力之和大于床层在介质中的重力时，床层开始整体离开筛面上升。总的来看，这一阶段床层比较紧密，在迅速增大的速度阻力和加速度推力作用下，床层几乎是被整体抬起，占据一定的空间高度，并开始从下部松散。

第Ⅱ阶段为水流上升运动后半期，即水流运动的第 2 个 1/4 周期。在此阶段，水流的运动加速度为负值，水流的上升速度逐渐减小，直至降为零。位于床层上层的颗粒继续上升，位于床层下层的颗粒则在底层空间逐层向下剥落，出现了向两端扩展的松散形式。在此期间，颗粒与水流之间的相对运动速度愈来愈小，甚至在图 16－6 中的 M 点出现了低密度颗粒与水流的相对运动速度为零的时刻，这是实现按密度分层最有利的时机。但此阶段方向向下的水流加速度对按密度分层不利，所以应予以适当限制。

第Ⅲ阶段为水流下降运动前半期，即水流运动的第3个1/4周期。在此期间，水流的速度和加速度均为负值，水流的下降速度迅速增大，各种颗粒均转为下降运动，床层在收缩中继续按密度发生分层。在这一阶段，颗粒与水流的相对运动速度仍然较小，也属于有利于按密度分层的时期。随着床层下部的颗粒不断落回筛面，整个床层逐渐恢复紧密，粗颗粒首先失去活动性，而细小颗粒则继续穿过粗颗粒的间隙下降，最终使低密度粗颗粒在床层中所占据的位置上移。

第Ⅳ阶段为水流下降运动后半期，即水流运动的第4个1/4周期。这一阶段床层进入紧密期，主要分层形式是吸入作用，这种作用对分选宽级别物料是特别有利的，但其强度必须适当。过强的吸入作用会使低密度细颗粒也进入底层，而且还会使下一周期的床层松散进程迟缓，降低设备的处理能力。

由上述分析可以看出，水流运动的第2个和第3个1/4周期是物料实现按密度分层的有利时期，适宜的跳汰周期应延长这两段时间，但在以偏心连杆机构驱动的隔膜跳汰机中，水流被迅速推动向下运动，使床层很快紧密，从而缩短了床层的有效分层时间。

16.1.4　跳汰周期曲线

在一个跳汰周期内，水流的运动可有上升、静止和下降3个特征段，它们可按不同的大小和时间比例组成多种周期曲线形式，其中大多数跳汰机的周期曲线不含静止段，除了一些特殊结构的跳汰机（如动筛跳汰机）以外，交变水流跳汰机的周期曲线大致有图16－7所示的4种形式：

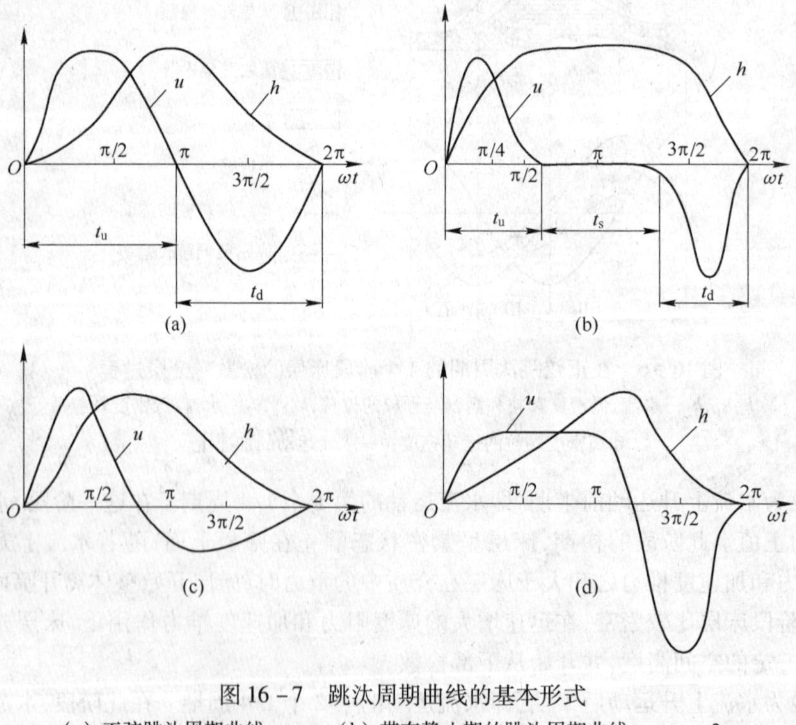

图16－7　跳汰周期曲线的基本形式

（a）正弦跳汰周期曲线，$t_u = t_d$；（b）带有静止期的跳汰周期曲线，$t_u + t_d < 2\pi$；

（c）快速上升的跳汰周期曲线，$t_u < t_d$；（d）慢速上升的跳汰周期曲线，$t_u > t_d$；

h、u—水流上升高度和速度；t_u、t_s、t_d—水流上升期、静止期和下降期的时间

（1）正弦跳汰周期曲线。在这种周期中，水流上升和下降的作用时间和大小均相等。考虑到床层滞后于水流上升并提前下降，所以床层的有效分层时间较短，吸入作用也过强，因此生产中总是要在筛下补加上升水，此时水速变为：

$$u = \beta l\omega \sin\omega t/2 + u_s \tag{16-20}$$

式中 u_s——筛下补加水上升速度，m/s。

筛下补加水的上升速度实际上是不大的，对周期曲线在纵坐标方向上的位置影响很小，但它可以使床层不致过分紧密，使下一周期易于抬起松散。

（2）带有静止期的跳汰周期曲线。这是麦依尔提出的处理粗粒煤的跳汰周期曲线，一个周期分为水流急速上升、静止、缓速下降3个阶段。水流急速上升时，床层被整体抬起，然后水流静止（其实仍有缓慢的上升及下降运动），床层松散开来，颗粒以较小的相对运动速度在水流中沉降，松散期较长，可使物料有效地发生按密度分层。及至床层落到筛面上，水流的低速吸入作用，又可将高密度细颗粒补充回收到底层。这种周期曲线比较适合处理平均密度较小或粒度较细的物料。

（3）快速上升的跳汰周期曲线。这种周期曲线是由倍尔德（B. M. Bird）提出的曲线演化而来的，水流在迅速上升后，紧接着即转为下降运动。下降水速较缓而作用时间较长，可以减小床层与水流间的相对速度，有助于物料按密度分层，适合于处理平均密度较高的物料。

（4）慢速上升的跳汰周期曲线。这种跳汰周期曲线又称为托马斯周期曲线。水流以较低速度上升，并保持一段较长时间，然后迅速转为下降。水流下降速度较大，但作用时间短。床层在较长时间内处于松散状态，有利于提高设备的处理能力，但流体的速度阻力影响较大，不适合处理宽级别物料。

在生产实践中，采用的跳汰周期曲线应与被分选物料的性质相适应，并考虑到作业要求、生产能力和生产规模。选择跳汰周期曲线的基本原则是，在床层的有效松散期内，保持颗粒和水流之间有较小的相对运动速度，以利于实现按密度分层。大型跳汰机可以采用较复杂的传动机构，以获得最佳的曲线形式，但小型跳汰机不得不服从于简化结构的要求。生产中已经定型的跳汰机，其周期曲线也是规定了的，能够调节的余地非常有限。

16.2 跳汰机

目前，生产中使用的跳汰机主要有偏心连杆机构驱动的隔膜跳汰机、圆形跳汰机、无活塞跳汰机、动筛跳汰机和离心跳汰机等，其中隔膜跳汰机按隔膜安装的位置不同又分为旁动型、下动型和侧动型3种。

16.2.1 旁动型隔膜跳汰机

旁动型隔膜跳汰机又称为上动型或丹佛（Denver）型跳汰机，其结构如图16－8所示，其主要组成部分有机架、传动机构、跳汰室和底箱。跳汰室面积为 $B \times L = 300\ \text{mm} \times 450\ \text{mm}$，共两室，串联工作。为了配置方便，设备有左式和右式之分。从给料端看，传动机构在跳汰室左侧的为左式，在跳汰室右侧的为右式。

电动机带动偏心轴转动，通过摇臂杠杆和连杆推动两个隔膜交替上下运动。隔膜呈椭圆形，四周与机箱作密封连接。在隔膜室下方设补加水管。底箱顶尖处设有排料阀门，可间断或连续地排出透过筛孔的细粒高密度产物。

这种跳汰机的冲程系数为0.7左右，入选物料的最大粒度可达12～18 mm，最小回收粒度可达0.2 mm，水流接近正弦曲线运动。选出的低密度产物随水流一起越过跳汰室末端的堰板排出，选出的高密度产物则有两种排出方法。当处理大于2～3 mm的物料时，高密度产物聚集在筛

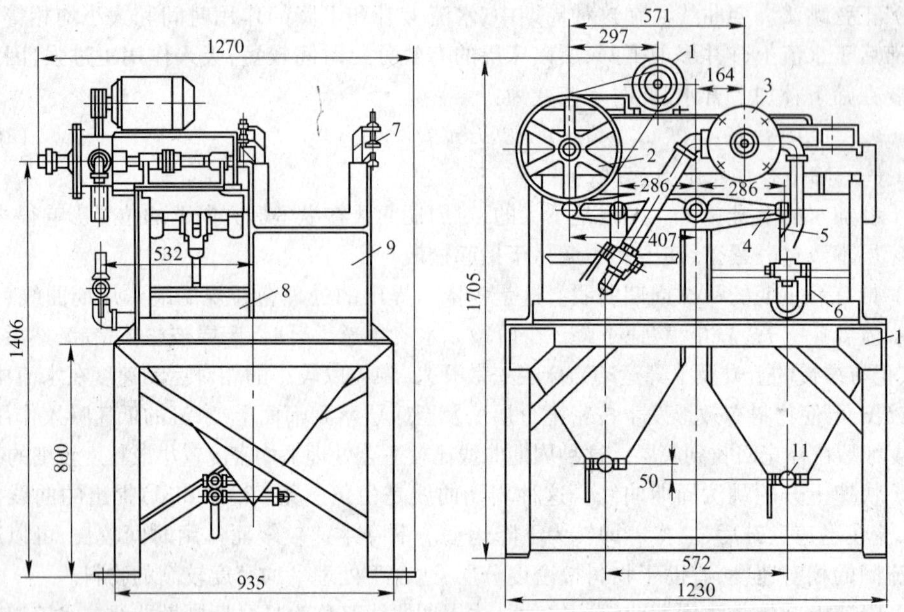

图16-8　300 mm×450 mm 双室旁动型隔膜跳汰机的结构
1—电动机;2—传动装置;3—分水管;4—摇臂;5—连杆;6—橡胶隔膜;
7—筛网压板;8—隔膜室;9—跳汰室;10—机架;11—排料活栓

板上方,常采用设置在靠近排料端筛板中心处的排料管排出,称为中心管排料法;当处理2~3 mm以下的物料时,通常使高密度产物透过筛孔排入底箱,称为透筛排料法。采用透筛排料法时,为了控制高密度产物的排出速度和质量,需在筛板上铺设一层粒度为筛孔尺寸的2~3倍、密度与高密度产物的接近或略高一些的物料层,称为人工床层。

这种跳汰机由于隔膜位于跳汰室一旁,所以设备不能制造得太大,否则水速会分布不均,所以目前生产中使用的规格仅有300 mm×450 mm一种。且耗水量较大(处理1 t物料的耗水量在3~4 m^3以上)。单台设备的生产能力为2~5 t/h。

16.2.2　下动型圆锥隔膜跳汰机

下动型隔膜跳汰机的结构特点是传动装置和隔膜安装在跳汰室的下方。两个方形的跳汰室串联配置,下面各带有一个可动锥斗,用环形橡胶隔膜与跳汰室密封连接。锥斗用橡胶轴承支撑在摇动框架上。框架的一端经弹簧板与偏心柄相连。当偏心轴转动时即带动锥斗上下运动。设备的结构如图16-9所示。锥斗的机械冲程可在0~26 mm的范围内调节,更换皮带轮可有240 r/min、300 r/min和360 r/min三种冲次。

这种跳汰机不设单独的隔膜室,占地面积小,水速分布也比较均匀。高密度产物采用透筛排料法排出。但锥斗承受着整个设备内的水和物料的重力,所受负荷大,而且传动装置设在机体下部,检修不便,也容易遭受水砂的侵蚀。这种跳汰机的冲程系数小(只有0.47左右),水流的脉动速度较弱,不适宜处理粗粒物料,且设备的处理能力较低,一般仅用于分选6 mm以下的物料。

属于下动型圆锥隔膜跳汰机类型的还有1070 mm×1070 mm矩形跳汰机。这种设备多用在采金船上,其外形与1000 mm×1000 mm双室下动型隔膜跳汰机的类似,不同处是采用凸轮驱动,且两个隔膜同步运动。在这种设备中,水流的位移-时间曲线呈锯齿波形,既降低了水耗,又提高了细粒级的回收率。

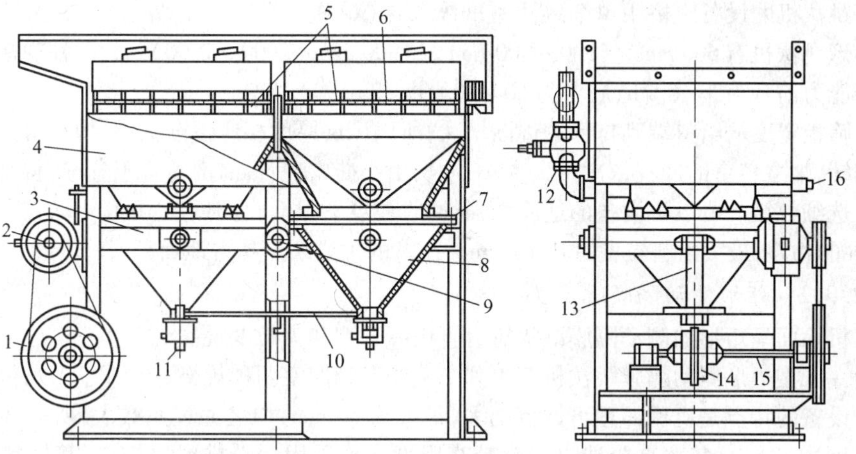

图 16-9 1000 mm×1000 mm 双室下动型隔膜跳汰机的结构

1—大皮带轮;2—电动机;3—活动框架;4—机架;5—筛格;6—筛板;7—隔膜;8—可动锥斗;9—支撑轴;10,13—弹簧板;11—排料阀门;12—进水阀门;14—偏心头部分;15—偏心轴;16—木塞

16.2.3 侧动型隔膜跳汰机

侧动型隔膜跳汰机的特点是隔膜垂直地安装在跳汰机筛板以下的底箱侧壁上,在传动机构带动下,在水平方向上做往复运动。根据跳汰室的形状又可分为梯形侧动隔膜跳汰机和矩形侧动隔膜跳汰机两种。

16.2.3.1 梯形侧动隔膜跳汰机

梯形侧动隔膜跳汰机的结构如图 16-10 所示。跳汰室上表面呈梯形,全机共有八个跳汰室,分为两列,用螺栓在侧壁上连接起来形成一个整体。每两个对应大小的跳汰室为一组,由 1 个传动箱中伸出的横向通长的轴带动两侧的垂直隔膜运动,因此它们的冲程、冲次是完全相同的。全机分为四组,可采用四种不同的冲程、冲次进行工作。全机共有两台电动机,每台驱动两个传动箱。筛下补加水由两列设在中间的水管引入到各室中,在水流进口处设有弹性盖板,当隔膜前进时,借水的压力使盖板遮住进水口,中断给入筛下水;当隔膜后退时盖板打开,补充给入筛下水,以减小下降水流的吸入作用。

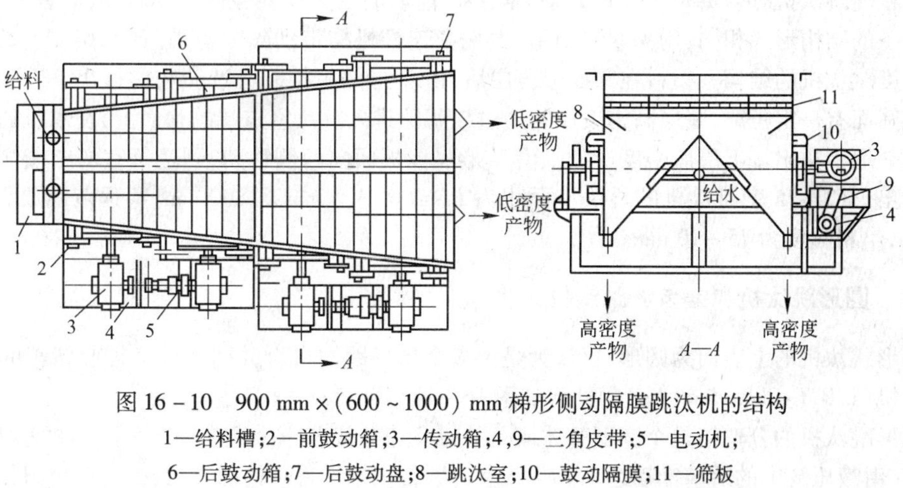

图 16-10 900 mm×(600~1000) mm 梯形侧动隔膜跳汰机的结构

1—给料槽;2—前鼓动箱;3—传动箱;4,9—三角皮带;5—电动机;6—后鼓动箱;7—后鼓动盘;8—跳汰室;10—鼓动隔膜;11—筛板

梯形跳汰机的设备规格用单个跳汰室的纵长×(单列上端宽~下端宽)表示。目前生产中使用的梯形跳汰机有600 mm×(300~600) mm和900 mm×(600~1000) mm两种规格。单台设备的生产能力前者为3~6 t/h,后者为10~20 t/h。

由于筛板宽度从给料端到排料端逐渐增大,所以床层厚度相应逐渐减小,物料向前运动的速度逐渐变缓,加之各室的冲程依次由大变小,冲次由小变大,使得前部适合于分选粗粒级,后部可有效地分选细粒级。所以该设备的适应性强,回收粒度下限低,有时可达0.074 mm,广泛用于处理-5 mm的物料,最大给料粒度可达10 mm。设备的主要缺点是占地面积大。

16.2.3.2 矩形侧动隔膜跳汰机

跳汰机筛面呈矩形的侧动隔膜跳汰机有吉山-Ⅱ型和大粒度跳汰机等。

吉山-Ⅱ型矩形侧动隔膜跳汰机有单列二室和双列四室两种规格,图16-11是单列二室的外形图。设备的特点是机械冲程可调范围大,最大为50 mm,加之冲程系数大,所以选别物料的粒度上限可达20 mm;其次是分选出的粗粒高密度产物采用一端排料法排出,其排料装置如图16-12所示。沿筛板末端整个长度上开缝,在高密度产物排出通道两侧设内外闸门,外闸门插入床层一定深度,用于控制高密度产物的质量,调节外闸门的高度,则可以改变高密度产物的排出速度。为使排料顺利进行,在盖板顶部设排气孔,以使内部与大气相通。

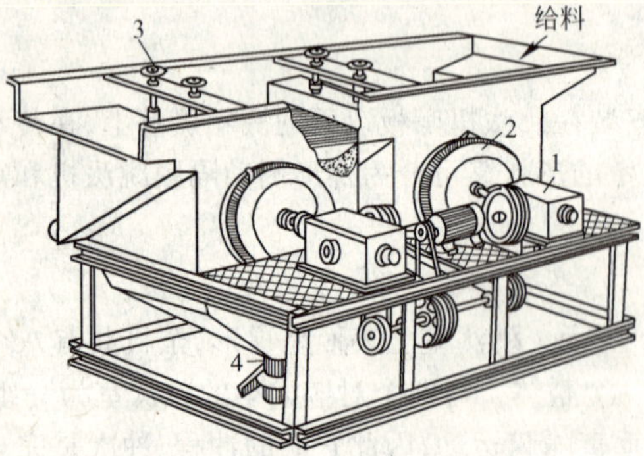

图16-11 吉山-Ⅱ型单列二室矩形侧动隔膜跳汰机
1—传动箱;2—隔膜;3—手轮(调节筛上高密度产物排料闸门用);
4—筛下高密度产物排料管

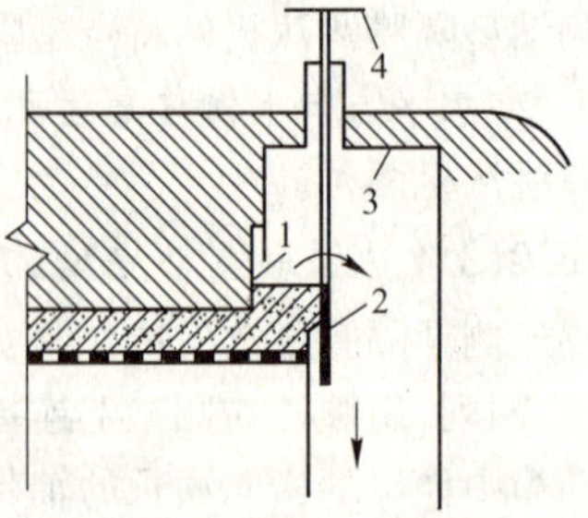

图16-12 筛上高密度产物排出装置
1—外闸门;2—内闸门;3—盖板;
4—手轮(调节内闸门用)

大粒度跳汰机有AM-30和LTC75两种型号,前者的最大给料粒度为30 mm,后者为75 mm。两种设备的结构形式相同,均为双列四室,由偏心连杆机构带动隔膜运动。图16-13是AM-30型大粒度跳汰机的结构。物料在筛面上分层后,由V形隔板控制分选产物的排出。V形隔板的底缘距筛面有一定距离,底层高密度产物通过该间隙进入跳汰室末端的筛面上,在水流的鼓动下越过排料堰板排出。上层低密度产物则沿V形隔板板面向两侧移动,到达每室的末端侧壁越过堰板排出。LTC-75型跳汰机的跳汰室面积为$L \times B = 1500\ \text{mm} \times 1800\ \text{mm}$,冲程范围放大到0~100 mm,给料粒度为75~10 mm。

16.2.4 圆形跳汰机和锯齿波跳汰机

圆形跳汰机的上表面为圆形,可认为是由多个梯形跳汰机合并而成的。带旋转耙的液压圆形跳汰机(I. H. C-Cleaveland jig)的外形如图16-14所示。

圆形跳汰机的分选槽是个圆形整体或是放射状地分成若干个跳汰室,每个跳汰室均独立设有隔膜,由液压缸中的活塞推动运动。跳汰室的数目根据设备规格而定,最少为1个,最多为12

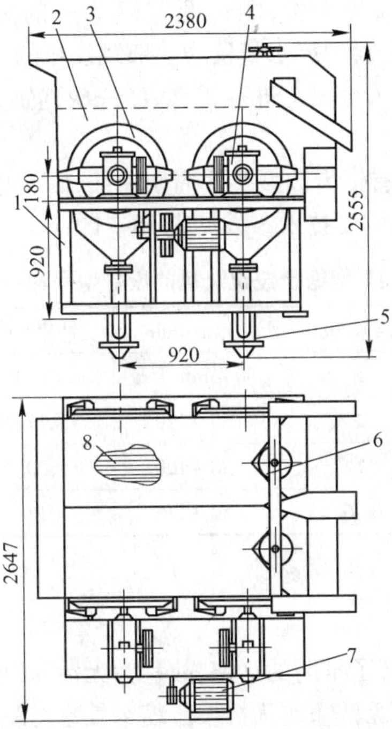

图 16－13　AM-30 型大粒度跳汰机

1—机架;2—箱体;3—鼓动隔膜;4—传动箱;5—筛下排料装置;
6—V 形分离隔板;7—电动机;8—筛板

个,设备的直径为 1.5～7.5m。待选物料由中心给入,向周边运动,高密度产物由筛下排出,低密度产物从周边的溢流堰上方排出。

圆形跳汰机的突出特点是,水流的运动速度曲线呈快速上升、缓慢下降的方形波,而水流的位移曲线则呈锯齿波(见图 16－15)。这种跳汰周期曲线能很好地满足处理宽级别物料的要求,且能有效地回收细颗粒,甚至在处理 －25 mm 的砂矿时可以不分级入选,只需脱除细泥。对 0.1～0.15 mm粒级的回收率可比一般跳汰机提高 15% 左右。

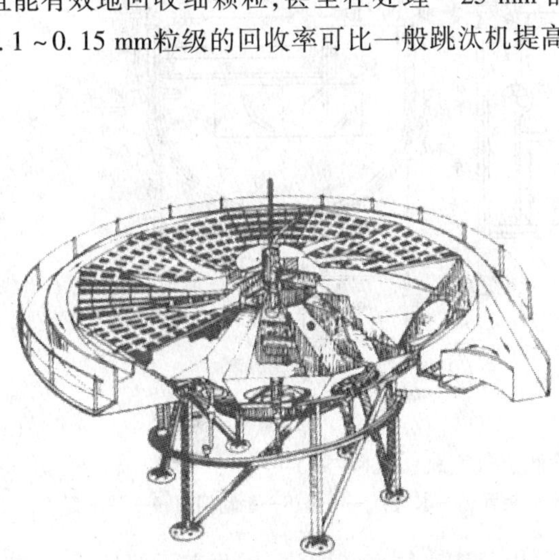

图 16－14　液压圆形跳汰机的示意图

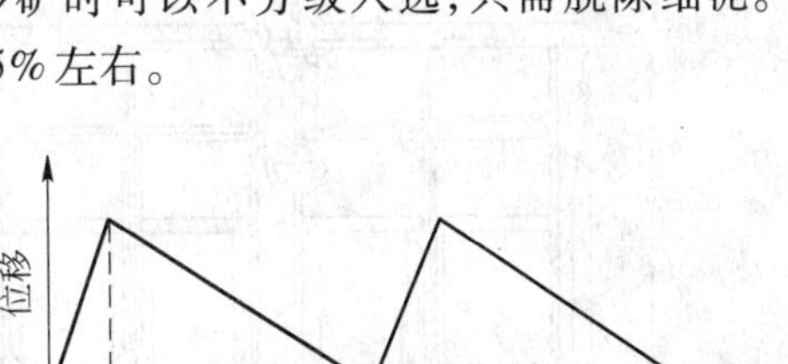

图 16－15　圆形跳汰机的隔膜运动曲线

圆形跳汰机的生产能力大，耗水少，能耗低。ϕ7.5 m 的圆形跳汰机，每台每小时可处理 175 ~ 350 m^3的砂矿，处理每吨物料的耗水量仅为一般跳汰机的 1/2 到 1/3，驱动电动机的功率仅为 7.5 kW。这种设备主要用在采金船上进行粗选，经一次选别即可抛弃 80% ~ 90% 的脉石，金回收率可达 95% 以上。

JT 型锯齿波跳汰机同样具有锯齿波型跳汰周期曲线，因而也具有圆形跳汰机的特点。生产中使用的 JT 型锯齿波跳汰机的主要技术参数见表 16 – 1。

表 16 – 1　JT 型锯齿波跳汰机的设备型号和主要技术参数

设备型号	跳汰室形状	跳汰室面积/m^2	冲次/$r \cdot min^{-1}$	冲程/mm	给矿粒度/mm	生产能力/$t \cdot h^{-1}$
JT-5	梯形、单列、双室	5	80 ~ 140 无级	15，20	–8	10 ~ 15
JT-2	矩形、单列、双室	2	50 ~ 170	12，17，21	–8	4 ~ 6
JT-1	矩形、单室	1	80 ~ 120	15，20，25	–6	2 ~ 3
JT-0.57	梯形、单列、单室	0.57	50 ~ 170	12，17，21	–5	1 ~ 1.5

16.2.5　无活塞跳汰机

这种跳汰机以压缩空气代替了早期的活塞，故称为无活塞跳汰机。主要用于选煤，但在铁矿石、锰矿石的分选中亦有应用。无活塞跳汰机按压缩空气室与跳汰室的相对位置不同，又可分为筛侧空气室跳汰机和筛下空气室跳汰机两种。

筛侧空气室跳汰机又称鲍姆跳汰机，工业应用的历史较长，技术上也比较成熟。按其用途可细分为块煤跳汰机（给料粒度为 125 ~ 13 mm）、末煤跳汰机（给料粒度为 13 ~ 0.5 mm或 13 ~ 0 mm）和不分级煤用跳汰机 3 种。图 16 – 16 是 LTG-15 型筛侧空气室不分级煤用跳汰机的结构简图，这种跳汰机的筛面最小者为 8 m^2，最大者为 16 m^2。

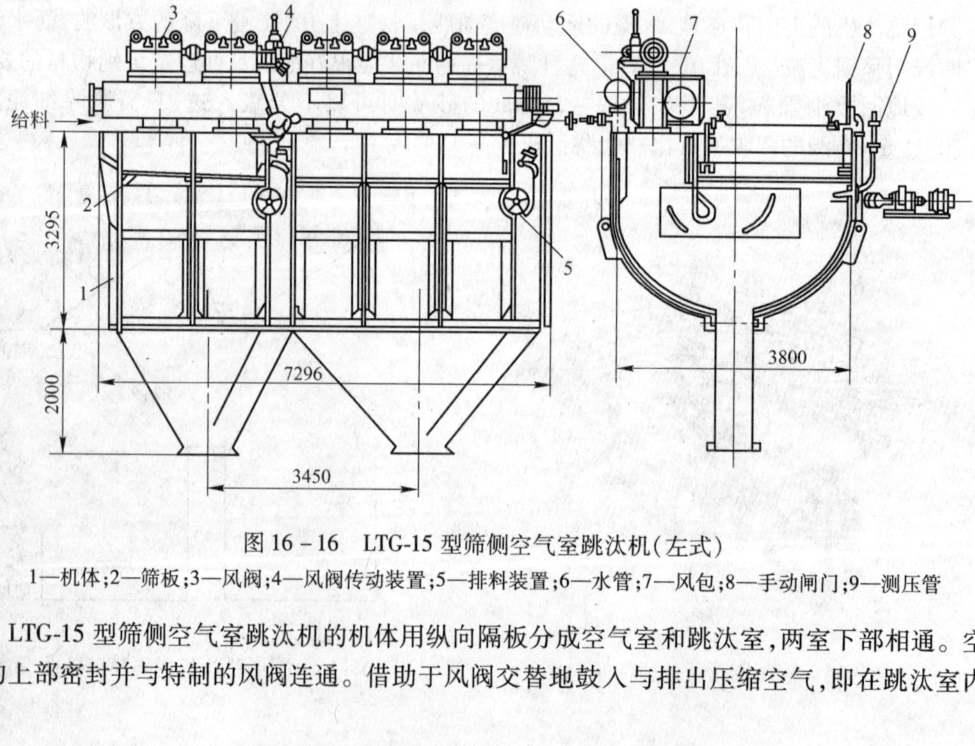

图 16 – 16　LTG-15 型筛侧空气室跳汰机（左式）

1—机体；2—筛板；3—风阀；4—风阀传动装置；5—排料装置；6—水管；7—风包；8—手动闸门；9—测压管

LTG-15 型筛侧空气室跳汰机的机体用纵向隔板分成空气室和跳汰室，两室下部相通。空气室的上部密封并与特制的风阀连通。借助于风阀交替地鼓入与排出压缩空气，即在跳汰室内形成相应的脉动水流。入选的原煤在脉动水流的作用下分层，并沿筛面的倾斜方向向一端移动。由跳汰室第1分选段选出的高密度产物为矸石，第2段选出的高密度产物为中煤。它们分别通过末端的排料闸门进入下部底箱，并与透筛产品合并，用斗子提升机捞出运走。上层低密度产物经溢流堰排出即为精煤。

通过风阀改变进入的风量，可以调节水流的冲程；改变风阀的旋转速度，可以调节水流的冲次。生产中使用的风阀有滑动风阀（立式风阀）、旋转风阀（卧式风阀）、滑动式数控风阀、电控气动风阀等。

旋转风阀的结构如图16－17所示，在1个横卧的套筒内有1个旋转的滑阀，在滑阀和套筒上均有开孔。滑阀从中间隔开，分成进气和排气两部分，进气部分同高压空气进气管连接，排气部分则与大气相通。滑阀由电动机带动在套筒内旋转，当滑阀进气部分上的开孔与套筒上的开孔对应时，高压空气进入跳汰机的空气室，使跳汰室中产生上升水流，这时为进气期；当滑阀进气部分的开口离开套筒上开孔，而排气部分的开孔仍未与套筒上的开孔相遇时，跳汰室内的水流运动暂时停止，这一阶段称为膨胀期；直到滑阀排气部分的开孔与套筒上的开孔相遇时，跳汰机空气室内的压缩空气开始排入大气，这一阶段称为排气期，此期间跳汰室内的水流借重力下降。在套筒与滑阀之间还有一调节套筒，上面也有开孔，可在一定范围内转动，用以改变进气孔与排气孔的大小，以改变进气与排气的作用时间，借以改变跳汰周期曲线。

生产中使用的筛侧空气室跳汰机有LTG系列、BM系列、CT系列筛侧空气室跳汰机等。

筛下空气室跳汰机是为了克服筛侧空气室跳汰机在筛面宽度上水流速度分布不均匀的问题而研制的，其结构如图16－18所示。在每个跳汰室的筛板下面设多个空气室。空气室的下部敞开，上部封闭，在其端部上下开孔。经上部的开孔通入压缩空气，经下部的开孔给入补加水。在筛下空气室跳汰机中，空气和水流沿筛面横向均匀分布，改善了设备的分选指标。

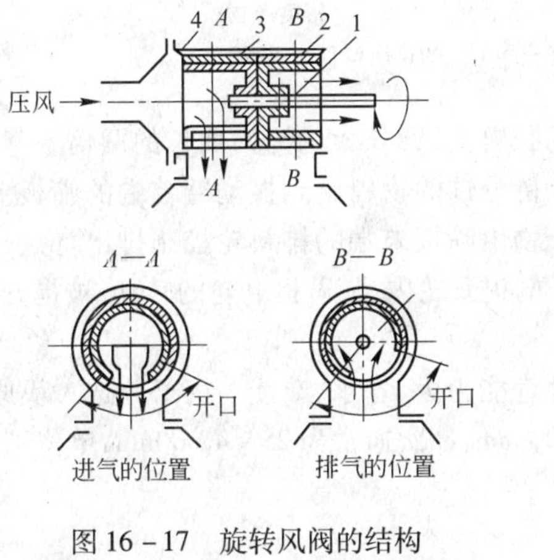

图16－17 旋转风阀的结构

1—旋转滑阀；2—排气调整套；3—进气调整套；4—套筒

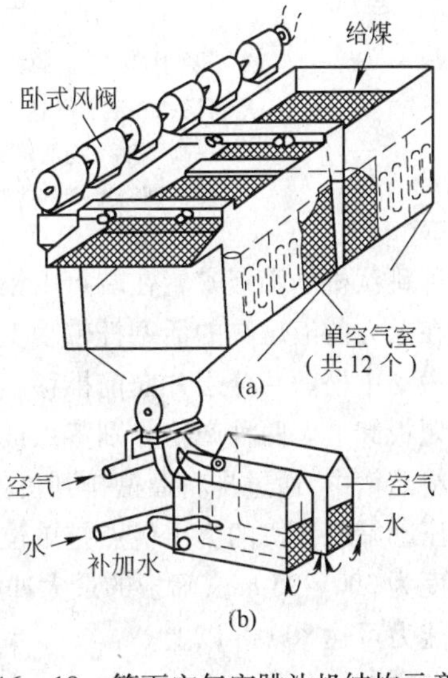

图16－18 筛下空气室跳汰机结构示意图

(a) 整机结构；(b) 空气室结构

生产中使用的LTX系列筛下空气室跳汰机，筛面面积最小者为6.5 m^2，最大者为35 m^2，用于分选100～0 mm的不分级原煤，筛面面积为35 m^2的LTX-35筛下空气室跳汰机的单台生产能力为350～490 t/h。

生产中使用的筛下空气室跳汰机主要有LTX系列、SKT系列、HSKT系列、LKT系列、X系列、ZSKT 系列筛下空气室跳汰机和日本的高桑跳汰机、德国的巴达克跳汰机等,其中德国洪堡特维达格公司生产的巴达克跳汰机,规格最大者的跳汰室筛板面积已达 42 m^2,用这种规格的巴达克跳汰机分选末煤时,单台设备的生产能力为 600 t/h,分选块煤时为 1000 t/h。

无活塞跳汰机均采用透筛排料和一端排料相结合的方法排出高密度产物。

16.2.6　动筛跳汰机

动筛跳汰机借助筛板运动松散床层,松散力强而耗水少,特别是分选大块物料时,具有定筛跳汰机无法达到的效能。目前生产中使用的动筛跳汰机,都是采用液压传动,按其结构又有单端传动式和两端传动式之分。德国洪堡特维达格公司生产的单端传动式液压动筛跳汰机的工作过程,如图 16－19 所示。

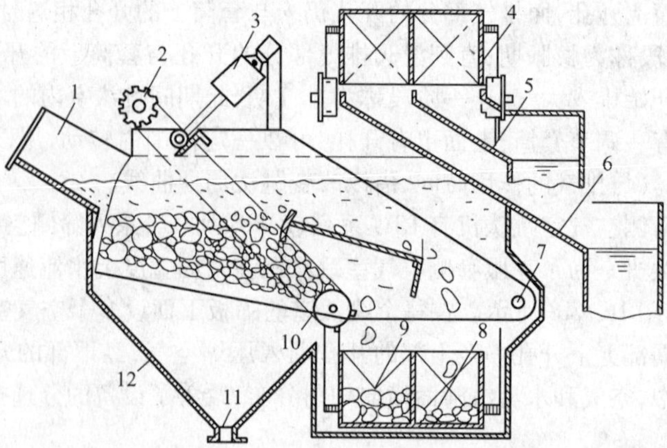

图 16－19　单端传动式液压动筛跳汰机的工作过程

1—给料槽;2—液压马达;3—液压缸;4—排料提升轮;5—低密度产物溜槽;
6—高密度产物溜槽;7—销轴;8—低密度产物;9—高密度产物;
10—高密度产物排料控制轮;11—筛下产物排出口;12—机箱

这种跳汰机的筛板安置在端点由销轴固定的长臂上,臂长大约为筛面长的两倍。臂的另一端由设在上方的液压缸的活塞杆带动上下运动。待分选的物料给到振动臂首端的筛板上,床层在筛板振动中松散－分层并向前推移。高密度产物由筛板末端的排料轮控制排出,低密度产物则越过堰板卸下。两种产物分别落入被隔板隔开的提升轮内,随着提升轮的转动,被提升起来后卸到排料溜槽中,通过排料溜槽排到机外。

液压动筛跳汰机的突出优点是单位筛面的处理能力大、省水、节能。用于分选大块原煤时,给料粒度为 300～25 mm,筛板的最大冲程可达 500 mm,冲次通常为 25～40 r/min,单位筛板面积的生产能力可达 80 t/h 以上。

16.2.7　离心跳汰机

目前生产中应用最多的离心跳汰机是澳大利亚一地质有限公司生产的 KELSEY 系列离心跳汰机,其中 J650 型 KELSEY 离心跳汰机的结构如图 16－20 所示。这种跳汰机的跳汰室呈水平安装,并在旋转驱动机构的带动下,以 4800 r/min 左右的速度旋转。脉动臂在与跳汰室一起旋转的同时,还在凸轮机构的驱动下,每秒钟完成 17～34 次的连续往复运动。

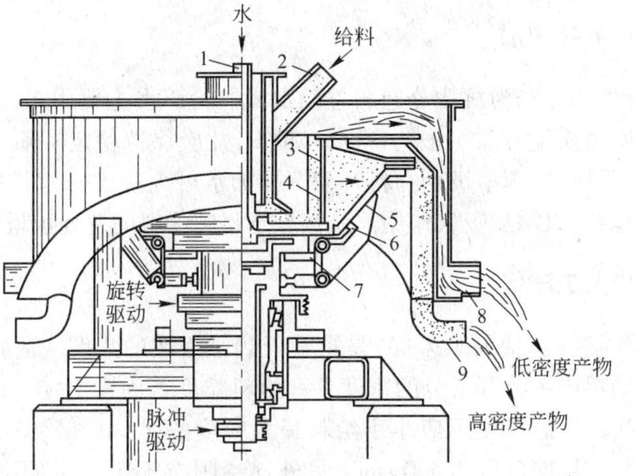

图 16－20 J650 型 KELSEY 离心跳汰机

1—给水管；2—给料管；3—人工床层；4—筛板；5—脉冲臂；6—橡胶隔膜；7—凸轮机构；8—低密度产物排出槽；9—高密度产物排出槽

给料从给料管给入跳汰机，离心惯性力使给入的物料分布在人工床层上，水自给水管送到脉冲臂和筛板之间的间隙内。高频连续往复运动的脉冲臂迫使水流产生一个通过人工床层向前的脉动运动，从而使人工床层发生交变的松散和紧密，脉动水流还使给料和人工床层的颗粒依据自身的密度产生不同的加速度，并在离心惯性力的联合作用下使给料中的不同密度组分得到分离。高密度产物透过人工床层和筛孔进入箱体后，通过排料阀排到高密度产物排出槽中。低密度产物在人工床层上面形成的旋转环被新给入的物料排挤到低密度产物排出槽中。

KELSEY 离心跳汰机适合于处理高密度成分含量较低的细粒物料，可有效分选 40 μm 以下的固体物料。

16.3 影响跳汰分选的工艺因素

跳汰分选的工艺影响因素主要包括冲程、冲次、给矿水、筛下补加水、床层厚度、人工床层组成、给料量等生产中可调的因素。给料的粒度和密度组成、床层厚度、筛板落差、跳汰周期曲线形式等，虽然对跳汰的分选指标也有重要影响，但在生产过程中这些因素的可调范围非常有限。

16.3.1 冲程和冲次

冲程和冲次直接关系到床层的松散度和松散形式，对跳汰分选指标有着决定性的影响。需要根据处理物料的性质和床层厚度来确定，其原则是：

（1）床层厚、处理量大时，应增大冲程，相应地降低冲次；

（2）处理粗粒级物料时，采用大冲程、低冲次，而处理细粒级物料时则采用小冲程、高冲次。

过分提高冲次会使床层来不及松散扩展，而变得比较紧密，冲次特别高时，甚至会使床层像活塞一样呈整体上升、整体下降，导致跳汰分选指标急剧下降。所以隔膜跳汰机的冲次变化范围一般为 150～360 r/min，无活塞跳汰机和动筛跳汰机的冲次一般为 30～80 r/min。冲程过小，床层不能充分松散，高密度粗颗粒得不到向底层转移的适宜空间；而冲程过大，则又会使床层松散度太高，颗粒的粒度和形状将明显干扰按密度分层，当选别宽级别物料时，高密度细颗粒会大量损失于低密度产物中。适宜的跳汰冲程通常需要通过试验来确定。

16.3.2　给矿水和筛下补加水

给矿水和筛下补加水之和为跳汰分选的总耗水量。给矿水主要用来湿润给料，并使之有适当的流动性，给料中固体质量分数一般为30%～50%，并应保持稳定。筛下补加水是操作中调整床层松散度的主要手段，处理窄级别物料时筛下补加水可大些，以提高物料的分层速度；处理宽级别物料时，则应小些，以增加吸入作用。跳汰分选每吨物料的总耗水量通常为3.5～8 m^3。

16.3.3　床层厚度和人工床层

跳汰机内的床层厚度(包括人工床层)是指筛板到溢流堰的高度。适宜的跳汰床层厚度由采用的跳汰机类型、给料中欲分开组分的密度差和给料粒度等因素决定。用隔膜跳汰机处理中等粒度或细粒物料时，床层总厚度不应小于给料最大粒度的5～10倍，一般在120～300 mm之间。处理粗粒物料时，床层厚度可达500 mm。另外，给料中欲分开组分的密度差大时，床层可适当薄些，以增加分层速度，提高设备的生产能力；欲分开组分的密度差小时，床层可厚些，以提高高密度产物的质量。但床层越厚，设备的生产能力越低。

人工床层是控制透筛排料速度和排出的高密度产物质量的主要手段。生产中要求人工床层一定要保持在床层的底层，为此用作人工床层的物料，其粒度应为筛孔尺寸的2～3倍，并比入选物料的最大粒度大3～6倍；其密度以接近或略大于高密度产物的为宜。生产中常采用给料中的高密度粗颗粒作人工床层。分选细粒物料时，人工床层的铺设厚度一般为10～50 mm，分选稍粗一些的物料时可达100 mm。人工床层的密度越高、粒度越小、铺设厚度越大，高密度产物的产率就越小，回收率也就越低，但密度却越高。

16.3.4　筛板落差

相邻2个跳汰室筛板的高差称为筛板落差，它有助于推动物料向排料端运动。一般来说，处理粗粒物料或欲分开组分的密度差较大的物料时，落差应大些；处理细粒物料或难选物料时，落差应小些。旁动型隔膜跳汰机和梯形跳汰机的筛板落差通常为50 mm，而粗粒跳汰机的筛板落差则可达100 mm。

16.3.5　给料性质和给料量

跳汰机的处理能力与给料性质密切相关。当处理粗粒、易选物料，且对高密度产物的质量要求不高时，给料量可大些；反之则应小些。同时，为了获得较好的分选指标，给料的粒度组成、密度组成和给矿浓度应尽可能保持稳定，尤其是给料量，更不要波动太大。跳汰机的处理能力随给料粒度、给料中欲分开组分的密度差、作业要求和设备规格而有很大变化。为了便于比较，常用单位筛面的生产能力($t/(m^2 \cdot h)$)表示。

17 溜槽分选

借助于在斜槽中流动的水流进行物料分选的方法，统称为溜槽分选。这是一种随着海滨砂矿或湖滨砂矿的开采而发展起来的古老的分选方法，但古老的设备绝大部分已被新型设备所代替。

根据处理物料的粒度，可把溜槽分为粗粒溜槽和细粒溜槽两种，粗粒溜槽用于处理 2 ~ 3 mm 以上的物料，选煤时给料最大粒度可达 100 mm 以上；细粒溜槽常用来处理 -2 mm 的物料，其中用于处理 2 ~ 0.074 mm 物料的又称为矿砂溜槽，用于处理 -0.074 mm 物料的又称为矿泥溜槽。

粗粒溜槽主要用于选别含金、铂、锡及其他稀有金属的砂矿。粗粒溜槽工作时，槽内的水层厚度达 10 ~ 100 mm 以上，水流速度较快，给料最大粒度可达数十毫米，槽底装有挡板或设置粗糙的铺物。

细粒溜槽的槽底一般不设挡板。仅有少数情况下铺设粗糙的纺织物或带格的橡胶板。细粒溜槽工作时，槽内水层厚度大者为数毫米，小者仅有 1 mm 左右。矿浆以比较小的速度呈薄层流过设备表面，是处理细粒和微细粒级物料的有效手段，因而目前在生产中得到了非常广泛的应用。

溜槽类分选设备的突出优点是结构简单，生产费用低，操作简便，所以特别适合于处理高密度组分含量较低的物料。

17.1 斜面水流的运动特性

17.1.1 层流斜面水流的水力学特性

当水流沿斜面呈层流流动时，流速沿深度的分布规律可由黏性摩擦力与重力的平衡关系导出。如图 17 -1 所示，在距槽底 h 高处取一底面积为 A 的流体单元，作用在该单元上的黏性摩擦力 F 为：

$$F=\mu A\mathrm{d}u/\mathrm{d}h \qquad (17-1)$$

作用在该单元上的重力沿流动方向的分量 W 为：

$$W=(H-h)A\rho g\sin\alpha \qquad (17-2)$$

当水流作恒定流动时，根据力的平衡关系，有：

$$\mu A\mathrm{d}u/\mathrm{d}h=(H-h)A\rho g\sin\alpha \qquad (17-3)$$

由此得：$\mathrm{d}u=[(H-h)\rho g\sin\alpha/\mu]\mathrm{d}h \qquad (17-4)$

对式(17 -4)积分得：

$$u=(2H-h)h\rho g\sin\alpha/(2\mu) \qquad (17-5)$$

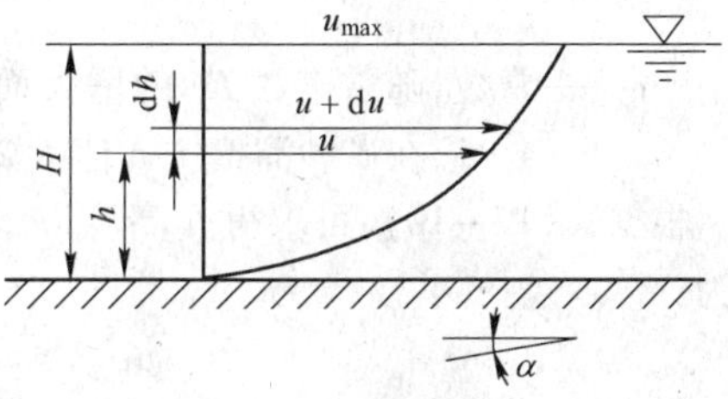

图 17 -1 层流水速沿深度的分布情况

式中，α 为槽底倾角。

式(17 -5)表明，层流状态下，流速沿深度的分布规律呈一条抛物线。

取 $h=H$，代入式(17 -5)得表层最大水流速度 u_{max} 为：

$$u_{max}=H^2\rho g\sin\alpha/(2\mu) \qquad (17-6)$$

采用积分求平均值的方法，依据式(17 -5)，可求得 h 高度以下水层的平均流速 $u_{h,av}$ 和全流层的平均流速 u_{av} 分别为：

$$u_{h,av}=\rho g\sin\alpha[1-h/(3H)]Hh/(2\mu) \tag{17-7}$$

$$u_{av}=H^2\rho g\sin\alpha/(3\mu) \tag{17-8}$$

对比式(17－6)和式(17－8)得：

$$u_{av}=2u_{max}/3 \tag{17-9}$$

即层流斜面水流的平均流速为其最大流速的2/3倍。

17.1.2　湍流斜面水流的水力学特性

湍流流态发生在流速较大的情况下，其特点是流层内出现了无数的旋涡（见图17－2）。经过深入的研究发现，湍流的产生和发展存在着有次序的结构，称作拟序结构。这种结构显示，湍流的初始旋涡是以流条形式在固体壁附近形成的。在速度梯度的作用下，流条不断地滚动、扩大，发展到一定大小后即迅速离开壁面上升，并对液流产生扰动。最初生成的旋涡范围很小，但转动强度很大，且在流场内是不连续的，属于小尺度旋涡。在底部流条中间还无规则地交替出现非湍流区。随着小尺度旋涡上升扩展、相互兼并，结果又出现了转动速度较低但范围较大的大尺度旋涡。在相邻的两大尺度旋涡间发生着运动方向的转变。在转变中，大的旋涡被搅动分散开来，形成许多小的波动运动。最后在黏滞力作用下，速度降低，动能转化为热能损耗掉。与此同时，新的旋涡又在底部形成和向上扩展，如此循环不已，构成图17－2所示的湍流运动图像。

图17－2　湍流中旋涡运动示意图

17.1.2.1　湍流中水速沿深度的分布规律

在湍流中，由于旋涡的存在，使流场内任何一点的速度时刻都在变化，所以湍流流态的速度均系时均流速，其速度沿水深的分布曲线可近似地表示为：

$$u=u_{max}(h/H)^{1/n} \tag{17-10}$$

式中　n——常数，随雷诺数 Re 的增大而增加，并与槽底的粗糙度有关，在粗粒溜槽中其值为4～5，在矿砂溜槽中 n 值为2～4。

根据式(17－10)，可求得 h 高度以下流层的平均流速 $u_{h,av}$ 和整个流层的平均流速 u_{av}，分别为：

$$u_{h,av}=nu_{max}(h/H)^{1/n}/(n+1) \tag{17-11}$$

$$u_{av}=nu_{max}/(n+1) \tag{17-12}$$

17.1.2.2　湍流中的脉动速度

在湍流流场内，任何一点的流速都在随时间发生变化，如图17－3所示，流体质点在某点的瞬时速度围绕着该点的时均流速上下波动，流体质点的瞬时速度偏离时均流速的数值($u'-u$)称作脉动速度。显然，脉动速度在3个互相垂直的方向上均存在，但对重选过程影响较大的是法向脉动速度，因为它是湍流斜面流中推动颗粒松散悬浮的主要作用因素。由于其平均值为零，所以法向脉动速度 u_{im} 的大小以瞬时脉动速度的时间均方根表示，即：

$$u_{im}=\left[\left(\int u_y'^2\,dt\right)/T\right]^{1/2} \tag{17-13}$$

式中 u_{im}——法向脉动速度,m/s;

u'_y——法向瞬时速度,m/s。

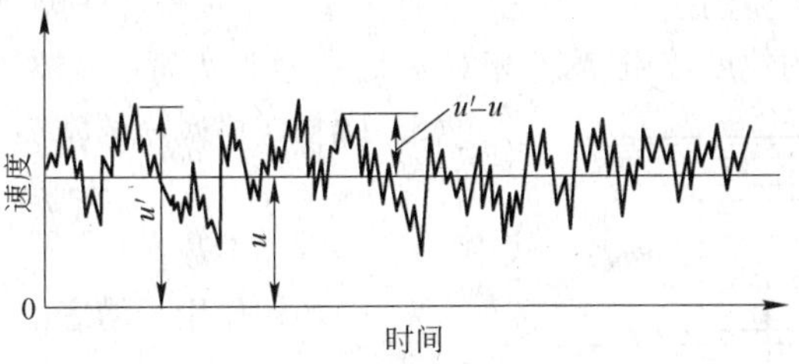

图 17-3 湍流中的瞬时速度变化情况

研究表明,法向脉动速度有如下一些规律:

(1) 在槽底处其值为零,离开槽底后其值迅速增大至峰值,此后略有减小。明斯基用快速摄影法,在光滑槽底的溜槽中,当 $Re=2\times10^4$ 时,测得的脉动速度沿水深的分布如图 17-4 所示。

(2) 法向脉动速度与水流的最大速度或平均速度成正比,即:

$$u_{im}=Ku_{max} \tag{17-14}$$

式中,比例系数 K 可由表 17-1 查得。

(3) 法向脉动速度的大小除了与水流的最大速度或平均速度有关外,还与槽底的粗糙度有关,因为槽底越粗糙,小尺度旋涡越发达,因而法向脉动速度也就越大。

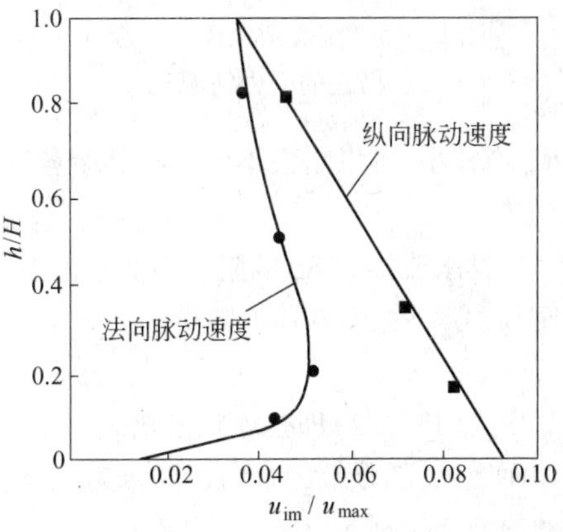

图 17-4 脉动速度与槽深的关系曲线

表 17-1 明渠水流法向脉动速度实测值

h/H	0.05	0.18	0.42	0.54	0.65	0.68	0.80	0.91
K	0.046	0.048	0.046	0.042	0.041	0.040	0.040	0.038

17.2 粗粒溜槽的分选原理

物料在粗粒流槽中的分选过程包括在垂直方向上的沉降和沿槽底运动两个阶段。前者主要受颗粒性质和水流法向脉动速度的影响,使得粒度粗或密度大的颗粒首先沉降到槽底,而细小的低密度颗粒则可能因沉降速度低于水流的法向脉动速度而始终呈悬浮状态。颗粒沉到槽底以后,基本上呈单层分布,不同性质的颗粒将按照沿槽底运动的速度不同发生分离。

图 17-5 是颗粒沿槽底运动时的受力情况,此时作用在颗粒上的力有:

(1) 颗粒在水中的有效重力 G_0:

$$G_0=-\pi d^3(\rho_1-\rho)g/6 \tag{17-15}$$

(2) 水流的纵向推力 R_x:

$$R_x=\psi d^2(u_{d,av}-v)^2\rho \tag{17-16}$$

式中 $u_{d,av}$——作用于颗粒上的平均水速,m/s;

v——颗粒沿槽底的运动速度,m/s。

（3）法向脉动速度的向上推力 R_{im}：

$$R_{\mathrm{im}}=\psi d^2 u_{\mathrm{im}}^2 \rho \tag{17-17}$$

（4）水流绕流颗粒产生的法向举力 P_y，这种力是由于水流绕流颗粒上表面时，流速加快，压强降低所引起。当颗粒的粒度较粗、质量相对较大时，这种力可以忽略不计。

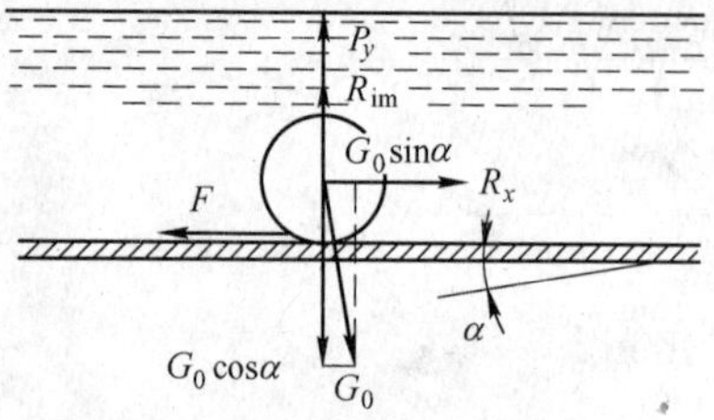

图 17－5　湍流斜面流中颗粒在槽底的受力情况

（5）颗粒与槽底间的摩擦力 F：

$$F=fN \tag{17-18}$$

式中　f——摩擦系数；

N——颗粒作用于槽底的正压力，其值为：

$$N=G_0\cos\alpha-P_y-R_{\mathrm{im}} \tag{17-19}$$

当颗粒以等速沿槽底运动时，沿平行于槽底方向上力的平衡关系为：

$$G_0\sin\alpha+R_x=f(G_0\cos\alpha-P_y-R_{\mathrm{im}}) \tag{17-20}$$

对于粗颗粒来说，法向举力 P_y 和脉动速度上升推力 R_{im} 均较小，可以略去不计。将其余各项的表达式代入式(17－20)得：

$$(u_{\mathrm{d,av}}-v)^2=\pi d(\rho_1-\rho)g(f\cos\alpha-\sin\alpha)/(6\psi\rho) \tag{17-21}$$

设水流推力 R_x 的阻力系数 ψ 与颗粒自由沉降的阻力系数值相等，则将颗粒的自由沉降末速 v_0 代入后，开方移项即得：

$$v=u_{\mathrm{d,av}}-v_0(f\cos\alpha-\sin\alpha)^{1/2} \tag{17-22}$$

式(17－22)即是颗粒沿槽底运动的速度公式，它表明颗粒的运动速度随水流平均速度的增加而增大，随颗粒的自由沉降末速及摩擦系数的增大而减小。因而改变槽底的粗糙度可改善溜槽的分选指标。

式(17－22)还表明，颗粒的密度愈大，自由沉降末速也愈大，沿槽底运动的速度也就愈慢。自由沉降末速较大的高密度颗粒，在向槽底沉降阶段，随水流一起沿槽底运动的距离本来就比较短，加之沿槽底运动的速度又比较慢，从而得以同低密度颗粒实现分离。

17.3　细粒溜槽的分选原理

与粗粒溜槽的情况不同，物料在细粒溜槽中呈多层分布，其分选过程首先是物料在水流中按密度分层，然后再按不同层的运动速度差分离。

17.3.1　固体颗粒对液流流态的影响

试验表明，由于固体颗粒的存在，使得液固两相流的紊动程度明显比清水流的降低。其原因主要有两方面：

（1）有固体颗粒存在时，一部分脉动速度的动能转化为压力能，用以平衡物料的重力。

（2）固体颗粒的存在使液固两相流的黏度增大，尤其是在液流的底部，固体浓度较高，有效地抑制了旋涡的形成，使整个流场的紊动程度大大降低。

拜格诺(R. A. Bagnold)通过试验发现，在斜槽水流的 Re 值为 2000 的条件下加入固体颗粒，当固体的体积分数达到 30% 时，液流的紊动程度显著减弱；当体积分数增至 35% 时，紊动现象全部消失。固体颗粒对水流紊动强度的抑制作用称作粒群的消紊作用。在溜槽类分选设备中，矿浆的固体质量分数一般为 10% ~30%，在扇形溜槽和圆锥选矿机中可达 50% ~60%，相应的固体体积分数为 4% ~10% 或 28% ~36%，因此，在溜槽类分选设备中，矿浆的流态几乎均属于弱湍流。

17.3.2 固体浓度及流速沿槽深的分布

固体浓度沿槽深的分布主要取决于矿浆浓度及矿浆中固体物料的粒度组成。

在湍流斜面矿体流中，固体颗粒一方面受紊动扩散作用而不断地被向上推起，另一方面又在自身的重力作用下沉向槽底，固体颗粒在矿浆流深度方向上的分布即受这两种因素支配。一般来说，是上稀下浓，但随着矿浆浓度的增大和颗粒粒度的减小，浓度沿槽深的分布将渐趋均匀。

由于固体颗粒的消紊作用，使得斜面矿浆流中的脉动速度减弱，各流层间的动能交换也随之减弱，因此，流速沿深度的分布曲线向层流的形式靠近。拜格诺以密度与水相差仅有 4 kg/m^3、直径为 1.36 mm 的蜡球与水构成悬浮液，在液流深度为 70 mm 的水槽中进行了流速测定，其结果如图 17－6 所示。从图 17－6 中可以看出，悬浮液的流速除了在槽底附近的一个薄层内比清水的流速均匀外，其他深度悬浮液的速度梯度均比清水的增大了。

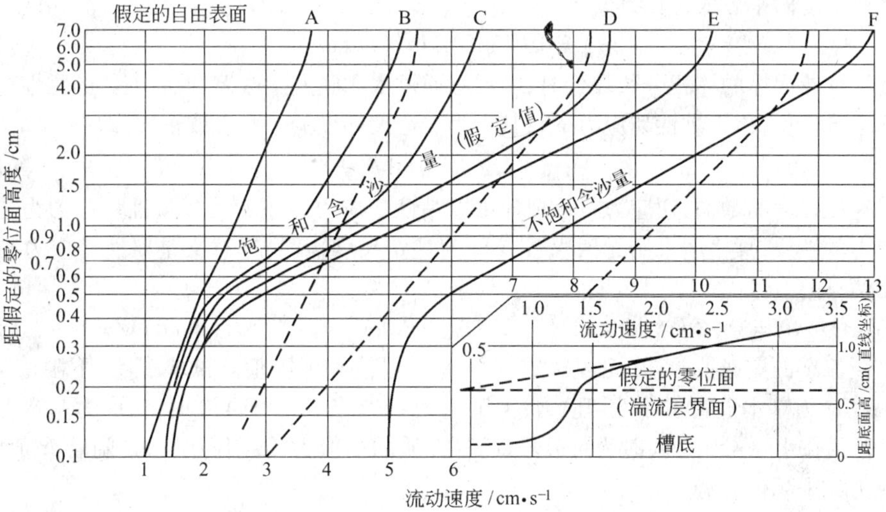

图 17－6 拜格诺在水槽中测得的流速沿水深的分布

17.3.3 层流流态下粒群松散机理

拜格诺经研究发现，当悬浮液中的固体颗粒连续受到剪切作用时，垂直于剪切方向将产生一种斥力（或称为分散压），使物料具有向两侧膨胀的倾向，斥力的大小随速度梯度的增大而增大。当剪切的速度梯度足够大，以致使斥力达到与物料在介质中的有效重力平衡时，颗粒即呈悬浮状态，如图 17－7 所示。这一学说被称为层间斥力学说或拜格诺层间斥力学说，它恰当地解释了在层流条件下物料的松散机理。

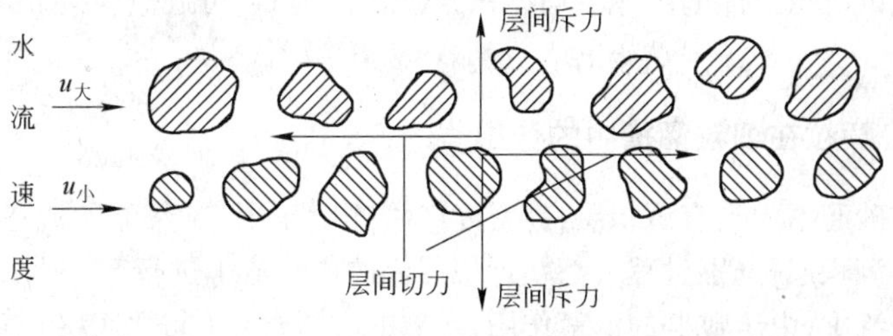

图 17－7 拜格诺的层间剪切力和层间斥力示意图

悬浮液作层流切变运动时，总切应力 τ 可分解为颗粒间相互作用的切应力 T 和液体本身的切应力 τ' 两方面，即：

$$\tau = T + \tau' \tag{17-23}$$

两者究竟哪一个占主导地位，要视悬浮液中的固体浓度而定。为了便于表达浓度的影响，拜格诺采用线性浓度 Z 代替常用的固体体积分数 φ，它们之间的关系为：

$$Z = \varphi^{1/3}/(\varphi_0^{1/3} - \varphi^{1/3}) = 1/[(\varphi_0/\varphi)^{1/3} - 1] \tag{17-24}$$

或

$$\varphi = \varphi_0/(1/Z + 1)^3 \tag{17-25}$$

式中　φ_0——颗粒在静态堆积时的最大体积分数，对同直径球体，$\varphi_0 = 0.74$；对一般圆滑均匀的颗粒，$\varphi_0 = 0.65$。

拜格诺从研究中发现，颗粒间相互作用的切应力性质与颗粒的接触方式有关。速度梯度较高时，颗粒直接发生碰撞，颗粒的惯性力对切应力的形成起着主导作用，称为惯性切应力 τ_{in}，其大小与速度梯度的平方成正比，即：

$$\tau_{in} = 0.013\rho_1(Zd)^2(\mathrm{d}u/\mathrm{d}h)^2 \tag{17-26}$$

速度梯度或固体的体积分数较低时，颗粒间通过水化膜发生摩擦，此时液体的黏性对切应力的产生起主导作用，称为黏性切应力 τ_{ad}，其大小与速度梯度的一次方成正比，即：

$$\tau_{\mathrm{ad}} = 2.2Z^{3/2}\mu(\mathrm{d}u/\mathrm{d}h) \tag{17-27}$$

随着速度梯度的增加，切应力将逐渐地由以黏性切应力为主变为以惯性切应力为主。为了判断切应力的性质，拜格诺采用无因次数 N 作为评定尺度，其物理意义是惯性切应力与黏性切应力的比值，即：

$$N = \rho_1(Zd)^2(\mathrm{d}u/\mathrm{d}h)^2/[Z^{3/2}\mu(\mathrm{d}u/\mathrm{d}h)] = \rho_1 Z^{1/2}d^2(\mathrm{d}u/\mathrm{d}h)/\mu \tag{17-28}$$

与判断流态的雷诺数一样，无因次数 N 也有上限值和下限值。试验表明，下限值为40，当 $N<40$ 时，切应力基本上属于黏性切应力；上限值为450，当 N 大于450时，切应力基本上为惯性切应力。N 值在40～450之间时为过渡段，两种性质的切应力均起作用，只是随着 N 值的增加，惯性切应力越来越占优势。

拜格诺的研究表明，切应力与层间斥力之间有着一定的比例关系，若斥力压强为 p，则完全属于惯性剪切时，$\tau/p = 0.32$；基本属于黏性剪切时，$\tau/p = 0.75$。

在层流条件下，若使物料发生松散悬浮，则任一层间的斥力压强 p 应等于单位面积上物料在介质中的法向有效重力 G_{h}，在临界条件下为：

$$p = G_{\mathrm{h}} = (\rho_1 - \rho)g\cos\alpha\int_h^H \varphi\,\mathrm{d}h \tag{17-29}$$

式中　α——斜槽倾角，(°)；

h——某层距槽底的高度；

H——斜面矿浆流的深度。

若已知高度 h 以上至顶面的固体平均体积分数 φ_{av}，则 G_{h} 可近似地按下式计算：

$$G_{\mathrm{h}} = (\rho_1 - \rho)g\cos\alpha(H - h)\varphi_{\mathrm{av}} \tag{17-30}$$

17.3.4　不同密度颗粒在细粒溜槽中的分层

在绝大部分矿砂溜槽中没有沉积层，高密度产物连续排出，矿浆流的流态一般是弱湍流，而矿泥溜槽则多数有沉积层，选别过程大都在近似层流的矿浆流中进行。

在弱湍流矿浆流中，由于粒群的消紊作用，底部的层流边层（黏性底层）将增厚，根据流态的差异及上下层中固体浓度的不同，一般可将整个矿浆流分为3层，如图17－8所示。最上一层紊动度不高，固体浓度很低，称为表流层；中间较厚的层内，小尺度旋涡发达，在湍流扩散作用下，携带着大量低密度颗粒向前流动，可称为悬移层；下部液流的流态发生了变化，若在清水中即属于层流边层，在这里颗粒大体表现为沿层运动，所以可称为流变层。

在固定矿泥溜槽、皮带溜槽、摇动翻床、横流皮带溜槽等设备上，矿浆流近似呈层流流态，但表面仍有鱼鳞波形式的扰动，只是它的影响深度不大。因此，也同样可以把整个矿浆层分为3层（见图17－9），即表面极薄的表流层，中间层浓度分布较均匀，厚度相对较大，且近似呈层流流态运动，但仍有微弱的大尺度旋涡的扰动痕迹，属于流变层；下部颗粒失去了活动性，形成了沉积层。

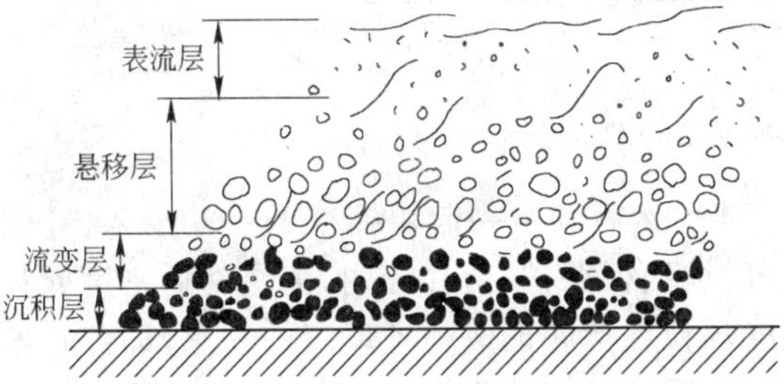

图17－8 弱湍流矿浆流的结构

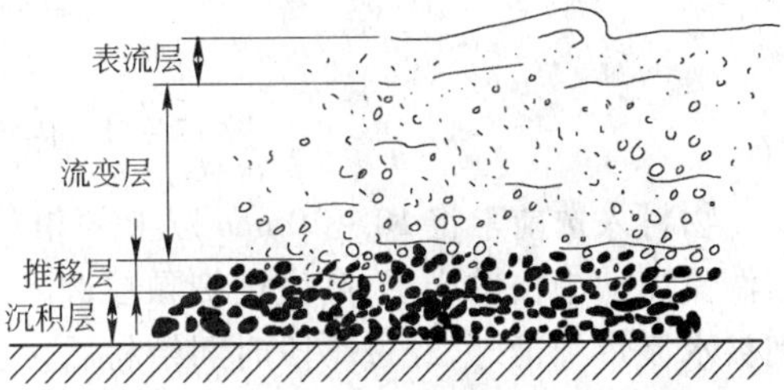

图17－9 层流矿浆流的结构

在表流层中，存在着不大的法向脉动速度，沉降末速小于这里的脉动速度的颗粒，即难以进入底层，始终悬浮在表流层中，随液流一起进入低密度产物中。所以表流层中的脉动速度基本上决定了设备的粒度回收下限。

弱湍流矿浆流中的悬移层借较大的法向脉动速度悬浮着大量的固体颗粒，并形成上稀下浓、颗粒粒度上细下粗的悬浮体。这与不均匀粒群在垂直上升介质流中的悬浮情况类似，密度大、粒度粗的颗粒较多地分布在下部，同时大尺度旋涡又不断地使上下层中的颗粒相互交换，高密度颗粒被送到下面的流变层中，而从流变层中被排挤出的低密度颗粒则上升到悬移层中。经过一段运行距离后，悬移层中将主要剩下低密度颗粒，随矿浆流一起排出，所以悬移层中既发生初步分选，又起着运输低密度颗粒的作用。

弱湍流矿浆流中的流变层和层流矿浆流中的流变层一样，在这一层中，基本不存在旋涡扰动，固体浓度很高，速度梯度也较大，靠层间斥力维持物料松散。在这种情况下，颗粒之间的密度差成为分层的主要依据。与此同时，由于细颗粒在下降过程中受到的机械阻力较小，所以分层后处在同密度粗颗粒的下面，其结果如图17－10所示。这样的分层结果称作析离分层。

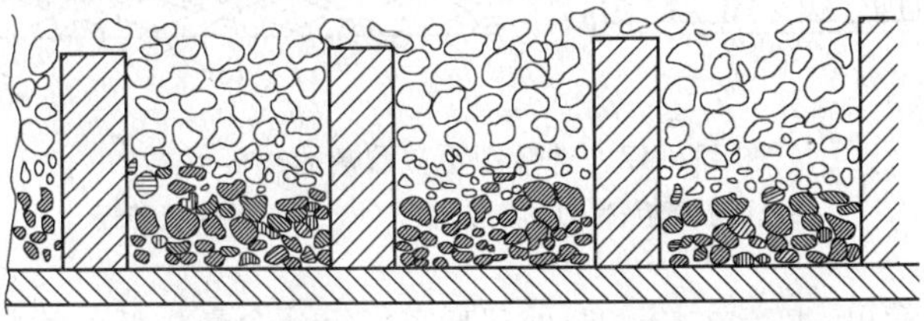

图17－10 析离分层后床层中颗粒的分布情况

层流矿浆流中的高密度微细颗粒，进入底层后与槽底相黏结，很难再运动，于是聚集起来形成沉积层。沉积层是一种高浓度的类似塑性体的流层，其厚度少许增大即会引起滚团和局部堆积，使分层过程无法正常进行，所以沉积层达到一定厚度后，即应停止给料，将其冲洗下来，然后再给料进行分选。

17.4　粗粒溜槽

设在陆地上的粗粒溜槽通常用木材或钢板制成，长约15 m，大多数宽0.7 ~0.9 m，槽底倾角为5°~8°。在溜槽内每隔0.4 ~0.5 m设横向挡板，挡板由木材或角钢制成。粗粒溜槽的工作过程如图17 -11所示。

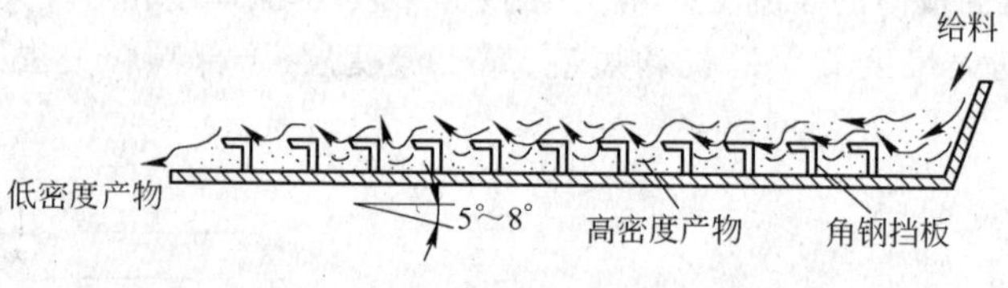

图17 -11　固定粗粒溜槽的工作过程

物料入选前常将10 ~20 mm以上的粗粒级筛除，然后和水一起由溜槽的一端给入，在强烈湍流流动中松散床层，高密度细颗粒进入底层后被挡板保护，留在槽内，上层的低密度颗粒则被水流带到槽外，经过一段时间给料后，高密度颗粒在槽底形成一定厚度的积累，即停止给料，并加清水清洗。再去掉挡板进行人工耙动冲洗，得到的高密度产物，再用摇床或跳汰机进行精选。

槽内设置的挡板的形式有许多种，按排列方式可分为图17 -12所示的直条挡板、横条挡板和网格状挡板等几种典型的形式。直条挡板的水流阻力小，适合于捕集较粗的高密度颗粒。横条挡板能激起较强的旋涡，有助于床层松散并对高密度颗粒有较大的阻留能力，生产中得到了广泛应用。

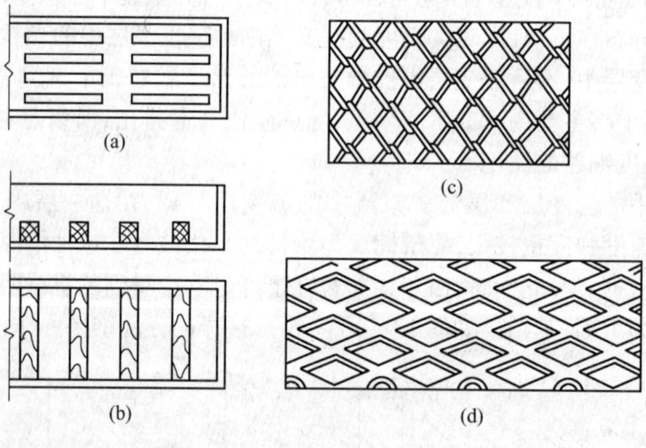

图17 -12　选金用粗粒溜槽的挡板形式
(a) 直条挡板；(b) 横条挡板；(c)，(d) 网格状挡板

粗粒溜槽的结构简单，生产成本低廉，处理高密度组分含量较低的物料时，能有效地分选出大量的低密度产物，因此一直是应用广泛的粗选设备。

17.5　扇形溜槽和圆锥选矿机

扇形溜槽是20世纪40年代出现的连续工作型溜槽，主要用于处理细粒(3 ~0.038 mm)海滨砂矿。20世纪60年代则发展成圆锥选矿机。

17.5.1 扇形溜槽

扇形溜槽的结构如图 17－13 所示，槽底为一光滑平面，由给料端向排料端作直线收缩。扇形溜槽的槽底倾角较大，通常可达 16°～20°，物料和水一起由宽端给入，浓度很高，固体质量分数最高可达 65%，在沿槽流动过程中发生分层。由于坡度较大，高密度颗粒不发生沉积，以较低的速度沿槽底运动，上层矿浆流则以较高速度带着低密度颗粒流动。由于槽壁收缩，矿浆流的厚度不断增大，在由窄端向外排出时，上层矿浆流冲出较远，下层则接近垂直落下，矿浆流呈扇形展开，用截取器将扇形面分割，即得到高密度产物、低密度产物及中间产物。扇形溜槽即是由此扇形分带而得名。

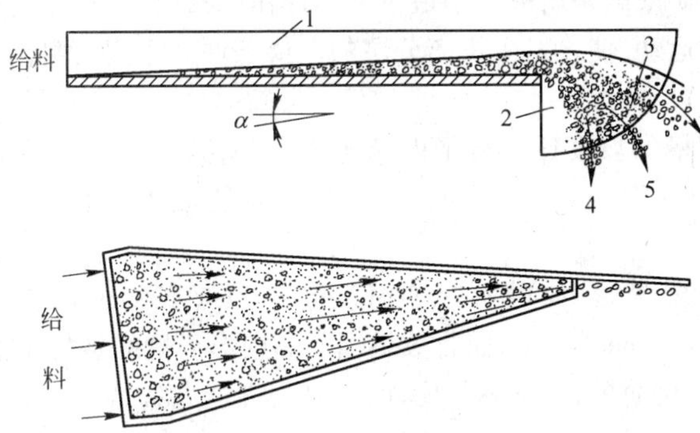

图 17－13 扇形溜槽的分选过程示意图

1—槽体；2—扇形板；3—分料楔形块；4—高密度产物；5—中间产物；6—低密度产物

扇形溜槽的接料方式，主要有图 17－14 所示的 3 种。

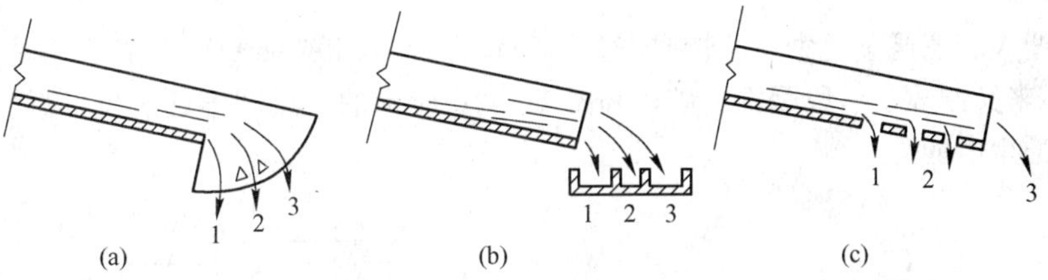

图 17－14 扇形溜槽的产品接取方式

(a) 在扇形板上截取；(b) 接料槽截取；(c) 开缝截取

1—高密度产物；2—中间产物；3—低密度产物

17.5.1.1 扇形溜槽的分选原理

前苏联的保嘎托夫等人对扇形溜槽的分选原理进行的研究结果表明，在溜槽前部约 3/4 区域内，矿浆流基本呈层流流动，在接近排料端约 1/4 区域内转变成湍流流动。在层流区段，物料借剪切运动产生的分散压松散，高密度颗粒在离析作用下转入下层，低密度粗颗粒则转移至上层。相当于前边所描述的流变层中的分层情况。到了湍流区段，在法向脉动速度作用下，颗粒按干涉沉降速度差重新调整，结果是高密度粗颗粒下降至最底层，而原先混杂在高密度粗颗粒中间的低密度细颗粒则转移至最上层，使高密度产物的质量进一步提高。生产实践表明，待分选物料中高密度组分的含量对分层过程有重要影响，当高密度组分的含量低于 1.5%～2.0% 时，分选指标明显变坏，其原因就是未能形成足够厚度的高密度物料层。

17.5.1.2　扇形溜槽的影响因素

影响扇形溜槽分选指标的因素包括结构因素和操作因素。结构因素主要包括:

(1) 尖缩比。即排料端宽度与给料端宽度之比。一般给料端宽 125 ~ 400 mm,排料端宽 10 ~ 25 mm,故尖缩比介于 1/10 ~ 1/20 之间。

(2) 溜槽长度。溜槽长度主要影响物料在槽中的分选时间,其值介于 600 ~ 1500 mm 之间,以 1000 ~ 1200 mm 为宜。

(3) 槽底材料。槽底表面应有适当的粗糙度,以满足分选过程的需要。常用的槽底材料有木材、玻璃钢、铝合金、聚乙烯塑料等。

影响扇形溜槽分选指标的操作因素主要包括:

(1) 给矿浓度。给矿浓度是扇形溜槽最重要的操作因素,在扇形溜槽中,保持较高的给矿浓度是消除矿浆流的紊动运动,使之发生析离分层的重要条件。实践表明,适宜的给矿固体质量分数为 50% ~65% 。

(2) 坡度。扇形溜槽的坡度比一般平面溜槽要大些,其目的是提高矿浆的运动速度梯度。坡度的变化范围为 13° ~ 25°,常用者为 16° ~ 20°,最佳坡度应比发生沉积的临界坡度大 1° ~ 2°。

扇形溜槽适合于处理含泥少的物料(如海滨砂矿和湖滨砂矿),其有效处理粒度范围为 2.5 ~ 0.038 mm,对 - 0.025 mm 粒级的回收效果很差。扇形溜槽的富集比很低,所以主要用作粗选设备,其主要优点是结构简单,本身不需要动力,且处理能力大。

17.5.2　圆锥选矿机

圆锥选矿机的工作表面可认为是由多个扇形溜槽去掉侧壁拼成圆形而成,分选即在这倒置的圆锥面上进行,如图 17 - 15 所示,由于消除了扇形溜槽侧壁的影响,因而改善了分选效果。

最初由澳大利亚昆士兰索思波特矿产公司的赖克特(E. Reichart)研制成功的是单段单层圆锥选矿机,后来又制成了多段圆锥选矿机和图 17 - 16 所示的双层圆锥选矿机,以简化生产流程和提高设备的生产能力。

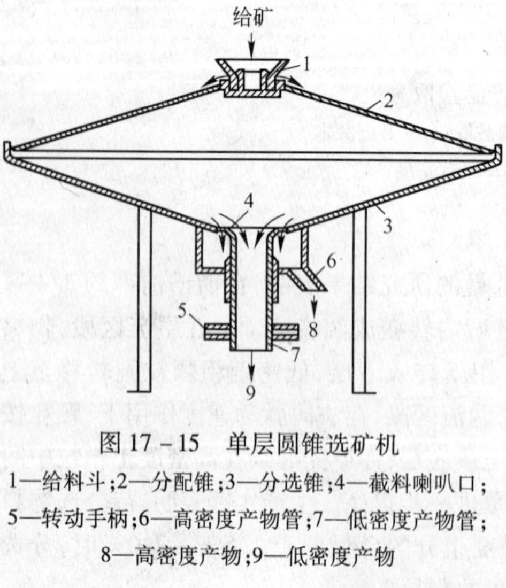

图 17 - 15　单层圆锥选矿机

1—给料斗;2—分配锥;3—分选锥;4—截料喇叭口;5—转动手柄;6—高密度产物管;7—低密度产物管;8—高密度产物;9—低密度产物

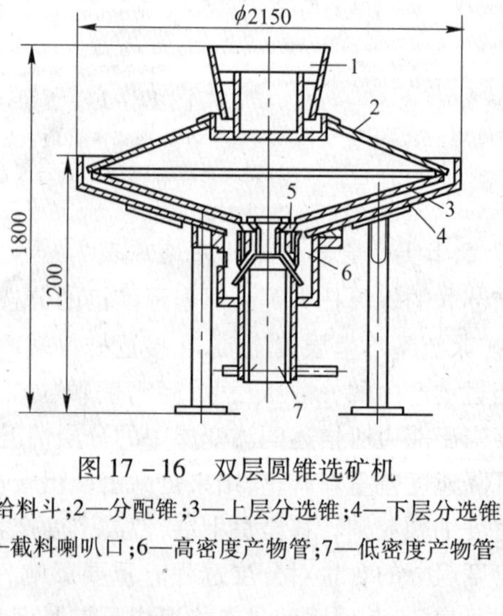

图 17 - 16　双层圆锥选矿机

1—给料斗;2—分配锥;3—上层分选锥;4—下层分选锥;5—截料喇叭口;6—高密度产物管;7—低密度产物管

目前国内外制造的圆锥选矿机均是采用多段配置,在一台设备上连续完成粗、精、扫选作业。为了平衡各锥面处理的物料量,给料量大的粗选和扫选圆锥制成双层的,而精选圆锥则是单层的。单层精选圆锥产出的高密度产物再在扇形溜槽上精选。这样由 1 个双层锥、1 ~ 2 个单层锥和 1 组扇形溜槽构成的组合体,称为 1 个分选段。三段七锥圆锥选矿机的结构如图 17 – 17 所示。

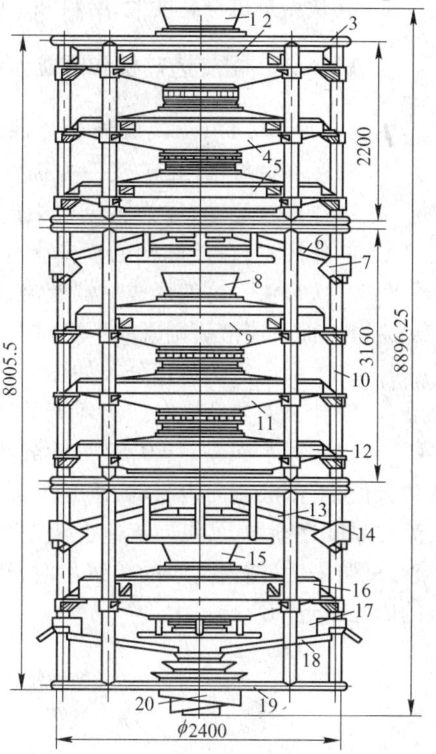

图 17 – 17 三段七锥圆锥选矿机的结构

1,8,15—给料槽;2,9,16—双层圆锥;3—上支架;4,5,11,12—单层圆锥;
6,13,18—扇形溜槽;7—上接料器;10—中支架;14—中接料器;
17—下接料器;19—下支架;20—总接料器

圆锥分选机的影响因素与扇形溜槽的相同,但回收率比扇形溜槽的高,而富集比比扇形溜槽的低。它的主要优点是处理能力大,分选成本低,适合处理低品位物料(砂矿)。其缺点是设备高度大,在工作中不易观察分选情况。

17.6 螺旋选矿机和螺旋溜槽

将底部为曲面的窄长溜槽绕垂直轴线弯曲成螺旋状,即构成螺旋选矿机或螺旋溜槽,两者的区别在于螺旋选矿机的螺旋槽内表面呈椭圆形,在螺旋槽的内缘开有精矿排出孔,沿垂直轴设置精矿排出管;而螺旋溜槽的螺旋槽内表面呈抛物线形,分选产物都从螺旋槽的底端排出。这种设备于 1941 年首先在美国问世,由汉弗雷(I. B. Humphreys)制成,所以国外又称作汉弗雷螺旋分选机(Humphreys Spiral)。20 世纪 60 年代,前苏联又对螺旋槽的槽底形状进行了一些改进,使之更适合于处理细粒级物料。在螺旋选矿机或螺旋溜槽内,物料在离心惯性力和重力的联合作用下实现按密度分选。根据螺旋槽嵌套的个数,把螺旋选矿机或溜槽细分为不同头数的螺旋选矿机或螺旋溜槽。

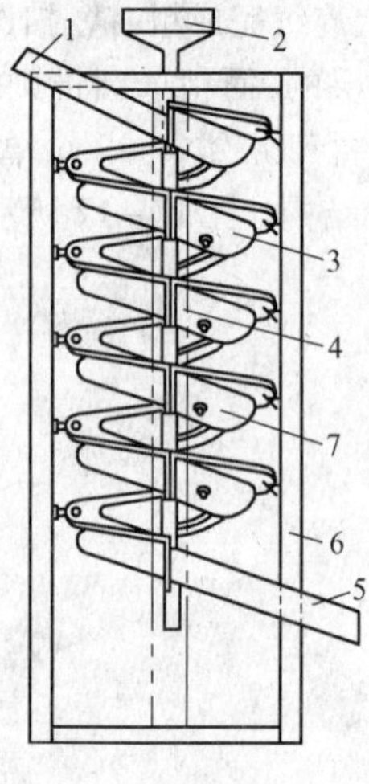

图 17－18　螺旋溜槽的结构示意图

1—给料槽；2—冲洗水导管；3—螺旋槽；4—连接用法兰盘；5—低密度产物槽；6—机架；7—高密度产物排出管

螺旋选矿机和螺旋溜槽的结构如图 17－18 所示。这种设备的主体由 3～5 圈螺旋槽组成，螺旋槽在纵向（沿矿浆流动方向）和横向（径向）上均有一定的倾斜度。这种设备的优点是结构简单，处理能力大，本身不消耗动力，操作维护方便。其缺点是机身高度大，给料和中间产物需用砂泵输送。

17.6.1　螺旋选矿机和螺旋溜槽的分选原理

17.6.1.1　液流流动特性

在螺旋槽内，矿浆一方面在重力的作用下，沿螺旋槽向下作回转运动，称为主流或纵向流；另一方面在离心惯性力的作用下，在螺旋槽的横向上作环流运动，称为副流或横向二次环流。这就形成一螺旋流，即上层液流既向下又向外流动，而下层液流则既向下又向内流动。

纵向流的流速分布如图 17－19a 所示，与其他斜面流的没什么差异。横向二次环流的流速分布如图 17－19b 所示，以相对水深 $h/H = 0.57$ 处为分界点（此处的流速为零），上部液流向外流动，速度在表面达最大值；下部液流向内流动，速度在 $h/H = 0.25$ 处达最大值。

从槽的内侧至外侧，矿浆流层厚度逐渐增大，纵向流速也随之增加（见图 17－20），矿浆流的流态也由层流逐渐过渡为湍流。试验表明，增大给入的矿浆量时，矿浆流的外缘流层增厚，纵向流速也相应增大，而对矿浆流的内缘附近却影响不大。

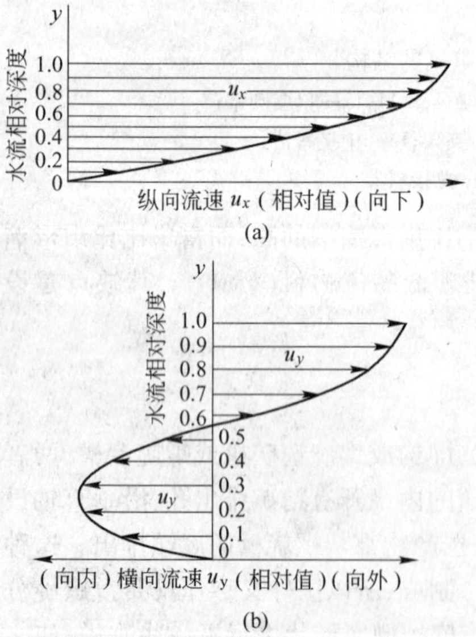

图 17－19　螺旋槽内水流的速度分布

（a）水流在纵向上沿深度的速度分布；（b）水流在横向上沿深度的速度分布

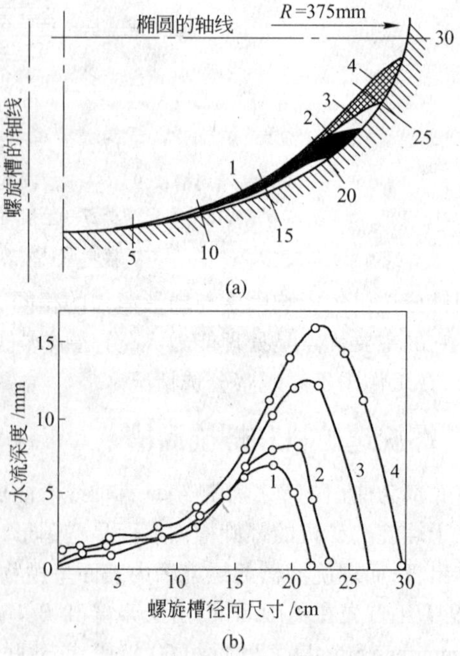

图 17－20　不同流量下水流厚度沿螺旋槽径向的变化

（a）水层厚度分布；（b）水层厚度分布测定点流量；1—0.61 L/s；2—0.84 L/s；3—1.56 L/s；4—2.42 L/s

17.6.1.2 不同密度颗粒在螺旋槽中的分选

物料在螺旋选矿机或螺旋溜槽内的分选过程经历了分层和分带两个阶段。

矿浆给入螺旋槽后,其中的固体物料在沿槽运动中首先发生分层,作用原理与一般弱湍流薄层斜面流中的分选过程相同,其结果如图17-21所示,分层过程约经过一圈即完成。

分层后位于上层的低密度颗粒与底层的高密度颗粒所受流体动压力和摩擦力是不同的。在纵向上,位于上层的低密度颗粒受到的水流推力比底层高密度颗粒的大许多;同时低密度颗粒由于不与槽底直接接触,所以受到的阻碍运动的摩擦力也比较小;而下层的高密度颗粒因与槽底直接接触,且颗粒又比较密集,因此,受到的阻碍运动的摩擦力明显比上层低密度颗粒的大。其结果是位于上层的低密度颗粒的纵向运动速度远远比位于下层的高密度颗粒的大,因而低密度颗粒受到的离心惯性力也大大超过高密度颗粒所受到的。

在横向上,位于上层的低密度颗粒受到较大的离心惯性力作用,加上横向二次环流的作用方向也是指向外缘,所以低密度颗粒即逐渐移向外缘。位于底层的高密度颗粒,受到的离心惯性力较小,二次环流的作用方向又指向内缘,所以逐渐移向内缘,从而使不同密度的颗粒在螺旋槽的横断面上展开成带。分带大约需3~4圈完成,其结果如图17-22所示。

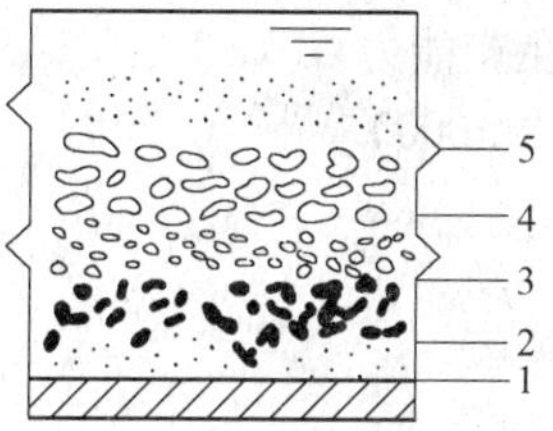

图17-21 颗粒在螺旋槽内的分层结果
1—高密度细颗粒;2—高密度粗颗粒;3—低密度细颗粒;
4—低密度粗颗粒;5—特别微细的颗粒

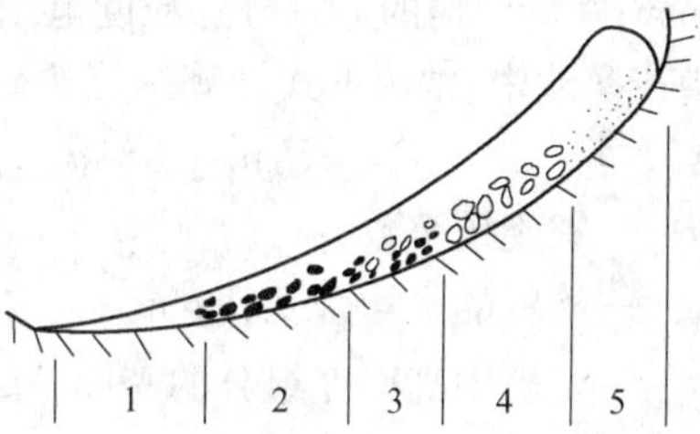

图17-22 颗粒在螺旋槽内的分带结果
1—高密度细颗粒;2—高密度粗颗粒;3—低密度细颗粒;
4—低密度粗颗粒;5—特别微细的颗粒

分带完成后,不同密度的颗粒沿自己的回转半径运动。高密度颗粒集中在螺旋槽的内缘,低密度颗粒集中在螺旋槽的外缘,特别微细的矿泥则悬浮在最外圈。

17.6.2 螺旋选矿机和螺旋溜槽的影响因素

影响螺旋选矿机和螺旋溜槽选别指标的因素同样是包括结构因素和操作因素两方面,其中结构因素主要有:

(1)螺旋直径D。螺旋直径是螺旋选矿机和螺旋溜槽的基本参数,它既代表设备的规格,也决定了其他结构参数。研究表明,处理1~2 mm的粗粒物料时,以采用ϕ1000 mm或ϕ1200 mm以上的大直径螺旋为有效;处理0.5 mm以下的细粒物料时,则应采用较小直径的螺旋。在选别0.074~1 mm的物料时,采用直径为500 mm、750 mm和1000 mm的螺旋溜槽均可收到较好的效果。

(2)螺距h。螺距决定了螺旋槽的纵向倾角,因此它直接影响矿浆在槽内的纵向流动速度和流层厚度。一般来说处理细粒物料的螺距要比处理粗粒物料的大些。工业生产中使用的设备的螺距与直径之比(h/D)为0.4~0.8。

(3)螺旋槽横断面形状。用于处理2~0.2 mm物料的螺旋选矿机,螺旋槽的内表面常采用长轴与短轴之比为2:1~4:1的椭圆形,给料粒度粗时用小比值,给料粒度细时用大比值。用于处理0.2 mm以下物料的螺旋溜槽的螺旋槽内表面常呈立方抛物线形,由于槽底的形状比较平缓,分选带比较宽,所以有利于细粒级物料的分选。

(4) 螺旋槽圈数。处理易选物料时螺旋槽仅需要4圈,而处理难选物料或微细粒级物料(矿泥)时可增加到5~6圈。

影响螺旋选矿机和螺旋溜槽选别指标的操作因素主要有:

(1) 给矿浓度和给矿量。采用螺旋选矿机处理2~0.2 mm的物料时,适宜的给矿浓度范围为10%~35%(固体质量分数);采用螺旋选矿机处理-0.2 mm粒级的物料时,粗选作业的适宜给矿浓度为30%~40%(固体质量分数),精选作业的适宜给矿浓度为40%~60%(固体质量分数)。当给矿浓度适宜时,给料量在较宽的范围内波动对选别指标均无显著影响。

(2) 冲洗水量。采用螺旋选矿机处理2~0.2 mm的物料时,常在螺旋槽的内缘喷冲洗水以提高高密度产物的质量,而对回收率又没有明显的影响。1台四头螺旋选矿机的耗水量约为0.2~0.8 L/s。在螺旋溜槽中一般不加冲洗水。

(3) 产物排出方式。螺旋选矿机通过螺旋槽内侧的开孔排出高密度产物,在螺旋槽的末端排出中间产物和低密度产物;螺旋溜槽的分选产物均在螺旋槽的末端排出。

(4) 给料性质。主要包括给料粒度、给料中低密度组分和高密度组分的密度差、颗粒形状及给料中高密度组分的含量等。工业型螺旋选矿机的给矿料粒度一般为-2 mm,回收粒度下限约为0.04 mm;螺旋溜槽的适宜分选粒度范围通常为0.3~0.02 mm。

在生产实践中,常用下式计算螺旋选矿机和螺旋溜槽的生产能力G(kg/h):

$$G = mK_k\rho_{1,av}D^2\{d_{max}[(\rho_1-1000)/(\rho'_1-1000)]\}^{0.5} \tag{17-31}$$

式中 m——螺旋槽个数;

$\rho_{1,av}$——给料的平均密度,kg/m^3;

ρ_1——给料中高密度组分的密度,kg/m^3;

ρ'_1——给料中低密度组分的密度,kg/m^3;

D——螺旋槽外径,m;

d_{max}——给料最大粒度,mm;

K_k——物料可选性系数,介于0.4~0.7之间,易选物料取大值。

生产中使用的部分螺旋溜槽的设备型号和主要技术参数见表17-2。

表17-2 几种螺旋溜槽的型号和主要技术参数一览表

设备型号	BL1500-A,A2	BL1500-C	BL1500-B	BL1500-F	5LL-1200	5LL-900	5LL-600	5LL-400
螺旋槽外径/mm	1500				1200	900	600	400
给矿粒度/mm	—				0.3~0.03		0.2~0.02	
给矿浓度/%	20~40	20~50	20~60	20~50	25~55			
生产能力/t·h^{-1}	6~10	7~11	8~12	8~12	4~6	2~3	0.8~1.2	0.15~0.2

17.7 沉积排料型溜槽

有沉积层的溜槽类分选设备主要包括皮带溜槽、摇动翻床、横流皮带溜槽、振摆皮带溜槽等。

17.7.1 皮带溜槽

皮带溜槽是沉积排料型连续工作的微细粒级物料精选设备,其基本构造如图17-23所示,主要分选部件是低速运动的皮带,皮带上表面长约3 m,宽1 m,倾斜13°~17°,距首轮中心0.4~0.6 m处经均分板给料。矿浆基本呈层流流态沿皮带向下流动。在流动的过程中,不同密度的颗粒基于前述的分选原理发生分层，位于上层的低密度颗粒随矿浆流一起由下端排出，成为低密度产物。从给料点到皮带末端为设备的粗选带，其长度为 2.5 m 左右。分层后沉积到皮带面上的高密度颗粒随带面向上移动。在皮带上端给入冲洗水，进一步清洗出低密度颗粒，从给料点到皮带首端这一段长约 0.4 m，为精选带。高密度颗粒随带面绕过首轮后，加水冲洗并用转动的毛刷将高密度产物卸下，从而实现连续作业。

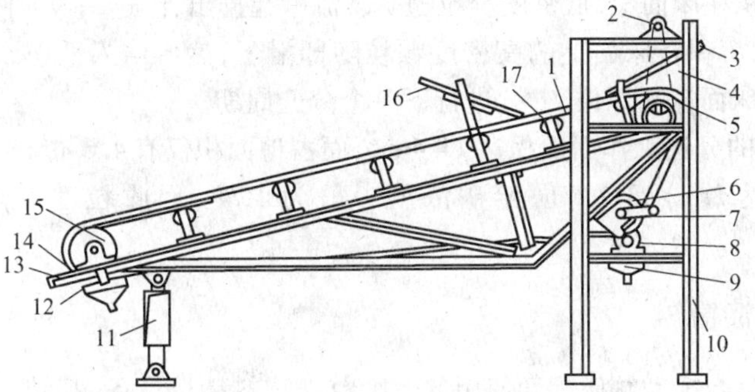

图 17－23　皮带溜槽的结构

1—带面；2—天轴；3—给水均分板；4—传动链条；5—首轮；6—下张紧轮；7—冲洗高密度产物水管；8—毛刷；9—高密度产物槽；10—机架；11—调坡螺杆；12—低密度产物槽；13—滑动支座；14—螺杆；15—尾轮；16—给料均分板；17—托辊

皮带溜槽的富集比和回收率都比较高，但设备的生产能力很低，所以主要用作一些微细粒级物料的精选设备。影响其分选指标的因素主要是带面的运行速度、带面坡度、粗选和精选段的皮带面长度等。

带面的速度越大，粗选时间越长，精选时间越短，适宜的带面速度约为 0.03 m/s；适宜的带面坡度为 13°～17°。操作中的调节因素是冲洗水量和给矿浓度等。给矿的适宜固体质量分数值为 25%～45%，在此范围内波动对选别指标影响不大；最终的精选作业冲洗水量以 5～7 L/min 为宜，初次精选以 2～4 L/min 为宜。皮带溜槽的给料粒度一般为 －0.074 mm，有效回收粒度下限可达 0.01 mm，但多数为 0.02 mm。

17.7.2　40 层摇动翻床

摇动翻床是一种沉积型间歇工作设备，但整个过程都是在控制机构监控下自动完成。设备共有 40 层床面，分为 2 组，分别安装在 2 个框架内（见图 17－24）。床面采用玻璃钢制作，长 1525 mm，宽 1220 mm，每层厚 1.5 mm，床面间距 12.5 mm。两侧用厚塑料板与框架连成一体，工作时床面倾角为 1°～3°。两个框架连同传动装置用 2 根钢丝绳悬挂在钢架上。

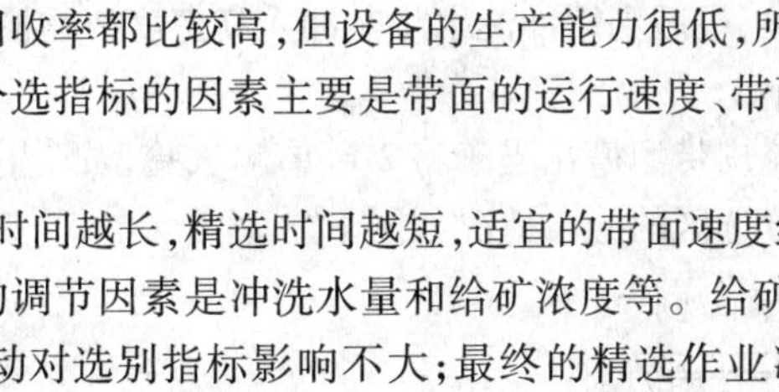

图 17－24　40 层摇动翻床示意图

1—机架；2，3—上、下组床面；4—悬挂用钢丝绳；5—翻转床面汽缸

这种设备的特点是在2组床面中间装有不平衡重锤，用1台功率为367.5 W的直流电动机带动做旋转运动。不平衡重锤的质量为6.8 kg，距旋转轴的轴心300 mm，转动速度为150～260 r/min，随着不平衡重锤的转动，床面亦做回转运动，其振幅为5～7 mm，为了保证床面运动平稳，在框架两侧用弹簧张紧。

矿浆由分配箱分别给到每个床面上，在沿床面流动过程中因受到回转剪切而松散，并发生分层。高密度颗粒沉积在床面上，低密度颗粒随矿浆流一起排出，经过一段时间后，停止给料，借汽缸推动使床面倾斜，沉积在床面上的高密度颗粒随即滑下，然后给入低压水冲洗床面。约经过30s的冲洗时间后，床面恢复原位，继续进行下一个分选周期。

40层摇动翻床的分选工作面面积达74.4 m^2，而占地面积仅有4.6 m^2，选别－0.074 mm的锡矿石时，处理能力达2.1～3.1 t/h，给矿浓度一般为15%，回收粒度下限以石英计时可达0.01 mm。

17.7.3　横流皮带溜槽

横流皮带溜槽是与摇动翻床配套使用的微细粒级物料精选设备，其结构类似于皮带溜槽与摇床的联合体。它的分选工作面是一用4根钢丝绳悬挂在机架上的无极皮带，带面沿横向倾斜，纵向则呈水平。在带面下面安置不平衡重锤，皮带在沿纵向缓慢移动的同时，做回转剪切运动。图17－25是单侧试验型横流皮带溜槽的结构示意图。矿浆由带面上方一角给入，在沿横向流动中发生分层，高密度颗粒沉积在带面上随皮带运动，通过中间产物区进入精选区，借横向水流冲走混杂在其中的低密度颗粒，最后利用冲洗水将其冲入高密度产物槽中，低密度产物及中间产物则由侧边排出。

工业生产中使用的横流皮带溜槽相当于将2台单侧试验型溜槽合并在一起，给料从中间的脊背向两侧流下。带面上分选区的分布情况如图17－26所示。

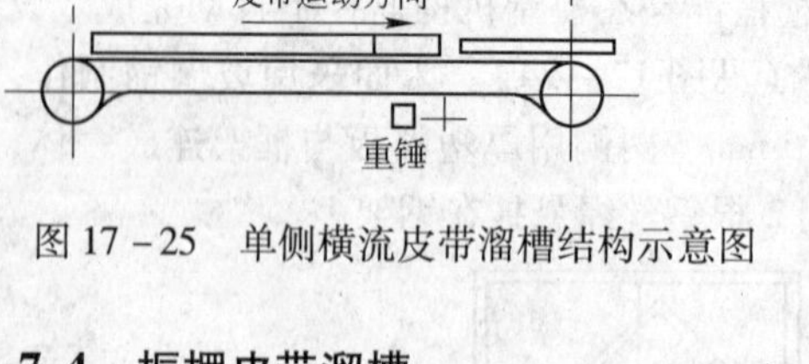

图17－25　单侧横流皮带溜槽结构示意图

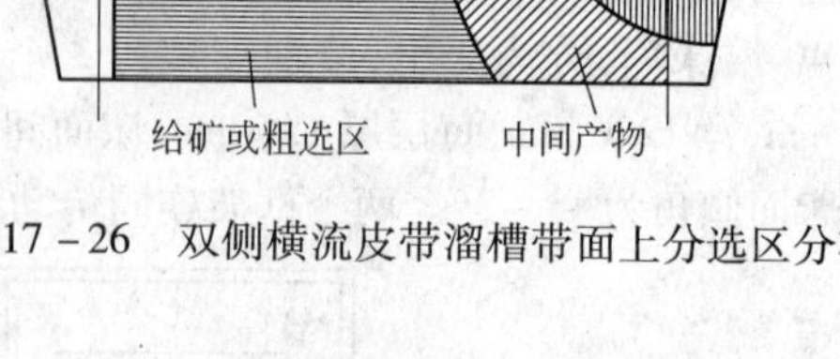

图17－26　双侧横流皮带溜槽带面上分选区分布

17.7.4　振摆皮带溜槽

振摆皮带溜槽也是微细粒级物料的精选设备，其结构如图17－27所示。设备的主体工作件为一弧形无极皮带，带面绕皮带轮运行，同时在摇床头带动下做差动振动，并在摆动机构带动下做左右摆动，摆角在8.5°～25°之间。带面纵向坡度为1°～4°，在首轮带动下以大约0.05 m/s的速度向倾斜上方运行。给料点设在距首轮大约800 mm处，给料均分板设在皮带两侧，每当皮带摆至最高位置时，矿浆即轮番给入。矿浆流在凹下的皮带表面上，也做左右摆动，形成浪头、浪尾交替运动（见图17－28），同时又沿皮带的倾斜方向向下流动。带面的差动运动有助于物料的松散分层,带面的差动运动推动颗粒运动的方向指向带面倾斜的上方。

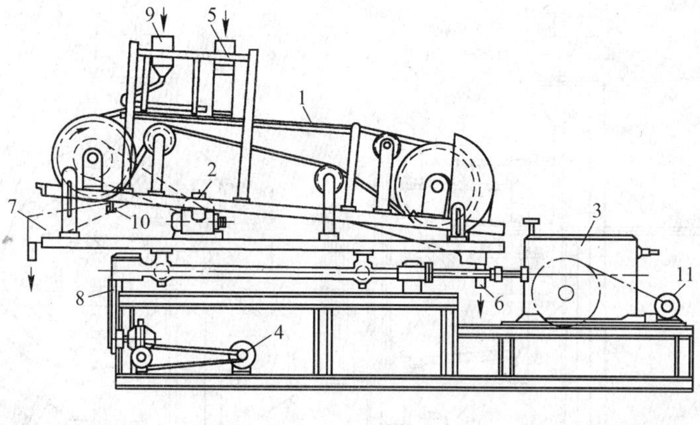

图 17-27 800 mm×2500 mm 振摆皮带溜槽的结构

1—选别皮带;2—皮带传动电动机;3—摇床头;4—摆动驱动电动机;5—给料装置;6—低密度产物排出管;7—高密度产物槽;8—摆动机构;9—给水斗;10—喷水管;11—振动驱动电动机

矿浆流在带面上做非恒定流动,其运动轨迹呈S形,矿浆的剪切流动及带面的振动促使物料很快按密度发生分层。微细的高密度颗粒被浪头携带到皮带两侧,并在那里沉积下来;高密度粗颗粒则沉积在皮带中心附近。沉积下来的高密度颗粒随带面一起向上移动,通过给料点进入精选区,在那里进一步被水流冲洗,以清除夹杂在其中的低密度颗粒,最后绕过首轮,用水冲洗排入高密度产物槽内。在皮带中心附近的上层矿浆流中主要悬浮着低密度颗粒,他们随矿浆流一起向下流动,从皮带末端排出,成为低密度产物。

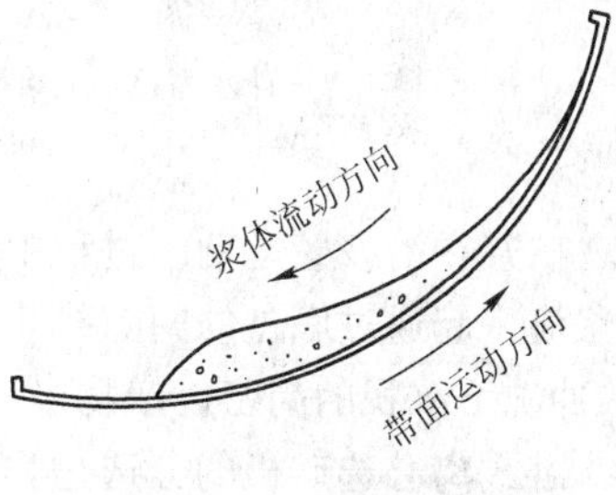

图 17-28 矿浆在皮带面上的横向流动

振摆皮带溜槽的生产能力很低,单台设备的处理量只有40~70 kg/h。但由于它交替地利用了湍流松散和层流沉降,所以分选的精确度很高,其最大优点是可以分开微细粒级物料中密度差较小的组分,因此适合做精选设备,尤其适合处理其他细粒级物料分选设备产出的中间产物。其回收粒度下限可达0.02 mm。

17.8 离心溜槽

离心溜槽是借助于离心力在薄层水流中分选细粒物料的设备,矿浆在截锥形转筒内流动。在这类溜槽中,除离心惯性力作用外,物料的松散-分层原理与在其他溜槽中一样。

17.8.1 卧式离心选矿机

图 17-29 是 ϕ800 mm×600 mm 卧式离心选矿机的结构图,其主要工作部件为一截锥形转鼓,小直径端的直径为800 mm,向大直径端直线扩大,转鼓的垂直长度为600 mm。转鼓借锥形底盘固定在回转轴上,由电动机带动旋转。给矿嘴呈鸭嘴形,共有两个,一上一下插入不同深度,在给矿嘴的弧面对侧设有冲洗水嘴。

矿浆沿切线方向给到转鼓内后,随即贴附在转动的鼓壁上,随之一起转动。因液流在转鼓面上有滞后流动,同时在离心惯性力及鼓壁坡面作用下,还向排料的大直径端流动,于是在空间构成一种不等螺距的螺旋线运动。

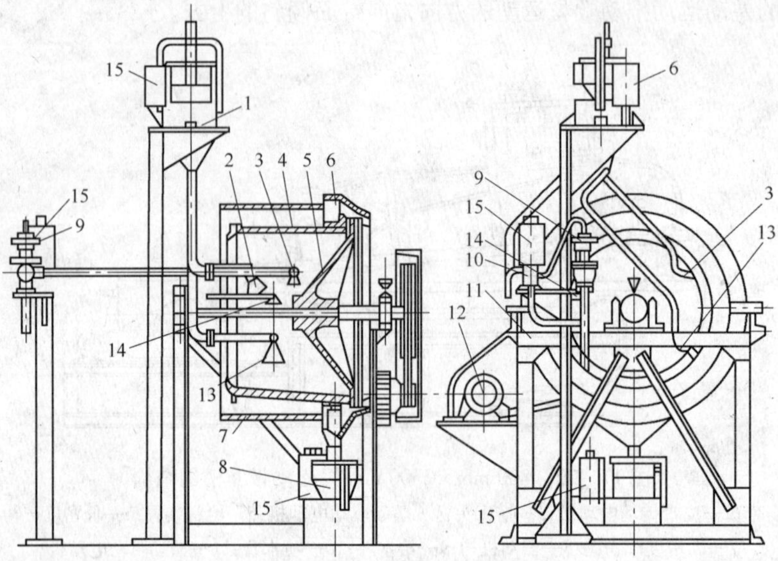

图 17-29 ϕ800 mm×600 mm 卧式离心选矿机的结构

1—给料斗;2—冲水嘴;3—上给矿嘴;4—转鼓;5—底盘;6—接料槽;7—防护罩;8—分料器;9—皮膜阀;10—三通阀;11—机架;12—电动机;13—下给矿嘴;14—洗涤水嘴;15—电磁铁

矿浆在沿鼓壁运动的过程中,发生分层,高密度颗粒在鼓壁上形成沉积层,低密度颗粒则随矿浆流一起通过底盘的间隙排出。当高密度颗粒沉积到一定厚度时,停止给矿,给入高压冲洗水,冲洗下沉积的高密度产物。

卧式离心选矿机的分选过程是间断进行的,但给矿、冲水以及产物的间断排出都自动地进行。在给料斗上方和排料口下方均设有分料斗,在冲洗水管上有控制阀门,它们由时间继电器控制,电磁铁操纵,在将给料拨送到回流管的同时,给入冲洗水,下面排料口处的分料漏斗同时将矿浆流引到高密度产物排送管道中,大约 30 s 后,停止冲水,两分料斗恢复原位,继续给矿分选。

17.8.1.1 卧式离心选矿机的分选原理

卧式离心选矿机内矿浆流沿鼓壁的运动情况如图 17-30 和图 17-31 所示。矿浆自给矿嘴喷出的速度大约为 1~2 m/s,而在给矿嘴处转鼓壁的线速度一般为 14~15 m/s。由于两者之间存在着很大的差异,所以矿浆将逆向流动,出现了滞后流速。此后受黏性牵制,滞后流速逐渐减小。在转鼓壁沿轴向的斜面上,由于离心惯性力及重力的作用,矿浆流的运动速度由零逐渐增大。

图 17-30 矿浆流在转鼓壁上流动方向测定图示

卧式离心选矿机内矿浆流运动的合速度是上述切向速度与沿鼓壁斜面运动速度的矢量和,因此矿浆流层内的剪切作用既有沿斜面流速产生的也有切向流速产生的,只是随着矿浆流向排料端推进,剪切作用逐渐过渡到以沿斜面流速产生的为主。

当矿浆从给矿嘴喷注到鼓壁上时,形成瞬时的堆积。随着转鼓的转动,堆积物呈带状展开,并在向下流动中形成螺旋线向前推进。在正常给矿量下,离心选矿机内矿浆流层厚度的平均值仅有 0.3 mm,但在给矿嘴附近的波峰处,流层的厚度达 2.0 mm,在波峰过后,波谷处的厚度只有 0.1 mm,波峰在设备内大约流动一周即排出。

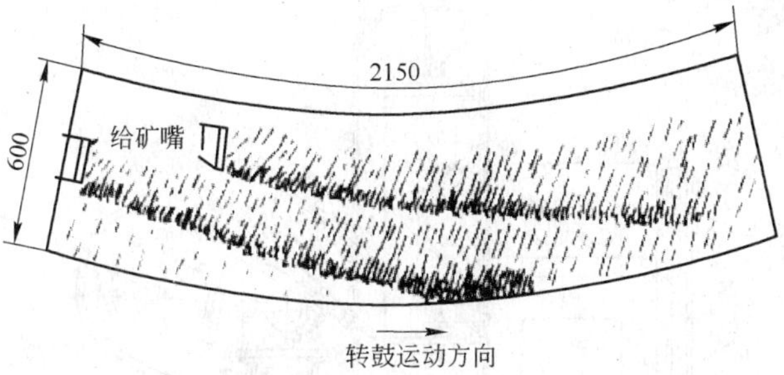

图 17－31 液流在转鼓壁上的流动形式

在波峰向前推进的过程中，与波谷之间有很大的速度差，因而形成分界面结构，在分界面处有很强的剪切应力，并随之产生新的旋涡扰动，这对强化物料的松散有着重要作用。

物料在离心选矿机内的分选过程与其他细粒溜槽的基本相同，在这里一方面由于存在着明显呈湍流流态的峰波区和剪切应力很强并能产生旋涡扰动的流层分界面，而使得物料的松散得到了强化；另一方面由于颗粒受到了比重力大数十倍乃至上百倍的离心惯性力作用，大大加速了颗粒的沉降，从而使离心选矿机不仅具有比一般处理微细粒级物料溜槽更低的粒度回收下限，而且转鼓的长度也比一般重力溜槽的长度短很多。

17.8.1.2 离心选矿机的影响因素

影响离心选矿机分选指标的因素同样可分为结构因素和操作因素两方面。但不同的是操作因素的影响情况与设备的结构参数相关。

在这里，结构因素主要包括转鼓的直径、长度及半锥角。增大转鼓直径可以使设备的生产能力成正比增加；而增大转鼓长度则可以使设备的生产能力有更大幅度的提高，但遗憾的是回收粒度下限也将随之上升。增大转鼓的半锥角可以提高高密度产物的质量，但回收率将相应降低。为了解决这一矛盾，又先后研制出了双锥度、三锥度乃至四锥度的离心选矿机。其中，ϕ1600 mm × 900 mm 双锥度离心选矿机已在生产中得到了广泛应用。

卧式离心选矿机的操作因素主要包括：给矿浓度、给矿体积、转鼓转速、给矿时间及分选周期。当不同规格的离心选矿机处理同一种物料时，单位鼓壁面积的给矿体积应大致相等，而给矿浓度则应随着转鼓长度的增大而增加；当用相同的设备处理不同的物料时，给矿浓度和体积的影响与其他溜槽类设备相同。转鼓的转速大致与转鼓直径和长度乘积的平方根成反比。在一定的范围内增大转速可以提高回收率，但由于分层效果不佳而得到的高密度产物的质量相应降低。

卧式离心选矿机的回收粒度下限可达 0.01 mm，该设备的主要优点是处理能力大、回收粒度下限低、工作稳定、便于操作；但它的富集比不高，且不能连续工作。

17.8.2 SL 型射流离心选矿机

SL 型射流离心选矿机的结构如图 17－32 所示，已生产出 SL-300 型、SL-600 型和 SL-1200 型 3 种规格的设备。

与卧式离心选矿机比较，SL 型射流离心选矿机增加了一个高压射流系统，借助于射流的冲击力，推动沉积在转鼓壁上的高密度颗粒逆坡移动，从而实现了高密度产物和低密度产物同时反方向连续排出。同时，这种设备还通过增加转鼓的转速来抵消射流在矿浆流层内引起的法向脉动速度使微细颗粒不易沉积的问题。

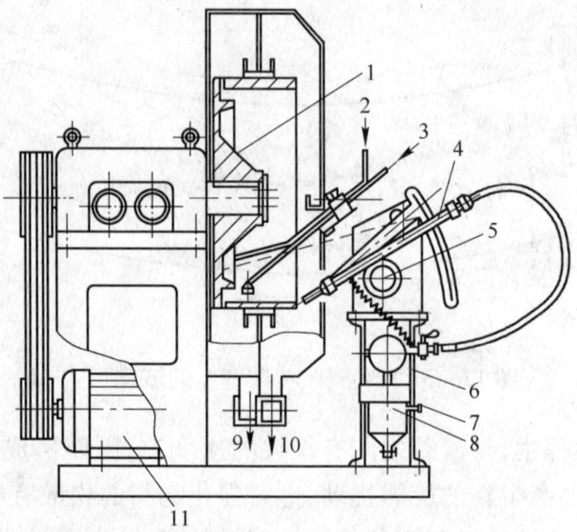

图 17 - 32　SL 型射流离心选矿机结构示意图

1—转鼓；2—低压水；3—给料；4—射流喷管；5—低速电动机轴；6—稳压包；7—高压水；
8—二次净化器；9—高密度产物；10—低密度产物；11—主电动机

用 3 台 SL-600 型射流离心选矿机，组成 2 台粗选、1 台精选的生产系统，对广西大厂 -0.01 mm 超细锡石硫化矿矿泥的分选结果表明，从含锡 0.47% 的废弃矿泥中可选出含锡 5.25%、产率为 4.69% 的高密度产物，锡的回收率达 52.14%，锡石的粒度回收下限为 0.003 ~0.004 mm。

17.8.3　离心盘选机和离心选金锥

离心盘选机的结构如图 17 - 33 所示，其主体部件是一个半球冠形转盘，转盘内表面铺有带环状槽沟的橡胶衬里。由电动机驱动水平轴旋转，再由伞齿轮带动垂直轴使转盘旋转。给料由中心管给入，在转盘的带动下，借助于离心惯性力附着在衬胶壁上，呈薄流层沿螺旋线向上流动。在流动中颗粒发生松散 - 分层，高密度颗粒滞留在沟槽内，低密度颗粒随矿浆流向上运动，越过分选盘的上缘进入低密度产物槽。经过一段时间，高密度颗粒在沟槽内积聚一定数量后，停止给料，设备也停止运转，用人工加水冲洗沟槽内沉积的高密度颗粒，并打开设备底部的中心排料口，排出高密度产物。

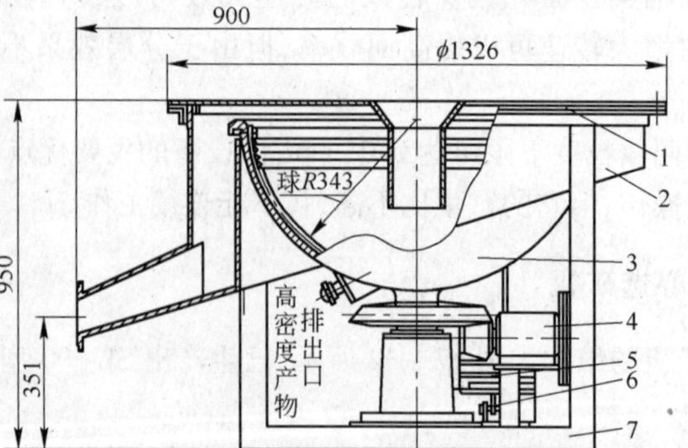

图 17 - 33　离心盘选机的结构

1—防砂盖；2—低密度产物槽；3—半球冠分选盘；4—电动机；5—水平轴；6—电动机架；7—机架

离心选金锥的结构如图 17 – 34 所示，在截锥形的分选锥内表面上镶有同心环状橡胶格条。物料由给料管给到底部分配盘上，分配盘在转动中将其甩到锥体内壁上。在离心惯性力的作用下，矿浆流越过沟槽向上流动，物料在流动中发生松散 – 分层，进入底层的高密度颗粒被沟槽阻留下来，而低密度颗粒则随矿浆流一起向上运动，越过锥体上缘进入低密度产物槽。经过一段时间，高密度颗粒在沟槽内积聚一定数量后，停止给料和设备运转，用水管引水人工清洗沟槽内沉积的高密度颗粒，使之由下部的高密度产物排出管排出。

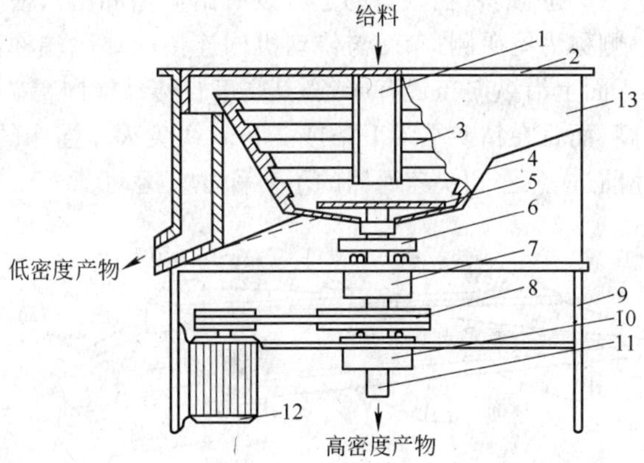

图 17 – 34 离心选金锥的结构示意图

1—给料管；2—上盖；3—橡胶格条；4—锥盘；5—矿浆分配盘；6—甩水盘；7—上轴承座；
8—皮带轮；9—机架；10—下轴承座；11—空心轴；12—电动机；13—机械外壳

18 摇床分选

如图 18-1 所示，摇床由床面、机架和传动机构3个基本部分构成。平面摇床的床面近似呈矩形或菱形，横向有 0.5°~5°的倾斜，在倾斜的上方设有给矿槽和给水槽，习惯上把这一侧称为给矿侧，与之相对应的一侧称为尾矿侧；床面与传动机构连接的那一端称为传动端，与之相对应的那一端称为精矿端。床面上沿纵向布置有床条，其高度自传动端向精矿端逐渐降低，但自给矿侧到尾矿侧却是逐渐增高，而且在精矿端沿 1 条或 2 条斜线尖灭。摇床的传动机构习惯上称为床头，它推动床面做低速前进、急停和快速返回的不对称往复运动。

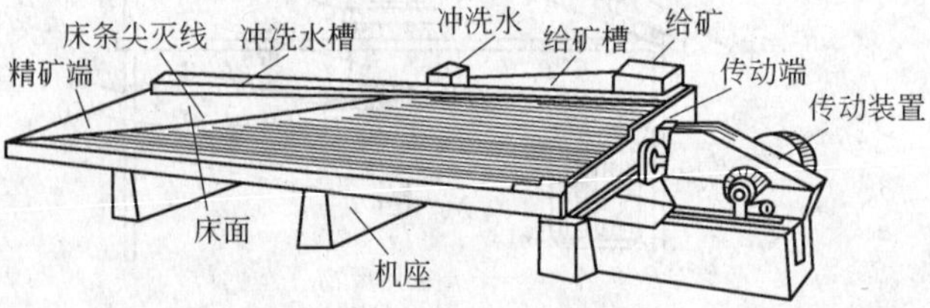

图 18-1　平面摇床外形图

用摇床分选密度较大的物料时，有效选别粒度范围为 3~0.02 mm；分选煤炭等密度较小的物料时，给料粒度上限可达 10 mm。摇床的突出优点是分选精确度高，富集比高（最大可达 300 左右）；其主要缺点是占地面积大，处理能力低。

18.1　摇床的分选原理

物料在摇床面上的分选主要包括松散分层和搬运分带两个基本阶段。

18.1.1　颗粒在床条沟中的松散分层

在摇床面上，促使物料松散的因素基本上有两种，其一是横向水流的流体动力松散，其二是床面往复运动的剪切松散。水流沿床面横向流动时，每越过一个床条，就产生一次水跃（见图 18-2），由此产生的旋涡，推动上部颗粒松散，它的作用类似于在上升水流中悬浮物料，细小的颗粒即被水流带走。所以当给料粒度很细时，即应减弱这种水跃现象。

图 18-2　在床条间产生的水跃现象和旋涡

上述旋涡的作用深度一般是很有限的，所以大部分下层颗粒的松散是借助于床面的差动运动实现的。由于紧贴床面的颗粒和水流接近于同床面一起运动，而上层颗粒和水流则因自身的惯性而滞后于下层颗粒和水流，所以产生了层间速度差，导致颗粒在层间发生翻滚、挤压、扩展，从而使物料层的松散度增大（见图 18－3）。这种松散机理类似于拜格诺提出的惯性剪切作用，但因剪切运动不是连续发生的，因而不能使物料充分悬浮起来，只是扩大了颗粒之间的间隙，使之有了发生相对转移的可能。

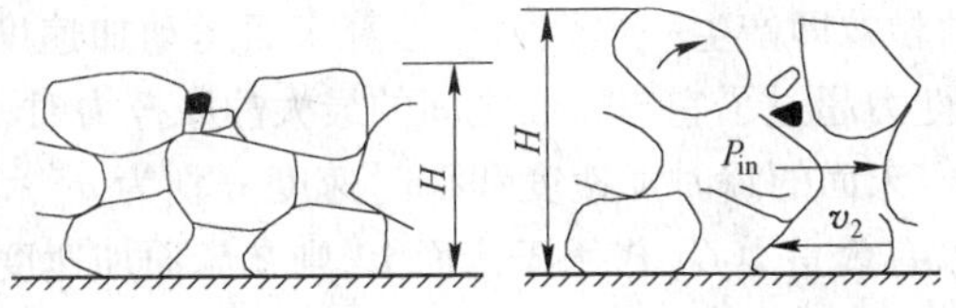

图 18－3 借层间的速度差松散床层示意图

（a）床层静止时；（b）床层相对运动时；

P_{in}——颗粒惯性力；v_2—下层颗粒的纵向运动速度

在这种特有的松散条件下，物料的分层几乎不受流体动力作用的干扰，近似按颗粒在介质中的有效密度差进行。其结果是高密度颗粒分布在下层，低密度颗粒被排挤到上层。同时由于颗粒在转移过程中受到的阻力主要是物料层的机械阻力，所以同一密度的细小颗粒比较容易地穿过变化中的颗粒间隙进入底层。这种分层即是前述的析离分层，分层后颗粒在床条沟中的分布情况如图 18－4 所示。

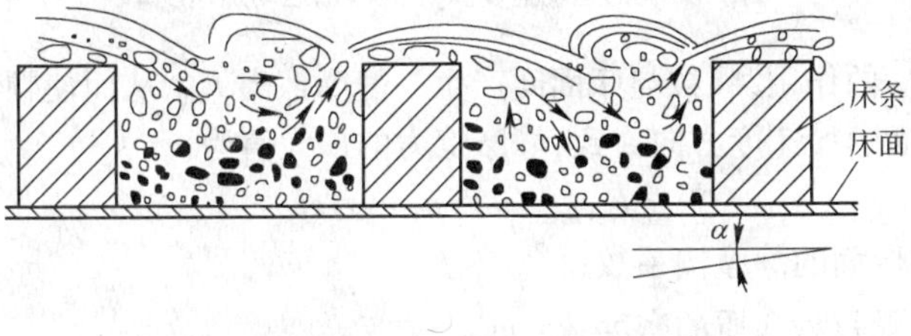

图 18－4 粒群在床条沟内的分层示意图

18.1.2 颗粒在床面上的运搬分带

颗粒在床面上的运动包括横向运动和纵向运动，前者是在给矿水、冲洗水以及重力的作用下产生的；而后者则是在床面差动运动作用下产生的。

18.1.2.1 颗粒在床面上的横向运动

颗粒在床面上的横向运动速度，可以说是水流冲洗作用和重力分力构成的推动力与床条所产生的阻碍保护作用共同产生的综合效果。由于非常微细的颗粒悬浮在水流表面，所以首先被横向水流冲走，接着便是分层后位于上层的低密度粗颗粒；随着向精矿端推进，床条的高度逐渐降低，因而使低密度细颗粒和高密度粗颗粒依次暴露到床条的高度以上，并相继被横向水流冲走；直到到达了床条的末端，分层后位于最底部的高密度细颗粒才被横向水流冲走。因此，不同性质的颗粒在摇床面上沿横向运动速度的大小顺序是：非常微细的颗粒最大，其次是低密度的粗颗粒、低密度的细颗粒、高密度的粗颗粒，最后才是高密度的细颗粒。这种运动的结果是沿着床面的纵向，床层内物料的高密度组分含量不断提高，因而是一精选过程，床条高度的降低对提高高密度产物的质量有着重要作用。在横向上由于床条的高度逐渐升高，因此可以阻留偶尔被水流冲下的高密度颗粒，所以是一扫选过程。

在精矿端，一般均设有没有床条的三角形光滑平面区，在这里依靠颗粒在水流冲洗作用下的运动速度差，进一步脱除混杂在其中的低密度颗粒，使高密度产物的质量再次得到提高，所以这一区域常被称为精选带。

18.1.2.2 颗粒在床面上的纵向运动

颗粒在床面上的纵向运动是由床面的差动运动引起的。当床面做变速运动时，在静摩擦力作用下随床面一起运动的颗粒即产生一惯性力。随着床面运动加速度的增加，颗粒的惯性力也不断增大，直到颗粒的惯性力超过了它与床面之间的最大静摩擦力时，颗粒即同床面发生相对运动。如图 18－5 所示，假定床面的瞬时加速度和瞬时速度分别为 a_x 和 v_x，位于床面上某一密度为 ρ_1、体积为 V 的颗粒，以有效重力 G_0 作用于床面上，则在床面加速度 a_x 的影响下，颗粒产生的惯性力 P_{in} 为：

$$P_{in} = V\rho_1 a_x \tag{18-1}$$

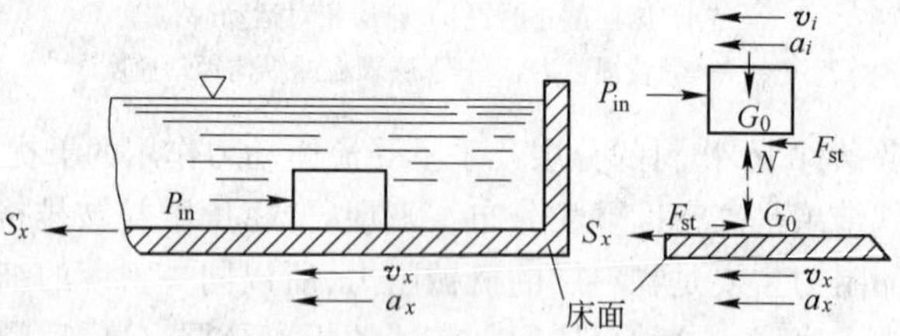

图 18－5 颗粒在床面上的受力分析

v_i—颗粒的运动速度；a_i—颗粒的运动加速度

由于有效重力 G_0 的作用，颗粒与床面间产生一静摩擦力 F_{st}，从而使颗粒随床面一起做变速运动，其加速度与床面的加速度方向一致，静摩擦力的最大值为：

$$F_{st,max} = V(\rho_1 - \rho) g f_{st} \tag{18-2}$$

式中 f_{st}——颗粒与床面的静摩擦系数；

ρ_1、ρ——分别是颗粒和介质的密度，kg/m³。

如果 $F_{st,max} > P_{in}$，则颗粒具有与床面相同的运动速度和加速度，两者之间不发生相对运动。反之，如果 $F_{st,max} < P_{in}$，则摩擦力使颗粒产生的加速度将小于床面的运动加速度，所以颗粒即沿着床面加速度的相反方向同床面发生相对运动。因为对于特定的颗粒，摩擦力也为一定值，所以颗粒能否与床面发生相对运动，仅取决于床面的运动加速度。某一颗粒相对于床面刚要发生相对运动时，床面的加速度称为该颗粒的临界加速度，记为 a_{cr}，根据这一定义，有：

$$V\rho_1 a_{cr} = V(\rho_1 - \rho) g f_{st}$$

由上式得：

$$a_{cr} = (\rho_1 - \rho) g f_{st} / \rho_1 \tag{18-3}$$

由式(18－3)可以看出，颗粒的临界加速度与自身的密度及颗粒同床面之间的静摩擦系数有关：

由

$$\partial a_{cr} / \partial \rho_1 = \rho g f_{st} / \rho_1^2 > 0$$

得知颗粒的密度越大，越不容易产生相对运动。显然欲使颗粒沿床面向前运动，则床面的向后加速度必须大于颗粒的临界加速度。颗粒一旦开始同床面发生相对运动，静摩擦系数 f_{st} 即转变为动摩擦系数 f_{dy}，作用在颗粒上的摩擦力 F_{st} 也相应地变为动摩擦力 F_{dy}，颗粒在 F_{dy} 作用下产生的加速度 a_{dy} 为：

$$a_{dy} = (\rho_1 - \rho) g f_{dy} / \rho_1 \tag{18-4}$$

因为 $f_{st} > f_{dy}$，所以当床面的加速度达到或超过以后 a_{cr}，颗粒运动的加速度要小于床面的加速度，从而使得颗粒与床面间出现了速度差。

由于摇床面运动的正向加速度（方向为从传动端指向精矿端）小于负向加速度，所以颗粒在床面的差动运动作用下，朝着精矿端产生间歇性运动。

另一方面，由于流体黏性的作用，床面上的流层间在床面的振动方向上存在着速度梯度，紧贴床面的那一层与床面一起运动，而离开床面以后，液流的运动速度逐渐下降。分层后位于下层的高密度颗粒因与床面直接接触，所以向前移动的平均速度较大，而上层低密度颗粒向前移动的平均速度则较小，所以不同性质的颗粒沿床面纵向运动速度的大小顺序是：高密度细颗粒最大，其次是高密度粗颗粒、低密度细颗粒、低密度粗颗粒，纵向运动速度最小的是悬浮在水流表面的非常微细的颗粒。

颗粒在摇床面上的最终运动速度即是上述横向运动速度与纵向运动速度的矢量和。颗粒运动方向与床面纵轴的夹角 β 称为颗粒的偏离角。设颗粒沿床面纵向的平均运动速度为 v_{ix}，沿床面横向的平均运动速度为 v_{iy}，则：

$$\tan\beta = v_{iy}/v_{ix} \tag{18-5}$$

由此可见，颗粒的横向运动速度越大，其偏离角就越大，它就越偏向尾矿侧移动；而颗粒的纵向运动速度越大，其偏离角则越小，它就越偏向精矿端移动。由前两部分的分析结论可知，除了呈悬浮状态的极微细颗粒以外，低密度粗颗粒的偏离角最大，高密度细颗粒的偏离角最小，低密度细颗粒和高密度粗颗粒的偏离角则介于两者之间（见图 18－6），这样便形成了颗粒在摇床面上的扇形分带（见图 18－7）。

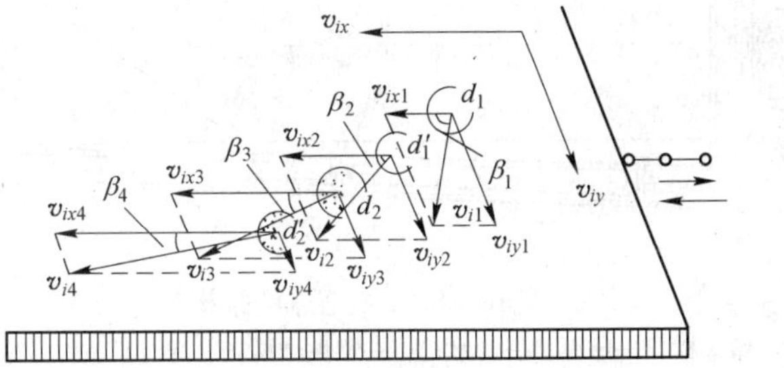

图 18－6 不同密度颗粒在床面上的偏离角

d_1，d'_1—低密度粗颗粒和细颗粒；d_2，d'_2—高密度粗颗粒和细颗粒；

v_{ix}，v_{iy}，v_i—分别是颗粒的纵向、横向和合速度；β—颗粒的偏离角

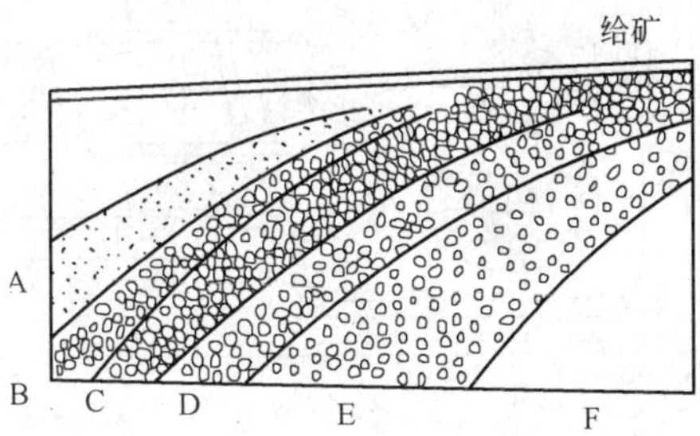

图 18－7 颗粒在床面上的扇形分带示意图

A—高密度产物；B、C、D—中间产物；E—低密度产物；F—溢流和细泥

颗粒的扇形分带越宽，分选的精确性就越高。而分带的宽窄又取决于不同性质颗粒沿床面纵向和横向上的运动速度差，因此所有影响颗粒两种运动速度的因素，都能对摇床的选别指标产生一定程度的影响。

18.2　摇床的类型

摇床按照机械结构又可分为6-S摇床、云锡式摇床、弹簧摇床、悬挂式多层摇床等。

18.2.1　6-S摇床

6-S摇床的结构如图18－8所示，它的床头是图18－9所示的偏心连杆式。电动机通过皮带轮带动偏心轴转动，从而带动偏心轴上的摇动杆上下运动，摇动杆两侧的肘板即相应做上下摆动，前肘板的轴承座是固定的，而后肘板的轴承座则支撑在弹簧上，当肘板下降时后肘板座即压紧弹簧向后移动，从而通过往复杆带动床面后退；当肘板向上摆动时，弹簧伸长，保持肘板与肘板座不脱离，并推动床面前进。

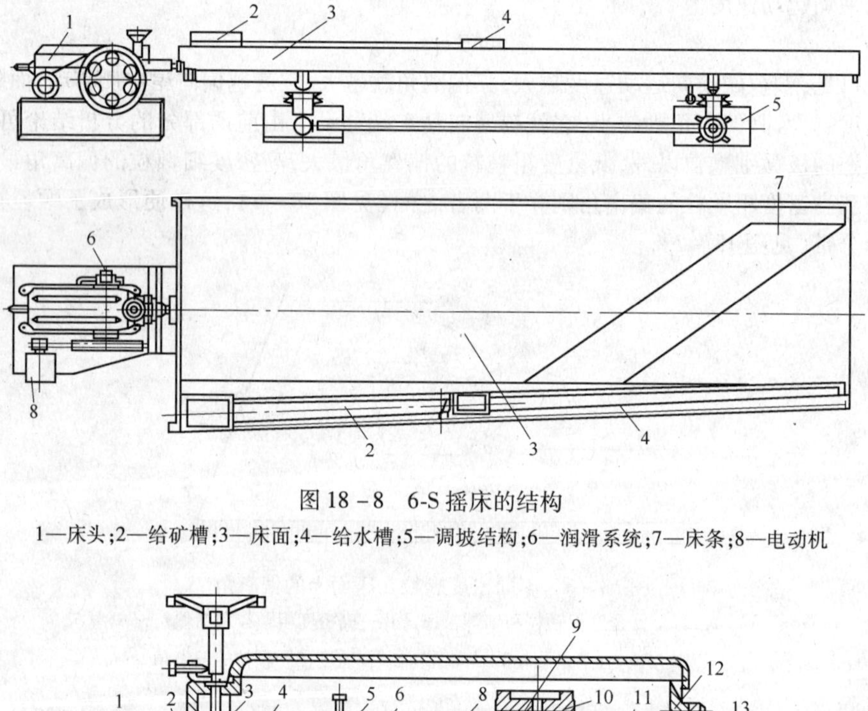

图18－8　6-S摇床的结构

1—床头；2—给矿槽；3—床面；4—给水槽；5—调坡结构；6—润滑系统；7—床条；8—电动机

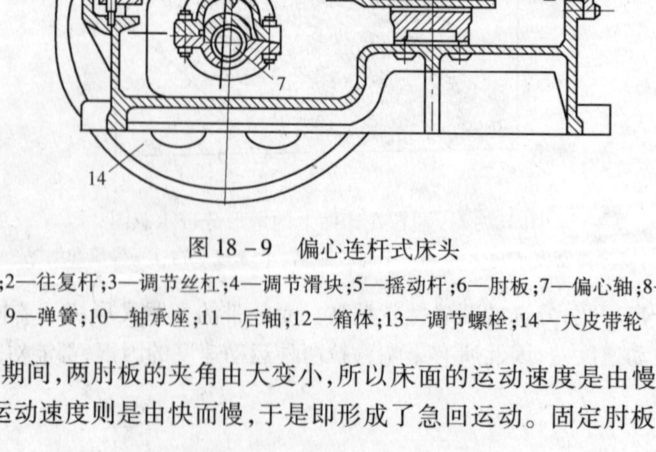

图18－9　偏心连杆式床头

1—联动座；2—往复杆；3—调节丝杠；4—调节滑块；5—摇动杆；6—肘板；7—偏心轴；8—肘板座；9—弹簧；10—轴承座；11—后轴；12—箱体；13—调节螺栓；14—大皮带轮

床面向前运动期间，两肘板的夹角由大变小，所以床面的运动速度是由慢变快。反之，在床面后退时，床面的运动速度则是由快而慢，于是即形成了急回运动。固定肘板座又称为滑块，通过手轮可使滑块在 84 mm 范围内上下移动,以此来调节摇床的冲程。调节床面的冲次则需要更换不同直径的皮带轮。

6-S 摇床的床面采用 4 个板形摇杆支撑,这种支撑方式的摇动阻力小,而且床面还会有稍许的起伏振动,这一点对物料在床面上松散更有利。但它同时也将引起水流波动,因而不适合处理微细粒级物料。6-S 摇床的床面外形呈直角梯形,从传动端到精矿端有 1°~2°上升斜坡。

6-S 摇床的冲程调节范围大,松散力强,最适合分选 2~0.5 mm 的物料;冲程容易调节且调坡时仍能保持运转平稳。这种设备的主要缺点是结构比较复杂,易损零件多。

在 6-S 摇床的基础上改进而成的北矿摇床,采用由钢骨架与玻璃钢成型的玻璃钢床面,分选表面衬有刚玉制成的耐磨层。北矿摇床的技术参数见表 18-1。

表 18-1 北矿摇床的技术参数一览表

设备类型	给矿粒度/mm	给矿浓度/%	冲洗水量/t·h^{-1}	横向坡度/(°)	纵向坡度/(°)	生产能力/t·h^{-1}
矿砂摇床	0.2~2	20~30	0.7~1.0	2~3.6	1~2	0.5~1.8
矿泥摇床	-0.2	15~20	0.4~0.7	1~2	-0.5	0.3~0.5

18.2.2 云锡式摇床

云锡式摇床的结构如图 18-10 所示,其床头结构是图 18-11 所示的凸轮杠杆式。在偏心轴上套一滚轮,当偏心轮向下偏离旋转中心时,便压迫摇动支臂(台板)向下运动,再通过连接杆(卡子)将运动传给曲拐杠杆(摇臂),随之通过拉杆带动床面向后运动,此时位于床面下面的弹簧被压缩。随着偏心轮的转动,弹簧伸长,保持摇动支臂与偏心轮紧密接触,并推动床面向前运动。云锡式摇床的冲程可借改变滑动头在曲拐杠杆上的位置来调节。

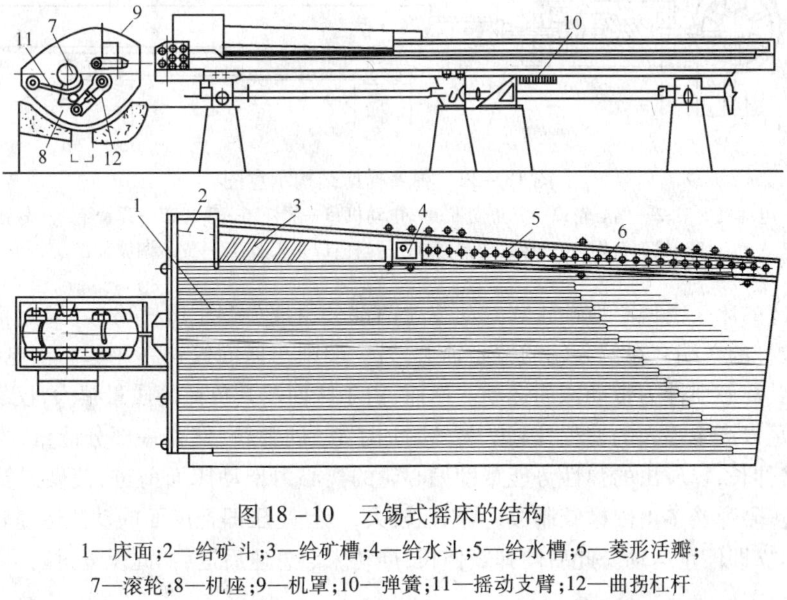

图 18-10 云锡式摇床的结构

1—床面;2—给矿斗;3—给矿槽;4—给水斗;5—给水槽;6—菱形活瓣;
7—滚轮;8—机座;9—机罩;10—弹簧;11—摇动支臂;12—曲拐杠杆

云锡式摇床采用滑动支撑,在床面四角下方安置 4 个半圆形滑块,放置在凹形槽支座上,床面在支座上往复滑动,因此运动平稳。

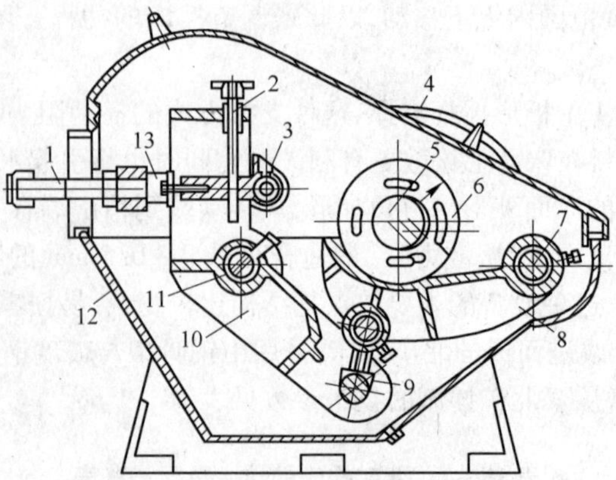

图18－11 凸轮杠杆结构床头

1—拉杆;2—调节丝杠;3—滑动头;4—大皮带轮;5—偏心轴;6—滚轮;7—台板偏心轴;8—摇动支臂(台板);9—连接杆(卡子);10—曲拐杠杆;11—摇臂轴;12—机罩;13—连接叉

云锡式摇床的床面外形和尺寸与6-S摇床的相同,上面也钉有床条,所不同的是床面沿纵向连续有几个坡度。

18.2.3 弹簧摇床

弹簧摇床的突出特点是借助于软、硬弹簧的作用造成床面的差动运动,其整体结构如图18－12所示。

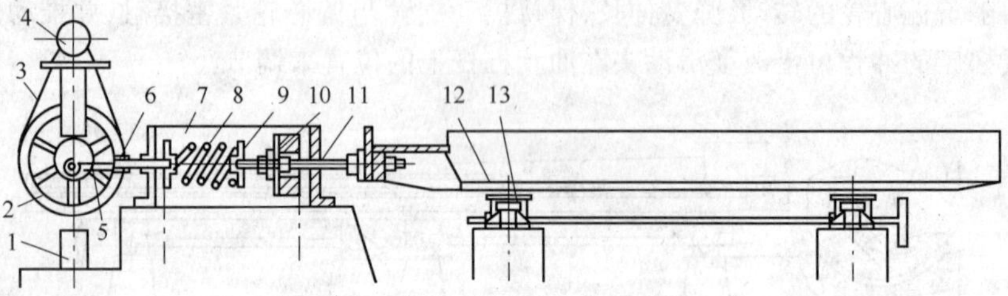

图18－12 弹簧摇床结构示意图

1— 电动机支架;2—偏心轮;3—三角皮带;4—电动机;5—摇杆;6—手轮;7—弹簧箱;8—软弹簧;9—软弹簧帽;10—橡胶硬弹簧;11—拉杆;12—床面;13—支承调坡装置

弹簧摇床的床头由偏心惯性轮和差动装置两部分组成(见图18－13)。偏心轮直接悬挂在电动机上,拉杆的一端套在偏心轮的偏心轴上,另一端则与床面绞连在一起。当电动机转动时,偏心轮即以其离心惯性力带动床面运动。然而,由于床面及其负荷的质量很大,仅靠偏心轮的离心惯性力不足以产生很大的冲程,因此,另外附加了软、硬弹簧,储存一部分能量,当床面向前运动时,软弹簧伸长,释放出的弹性势能帮助偏心轮的离心力推动床面前进,使硬弹簧与弹簧箱内壁发生撞击。硬弹簧多由硬橡胶制成,其刚性较大,一旦受压即把床面的动能迅速转变为弹性势能,迫使床面立即停止运动。此后硬弹簧伸长,推动床面急速后退,如此反复进行,即带动床面做差动运动。

弹簧交替地压缩和伸长,是动能与势能的互相转换过程。在摇床的运转中,只需要补偿因摩擦等消耗掉的那部分能量,因此弹簧摇床的能耗很小。

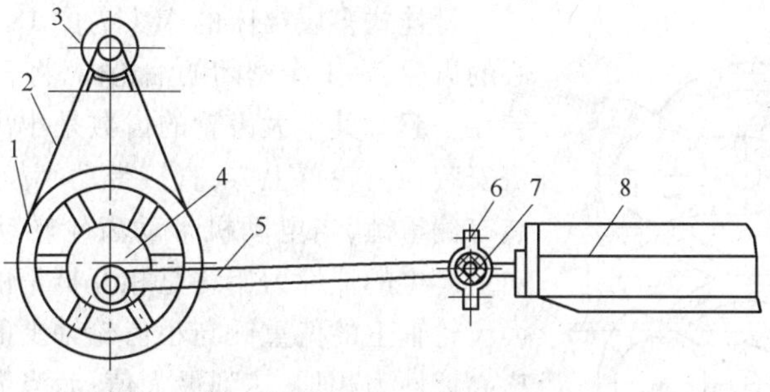

图 18-13 弹簧摇床的床头及其柔性连接示意图

1—皮带轮;2—三角皮带;3—电动机;4—偏心轮;5—摇杆;6—卡弧;7—胶环;8—床面

对于弹簧摇床,根据实践经验总结出偏心轮质量 m(kg)及偏心距 r(mm)与冲程 s(mm)之间的关系为:

$$mr = 0.17Qs \qquad (18-6)$$

式中 Q——床面及负荷的质量,kg。

由式(18-6)可见,改变 m 或 r 均能改变冲程 s,但这需要更换偏心轮或在它上面加偏重物。为了简化冲程的调节,在弹簧箱上安装了一个手轮,当转动手轮使软弹簧压紧时,它储存的能量增加,即可使冲程增大,只是用这种方法可以调节的范围很有限。

弹簧摇床的床面支撑方式和调坡方法与云锡式摇床相同。弹簧摇床的床面的床条通常采用刻槽法形成,槽的断面为三角形。弹簧摇床的正、负向运动的加速度差值较大,可有效地推动微细颗粒沿床面向前运动。所以适合处理微细粒级物料。这种摇床的最大优点是造价低廉,仅为 6-S 摇床的 1/2,且床头结构简单,便于维修;其缺点是冲程会随给料量而变化,当负荷过大时床面会自动停止运动。

18.2.4 悬挂式多层摇床

图 18-14 是 4 层悬挂式摇床的基本结构。床头位于床面中心轴线的一端,通过球窝连接器与摇床的框架相连接。床面用具有蜂窝夹层结构的玻璃钢制造。各床面中心间距为 400 mm。在悬挂钢架上设置能自锁的蜗轮蜗杆调坡装置,该装置与精矿端的一对悬挂钢丝绳相连接。拉动调坡链轮,悬挂钢丝绳即在滑轮上移动,从而改变床面的横向坡度。选别所得的产物,由固定在床面上的高密度产物槽和坐落在地面上的中间产物槽和低密度产物槽分别接出。

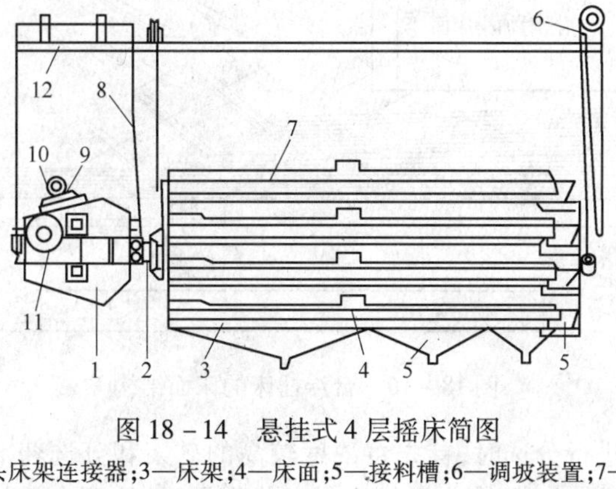

图 18-14 悬挂式 4 层摇床简图

1—床头;2—床头床架连接器;3—床架;4—床面;5—接料槽;6—调坡装置;7—给矿及给水槽;
8—悬挂钢丝绳;9—电动机;10—小皮带轮;11—大皮带轮;12—机架

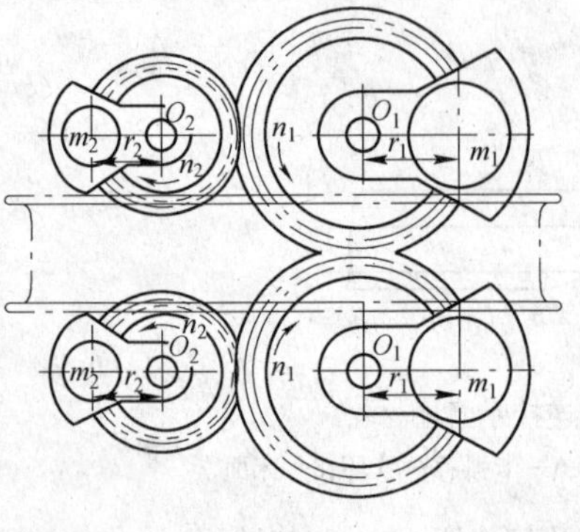

图 18 – 15 多偏心惯性床头简图

悬挂式多层摇床的床头为图 18 – 15 所示的 1 组多偏心的齿轮，在 1 个密闭的油箱内，将 2 对齿轮按图示方式组装在一起。其中大齿轮的齿数是小齿轮的 2 倍，驱动电动机安装在齿轮罩上方，直接带动小齿轮转动。在齿轮轴上装有偏重锤，当电动机带动齿轮转动时，偏重锤在垂直方向上产生的惯性力始终是相互抵消的。而在水平方向，当大齿轮轴上的偏重锤与小齿轮轴上的偏重锤同在一侧时，离心惯性力相加，达到最大值；而当大齿轮再转过半周、小齿轮转过一周时，离心惯性力相减，达到最小值。因此，在水平方向上产生一差动运动。大齿轮的转速即是床面的冲次。改变偏重锤的质量可以改变床面的冲程。而且，调节冲次时不会影响冲程。

悬挂式多层摇床占地面积小，单机的生产能力大，能耗低。其缺点是不便观察床面上物料的分带情况，产品接取不准确。

18.2.5 台浮摇床

台浮摇床是一种集重选过程和浮选过程于一体的分选设备，其结构与常规摇床的区别仅仅在于床面，机架和传动结构与常规摇床的完全一样。台浮摇床主要用于分选粒度比较粗的、含有锡石和有色金属硫化物矿物的砂矿或含多金属硫化物矿物的钨、锡粗精矿或白钨矿 – 黑钨矿 – 锡石混合精矿等，粒度范围通常为 0.2 ~ 3 mm，个别情况可达 6 mm。这些砂矿或粗精矿中需要回收的矿物之间的密度差比较小，再用常规的重选方法不能实现有效分离；用普通的浮选设备进行浮选分离，则粒度又过大，无法取得满意的技术指标。

图 18 – 16 是台浮摇床的床面结构形式之一，与普通摇床床面的主要不同体现在两方面：其一是这种床面在给矿侧和传动端的夹角处增加了一个坡度较大的给矿小床面（刻槽附加小床面）；其二是在其余部分的刻槽床面上增设了阻挡条。增加这两部分的目的是，给疏水性颗粒创造与气泡接触和发生黏着的条件，是将重选和浮选结合在一起的关键措施。

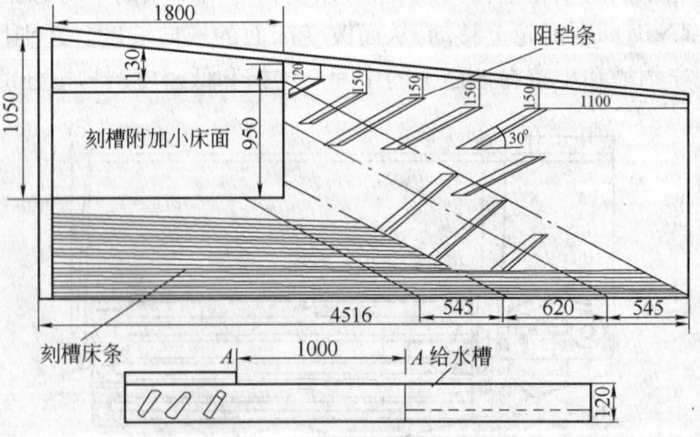

图 18 – 16 台浮摇床的床面结构

用台浮摇床对物料进行分选时，首先将浓度较高的矿浆和分选药剂（pH 值调整剂、捕收剂等）一起给入调浆槽内充分搅拌，使矿粒与药剂充分作用后，给到台浮摇床上；与捕收剂作用后的疏水性颗粒同气泡附着在一起，漂浮在矿浆表面，从低密度产物及溢流和细泥的排出区排出；不与捕收剂发生作用的其他矿物颗粒，由台浮摇床的精矿端排出。为了加强矿物颗粒与气泡的接触，有时在台浮摇床床面上加设吹气管，向矿浆表面吹气，或喷射高压水以带入空气。

18.3 摇床分选的影响因素

影响摇床分选指标的因素主要包括床面构成、冲程、冲次、冲洗水、床面横向坡度、入选物料性质、给料速度等。

18.3.1 床面构成

为了配置方便，生产中将摇床的床面制成左式和右式两种，站在传动端向精矿端看，给料侧在左手者为左式，在右手即为右式。床面的几何形状有矩形、梯形和菱形3种，矩形床面的有效利用面积小，菱形床面的有效利用面积大，但配置不便，因此我国目前多采用梯形床面，其规格为(1800~1500) mm×4500 mm，面积约为7.5 m^2。

为了防止床面漏水，提高其耐磨性，并使之有一定的粗糙度，常常在床面上设置铺面。常用的铺面材料包括橡胶、聚胺橡胶、玻璃钢、铅板及聚氯乙烯等。

18.3.2 冲程和冲次

冲程 s 和冲次 n 决定着床面运动的速度和加速度，原则上速度与 ns 成正比，而加速度与 n^2s 成正比。用于分选粗粒物料的摇床采用大冲程、小冲次，以利于物料运输。用于分选细粒物料的摇床则采用小冲程、大冲次，以加强振动松散。

18.3.3 冲洗水和床面横向坡度

冲洗水由给矿水和洗涤水两部分组成，其大小和床面的横坡共同决定着颗粒在床面上的横向运动速度。当增大横坡时颗粒的下滑作用力增强，因而可减少用水量，即“大坡小水”或“小坡大水”可以使颗粒有相同的横向运动速度。增大冲洗水量对底层颗粒的运动速度影响较小，有助于物料在床面上展开分带，但水耗增加。增大床面横坡，分带变窄，但水耗可减小。一般在精选摇床上多采用小坡大水，而在粗选摇床及扫选摇床上则采用大坡小水。

18.3.4 物料入选前的准备及给料量

为了便于选择摇床的适宜操作条件，提高分选指标，物料在给入摇床前大都要进行水力分级。当原料中10~20 μm的微细粒级的含量较高时，尚须进行预先脱泥。

摇床的给料量在一定范围内变化时，对分选指标的影响不大。但总的来说摇床的生产能力很低，且随处理原料粒度及对产品质量要求的不同而变化很大。处理粗粒物料的摇床，其单台处理能力一般为1.5~2.5 t/h；处理细粒物料的摇床，其单台处理能力一般为0.2~0.5 t/h。

19 风力分选和洗矿

19.1 风力分选

以空气为介质的重选过程称为风力分选,主要用于干物料的分级、分选和除尘等。常用的风力分选设备有沉降箱、离心式分离器、风力跳汰机、风力摇床和风力尖缩溜槽等。

19.1.1 沉降箱

最简单的沉降箱的结构如图19-1所示,这种设备设在风力运输管道的中途,借沉降箱内过流断面的扩大,气流速度降低,使粗颗粒在箱中沉降下来。

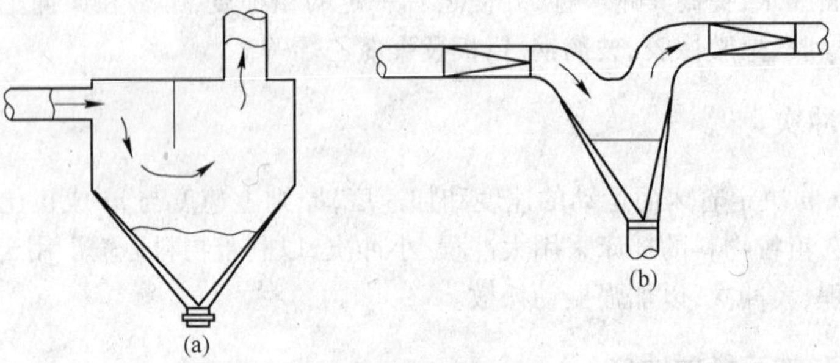

图19-1 最简单的沉降箱结构示意图

(a)带拦截板的沉降箱;(b)不带拦截板的沉降箱

在沉降箱内,空气流的上升速度取决于临界颗粒的沉降速度。设在沉降箱内颗粒的沉降高度为h,临界颗粒的沉降速度为v_{cr},则沉降h高度所需时间t为:

$$t = h/v_{cr} \tag{19-1}$$

在同一时间内,颗粒以等于气流的水平速度u在沉降箱内运行了l距离,所以又有:

$$t = l/u \tag{19-2}$$

由式(19-1)和式(19-2)得沉降箱的有效高度与长度之比为:

$$h/l = v_{cr}/u \tag{19-3}$$

考虑到湍流流动时受脉动速度的影响,颗粒的沉降速度降低,所以当气流的速度超过0.3 m/s时,颗粒的沉降速度应乘以0.5的修正系数。

19.1.2 离心式分离器

离心式分离器是借助气流的回转运动,将所携带的固体颗粒按粒度分离。造成气流回转的方法主要有两种:一是气流沿切线方向给入圆形分离器的内室;二是借室内叶片的转动使气流旋转。这类设备常用的有旋风集尘器、通过式离心分离器、离心式风力分级机等。

19.1.2.1 旋风集尘器

图19-2是除尘作业常用的旋风集尘器的结构示意图。这种设备的结构颇似水力旋流器,只是尺寸要大一些。含尘气体进入集尘器后,固体颗粒在回转运动中被甩到周边,与器壁相撞击

后沿螺旋线向下运动，最后由底部排尘口排出。

旋风集尘器的结构简单，制造容易，使用方便。在处理含有 10 μm 以上颗粒的气体时，集尘效率可达70% ~80%（按固体粉尘回收百分数计）。但这种设备的阻力损失较大、能耗高、易磨损。

19.1.2.2 通过式离心分离器

通过式离心分离器常用来对物料进行干式分级，它本身没有运动部件，其结构如图 19 – 3 所示。

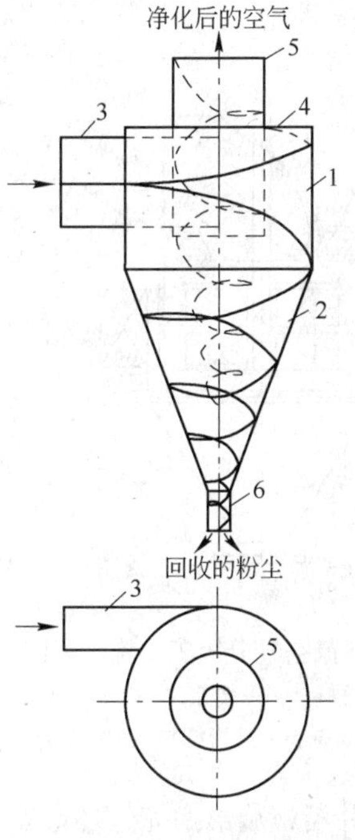

图 19 – 2 旋风集尘器

1—圆筒部分；2—锥体；3—进气管；4—上盖；5—排气管；6—排尘口

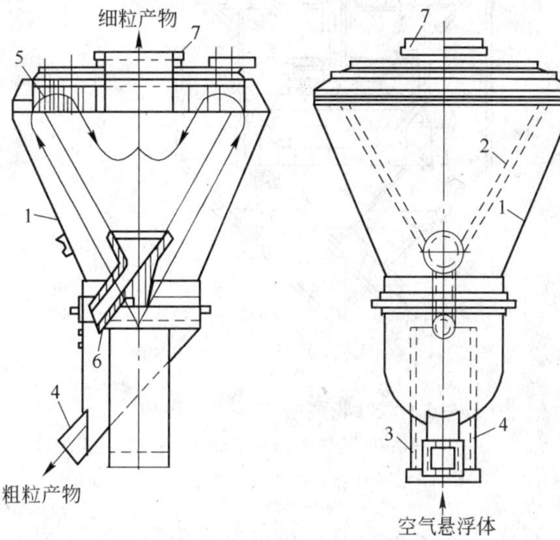

图 19 – 3 通过式离心分离器结构

1—外锥；2—内锥；3—进风管道；4，6—套筒；5—叶片；7—排风管道

这种设备主要由外锥和内锥组成，两者用螺旋状叶片在上部连接起来。含固体物料的气流沿下部管道以 18 ~ 20 m/s 的速度向上流动，气流进入两圆锥间的环形空间后，速度降到 4 ~6 m/s。由于速度降低，最粗的固体颗粒即沉降到外圆锥的内表面，并向下滑落经套筒 4 排出。较细的固体颗粒随气流穿过叶片，沿切线方向进入内锥，在离心惯性力的作用下，稍粗一些的颗粒又被抛到内锥的锥壁，然后下滑，并经套筒 6 排出。携带细颗粒的气流在回转运动中上升，由排风管道排出。

19.1.2.3 离心式气流分级机

离心式气流分级机自身带有转动叶片或转子，其结构形式有很多种，广泛应用于微细粒级物料的干式分级。

图 19 – 4 是带有双叶轮的离心式风力分级机的结构简图。原料由中空轴给到旋转盘上，借助盘的转动将固体颗粒抛向内壳所包围的空间。在中空轴上还装有叶片，在转动中形成图示方向的循环气流。粗颗粒到达内壳的内壁后，克服上升气流的阻力落下，由底部内管排出，成为粗粒级产物。细小的颗粒被上升气流带走，进入内壳与外壳之间的环形空间内。由于气流的转向和空间断面的扩大，细颗粒也从气流中脱出落下，由底部孔口排出，成为细粒级产物。

叶片转子型离心式气流分级机易于调节粒径,分级区的气固浓度波动对分级粒度的影响显著减少,同时还具有能耗低、生产能力高、不需要另外安装通风机和集尘器等优点。其缺点是通过环形断面的气流速度分布不均匀,致使分级的精确度不高,另外还容易导致物料在循环过程中粉碎。

转子为笼形的离心式气流分级机习惯上称为涡流空气分级机或涡轮式气流分级机,为第三代动态空气分级机,其突出特点是采用二次风作为分散方式,这种类型分级机的型号繁多,其中之一的结构如图19－5所示。

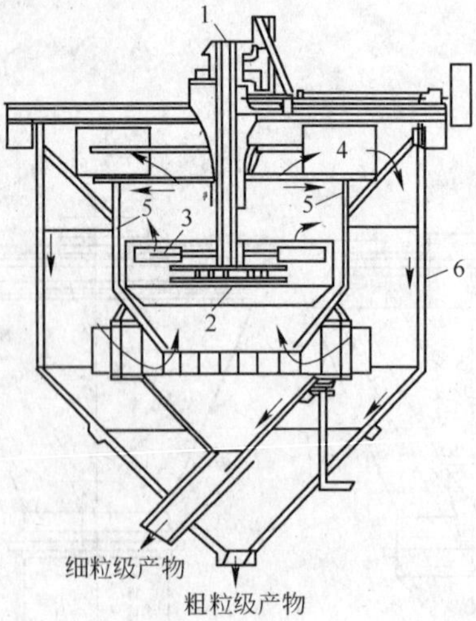

图19－4　双叶轮离心式风力分级机

1—中空轴;2—旋转盘;3—下部叶片;4—上部叶片;5—内壳;6—外壳

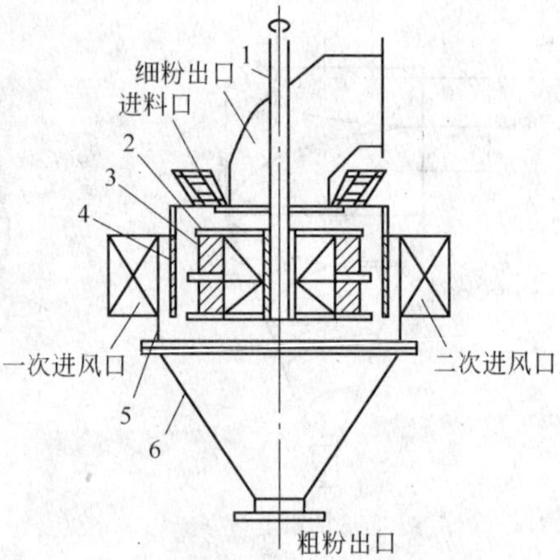

图19－5　涡流空气分级机结构示意图

1—立轴;2—撒料盘;3—转笼;4—导流叶片;5—蜗壳;6—锥形排料斗

气流从2个平行对称的进风口切向进入分级机的蜗壳中,并沿螺旋形蜗壳经环形安置的导流叶片进入转笼外边缘和导流叶片内边缘之间的环形空间。由于风机的抽吸作用,在转笼中心形成负压,使进入该环形空间的气流除具有切向速度外,还具有指向轴心的径向速度。这股气流将绝大部分进入转笼,并在转笼中心处作90°转弯沿轴向折向排出管流出。

待分级的物料经上部给料口撒落到撒料盘上经分散后,在重力的作用下进入到环形区,随气流被负压抽吸带到转笼外边缘附近,此时物料颗粒同时受到气流切向分速度给予的离心惯性力和气流径向分速度给予的向心阻力的作用,在这二力的平衡下,物料产生分级。细颗粒随气流排出,经集粉器收集,粗颗粒与蜗壳壁相碰后,一边旋转一边下降落入底部的锥形排料斗排出。

影响涡流空气分级机分级性能的主要结构因素有撒料盘结构、环形区宽度、转笼叶片间距等。涡流空气分级机的主要操作参数包括进料速度、转笼转速、风量;当分级机结构尺寸确定后,在分级过程中,通常调整这3个参数,以达到不同的分级目的。

19.1.3　风力跳汰机和风力摇床

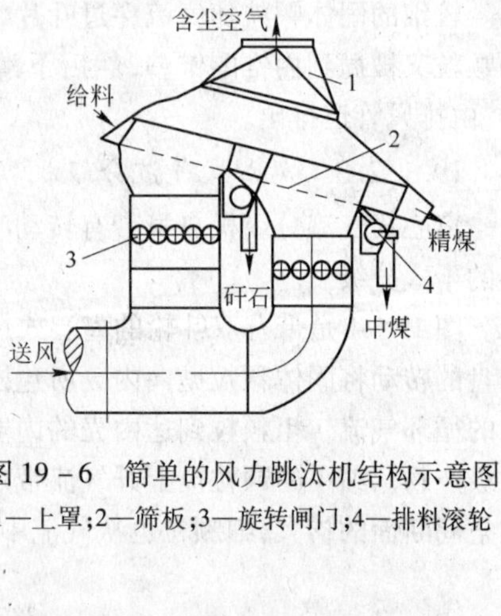

图19－6　简单的风力跳汰机结构示意图

1—上罩;2—筛板;3—旋转闸门;4—排料滚轮

图19－6是简单的风力跳汰机,机中有2段固定的多孔分选筛面。由鼓风机送来的空气通过旋转闸门间

断地通过筛板，形成鼓动气流。待分选的物料由筛板的一端给入，在气流的推动下间断地松散悬浮，并随之按密度发生分层。在第1段筛板上分出密度最大的高密度产物，选出的密度低一些的产物进入第2段筛板，进一步分选出低密度产物和中等密度的产物。整个跳汰机由特制的罩子封闭，分层情况从侧面观察孔探视。

风力摇床的结构与水力摇床类似，只是在风力摇床上固体颗粒在连续上升或间断上升的气流推动下发生松散和分层。图19－7是前苏联生产的欧斯玻－100型风力摇床的结构简图。整个床面沿纵向被分成4段，每段分别铺设粗糙的多孔板，孔径为1.5～3 mm，在多孔板表面按图示方向布置床条。床面由传动机构带动作往复运动。为了保持床层有一定的厚度，在床面的纵边和横边均设有挡条。压缩空气由下部通过软管给到床面，并用节流阀控制其流量。

待分选物料从床面低的一端给入，在床面不对称的往复运动推动下，向高的一端运动。借助连续或间断鼓入的气流推动，床层呈松散悬浮状态，并随之发生分层。分层后位于上层的低密度颗粒沿着床面的横向倾斜从侧边排出；而进入底层的高密度颗粒则被床条阻挡，运动到床条末端排出。

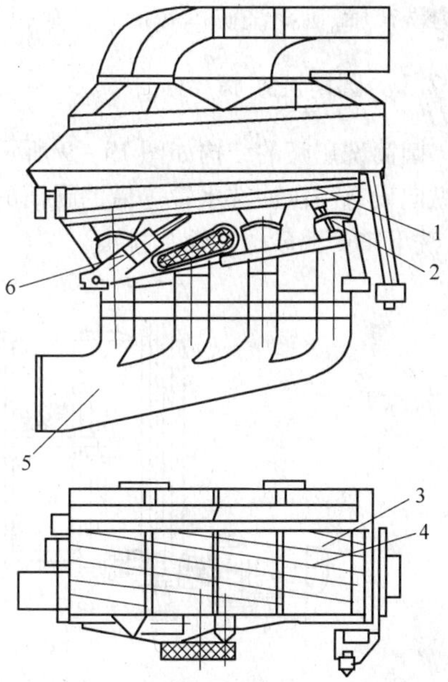

图19－7　欧斯玻－100型风力摇床
1—运动床面；2—支承杆；3—摇床工作面；4—床条；5—空气导管；6—传动机构

19.1.4　风力尖缩溜槽

风力尖缩溜槽的外形如图19－8所示，与湿式尖缩溜槽的结构非常类似。槽面由微孔材料制成，它的下面有一空气室。压缩空气由溜槽的一端给入，通过多孔表面向上流动。待分选物料从溜槽的上端给入，在气流吹动下形成沸腾床，在沿槽面向下运动中发生分层。分层后的产物在溜槽末端排出时利用截取器分开。在这种设备上还可以增设电磁振动器，使槽面振动，以强化分选过程。

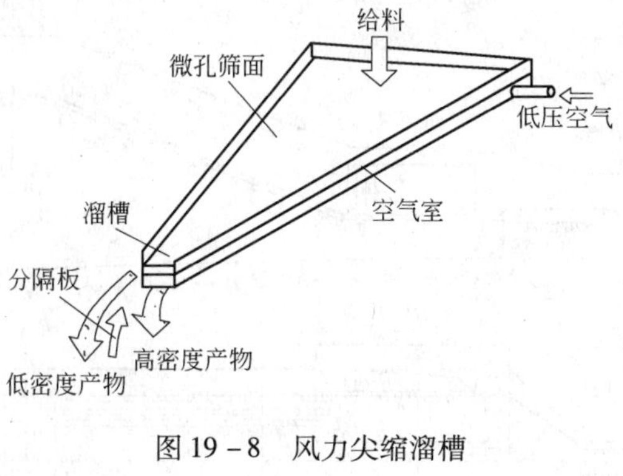

图19－8　风力尖缩溜槽

19.2　洗矿

当分选与黏土或大量微细粒级胶结在一起的块状物料时，为了提高分选指标，常在分选前采用水力浸泡、冲洗和机械搅动等方法，将被胶结的物料块解离出来并与黏土或微细粒级相分离，完成这一任务的作业称为洗矿。因此,洗矿包括碎散和分离两项作业。这两项作业大都在同一设备中完成,个别情况下在不同设备中分别完成。

在生产中,除了可以在固定格筛、振动筛、滚轴筛等筛分机械上增设喷水管集筛分和洗矿在同一个作业中完成以外,常用的洗矿设备主要有低堰式螺旋分级机(螺旋洗矿机)、圆筒洗矿筛、水力洗矿筛、圆筒洗矿机和槽式洗矿机等。

19.2.1 圆筒洗矿筛

圆筒洗矿筛的结构如图19-9所示。筛分用圆筒是由冲孔的钢板或编织的筛网制成,筒内沿纵向设有高压冲洗水管。借助圆筒的旋转,促使物料块相互冲击,再加上水力冲刷而将物料碎散,洗下来的泥砂透过筛孔排出。

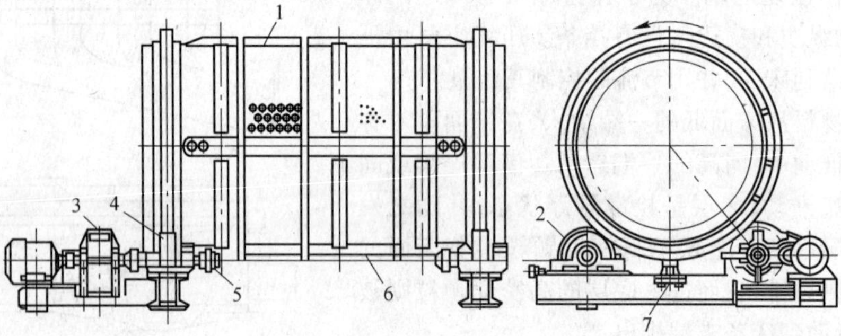

图19-9 圆筒洗矿筛的结构

1—圆筒;2—托辊;3—传动装置;4—主传动轮;5—离合器;6—传动轴;7—支承轮

19.2.2 水力洗矿筛

图19-10是水力洗矿筛的结构图,它由水枪、平筛、溢流筛、斜筛和大块物料筛等部分组成。平筛及斜筛宽约3m,平筛长2~3m,斜筛长5~6m,倾角20°~22°,大块物料筛倾角40°~45°。两侧溢流筛与平面筛垂直,筛条多用25~30 mm的圆钢制作,间距一般为25~30 mm。

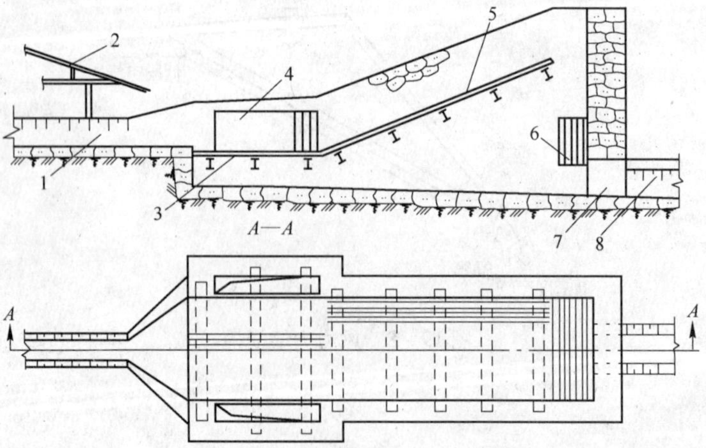

图19-10 水力洗矿筛的结构

1,8—运料沟;2—高压水枪;3—平筛;4—溢流筛;5—斜筛;6—大块物料筛;7—筛下产物排出口

物料由运料沟1直接给到平筛上，粒度小于筛孔的细颗粒随即透过筛孔漏下，而粗颗粒则堆积在平筛与斜筛的交界处，在高压水枪射出的水柱冲洗下，胶结团被碎散。碎散后的泥砂也漏到筛下，连同平筛的筛下产物一起沿运料沟8经筛下产物排出口排出。被冲洗干净的大块物料被高压水柱推送到大块物料筛上，然后排出。

水力洗矿筛的结构简单、生产能力大、操作容易。其缺点是水枪需要的水压强较高、动力消耗大、对细小结块的碎散能力低。

19.2.3　圆筒(滚筒)洗矿机

圆筒(滚筒)洗矿机又称作带筛擦洗机，其结构如图19－11所示，它主要由洗矿圆筒和连接在圆筒末端的双层筒筛构成。圆筒由4个托辊水平地支承在2个钢圈上，通过位于圆筒中部(或端部)的齿圈由小齿轮带动旋转。在圆筒的内壁装有带筋条的衬板，衬板呈螺旋线布置，螺距向筒筛一端增大，用以搅动和推动物料排出。

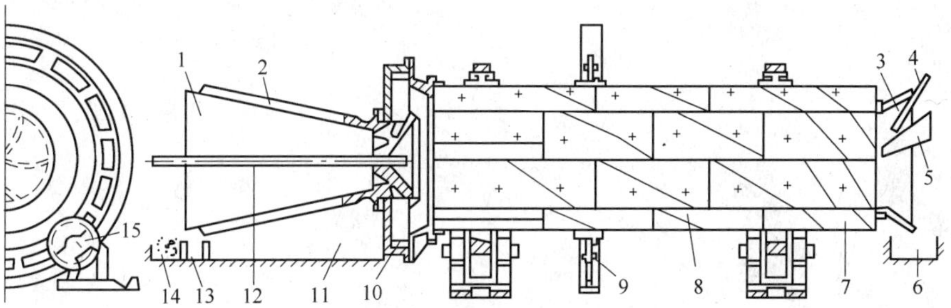

图19－11　圆筒(滚筒)洗矿机的结构

1，2—锥形筒筛；3—进料口；4—水管；5—给料槽；6—溢流槽；7—筒体；8—带筋衬板；9—齿轮；10—提升轮；11—细粒物料溜槽；12—水管；13—中间粒级物料溜槽；14—粗粒物料溜槽；15—托辊

物料由进料口给入，在圆筒内经水浸泡、搅动和水力冲刷得到碎散。从圆筒的排料端给入高压水，与物料反方向流动。洗下的黏土和细粒级物料成为溢流，从给料端排出。块状物料则由圆筒末端的提升轮提起，卸到双层锥形筒筛上。筒筛随洗矿圆筒一起旋转，并有冲洗水给到筛面上。筒筛将物料分成粗、中、细3个粒级，细粒级与洗矿溢流合并。

这种洗矿机适合处理含块较多的中等或难洗的物料。给料粒度一般不大于100 mm，过大的物料块会把提升轮的排料口堵死，并增加衬板的磨损。圆筒(滚筒)洗矿机的优点是工作平稳可靠、洗矿效率较高且每次可得到3种粒度的产品；其缺点是对泥团的擦洗碎散作用较弱，不适于处理含泥团较多的物料。

19.2.4　槽式洗矿机

槽式洗矿机的结构与螺旋分级机的类似，即在一个半圆形的斜槽中安装2根长轴，轴上装有不连续的搅拌叶片，叶片的顶点连线为一螺旋线。两螺旋的旋转方向相反，上部叶片均向外侧转动。

给料由槽的下端给入，胶结体被叶片切割、擦洗，并受到上端给入的高压水冲洗，使黏土与物料块解离开。黏土形成矿浆从下部溢流槽排出，粗粒物料则借叶片推动，从槽上端的排料口排出。

槽式洗矿机具有较强的切割、擦洗能力，对小泥团的碎散能力也较强，适合于处理质地较疏松、块度大小中等且含泥较多的难洗物料。这种洗矿设备的优点是处理能力大，洗矿效率较高；其缺点是入洗物料的粒度上限不能太大，一般不超过50 mm，否则螺旋叶片易被卡断。

第 4 篇

浮　　选

浮选是以各种颗粒或粒子表面的物理、化学性质的差别为基础，在气-液-固三相流体中进行分离的技术。首先使希望上浮的颗粒表面疏水，并与气泡（运载工具）一起在水中悬浮、弥散并相互作用，最终形成泡沫层，排出泡沫产品（疏水性产物）和槽中产品（亲水性产物），完成分离过程。

浮选过程的结构框图如下图所示。

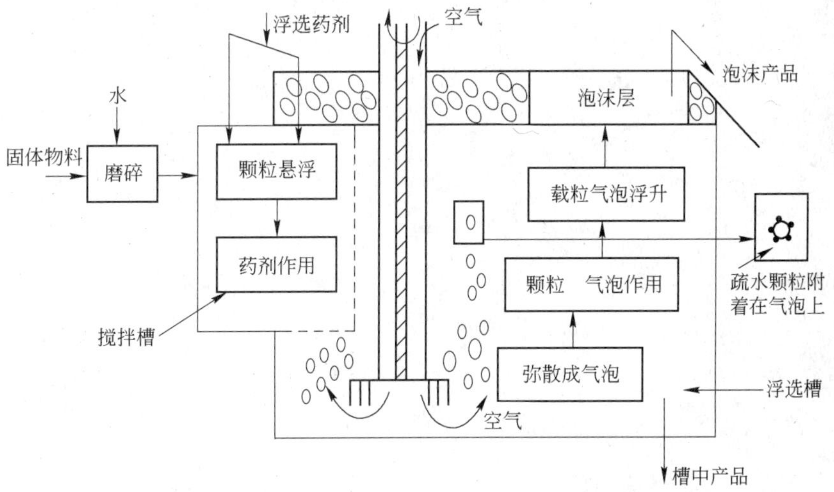

浮选过程的结构框图

图中清楚地展示了浮选所包括的主要过程，即：

（1）磨碎。磨碎的目的是使固体物料达到单体解离，这是实现分选的前提条件，使欲浮物料易于浮出。

（2）调浆。浮选要求矿浆浓度为25%～30%的固体质量分数，使矿浆处于湍流状态，以保证颗粒悬浮，并以一定的速度运动。

（3）加药。悬浮颗粒与浮选药剂作用，使目的颗粒的表面呈现强疏水性。

（4）充气。加入起泡剂，使矿浆中产生气泡并弥散，颗粒与气泡接触，疏水性颗粒黏着在气泡上，随气泡浮升。

（5）分离。将浮到液面的矿化泡沫层刮出，得到泡沫产品和槽中产品。

浮选是继重选之后，由全油浮选、表层浮选发展起来的。自20世纪初，在澳大利亚采用比较原始的泡沫浮选以来，特别是近30年来，浮选取得了长足的进展。目前浮选已成为应用最广泛、最有前途的分离方法，不仅广泛用于选别含铜、铅、锌、钼、铁、锰等的金属矿物，也用于选别石墨、重晶石、萤石、磷灰石等非金属矿物；还用在冶金工业中分离冶金中间产品或炉渣，从工厂排放的废水中回收有价金属。浮选方法还用于工业、油田等生产废水的净化；用于从造纸废液中回收纤维；用于废纸再生过程中脱除油墨；用于回收肥皂厂的油脂及分选染料等。在食品工业中应用浮选方法从黑麦中分出麦角，从牛奶中分选奶酪。此外，浮选方法还用于从水中脱出寄生虫卵，分离结核杆菌和大肠杆菌等。

20　浮选理论基础

20.1　固体表面的润湿性及可浮性

20.1.1　润湿现象

在浮选过程中，固体颗粒表面的润湿性是指固体表面与水相互作用这一界面现象的强弱程度。固体表面润湿性及其调节是浮选过程的核心问题。

被水润湿的程度是固体物料可浮性好坏的最直观标志。例如，往干净的玻璃板上滴1滴水，它会很快地沿玻璃板表面展开，成为平面凸镜的形状。若往石蜡上滴1滴水，它将力图保持球形。因重力作用使水滴在石蜡表面形成一椭球形水珠，而不展开。上述现象表明，玻璃易被水润湿，是亲水物质；而石蜡则不能被水润湿，是疏水物质。

图20－1是水滴和气泡在不同固体表面的铺展情况，图中固体的上表面是空气中的水滴在固体表面的铺展形式，从左至右随着固体亲水程度的减弱，水滴越来越难以铺展开，而呈球形；图中固体的下表面是水中的气泡在固体表面附着的情况，气泡的状态正好与水滴的形状相反，则从右至左随着固体表面亲水性的增强，气泡变为球形。

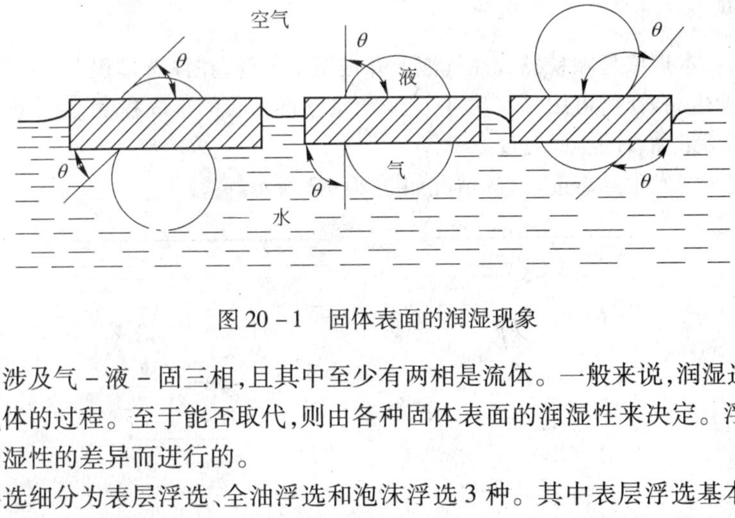

图20－1　固体表面的润湿现象

润湿作用涉及气－液－固三相，且其中至少有两相是流体。一般来说，润湿过程是液体取代固体表面上气体的过程。至于能否取代，则由各种固体表面的润湿性来决定。浮选就是利用各种固体表面润湿性的差异而进行的。

通常将浮选细分为表层浮选、全油浮选和泡沫浮选3种。其中表层浮选基本上取决于固体表面的空气是否能被水取代，如果水不能取代固体表面的空气，即固体表面不易润湿，则此固体就将飘浮在水面上；全油浮选是由于被浮固体表面的亲油性和疏水性所造成的；泡沫浮选是由于被浮固体物料经浮选药剂处理后，表面呈强疏水性而附着在气泡上，从而上浮。

20.1.2　润湿性的度量

在实践中，通常用接触角来度量固体表面的润湿性强弱（固体表面的亲水或疏水程度）。当气泡在固体表面附着（或水滴附着于固体表面）时，一般认为其接触处是三相接触，并将这条接触线称为“三相润湿周边”。在接触过程中，润湿周边是可以移动的，或者变大，或者缩小。当变化停止时，表明该周边的三相界面的自由能（以界面张力表示）已达到平衡，在此条件下，在润湿

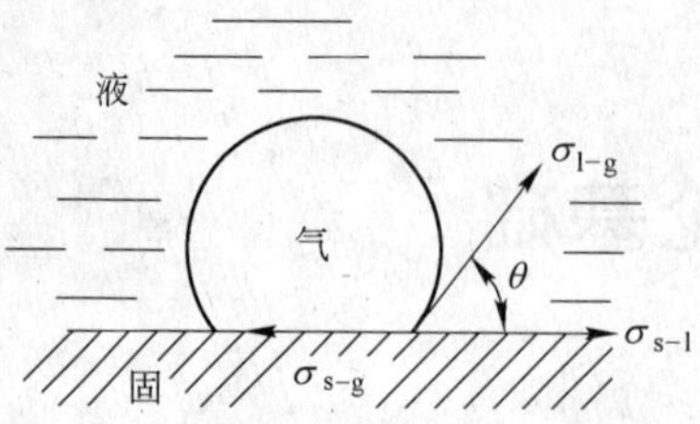

图 20－2　固体表面与气泡接触平衡示意图

周边上任意一点处，液－气界面的切线与固－液界面切线之间的夹角称为平衡接触角，简称接触角（见图 20－2），用 θ 表示。

在图 20－2 中，当固－液－气三相界面张力平衡时，有如下关系式：

$$\sigma_{s-g} = \sigma_{s-l} + \sigma_{l-g}\cos\theta \qquad (20-1)$$

式(20－1)是著名的杨氏(Yong)方程式，由此解出：

$$\cos\theta = (\sigma_{s-g} - \sigma_{s-l}) / \sigma_{l-g} \qquad (20-2)$$

式(20－1)是润湿的基本方程，亦称为润湿方程。它表明平衡接触角 θ 是三相界面自由能（表面张力）的函数，它不仅与固体表面性质有关，也与气－液界面的性质有关。$\cos\theta$ 称为固体表面的"润湿性"，通过测定接触角，可以对固体的润湿性和可浮性作出大致的评价。显然，亲水性固体的接触角小，比较难浮；而疏水性固体的接触角大，比较易浮。表 20－1 列出了几种常见矿物的接触角。

表 20－1　几种矿物的接触角测定值

矿物名称	自然硫	滑石	辉钼矿	方铅矿	闪锌矿	萤石	黄铁矿	重晶石	方解石	石灰石	石英	云母
θ/(°)	78	64	60	47	46	41	30	30	20	0～10	0～4	～0

20.1.3　黏着功

浮选涉及的基本现象是颗粒黏着在气泡上并被携带上浮，在浮选过程中，颗粒与气泡不断接触，当两者之间发生黏着时，可用黏着功 W_{s-g} 来衡量它们黏着的牢固程度，当然也可以用体系自由能的减少量来衡量黏着的牢固程度。

颗粒与气泡之间发生黏着前、后的情况如图 20－3 所示。

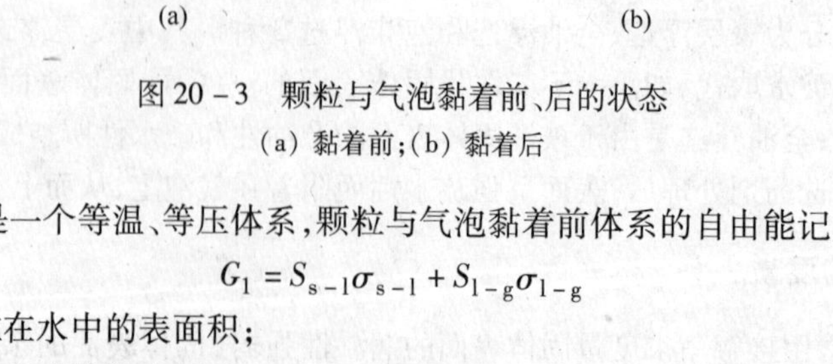

图 20－3　颗粒与气泡黏着前、后的状态

（a）黏着前；（b）黏着后

若将体系看作是一个等温、等压体系，颗粒与气泡黏着前体系的自由能记为 G_1，则有：

$$G_1 = S_{s-l}\sigma_{s-l} + S_{l-g}\sigma_{l-g} \qquad (20-3)$$

式中　S_{s-l}——颗粒在水中的表面积；

S_{l-g}——气泡在水中的表面积；

σ_{s-l}——固液界面上的表面张力；

σ_{l-g}——液气界面上的表面张力。

当颗粒与气泡黏着单位面积($S_{s-g}=1$)时，假定黏着后气泡仍保持球形不变，则颗粒与气泡黏着后的体系自由能 G_2 为：

$$G_2=(S_{s-l}-1)\sigma_{s-l}+(S_{l-g}-1)\sigma_{l-g}+\sigma_{s-g} \tag{20-4}$$

黏着前、后体系的自由能变化量 ΔG 为：

$$-\Delta G=G_1-G_2=\sigma_{s-l}+\sigma_{l-g}-\sigma_{s-g}=W_{s-g} \tag{20-5}$$

式(20-5)中的 σ_{s-l} 和 σ_{s-g} 目前尚不能直接测定，为此将式(20-2)代入式(20-5)并整理得：

$$W_{s-g}=-\Delta G=\sigma_{l-g}(1-\cos\theta) \tag{20-6}$$

ΔG 为黏着单位面积时，黏着前、后体系自由能的变化，它表征颗粒与气泡黏着的牢固程度，故常将 $(1-\cos\theta)$ 称为可浮性。它表明了自由能变化与平衡接触角的关系。上述各式中 σ_{l-g} 的数值与液体的表面张力相同(例如，水的表面张力为 0.072 N/m)，可以通过试验测定。于是 W_{s-g} 可以通过计算求出。

当颗粒完全亲水时，$\theta=0°$，润湿性 $(\cos\theta)=1$，可浮性 $(1-\cos\theta)=0$。此时颗粒不会黏着在气泡上而上浮，因为自由能不变化，黏着功 W_{s-g} 为零。

当颗粒疏水性增加时，接触角增大，润湿性 $(\cos\theta)$ 减小，则可浮性 $(1-\cos\theta)$ 增大，此时 W_{s-g} 也增大，体系自由能降低。根据热力学第二定律，该过程具有自发进行的趋势，因此，愈是疏水的固体颗粒，自发地黏着于气泡而上浮的趋势就愈大。疏水性颗粒能黏着于气泡，而亲水性颗粒不能黏着于气泡，因而可以将它们分开，这就是浮选的基本原理。

20.1.4 固体表面的水化层

从宏观的接触角深入到固体与水溶液界面的微观润湿性可以推知，润湿是水分子对固体表面的吸附形成的水化作用。水化作用的结果，使有极性的水分子在有极性的固体表面产生吸附，并呈现定向、密集、有序排列，形成水化层或水化膜。

固体表面水化作用发生的程度，主要取决于固体表面不饱和键的性质和质点极性的强弱。图 20-4 表示的是疏水性固体和亲水性固体表面的水化层，以及浮选药剂(捕收剂)对固体表面水化作用的影响。水化层的厚度与固体表面的润湿性成正比，某些疏水性矿物如石墨、自然硫、辉钼矿等，其表面主要呈现不饱和的弱分子键力，所以水化作用较弱，如图 20-4a 所示，水化层厚度仅为 $1\times10^{-5}\sim1\times10^{-6}$ mm；而亲水性矿物(如石英、刚玉等)表面呈现不饱和的强键(如离子键和共价键)，所以具有强的水化作用，如图 20-4b 所示，水化层厚度可以达 1×10^{-2} mm；固体表面经捕收剂处理后，表面不饱和键力将得到较大程度的补偿，同时由于异极性捕收剂的非极性端或非极性捕收剂分子的作用，使固体表面疏水性增强，这时固体表面的水化作用将显著减弱(如图 20-4c、d 所示)。

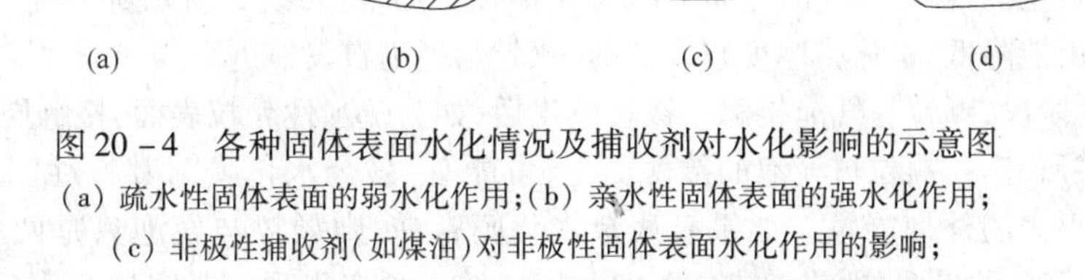

图 20-4 各种固体表面水化情况及捕收剂对水化影响的示意图

(a) 疏水性固体表面的弱水化作用；(b) 亲水性固体表面的强水化作用；

(c) 非极性捕收剂(如煤油)对非极性固体表面水化作用的影响；

(d) 异极性捕收剂(如黄药)对极性固体表面水化作用的影响

水化层具有扩散的结构，由于受固体表面键能作用，它的黏度比普通水的大，具有同固体相似的弹性，所以水化层虽然外观是液相，但其性质却近似固相。

在浮选过程中，固体颗粒与气泡互相接近时，先驱除位于两者夹缝间的普通水。由于普通水的分子是无序而自由排列的，所以易被挤走。当颗粒向气泡进一步接近时，颗粒表面的水化层受气泡的挤压而变薄。

水化层变薄过程中的自由能变化，与表面的水化性有关（见图 20－5）。固体表面水化性强（亲水性表面）时，随着气泡向颗粒接近，水化层的表面自由能增加。

图 20－5 中的曲线 1 表明，当颗粒与气泡之间的距离愈来愈小时，表面能不断升高。所以除非有外加的能量，否则水化层不会变薄。水化层的厚度与自由能的变化表明，表面亲水的固体不容易与气泡接触，进而发生黏着。

图 20－5 中的曲线 2 所示的中等水化性表面，是浮选过程经常遇到的情况。

弱水化性表面或疏水性表面的情况如图 20－5 中的曲线 3 所示。疏水性表面的水化层比较脆弱，有部分自发破裂，此时自由能降低。但很接近表面的一层水化层，却是很难排除的，图 20－5 中曲线 3 在左侧急剧上升恰好说明了这一点。

浮选过程中常遇到的固体颗粒，往往是中间状态，即图 20－5 中的曲线 2 所示的情况，这时颗粒向气泡黏着的过程可细分为图 20－6 所示的 a、b、c、d 四个阶段。

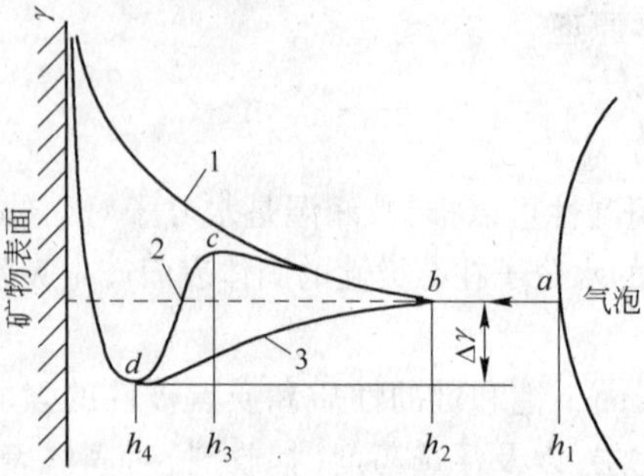

图 20－5　水化膜的厚度与自由能变化
1—强水化性表面；2—中等水化性表面；
3—弱水化性表面

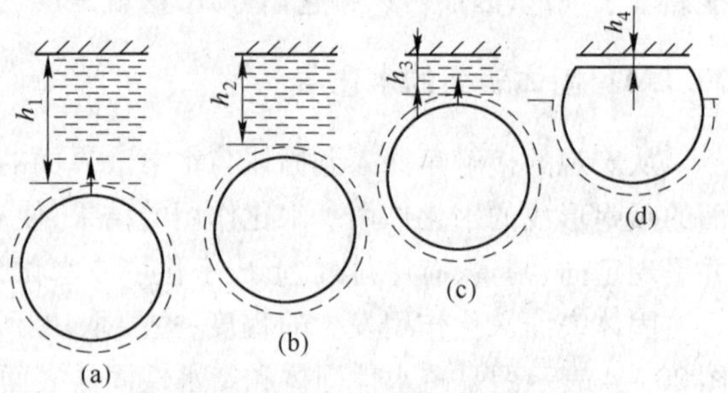

图 20－6　颗粒与气泡接触的四个阶段

a 阶段为颗粒与气泡互相接近的过程。这是由浮选机的充气搅拌、矿浆运动、表面间引力等因素综合造成的。颗粒与气泡互相接触的机会，是与搅拌强度、颗粒和气泡的尺寸等相关的。颗粒与气泡的相对位置如图 20－6a 所示，两者之间的距离为 h_1，此时自由能变化不多。

b 阶段是颗粒与气泡的水化层接触的过程。此时颗粒与气泡间的距离变为 h_2，由于水化层的水分子是在表面键能的作用力场范围内，故水分子的电偶极子是定向排列，与普通水分子的无序排列不同。因此，要排开水化层中的水分子，需要外界对体系做功，借以克服 b 到 c 的能峰。

c 阶段是水化层的变薄和破裂过程。水化层受外力的作用变薄到一定程度，成为水化膜（见图 20－5 中的 c 点），颗粒与气泡之间的距离为 h_3。此后，沿曲线 2 由 c 到 d，此时水化膜表现出不稳定性，自由能降低，水化膜厚度自发变薄，颗粒与气泡自发靠近。

最后是 d 阶段，颗粒与气泡接触。接触发生后，如为疏水性颗粒表面，接触周边可能会扩展。

根据一些研究，在颗粒与气泡的接触面上，可能有“残余水化膜”，其特性已近于固体，要除去此膜，需要很大的外加能量。如果有残余水化膜存在，则颗粒与气泡只是两相接触，即只有固－液、液－气 2 种界面，则前述式（20－1）中的 σ_{s-g} 项未出现。假定残余水化膜的性质与普通液体有差别，为区别起见记为“l'”，于是两相接触的平衡式应写成：

$$\sigma_{s-l'}+\sigma_{l'-g}=\sigma_{s-l}+\sigma_{l-g}\cos\theta \tag{20-7}$$

式中 $\sigma_{s-l'}$——固体与残余水化膜界面间的自由能（表面张力）；

$\sigma_{l'-g}$——残余水化膜与气相间的界面自由能（表面张力）。

应该指出，因针对水化膜的性质开展的研究工作还很不充分，目前尚不能利用式(20－7)进行定量计算。

20.2 矿物的晶体结构与可浮性

决定可浮性的主要因素是矿物的化学组成和物质结构，晶格结构的差异既影响固体颗粒内部的性质，也会导致其表面性质有所不同，这主要与其晶格键能有关。理想固体的结晶构造及键能比较有规律，但经破碎、磨碎后的矿物颗粒则有晶格缺陷等物理的不均匀性，有时还会有类质同象等不均匀性存在；此外，颗粒表面的氧化及溶解也会影响其可浮性。

20.2.1 矿物的晶格结构与键能

经破磨产生的矿物颗粒表面，因晶格受到破坏，而存在剩余的不饱和键能，因此具有一定的“表面能”。这种表面能对其与水、矿浆或溶液中的离子、分子、浮选药剂及气体等的作用起决定性的影响。处在矿物颗粒表面的原子、分子或离子的吸引力和表面键能特性等，取决于其内部结构及断裂面的结构特点。

矿物的内部结构按键能可分为4类：其一是离子键或离子晶体，如萤石、方解石、白铅矿、闪锌矿和岩盐等；其二是共价键或共价晶格，其典型代表是金刚石，它与石墨一样都是由碳元素组成，金刚石之所以具有较强的亲水性，就是因为它是共价晶格，晶体内的共价键呈弱极性，属于此类矿物的还有石英、金红石、锡石等；其三是分子键或分子晶格，例如石墨、辉钼矿等，在它们的层状结构中，层与层之间是分子键；其四是金属键或金属晶格，自然铜、自然铋、自然金和自然银均属此类。

此外，方铅矿、黄铁矿等具有半导体性质的金属硫化物矿物，是介于离子键、共价键和金属键之间的过渡的形式，它们是包含多种键能的晶体。

浮选处理的物料大都经过了破碎和磨碎，破碎时往往沿脆弱面（如裂缝、解理面、晶格间含杂质区等）断裂，或沿应力集中部位断裂。图20－7列出了6种典型的晶体结构，现以解理面为基础，简要分析一下它们的断裂面。

岩盐为单纯离子晶格，断裂时，常沿着离子间界面断裂，在解理面上分布有相同数目的阴离子和阳离子，可能出现的断裂面如图20－7a中的虚线所示。

萤石也是离子晶格，在萤石中断裂主要沿图20－7b中的虚线进行。由此可见，在萤石的晶格中有两种面网排列方式，一种是 Ca^{2+} 与 F^- 面网相互排列，另一种是由 F^- 与 F^- 面网排列，Ca^{2+} 和 F^- 之间存在着较强的键合能力；F^- 与 F^- 之间的静电斥力导致了晶体内的脆弱解理面。因此，当受到外力作用发生破裂时，萤石常沿 F^- 组成的面网层断裂开。

方解石虽然也是离子晶格，但在它的晶格中含有 CO_3^{2-}，因C—O键为更强的共价键，所以不会沿 CO_3^{2-} 中的C—O键断开。受外力作用发生破裂时，方解石将沿图20－7c中的虚线所表示的 CO_3^{2-} 与 Ca^{2+} 交界面断裂。

重晶石的碎裂如图20－7d中的虚线所示，它有3个解理面，都是沿含氧离子的面网间发生破裂。

石墨和辉钼矿都具有典型的层状结构。在石墨（如图20－7e所示）中，层与层间的距离（图

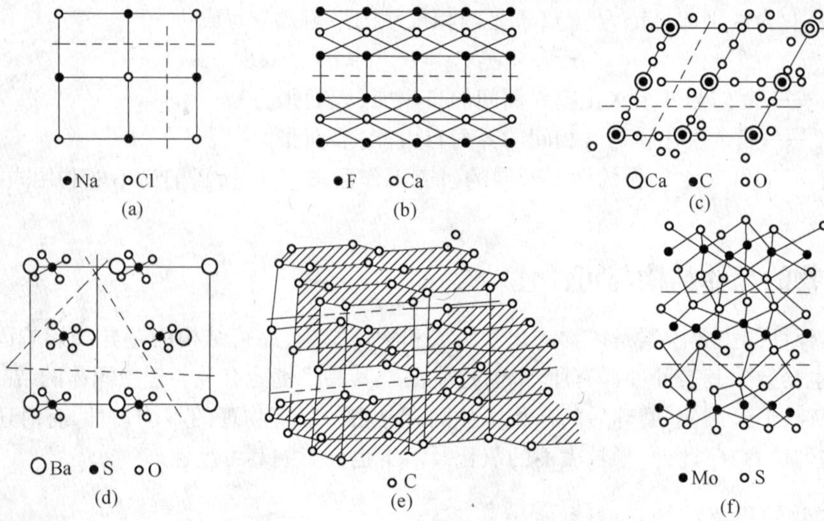

图 20-7　典型的晶格及可能的断裂面

(a) 岩盐;(b) 萤石;(c) 方解石;(d) 重晶石;(e) 石墨;(f) 辉钼矿

中的垂直距离)为0.339 nm,而层内碳原子之间相距0.12 nm,所以容易沿此层片间裂开;辉钼矿则是沿平行的硫原子的层片间断裂(见图20-7f)。

实践中最常见的硅酸盐矿物和硅铝酸盐矿物,常呈骨架状结构。骨架的最基本单位为二氧化硅,硅氧构成四面体,硅在四面体的中心,氧在四面体的顶端,彼此联系起来构成骨架。在骨架内,原子间距离在各个方向上都相同。硅酸盐矿物中的 Si^{4+} 易被 Al^{3+} 取代,形成铝硅酸盐矿物,其硅氧四面体中硅与氧的比例,影响解理面的性质。另外,Al^{3+} 比 Si^{4+} 少1个正价,因此就必须引入1个1价阳离子,才能保持电中性,被引入的离子常常是 Na^+ 和 K^+,但 Na^+ 或 K^+ 处于骨架之外,骨架与 Na^+ 或 K^+ 之间为离子键,硅氧之间为共价键,所以此类矿物破碎以后,颗粒表面具有很强的亲水性。

20.2.2　矿物颗粒的表面键能与天然可浮性

磨碎后的矿物颗粒表面,是决定其可浮性的基础,颗粒表面与内部的主要区别是内部的离子、原子或分子相互结合,键能得到了平衡;而位于表面层中的离子、原子或分子朝向内部的一面,与内层之间有平衡饱和键能,而朝向外面的键能却没有得到饱和(或补偿),颗粒表面这种未饱和的键能决定了它们的可浮性。

物料的表面键能按强弱可分为较强的原子键或离子键和较弱的分子键2大类。具有原子键或离子键的颗粒表面有较强的极性和化学活性,对极性的水分子有较大的吸引力,因而表现出强亲水性,称为亲水表面。这种表面易被润湿,接触角小,天然可浮性较差。具有分子键的颗粒表面,其极性及化学活性较弱,对水分子的吸引力较小,不易被水润湿,故称为疏水性表面。疏水性表面的接触角大,天然可浮性好。

自然可浮性好的物料是很少的,所以实现物料的浮选分离,主要是借助于添加捕收剂来人为地改变它们的可浮性。捕收剂的一端具有极性,朝向颗粒表面,可以满足颗粒表面未饱和的键能;另一端具有石蜡或烃类物质那样的疏水性,造成颗粒表面的"人为可浮性",提高了它的浮选回收率。对于那些具有一定自然可浮性但又不希望其上浮的颗粒,经常使用具有选择性的抑制剂,抑制它们上浮。通过人为调整,达到良好的分离结果。

常见矿物按表面性质进行分类的情况见表20－2。

表20－2　常见矿物按表面性质分类一览表

类　别	Ⅰ	Ⅱ	Ⅲ	Ⅳ	Ⅴ	Ⅵ
表面性质	分子键，非极性表面，润湿性小	共价键，部分金属键和离子键，润湿性较小	离子键，极性表面，润湿性较大	多种键型，极性表面，润湿性大	表面容易氧化、溶解，极性表面，润湿性大	表面极易溶解
所包含的主要矿物	自然硫 石墨 滑石 辉钼矿 自然金 自然银 自然铂	黄铜矿 辉铜矿 铜蓝 斑铜矿 黝铜矿 斜方硫砷铜矿 砷黝铜矿 方铅矿 闪锌矿 黄铁矿 磁黄铁矿 砷黄铁矿 镍黄铁矿 针硫镍矿 砷镍矿 硫化钴矿 辉砷钴矿 雄黄 雌黄 毒砂 辉锑矿 辉铋矿 辰砂	萤石 白钨矿 磷灰石 方解石 白云石 重晶石 菱镁石	赤铁矿 针铁矿 磁铁矿 褐铁矿 软锰矿 菱锰矿 黑钨矿 钛铁矿 钽铁矿 铌铁矿 金红石 锆石 绿柱石 锡石 锂辉石 石英 电气石 蓝晶石 高岭石 一水铝石 三水铝石 刚玉	孔雀石 蓝铜矿 赤铜矿 硅孔雀石 白铅矿 铅钒 钼铅矿 菱锌矿 异极矿	硼砂 岩盐 钾盐

20.2.3　颗粒表面的不均匀性与可浮性

试验研究常常发现，即便是同一种物料，也会具有相当不同的可浮性。这是因为物料破裂后的颗粒表面，性质很不均匀，表面上存在着许多物理不均匀性、化学不均匀性和物理化学不均匀性（半导体性），从而使可浮性发生各种各样的变化。

20.2.3.1　颗粒表面的物理不均匀性

典型完整的晶体是少见的，总是有这样那样结构上的缺陷，从而使颗粒表面常呈现出宏观不均匀性，其晶格常产生各种缺陷、位错现象等，从而导致了颗粒表面的物理不均匀性。

物料表面的宏观不均匀性与其表面的形状（有无凸部、凹部、边角等）有关，也与是否存在孔隙、裂缝有关，当晶体沿不同方向断裂时，显示出能量性质的各向异性（见图20－8）。显然，在边上、角上和凸出部位能量状态都显著不同。这些位置上的原子与晶体中其他原子相比，其吸附活性也不相同。特别是物料经受磨碎时，磨碎介质的打击方向是紊乱的，所以经过磨碎后的物料表面更加不均匀。

图20－9和图20－10所示的位错和镶嵌结构，也是产生颗粒表面物理不均匀性的常见现象。

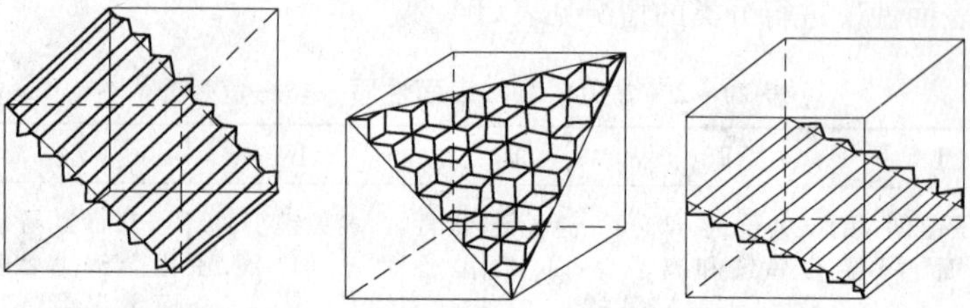

(a)　(b)　(c)

图 20－8　石盐晶体的碎裂面

(a) 石盐晶体沿十二面体晶面破碎后的表面；(b) 石盐晶体沿八面体晶面破碎后的表面；
(c) 石盐晶体对立方体晶面成任意角度破裂的表面

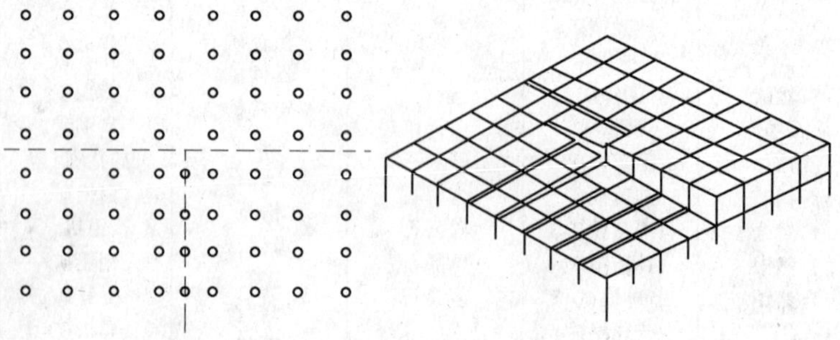

(a)　(b)

图 20－9　位错示意图

(a) 边缘位错；(b) 螺旋位错

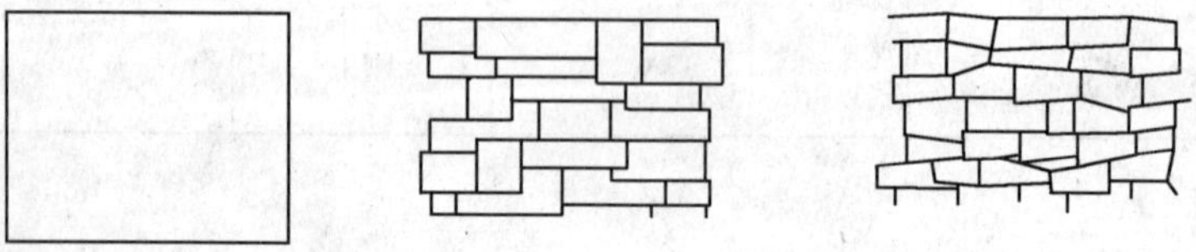

(a)　(b)　(c)

图 20－10　晶体的嵌镶现象

(a) 完整晶体；(b) 微晶的平行嵌镶；(c) 微晶的无定向嵌镶

上述物料的各种物理不均匀性，对它们的可浮性均会产生一定的影响。实践证明，晶格缺陷、杂质、半导性、位错等不仅直接影响可浮性，还可用来分析浮选药剂与颗粒表面的作用机理。当然，也可以通过加入杂质、浸除颗粒表面杂质或通过辐射、加热和加压等方法来改变晶格缺陷及位错，借以人为地改变物料的可浮性。

20.2.3.2　物料表面的化学不均性

在实际物料（矿石）中，各种元素之间的化学键，并不像其化学式表示的那样单纯，常常含有一些非化学式的计量组分。非化学计量情况大体可分为如图 20－11 所示的 4 种类型：Ⅰ型为阴离子空位引起的金属过量；Ⅱ型为间隙阳离子引起的金属过量；Ⅲ型为间隙阴离子导致非金属过量；Ⅳ型为阳离子空位使非金属过量。

当金属元素过剩或非金属元素不足时，属于正电性的晶格缺陷；反之，非金属元素过剩或金属元素不足时，则属于负电性的晶格缺陷。正电性缺陷是吸引电子的中心，可促进颗粒表面吸附阴离子；而负电性缺陷则是排斥电子的中心，将阻止阴离子的吸附。

杂质离子的掺入以及类质同象的存在也会造成颗粒表面的不均匀性。例如，硒和碲往往以类质同象的方式混入各种硫化物矿物（黄铁矿及磁黄铁矿）内；有些元素如铟、镉、镓、锗等也往往以类质同象的方式混入其他矿物晶格中，或形成均匀混溶的固态物质称为固溶体。由此造成的颗粒表面不均匀性，也必然会影响它们的可浮性。

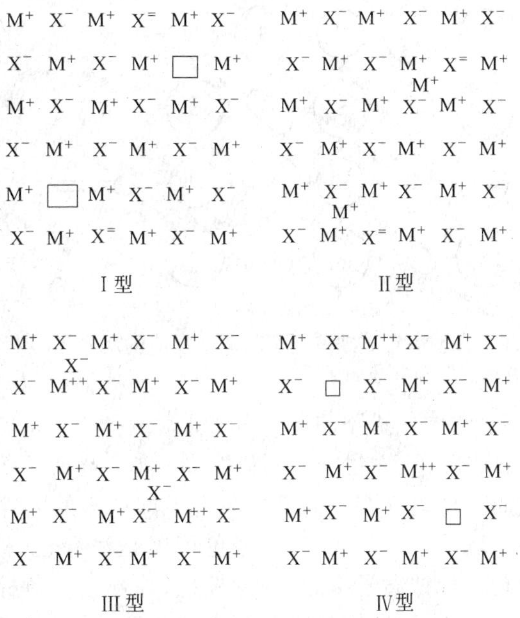

图 20－11　非化学计量及缺陷的 4 种类型

M—金属；X—非金属

20.2.3.3　半导体性质

几乎所有的金属硫化物矿物（如黄铁矿、黄铜矿、方铅矿等）都具有半导体的特性，其特点是电导率比金属低得多（电阻率介于 $10^{-4} \sim 10^{7}\ \Omega \cdot m$），其中的载流子包括自由电子和空穴两种。所谓空穴是本来应有电子的地方没有了电子，即电子缺位。在半导体中，何种载流子占多数即决定它们属于电子型，还是空穴型，分别称为电子半导体（或称 N 型半导体）和空穴半导体（或称 P 型半导体），N 型半导体靠电子导电，P 型半导体则靠空穴导电。

硫化物矿物的半导性与本身晶格缺陷的浓度有密切关系，同时也受杂质影响。

一般来说，当缺陷属于图 20－11 中的Ⅰ型和Ⅱ型（即为阴离子空位或间隙阳离子）时，因金属过量，呈正电性缺陷，电子密度增加而使晶体成为 N 型；当缺陷属于Ⅲ型和Ⅳ型（即间隙阴离子或阳离子空位）时，因非金属过量而呈负电性缺陷，导致空穴密度增加而使晶体成为 P 型。例如，当硫化铅中的铅化学计量过剩时，导致电子导电性即 N 型半导体，而硫多余时将导致空穴导电性即 P 型半导体。

当然缺陷的类型及浓度也受杂质的影响。例如纯的硫化锌，其电导接近于绝缘体（在室温条件下，电导为 $10^{10} \sim 10^{12}$S）。但天然的闪锌矿因存在杂质而具有半导体性质，并且影响其电导及半导体类型。如果闪锌矿晶格上的一些锌原子位置被铁取代，则属于 N 型半导体，是最常见的典型的电子型半导体闪锌矿；若晶格上一些锌原子位置被铜取代，则属于 P 型，即是空穴型半导体闪锌矿，而锰和钙等元素杂质则不改变闪锌矿的导电类型。

20.2.3.4　物料表面不均匀性与可浮性

颗粒表面不均匀性直接影响它们与水及水中各种组分的作用，因而导致可浮性变化。

A　晶格缺陷与捕收剂的吸附

图 20－12 为方铅矿（PbS）缺陷（阳离子空位）与黄药离子反应的示意图。由于阳离子空位，使方铅矿表面的化合价及电荷状态失去平衡，造成负电性缺陷，在空位附近的电荷状态使硫离子对电子有较强的吸引力，而阳离子则形成较高的荷电状态及较多的自由外层轨道，缺陷使晶体半导性成为 P 型。因而形成对黄原酸阴离子具有较强吸附力的中心。相反，若缺陷使晶体半导性成为 N 型（阴离子空位或间隙阳离子），则不利于黄原酸阴离子在

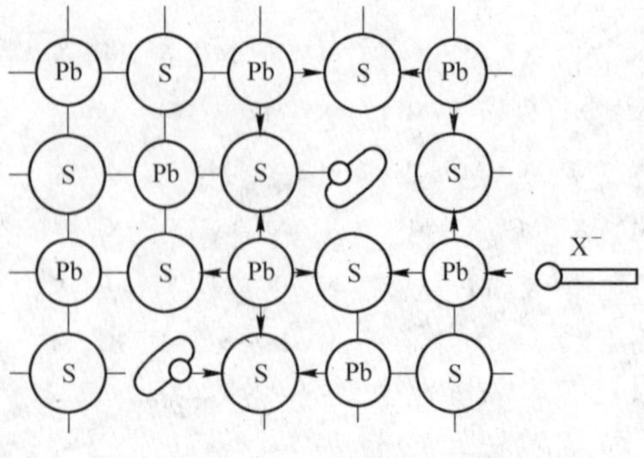

图 20－12　方铅矿缺陷与黄药离子反应的示意图

矿物表面的吸附。

理想的方铅矿晶格内部,铅与硫之间的化学键大部分是共价键,只有少量是离子键,其内部价电荷是平衡的,所以对外界离子的吸附力不强。但缺陷使方铅矿内部的价电荷不平衡,从而形成表面活性,产生不均匀性,这就是缺陷的类型及浓度直接影响方铅矿的可浮性,也是导致不同的方铅矿具有不同可浮性的原因之一。对硫化物矿物而言,缺陷除影响捕收剂的吸附外,还影响氧化还原状态及界面电化学反应。

B　化学组成不均匀性与可浮性

如前所述,方铅矿、闪锌矿、黄铜矿、黄铁矿等许多硫化物矿物的可浮性异常都与化学组成的不均匀性有关。例如来自不同矿床的闪锌矿具有不同的颜色,这与其中所含的杂质有关。随着杂质的改变,其颜色可以是浅绿色、棕褐色、深棕色或钢灰色。绿色、灰色和黄绿色是二价铁离子引起的;深棕色、棕褐色和黄棕色是锌离子的显色特性及 同晶形镉离子的取代所致;随着闪锌矿晶格中铁离子的增加,其颜色由淡变深,当铁含量达20%左右、甚至达到26%时,这类闪锌矿变成黑色,并称之为高铁闪锌矿。各种颜色闪锌矿的可浮性差异非常明显,通常含 Ag、Cu 和 Pb 等杂质时,能提高闪锌矿的可浮性;而含另一些杂质、特别是铁时,则会降低闪锌矿的可浮性,并对锌精矿的质量产生不利影响。杂质的取代交替,使得闪锌矿晶格中的部分离子键、晶格参数、晶体表面能及半导体性发生变化,从而使闪锌矿有着广泛的化学不均匀性。

化学组成的不规则性对氧化物矿物和含氧盐矿物的可浮性亦有比较明显的影响,例如,羟基磷灰石和氟磷灰石,它们的化学成分分别为 $Ca_5(PO_4)_3OH$ 和 $Ca_5(PO_4)_3F$,其中的 Ca 可以被 Mn、Sr、Mg、Na、K、Cu、Sn、Pb、稀土元素等取代;PO_4^{3-} 可被 SO_4^{2-}、SiO_4^{4-}、CO_3^{2-}、AsO_4^{4-}、VO_4^{3-}、CrO_4^{2-} 等取代;OH^- 和 F^- 可被 Cl^- 取代。这些取代交替,使得磷灰石有广泛的化学不均匀性,从而具有不同的可浮性(见图 20－13)。

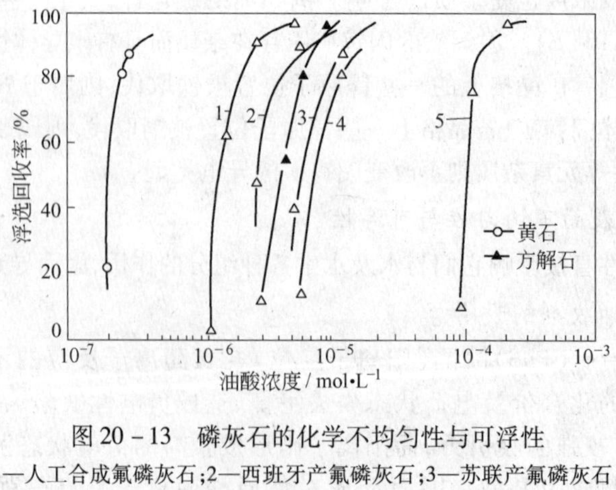

图 20－13　磷灰石的化学不均匀性与可浮性

1—人工合成氟磷灰石;2—西班牙产氟磷灰石;3—苏联产氟磷灰石;
4—人工合成氯磷灰石;5—挪威产氯磷灰石

20.3　颗粒表面的氧化和溶解与可浮性

颗粒表面的氧化和溶解对浮选过程也同样有着重要影响，特别是氧与金属（如铜、铅、锌、铁、镍等）硫化物矿物的作用，对其浮选行为有着非常重要的影响。在浮选条件下，氧对颗粒与水、药剂等的相互作用也有显著的影响，并且矿浆中氧的含量能够调整和控制浮选过程、改善或恶化浮选分离指标。

20.3.1　颗粒表面的氧化

硫化物矿物颗粒的表面受到空气中的氧、二氧化碳、水及水中的氧等作用，将发生如下一些化学反应：

$$2MeS + O_2 + 4H^+ = 2Me^{2+} + 2S^0 + 2H_2O \tag{20-8}$$

$$2MeS + 3O_2 + 4H_2O = 2Me(OH)_2 + 2H_2SO_3 \tag{20-9}$$

$$MeS + 2O_2 + 2H_2O = Me(OH)_2 + H_2SO_4 \tag{20-10}$$

$$2MeS + 2O_2 + 2H^+ = 2Me^{2+} + S_2O_3^{2-} + H_2O \tag{20-11}$$

上述各反应式中的Me代表金属元素。

研究表明，氧与硫化物矿物的相互作用过程是分阶段进行的。第1阶段，氧适量地吸附在颗粒表面，此时硫化物矿物表面仍保持疏水性；第2阶段，氧在硫化物矿物晶格的电子之间发生离子化；第3阶段，离子化的氧发生化学吸附，并进而使硫化物矿物表面发生氧化，生成各种硫酸盐。硫化物矿物的可浮性明显受氧化程度的影响，在一定限度内，矿物的可浮性随氧化而变好。但过分氧化，则起抑制作用。

磁黄铁矿颗粒表面发生自然氧化时，在室温中形成元素硫，此时其可浮性较好，当溶出Fe^{2+}和FeO(OH)或有微细颗粒罩盖时，其可浮性较差。表示含铁硫化物矿物氧化过程的化学反应式比较多，其中最可能的反应式为：

$$Fe_{11}S_{12} + 22O_2 = 11FeSO_4 + S^0 \tag{20-12}$$

$$4FeS_n + 2H_2O + 3O_2 = 4FeO(OH) + 4nS^0 \tag{20-13}$$

$$FeS_n + (n+1)O_2 = FeSO_4 + (n-1)SO_2 \tag{20-14}$$

前已述及，磁黄铁矿表面形成元素硫时其可浮性较好，而形成FeO(OH)时其可浮性较差。因此，当磁黄铁矿含硫超过计量时，可浮性变好；而含铁超过计量时，可浮性变差。含铁量高时，磁黄铁矿的磁性较强，所以磁性强的黄铁矿的可浮性通常要差一些。究其原因，就是因为铁氧化生成了FeO(OH)，在其表面形成亲水层而起到了抑制作用。

方铅矿在纯水中与黄药的作用不强，故其可浮性不好。微量氧的作用，可增强黄药在方铅矿表面的吸附，提高方铅矿的可浮性。其原因是，氧与方铅矿颗粒表面的硫离子相互作用，形成半氧化状态，生成一部分易于解离的SO_4^{2-}，导致方铅矿表面附近的Pb^{2+}有不满足的化学键能，与矿浆中的黄原酸阴离子X^-发生作用，从而使方铅矿表面疏水而上浮。图20－14是方铅矿的半氧化状态与可浮性的关系。

氧化会引起方铅矿表面电子状态的变化，在中性或弱碱性矿浆中，方铅矿表面可能因氧化而析出部分元素硫，有利于形成疏水性表面；但过分氧化，将会导致方铅矿的可浮性下降。这是因为，过分氧化在方铅矿表面生成大量的$PbSO_4$，由于$PbSO_4$不稳定，容易溶解，从而降低捕收剂在方铅矿表面吸附的牢固程度，所以可浮性下降。

硫化物矿物浮选过程所需的溶解氧量因矿物的种类不同而异。试验研究结果表明，在中性

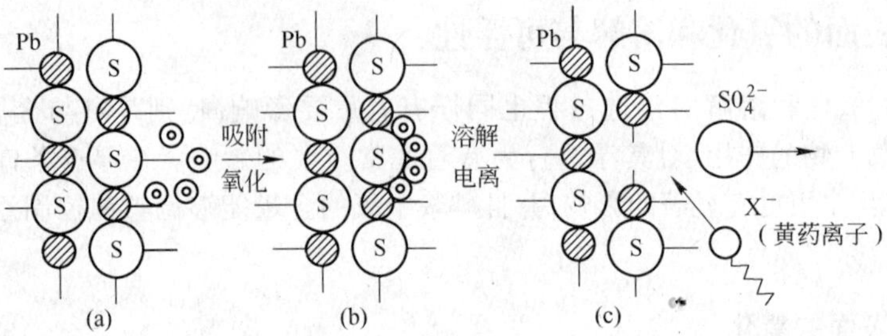

图20-14 方铅矿的半氧化状态与可浮性
(a) 亲水不易浮;(b) 半氧化;(c) 与黄药发生作用而疏水易浮

条件下浮选时,需氧量的递增顺序为方铅矿 < 黄铁矿 < 黄铜矿 < 磁黄铁矿 < 砷黄铁矿。受氧含量及其他药剂作用所控制的矿浆氧化还原电位 *Eh*,对上述氧化还原过程也会产生影响,从而影响浮选过程。

实践表明,充气搅拌的强弱与搅拌时间的长短,是浮选操作控制的重要因素之一。例如,短时间适量充气,对一般硫化物矿物的浮选有利;但长时间过分充气,会导致磁黄铁矿、黄铁矿的可浮性下降。这可能是过分充气在矿物表面生成了 $FeSO_4$ 和 FeO(OH)所致。

调节氧化还原过程,也可以调节矿物的可浮性。目前采用的措施有:(1)调节搅拌调浆及浮选时间;(2)调节搅拌槽及浮选槽的充气量;(3)调节搅拌强度;(4)调节 pH 值;(5)添加氧化剂(如高锰酸钾、二氧化锰、过氧化氢等)或还原剂(如二氧化硫)。另外,也可以用氧气、氧气与空气的混合气或氮气、二氧化碳等代替空气充入浮选矿浆中,或者直接将电流通入矿浆中,改变矿浆的氧化还原电位。

20.3.2 物料的溶解

固体颗粒与水相互作用时,常常引起颗粒表面的某些成分呈离子状态转入液相中,这就是固体表面的溶解,它对物料的浮选过程具有重要影响。硫化物矿物较易受到氧或其他氧化剂的氧化作用,生成半氧化或全氧化的各种水溶性产物(硫酸盐类),从而增加其溶解度和表面亲水性。几种典型的硫化物矿物及其硫酸盐的溶解度列于表20-3中。

表20-3中的数据表明,若金属硫化物矿物的表面氧化生成硫酸盐,其溶解度就明显增加。特别是当颗粒粒度很细时,溶解度增加的程度更大,例如将重晶石磨至胶体粒度,就可以使其从难溶变成可溶。

表20-3 几种典型硫化物矿物及其硫酸盐的溶解度

矿 物	溶解度/$mol \cdot L^{-1}$	硫 酸 盐	溶解度/$mol \cdot L^{-1}$	氧化后溶解度增加的倍数
磁黄铁矿	53.60×10^{-6}	$FeSO_4$	1.03 (0℃)	约20000
黄铁矿	48.89×10^{-6}	$FeSO_4$	1.03 (0℃)	约21000
闪锌矿	6.55×10^{-6}	$ZnSO_4$	3.30(18℃)	约500000
辉铜矿	3.10×10^{-6}	$CuSO_4$	1.08(20℃)	约350000
方铅矿	1.21×10^{-6}	$PbSO_4$	1.3×10^{-4}(18℃)	约107

由于物料的溶解,使矿浆中存在各种离子。这些所谓的“难免离子”是影响浮选指标的重要因素之一。例如,工业用水中常含有 Na^+、K^+、Ca^{2+}、Mg^{2+}、Cl^-、CO_3^{2-}、HCO_3^-、SO_4^{2-} 等,而矿坑水中常含有 NO_3^-、NO_2^-、NH_4^+、$H_2PO_4^-$ 和 HPO_4^{2-},如果用湖水进行浮选,则矿浆中将会含有各种

有机物和腐殖质等。

对颗粒表面溶解及矿浆中难免离子的调节,目前采用的措施是:(1)控制浮选用水的质量,如进行水的软化;(2)控制充气氧化条件;(3)控制磨矿时间及细度;(4)调节矿浆的pH值,使某些离子形成不溶性物质,从矿浆中沉淀出去。

20.4　两相界面的双电层

固体在水溶液中受水偶极子及溶质的作用,表面会带一种电荷。颗粒表面电荷的存在将影响溶液中离子的分布,带相反电荷的离子被吸引到表面附近,带相同电荷的离子则被排斥到离表面较远的地方,从而在固-液界面附近上产生电位差,但整个体系仍呈电中性。这种在界面两边分布的异号电荷的两层体系称为双电层。理论研究和浮选生产实践都表明,在某些情况下,颗粒表面电荷的符号(正、负)及数值大小,对其可浮性具有决定性的影响。所以研究界面电现象,特别是研究固-液界面的电现象,在浮选理论研究中有着非常重要的意义。

20.4.1　固液界面荷电的起因

在水溶液中颗粒表面荷电的原因主要有以下几方面。

20.4.1.1　固体表面组分的选择性解离或溶解

离子型物料在水介质中细磨时,由于新断裂表面上的正、负离子的表面结合能及受水偶极子的作用力(水化)不同,会发生非等物质的量的转移,有的离子会从颗粒表面选择性地优先离解或溶解而进入液相,结果使表面荷电。若阳离子的溶解能力比阴离子的大,则固体颗粒表面荷负电;反之,颗粒表面则荷正电。阴、阳离子的溶解能力差别越大,颗粒表面荷电就越多。

颗粒表面离子的水化自由能 ΔG_h,可由离子的表面结合能 ΔU_s 和气态离子的水化自由能 ΔF_h 来计算,即对于阳离子 Me^+ 有:

$$\Delta G_h(Me^+) = \Delta U_s(Me^+) + \Delta F_h(Me^+) \tag{20-15}$$

对于阴离子 X^- 则有:

$$\Delta G_h(X^-) = \Delta U_s(X^-) + \Delta F_h(X^-) \tag{20-16}$$

离子的水化自由能 ΔG_h 的值越小,表明相应离子的水化程度越高,该离子将优先进入水溶液,致使颗粒表面因残留有带相反电荷的离子而呈现荷电状态。

对于颗粒表面上阳离子和阴离子呈相等分布的离子型物料,如果阴、阳离子的表面结合能相等,则其表面电荷的符号取决于气态离子的水化自由能的大小。例如,碘银矿(AgI),气态 Ag^+ 的水化自由能为 -441 kJ/mol,气态 I^- 的水化自由能为 -279 kJ/mol,因此 Ag^+ 优先进入水中,所以在水中碘银矿的表面荷负电;相反,钾盐矿(KCl),气态 K^+ 的水化自由能为 -298 kJ/mol,Cl^- 的水化自由能为 -347 kJ/mol,因而 Cl^- 将优先溶入水中,所以在水中钾盐矿的表面荷正电。

对组成和结构复杂的离子型物料,则表面荷电将决定于表面离子水化作用的全部能量。例如,萤石(CaF_2),已知:$\Delta U_s(Ca^{2+}) = 6117$ kJ/mol,$\Delta F_h(Ca^{2+}) = -1515$ kJ/mol,$\Delta U_s(F^-) = 2573$ kJ/mol,$\Delta F_h(F^-) = -460$ kJ/mol,所以有:

$$\Delta G_h(Ca^{2+}) = -1515 + 6117 = 4602 \text{ kJ/mol}$$

$$\Delta G_h(F^-) = -460 + 2573 = 2113 \text{ kJ/mol}$$

这表明萤石表面的 F^- 的水化自由能比 Ca^{2+} 的小,它比 Ca^{2+} 更容易溶入水中,因此萤石表

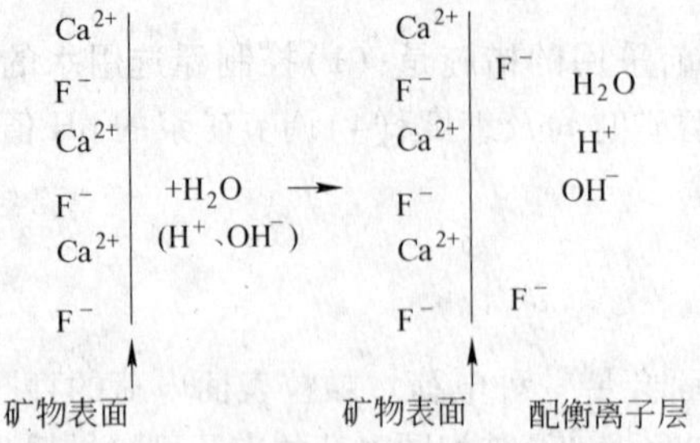

图 20－15　萤石表面的荷电起因及配衡离子层的形成

面过剩的 Ca^{2+} 使其荷正电，构成了萤石表面荷正电的定位离子层；而进入水中的 F^- 离子，又受萤石颗粒表面正电荷的吸引，分布在靠近颗粒表面的溶液中，于是构成了 F^- 配衡离子层，如图 20－15 所示。

又如重晶石（$BaSO_4$）、铅矾（$PbSO_4$）等，其颗粒表面的阴离子优先进入水中，使得它们的颗粒表面因阳离子过剩而呈现荷正电状态；然而，白钨矿（$CaWO_4$）、黑钨矿（$(Fe,Mn)WO_4$）、方铅矿（PbS）的表面，因阳离子优先溶于水中，常有过剩的 WO_4^{2-} 或 S^{2-}，构成荷负电的定位离子层，而溶于水的阳离子，受到固体颗粒表面的负电荷吸引，在颗粒表面附近构成荷正电的配衡离子层。

20.4.1.2　固体颗粒表面对溶液中阴、阳离子的不等量吸附

颗粒表面对水溶液中阴、阳离子的吸附往往也是非等量的，当带某种电荷的离子在颗粒表面吸附偏多时，即可引起颗粒表面荷电。可见，固－液界面的荷电性状态与溶液中的离子组成密切相关。例如白钨矿，在自然饱和溶液中，因表面的钨酸根离子（WO_4^{2-}）较多而呈现荷负电状态。如向溶液中添加 Ca^{2+}，因白钨矿颗粒表面会吸附有较多的 Ca^{2+}，而导致其表面呈现荷正电状态。又如用碳酸钠与氯化钙人工制备碳酸钙时，合成产物的表面荷电状态会因制备条件的不同而异。若在制备过程中添加过量的碳酸钠，则产物 $CaCO_3$ 的表面因吸附有较多的 CO_3^{2-}，而呈现荷负电状态（ζ－电位为 －53 mV）；如添加过量的氯化钙，则产物 $CaCO_3$ 的表面因吸附有较多的 Ca^{2+}，而呈现荷正电状态（ζ－电位为 ＋32 mV）。

固体表面吸附离子的原因，可以认为是带有电价性的残余价键力所致。但在许多情况下，某种离子也会优先在中性表面吸附，这是由于范德华力的作用所致，并称为特性吸附，它与离子的极化力和颗粒表面原子的极化度（极化变形性）有关。

特性吸附及在中性不荷电的固体表面形成双电层，其重要意义在于它能较圆满地解释颗粒表面电荷的变化，以及出现热力学电位和动电电位符号不同等现象。

20.4.1.3　颗粒表面生成两性羟基化合物的电离和吸引 H^+ 或 OH^-

这种荷电原因的典型实例是矿浆中某些难溶极性氧化物（如石英等），经破碎、磨碎后与水作用，在界面上生成含羟基的两性化合物，这时固体表面的电性是由两性化合物的电离和吸附 H^+ 或 OH^- 引起的。

石英表面的荷电机理为石英在破碎、磨碎过程中，因晶体内无脆弱交界面层，所以必须沿着 Si—O 键断裂，即：

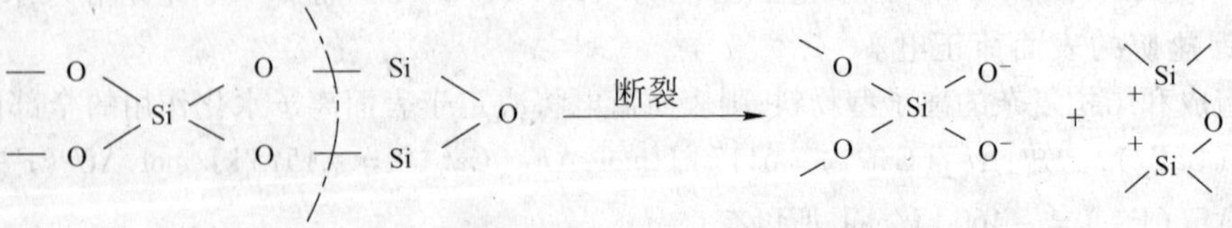

这表明，经过破碎、磨碎后的石英分别带有负电荷和正电荷。由于磨碎是在水介质中进行的，带负电荷的石英颗粒表面将吸引水中的 H^+，而带正电荷的表面则吸引水中的 OH^-（H^+ 和 OH^- 均为石英的定位离子）　在水溶液中，石英表面生成类似硅酸的表面化合物（$H_2Si_xO_y$）。其

化学反应式可表示为：

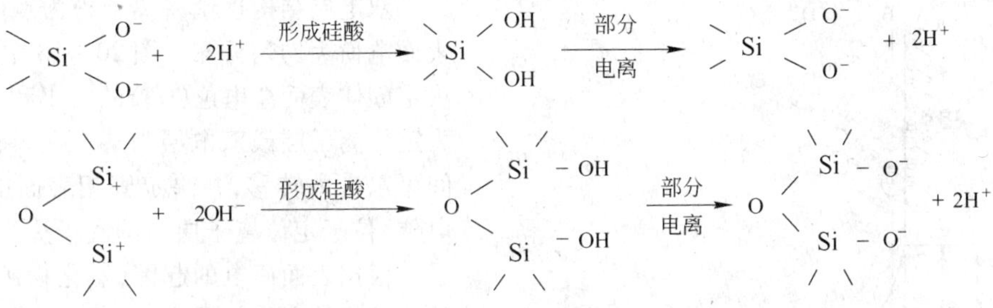

表面硅酸

由于硅酸是一种弱酸，在水溶液中可部分电离成 $Si_xO_y^{2-}$ 或 $HSi_xO_y^-$ 和 H^+，其中 $Si_xO_y^{2-}$ 与矿物颗粒的内部原子联结牢固，因而保留在颗粒表面，而 H^+ 则转入溶液，使石英颗粒表面荷负电。由此可见，上述过程与体系的 pH 值有密切关系。处于石英颗粒表面的硅酸的电离程度将随着 pH 值的变化而变化，pH 值越高，电离愈完全，石英表面负电荷的密度也愈大。据测定，纯的石英在蒸馏水中，当 pH 值大于 2 ~ 3.7 时，石英表面荷负电，pH 值小于 2 ~ 3.7 时，石英表面荷正电。

其他氧化物矿物如刚玉（Al_2O_3）、赤铁矿（Fe_2O_3）、锡石（SnO_2）、金红石（TiO_2）等也有类似情况，改变体系的 pH 值都会引起这些矿物颗粒表面电荷符号的改变。氧化物矿物在水中先与水分子结合，在表面生成羟基基团（—Me—OH）。因羟基基团中金属阳离子的性质不同，向水中选择性地解离 H^+ 或 OH^- 的数量及条件也各异，用通式表示为：

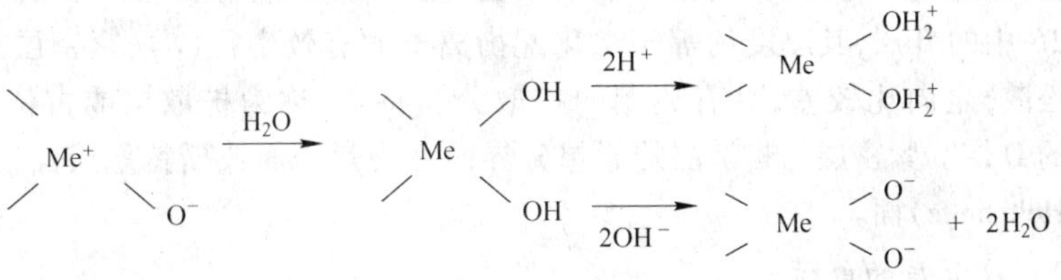

可见，在氧化物矿物表面可能存在 3 种表面组分（或显微区），即：

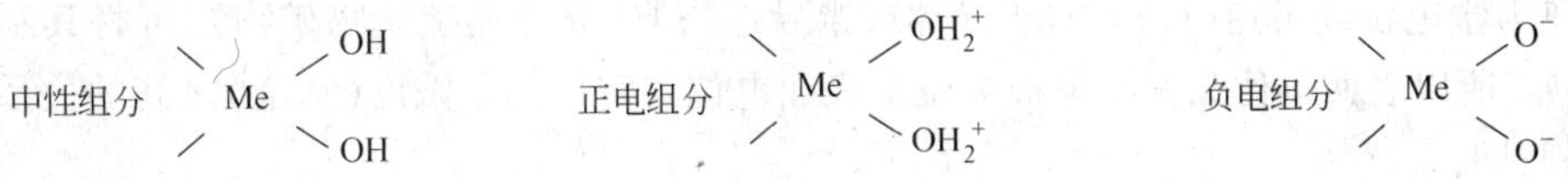

随着氧化物矿物中金属离子的不同，在不同的 pH 值条件下，3 种组分的比例不同，从而决定了其颗粒表面的荷电状态。

20.4.1.4　晶格取代

黏土矿物、云母等是由铝氧八面体和硅氧四面体的层片状晶格构成的。在铝氧八面体层片中，当 Al^{3+} 被低价的 Mg^{2+} 或 Ca^{2+} 取代时，或在硅氧四面体层片中 Si^{4+} 被 Al^{3+} 取代时，都会使晶格带负电。为了维持电中性，颗粒表面就会吸附某些阳离子（例如碱金属离子 Na^+ 或 K^+）。将这类矿物置于水中时，碱金属阳离子因水化而从表面进入溶液，从而使颗粒表面荷负电。

20.4.2　双电层的结构及电位

20.4.2.1　双电层的结构

固体表面荷电以后，将吸引水溶液带相反电荷的离子，在固－液界面两侧形成双电层。在浮选过程中，固－液界面的双电层可用斯特恩（Stern）双电层模型表示（见图20－16）。

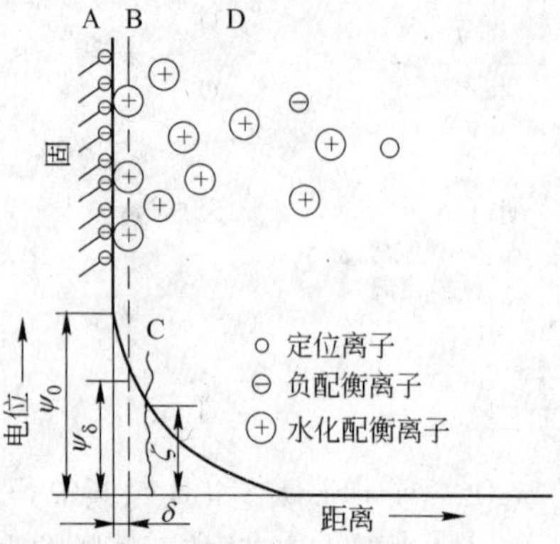

图20－16　固体颗粒表面的双电层示意图

A—内层（定位离子层）；B—紧密层（Stern层）；C—滑动层；D—扩散层（Guoy层）；ψ_0—表面总电位；ψ_δ—斯特恩层的电位；ζ—动电位；δ—紧密层的厚度

双电层结构理论将离子视为点电荷，且表面电荷为均匀分布。图20－16中的A层决定固体表面总电位（ψ_0）的大小和符号，称为定位离子层或双电层内层。在固、液两相间可以自由转移，并决定固相表面电荷（或电位）位于定位离子层内的离子称为定位离子。根据表面荷电的起因，氧化物矿物和硅酸盐矿物的定位离子是H^+和OH^-；而离子型物料和硫化物矿物的定位离子则是组成其晶格的同名离子。

与固体表面相联系的一层溶液荷有相反符号的电荷，起电性平衡的作用，称为配衡离子层或反离子层或双电层外层，即图20－16中的B层及D层。在配衡离子层中，起电平衡作用的、带有相反符号电荷的离子称为配衡离子。

在正常的电解质浓度下，配衡离子因受定位离子静电引力的作用以及分子热运动的影响，在固－液界面附近呈扩散状分布，随着离开固－液界面距离的增大，配衡离子的浓度逐渐减小，直至为零。靠近固体表面的配衡离子，排列比较紧密，定向也较好，称为紧密层或斯特恩（Stern）层，即图20－16中的B层，其厚度约等于水化配衡离子的有效半径（δ）；紧密层外侧的配衡离子，排列比较松散，定向比较差，具有典型的扩散分布特点，称为扩散层或古依（Gouy）层，即图20－16中的D层。紧密层与扩散层的假想分界面称为紧密面或斯特恩层面，有的文献亦称为亥姆霍兹（Helmholtz）面。

20.4.2.2　双电层的电位

（1）表面电位（ψ_0）。表面电位是指荷电的固体表面与溶液内部总的电位差，也就是物理化学中的热力学电位或可逆电位。对于导体或半导体物质（如金属硫化物矿物），可将其制成电极测出其ψ_0，所以表面电位又称为电极电位。表面电位与定位离子浓度（活度）之间的关系服从能斯特方程，即：

$$\psi_0 = RT\ln(a_+/a^0_+)/(nF) = RT\ln(a_-/a^0_-)/(nF) \qquad (20-17)$$

式中　R——摩尔气体常数，8.314 J/(mol·K)；

T——绝对温度，K；

n——定位离子价数；

F——法拉第常数，96500 C/mol；

a_+、a_-——正、负定位离子的活度，当溶液很稀时等于其浓度，mol/L；

a^0_+、a^0_-——表面电位为零时，正、负定位离子的活度，mol/L。

（2）动电位（ζ）。当固、液两相在外力（电场、机械力或重力）作用下发生相对运动时，紧密层中的配衡离子因牢固吸附在固体表面而随之一起移动，扩散层将与位于紧密层外面的滑动面（或滑移面）一起移动（见图20－16c）。此时，滑动面与溶液内部的电位差称为动电位。其值可以通过仪器直接测定。

(3) 斯特恩电位(ψ_δ)。斯特恩电位是指紧密层面与溶液内部之间的电位差。

20.4.2.3 零电点和等电点

零电点是指当表面电位 $\psi_0=0$(或固体表面阴、阳离子的电荷相等,表面净电荷为零)时,溶液中定位离子活度的负对数值,用下角标符号 PZC(Point of Zero Charge)表示。如果已知物料的零电点,可根据式(20-17)求出在其他定位离子活度条件下的表面电位 ψ_0。对于氧化物矿物和硅酸盐矿物(石英、刚玉、锡石、赤铁矿、软锰矿、金红石等),H^+ 和 OH^- 是定位离子,所以当表面电位 $\psi_0=0$ 时,溶液的 pH 值即为这些矿物的零电点,常记为 pH_0(或 pH_{PZC})。按照式(20-17),在25℃时,代入各常数的具体数值得:

$$\psi_0 = 2.303\times8.314\times298\ln(c[H^+]/c[H_0^+])/(1\times96500) = 0.059(pH_{PZC}-pH) \tag{20-18}$$

对于石英,已知其 $pH_{PZC}=1.8$,当 pH = 1.0 和 pH = 7.0 时,由式(20-18)计算出石英的表面电位分别为 47 mV 和 -305 mV。这表明,当 pH 大于石英的 pH_{PZC}时,ψ_0 小于 0,石英表面荷负电;当 pH 小于石英的 pH_{PZC}时,ψ_0 大于 0,石英表面荷正电。

对于离子型物料,如白钨矿、重晶石、萤石、碘化银、辉银矿等,一般认为定位离子就是组成晶格的同名离子,因此,计算 ψ_0 的式(20-18)可写成:

$$\psi_0 = 0.059(pM_{PZC}-pM) \tag{20-19}$$

式中 pM_{PZC}——以定位离子活度的负对数值表示的零电点,例如经测定重晶石的 $pBa_{PZC}=7$,即当 $\alpha Ba^{2+}=10^{-7}$时,其表面电位为零;

pM——定位离子活度的负对数。

一些矿物的零电点列于表 20-4 中。

等电点是指颗粒表面定位离子的电荷与滑移面内配衡离子的电荷相等,滑移面上的动电位 $\zeta=0$(即双电层内处于等电状态)时,溶液中电解质浓度的负对数值,记为 pZR(Point of Zeta Reversal)。

如果双电层内配衡离子与颗粒表面定位离子之间只有静电作用力,而不存在其他特殊附加作用力(诸如化学键力、烃链缔合力等),即在没有特殊吸附的情况下,如果表面电位(ψ_0)等于零,则动电位(ζ)亦等于零,所以这时所测得的等电点(pZR)亦为零电点(pZC)。由此可见,在无特性吸附的情况下,可以用测定动电位的方法测定物料的零电点 pZC。然而,当存在特性吸附时,pZC ≠ pZR,此时零电点可视为"定值",而等电点则随所加电解质的性质以及浓度等的变化而变化。

表 20-4 一些矿物的零电点

氧化物矿物和硅酸盐矿物		离子型矿物	
矿 物	零电点①	矿 物	零电点①
锡石(SnO_2)	pH 3.0 3.9 4.5 5.4 6.5	重晶石($BaSO_4$)	pBa 3.9~7.0
金红石(TiO_2)	pH 5.8~6.7	萤石(CaF_2)	pCa 2.6~7.7
赤铁矿(Fe_2O_3)	pH 4.8~6.7 8.7	白钨矿($CaWO_4$)	pCa 4.0~4.8
磁铁矿(Fe_3O_4)	pH 6.5	角银矿(AgCl)	pAg 4.1~4.6
刚玉(Al_2O_3)	pH 3.0 6.6 8.4 9.1	碘银矿(AgI)	pAg 5.1~6.2
软锰矿(MnO_2)	pH 5.6 7.4	辉银矿(Ag_2S)	pAg 10.2
石英(SiO_2)	pH 1.2 1.8 3.0 3.7		

① 不同的数据是不同的研究者用不同的样品、不同制备及测定方法所得结果。

20.4.3 颗粒表面的电性与可浮性

浮选药剂在固-液界面上的吸附，常受颗粒表面电性的影响。因此，研究表面电性的变化，是研究浮选药剂作用机理和判断物料可浮性的一种重要方法。例如，在不同 pH 值条件下，测定出针铁矿的动电位变化，同时用不同的捕收剂进行浮选试验，其结果如图 20-17 所示。

图 20-17 中的曲线表明，针铁矿的零电点为 pH=6.7。当 pH<6.7 时，针铁矿的表面荷正电，用阴离子捕收剂十二烷基硫酸钠能很好地对其进行浮选；当 pH>6.7 时，针铁矿表面荷负电，用阳离子捕收剂十二胺对其进行浮选，可获得比较好的浮选结果。

对针铁矿和石英的人工混合矿样进行的浮选分离试验结果如图 20-18 所示，图 20-18 中的选择系数是指在疏水性产物中针铁矿和石英的回收率之差。

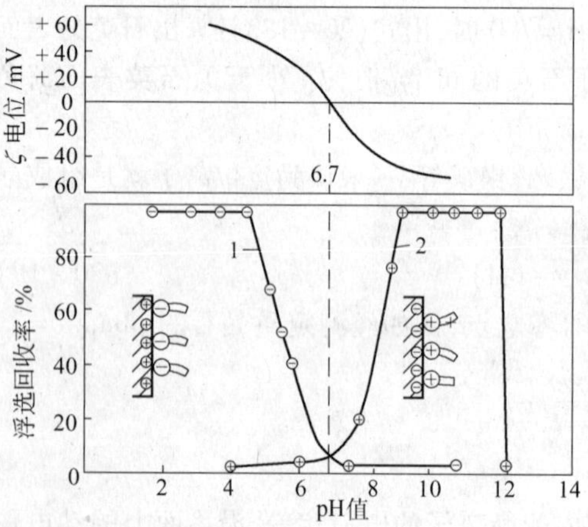

图 20-17 针铁矿的动电位与可浮性的关系

1—用 RSO_4^- 作捕收剂；2—用 RNH_3^+ 作捕收剂

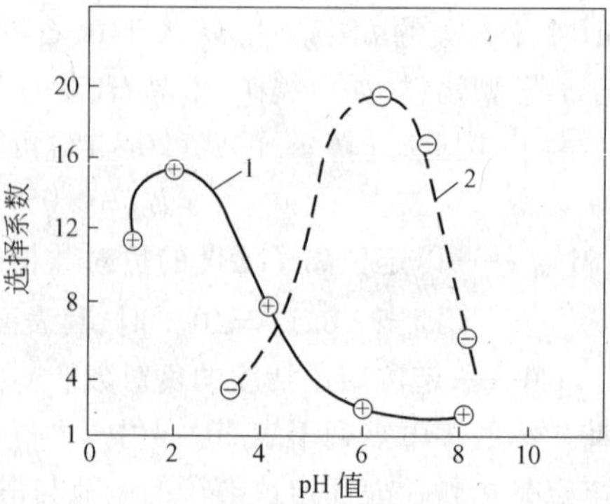

图 20-18 针铁矿与石英人工混合矿样的分选结果

1—用 RSO_3Na 作捕收剂；2—用 RNH_3Cl 作捕收剂

从图 20-18 中可以看出，当 pH=2 时，用阴离子捕收剂有最好的分选性；用阳离子捕收剂则在 pH=6.4 左右有最好的分选性。在生产实践中，用十二醋酸胺浮选铁矿物时，最适宜的 pH 值为 6 左右，而用磺酸盐类捕收剂进行浮选时，pH 值一般为 3~4。

20.5 固体颗粒表面的吸附

固体或液体表面对气体或溶质的吸着现象称之为吸附。固体颗粒可以吸附矿浆中的分子、离子，吸附的结果使颗粒表面性质改变，使它们的可浮性得到调节。所以研究浮选过程中颗粒表面的吸附现象有着非常重要的意义。

在浮选过程中，各种颗粒表面或同一颗粒表面的不同部位的物理、化学性质通常是不均匀的，矿浆中溶解的物质也往往比较复杂，致使颗粒表面所发生的吸附类型是多种多样的。根据药剂解离性质、聚集状态等，可以把颗粒表面的吸附分为分子吸附、离子吸附、胶粒吸附以及半胶束吸附；根据离子在双电层内吸附的位置，可以将离子在双电层内的吸附分为定位离子吸附或称双电层内层吸附和配衡离子吸附或称双电层外层吸附（又称二次交换吸附），其中配衡离子吸附还可分为紧密层吸附和扩散层吸附。

20.5.1 分子吸附和离子吸附

分子吸附是指固体颗粒对溶液中溶解分子的吸附，可进一步细分为非极性分子的吸附和极性分子的吸附两种。非极性分子的吸附主要是各种烃类油(柴油、煤油等)在非极性颗粒(石墨、辉钼矿等)表面的吸附;极性分子吸附主要是水溶液中的弱电解质捕收剂(如黄原酸类、羧酸类、胺类等)的分子在颗粒表面的吸附。分子吸附的特征是吸附的结果不改变固体颗粒表面的电性。

浮选药剂在矿浆中多数呈离子状态存在,所以在浮选过程中,发生在颗粒表面的吸附大都是离子吸附。例如,当矿浆 $pH > 5$ 时,黄药在方铅矿颗粒表面的吸附、羧酸类捕收剂在含钙矿物(萤石、方解石、白钨矿)颗粒表面的吸附以及络离子在颗粒表面的吸附等都是离子吸附。

根据溶液中药剂离子的性质、浓度以及与固体颗粒表面活性质点的作用活性等,药剂离子在颗粒表面的吸附又可分为交换吸附、竞争吸附和特性吸附。

交换吸附又称一次交换吸附,是指溶液中的某种离子交换颗粒表面另一种离子的吸附形式。在金属硫化物矿物的浮选过程中,金属离子活化剂在矿物表面的吸附一般都是交换吸附。若以 M_1 代表颗粒表面的某种离子,以 M_2 代表溶液中另一种离子,颗粒晶格以 X 表示,则交换吸附可以表示为 $X \cdot M_1 + M_2 = X \cdot M_2 + M_1$。参与交换吸附的离子可以是阳离子,也可以是阴离子。交换吸附可以发生在双电层的内层,也可以发生在双电层的外层。

竞争吸附是当溶液中存在多种离子时,由于离子浓度的不同以及它们与颗粒表面作用活性的差异,将按先后顺序发生交换吸附。例如,用胺类捕收剂(RNH_3^+)浮选石英时,矿浆中存在的 Ba^{2+}、Na^+ 等阳离子也可在荷负电的石英表面吸附,特别是当 RNH_3^+ 的浓度较低时,由于 Ba^{2+} 或 Na^+ 的竞争吸附,而常常会抑制石英的浮选。

特性吸附又称专属性吸附。当颗粒表面与溶液中的某种药剂离子相互作用时,它们之间除了静电吸附外,尚存在有特殊的亲和力(如范德华力、氢键力,甚至还有一定化学键力),这种吸附即称为特性吸附。离子特性吸附主要发生在双电层内的紧密层,吸附作用具有较强的选择性,并可使双电层外层产生过充电现象,改变动电位(ζ)的符号。例如,刚玉(Al_2O_3)在 Na_2SO_4 或十二烷基硫酸钠($C_{12}H_{25}SO_4Na$)溶液中,由于 SO_4^{2-} 或 $C_{12}H_{25}SO_4^-$ 的特殊吸附,随着 Na_2SO_4 或 $C_{12}H_{25}SO_4Na$ 浓度的增加,刚玉表面的动电位逐渐减小,直至变为负值。发生特性吸附时,离子与颗粒表面作用距离极近(约 1 nm 内),作用力较强,可视为是从物理吸附向化学吸附过渡的一种特殊吸附形式。

20.5.2　胶粒吸附和半胶束吸附

胶粒吸附是指溶液中所形成的胶态物(分子或离子聚合物),借助某种作用力吸附在固体表面。胶粒吸附可以呈化学吸附,亦可以呈物理吸附。

当长烃链捕收剂的浓度足够高时,吸附在颗粒表面的捕收剂由烃链间分子力的相互作用产生吸引缔合,在颗粒表面形成二维空间的胶束吸附产物,这种吸附称为半胶束吸附。如图 20－19 所示,在低浓度时,捕收剂离子是单个的静电吸附;随着捕收剂浓度增加,吸

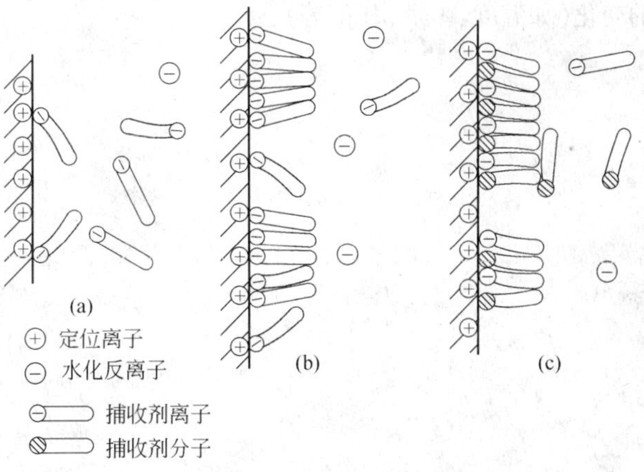

图 20－19　捕收剂阴离子在双电层中吸附的示意图
(a) 低浓度时;(b) 高浓度时形成半胶束;
(c) 吸附捕收剂离子和分子

附的离子数目逐渐增多,在颗粒表面形成半胶束,而使电位变号(见图20－20);继续增加捕收剂的浓度,则形成多层吸附。产生半胶束吸附的作用力,除静电力外,还有范德华力,并属于特性作用势能,它可使双电层外层产生过充电现象,改变动电位的符号,所以半胶束吸附亦可视为特性吸附。

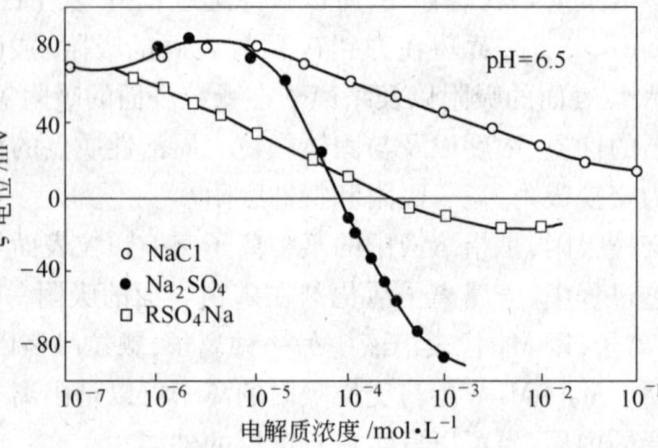

图20－20　刚玉表面动电位与电解质浓度间的关系

20.5.3　双电层内层吸附和双电层外层吸附

双电层内层吸附是指溶液中的晶格同名离子、类质同象离子或氧化物矿物和硅酸盐矿物的定位离子(如 H^+ 和 OH^-)吸附在双电层的内层,引起颗粒表面电位的变化(改变数值或符号),因此又称为定位离子吸附,其基本特点是呈现单层化学吸附,不发生离子交换。

双电层外层吸附是指溶液中的配衡离子,吸附在双电层的外层,吸附的结果只改变动电位的数值,而不改变动电位的符号。由于这种吸附主要是靠静电力的作用,所以与固体表面电荷符号相反的离子均能产生这种吸附,且离子价数越高、半径越小、吸附能力就越强;与此同时,原吸附的配衡离子亦可被溶液中的其他配衡离子所交换,故这种吸附又常称为二次交换吸附。

由于待分选的固体物料的性质多种多样、浮选药剂的种类也比较繁多,所以分析浮选药剂在颗粒表面的吸附时,必须同时考虑溶质、溶剂以及吸附剂三者之间的复杂关系,还要注意外界条件的变化(如温度、矿浆 pH 值等)。

21 浮选药剂

21.1 浮选药剂的分类与作用

浮选药剂按用途分为捕收剂、起泡剂和调整剂三大类。捕收剂的主要作用是使目的颗粒表面疏水,使其容易附着在气泡表面,从而增加其可浮性。因此,凡能选择性地作用于颗粒表面并使之疏水的物质,均可作为捕收剂。起泡剂是一种表面活性物质,富集在水-气界面,主要作用是促使泡沫形成,并能提高气泡在与颗粒作用及上浮过程中的稳定性,保证载有颗粒的气泡在矿浆表面形成的泡沫能顺利排出。调整剂的主要作用是调整其他药剂(主要是捕收剂)与颗粒表面的作用,同时还可以调整矿浆的性质,提高浮选过程的选择性。

调整剂按照其具体作用又细分为活化剂、抑制剂、介质调整剂、分散与絮凝剂4种。凡能促进捕收剂与颗粒表面的作用,从而提高其可浮性的药剂(多为无机盐),统称为活化剂,这种作用称为活化作用。与活化剂相反,凡能削弱捕收剂与颗粒表面的作用,从而降低和恶化其可浮性的药剂(各种无机盐及一些有机化合物),统称为抑制剂,这种作用称为抑制作用。介质调整剂的主要作用是调整矿浆的性质,造成对某些颗粒的浮选有利,而对另一些颗粒的浮选不利的介质性质,例如调整矿浆的离子组成,改变矿浆的pH值,调整可溶性盐的浓度等。分散与絮凝剂是用来调整矿浆中微细粒级物料的分散、团聚及絮凝的药剂,当微细颗粒由一些有机高分子化合物通过"桥联作用"形成一种松散和具有三维结构的絮状体时,称为絮凝,所用药剂称为絮凝剂,如聚丙烯酰胺等;当微细颗粒因一些无机电解质(如酸、碱、盐)中和了颗粒的表面电性,而在范德华力的作用下所引起聚团时,称为凝聚,这些无机电解质称为凝聚剂(或凝结剂、助沉剂)。

常用浮选药剂的类别及典型代表见表21-1。

表21-1 常用的浮选药剂一览表

浮选药剂类别					典型代表
捕收剂	离子型	阴离子型	硫代化合物	黄药类	乙基黄药、丁基黄药等
				黑药类	25号黑药、丁基胺黑药等
				硫氮类	硫氮9号等
				硫醇及其衍生物	苯骈噻唑硫醇
				硫脲及其衍生物	二苯硫脲(白药)
			烃基含氧酸及其皂类	羧酸及其皂类	油酸钠、氧化石蜡皂等
				烃基硫酸酯类	十六烷基硫酸盐
				烃基磺酸及其盐类	石油磺酸盐
				烃基磷酸盐	苯乙烯磷酸等
				烃基胂酸类	甲苯胂酸
				羟肟酸类	异羟肟酸钠(胺)
		阳离子型	胺类	脂肪胺类 醚胺类 吡啶盐类	月桂胺、三甲基16烷基溴化胺 烷氧基正丙基醚胺
		两性捕收剂			氨基酸类 二乙胺乙黄药
	非离子型	异极性捕收剂		硫代化合物脂类	双黄药 黄药脂类(ROCSSR) 硫逐氨基甲酸酯(硫氨酯)
		非极性捕收剂		烃类油	煤油、柴油等

续表 21-1

浮选药剂类别				典型代表
起泡剂	羟基化合物类		脂环醇、萜烯醇 脂肪醇 酚	松醇油 MIBC、含混脂肪醇等 甲酚、木馏油
	醚及醚醇类		脂肪醚 醚 醇	三乙基丁烷(代号 TEB) 聚乙二醇单醚
	吡啶类			重吡啶
	酮 类			樟脑油
调整剂	抑制剂	无机物	酸 类 碱 类 盐 类 气 体	亚硫酸 石灰 氰化钾、重铬酸钾、硅酸钠等 二氧化硫等
		有机物	单宁类 木素类 淀粉类 其 他	烤胶、单宁 木素磺酸钠 淀粉、糊精 动物胶、羧甲基纤维素
	活化剂		酸 类 碱 类 盐 类	硫酸等 碳酸钠等 硫酸铜、硫化钠、碱土金属离子及重金属离子等
	pH 调整剂		酸 类 碱 类	硫酸等 石灰、碳酸钠等
	絮凝剂	无机物	电解质	明矾等
		有机物	纤维素类 聚丙烯酰胺等 聚丙烯酸类	羧甲基纤维素等 3 号絮凝剂 聚丙烯酸

21.2 捕收剂

21.2.1 捕收剂的结构与分类

21.2.1.1 捕收剂的结构

捕收剂的分子结构中一般都包含有极性基和非极性基。极性基是能使捕收剂有选择性地、比较牢固地吸附在颗粒表面的活性官能团,常称之为亲固基;而非极基(即烃基)则是捕收剂能使颗粒表面疏水的另一组成部分,常称为疏水基。由于这样的结构特点,作为捕收剂使用的一般都是异极性的有机化合物,它们能选择性地吸附在固体表面上,且吸附后能提高颗粒表面的疏水程度。

极性基中最重要的是直接与固体表面作用的原子即所谓键合原子(或称亲固原子),其次是与键合原子直接相连的中心原子(或称中心核原子)以及连接原子。整个捕收剂分子各部分的结构、性能以及彼此间的相互联系和相互影响,最终决定了整个捕收剂分子总的捕收性能。

另有一些捕收剂(如煤油、柴油等),起捕收作用的不是离子,而是分子。

丁基黄药是有机异极性捕收剂,其分子结构为:

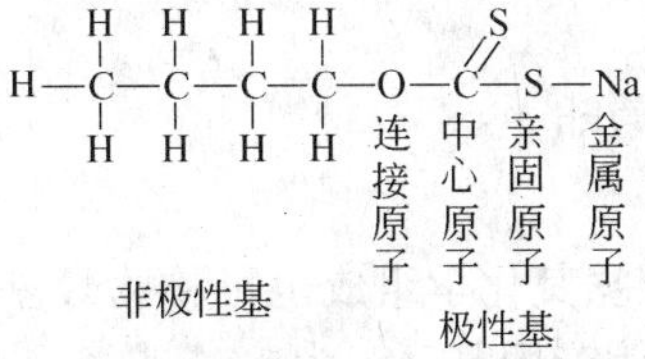

在浮选矿浆中，丁基黄药分子解离成起捕收作用的疏水性阴离子 $C_4H_9OCSS^-$ 和无捕收作用的金属阳离子 Na^+。

21.2.1.2 捕收剂的分类

按照在水中的解离程度、亲固基的组成和它们对固体的作用活性，可以将捕收剂分为非离子型和离子型两种。

A 非离子型捕收剂

非离子型捕收剂通常情况下不溶于水，主要是非极性的烃类油。常用来选别非极性物料，如辉钼矿、石墨、煤等。

B 离子型捕收剂

离子型捕收剂在水中可以解离为离子，按起捕收作用的离子的荷电性质，又可分为阳离子捕收剂和阴离子捕收剂两种。

（1）阳离子捕收剂。目前使用的阳离子捕收剂主要是脂肪胺，起捕收作用的疏水性离子是 RNH_3^+。在某些情况下，胺分子也起捕收作用。这类捕收剂主要用来选别硅酸盐、铝硅酸盐等含氧盐矿物和某些氧化物矿物。

（2）阴离子捕收剂。按阴离子捕收剂亲固基的组成和结构又可以进一步分为亲固基是羧基或硫酸基、磺酸基的阴离子捕收剂和亲固基包含二价硫的阴离子捕收剂2类。

亲固基是羧基或硫酸基、磺酸基的阴离子捕收剂的亲固基有：

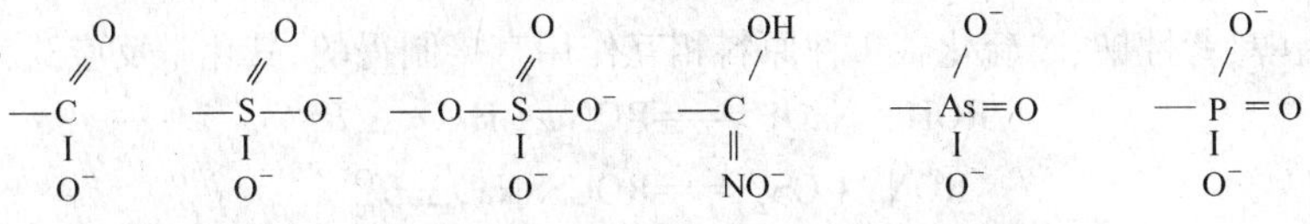

羧基　磺酸基　硫酸基　羟肟酸基　胂酸基　膦酸基

脂肪酸及其皂广泛地用于浮选晶格上存在碱土金属阳离子（如 Ca^{2+}、Mg^{2+}、Ba^{2+}）的矿物或物料，也可以浮选某些稀有金属、有色金属或黑色金属的氧化物矿物，还可以浮选许多其他矿物。但由于这类捕收剂的选择性欠佳，而限制了它们的应用。

亲固基包含二价硫的阴离子捕收剂又称为硫代化合物类捕收剂，其典型代表是黄药和黑药。

黄药由烃基（R）和亲固基（$OCSS^-$）及碱金属离子（Na^+、K^+）组成，起捕收作用的是 $ROCSS^-$，是目前浮选金属硫化物矿物应用得最多、最有效且选择性良好的捕收剂。

黑药由两个烃基和亲固基 PSS^- 及一价阳离子（H^+、K^+、Na^+ 或 NH_4^+）组成，起捕收作用的是 $(RO)_2PSS^-$。目前黑药也是浮选金属硫化物矿物的有效捕收剂，应用范围仅次于黄药。

21.2.2 硫代化合物类捕收剂

如前所述，硫代化合物类捕收剂的特征是亲固基中都含有二价硫，同时疏水基的式量较小，其典型代表有黄药、黑药、氨基硫代甲酸盐、硫醇、硫脲及它们相应的酯类。

21.2.2.1　黄药类捕收剂

黄药类捕收剂包括黄药和黄药酯等。

A　黄药

黄药的学名称为黄原酸盐，根据其化学组成也可称为烃基二硫代碳酸盐，其分子式为 ROCSSMe。其中，R 为疏水基，$OCSS^-$ 为亲固基，Me 为 Na^+ 或 K^+。

戊基黄药分子的立体结构如图 21－1 所示。黄药分子中亲固基的立体结构如图 21－2 所示。

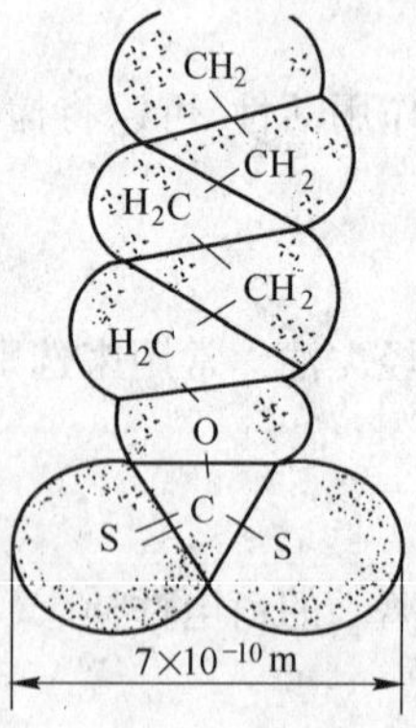

图 21－1　戊基黄药分子的立体结构模型

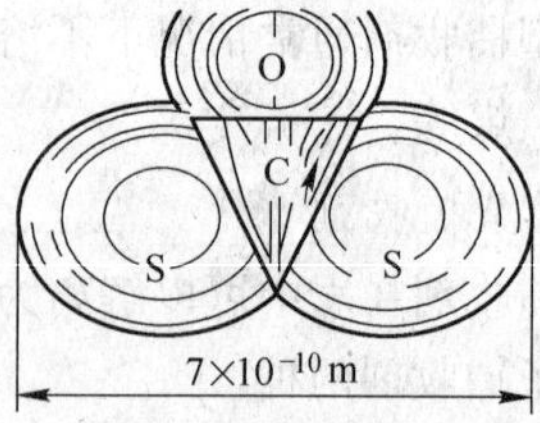

图 21－2　黄药亲固基的立体结构模型

由图 21－1 可知，黄药分子是具有三维空间的实体。烃基为锯齿状（或称“之”字形）结构，戊基黄药的分子长度为 1.2 nm。图 21－2 表明，黄药的亲固基为三角形结构，中心原子碳位于中央，上方为连接氧原子，下方为两个硫原子，两个 C—S 键之间的夹角为 125°，亲固基最大宽度为 0.7 nm，厚度为 0.38 nm，烷基的厚度约为 0.4 nm，所以每个烷基黄药阴离子吸附在颗粒表面后，覆盖的颗粒表面面积约为 $2.8\ nm^2$。

黄药是由醇、苛性钠、二硫化碳 3 种原料相互作用直接制得的，其化学反应式为：

$$ROH + NaOH = RONa + H_2O, \Delta_r H_m^{\ominus} \quad (21-1)$$

$$RONa + CS_2 = ROCSSNa, \Delta_r H_m^{\ominus} \quad (21-2)$$

或写成：

$$ROH + NaOH + CS_2 = ROCSSNa + H_2O, \Delta_r H_m^{\ominus} \quad (21-3)$$

用不同的醇可制成各种黄药。例如，用乙醇 C_2H_5OH 可制得乙基黄药 $C_2H_5OCSSNa$；用其他醇，可制得丙基黄药 $C_3H_7OCSSNa$，异丙基黄药 $(CH_3)_2CHOCSSNa$，丁基黄药 $C_4H_9OCSSNa$，异丁基黄药 $(CH_3)_2CHCH_2OCSSNa$；戊基黄药 $C_5H_{11}OCSSNa$，异戊基黄药 $(CH_3)_2CHCH_2CH_2OCSSNa$ 等。

在浮选生产实践中，习惯上将乙基黄药称为低级黄药，其他烃链较长黄药的称为高级黄药。

黄药在常温下是淡黄色粉剂，常因含有杂质而颜色较深，密度为 $1300 \sim 1700\ kg/m^3$，具有刺激性臭味，易溶于水，更易溶于丙酮、乙醇等有机溶剂，可燃烧，使用时常配成质量分数为 1% 的水溶液。

黄药的主要化学性质可归纳为以下几方面。

a　黄药在水溶液中的离解和水解

黄药在水溶液中按下式进行离解和水解：

$$ROCSSMe \rightleftharpoons ROCSS^- + Me^+ \quad (21-4)$$

$$ROCSS^- + H_2O \rightleftharpoons ROCSSH + OH^- \quad (21-5)$$

黄原酸 ROCSSH 的解离反应为：

$$ROCSSH \rightleftharpoons ROCSS^- + H^+ \qquad (21-6)$$

若用 X^- 表示 $ROCSS^-$、用 HX 表示 ROCSSH,则黄原酸的解离常数表达式可写为:

$$K_a = c[X^-] \cdot c[H^+]/c[HX]$$

不同碳链长度的黄原酸解离常数 K_a 列于表 21－2 中。

表 21－2 不同碳链长度的黄原酸解离常数

碳链中碳原子数目	2	3	4	5
解离常数 K_a	10×10^{-6}	10×10^{-6}	7.9×10^{-6}	1.0×10^{-6}

由表 21－2 中的数据可知,黄原酸是弱酸。设黄药在溶液中的总浓度为 c,则:

$$K_a = c[X^-] \cdot c[H^+]/(c - c[X^-]) = c[H^+](c - c[HX])/c[HX]$$

故有 $$c[X^-] = cK_a/(K_a + c[H^+])$$

$$c[HX] = c[HX]_{总} \cdot c[H^+]/(K_a + c[H^+])$$

或 $$\lg c[X^-] = \lg c + \lg K_a - \lg(K_a + c[H^+])$$

$$\lg c[HX] = \lg c + \lg c[H^+] - \lg(K_a + c[H^+])$$

借助于上述这些表达式,可以讨论 $c[X^-]$、$c[HX]$ 和 c 同溶液 pH 值的关系。例如:当 $c[H^+] > K_a$,即溶液的 $pH < -\lg K_a$ 时,有:

$$\lg(K_a + c[H^+]) > \lg(2K_a) = \lg 2 + \lg K_a$$

或 $$\lg(K_a + c[H^+]) < \lg(2c[H^+]) = \lg 2 + \lg c[H^+]$$

亦即: $$\lg c[X^-] < \lg c - \lg 2$$

$$\lg c[HX] > \lg c - \lg 2$$

所以有: $$\lg c[X^-] < \lg c[HX]$$

反之,当 $c[H^+] < K_a$、即溶液的 $pH > -\lg K_a$ 时,有:

$$\lg c[X^-] > \lg c[HX]$$

当 $c[H^+] = K_a$,即溶液的 $pH = -\lg K_a$ 时,有:

$$\lg c[X^-] = \lg c[HX]$$

由上述讨论和表 21－2 中的数据可知,当 pH = 5 时,溶液中乙基黄药离子或丙基黄药离子的浓度与其分子的浓度相等。当 pH > 5 时,溶液中相应离子的浓度将大于其分子的浓度,而且随着 pH 值的上升,离子的浓度逐渐增加。反之,当 pH < 5 时,溶液中相应分子的浓度将大于其离子的浓度,而且随着 pH 值的下降,分子的浓度逐渐增加。乙基黄药溶液中各组分的浓度与 pH 值的关系如图 21－3 所示。通过作图或计算,可以确定在一定的条件下,矿浆中黄药各组分的浓度。

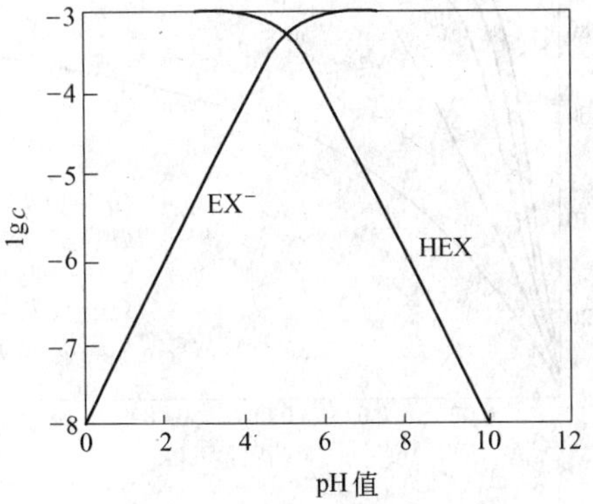

图 21－3 乙基黄药溶液中各组分浓度的对数图

b　黄药的稳定性

黄药本身是还原剂,易被氧化。在有 O_2 和 CO_2 同时存在时,黄药的氧化速度比只有 O_2 存在时更快。黄药氧化生成双黄药,其反应式为:

$$4ROCSSNa + O_2 + 2CO_2 = 2(ROCSS)_2 + 2Na_2CO_3 \qquad (21-7)$$

在黄药的水溶液中,如有某些金属阳离子(如铁、铜等过渡元素的高价态阳离子),则黄药也会被它们氧化成双黄药,其氧化反应为:

$$4ROCSS^- + 2Cu^{2+} \longrightarrow 2ROCSSCu + (ROCSS)_2 \qquad (21-8)$$

$$2ROCSS^- + 2Fe^{3+} \longrightarrow 2Fe^{2+} + (ROCSS)_2 \qquad (21-9)$$

$$4ROCSS^- + O_2 + 2H_2O \longrightarrow (ROCSS)_2 + 4OH^- \qquad (21-10)$$

上述各式中的 $(ROCSS)_2$ 是双黄药,其结构式为:

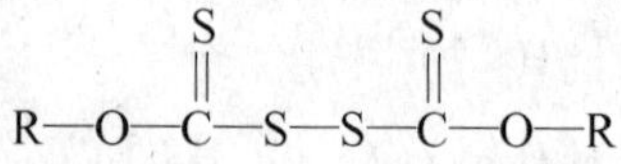

双黄药是一种非离子型的多硫化合物,为黄色油状液体,属于极性捕收剂,难溶于水,在水中呈分子状态存在;当 pH 值升高时,会逐渐分解为黄药;常常在酸性介质中用于浮选氧化铜矿石浸出液通过转换得到的沉淀铜。双黄药的选择性比黄药的好,但捕收能力比黄药的弱。据报道,黄药与双黄药如能控制在适宜比例范围内,可改善浮选效果。

黄药容易分解是其不稳定的另一种表现。黄药的分解取决于溶液 pH 值的大小,在酸性溶液中,黄原酸是一种性质很不稳定的弱酸,极易分解,pH 值愈低,分解愈迅速,其分解反应方程式为:

$$ROCSSH \longrightarrow ROH + CS_2 \qquad (21-11)$$

黄药分解以后便失去了捕收能力,所以黄药常在碱性矿浆中使用。由于在酸性环境中低级黄药的分解速度比高级黄药的快,所以当浮选必须在酸性介质中进行时,应尽量使用高级黄药。

黄药遇热也容易分解,且温度愈高,分解愈快。为了防止分解,要求将黄药贮存在密闭的容器里,放置在低温的环境中,避免与潮湿空气和水接触;注意防火,且不能曝晒;更不宜长期存放;配制的黄药溶液不能放置过久,也不能使用热水配制。

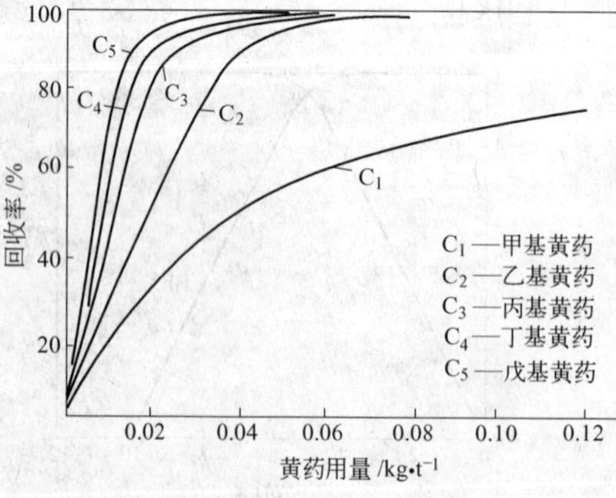

图 21－4　黄药烃链长度对方铅矿浮选的影响

c　黄药的捕收能力

黄药的捕收能力与其分子中非极性基的烃链长度、异构情况等有密切关系,烃链增长(即碳原子数目增多),捕收能力增强。黄药分子中碳原子数目和捕收性能的关系如图 21－4 所示。

当烃链过长时,黄药的选择性和溶解度都急剧下降。因此,烃链过长反而会降低黄药的捕收能力,常用的黄药烃链中碳原子数目为 2～5 个。

非极性基的结构对药剂捕收能力的影响体现在,短烃链的黄药,正构体的捕收能力没有异构体的强;但烃链增长到一定程度(比如其中的碳原子数目超过 5)后,则异构体的捕收能力没有正构体的强,特别是支链靠近极性基者尤为明显。

d 黄药的选择性

黄药在固体颗粒表面吸附的选择性及吸附固着强度与非极性基的性质直接相关，且与极性基、尤其是与极性基中的负2价活性硫离子的关系更为密切。极性基中负2价活性硫离子的半径很大(0.184 nm)，极化率很高。所以它容易和一些具有较强极化力、本身又容易被极化变形的金属阳离子(例如重金属离子和贵金属离子等)结合，并形成比较牢固的化学键。

黄药与碱土金属离子(如Ca^{2+}、Mg^{2+}、Ba^{2+}等)反应生成的黄原酸盐易溶于水。正是由于碱土金属黄原酸盐的溶解度很大，黄药在由碱土金属离子组成的矿物(如方解石$CaCO_3$、萤石CaF_2、重晶石$BaSO_4$)表面上不能形成牢固的吸附膜，因此黄药对这类矿物没有捕收作用。浮选实践也已证实，黄药对有色金属硫化矿中的脉石矿物(如石英、方解石、白云石等)没有捕收作用。

黄药能和许多重金属、贵金属离子生成难溶性化合物，一些金属黄原酸盐的溶度积见表21－3。

表21－3 一些金属黄原酸盐和二硫代磷酸盐的溶度积

金 属	乙基黄原酸盐	丁基黄原酸盐	二乙基二硫代磷酸盐
Au	6.0×10^{-30}	4.8×10^{-31}	
Cu	5.2×10^{-20}	4.7×10^{-20}	5.0×10^{-17}
Hg	1.5×10^{-38}	1.4×10^{-40}	1.15×10^{-32}
Ag	8.5×10^{-19}	5.4×10^{-20}	1.3×10^{-16}
Pb	1.7×10^{-17}		7.5×10^{-12}
Cd	2.6×10^{-14}	2.08×10^{-16}	1.5×10^{-10}
Co	5.6×10^{-13}		
Zn	4.9×10^{-9}	3.7×10^{-11}	1.5×10^{-2}
Fe	8.0×10^{-8}		
Mn	$>10^{-2}$		

根据表21－3中的数据，各种金属与黄药生成的金属黄原酸盐难溶的顺序，按溶度积大小可大致排列为：

第1类：汞、金、铋、锑、铜、铅、钴、镍(溶度积小于10^{-10})；

第2类：锌、铁、锰(溶度积小于10^{-2})。

B 黄药酯

黄药酯的学名为黄原酸酯，其通式为ROCSSR′。黄药酯是黄药中的碱金属被烃基取代后生成的，可看作是黄药的衍生物。这类捕收剂属于非离子型极性捕收剂，它们在水中的溶解度都很低，大部分呈油状。对铜、锌、钼等金属的硫化物矿物以及沉淀铜、离析铜等具有较高的浮选活性，属于高选择性的捕收剂。黄药酯的突出优点是，即使在低pH值条件下，也能浮选某些硫化物矿物。

21.2.2.2 黑药类捕收剂

A 黑药

黑药也是硫化物矿物浮选的有效捕收剂之一，其结构式为：

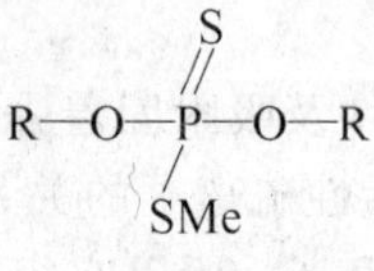

其中，R 是芳香基或烷基，如苯酚、甲酚、苯胺、甲基胺、环己氨基、乙基、丁基等；Me 代表阳离子，为 H^+ 时称为酸式黑药，为 K^+ 时称为钾黑药，为 Na^+ 时称为钠黑药，为 NH_4^+ 时称为胺黑药。

黑药可视为磷酸（盐）的衍生物，其学名为二烃基二硫代磷酸盐，由醇和五硫化二磷反应制得，其反应方程式为：

$$4ROH + P_2S_5 \longrightarrow 2(RO)_2PSSH + H_2S\uparrow \tag{21-12}$$

酸式产物（$(RO)_2PSSH$）为油状黑色液体，中和生成钠或铵盐时，可制成水溶液或固体产品。

黑药的捕收能力比黄药的弱，同一金属离子的二烃基二硫代磷酸盐的溶度积均比相应的黄原酸盐的大。另外，黑药具有一定的起泡性能。

黑药和黄药相同，也是弱电解质，在水中发生如下的解离反应：

$$(RO)_2PSSH \rightleftharpoons (RO)_2PSS^- + H^+ \tag{21-13}$$

但它比黄药稳定，在酸性环境中，不像黄药那样容易分解。另外，黑药比较难氧化，氧化后生成双黑药。在有 Cu^{2+}、Fe^{3+} 或黄铁矿、辉铜矿存在时，也能氧化成双黑药，其反应方程式为：

$$2(RO)_2PSS^- - 2e \longrightarrow (RO)_2PSS—SSP(OR)_2 \tag{21-14}$$

双黑药也是一种难溶于水的非离子型捕收剂，大多数为油状物，性质稳定，可作为硫化物矿物的捕收剂。也适用于沉积金属的浮选。

黑药的选择性较黄药的好，在酸性矿浆中不易分解。必须在酸性环境中浮选时，可选用黑药。工业生产中常用的黑药有甲酚黑药、丁铵黑药、胺黑药和环烷黑药等。

甲酚黑药的化学式为 $(C_6H_4CH_3O)_2PSSH$，常见的牌号有 25 号黑药、15 号黑药和 31 号黑药。25 号是指在生产配料中加入 25% 的 P_2S_5 生产出的甲酚黑药；加入 15% 的 P_2S_5 生产出的甲酚黑药则称为 15 号黑药，因 15 号黑药中残存的游离甲酚较多，所以起泡性能强，捕收能力弱；31 号黑药是在 25 号黑药中加入 6% 的白药而制得的一种混合物。因 25 号黑药的起泡性较弱，而捕收能力较强，所以是一种最常用的甲酚黑药。

甲酚黑药在常温下为黑褐色或暗绿色黏稠液体，密度约为 1200 kg/m^3，有硫化氢气味，易燃，微溶于水。由于其中含未起反应的甲酚，故有一定的起泡性能，对皮肤有腐蚀作用，与氧气接触易氧化而失效。甲酚黑药使用时，常将其加入球磨机内以增加搅拌时间，促进药剂在矿浆中的分散。

丁铵黑药的学名为二丁基二硫代磷酸铵，化学分子式为 $(C_4H_9O)_2PSSNH_4$，呈白色粉末状，易溶于水，潮解后变黑，有一定的起泡性，适用于铜、铅、锌、镍等金属的硫化物矿物的浮选。在弱碱性矿浆中对黄铁矿和磁黄铁矿的捕收能力较弱，对方铅矿的捕收能力较强。

胺黑药的化学式为 $(RNH)_2PSSH$，其结构与黑药类似，是由 P_2S_5 与相应的胺合成的产物，如苯胺黑药、甲苯胺黑药和环己胺黑药等，它们均为白色粉末，有硫化氢气味，不溶于水，可溶于酒精和稀碱溶液中。使用时用 1% 的 Na_2CO_3 溶液配成胺黑药的质量分数为 0.5% 的溶液添加。胺黑药对光和热的稳定性差，易变质失效。胺黑药对硫化铅矿物的捕收能力较强，选择性较好，泡沫不黏，但用量稍大，一般为 200 ~ 240 g/t。

环烷黑药是环烷酸和 P_2S_5 的反应产物，不溶于水，溶于酒精，对锆石和锡石有一定的捕收用，且兼有起泡性。

21.2.2.3 硫氮类捕收剂

硫氮类捕收剂是二乙胺或二丁胺与二硫化碳、氢氧化钠反应生成的化合物,其结构式为:

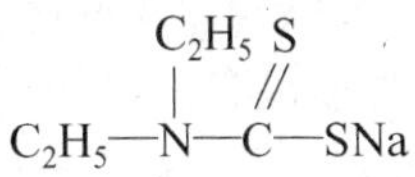

二乙基氨基二硫代甲酸钠[乙硫氮(SN—9)]

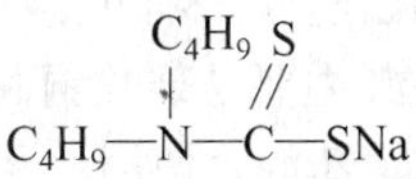

二丁基氨基二硫代甲酸钠[丁硫氮(SN—10)]

乙硫氮是白色粉剂,因反应时有少量黄药产生,所以工业品常呈淡黄色,易溶于水,在酸性介质中容易分解。乙硫氮也能与重金属生成不溶性沉淀,其捕收能力较黄药强。

乙硫氮对方铅矿、黄铜矿的捕收能力强,对黄铁矿的捕收能力较弱,选择性好,浮选速度快,用量比黄药的少,并且对硫化物矿物的粗粒连生体有较强的捕收能力。对于铜、铅硫化物矿石的分选,使用乙硫氮作捕收剂,能够获得比用黄药更好的分选效果。

21.2.2.4 硫氨酯

这是国内外广泛研究和应用的一类非离子型极性捕收剂,其结构通式为:

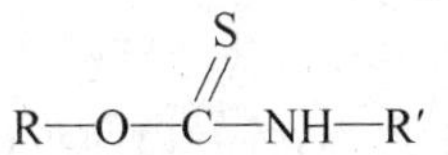

硫氨酯极性基中的活性原子为S和N,当药剂与矿物颗粒表面发生作用时,主要是通过S、N与颗粒表面的金属离子结合。

国内应用较多的硫氨酯是丙乙硫氨酯,其结构式为:

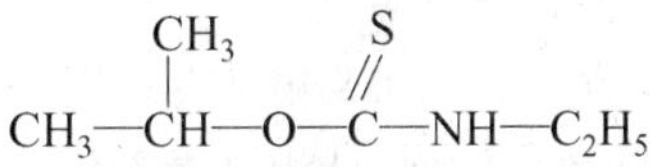

这种药剂的学名为O—异丙基—N－乙基硫代氨基甲酸酯,国内商品名称为200号,美国牌号为Z-200。

丙乙硫氨酯是用异丙基黄药与一氯醋酸(一氯甲烷)和乙胺反应制得的产品,呈琥珀色,是微溶于水的油状液体,使用时可直接加入搅拌槽或浮选机中。丙乙硫氨酯的化学性质比较稳定,不易分解变质,是一种选择性良好的硫化物矿物捕收剂,对黄铜矿、辉钼矿和活化的闪锌矿的捕收作用较强。它不能浮选黄铁矿,所以特别适用于黄铜矿与黄铁矿的分离浮选,可降低抑制黄铁矿所需的石灰用量。实践表明,由于硫氨酯对黄铁矿的捕收能力很弱,用它做捕收剂时,即使在较低的矿浆pH值条件下,黄铁矿也不能很好地上浮。通常情况下,硫氨酯的用量仅为丁黄药的1/3～1/4。

21.2.2.5 硫醇类捕收剂

硫醇类捕收剂包括硫醇及其衍生物,其通式为RSH。

硫醇和硫酚都是硫化物矿物的优良捕收剂,例如,十二烷基硫醇对于硫化物矿物具有较强的捕收性能,只是选择性比较差。同时,由于硫醇具有臭味,价格也相对较贵,并且难溶于水,生产中应用硫醇的情况并不多见,使用较多的是硫醇的衍生物,如噻唑硫醇和咪唑硫醇等。

苯骈噻唑硫醇(巯基苯骈噻唑,MBT)是黄色粉末,不溶于水,可溶于乙醇、氢氧化钠或碳酸钠的溶液中,其钠盐可溶于水,称为卡普耐克斯(Capnex),工业上较常用。实践中,苯骈噻唑硫醇多和黄药或黑药配合使用,且用量一般较小。

苯骈噻唑硫醇用于浮选白铅矿($PbCO_3$)时,不经预先硫化,所得结果与黄药－硫化钠法相近。浮选硫化物矿物时,对方铅矿的捕收能力最强,对闪锌矿的捕收能力较差,对黄铁矿的捕收能力最弱。

另一种硫醇类捕收剂是苯骈咪唑硫醇(N-苯基-2-巯基苯骈咪唑),它是一种白色固体粉末,难溶于水、苯和乙醚,易溶于热碱(如氢氧化钠、硫化钠)溶液和热醋酸中。苯骈咪唑硫醇可用于浮选氧化铜矿物(主要是硅酸铜和碳酸铜)和难选硫化铜矿物,对金也有一定的捕收作用,可单独使用,也可与黄药混合使用。

21.2.2.6　白药

白药的学名是硫代二苯脲,也是金属硫化物矿物浮选中的有效捕收剂。白药是一种微溶于水的白色粉末。其结构式为:

$$C_6H_5—NH—\overset{\overset{\displaystyle S}{/\!/}}{C}—NH—C_6H_5$$

白药对方铅矿的捕收能力较强,对黄铁矿的捕收能力较弱,选择性好,但浮选速度比较慢。实践中将白药溶于苯胺(加入10% ~20%的邻甲苯胺溶液配制而成,通常称为T-T混合液),由于成本高,使用不方便,目前工业上应用不多。

另一种白药是丙烯异白药,学名为S-丙烯基异硫脲盐酸盐,为无色结晶,易溶于水,捕收能力比丁基黄药的差,主要特点是选择性好。丙烯异白药对自然金和硫化铜矿物、甚至受到一定程度氧化的硫化铜矿物都有较强的捕收能力,但对黄铁矿的捕收能力很弱。另外,丙烯异白药需要在碱性条件下使用才能有效发挥捕收作用。

21.2.3　黄药类捕收剂与硫化物矿物的作用机理

黄药作为硫化物矿物的有效捕收剂,从1925年被发现至今的80多年中,对这一类捕收剂与硫化物矿物的作用机理,做过大量的研究工作,认识逐渐深化。

在20世纪50年代之前,曾提出了所谓的“化学假说”和“吸附假说”。

化学假说认为,黄药与硫化物矿物颗粒表面发生化学反应,反应产物的溶度积愈小,反应愈易发生。

吸附假说则认为吸附是主要作用,其中的一种看法认为是“离子交换吸附”,即黄原酸离子与矿物颗粒表面的离子发生交换吸附;另一种看法认为是“分子吸附”,即黄原酸分子在矿物颗粒表面吸附。这些假说,从某一侧面解释了捕收剂与硫化物矿物的作用机理和硫化矿浮选的规律,但不能说明为什么黄药浮选硫化物矿物时,氧气是一种必须的物质。

从20世纪50年代开始,围绕着氧在黄药浮选硫化物矿物过程中所起的作用进行了深入的研究,提出了硫化矿浮选的半氧化学说,即硫化物矿物易氧化,颗粒表面的适度轻微氧化对浮选有利;而完全没有氧化的硫化物矿物颗粒表面不能与黄药作用,从而不能浮选;当然,强烈氧化的颗粒表面同样不能浮选。与此同时,还有人提出半导体学说,指出硫化物矿物是一种半导体,对捕收剂阴离子的吸附活性取决于半导体的性质。

20世纪70年代,又提出了硫化物矿物浮选的电化学理论。半氧化学说、半导体学说和电化学理论的基础,都是基于硫化物矿物具有半导体性质和硫化物矿物浮选体系中的氧化还原性质,在本质上是一致的。所以硫化物矿物浮选的电化学理论,目前被认为是比较全面地反映了黄药类捕收剂与硫化物矿物的作用机理。

黄药类捕收剂与硫化物矿物作用的电化学理论认为,硫化物矿物与捕收剂的作用为一电化学反应,矿物颗粒表面在捕收剂溶液中进行着互相独立又互相依存的两电极反应过程。由于硫化物矿物具有导体或半导体性质,故有一定的传导电子的能力。因此,在浮选过程中,当黄药类捕收剂与硫化物矿物颗粒表面接触时，捕收剂在颗粒表面的阳极区被氧化，即阳极反应过程是由捕收剂转移电子到硫化物矿物或硫化物矿物直接参与阳极反应而产生疏水物质。同时，氧化剂在阴极区被还原，即阴极反应过程为液相中的氧气从颗粒表面接受电子而被还原。如果用 MeS 表示硫化物矿物，用 X^- 表示黄药类捕收剂的阴离子，则硫化物矿物与黄药类捕收剂的作用，可用电化学反应表示，其中的阴极反应为氧气还原：

$$O_2 + 2H_2O + 4e \longrightarrow 4OH^- \quad (21-15)$$

阳极反应为黄药类捕收剂阴离子向颗粒表面转移电子（见式(21－16)和式(21－19)）或者为硫化物矿物颗粒表面直接参与阳极反应（见式(21－17)和式(21－18)）形成疏水物质，其中包括：

黄药类捕收剂离子的电化学吸附：

$$X^- \longrightarrow X\text{吸附} + e \quad (21-16)$$

黄药类捕收剂与硫化物矿物反应生成捕收剂金属盐：

$$MeS + 2X^- \longrightarrow MeX_2 + S^0 + 2e \quad (21-17)$$

或者

$$MeS + 2X^- + 4H_2O \longrightarrow MeX_2 + SO_4^{2-} + 8H^+ + 8e \quad (21-18)$$

黄药类捕收剂在硫化物矿物颗粒表面氧化为二聚物：

$$2X^- \longrightarrow X_{2(\text{吸附})} + 2e \quad (21-19)$$

阴极反应式(21－15)和阳极反应式(21－16)～式(21－19)相互包含，可以组成黄药类捕收剂与硫化物矿物反应的 4 种形式：

$$4X^- + O_2 + 2H_2O = 4X_{\text{吸附}} + 4OH^- \quad (21-20)$$

$$2MeS + 4X^- + O_2 + 2H_2O = 2MeX_2 + 2S^0 + 4OH^- \quad (21-21)$$

$$MeS + 2X^- + 2O_2 = MeX_2 + SO_4^{2-} \quad (21-22)$$

$$4X^- + O_2 + 2H_2O = 2X_2 + 4OH^- \quad (21-23)$$

电化学机理表明，黄药类捕收剂与硫化物矿物作用可能出现的疏水产物有 3 种，即 $X_{\text{吸附}}$、MeX 和 X_2，同时也说明了在浮选过程中氧气的作用。

对于硫化物矿物浮选体系来说，阴极反应只有 1 个，即氧的还原，而阳极反应有 4 个。对于特定的捕收剂－硫化物矿物体系，其平衡电位不同，平衡电位小的阳极反应优先发生。在硫化物矿物浮选体系中，阳极反应平衡电位的一般顺序是 $E_{X\text{吸附}} < E_{MeX2} < E_{X2}$。即在较小的电位下发生捕收剂离子的电化学吸附或生成捕收剂金属盐的阳极反应，而在较大的电位下发生捕收剂氧化为二聚物的阳极反应。

在黄药类捕收剂与硫化物矿物的反应中，矿物颗粒（电极）本身亦可参加反应，其典型例子是黄药在方铅矿颗粒表面发生的氧化反应，即：

$$2PbS + 4X^- + O_2 + 4H^+ \longrightarrow 2PbX_2 + 2S^0 + 2H_2O \quad (21-24)$$

该反应是由 2 个独立的共轭电极反应组成，通过方铅矿传递电子，而联系起来，即：

阳极氧化 $$PbS + 2X^- \longrightarrow PbX_2 + S^0 + 2e \quad (21-25)$$

阴极还原 $$O_2 + 4H^+ + 4e \longrightarrow 2H_2O \quad (21-26)$$

在固体表面上的产物除黄原酸铅外，还有元素硫 S^0 生成，两者都是方铅矿颗粒表面的疏水性产物。如元素硫进一步适度氧化成 $S_2O_3^{2-}$ 和 SO_4^{2-}，则颗粒表面的疏水性产物仅为黄酸铅，$S_2O_3^{2-}$ 和 SO_4^{2-} 进入溶液。这时的化学反应为：

$$2PbS + 4X^- + 3H_2O \longrightarrow 2PbX_2 + S_2O_3^{2-} + 6H^+ + 8e \quad (21-27)$$

$$PbS + 2X^- + 4H_2O \longrightarrow PbX_2 + SO_4^{2-} + 8H^+ + 8e \quad (21-28)$$

如果方铅矿表面过分氧化，在与黄药阴离子作用生成黄原酸铅的同时，生成大量的、易溶的

$PbSO_4$，这将使黄原酸铅从颗粒表面脱落。所以过分氧化后，方铅矿的可浮性会下降。

在黄药类捕收剂与硫化物矿物的反应中，黄药在矿物颗粒表面亦被氧化为二聚物即双黄药。典型的例子是，黄药在黄铁矿表面的氧化，其反应为：

$$4X^- + O_2 + 4H^+ \longrightarrow 2X_{2(吸附)} + 2H_2O \qquad (21-29)$$

该反应是由发生在界面上不同区域的2个独立的共轭电极所组成，即

阳极氧化　$$2X^- \longrightarrow X_2 + 2e \qquad (21-30)$$

阴极还原　$$O_2 + 4H^+ + 4e \longrightarrow 2H_2O \qquad (21-31)$$

由于黄铁矿具有一定的传导电子的能力，对上述反应有催化作用，因此上述氧化还原反应，常形象地表示为：

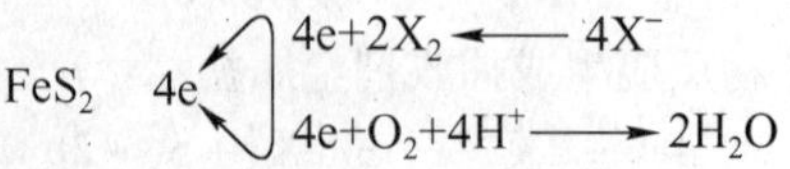

(21-32)

可见，氧对黄药与黄铁矿作用的电化学机理同方铅矿的不同，在2个相互依存的电极反应过程中，主要是黄药在黄铁矿颗粒表面发生氧化反应，生成疏水性产物双黄药后再吸附在黄铁矿颗粒表面上，使之疏水。而在方铅矿颗粒的表面，则主要是晶格硫原子发生氧化反应，生成的疏水产物是溶度积很小的黄原酸铅及元素硫，吸附在颗粒表面使之疏水。

黄铁矿之所以能使黄药阴离子氧化成双黄药，主要是由于黄铁矿的残余电位大于黄药氧化的可逆电位。这里的残余电位是硫化物矿物在黄药类捕收剂溶液中的界面电位（E_{MeS}）。一些矿物的残余电位与产物的关系见表21-4。

表21-4　在乙基黄药溶液中一些矿物的残余电位与反应产物

矿　物	残余电位/V	反应产物	矿　物	残余电位/V	反应产物
方铅矿	0.06	MeX_2	硫锰矿	0.15	X_2
辉铜矿	0.06	MeX_2	辉钼矿	0.16	X_2
斑铜矿	0.06	MeX_2	磁黄铁矿	0.21	X_2
铜　蓝	0.05	X_2	砷黄铁矿	0.22	X_2
黄铜矿	0.14	X_2	黄铁矿	0.22	X_2

注：乙基黄原酸阴离子的浓度$[X^-]=6.25\times10^{-4}$ mol/L，pH=7。

氧化成双黄药的可逆电位$E_{X^-/X_2}=0.13$ V

在溶液中，双黄药（X_2）的还原反应式是为：

$$X_2 + 2e \longrightarrow 2X^- \qquad (21-33)$$

所以，双黄药的还原电位（E）可由能斯特公式求出，即：

$$E = E_0 - RT\ln(c[X^-]^2/c[X_2])/nF$$

式中　E_0——反应的标准电位，即氧化态和还原态物质活度相等时的电位。

对于乙基黄药，其平均数据为$E_0=-0.06$ V，假定乙基黄药的浓度为6.25×10^{-4}，在25℃、pH=7的条件下，将上述数据及常数代入能斯特公式，得双黄药的还原点位为：

$$E = -0.06 - 8.314\times298\ln[(6.25\times10^{-4})^2/1]/(2\times96500) = 0.13\text{V}$$

由表21-4中的数据可以看出，通常情况下，黄药只在那些硫化物矿物的残余电位大于其二聚物生成的平衡电位（即$E_{MeS}>E_{X^-/X_2}$）时，才被氧化成二聚物；而对于那些残余电位低于其二聚物生成的平衡电位的硫化物矿物，则硫化物矿物与黄药作用的产物为捕收剂金属盐（MeX_2）。

然而铜蓝是一个例外,这可能是由于铜蓝所释放出来的 Cu^{2+} 将黄原酸离子氧化成双黄药所致。

硫化物矿物与捕收剂作用的产物,不仅与矿物自身有关,而且也取决于所采用的捕收剂种类。比如,黄铜矿用乙基黄药为捕收剂时表面反应产物是双黄药,而用乙硫氮为捕收剂时,表面产物是二乙基二硫代氨基甲酸铜(见表 21-5)。

表 21-5 在乙硫氮溶液中硫化物矿物残余电位与反应产物

矿 物	残余电位 /V	反应产物	矿 物	残余电位 /V	反应产物
黄铁矿	0.475	二聚物	方铅矿	-0.035	捕收剂金属盐
辉铜矿	-0.155	捕收剂金属盐	斑铜矿	-0.045	捕收剂金属盐
黄铜矿	0.095	捕收剂金属盐	铜 蓝	0.115	捕收剂金属盐

注:乙硫氮溶液浓度为 1 g/L, $pH=7$, $E=0.178$ V。

在黑药-黄铁矿体系中,黄铁矿对黑药氧化成双黑药起着催化作用,在 $pH\leqslant 4$ 时,容易形成乙基双黑药;当 $pH>6$ 时,则不能形成双黑药。用黑药浮选黄铁矿时,双黑药是起作用的组分,因此,黑药能否形成双黑药对黄铁矿浮选是至关重要的。在矿浆的 $pH>6$ 时,即使黑药的浓度较高,黄铁矿仍不会黏附于气泡,这是由于在此条件下,双黑药不稳定,形成的数量不足之故。

硫化物矿物的无捕收剂浮选工艺,正是基于浮选电化学理论而提出的。前已述及,在浮选矿浆中,硫化物矿物颗粒的表面可以发生一系列氧化还原反应,每个氧化还原反应都是由各自的阳极氧化反应和阴极还原反应所组成,每个反应都有各自的电极电位。当这些电位达到平衡时,溶液便出现一个"平衡电位"(或称混合电位)。在一定的平衡电位下,各氧化还原反应都将以有限的速度进行。

在浮选矿浆中,一般把用铂电极做指示电极测得的"平衡电位"(相对于标准氢电极的铂电极电位)称作"矿浆电位",用 *Eh* 表示。如果矿浆的电位改变,则可使颗粒表面和溶液中的氧化还原反应速度发生变化,某些反应甚至停止。因此,通过改变矿浆的电位,就可以控制颗粒表面氧化还原反应的产物,例如,在一定条件下,使颗粒表面形成具有天然可浮性的元素硫,所以矿浆电位对浮选会产生显著的影响。基于这一事实,通过调节矿浆电位就可以调控硫化物矿物颗粒表面的氧化还原性质,使其表面形成疏水物质,改变其可浮性,实现无捕收剂浮选。

无捕收剂浮选就是当表面纯净的硫化物矿物浮选时,在适当的矿浆电位下,不添加任何捕收剂,硫化物矿物就能很好地上浮。图 21-5 是黄铜矿和方铅矿无捕收剂浮选与矿浆电位关系的一个典型例子。

图 21-5 表明,在一定的矿浆电位下,黄铜矿和方铅矿均可实现无捕收剂浮选,而在过低或过高的矿浆电位下,两种矿物均被抑制。

在有黄药的体系中,电位同样会对浮选过程产生显著影响。图 21-6 是几种硫化铜矿物和黄铁矿的可浮性与矿浆电位的关系,所采用的试验条件为,调浆 10 min、浮选2 min、$pH=9.2$,浮选辉铜矿时,乙基黄药的浓度为 1.44×10^{-4} mol/L;浮选斑铜矿、黄铜矿、黄铁矿时,乙基黄药的浓度为 2×10^{-5} mol/L。

利用硫化物矿物-黄药-氧体系的电位-pH 图,可以很好地解释硫化物矿物在相应的矿浆电位下易浮的原因。例如,图 21-7 表明了在方铅矿-乙基黄药-氧体系中,颗粒与气泡附着同矿浆电位的关系;而图 21-8 是辉铜矿-乙基黄药-氧体系图,它表明在适宜的矿浆电位和 pH 值条件下,稳定的表面产物是金属黄原酸盐,从而使颗粒表面疏水易浮。

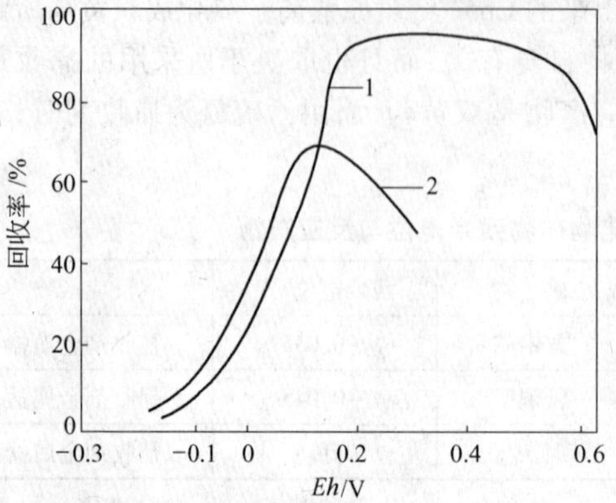

图 21－5　黄铜矿和方铅矿无捕收剂浮选与矿浆电位的关系

1—黄铜矿，pH＝8～11；2—方铅矿，瓷球磨加 Na_2S，pH＝8

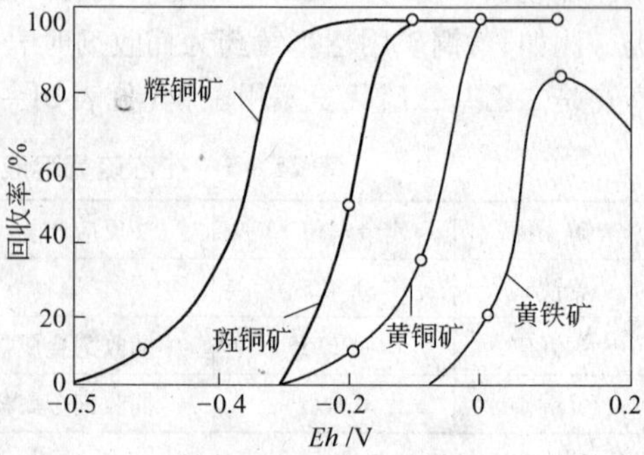

图 21－6　几种硫化铜矿物和黄铁矿的可浮性与矿浆电位的关系

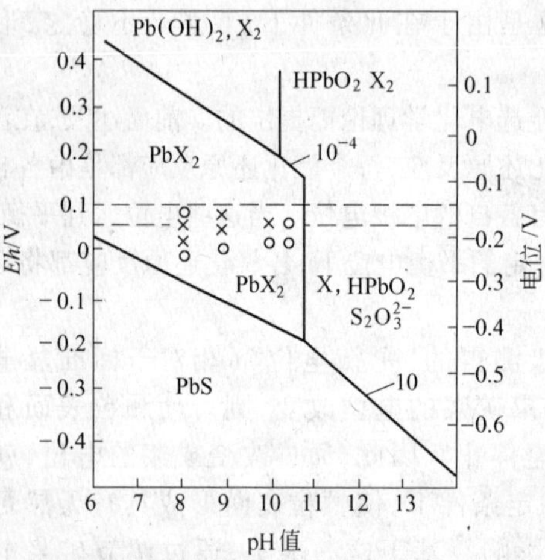

图 21－7　方铅矿－黄药－氧体系的电化学相位图

X—乙基黄原酸盐；PbX 与 PbX_2 的交线—硫代硫酸盐的生成反应；短划线—PbX_2 和 S 的生成；点划线—双黄药的生成；O—与气泡接触弱；×—与气泡接触强

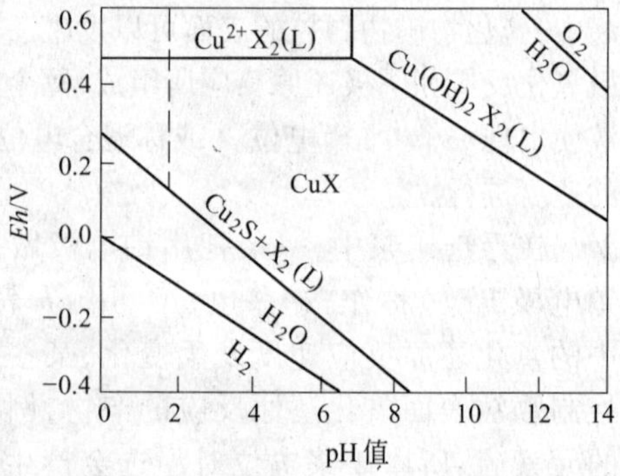

图 21－8　Cu_2S、CuEX、$Cu(OH)_2$ 和 $(EX)_2(L)$ 的稳定性关系

（溶解硫的活度为 1×10^{-4}；Cu^{2+} 的活度为 1×10^{-4}；$(EX)_2(L)$ 的活度为 1.3×10^{-5}）

21.2.4　有机酸类捕收剂和胺类捕收剂

有机酸类捕收剂和胺类捕收剂的特征是疏水基的相对分子质量较大，极性基中分别含有氧原子和氮原子。常用的有机酸类捕收剂多为阴离子型，常用的胺类捕收剂多为阳离子型。

21.2.4.1　有机酸类捕收剂

有机酸类捕收剂可大致分为羧酸（盐）类、磺酸（盐）类、硫酸酯类、胂酸类、膦酸类、羟肟酸类，其中应用最广泛的是脂肪酸及其盐类。

A　脂肪酸及其皂的物质组成与结构

脂肪酸及其皂类捕收剂的通式为 R—COOH（Na 或 K），其结构式为：

$$R—\overset{\overset{O}{\|}}{C}—OH(Na、K)$$

当—COOH 中的 H^+ 被 Na^+ 或 K^+ 取代时则称之为钠皂或钾皂，通常使用的是钠皂。根据羧基的数目可分为一元羧酸、二元酸或多元酸，用作捕收剂的主要是一元羧酸。二元羧酸或多元羧酸因含有 2 个或多个羧基，水化性较强，所以多用作抑制剂（如草酸、酒石酸、柠檬酸等）。

$—COO^-$ 是脂肪酸类捕收剂的亲固基，其结构如图 21－9 所示。中心原子是碳原子，2 个碳氧键的交角为 124°。

B　脂肪酸的解离与 pH 值的关系

在含氧酸类捕收剂中，除磺酸盐（$pK_a = 1.5$）属强酸外，其他一般均属弱酸，在水溶液中他们可以发生水解和离解，一部分呈离子，一部分呈分子，也有一部分呈二聚物。

脂肪酸在水溶液中可以按如下的反应解离为羧酸阴离子和氢离子：

$$RCOOH \rightleftharpoons RCOO^- + H^+ \tag{21－34}$$

解离常数 *Ka* 为：

$$Ka = [RCOO^-][H^+]/[RCOOH]$$

式中，*Ka* 一般随烃链的增长而减小，大体为 $10^{-4} \sim 10^{-5}$。

油酸溶液中各组分的浓度如图 21－10 所示，R^- 代表油酸离子 $C_{17}H_{33}COO^-$，RH 代表油酸分子 $C_{17}H_{33}COOH$，R_2H^- 代表 $(C_{17}H_{33}COO)_2H^-$，称为“酸－皂”二聚物，R_2^{2-} 代表 $(C_{17}H_{33}COO)_2^{2-}$，称为离子二聚物。

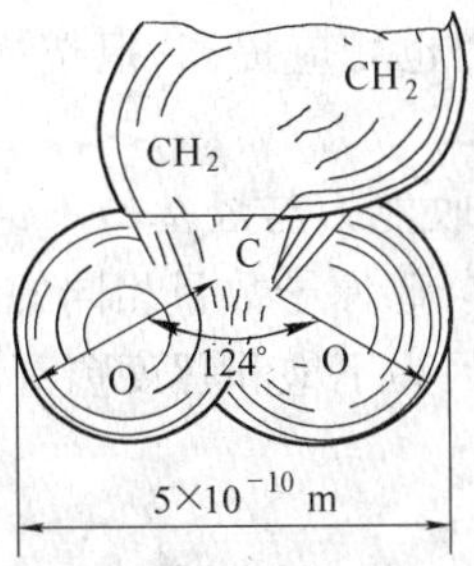

图 21－9　羧基的结构图

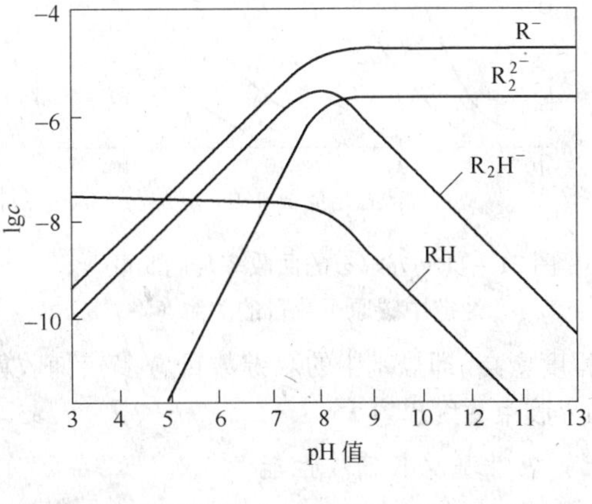

图 21－10　油酸溶液中各组分的浓度与 pH 值的图

图 21－10 中的曲线表明，在酸性介质中油酸呈分子状态存在，而在碱性介质中主要以离子状态存在，在中性及弱碱性介质中则有效成分 R_2H^- 和 R_2^{2-} 的浓度较高，浮选效果较好；在强碱性介质中，有效成分 R_2H^- 的浓度将急剧下降。

C　脂肪酸的熔点和溶解度

脂肪酸的熔点与分子的不饱和程度和烃基的长度有关，不饱和脂肪酸和相应的饱和脂肪酸相比较，其熔点低，对浮选温度敏感性差，化学活性大，凝固点低，捕收能力强。因此，浮选生产中多使用大分子量的不饱和脂肪酸及其皂（如油酸钠）。

脂肪酸在水中的溶解度与烃链长度和温度有密切关系，几种常见的脂肪酸的溶解度见表 21－6。表 21－6 中的数据表明，长烃链脂肪酸难溶于水，故使用前将脂肪酸溶于煤油或其他有机溶剂;或用超声波进行乳化处理。生产中常通过加碱皂化使之成为脂肪酸皂,以提高其在水中的溶解度。使用脂肪酸类捕收剂时,提高浮选矿浆的温度,是改善分选指标的有效措施之一。

表 21-6　脂肪酸在水中的溶解度(g/100g 水)

脂肪酸	溶解度		脂肪酸	溶解度	
	20℃时	60℃时		20℃时	60℃时
癸　酸	0.015	0.027	十五酸	0.0012	0.0020
十一酸	0.0039	0.015	棕榈酸	0.00072	0.0012
月桂酸	0.0035	0.087	十七酸	0.00042	0.00081
十三酸	0.0033	0.054	硬脂酸	0.00029	0.00050
豆蔻酸	0.0020	0.034			

D　脂肪酸及其皂的捕收能力

脂肪酸的捕收能力比黄药低,主要原因可以认为是其亲固基中存在一个羰基,从而造成亲固基有较大的极性,和水的作用能力较强,它的离子或分子固着于固体表面时,当烃基较短时不足以消除固体表面的亲水性。实践证明,脂肪酸类捕收剂的烃链中含 12~17 个碳原子时,才有足够的捕收能力。

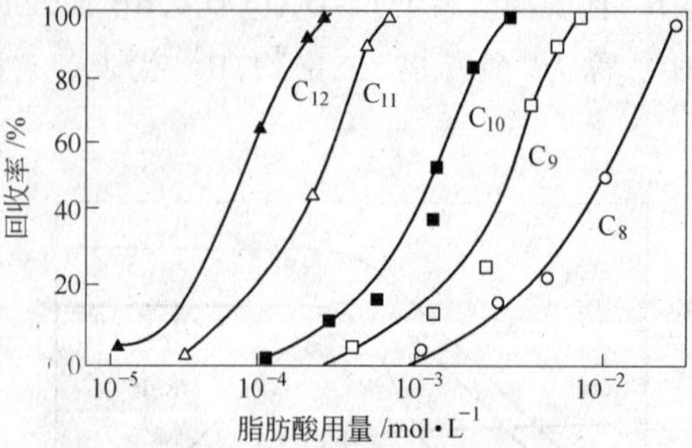

图 21-11　方解石的回收率与脂肪酸烃链中碳原子数目的关系

脂肪酸的烃链长度对其捕收性能的影响如图 21-11 所示。

对正构饱和烷基同系物的研究表明,在一定范围内,烃链中碳原子数目增加,其捕收能力提高,但烃链过长,会因溶解度降低而在矿浆中分散不好,导致其捕收能力下降。另一方面,随着烃链增长,烃链之间的互相作用逐渐增加,其捕收能力也相应提高,但选择性却随之而下降。

脂肪酸的捕收能力与烃基的不饱和程度也有一定的关系。碳原子数目相同的烃基,不饱和程度愈高(即烃基中的双键数目愈多),捕收能力愈强。这是因为不饱和程度愈高,愈易溶解,临界胶束浓度也愈大。

E　极性基及其捕收性能

脂肪酸及其皂与碱土金属阳离子(Ca^{2+}、Mg^{2+}、Ba^{2+}等)有很强的化学亲和力,能形成溶度积很小的化合物(见表 21-7)。在生产实践中,脂肪酸被广泛用于浮选萤石、方解石、白云石、磷灰石、菱镁矿、白钨矿等,还可用于浮选被 Ca^{2+}、Mg^{2+}、Ba^{2+}等活化后的硅酸盐矿物。

表 21-7　各种脂肪酸盐的溶度积(负对数值)

脂肪酸种类	Mg^{2+}	Ca^{2+}	Ba^{2+}	Ag^{+}	Cu^{2+}	Zn^{2+}
$C_{15}H_{31}COO^-$	14.3	15.8	15.4	11.1	19.4	18.5
$C_{17}H_{33}COO^-$	15.5	17.4	16.9	12.0	20.8	20.0
脂肪酸种类	Cd^{2+}	Pb^{2+}	Mn^{2+}	Fe^{2+}	Al^{3+}	Fe^{3+}
$C_{15}H_{31}COO^-$	18.0	20.1	16.2	15.6	27.9	31.0
$C_{17}H_{33}COO^-$	22.2	17.5	17.4	30.3		

由表21－7可以看出，脂肪酸及其皂类与大多数金属离子的化学亲和力很强，所形成的脂肪酸盐的溶度积很小，所以这类捕收剂常用于浮选赤铁矿、菱铁矿、褐铁矿、软锰矿、金红石、钛铁矿、黑钨矿、锡石、一水铝石等；也用于浮选含钙、铁、锂、铍、锆等金属的硅酸盐矿物（如绿柱石、锂辉石、锆石、钙铁石榴石、电气石等）。

应该说明的是，尽管脂肪酸类捕收剂也可用于浮选孔雀石、蓝铜矿、白铅矿、菱锌矿等，但在浮选过程中，与这些矿物伴生的脉石矿物会同时被浮起，从而使过程失去选择性，所以实践中很少采用。

另外，由于脂肪酸类捕收剂具有很活泼的羧基，对各种金属都有明显的捕收作用，选择性很差，因此不易获得高质量的疏水性产物。

脂肪酸及其皂类对硬水很敏感，需配合使用碳酸钠，一方面可消除 Ca^{2+}、Mg^{2+} 的有害影响，另一方面还可调整矿浆的 pH 值；有时还与水玻璃配合使用，抑制硅酸盐矿物，以利于提高选择性。

此外，脂肪酸及其皂类兼具起泡性能，需要严格控制用量。当物料中微细粒级部分的含量大时，使用脂肪酸类捕收剂会导致泡沫过黏，使浮选过程操作困难。

F 常用的脂肪酸类捕收剂

生产中常用的脂肪酸类捕收剂有如下几种：

（1）油酸及油酸钠（$C_{17}H_{33}COOH$ 及 $C_{17}H_{33}COONa$）。油酸分子中有一个双键，是天然不饱和脂肪酸中存在最广泛的一种，可从动、植物油脂中水解得到。纯油酸为无色油状液体，难溶于水，冷却得到针状结晶，熔点为14℃，密度为895 kg/m³。工业用油酸多为脂肪酸的混合物，其成分以油酸为主，还含有豆油酸、亚麻油酸等不饱和酸。油酸不易溶解和分散，常需皂化或乳化使用，皂化后易溶于水，水溶液呈碱性。

（2）氧化石蜡皂和氧化煤油。氧化石蜡皂是用石油炼制过程的副产品（含15～40个碳原子的饱和烃类混合物）做原料，在150～170℃的温度下，以空气为氧化剂、高锰酸钾为催化剂进行氧化加工及皂化而制得的。氧化石蜡皂的组成，可分为脂肪酸、未被氧化的烷烃或煤油和不皂化物等三部分。其中的脂肪酸是起捕收作用的主要成分，碳链长度随原料和氧化深度而定，其中饱和酸占80%，羟基酸占5%～10%；未被氧化的高级烷烃或煤油对脂肪酸起稀释作用，使其在矿浆中易于分散，同时起辅助捕收作用；不皂化物主要是一些极性物质，如醇、酮和醛等，有起泡作用。氧化石蜡皂的主要缺点是，温度较低时，浮选效果不好，常温下使用时，需进行乳化。

氧化煤油是煤油氧化所得的产物，主要成分的浮选性能与氧化石蜡皂大同小异。只是相对分子质量较小，凝固点较低，常温下为容易流动的液体，便于使用。

（3）塔尔油及其皂。塔尔油有时也称为妥尔油，是脂肪酸和树脂酸的混合物，还含有一定数量的中性物质，粗硫酸盐皂、粗制和精制塔尔油等均属此类药剂。

粗硫酸盐皂是以木材为原料碱法造纸工艺的副产品，含杂质较多，起泡性强，选择性差。因此，常将其进一步净化，制成粗制塔尔油。粗制塔尔油再经减压蒸馏和浓硫酸处理，得到精制塔尔油。

粗制塔尔油中的脂肪酸主要是不饱和脂肪酸，如油酸、亚油酸、亚麻酸等，它们的捕收能力很强。同时，由于粗制塔尔油中的树脂酸（主要为松香酸）含量高，所以起泡性能也很强。

粗制塔尔油经精制使树脂酸与不饱和酸分离，得到的脂肪酸馏分经皂化处理得到塔尔油皂，其中含脂肪酸一般在90%以上。塔尔油和塔尔油皂的捕收性能都比较好，而且耐低温，是性能良好的有机酸类捕收剂，广泛用于浮选磷灰石、氟石、氧化锰矿物和弱磁性铁矿物等。

（4）烃基磺酸（盐）。烃基磺酸（盐）的通式为 $R—SO_3Na$，其中的 R 为烃基（烷基、芳基或环烷基），是烃类油与浓硫酸作用所得的产品，例如煤油经过磺化得到的烃基磺酸盐（磺化煤油）；

以石油副产品为原料经磺化、皂化所得的石油磺酸盐。烃基较短的烷基磺酸钠（如十二烷基磺酸钠）的捕收能力不强，但起泡性较好，可作为起泡剂。烃链中碳原子数目大于18的烷基磺酸盐，才能用作氧化物矿物和含氧盐矿物的捕收剂。磺酸盐与脂肪酸相比，水溶性好，耐低温性能好，抗硬水能力强及起泡能力强，捕收能力比碳原子数目相同的脂肪酸的稍低一些，但有较好的选择性。常用于浮选弱磁性铁矿物、萤石、磷灰石等。

(5) 烃基硫酸盐。烃基硫酸盐的通式为 $R—OSO_3Na$，也称为烷基硫酸酯，是由脂肪醇经硫酸酯化、中和制得的硫酸盐。由于烃基硫酸盐 $R—OSO_3Na$ 中的硫原子是通过氧和碳原子相结合，容易水解生成醇和硫酸氢钠，所以它的水溶液放置过久，会因发生水解而捕收能力显著降低。

含12～20个碳原子的烷基硫酸钠，是典型的表面活性剂。其主要代表是十六烷基硫酸钠，它是白色结晶，易溶于水、有起泡性，可做黑钨矿、锡石、重晶石等的捕收剂。十六烷基硫酸钠对白钨矿、方解石的捕收能力较油酸的弱，但选择性好，可在硬水中使用。十六烷基硫酸盐可用于多金属硫化物矿石的浮选，它对黄铜矿有选择性捕收作用，对黄铁矿的捕收能力较弱，其浮选效果比戊黄药好。

(6) 羟肟酸类捕收剂。烷基羟肟酸（氧肟酸、异羟肟酸）具有两种互变异构体，两者同时存在，是一种螯合剂，能与多种金属离子形成螯合物。实际应用的羟肟酸大多为钠盐和铵盐。国内生产的羟肟酸类捕收剂，主要是含有7～9个碳原子的羟肟酸胺和环烷基、苯基等羟肟酸。异羟肟酸钠常用于浮选氧化铜矿物，对于硫化后的氧化铜矿物的浮选效果更好，也用于浮选锡石、稀土矿物、黑钨矿、白钨矿及白铅矿等。

除了上述一些脂肪酸类捕收剂以外，近年来新开发的、同属于阴离子捕收剂的一系列新产品（如RA-315、RA-515、RA-715、LKY、MZ-21、SH-37、MH-80等），已经成为了铁矿石反浮选脱硅和磷酸盐矿石、萤石矿石及一些稀有金属矿石浮选分离的主要捕收剂。

21.2.4.2　胺类捕收剂

胺类捕收剂起捕收作用的是阳离子，故称之为阳离子捕收剂，是有色金属氧化物矿物、石英、长石、云母等的常用捕收剂。

胺类捕收剂是氨的衍生物，按照氨中的氢原子被烃基取代的数目不同，分为第1胺盐（伯胺盐，例如 RNH_3Cl）、第2胺盐（仲胺盐，例如 $RR'NH_2Cl$）、第3胺盐（叔胺盐，例如 $R(R')_2NHCl$）和第4胺盐（季胺盐，例如 $R(R')_3NCl$）。化学式中的R代表长烃链烃基，其中的碳原子数目一般在10以上；R′代表短链烃基，多为甲基。

胺与氨的性质相似，其水溶液呈碱性，难溶于水，与酸（盐酸或醋酸）作用生成胺盐后易溶于水。胺与烃基含氧酸类捕收剂相似，这些长烃链捕收剂在水溶液中超过一定浓度时，会从单个离子或分子缔合成为胶态聚合物即形成胶束，从而使溶液性质发生突然变化。形成胶束的浓度，称为临界胶束浓度，用CMC表示。一些常用的浮选药剂的临界胶束浓度见表21－8。

表21－8　一些常见的表面活性浮选剂的CMC值（mol/L）

碳原子数	羧酸盐	碳酸盐	硫酸盐	胺
10				5×10^{-4}
12	2.6×10^{-2}	9.8×10^{-3}	8.2×10^{-3}	2×10^{-5}
14	6.9×10^{-3}	2.8×10^{-3}	2.0×10^{-3}	7×10^{-6}
16	2.1×10^{-3}	7.0×10^{-4}	2.1×10^{-4}	
18①	1.8×10^{-3}	7.5×10^{-4}	3.0×10^{-4}	

① 在50℃时测定的结果，其余为在室温下测定的结果。

胺在水溶液中可以呈分子状态也可以呈离子状态存在，例如十二胺在水溶液中存在下列平衡关系：

$$RNH_2 + H_2O \rightleftharpoons RNH_3^+ + OH^- \quad (21-35)$$

平衡时的解离常数(25℃时)为：

$$K = [RNH_3^+][OH^-]/[RNH_2] = 4.3 \times 10^{-4}$$

所以水溶液中胺以什么状态存在取决于溶液的pH值。在浓度为1×10^{-4} mol/L的十二胺水溶液中，胺及其水解产物的浓度与pH值的关系如图21－12所示。

图21－12中的曲线表明，当十二胺的分子浓度与离子浓度相等时，溶液的pH = 10.6，pK = 3.35。当pH < 10.6时，十二胺主要以离子状态存在；当pH > 10.6时，十二胺主要以分子状态存在。

用作捕收剂的胺多数是第一胺，其烃基由所采用的生产原料而定，在生产实践中应用的有十二胺、混合胺和醚胺。

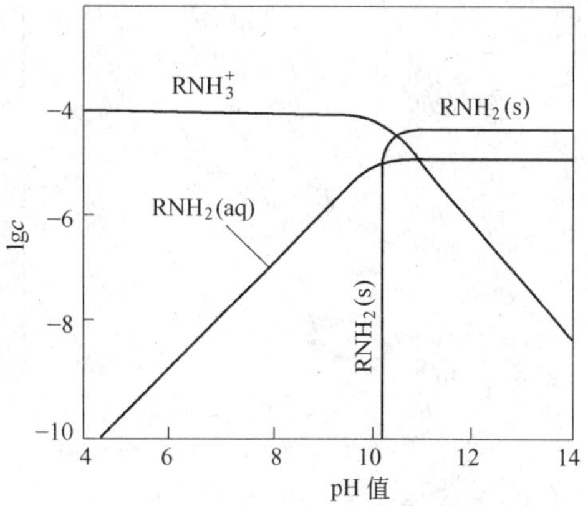

图21－12　十二胺在溶液中的水解产物浓度与pH值的关系

混合胺常温下为淡黄色蜡状，有刺激气味，不溶于水，溶于酸或有机溶剂。配制时胺与盐酸的摩尔比为1∶1或1∶1.5，配料加热水溶解后，再用水稀释到质量分数为1%～0.1%的溶液。用十二胺浮选石英时，在pH = 10.5左右的浮选效果最好，这说明胺的分子－离子络合物对浮选起重要作用。十二胺用于铁矿石反浮选脱硅时，其捕收能力与醚胺的接近，但选择性比醚胺的差。混合胺的浮选效果通常比十二胺的差。

醚胺是烷基丙基醚胺系列的简称，化学通式为$R—O—CH_2CH_2CH_2NH_2$，其中R为碳原子数目为8～18的烷基。醚胺具有水溶性好、浮选速度快、选择性好等优点，常用于铁矿石反浮选脱硅工艺中。

由于胺类捕收剂兼有起泡性，用于浮选时可少加或不加起泡剂，且宜分批添加，并控制适宜的矿浆pH值，水的硬度不宜过高，应避免与阴离子捕收剂同时加入。

21.2.5 有机酸类捕收剂和胺类捕收剂的作用机理

21.2.5.1 有机酸类捕收剂的作用机理

有机酸类捕收剂都是在极性基中含有键合氧原子的阴离子型捕收剂，由于极性基水化性较强，所以药剂的非极性基碳链较长，一般相对分子质量都比较大，主要用于浮选氧化物矿物和含氧盐矿物。有机酸类捕收剂与矿物的作用形式比较多，有的是以双电层静电吸附为主；有的则是以化学吸附为主，或化学吸附与分子吸附同时存在。吸附的总自由能ΔG主要由这三部分组成，即$\Delta G = \Delta G_{静电} + \Delta G_{化学} + \Delta G_{分子}$。

A　依靠静电作用力的物理吸附

烃基磺酸和烃基硫酸的解离常数较大，它们主要借静电吸附与荷正电的矿物表面发生作用。因此，使用烃基磺酸和烃基硫酸类捕收剂时，了解有关矿物的零电点非常重要。比如，针铁矿的零电点为pH = 6.7，当矿浆pH < 6.7时，捕收剂阴离子(RSO_3^-或$ROSO_3^-$)通过静电吸附，使颗粒表面疏水；当矿浆pH ≥ 6.7时，针铁矿颗粒表面荷负电，只能用阳离子捕收剂十二胺进行浮选。又如，在浮选铬铁矿、绿柱石、石榴石等矿物时，通常将颗粒表面电位调为正值，用阴离子捕收剂

(如磺酸盐类)浮选。

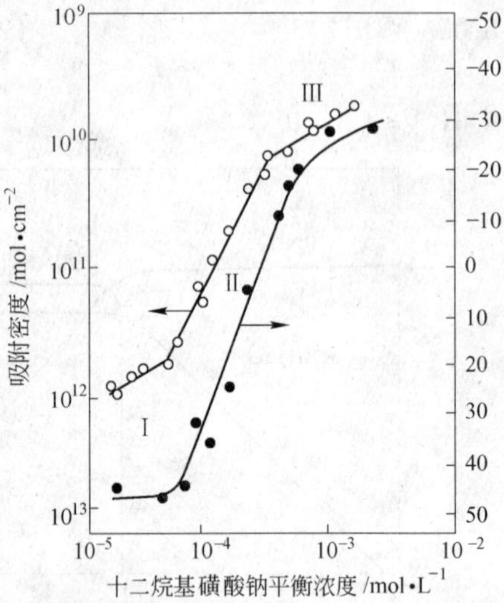

图 21 - 13 刚玉表面十二烷基磺酸钠的吸附密度、动电位与十二烷基磺酸钠平衡浓度的关系(pH = 7.2)

十二烷基磺酸盐在刚玉表面的吸附情况如图 21 - 13 所示。从图 21 - 13 可以看出,当浓度较低时(图中的Ⅰ区),十二烷基磺酸钠以单个离子状态靠静电吸附于刚玉表面;当浓度大于 5×10^{-5} mol/L 时,十二烷基磺酸离子的吸附密度开始显著上升(图中的Ⅱ、Ⅲ区);当浓度增大到 3×10^{-4} mol/L(相当于 1/10 的单分子层罩盖浓度)时,刚玉颗粒表面达到等电点(动电位开始改变符号),说明在浓度高的条件下,磺酸离子吸附密度增大使药剂离子互相靠近,非极性基之间的相互缔合作用得到加强,于是形成半胶束吸附。动电位改变符号,标志着烃链间的相互缔合作用开始超越静电吸附的范围,明显地呈现半胶束吸附的特征。

捕收剂在双电层外层的静电吸附,由于选择性比较差,如果体系中存在无机阴离子,将会与捕收剂阴离子产生严重的竞争吸附现象,甚至会引起抑制。比如,当矿浆 pH < 1.8 时,石英表面荷正电,可用烷基磺酸钠浮选,但此时若用大量的 HCl 调节 pH 值至 1.8,则溶液中 Cl^- 的浓度远远大于 RSO_3^- 的浓度,Cl^- 占据了石英表面的正电荷区,使得 RSO_3^- 不能接近石英表面,而使石英受到抑制。

B 在固体表面的化学吸附

极性基化学活性比较高的捕收剂与固体表面作用时,常发生化学吸附。比如脂肪酸类与含钙、钡、铁的矿物作用;烃基砷酸、膦酸与含锡、钛、铁矿物的作用;羟肟酸、氨基酸等络合物捕收剂与铁、铜氧化物矿物的作用等,在这些情况下,药剂在固体表面均可形成难溶化合物,发生化学吸附(或表面化学反应)。有一些极性化学活性不太高的捕收剂,如烃基磺酸盐、烃基硫酸盐等,当相对分子质量足够大时,因“加重效应”的影响也能发生化学吸附。

试验表明,阴离子捕收剂(如油酸)在方解石或磷灰石颗粒表面的吸附,发生在其零电点的 pH 值以上,而且吸附以后使动电位负值增大。这时颗粒表面荷负电,捕收剂为阴离子,按静电吸引原理,不可能发生吸附。油酸离子所以能够吸附,是由于发生了化学吸附(还可能包括半胶束吸附或离子 - 分子二聚物共吸附)。

又如油酸在萤石颗粒表面的吸附,红外光谱测定结果(见图 21 - 14)表明,在 5.8 μm 谱带处,是与—COOH 基的物理吸附相对应,而 6.4 μm 和 6.8 μm 谱带处与—COO^- 基的化学吸附相对应。可见萤石颗粒表面既有物理吸附的油酸,也有化学吸附的油酸,在低 pH 值时以物理吸附为主,在 pH = 3 ~ 9 时为物理吸附与化学吸附并存,pH = 9 ~ 10 时则以化学吸附为主。在通常的浮选条件下,浮选行为与化学吸附的关系更为密切。

研究结果还表明,对于一些难溶的金属氧化物矿物,阴离子捕收剂在其表面的化学吸附,与矿浆 pH 值是否有利于颗粒表面金属阳离子的微量溶解,以及随后水解形成金属离子的早期羟基络合物的量有密切关系。比如,用油酸浮选赤铁矿,在 pH = 8 左右时浮选回收率最高,此时赤铁矿颗粒表面生成铁离子早期羟基络合物的量也最多；用油酸浮选软锰矿和辉石时，也存在类似的情况。这是由于捕收剂阴离子与活性金属阳离子作用，在固体表面发生化学吸附，从而使颗粒表面疏水易浮。

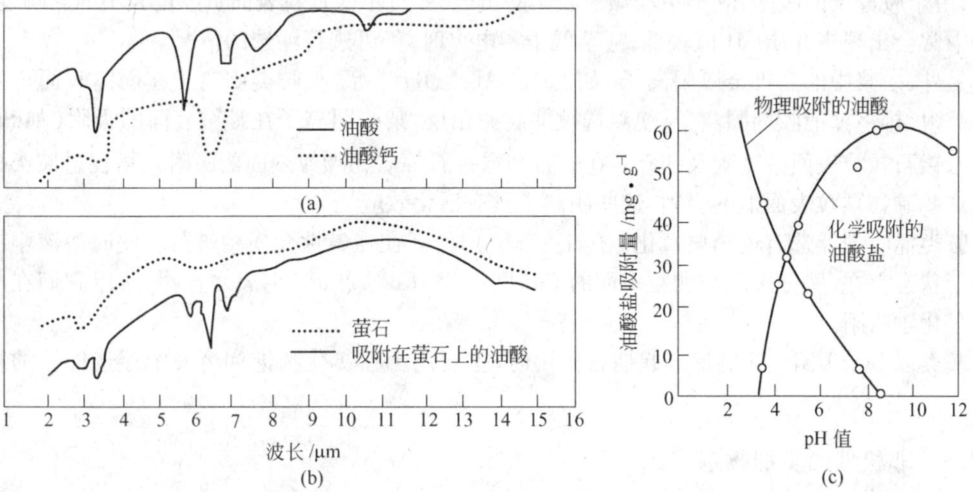

图 21－14 油酸在萤石表面吸附情况的红外线测定结果

(a) 油酸和油酸钙；(b) 萤石和吸附在萤石上的油酸；

(c) 于 5.8 μm 和 6.4 μm 谱带上油酸盐在萤石上的物理吸附和化学吸附与 pH 的关系

由于石英的溶解度很小，又不含可以水解的金属离子，所以用阴离子捕收剂浮选石英时，必须用金属阳离子活化。石英浮选最高回收率也与活化金属阳离子有利于形成早期羟基络合物的 pH 值一致。用磺酸盐为捕收剂（浓度为 1×10^{-4} mol/L），以浓度为 1×10^{-4} mol/L 的各种金属阳离子为活化剂浮选石英时，石英的最高回收率与 pH 值的关系如图 21－15 所示。

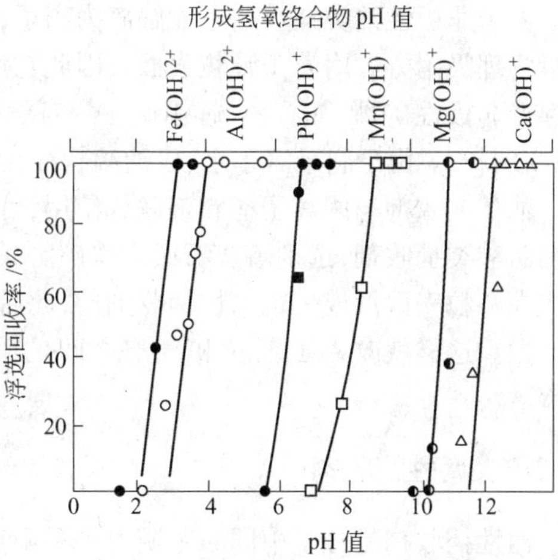

图 21－15 石英的浮选回收率与 pH 值的关系

由图 21－15 可见，各种金属阳离子起活化作用的 pH 值范围为：Fe^{3+}，2.9～3.8；Al^{3+}，2.8～8.4；Pb^{2+}，6.5～12.8；Mn^{2+}，8.5～9.4；Mg^{2+}，10.9～11.4；Ca^{2+}，12 以上。

这些 pH 值的分界线与金属离子形成羟基络合物的 pH 值相当符合。如果捕收剂浓度改变，上述 pH 值的分界也会相应变化。如果改用其他捕收剂，则图 21－15 也将改变。由此可见，石英经金属阳离子活化后浮选的机理，可用化学吸附加以解释。

21.2.5.2 胺类捕收剂的作用机理

胺类捕收剂主要用于浮选硅酸盐矿物和铝硅酸盐矿物，以及菱锌矿和可溶性钾盐。一些理论研究表明，胺类捕收剂与这些矿物的作用机理是不同的。用胺类捕收剂浮选石英时，在介质 pH＝10 左右的条件下，石英颗粒表面荷负电，胺主要呈阳离子 RNH_3^+ 或离子－分子二聚 $(RNH_2)_2H^+$ 的形式，在固体表面双电层内靠静电力发生吸附（属物理吸附）。

在石英－胺体系中,当捕收剂浓度达到临界胶束浓度的1/10～1/100时,在颗粒表面便可形成半胶束吸附。在胺离子 RNH_3^+ 与胺分子 RNH_2 之间,其非极性更有利于发生相互缔合作用,使它们在固体表面产生共吸附,或者形成胺分子及其离子二聚体 $(RNH_2)_2H^+$ 的半胶束吸附。此外,由于胺分子的吸附,既不中和颗粒表面的负电性,也不受颗粒表面负电位大小的影响,所以浮选中常会出现当介质pH值较低,甚至低于零电点时,仍可进行浮选的情况。

另外,矿浆中的高价金属阳离子(如 Fe^{3+}、Al^{3+}、Ba^{2+} 等)与胺类阳离子在固体表面可发生竞争吸附,排挤掉捕收剂阳离子,使浮选被抑制。相反,某些阴离子在颗粒表面的吸附(如 SO_4^{2-} 在一水铝石颗粒表面的吸附及 SiF_6^{2-} 在长石和绿柱石等矿物颗粒表面的吸附),可促进胺类捕收剂在这些矿物颗粒表面上的吸附,这些阴离子具有活化效应。

胺类捕收剂浮选有色金属氧化矿(如菱锌矿)时,多在强碱性介质中进行。此时溶液中的胺以分子状态存在,胺分子能与颗粒表面的 Cu^{2+}、Zn^{2+}、Cd^{2+}、Co^{3+} 生成络合物,所以它们在固体表面呈化学吸附。

胺类以分子 RNH_3Cl 的形式起捕收作用时,主要用于在氯化物饱和溶液中浮选钾盐的特定场合。

21.2.6　非极性油类捕收剂

非极性油类捕收剂(简称烃油)是指煤油、柴油、燃料油、变压器油等碳氢化合物。在它们的分子结构中不含有极性基团,碳原子之间都是通过共价键结合的化合物,在水溶液中不与水分子作用,呈现出疏水性和难溶性。同时因为它们不能电离成离子,因此又常被称为中性油类捕收剂。

由于非极性油类捕收剂不能解离为离子,所以不能和固体表面发生化学吸附或化学反应,只能以物理吸附方式附着于颗粒表面。因此它们只能作为自然可浮性很强的物料的捕收剂,即只能浮选非极性矿物(如石墨、辉钼矿、煤、自然硫和滑石等)。这类捕收剂的用量一般较大,多在0.2～1 kg/t。由于它难溶于水,以油滴状存在于水中,在固体表面形成很厚的油膜。

油类捕收剂与阴离子捕收剂联合使用,可显著提高浮选指标。实践中,常常联合使用烃类油和脂肪酸类捕收剂,选别磷灰石或赤铁矿。联合使用可提高浮选效果的原因,主要是阴离子捕收剂先在颗粒表面形成一疏水性捕收剂层,此后烃类油再覆盖在其表面上,从而加强了颗粒表面的疏水性。这样就改善了颗粒和气泡之间的附着,降低了阴离子捕收剂的用量,提高了浮选回收率。

21.2.7　两性捕收剂

两性捕收剂是分子中同时带阴离子和阳离子的异极性有机化合物,常见的阴离子基团主要是—COOH、—SO_3H 及—OCSSH;阳离子基团主要是—NH_2。含有阴、阳两种基团的捕收剂包括各种氨基酸、氨基磺酸以及用于浮选镍矿和次生铀矿的胺醇类黄药、二乙胺黄药等。

二乙胺乙黄药的结构式为:

$$\begin{array}{c} \quad\; C_2H_5 \\ \quad\; | \\ C_2H_5—NCH_2CH_2OCSSNa \end{array}$$

它在水溶液中的解离与介质的pH值有关:

在酸性介质中,二乙胺黄药呈阳离子 $(C_2H_5)_2NCH_2CH_2OCSSH_2^+$

在碱性介质中,则呈阴离子 $(C_2H_5)_2NCH_2CH_2OCSS^-$

等电点时不解离呈中性$(C_2H_5)_2NCH_2CH_2OCSSH$,因此,可通过调整矿浆的 pH 值,使其产生不同的捕收作用。

另一种两性捕收剂是8-羟基喹啉,它是一种典型的络合捕收剂。不同的金属离子和8-羟基喹啉在不同的 pH 值范围内可以形成沉淀,但超过此 pH 值范围时,有些沉淀又会溶解。目前8-羟基喹啉主要用于分选一些稀有金属矿石。

21.3 起泡剂

21.3.1 起泡剂的结构和种类

起泡剂是异极性有机物质,它的分子由两部分组成:一端为非极性疏水基;另一端为极性亲水基,使起泡剂分子在空气与水的界面上产生定向排列。起泡剂的起泡能力与这2个基团的性质密切相关。

起泡剂大部分是表面活性物质,能够强烈地降低水的表面张力。同一系列的表面活性剂,烃基中每增加1个碳原子,其表面活性可增大3.14倍,此即所谓的"特劳贝定则",即按"三分之一"的规律递增。表面活性越大,起泡能力越强。

起泡剂的溶解度对起泡剂性能及形成气泡的特性有很大的影响。如溶解度很高,则消耗药量大,或迅速产生大量泡沫,但不能耐久;当溶解度过低时,来不及溶解,就随泡沫流失,或起泡速度缓慢,延续时间较长,使浮选过程难于控制。常用的起泡剂的溶解度见表21-9。

表21-9 常见起泡剂的溶解度(g/100g水)

起泡剂	溶解度	起泡剂	溶解度	起泡剂	溶解度
正戊醇	2.19	庚醇	0.45	α-萜醇	0.198
异戊醇	2.69	壬醇	0.128	甲基异戊醇	1.70
正己醇	0.624	松油	0.25	1,2,3-三乙氧丁烷	0.80
正庚醇	0.181	樟脑醇	0.074	聚丙烯乙二醇	全溶
正壬醇	0.0586	甲酚酸	0.166		

生产中常用的起泡剂有松油、2号油、甲基戊醇、醚醇油、丁醚油。

松油又称为松树油(松节油),是松树的根或枝干经过干馏或蒸馏制得的油状物,是浮选中应用较广的天然起泡剂。松油的主要成分为α-萜烯醇,其次为萜醇、仲醇和醚类化合物,具有较强的起泡能力,因含杂质,同时具有一定的捕收能力,可单独使用松油浮选辉钼矿、石墨和煤等。由于松油的黏性较大,来源有限,所以逐渐被人工合成的起泡剂所代替。

2号油是以松节油为原料,经水解反应制得的,其主要成分也为α-萜烯醇,其中萜烯醇的含量为50%左右,还有萜二醇、烃类化合物及杂质。它是淡黄色油状液体,密度为900~915 kg/m^3,可燃,微溶于水,在空气中可氧化。2号油的起泡能力强,能生成大小均匀、黏度中等和稳定性合适的气泡,是我国应用得最广泛的一种起泡剂。当用量过大时,气泡变小,影响浮选指标。

纯净的甲基戊醇(甲基异丁基甲醇 MIBC)为无色液体,可用丙酮为原料合成制得,是应用较为广泛的起泡剂,泡沫性能好,对提高疏水性产物的质量有利。甲基戊醇是所谓的"非表面活性型起泡剂",虽不能形成大量的两相泡沫,但能与黄药一起吸附于颗粒表面形成三相泡沫。甲基戊醇的优点包括溶解度大、起泡速度快、泡沫不黏、消泡容易、不具捕收性、用量少、使用方便、选择性好等。

醚醇油是合成起泡剂,是由环氧丙烷与乙醇在苛性钠催化剂的作用下制得的,例如我国研制的乙基聚丙醚醇等。随着烃链增长,醚醇油的起泡能力增加,但烃链过长时会产生消泡现象。醚醇油具有水溶性好、泡沫不黏、选择性好、用量较少、使用方便等优点,可以代替2号油。

丁醚油也称为4号浮选油(1,1,3-三乙基氧丁烷 TEB),其分子中的极性基是3个乙氧基($—OC_2H_5$),乙氧基中的氧原子与水分子间可通过氢键形成水化物,因而它易溶于水,并使水的表面张力降低。丁醚油的纯品为无色透明油状液体,工业品由于含有少量杂质,呈棕黄色,带有水果香味,起泡能力强,用量仅为2号油的1/2。

21.3.2　起泡过程及起泡剂的作用

泡沫是浮选不可缺少的部分,泡沫可分为两相泡沫和三相泡沫。两相泡沫是由液、气两相组成的,如常见的皂泡等。三相泡沫是由固、液、气三相组成的。过去曾将两相泡沫理论推广到三相泡沫,认为起泡剂就是在液-气界面起表面活性作用,只要能产生大量的泡沫就认为有利于浮选。但对浮选三相泡沫的研究结果表明,颗粒对泡沫的形成与稳定有很大影响。就起泡剂而论,除具有表面活性物质可作起泡剂外,有的非表面活性物质,由于它们影响颗粒向气泡黏着,所以也可以把它们看作三相泡沫的良好起泡剂,因此,浮选用的起泡剂与其他两相泡沫起泡剂不完全相同。

21.3.2.1　泡沫的破灭和稳定

气泡汇集到液面成为泡沫,泡沫是不稳定系统,一般气泡会逐渐兼并破灭。

泡沫的破灭首先是因气泡之间的水层变薄,小气泡兼并成大气泡,这是一个自发过程。当然,在水中运动的气泡,也会因碰撞而兼并。其次是由于气泡表面水膜的蒸发,当气泡上升至矿浆表面时,由于水分子的蒸发使水膜变薄而导致泡沫的破灭。第三是因许多气泡之间形成的三角形区域的抽吸力的作用(如图21-16a所示),这是由于许多气泡靠近时,会排列成规则的形状,在气泡之间形成三角区域,在气泡内部对气泡有拉力,即毛细压力$p=2\sigma/R$(σ为表面张力,R为气泡的曲率半径),在三角区域因R小,故p_1大,而在气泡相邻界面上,R大,故p_2小,于是在三角区域形成负压,从而产生抽吸力,促使气泡表面的水膜薄化,导致气泡兼并。

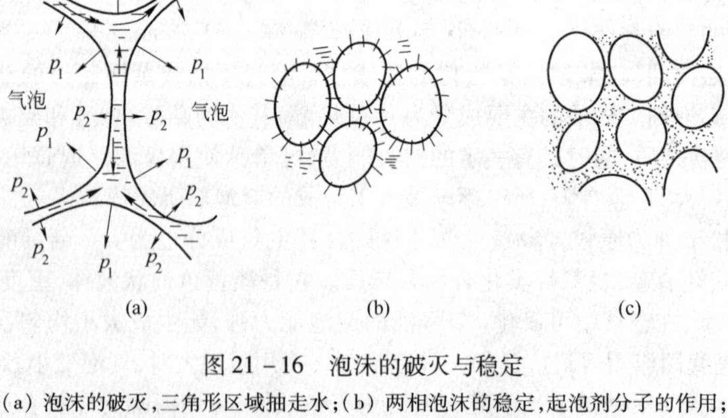

图21-16　泡沫的破灭与稳定

(a) 泡沫的破灭,三角形区域抽走水;(b) 两相泡沫的稳定,起泡剂分子的作用;(c) 三相泡沫的稳定,颗粒的作用

两相泡沫的稳定主要是靠表面活性剂的作用,如图21-16b所示。由于表面活性起泡剂吸附于气泡表面,起泡剂分子的极性基向外,对水分子有引力,使水膜稳定而不易流失。而有些离子型表面活性起泡剂,带有电荷,于是各个气泡因为同名电荷而相互排斥,阻止兼并,增强了稳定性。

固体颗粒存在时，形成三相泡沫，如图 21－16c 所示。三相泡沫比较稳定，主要是因为颗粒附着在气泡表面，成为防止气泡兼并及阻止水膜流失的障碍；同时颗粒表面吸附的捕收剂与起泡剂相互作用，它们在气泡表面像编织成的篱笆一样，因而增强了气泡壁的机械强度。在浮选泡沫中，颗粒的疏水性愈强、捕收剂相互作用力愈强、颗粒愈细、微细颗粒罩盖于气泡表面愈密，泡沫愈稳定。

浮选时，泡沫的稳定性要适当，不稳定易破灭的泡沫容易使颗粒脱落，影响分选效果；而过分稳定的泡沫，又会使泡沫运输及产品浓缩发生困难。

21.3.2.2 起泡剂的作用

起泡剂在起泡过程中的作用概括起来包括如下几方面：

(1) 防止气泡兼并。各种起泡剂分子都具有防止气泡兼并的作用，由强至弱的顺序为：聚乙烯乙二醇醚 > 三乙氧基丁烷 > 辛醇 > 碳原子数目为 6 ~ 8 的混合醇 > 环已醇 > 甲酚。

(2) 降低气泡的上升速度。实验结果表明，加入起泡剂后气泡的上升速度变慢。几种起泡剂形成的升浮速度见表 21－10。起泡剂使气泡上升速度变慢的可能原因是，起泡剂分子在气泡表面形成“装甲层”，该层对水偶极子有吸引力，同时，又不如水膜那样易于随阻力变形，因而阻滞上升速度。气泡上升速度下降可增加其在矿浆中的停留时间，有利于颗粒与气泡的接触，增加碰撞几率，同时还可以降低气泡间的碰撞能量，有利于气泡的相对稳定。

表 21－10 几种起泡剂形成气泡的升浮速度

起泡剂	相对速度 / %	起泡剂	相对速度 / %	起泡剂	相对速度 / %
丁基黄药	100.0	二甲基苯二酸	80.7	聚甲基乙二醇醚	72.0
苯　酚	93.4	三乙氧基丁烷	72.3	聚丁基乙二醇醚	72.1
甲　酚	90.8	庚　醇	76.6	四丙烯乙二醇醚	72.9
松　油	88.3	辛　醇	75.8		
环已醇	88.2	已　醇	76.2		

(3) 影响气泡的尺寸和分散状态。气泡的尺寸对浮选指标有直接影响。一般机械搅拌式浮选机在纯水中生成的气泡平均直径为 4 ~ 5 mm，添加起泡剂后平均直径缩小到 0.8 ~ 1 mm。气泡愈小，浮选界面愈大，愈有利于颗粒的黏附。但气泡要携带颗粒上浮必须有充分的上浮力及适当的上浮速度。因此也不是气泡愈小愈好，而是要有适当的尺寸及粒度分布。

在浮选生产中，气泡的粒度分布，随所加起泡剂种类的不同而异。为了评估起泡剂的性能强弱，有人建议以直径为 0.2 mm 的气泡为“工作气泡”，凡 －0.2 mm 气泡占整个泡沫表面积 70% 以上的称为强起泡剂，如聚烷基乙醇醚、三乙氧基丁烷等；占 50% ~ 70% 的为中等起泡剂，如已醇、辛醇、戊醇等；小于 50% 的为弱起泡剂，如松油、环已醇、甲酚和酚等。

(4) 增加气泡的机械强度。1 个周围分布了起泡剂分子的气泡（如图 21－17a 所示），当它在外力（如碰撞）的作用下产生了变形（如图 21－17b 所示）时，变形区表面积增大，起泡剂浓度降低，在该处表面张力增大，即增大了反抗变形的能力。如果外界引起气泡变形的力不大，气泡将抵消

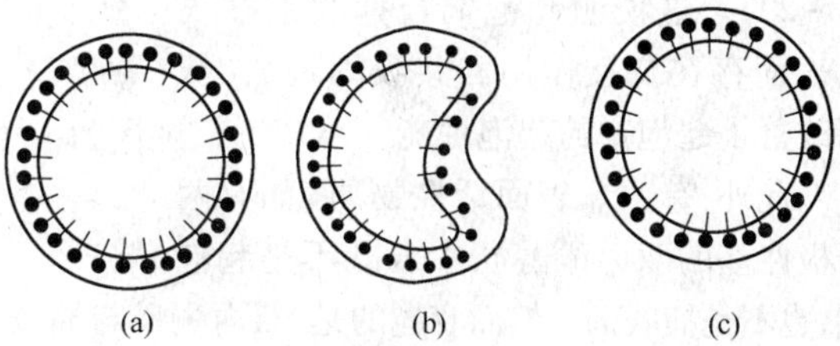

图 21－17 起泡剂增大气泡机械强度的示意图

这种外力恢复原来的球形,气泡不产生破裂。气泡由于起泡剂的存在不易破裂,相当于增加了气泡的机械强度。

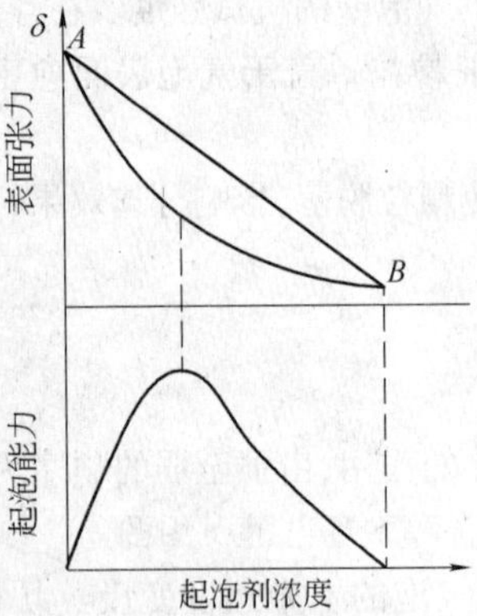

图21－18 起泡剂浓度与溶液表面张力及其起泡能力的关系

实践表明,起泡剂用量不宜过大,因为起泡剂浓度与溶液表面张力及其起泡能力有如图21－18所示的关系。

图21－18中的曲线表明,起初,随着起泡剂浓度的增加,溶液表面张力的降低是显著的,但起泡能力达到峰值后,再增大起泡剂的浓度,表面张力变化较小,起泡能力反而下降。可见溶液的起泡能力不完全在于表面张力降低的绝对值。起泡剂浓度达到饱和状态(图中的 *B* 点)后,和纯水一样不能生成稳定的泡沫层。

21.3.2.3 起泡剂与捕收剂的协同作用

经研究发现,起泡剂的作用不单纯是为泡沫浮选提供性能良好的气泡,由于起泡剂和捕收剂二者的非极性烃链间存在着疏水性缔合作用,只要二者的结构和比例配合适当,即可在气－液界面或固－液界面产生共吸附现象。用相互穿插理论建立的起泡剂与捕收剂共吸附的模型如图21－19所示。由于气泡表面和颗粒表面都存在两者的共吸附,所以当颗粒与气泡接触时,具有共吸附的界面便可发生"互相穿插",使捕收能力得到增强,从而加快浮选过程。可见起泡剂与捕收剂的交互作用对浮选有着重要的意义。共吸附及互相穿插理论也是颗粒与气泡黏附的机理之一。

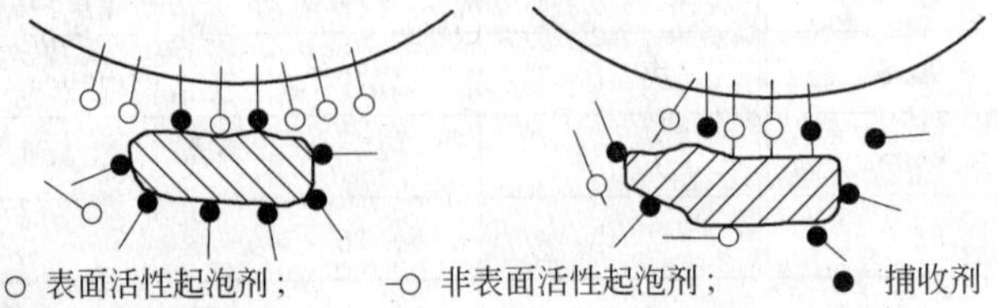

图21－19 表面活性起泡剂及非表面活性起泡剂与捕收剂共吸附及相互穿插机理

起泡剂与捕收剂协同作用的典型例子是,黄药没有起泡性能,对水的表面张力影响也极小,然而黄药与醇类一起使用,就比单独使用醇类起泡剂产生的泡沫量要大许多,而且高级黄药与起泡剂的协同作用比低级黄药的更明显(见图21－20)。这说明起泡剂与捕收剂在气泡表面存在交互作用和共吸附现象,从而改善了起泡剂的起泡性能。

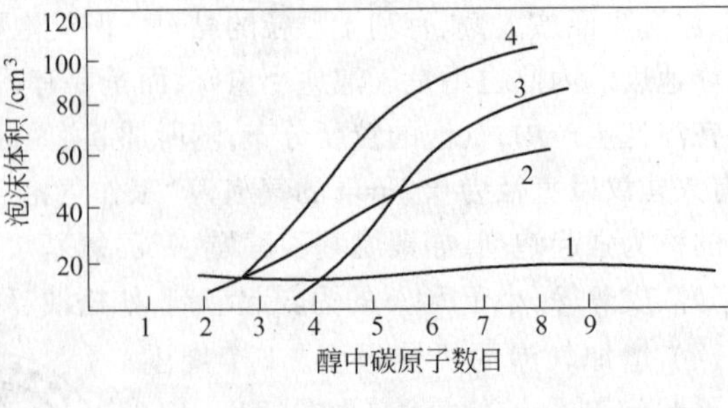

图21－20 捕收剂(黄药)对起泡剂(醇)起泡性能的影响

1—单用黄药;2—单用醇;3—乙黄药＋醇;4—戊黄药＋醇

此外,有些非表面活性物质(如有两个极性基的双丙酮醇),本身既不是起泡剂,也不是捕收剂。然而有趣的是,双丙酮醇与捕收剂联合作用后,在固－液－气三相体系中却有起泡作用,并能形成足够稳定的、性能良好的三相泡沫,所以双丙酮醇被称为"非表面活性型的三相泡沫起泡剂”。试验结果表明,双丙酮醇与乙基黄药联合使用对黄铜矿的浮选有显著影响。

21.4 调整剂

调整剂是控制颗粒与捕收剂作用的一种辅助药剂,浮选过程通常都在捕收剂和调整剂的适当配合下进行,尤其是对于复杂多金属矿石或难选物料,选择调整剂常常是获得良好分选指标的关键。生产中使用的调整剂,按照在浮选过程中的作用可分为抑制剂、活化剂、矿浆 pH 值调整剂、分散剂、凝结剂和絮凝剂等。

21.4.1 抑制剂及其作用机理

21.4.1.1 常用的抑制剂

凡能破坏或削弱颗粒对捕收剂的吸附,增强固体表面亲水性的药剂统称为抑制剂。生产中使用的抑制剂有石灰、硫酸锌、亚硫酸、亚硫酸盐、硫化钠、水玻璃、磷酸盐、含氟化合物、有机抑制剂、重铬酸盐和氰化物等。

A 石灰

石灰是硫化物矿物浮选中常用的一种廉价调整剂,它具有强烈的吸水性,加入矿浆后与水作用生成消石灰($Ca(OH)_2$),可使矿浆 pH 值提高到 11 ~ 12 以上,能有效地抑制黄铁矿、磁黄铁矿等。石灰的作用:一方面是 OH^- 的作用;另一方面是 Ca^{2+} 的作用。在碱性介质中,黄铁矿和磁黄铁矿的颗粒表面可以生成氢氧化铁亲水薄膜。当有黄药存在时,OH^- 与黄药阴离子发生竞争吸附,而 Ca^{2+} 可以在黄铁矿颗粒表面上生成难溶化合物 $CaSO_4$,也可以起到抑制作用。在硫化铜矿石和铅锌矿石中,常伴生硫化铁矿物和硫砷铁矿物(如毒砂),为了更好地浮选铜、铅、锌矿物,必须加入石灰抑制硫化铁矿物。另外,由于石灰对方铅矿、特别是表面略有氧化的方铅矿颗粒有抑制作用。所以从多金属硫化物矿石中浮选方铅矿时,常用碳酸钠调 pH 值。如果由于黄铁矿含量较高,必须用石灰调节 pH 值时,应注意控制石灰的用量。

石灰本身是一种凝结剂,能使矿浆中的微细颗粒凝聚。因而,当石灰用量适当时,浮选泡沫可保持一定的黏度;当用量过大时,促使微细颗粒凝聚,使泡沫发黏,影响浮选过程的正常进行。

此外,使用脂肪酸类捕收剂时,不能用石灰调节 pH 值,因为这时会生成溶解度很低的脂肪酸钙,消耗掉大量的脂肪酸,并且会使过程的选择性变坏。

B 硫酸锌

纯净的硫酸锌为白色结晶,易溶于水,是闪锌矿的抑制剂,通常在碱性条件下使用,且 pH 值愈高,其抑制作用愈明显。硫酸锌单独使用时,其抑制效果较差,通常与硫化钠、亚硫酸盐和硫代硫酸盐、碳酸钠等配合使用。

C 亚硫酸及其盐和二氧化硫

二氧化硫及亚硫酸(盐)主要用于抑制黄铁矿和闪锌矿。当使用二氧化硫、硫酸锌、硫酸亚铁、硫酸铁等联合作抑制剂时,方铅矿、黄铁矿和闪锌矿受到抑制,而黄铜矿不但不被抑制,反而被活化。

生产中也有用硫代硫酸钠等代替亚硫酸盐,抑制黄铁矿和闪锌矿的例子。

对被铜离子强烈活化的闪锌矿,只用亚硫酸盐的抑制效果常常较差,如果同时添加硫酸锌、硫化钠,则能够增强抑制效果。

此外,亚硫酸盐在矿浆中容易氧化失效,因而其抑制作用有时间性,为使浮选过程稳定,通常采用分段添加的方法。

D 硫化钠

在浮选实践中，硫化钠的作用是多方面的。它既可用作硫化物矿物的抑制剂，也可用作有色金属氧化矿的硫化剂（活化剂）、pH 值调整剂、硫化物矿物混合浮选产物的脱药剂等。

用硫化钠抑制方铅矿时，适宜的矿浆 pH = 7 ~ 11，当 pH = 9.5 时，抑制效果最佳。因此时硫化钠水解产生的 HS^-，在矿浆中的浓度最大。HS^- 一方面排斥吸附在方铅矿表面的黄药；同时其本身又吸附在颗粒表面使之亲水。

硫化钠用量大时，绝大多数硫化物矿物都会被抑制。硫化钠抑制硫化物矿物的递减顺序大致为：方铅矿、闪锌矿、黄铜矿、斑铜矿、铜蓝、黄铁矿、辉铜矿。由于辉钼矿的自然可浮性很好，不受硫化钠的抑制，所以浮选辉钼矿时，常用硫化钠抑制其他金属硫化物矿物。

浮选有色金属氧化矿时，常用硫化钠作活化剂，先将颗粒表面硫化，然后用黄药作捕收剂进行浮选，这是有色金属氧化矿的常用浮选方法之一。

一般来说，硫化作用与硫化钠的浓度、搅拌时间、矿浆 pH 值及温度等有密切关系。硫化钠的用量过小时，不足以使矿物得到充分硫化；而用量过大时，又会产生抑制作用。在需要较高的硫化钠用量时，为避免矿浆的 pH 值过高，可用 NaHS 代替 Na_2S，或在硫化时适当添加 $FeSO_4$、H_2SO_4 或 $(NH_4)_2SO_4$。硫化时间长，颗粒表面形成的硫化物薄膜较厚，对浮选有利。但时间过长，Na_2S 会分解失效。

硫化钠用量过大，会解吸吸附于颗粒表面的黄药类捕收剂，所以硫化钠又可作为浮选产物的脱药剂。如对铅锌混合精矿或铜铅混合浮选的粗精矿进行分离浮选前，往往先浓缩，再加大量的硫化钠脱药，然后洗涤，重新加入新鲜水调浆后，进行分选。

E 水玻璃

水玻璃广泛用作抑制剂和分散剂，它的化学组成通常以 $Na_2O \cdot mSiO_2$ 表示，是各种硅酸钠（如偏硅酸钠 Na_2SiO_3、二硅酸钠 $Na_2Si_2O_5$、原硅酸钠 Na_4SiO_4、经过水合作用的 SiO_2 胶粒等）的混合物，成分常不固定。m 为硅酸钠的“模数”（或称硅钠比），不同用途的水玻璃，其模数相差很大，模数低，碱性强，抑制作用较弱；模数高（例如大于 3 时）不易溶解，分散不好。浮选通常用模数为 2 ~ 3 的水玻璃。纯的水玻璃为白色晶体，工业用水玻璃为暗灰色的结块，加水呈糊状。

水玻璃在水溶液中的性质随 pH 值、模数、金属离子以及温度而变，在酸性介质中水玻璃能抑制磷灰石，而在碱性介质中，磷灰石却几乎不受抑制。添加少量的水玻璃，有时可提高萤石、赤铁矿等的浮选活性，同时又可强烈地抑制方解石的浮选。

水玻璃既是石英、硅酸盐、铝硅酸盐矿物的常用抑制剂，也可作为分散剂，添加少量水玻璃可以减弱微细颗粒对浮选过程的有害影响。

由于水玻璃用途较多，所以其用量范围变化很大，从 0.2 ~ 15 kg/t，通常的用量为 0.2 ~ 2.0 kg/t，配成 5% ~ 10% 的溶液添加。

F 磷酸盐

用作浮选调整剂的磷酸盐有磷酸三钠、磷酸钾（钠）、焦磷酸钠和偏磷酸钠等。例如浮选多金属硫化矿时，常用磷酸三钠抑制方铅矿；硫化铜矿物和硫化铁矿物（黄铁矿、磁黄铁矿）分离时，用磷酸钾（钠）加强对硫化铁矿物的抑制作用；浮选氧化铅矿石时，用焦磷酸钠抑制方解石、磷灰石、重晶石；浮选含重晶石的复杂硫化矿时，用焦磷酸钠抑制重晶石，并消除硅酸盐类脉石矿物的影响。

利用偏磷酸钠（常用的是六偏磷酸钠）作抑制剂，是因为它能够和 Ca^{2+}、Mg^{2+} 及其他多价金属离子生成络合物（如 $NaCaP_6O_{13}$等），从而使得含这些离子的矿物得到抑制。例如，用油酸浮选锡石时，用六偏磷酸钠抑制含钙、铁的矿物；钾盐浮选时，六偏磷酸钠可以防止难溶的钙盐从饱和溶液中析出。

G 含氟化合物

浮选中用作抑制剂的氟化物有氢氟酸、氟化钠、氟化铵和硅氟酸钠等。

（1）氢氟酸（HF）是吸湿性很强的无色液体，在空气中能发烟，其蒸气具有强烈的腐蚀性和毒性。它是硅酸盐矿物的抑制剂，是含铬、铌矿物的活化剂，也可抑制绝榴石。

（2）氟化钠（NaF）能溶于水，其水溶液呈碱性。用阳离子捕收剂浮选长石时，氟化钠可作为长石的活化剂。氟化钠也可用作石英和硅酸盐类矿物的抑制剂。

（3）硅氟酸钠（Na_2SiF_6）是白色结晶，微溶于水，与强碱作用分解为硅酸和氟化钠，若碱过量则生成硅酸盐。常用来抑制石英、长石、蛇纹石、电气石等硅酸盐类矿物。在硫化物矿物浮选中，硅氟酸钠能活化被氧化钙抑制过的黄铁矿。它还可以作为磷灰石的抑制剂。

H 有机抑制剂

用作抑制剂的有机化合物，既有低相对分子质量的羧酸苯酚等，也有高相对分子质量的淀粉类、纤维素类、木质素类、单宁类等。生产中应用较多的有机抑制剂有淀粉、糊精、羟乙基纤维素、羟甲基纤维素、单宁、腐殖酸钠、木质素等。

用阳离子捕收剂浮选石英时，用淀粉抑制赤铁矿；铜钼混合浮选精矿分离时，用淀粉抑制辉钼矿。淀粉还可以作为细粒赤铁矿的选择性絮凝剂。

糊精是淀粉加热到200℃时的分解产物，是一种胶状物质，可溶于冷水，主要用于石英、滑石、绢云母的抑制剂。羟乙基纤维素又称为3号纤维素，用阳离子捕收剂浮选石英时，它可作为赤铁矿的选择性絮凝剂，也可作为含钙、镁的碱性脉石矿物的选择性抑制剂。工业品的羟乙基纤维素有两种：一种不溶于水，可溶于氢氧化钠溶液；另一种则是水溶性的。

羧甲基纤维素又称为1号纤维素，是一种应用较少的水溶性纤维素，由于原料不同，所得产品性能有所差别。用芦苇做原料制得的羧甲基纤维素，浮选硫化镍矿物时，作为含钙、镁矿物的抑制剂。用稻草做原料制得的羧甲基纤维素，可用作磁铁矿、赤铁矿、方解石、钠辉石以及被Ca^{2+}和Fe^{3+}活化了的石英的抑制剂。

单宁是从植物中提取的高相对分子质量的无定形物质，在多数情况下呈胶态物，可溶于水。单宁常用来抑制方解石、白云石等含钙、镁的矿物。除天然单宁外，还有人工合成的单宁。胶磷矿浮选时，单宁常用作白云石、方解石、石英等的抑制剂。

在含褐铁矿、赤铁矿、菱铁矿的铁矿石反浮选时，常用石灰作活化剂，用氢氧化钠作pH值调整剂，用腐殖酸钠抑制铁矿物，用粗硫酸盐作捕收剂浮选石英。

木质素主要用来抑制硅酸盐矿物和稀土矿物。木素磺酸盐可作为铁矿物的抑制剂。

I 重铬酸盐

重铬酸盐（$K_2Cr_2O_7$ 和 $Na_2Cr_2O_7$）是方铅矿的抑制剂，对黄铁矿也有抑制作用，主要用在铜铅混合浮选所得中间产物的分离浮选中，抑制方铅矿。在实际应用中，为促进重铬酸盐对方铅矿的抑制，需要进行长时间的搅拌（0.5～1 h），且使矿浆的pH值保持在7.4～8之间比较合适。

被重铬酸盐抑制过的方铅矿，如需要再活化，就要加大量的亚硫酸钠、盐酸或硫酸亚铁等还原剂。

J 氰化物

用作抑制剂的氰化物主要是氰化钾（KCN）和氰化钠（NaCN），有时也用氰化钙，它们是闪锌矿、黄铁矿和黄铜矿的有效抑制剂。由于氰化物是剧毒药剂，所以其使用已受到严格限制。

氰化物是强碱弱酸盐,它在溶液中发生如下的水解反应:

$$KCN = K^+ + CN^- \quad (21-36)$$

$$CN^- + H_2O = HCN + OH^- \quad (21-37)$$

$$K = c[HCN] \cdot c[OH^-]/c[CN^-] = 2.1 \times 10^{-5}$$

由上述平衡式看出,碱性条件下 CN^- 的浓度高,有利于抑制。如 pH 值降低,则形成 HCN(氢氰酸),使抑制作用降低。另外,HCN 易挥发,有剧毒,因此氰化物必须在碱性条件下使用。

浮选含有次生铜矿物和受氧化的多金属硫化物矿物时,因矿浆中存在的大量铜离子,将消耗氰化物,从而使氰化物的抑制效果显著下降。另外,当物料中含有金、银等贵金属时,不适宜用氰化物作抑制剂,因为氰化物能溶解金和银。

氰化物易溶于水,使用时配制成1% ~2%的水溶液加入。

氰化物和硫酸锌联合使用,可加强对闪锌矿的抑制作用。常用的比例为氰化物:硫酸锌 = 1:(2~5),此时,CN^- 和 Zn^{2+} 形成胶体 $Zn(CN)_2$ 沉淀。如氰化物过量,还会生成抑制作用更强的络合离子 $Zn(CN)_4^{2-}$。

21.4.1.2 抑制作用机理

抑制剂的抑制作用主要表现在阻止捕收剂在固体表面上吸附、消除矿浆中的活化离子、防止颗粒被活化等,作用机理主要有以下几方面:

(1) 抑制剂与固体表面发生化学吸附,形成亲水薄膜。硫化钠对多种硫化物矿物的抑制、氢氧根离子对氢氧化物矿物和氧化物矿物的抑制作用、氰化物对硫化物矿物的抑制、有机抑制剂的抑制作用等均基于这一机理。

(2) 消除矿浆中的活化离子。浮选硫化物矿物时,最常见的活化离子有 Cu^{2+}、Pb^{2+}、Hg^{2+} 等,消除这些离子常用的方法是使它们生成难溶的化合物沉淀或生成络合物。例如用 OH^- 沉淀 Cu^{2+} 和 Pb^{2+} 等,生成难溶化合物 $Cu(OH)_2$($K_{sp} = 5.2 \times 10^{-20}$)和 $Pb(OH)_2$($K_{sp} = 11 \times 10^{-20}$);用 S^{2-} 沉淀 Cu^{2+}、Pb^{2+}、Hg^{2+} 等,生成难溶化合物 CuS($K_{sp} = 6.3 \times 10^{-36}$)、PbS($K_{sp} = 2.5 \times 10^{-21}$)、HgS($K_{sp} = 1.6 \times 10^{-52}$);用 CN^- 沉淀 Cu^{2+} 生成难溶化合物 $Cu(CN)_2$($K_{sp} = 3.2 \times 10^{-20}$),或用 CN^- 络合 Cu^{2+},生成络合物 $Cu(CN)_4^{2-}$ 等。

(3) 解吸颗粒表面已吸附的捕收剂,使其受到抑制。例如,用黄药浮选闪锌矿时,黄药离子(X^-)通过如下的化学反应:

$$ZnS|Zn^{2+} + 2X^- = ZnS|ZnX_2 \quad (21-38)$$

吸附在闪锌矿颗粒表面上,使其疏水上浮。但 ZnX_2 易溶于氰化物溶液中,CN^- 取代 X^-,生成$Zn(CN)_2$ 或可溶的络离子 $Zn(CN)_4^{2-}$,使闪锌矿受到抑制。又如用油酸作捕收剂混合浮选白钨矿和方解石时,对混合浮选得出的疏水性产物,常使用大量的水玻璃,在提高矿浆温度条件下,解吸方解石颗粒表面的油酸离子,使其受到抑制。达到白钨矿和方解石分离的目的。另外,分离铜钼混合精矿时,硫化钠实际上是通过水解产物 HS^-,解吸黄铜矿颗粒表面的黄药,使其受抑制,而浮选出钼矿物。

21.4.2 活化剂及其活化作用机理

21.4.2.1 常用的活化剂

凡能增强颗粒表面对捕收剂的吸附能力的药剂统称为活化剂。生产中常用的活化剂有金属离子、硫酸铜、硫化钠、无机酸、无机碱、有机活化剂等。

使用黄药类捕收剂时,能与黄原酸形成难溶性盐的金属阳离子,如 Cu^{2+}、Ag^+、Pb^{2+} 等,都可用作活化剂。使用脂肪酸类捕收剂进行浮选时，能与羧酸形成难溶性盐的碱土金属阳离子，如 Ca^{2+}、Mg^{2+}、Ba^{2+} 等，也同样可用作活化剂，石英表面经这些离子活化后，就可以吸附脂肪酸类捕收剂的离子而实现浮选。

硫酸铜是实践中最常用的活化剂，它可以活化闪锌矿、黄铁矿、磁黄铁矿和钴、镍等的硫化物矿物。实践中硫酸铜的用量要控制适当，过量时既会活化硫化铁矿物，使浮选的选择性降低，又能使泡沫变脆。

对于孔雀石、铅矾、白铅矿等有色金属含氧盐矿物，不能直接用黄药进行浮选，但用硫化钠对它们进行硫化后，都能很好地用黄药浮选。其原因是由于硫化钠的作用，在颗粒表面生成了硫化物薄膜，使之可以与黄药发生作用。

浮选生产中用作活化剂的无机酸和碱主要有硫酸、氢氧化钠、碳酸钠、氢氟酸等。它们的作用主要是清洗颗粒表面的氧化膜或黏附的微细颗粒。例如，黄铁矿颗粒表面存在氢氧化铁亲水薄膜时，即失去了可浮性，用硫酸清洗后，黄铁矿颗粒就可恢复可浮性。又如，被石灰抑制的黄铁矿或磁黄铁矿颗粒，用碳酸钠可以活化它们的浮选。此外，某些硅酸盐矿物，其所含金属阳离子被硅酸骨架所包围，使用酸或碱将表面溶蚀，可以暴露出金属离子，增强它们与捕收剂作用的活性，此时，多采用溶蚀性较强的氢氟酸。

生产中使用的有机活化剂有聚乙烯二醇或醚、工业草酸、乙二胺磷酸盐等。在多金属硫化物矿石的浮选生产中，聚乙烯二醇或醚可作为脉石矿物的活化剂，将其与起泡剂一起添加，采用反浮选首先脱除大量脉石，然后再进行铜铅的混合浮选。工业草酸常用来活化被石灰抑制的黄铁矿和磁黄铁矿。乙二胺磷酸盐是氧化铜矿物的活化剂，在浮选生产中，能改善泡沫状况，降低硫化钠和丁黄药的用量。

21.4.2.2 活化作用机理

活化剂的活化机理主要有如下几方面：

(1) 增加活化中心，即扩大捕收剂吸附固着的区域。例如硫酸铜对闪锌矿的活化，Cu^{2+} 在闪锌矿颗粒表面固着，增加了对黄药离子的吸附，从而强化了闪锌矿的浮选过程。又如，石英颗粒表面吸附 Ca^{2+} 以后，增加了对脂肪酸的吸附活性区域。

(2) 硫化有色金属氧化物矿物颗粒的表面。在用黄药类捕收剂浮选有色金属氧化矿时，颗粒表面必须经过硫化处理，否则就不能浮选。加入硫化剂后，硫离子与固体表面的阳离子反应，生成溶度积很小的硫化物薄膜，它能牢固地固着在氧化物矿物颗粒表面上，并吸附黄药离子，从而使颗粒表面疏水易浮。

(3) 消除矿浆中有害离子，提高捕收剂的浮选活性。用脂肪酸类捕收剂浮选赤铁矿时，矿浆中的 Ca^{2+} 和 Mg^{2+} 等难免离子具有明显的活化石英的作用，影响浮选过程的分离效果，同时还会消耗大量的捕收剂。因此浮选前常用碳酸钠预先沉淀 Ca^{2+} 和 Mg^{2+} 等，然后用脂肪酸类捕收剂进行浮选，使脂肪酸离子充分发挥其浮选活性。

(4) 消除亲水薄膜，即消除位于固体表面阻碍捕收剂作用的抑制薄膜。例如用酸处理，可洗去黄铁矿颗粒表面的氢氧化铁抑制性薄膜，改善黄铁矿的可浮性。又如，钛铁矿用少量的硫酸处理，并用水洗至 pH = 6 后，用阴离子捕收剂浮选，可得到较高的回收率，并能节省捕收剂，其原因就是由于清洗除去了疏松的含铁表面物质。

21.4.3 pH 值调整剂及 pH 值对浮选过程的影响

21.4.3.1 常用的 pH 值调整剂

调整矿浆酸碱度的药剂统称为 pH 值调整剂，其主要作用在于，造成有利于浮选药剂的作用条件、改善颗粒表面状态和矿浆中的离子组成。生产中常用的 pH 值调整剂有硫酸、石灰、碳酸钠、盐酸、硝酸、磷酸等。

硫酸是常用的酸性调整剂,其次是盐酸、硝酸和磷酸等。

石灰是应用最广的碱性调整剂,主要用在有色金属硫化矿的浮选生产中,兼有抑制剂的作用。

碳酸钠的应用范围仅次于石灰。它是一种强碱弱酸盐,在矿浆中水解生成 OH^-、HCO_3^- 和 CO_3^{2-} 等,有缓冲作用,使溶液的 pH 值比较稳定的保持在 8 ~ 10 之间。由于石灰对方铅矿有抑制作用,浮选方铅矿时,多采用碳酸钠来调节 pH 值。

用脂肪酸类捕收剂进行浮选时,碳酸钠是一种极重要的碱性调整剂,其原因主要是:(1) 在碳酸钠造成的稳定 pH 值范围内,脂肪酸类捕收剂的作用最为有效;(2) 碳酸钠解离出的 CO_3^{2-} 可消除(沉淀)矿浆中 Ca^{2+} 和 Mg^{2+},改善浮选过程的选择性,并可降低捕收剂用量;(3) 颗粒表面优先吸附碳酸钠解离出的 HCO_3^- 和 CO_3^{2-} 后,可防止或降低水玻璃的解离产物 $HSiO_3^-$ 胶粒及 OH^- 吸附引起的抑制作用,所以碳酸钠与水玻璃配合使用,可调整和改善水玻璃对不同矿物抑制作用的选择性;(4) 碳酸钠还是良好的分散剂,能防止矿浆中微细颗粒的凝聚,提高浮选过程的选择性。

与石灰相比,氢氧化钠的碱性更强,但价格较贵,所以仅在一些需要强碱性条件的特殊情况(比如赤铁矿的选择性絮凝 - 脱泥 - 阳离子捕收剂反浮选)下,才使用氢氧化钠作矿浆 pH 值调整剂。

21.4.3.2　pH 值对浮选过程的影响

矿浆 pH 值对浮选过程的影响主要表现在如下几方面:

(1) 影响颗粒表面的电性。

(2) 影响颗粒表面阳离子的水解。

(3) 影响捕收剂的水解。例如当弱酸或弱碱盐作为捕收剂加入矿浆时,捕收剂就会随 pH 值的变化而水解成不同的组分。

(4) 影响捕收剂在固 - 液界面的吸附。例如油酸在萤石颗粒表面的吸附,当 $pH < 5$ 时,以物理吸附为主,$pH > 5$ 时则以化学吸附为主。又如,十二烷基磺酸盐在刚玉颗粒表面的吸附是静电吸附,刚玉的零电点为 $pH = 9.0$,随着矿浆 pH 值的增大,刚玉颗粒表面的正电荷迅速减小,因而磺酸阴离子的吸附密度也迅速减小。

(5) 影响物料的可浮性。绝大部分矿物,在用特定的捕收剂浮选时,它们的可浮性将受 pH 值的直接影响,如用乙基黄药浮选黄铁矿,当 $pH > 11$ 时,黄铁矿受到抑制,原因是在此 pH 值时双黄药不稳定,造成双黄药浓度不够,黄铁矿颗粒不浮。而 $pH < 6$ 时,黄铁矿也同样被抑制,这时是由于黄铁矿颗粒表面生成了大量的胶体氢氧化铁。

21.4.4　絮凝剂及其他类浮选药剂

21.4.4.1　絮凝剂

促进矿浆中细粒联合变成较大团粒的药剂称为絮凝剂。按其作用机理及结构特性,可以大致分为高分子有机絮凝剂、天然高分子化合物、无机凝结剂和固体混合物 4 种类型。

(1) 高分子有机絮凝剂。作为选择性絮凝剂的高分子有机物有聚丙烯腈的衍生物(聚丙烯醚胺、水解聚丙烯酰胺、非离子型聚丙烯酰胺等)、聚氧乙烯、羧甲基纤维素、木薯淀粉、玉米淀粉、海藻酸铵、纤维素黄药、腐殖酸盐等。

聚丙烯酰胺属于非离子型絮凝剂，又称为3号凝聚剂，是以丙烯腈为原料，经水解聚合而成的。工业产品为含聚丙烯酰胺8%的透明胶状体，也有粉状固体产品，可溶于水，使用时配成0.1%～0.5%水溶液，用量大约为2～50 g/m^3。同类型聚丙烯酰胺，由于其聚合或水解条件不同，化学活性有很大差别，相对分子质量愈大，絮凝沉降作用愈快，但选择性比较差。生产中常用的聚丙烯酰胺的相对分子质量为5×10^6～12×10^6。

聚丙烯酰胺的活性基为—$CONH_2$，在碱性及弱酸性介质中有非离子特性，在强酸性介质中具有弱的阳离子特性。经适当的水解引入少量离子基团（如带—COOH的聚合物），可以促进其选择性絮凝作用。

使用聚丙烯酰胺时，其用量应适当。用量很小时（每吨物料用量约几克），显示有选择性，超过一定用量，就失去了选择性，而成为无选择的全絮凝。用量再大将呈现保护溶胶作用而不能絮凝。

(2) 天然高分子化合物。石青粉、白胶粉、芭蕉芋淀粉等天然高分子化合物都可用作选择性絮凝剂。

(3) 无机凝结剂。用作凝结剂的无机盐，有时又称为“助沉剂”，这类药剂大都是无机电解质，常用的有无机盐类、酸类和碱类。其中无机盐类包括硫酸铝、硫酸铁、硫酸亚铁、铝酸钠、氯化铁、氯化锌、四氯化钛等；酸类包括硫酸和盐酸等；碱类包括氢氧化钙和氧化钙等。

(4) 固体混合物。常用的固体混合物絮凝剂有高岭土、膨润土、酸性白土和活性二氧化硅等。

21.4.4.2 其他类浮选药剂

浮选过程中还有一些难以包括在上述分类之内的药剂，如实践中常用的脱药剂和消泡剂等。

(1) 脱药剂。常用的脱药剂有酸、碱、硫化钠和活性炭等。其中酸和碱常用来造成一定的pH值，使捕收剂失效或从颗粒表面脱落；硫化钠常用来解吸固体表面的捕收剂薄膜，脱药效果较好；活性炭具有很强的吸附能力，常用来吸附矿浆中的过剩药剂，促使药剂从颗粒表面解吸，但使用时应严格控制其用量，特别是混合浮选粗精矿分离前的脱药，用量过大往往会造成分离浮选时的药量不足。

(2) 消泡剂。由于某些捕收剂（如烷基硫酸盐，丁二酸磺酸盐，烃基氨基乙磺酸等）的起泡能力很强，常影响分选效果和疏水性产物的输送。因此，生产中常采用有消泡作用的高级脂肪醇或高级脂肪酸、酯、烃类，消除过多泡沫的有害影响。例如在烷基硫酸盐溶液中，单原子脂肪醇和高级醇组成的醇类以及碳原子数目为16～18的脂肪酸具有很好的消泡效果。又如，在油酸钠溶液中，饱和脂肪酸具有较好的消泡效果；而在烷基酰基磺酸盐溶液中，碳原子数目为大于12的饱和脂肪酸及高级醇具有良好的消泡效果。

22 浮选设备

浮选设备主要有浮选机、搅拌槽和给药机等。浮选机是实现颗粒与气泡的选择性黏着、进行分离、完成浮选过程的关键性设备，而搅拌槽（或称调浆槽）以及给药机则是浮选过程的辅助设备。

含有待分选物料的矿浆由给药机添加合适的浮选药剂后，通常先加入搅拌槽进行一定时间的强烈搅拌（或称调浆），使药剂均匀分散和溶解，并与颗粒充分接触和混合，使药剂与颗粒相互作用。经调浆后的矿浆送入浮选机进行充气搅拌，使欲浮的颗粒附着于气泡上，并随之一起浮到矿浆表面形成泡沫层，用刮板刮出即为疏水性产物（或称为泡沫产品），而亲水性颗粒则滞留在浮选槽内，经闸门排出，即为亲水性产物。浮选技术指标的好坏与所用浮选机或浮选柱的性能密切相关。

浮选实践表明，使用大容积浮选槽可使单位能耗降低30%～40%，因而新研制的浮选机的单槽有效容积不断增加，比如中国北京矿冶研究总院生产的KYF－160型浮选机，单槽有效容积为160 m^3；美国西部机械公司生产的Wemco Smart Cell－250型浮选机，单槽有效容积为250 m^3；芬兰奥托昆普公司生产的Tank Cell－300型浮选机，单槽有效容积达到了300 m^3。Wemco Smart Cell－250型浮选机是目前世界上最大的自吸气机械搅拌式浮选机，而Tank Cell－300型浮选机则是目前世界上最大的充气机械搅拌式浮选机。

22.1 概述

22.1.1 对浮选机的基本要求

对浮选机的要求，除了必须保证工作可靠外，还应具有生产能力大、能耗低、耐磨、构造简单、易于维修和造价低廉等特点。根据浮选生产实践经验和对浮选机内流体动力学特性的研究，对浮选机提出如下基本要求：

（1）具有良好的充气性能。在泡沫浮选过程中，气泡既是各种颗粒选择性黏着的分选界面，又是疏水性颗粒的载体和运输工具，所以浮选机必须能吸入（或压入）足量的空气，并能使其在矿浆中充分弥散成众多尺寸适中、分布均匀的气泡，以便提供足够的液－气分选界面，并使气泡具有适宜的升浮速度。浮选机的充气量愈大，空气弥散愈好，气泡在槽体内分布愈均匀，颗粒与气泡碰撞、接触和黏附的机会也越多，其工艺性能也就越好。

（2）具有足够的搅拌强度。对矿浆进行搅拌可以促使颗粒在浮选槽内悬浮和均匀分布，克服和消除较粗颗粒的分层和沉淀，促使颗粒与气泡充分接触；促使吸入（或压入）浮选机内的空气流分散成单个的细小气泡，并使之在槽内均匀分布；促使某些难溶性药剂的溶解和分散。搅拌强度应该适当，强度不足，颗粒不能有效地悬浮，粗颗粒易沉淀或分层，降低粗颗粒在气泡表面附着的几率，影响浮选指标；反之，搅拌太强，液面不易形成平衡的泡沫层，影响分离，或增加脆性物料的泥化，或导致颗粒从气泡上脱落等。

（3）使气泡有适当长的路程形成比较稳定的泡沫区。气泡在矿浆中的运动应有适当长的路程或停留时间，以便增加颗粒与气泡选择性黏着的机会，提高气泡的利用率。在矿浆表面应保证能够形成比较平衡的泡沫区，以使载有固体颗粒的气泡形成一定厚度的泡沫层。在泡沫区中，泡沫层既能滞留疏水性颗粒,又能使一部分夹杂的亲水性颗粒从泡沫区中脱落,以利于进行“二次富集作用”。

(4) 能连续工作并便于调节。工业生产中使用的浮选机,必须保证连续给料和排料,以适应矿浆在整个浮选过程中连续流动的特点。为此,浮选机应有相应的受料、刮泡和排料机构。为调节矿浆的液面、泡沫层厚度以及矿浆的流速,应有相应的调节机构,并便于调节和控制。

对浮选机性能好坏的评价目前尚无统一的标准,习惯上常从以下4个方面来评价浮选机的性能:1) 充气性能和浮选指标;2)按单位容积计的浮选机处理能力;3) 按处理每吨原料计的浮选机动力消耗;4) 浮选机的价格、安装、操作、维修费用以及占据厂房面积。

22.1.2 浮选机的分类

按充气和搅拌的方式不同,可将浮选机分为表22-1中的4种基本类型。它们各有特色,均具有优缺点和各自适用的场合。

表22-1 浮选机分类一览表

浮选机类型	充气和搅拌方式	典型设备
自吸气机械搅拌式浮选机	机械搅拌式(自吸空气)	XJK型浮选机、JJF型浮选机、BF型浮选机、SF型浮选机、GF型浮选机、TJF型浮选机、棒型浮选机、维姆科浮选机、XJM-KS型浮选机、XJN型浮选机、法连瓦尔德型、丹佛-M型、米哈诺布尔型浮选机
充气机械搅拌式浮选机	充气与机械搅拌混合式	CHF-X系列浮选机、XCF系列浮选机、KYF系列浮选机、丹佛-DR型浮选机、俄罗斯的ФПМ系列浮选机、美卓的RCS浮选机、波兰的IF系列浮选机、奥托昆普的OK型浮选机和Tank Cell浮选机、道尔-奥利弗浮选机
气升式浮选机	压气式(靠外部风机压入空气)	KYZ型浮选柱、旋流-静态微泡浮选柱、XJM型浮选柱、FXZ系列静态浮选柱、CPT型浮选柱、ФП型浮选柱、维姆科浮选柱、Flotaire型浮选柱、Contact浮选柱、Pneuflot气升式浮选机、ФПП型气力脉动型浮选机
减压式浮选机	气体析出或吸入式	XPM型喷射旋流式浮选机、埃尔摩真空浮选机、卡皮真空浮选机、达夫可拉喷射式浮选机、詹姆森浮选机

22.2 自吸气机械搅拌式浮选机

自吸气机械搅拌式浮选机的共同特点是,矿浆的充气和搅拌均靠机械搅拌器(转子和定子系统,即充气搅拌结构)来实现。由于搅拌机构的结构不同,自吸气机械搅拌式浮选机的型号也比较多,如离心式叶轮、棒型轮、笼型转子、星形转子等等。

生产中应用较多的自吸气机械搅拌式浮选机是下部气体吸入式,即在浮选槽下部的机械搅拌器附近吸入空气。充气搅拌器具有类似泵的抽吸特性,既能自吸空气,又能自吸矿浆,因而在浮选生产流程中可实现中间产物自流返回再选,不需要砂泵扬送,这在流程配置方面显示出明显的优越性和灵活性;由于转子转速快,搅拌作用较强烈,有利于克服沉槽和分层现象;在国内外的浮选生产中一直广为采用。

自吸气机械搅拌式浮选机的不足之处主要是结构复杂,转子转速较高,单位处理量的能耗较大,转子-定子系统磨损较快,而且随着转子-定子系统的磨损,充气量不断降低;另外,由于转子-定子系统圆周上磨损的不均匀性,容易造成矿浆液面的不平衡,常出现“翻花现象”,影响设备的工作性能。

22.2.1　SF 型浮选机

中国北京矿冶研究总院生产的 SF 型浮选机的结构简图如图 22－1 所示，主要由电动机、吸气管、中心筒、槽体、叶轮、主轴、盖板、轴承体等部件组成，有效容积大于 10 m^3 的槽体增设导流筒、假底和调节环。

叶轮安装在主轴的下端，电动机通过安装在主轴上端的皮带轮，带动主轴和叶轮旋转。空气由吸气管吸入。叶轮上方装有盖板和中心筒。

浮选机工作时，电动机带动叶轮高速旋转，叶轮上叶片与盖板间的矿浆从叶轮上叶片间抛出，同时在叶轮与盖板间形成一定的负压。由于压差的作用，将空气经吸气管自动吸入，并从中心矿管和给矿管吸入矿浆。矿浆与空气在叶轮与盖板之间形成漩涡而把气泡进一步细化，并经盖板稳流后而进入到整个槽子中；又由于叶轮下叶片的作用力，促使下部矿浆循环，以防止粗颗粒矿物发生沉槽现象。

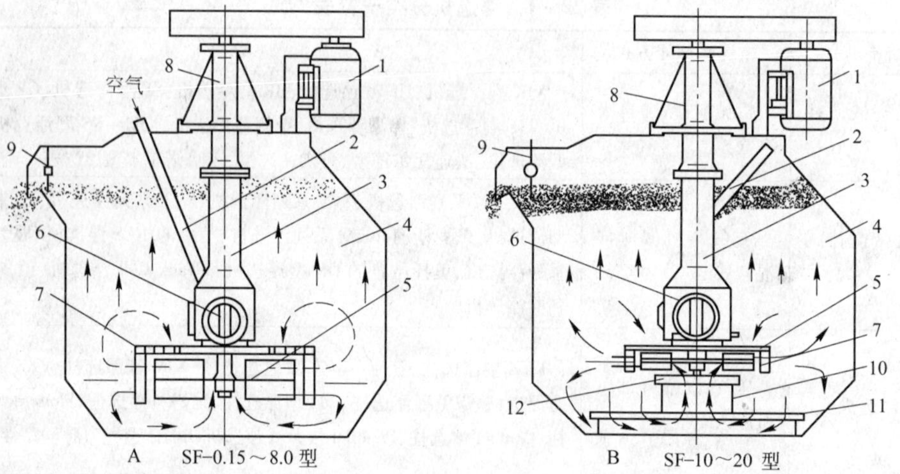

图 22－1　SF 型浮选机结构图

1—电动机；2—吸气管；3—中心筒；4—槽体；5—叶轮；6—主轴；7—盖板；
8—轴承体；9—刮板；10—导流筒；11—假底；12—调节环

SF 型浮选机的主要特点包括：(1)采用后倾式叶片叶轮，造成槽内矿浆上下循环，可防止粗粒矿物沉淀，有利于粗粒矿物的浮选；(2)叶轮的线速度比较低，易损件使用寿命长；(3)单位容积的功耗比同类型浮选机低 10%～15%，吸气量提高 40%～60%。

生产中使用的 SF 型浮选机的技术规格见表 22－2。

表 22－2　SF 型浮选机的技术规格

型　号	槽容积 /m^3	槽体尺寸 (长×宽×高)/m	空气吸入量 /$m^3 \cdot (m^2 \cdot min)^{-1}$	安装功率 /kW	生产能力(按矿浆计) /$m^3 \cdot min^{-1}$	单槽重量 /kg
SF－0.15	0.15	0.55×0.55×0.6	0.9～1.05	2.2(双槽)	0.06～0.16	270
SF－0.25	0.25	0.65×0.6×0.7	0.9～1.05	1.5	0.12～0.28	370
SF－0.37	0.37	0.74×0.74×0.75	0.9～1.05	1.5	0.2～0.4	470
SF－0.65	0.65	0.85×0.95×0.9	0.9～1.10	3.0	0.3～0.7	932
SF－1.2	1.2	1.05×1.15×1.10	1.0～1.10	5.5	0.6～1.2	1370

续表 22－2

型号	槽容积 /m^3	槽体尺寸 (长×宽×高)/m	空气吸入量 /$m^3 \cdot (m^2 \cdot min)^{-1}$	安装功率 /kW	生产能力(按矿浆计) /$m^3 \cdot min^{-1}$	单槽重量 /kg
SF－2.0	2.0	1.40×1.45×1.12	1.0～1.10	7.5	1.0～2.0	1750
SF－2.8	2.8	1.65×1.65×1.15	0.9～1.10	11	1.4～3.0	2130
SF－4	4	1.90×2.00×1.20	0.9～1.10	15	2～4	2585
SF－6	6	2.20×2.35×1.30	0.9～1.10	18.5	3～6	3300
SF－8	8	2.25×2.85×1.40	0.9～1.10	22	4～8	4130
SF－10	10	2.25×2.85×1.70	0.9～1.10	30	5～10	4660
SF－16	16	2.85×3.80×1.70	0.9～1.10	37	8～16	8320
SF－20	20	2.85×3.80×2.00	0.9～1.10	45	10～20	8670

SF 型浮选机的改进型 BF 型浮选机，目前在生产中也得到了较为广泛的应用。BF 型浮选机的技术规格见表 22－3。

表 22－3 BF 型浮选机的技术规格

型号	槽容积 /m^3	槽体尺寸 (长×宽×高)/m	空气吸入量 /$m^3 \cdot (m^2 \cdot min)^{-1}$	安装功率 /kW	生产能力(按矿浆计) /$m^3 \cdot min^{-1}$	单槽重量 /kg
BF－0.15	0.15	0.55×0.55×0.6	0.9～1.05	2.2(双槽)	0.06～0.16	270
BF－0.25	0.25	0.65×0.6×0.7	0.9～1.05	1.5	0.12～0.28	370
BF－0.37	0.37	0.74×0.74×0.75	0.9～1.05	1.5	0.2～0.4	470
BF－0.65	0.65	0.85×0.95×0.9	0.9～1.10	3.0	0.3～0.7	932
BF－1.2	1.2	1.05×1.15×1.10	1.0～1.10	5.5	0.6～1.2	1370
BF－2.0	2.0	1.40×1.45×1.12	1.0～1.10	7.5	1.0～2.0	1750
BF－2.8	2.8	1.65×1.65×1.15	0.9～1.10	11	1.4～3.0	2130
BF－4	4	1.90×2.00×1.20	0.9～1.10	15	2～4	2585
BF－6	6	2.20×2.35×1.30	0.9～1.10	18.5	3～6	3300
BF－8	8	2.25×2.85×1.40	0.9～1.10	22/30	4～8	4130

22.2.2 维姆科浮选机

美国西部机械公司(Western Machimery Company)生产的威姆科(Wemco)浮选机，既有单槽的，也有多槽的，是一个庞大的系列产品，单个浮选槽的有效容积有 5 m^3、10 m^3、20 m^3、30 m^3、40 m^3、60 m^3、70 m^3、100 m^3、130 m^3、160 m^3 和 250 m^3 11 种规格。

维姆科浮选机的结构如图 22－2 所示，它是由星形转子、定子、锥形罩盖、导管、竖管、假底、空气进入管及槽体等组成。

当维姆科浮选机的星形转子旋转时，在竖管和导管内产生涡流，此涡流可形成足够的负压，空气从槽表面被吸入管内，被吸入的空气在转子与定子区内与从转子下面经导管吸进的矿浆混合，由转子旋转造成的切线方向的浆、气混合流，经定子的作用转换成径向运动，并被均匀的甩到槽体内，在这里颗粒与气泡碰撞、接触、黏附形成矿化气泡，上升至泡沫区聚集成泡沫层，由刮板刮出即为疏水性产物。

槽体内浆、气混合流的运动路线如图 22－3 所示，由于采用了矿浆下循环的流动方式，没有激烈的矿浆流冲入槽体上部，所以槽体虽浅，矿浆面仍比较平稳。同时下循环还可以防止物料在槽底的沉积。槽体下部设计成梯形断面，有利于促使矿浆的下循环。

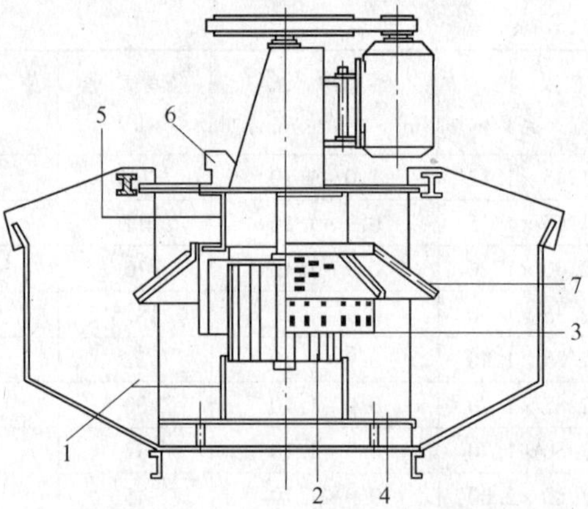

图 22-2 维姆科浮选机结构示意图

1—导管;2—转子;3—定子;4—假底;5—竖管;6—空气进入管;7—锥形罩

维姆科浮选机的性能好,应用较为普遍。这类浮选机的主要特点包括如下几方面:

(1) 采用了新型的充气搅拌器组。维姆科浮选机的充气搅拌器组只有转子和定子两个部件(所以称之为"1+1"结构),除转子轴套外,全部用橡胶或聚合物制成,使结构大为简化(见图22-4)。转子是带有8个(或10个)径向片的星形轮,由于它和矿浆有较大的接触面积,增强了搅拌力,因而可以在较低转速下工作。定子做成带有椭圆形孔眼的圆筒,在定子内侧分布着半圆柱形的肋条,可起导向和提高负压作用。转子和定子间的空隙较大,可消除转子和定子间的涡流。据此设计,由转子向外,浆、气混合流不是沿切线,而是沿径向方向抛甩到槽中,使浆、气混合流在槽内均匀分布,并形成较为稳定的矿化气泡。

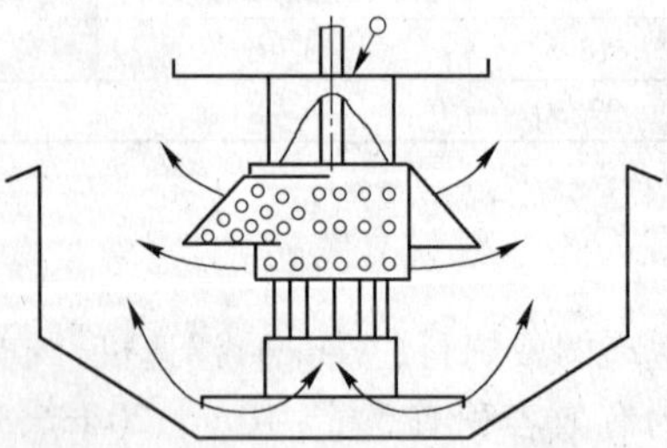

图 22-3 槽体内矿浆流动方式

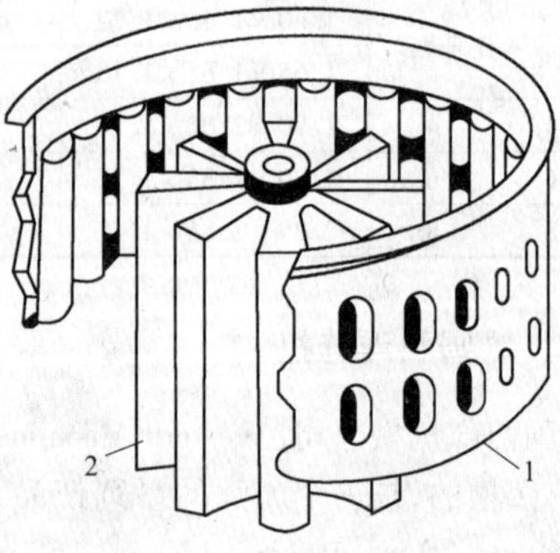

图 22-4 充气搅拌器外形

1—定子;2—星形转子

(2) 槽体下部装有与导管相连的假底。维姆科浮选机中的假底不紧贴槽底壁,可使矿浆通过假底和槽底之间,并经导管实现下循环。由于改进了矿浆的运动路线,可以设计成浅槽,降低转子的浸水深度,因而可增大充气量,降低能耗。

(3) 在竖管上装设有带众多排列整齐的孔眼的锥形罩。维姆科浮选机竖管上装设的锥形罩实质是一种稳定器,用来稳定槽体上部的泡沫区,防止矿浆对泡沫层产生扰动,可使转子产生的涡流区远离泡沫区,形成平稳的矿浆面。

(4) 单位槽体容积的生产能力大。在维姆科浮选机中,整个浮选作业(粗选或扫选作业)的各个槽体之间没有中间室,槽内矿浆可以直接自流通过,所以按单位槽体容积计算的生产能力较大。泡沫产品可以单面或双面刮出,其产率可以通过泡沫挡板进行调节。

Wemco Smart Cell-250 型浮选机的槽体为圆筒形,具有维姆科 1+1 型机械充气式浮选机的机械结构和锥形的活底。

22.2.3 JJF 型浮选机

JJF 型浮选机是参考维姆科型浮选机的工作原理设计的,属于一种槽内矿浆下部大循环自吸气机械搅拌浮选机,其结构如图 22-5 所示。叶轮机构由叶轮、定子、分散罩、竖筒、主轴及轴承体组成,安装槽体的主梁上,由电动机通过三角皮带驱动,在槽体下部设置有假底和导流管装置。

JJF 型浮选机的主要特点是:(1)自吸气,不需要设风机和供风管道;(2)叶轮沉没于槽内矿浆深度浅,能自吸足够的空气,可达 1.1 $m^3/(m^2 \cdot min)$;(3)借助于假底、导流管装置,促进矿浆下部大循环,循环区域大,保持矿粒悬浮;(4)借助于分散罩装置,矿液面很稳定,有利于矿物分选;(5)叶轮直径小,圆周线速度比较低,叶轮与定子间隙大(一般为 100~500 mm),叶轮磨损轻。

生产中使用的 JJF 型浮选机的规格及主要性能参数见表 22-4。

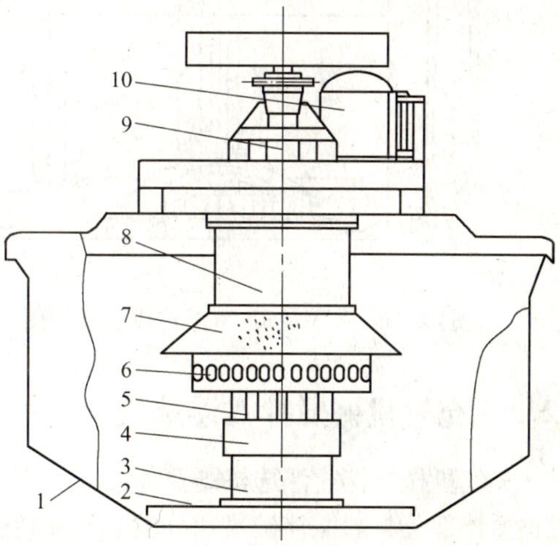

图 22-5 JJF 型浮选机结构简图

1—槽体;2—假底;3—导流管;4—调节阀;5—叶轮;6—定子;7—分散罩;8—竖筒;9—轴承体;10—电动机

表 22-4 JJF 型浮选机的技术规格

型 号	槽容积 /m^3	槽体尺寸 (长×宽×高)/m	空气吸入量 /$m^3 \cdot (m^2 \cdot min)^{-1}$	安装功率 /kW	生产能力(按矿浆计) /$m^3 \cdot min^{-1}$	单槽重量 /kg
JJF-1	1	1.10×1.10×1.00	5.5	1.0	0.3~1	1480
JJF-2	2	1.40×1.40×1.15	7.5	1.0	0.5~2	1960
JJF-3	3	1.50×1.85×1.20	11	1.0	1~3	2430
JJF-4	4	1.60×2.15×1.25	11	1.0	2~4	2790
JJF-8	8	2.20×2.90×1.40	22	1.0	4~8	4420
JJF-10	10	2.20×2.90×1.70	22	1.6	4~10	4830
JJF-16	16	2.85×3.80×1.70	37	1.0	5~16	8610
JJF-20	20	2.85×3.80×2.00	37	1.0	5~20	8950
JJF-24	24	3.15×4.15×2.00	45	1.0	7~24	9180
JJF-28	28	3.15×4.15×2.30	45	1.0	7~28	9800
JJF-42	42	3.60×4.80×2.65	75/90	1.0	12~24	21000

22.2.4 XJM-KS 型浮选机

XJM-KS 型浮选机主要用于选煤厂的煤泥浮选,其结构如图 22-6 所示。XJM-KS 型浮选机的结构从总体上可分为预矿化器和浮选机两大部分。预矿化器由稳压管、喷射器、喉管和扩散管等几个部分组成,通过浮选机入料下导管与浮选机相连。来料矿浆首先进入预矿化器,完成(1)管道扩径稳压;(2)喷射器射流吸入药剂、空气,微泡选择性析出;(3)湍流弥散空气和微泡矿化预选。然后再进入浮选机分选。预矿化器不仅简化了矿浆预处理环节，而且强化了后续分选，提高了浮选机的处理能力。

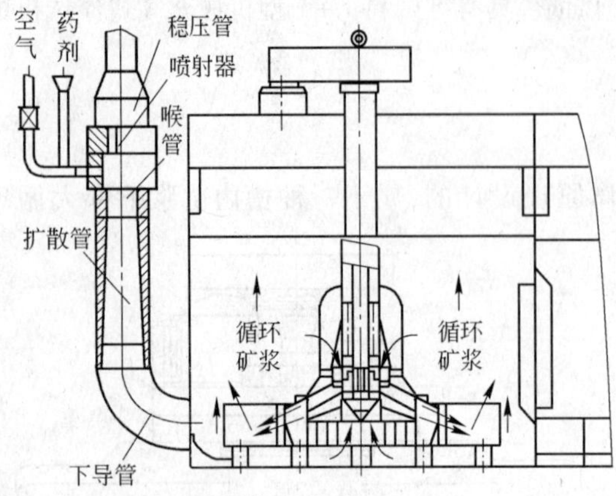

图 22-6 XJM-KS 型浮选机的结构图

XJM-KS 型浮选机采用假底底吸、周边串流入料方式。经过预矿化器完成预矿化的矿浆，首先进入分选槽的假底下部，由叶轮下吸口吸入叶轮下层，当给入的矿浆量大于叶轮下层吸浆能力时，多余矿浆通过假底周边向上进入假底上搅拌区，与气泡接触进行再次矿化；当给入的矿浆量小于叶轮下层吸浆能力时，槽内部分矿浆通过假底进入下层叶轮，增大循环量。对于可浮性好的煤泥，可提高浮选机的处理能力，对于可浮性差的煤泥，通过增大循环量可改善浮选效果。

22.3 充气机械搅拌式浮选机

充气机械搅拌式浮选机既要外加充气（一般用高压鼓风机）又要进行机械搅拌，主轴部件即机械搅拌部分只起搅拌矿浆和分散空气的功能，没有自吸空气和自吸矿浆的能力。因此，机械搅拌部分的转速可以较低，叶轮与定子之间的间隙比较大，叶轮、定子使用寿命长，浮选槽中的充气量可根据处理物料的性质和作业条件的不同任意调节，最小充气量可控制在 $0.1\ m^3/(m^2 \cdot min)$ 以下，最大充气量可达 $1.8 \sim 2.0\ m^3/(m^2 \cdot min)$。

充气机械搅拌式浮选机的适应范围广，有利于向大型发展。目前浮选生产中使用的大型浮选机，除 Wemco 浮选机和 JJF 型浮选机外，其他都属于充气式搅拌式浮选机。

充气机械搅拌式浮选机的不足之处是，由于没有自吸矿浆的能力，在浮选流程配制中各作业之间需要采用阶梯配置，中矿返回需要使用泡沫泵，给操作、维护带来一些不便。

22.3.1 KYF 型浮选机

中国北京矿冶研究总院生产的 KYF 型浮选机，除吸收了芬兰的 RCS 型浮选机和美国的道尔-奥利弗（Dorr-oliver）浮选机的优点，采用"U"形槽体、空心轴充气和悬挂定子外，所采用的新式转子具有如下特点：

(1) 叶片为后倾某一角度的锥台型叶轮。这种叶轮属于高比转速型，扬送矿浆量大，静压水头小，功耗低；

(2) 在转子（叶轮）空腔中设计了专用空气分配器，使空气能预先均匀地分散在转子叶片的大部分区域内，提供了大量的矿浆-空气界面，从而将空气均匀地分散在矿浆中。

KYF 型浮选机的结构如图 22-7 所示。

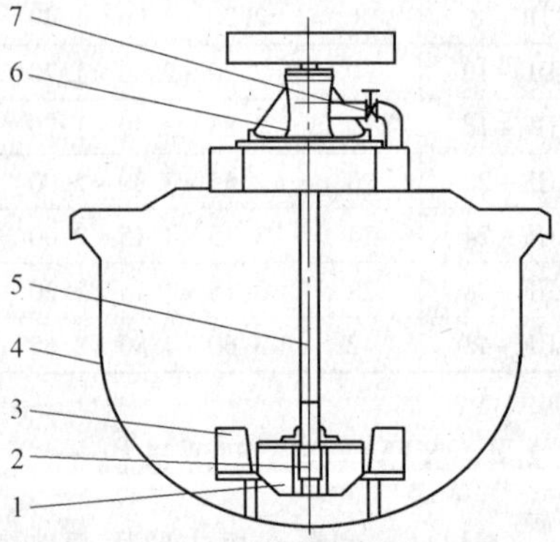

图 22-7 KYF 型浮选机的结构简图

1—叶轮；2—空气分配器；3—定子；4—槽体；5—主轴；6—轴承体；7—空气调节阀

当电动机带动叶轮旋转时，槽内矿浆从四周经槽底由叶轮下端吸入叶轮叶片之间，与此同时，由鼓风机压入的低压空气经中空轴进入叶轮腔的空气分配器中，通过空气分配器周边的孔流入叶轮叶片之间；矿浆与空气在叶轮叶片之间充分混合后，由叶轮上半部周边排出，经安装在叶轮四周斜上方的定子稳流和定向后进入浮选槽。

KYF型浮选机的设备特点为：(1)结构简单，维修工作量少；(2)空气分散均匀，矿浆悬浮好；(3)叶轮转速低，叶轮与定子之间间隙大，能耗低，磨损轻；(4)"U"形槽体，减少短路循环；(5)带负荷启动；(6)配有先进的矿液面控制系统，操作管理方便。

生产中使用的KYF型浮选机的设备规格及性能见表22-5。

表22-5 KYF型浮选机的技术规格

型号	槽容积 /m^3	槽体尺寸 (长×宽×高)/m	空气吸入量 /$m^3\cdot(m^2\cdot min)^{-1}$	安装功率 /kW	生产能力(按矿浆计) /$m^3\cdot min^{-1}$	单槽重量 /kg
KYF-1	1	1.00×1.00×1.10	3	>11	0.2~1	1056
KYF-2	2	1.30×1.30×1.25	4	>12	0.5~2	1346
KYF-3	3	1.60×1.60×1.40	5.5	>14	0.7~3	2074
KYF-4	4	1.80×1.80×1.50	7.5	>15	1~4	2100
KYF-6	6	2.05×2.05×1.75	11	>17	1~6	3238
KYF-8	8	2.20×2.20×1.95	15	>19	2~8	3857
KYF-10	10	2.40×2.40×2.10	22	>20	3~10	4334
KYF-16	16	2.80×2.80×2.40	22	>23	4~16	7545
KYF-20	20	3.00×3.00×2.70	37	>25	5~20	8240
KYF-24	24	3.10×3.10×2.90	37	>27	6~24	9820
KYF-30	30	3.50×3.50×3.025	45	>31	7~30	13820
KYF-40	40	3.80×3.80×3.40	55	>32	8~38	17097
KYF-50	50	4.40×4.40×3.50	75	>33	10~40	22000
KYF-70	70	5.10×5.10×3.80	90	>35	13~50	26200
KYF-100	100	5.90×5.90×4.20	132	>40	20~60	33500
KYF-130	130	6.42×6.62×4.72	160	>45	20~60	36200
KYF-160	160	6.85×7.02×5.02	160	>48	20~60	42500

22.3.2 XCF型浮选机

XCF型浮选机结构如图22-8所示，由"U"形槽体、带上下叶片的大隔离盘叶轮、径向叶片的座式定子、原盘形盖板、中心筒、带有排气孔的连接管、轴承体以及空心主轴和空气调节阀等组成。深槽型槽体，有开式和封闭式两种结构。轴承体有座式和侧挂式，安装在兼作给气管的横梁上。

XCF型浮选机的突出特点是采用了既能循环矿浆以分散空气、又能从槽体外部吸入给矿和中矿泡沫的双重作用叶轮。一般的充气机械搅拌式浮选机由于压入低压空气，降低了叶轮中心区的真空压强(负压)，使之不能吸入矿浆，而XCF型浮选机采用了具有充气搅拌区和吸浆区的主轴部件，两个区域由隔离盘隔开。吸浆区由叶轮上叶片、圆盘形盖板、中心筒和连接管等组成；充气搅拌区由叶轮下叶片和充气分配器等组成(见图22-9)。

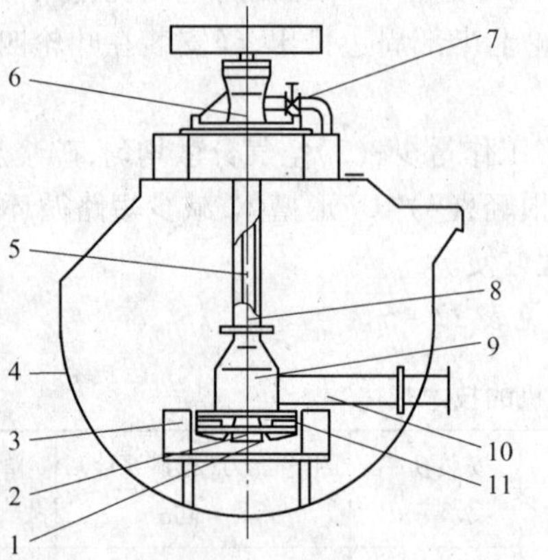

图 22-8 XCF 型浮选机的结构简图

1—叶轮;2—空气分配器;3—定子;4—槽体:5—主轴;6—轴承体;7—空气调节阀;8—接管;9—中心筒;10—中矿管;11—盖板

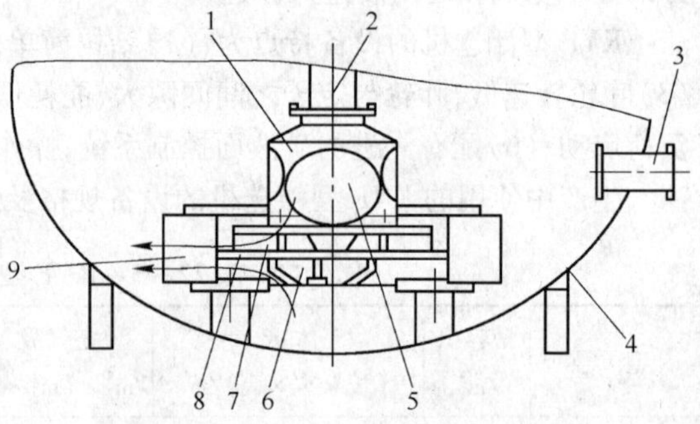

图 22-9 XCF 型浮选机的主轴底端结构

1—中心筒;2—空心主轴;3—中矿管;4—槽体:5—给矿管;6—叶轮下叶片;7—叶轮上叶片;8—隔离盘;9—定子

电动机通过传动装置和空心主轴带动叶轮旋转,槽内矿浆从四周通过槽子底部经叶轮下叶片内缘吸入叶轮下叶片间。与此同时,由外部压入的空气,通过横梁、空气调节阀、空心主轴进入下叶轮腔中的空气分配器,然后通过空气分配器周边的小孔进入叶轮下叶片间;矿浆与空气在叶轮下叶片间进行充分混合后,由叶轮下叶片外缘排出。

由于叶轮旋转和盖板、中心筒的共同作用,在吸浆区产生一定的负压,使中矿泡沫和给矿通过中矿管和给矿管吸入中心筒内,并进入叶轮上叶片间,最后从上叶片外缘排出。叶轮下叶片外缘排出的矿浆空气混合物与叶轮上叶片外缘排出的中矿和给矿经安装在叶轮周围的定子稳流并定向后,进入槽内主体矿浆中。

生产中使用的 XCF 型浮选机的技术规格见表 22-6。

表 22-6 XCF 型浮选机的技术规格

型 号	槽容积 /m^3	槽体尺寸 (长×宽×高)/m	空气吸入量 /$m^3\cdot(m^2\cdot min)^{-1}$	安装功率 /kW	生产能力(按矿浆计) /$m^3\cdot min^{-1}$	单槽重量 /kg
XCF-1	1	1.00×1.00×1.10	4	>11	0.2~0.5	920
XCF-2	2	1.30×1.30×1.25	5.5	>12	0.5~1	1158
XCF-3	3	1.60×1.60×1.40	7.5	>14	0.7~1.5	2172
XCF-4	4	1.80×1.80×1.50	11	>15	1~2	2375
XCF-6	6	2.05×2.05×1.95	18.5	>17	1~3	3545
XCF-8	8	2.20×2.20×1.95	22	>19	2~4	4142
XCF-10	10	2.40×2.40×2.10	30	>20	3~5	4894
XCF-16	16	2.80×2.80×2.40	37	>23	4~8	6928
XCF-20	20	3.00×3.00×2.70	45	>25	5~10	9200
XCF-24	24	3.10×3.10×2.90	55	>27	6~12	10819
XCF-30	30	3.50×3.50×3.025	55	>31	7~15	14810
XCF-40	40	3.80×3.80×3.40	75	>32	8~19	18790
XCF-50	50	4.40×4.40×3.50	90	>33	10~25	22000

22.3.3 RCS 型浮选机

芬兰的美卓(Metso)矿物公司生产的 RCS (Reactor Cell System)型充气机械搅拌式大容积浮选机,已在世界上得到广泛应用。RCS 型浮选机采用圆筒形槽子,其中 RCS－200 型浮选机的槽子的高度为9.4 m、直径为7 m。RCS 型浮选机是在深叶片充气系统的基础上开发研制的,其充气系统的结构能确保矿浆向着槽壁呈强劲的径向环流,并朝着转子下方强烈的回流,因而能避免浮选机发生沉槽现象。

为 RCS 型浮选机研制的 DV 型充气设备,是由一个安装在空心轴上的锥形转子和一个定子构成的。转子上有着特殊形状的下层平面的、垂直的叶片和分散格板。空气经空心轴和转子被分散后,撞击到定子的固定叶片上。RCS 型浮选机的浮选槽有效容积有 5 m^3、10 m^3、15 m^3、20 m^3、30 m^3、40 m^3、50 m^3、70 m^3、100 m^3、130 m^3、160 m^3 和 200 m^3 12 种规格。

22.4 气升式浮选机

气升式浮选机的结构特点是没有机械搅拌器,也没有运转部件,矿浆的充气和搅拌是依靠外部铺设的风机压入空气来实现的。在气升式浮选机中,分散空气基本上都是通过以下 3 种方法实现:

(1) 气动法,即气体在加压条件下通过浸没在矿浆中的多孔部件形成气泡;

(2) 液压法,即流动的液体表面捕获气相;

(3) 喷气法,即在空气流喷入液体时,气体升入到有限的空间,吸住液体,与液体混合,并分散成细小气泡。

在气升式浮选机中最简单的矿浆充气方法,就是使气体加压后通过分散器的孔隙。这种类型的最广泛使用的充气设备是由橡胶、金属、聚乙烯、滤布、毛毡和其他材料制成的多孔管、多孔板、多孔圆盘,在加压下使空气通过这些多孔部件。

气升式充气器的一个共同的缺点是,要获取大量细小气泡(在浮选矿泥时尤其需要) 比较麻烦。无论是具有刚性的、还是弹性的气孔空气分散器的使用年限都不会太长,一般都只有几个月时间。

浮选柱可称为柱型气升式浮选机,它的研制及其工业应用,已成为浮选设备和工艺发展的主要方向之一。仅在俄罗斯,最近 10 年间已颁发了 80 多项有关柱型气升式浮选机及其充气器设计的专利。例如,在巴西的一些 20 世纪 90 年代投产的采用浮选工艺的铁矿石选矿厂中,在所有的浮选作业中全都采用了浮选柱。

采用浮选柱进行分选时,由于能很好地浮选细粒级物料,所以回收率一般都比较高,同时由于减少了机械夹杂和用水喷淋泡沫层(可使机械夹带的矿泥量减少 40%～60%),在一定程度上提高了精矿品位。然而,就浮选柱的广泛应用来说,目前还存在一些问题有待解决,例如必须使浮选槽的高度达到最佳化,需要制造能确保获得最佳粒度的气泡和气泡矿化的有效充气设备等。

俄罗斯研制的浮选柱,最常见的高度是 4～7 m;而加拿大和美国研制的一些浮选柱,高度一般都在 10～16 m;中国生产的浮选柱直径为 0.6～4 m,根据浮选作业的情况,高度为 5～9 m。

加拿大工艺技术公司研制的 CPT 浮选柱,其直径达到 5 m,高度为 8～16 m,配置 Slamjet 充气器,用于浮选各种矿石。Slamjet 充气器为空气型的充气器,与其他型号充气器的不同之处是这种充气器中安装了一个与膜片式发送器相连接的针形阀,以便在出现意外停止充入空气时会自动地堵住排气口,而防止固体颗粒落入充气系统。这种充气器可使用 3 年以上,并且操作方便,分散器从浮选柱的外部沿着周边布置,可在不停机的情况下更换喷头。

22.4.1　KYZ – B 型浮选柱

我国北京矿冶研究总院生产的 KYZ – B 型浮选柱的结构如图 22 – 10 所示。其主要特点有如下几方面。

(1) 保证浮选柱内能充入足量空气,使空气在矿浆中充分地分散成大小适中的气泡,保证柱内有足够的气 – 液分选界面,增加矿粒与气泡碰撞、接触和黏附的机会。

(2) 气泡发生装置所产生的气泡满足浮选动力学的要求,利于矿物与气泡集合体的形成和顺利上浮,建立一个相对稳定的分离区和平稳的泡沫层,减小矿粒的脱落机会。

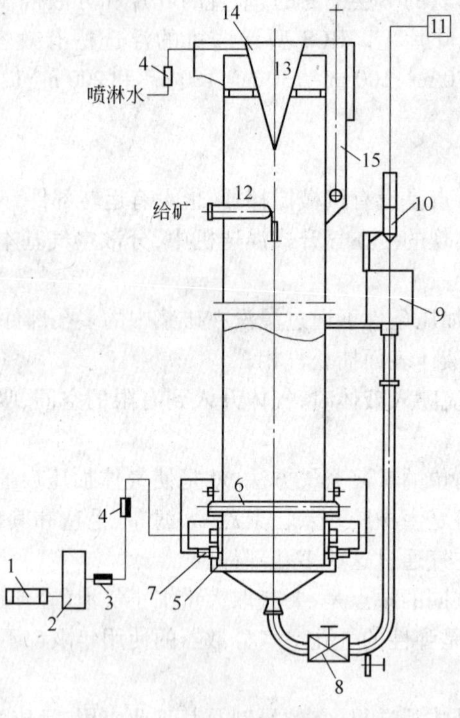

图 22 – 10　KYZ – B 型浮选柱系统结构示意图

1—风机;2—风包;3—减压阀;4—转子流量计;5—总水管;6—总风管;7—充气器;8—排矿;9—尾矿箱;10—气动调节阀;11—仪表箱;12—给矿管;13—推泡器;14—喷水管;15—测量筒

(3) 给矿器保证矿浆均匀地分布于浮选柱的截面上,运动速度较小不会干扰已经矿化的气泡。

(4) 气泡发生装置优化了空间上的分布,可以消除气流余能,形成细微空气泡,稳定液面,防止翻花现象的发生;喷射气泡发生器采用了耐磨的陶瓷衬里,使用寿命长;微孔气泡发生器采用不锈钢烧结粉末,形成的气泡大小均匀,浮选柱内空气分散度高。

(5) 泡沫槽增加推泡锥装置,缩短泡沫的输送距离,加速泡沫的刮出。

(6) 充气量易于调节,操作简单方便。

(7) 合理安排冲洗水系统的空间位置和控制冲洗水量大小,提高泡沫堰负载速率,泡沫可以及时进入泡沫槽,利于消除泡沫层的夹带,提高精矿品位。

(8) 通过控制给气、加药、补水、调节液面,保证浮选过程顺利进行。

KYZ – B 型浮选柱采用的喷射气泡发生器产生的气泡,能均匀地分布于槽内矿浆中,最大充气量(清水)可达2.5 $m^3/(m^2 \cdot min)$,喷射气泡发生器的结构如图22－11所示。当高压气体从喷嘴的喉管内高速冲出,经过矿浆的剪切作用,形成大量的小直径气泡。

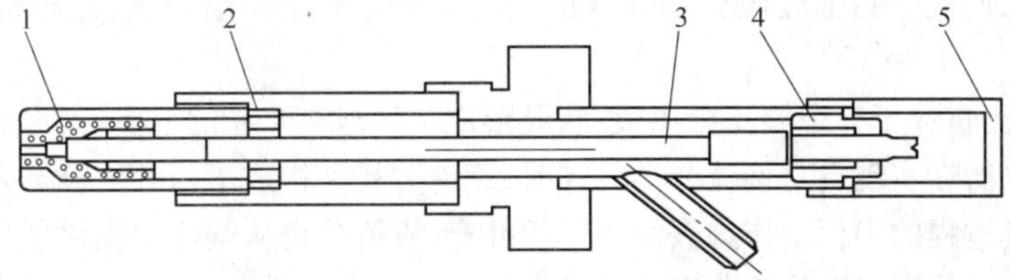

图22－11 喷射气泡发生器结构示意图

1—喷嘴;2—定位器;3—针阀;4—调制器;5—密封盖

KYZ－B型浮选柱的矿浆液面自动控制系统使用的液位计,采用了超声波传感器,是非接触、无磨损测量,测量精度比较高。整个控制系统工作比较稳定,操作简单,并且可以根据浮选工艺要求自动调节浮选柱泡沫层厚度。

22.4.2 旋流－静态微泡浮选柱

旋流－静态微泡浮选柱(FCSMC浮选柱)的分离过程包括柱体分选、旋流分离和管流矿化三部分,整个分离过程在柱体内完成,如图22－12所示。

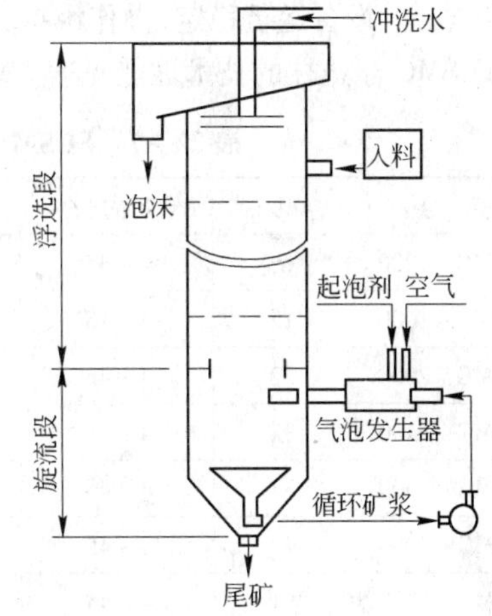

图22－12 FCSMC浮选柱工作原理图

柱分选段位于整个柱体上部;旋流分离段采用柱－锥相连的水介质旋流器结构,并与柱分离段呈上、下结构的直通连接。从旋流分选角度,柱分离段相当于放大了的旋流器溢流管。在柱分离段的顶部,设置了喷淋水管和泡沫精矿收集槽;给矿点位于柱分离段中上部,最终尾矿由旋流分离段底口排出。气泡发生器与浮选管段直接相连成一体,单独布置在柱体体外;其出流沿切向方向与旋流分离段柱体相连,相当于旋流器的切线给料管。气泡发生器上设导气管。

管流矿化包括气泡发生器与浮选管段两部分。气泡发生器是浮选柱的关键部件,它采用类似于射流泵的内部结构,具有依靠射流负压自身引入气体,并把气体粉碎成气泡的双重作用。在旋流－静态微泡浮选柱分选设备内,气泡发生器的工作介质为循环中矿。经过加压的循环矿浆进入气泡发生器,引入气体并形成含有大量微细气泡的气、固、液三相体系。三相体系在浮选管段内高度紊流矿化,然后仍保持较高能量状态沿切向高速进入旋流分离段。这样管浮选段在完成浮选充气(自吸式微泡发生器)与高度紊流矿化(浮选管段)功能的同时,又以切向入料的方式在柱体底部(旋流分离段)形成了旋流力场。管浮选段为整个柱分离方法的各类分选方式提供了能量来源,并基本上决定了整个分选过程的能量状态。

当大量气泡沿切向进入旋流分离段时,由于离心力和浮力的共同作用,便迅速以旋转方式向旋流分离段中心汇集,进入柱分离段并在柱体断面上得到分散。与此同时,由上部给入的矿浆连同矿物颗粒呈整体向下塞式流动,与呈整体向上升浮的气泡发生逆向运行与碰撞。气泡在上升过程中不断矿化。

旋流分离段不仅加速了气泡在柱体断面上的分散,更重要的是对柱分离中矿以及经过管浮选循环中矿的分选。在离心力作用下,呈向上向里运动的气泡(包括矿化气泡)与呈向下向外的矿粒发生碰撞与矿化,形成旋流力场条件下的表面分选过程。这种分选不仅保持了与矿浆旋流运动垂直的背景,而且受到了旋流力场强度的直接影响。力场强度愈大,这种表面分选作用就愈强。

旋流分离作用贯穿于整个旋流分离段,它既形成了气泡与矿粒的分离,又形成了矿粒按密度的径向分布。这样,在实现自身旋流分离的同时,旋流力场又构成了与其他分选方式的联系与沟通,成为整个分选过程的中枢。作为表面浮选的补充,旋流分离从整体上强化了分选与回收。对于矿物分选来说,柱分离段和旋流分离段的联合分选具有十分重要的意义,柱分离段的优势在于提高选择性,保证较高的产品质量;而旋流分离段的相对优势在于提高产率,保证较高的产品数量。

旋流分离的底流采用倒锥型套锥进行机械分离,倒锥型套锥把经过旋流力场充分作用的底部矿浆机械地分流成两部分:中间密度物料进入内倒锥,成为循环中矿;高密度的物料则由内外倒锥之间排出成为最终尾矿。循环中矿作为工作介质完成充气与管浮选过程并形成旋流力场,其特点为:(1)减少了脉石等物质对分选的影响;(2)使中等可浮物在管浮选过程中高度紊动矿化;(3)减少了循环系统特别是关键部件自吸式微泡发生器的磨损。

FCSMC浮选柱集柱浮选与旋流分选于一体,构建旋流粗选、管流矿化、旋流扫选的循环中矿分选链。采用旋流分选和管流矿化提高了分选效率,使柱高与传统浮选柱相比大幅度降低。其突出优点是:设备运行稳定,操作维护方便,处理能力大,工艺流程简单。

FCSMC浮选柱的技术性能见表22-7。

表22-7 FCSMC系列旋流-静态微泡浮选柱技术特征

型 号	容积/m^3	入料浓度/%	生产能力/$m^3 \cdot h^{-1}$	电动机功率/kW	外形尺寸(长×宽×高)/mm
FCSMC-1200	7	4~45	20~40	30	1800×1500×6000
FCSMC-1600	12	4~45	40~60	37	2450×2200×6000
FCSMC-2000	22	4~45	60~100	45	2900×2600×7000
FCSMC-2400	32	4~45	100~120	55	3450×3200×7000
FCSMC-2600	37	4~45	120~150	75	3700×3400×7000
FCSMC-3000	49	4~45	150~180	90	4200×3800×7000
FCSMC-3200	64	4~45	180~200	110	4510×4000×8000
FCSMC-3600	81	4~45	200~250	132	4800×4400×8000
FCSMC-4000	88	4~45	250~300	185	5150×4700×7000
FCSMC-4500	95	4~45	300~400	220	5250×4800×6000

22.5 詹姆森浮选槽

詹姆森浮选槽由澳大利亚的Graeme Jameson教授研制并已得到推广应用,其操作系统如图22-13所示,设备可分为下导管、槽内矿浆区和槽内泡沫区3个主要区域。詹姆森浮选槽的突出特点是在特殊设计的下导管中实现矿化,同时也证实了射流式充气的极好效果。

詹姆森浮选槽工作时,矿浆给入给矿池,然后用泵送入下导管内与空气充分混合,使疏水性颗粒与气泡充分接触。此后,矿浆从下导管的底部进入浮选槽,在这里矿化气泡上升至槽子上部,形成泡沫层。

詹姆森浮选槽的下导管数目依据设备的规格而定，可以仅有1个，也可以多达30个。在下导管中，气泡与颗粒发生碰撞、接触和黏着，整个矿化过程如图22－14所示。

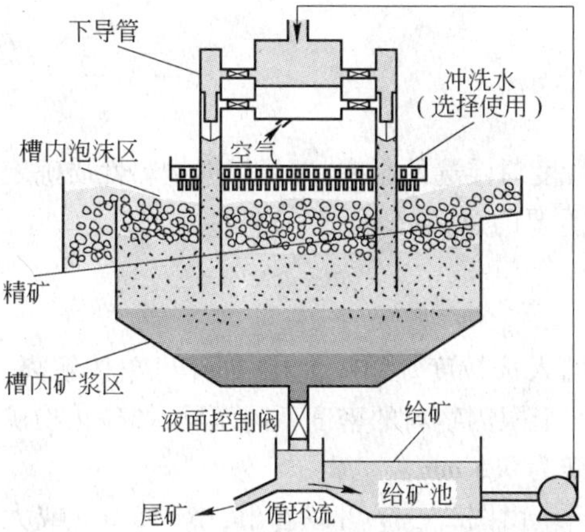

图22－13 詹姆森浮选槽的操作系统示意图

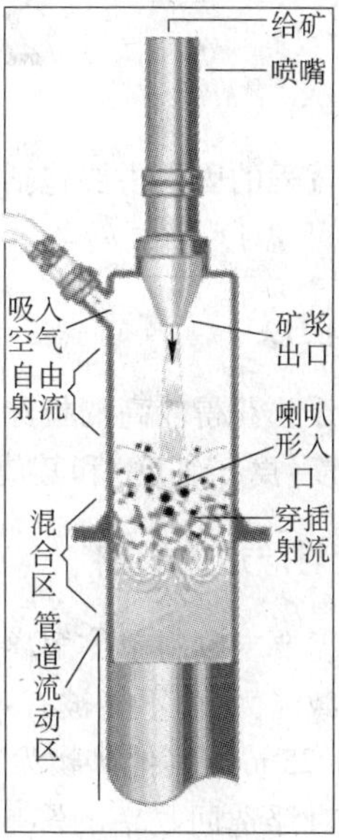

图22－14 詹姆森浮选槽的下导管

在图22－14所示的下导管内，存在着自由射流、喇叭形入口、穿插射流、混合区和管流区。矿浆在压强的作用下从喷嘴出口处以自由射流的形式喷出时，在下导管中形成负压区，将空气吸入到下导管中。自由射流接触下导管中的矿浆时，对矿浆表面施加一冲击压强的作用，形成一喇叭形入口，从而将自由射流周围的空气包裹层引入矿浆中。在喇叭形入口的底部，自由射流以穿插射流的形式进入下导管中的矿浆内，穿插射流的高剪切速率使引入矿浆中的空气层碎散成众多的小气泡。在混合区，穿插射流产生一个强烈的能量扩散和湍流区域，将动量传递到周围的混合物中，并扩展到下导管的整个断面，形成反复循环的充气矿浆漩涡，使颗粒与气泡充分接触。在混合区下边的管流区是一个均匀的多相体系，由于向下运动速度抵消了矿化气泡的向上浮力，矿化气泡集结在一起，形成高孔隙率的移动矿化气泡层。

詹姆森浮选槽广泛用于煤泥浮选生产中。通过浮选槽内尾煤的部分循环既可以消除选煤装置内物料流的波动，保持供给下导管的矿浆速度稳定，也可以通过增加气泡与颗粒碰撞黏结的可能性来提高浮选精煤的产量和回收率。

23　浮选工艺

影响浮选过程的因素主要包括:处理物料的粒度、矿浆浓度、浮选药剂制度、浮选流程、矿浆pH值、浮选时间、温度、水质等等。

23.1　给料粒度

为了保证浮选获得较高的指标,研究入选物料粒度对浮选的影响,以便根据物料性质确定最合适的入选粒度(磨矿细度)和其他工艺条件,具有重要的意义。

23.1.1　粒度对浮选的影响

浮选时不但要求物料单体解离,而且要求适宜的入选粒度。颗粒太粗,即使已单体解离,因超过气泡的承载能力,而不能被有效回收。浮选粒度上限因物料的密度不同而异,如硫化物矿物一般为0.2~0.25 mm,其他矿物为0.25~0.3 mm,煤为0.5 mm。

物料粒度对浮选回收率的影响如图23-1所示。由图23-1可以看出,小于5 μm或大于100 μm的颗粒的可浮性明显下降,只有中等粒度的颗粒具有最好的可浮性,所以在浮选生产中,常将5~10 μm以下的矿粒称为矿泥。

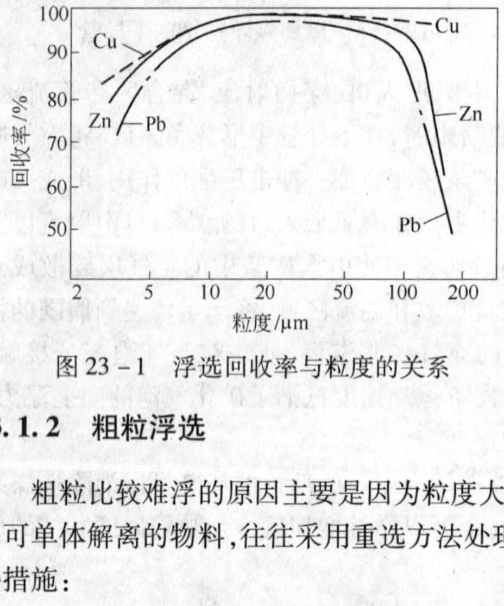

图23-1　浮选回收率与粒度的关系

物料粒度对浮选产物质量也有一定的影响。一般情况下,随着粒度的变化疏水性产物的品位有一最大值,当粒度进一步减小时,品位随之下降,这是由于微细的亲水性颗粒机械夹杂所致;粒度增大时,又会因存在大量的连生体颗粒而导致分选产物的品位降低。

23.1.2　粗粒浮选

粗粒比较难浮的原因主要是因为粒度大,附着于气泡后容易脱落。所以对于在较粗粒度下即可单体解离的物料,往往采用重选方法处理,必须用浮选处理粗磨的物料时,通常采取如下一些措施:

(1) 采用捕收能力较强的捕收剂,并适当增大捕收剂用量,以增强颗粒与气泡的固着强度,有时配合使用非极性油等辅助捕收剂;

(2) 适当增大充气量,以提供较多的适宜的气泡,为粗颗粒的浮选创造条件;

(3) 选择适用于粗粒浮选的浮选设备,为防止粗粒在浮选设备中产生沉淀,应使用有较大浮升力和较大内循环的浅槽浮选机;

(4) 采用较高的矿浆浓度,既增加药剂浓度,又可以使颗粒受到较大的浮升力,但应注意,矿浆的浓度过高时会恶化浮选过程,使选择性降低。

23.1.3　微细颗粒浮选

粒度小于5~10 μm的微细颗粒,其可浮性明显下降,所以避免物料泥化是非常必要的。浮选过程中的微细颗粒来自两个方面，一是在矿床内部由地质作用产生的微细颗粒，主要是矿床中的各种泥质矿物，如高岭土、绢云母、绿泥石等，称为“原生矿泥”；二是在破碎、磨矿、搅拌、运输等过程中形成的微细颗粒，称为“次生矿泥”。

微细颗粒在浮选过程中的有害影响表现为：增大药剂的耗量；降低浮选速度；污染泡沫产品；降低产物质量；增大金属流失等。为了防止微细颗粒对浮选过程的影响，经常采取的措施有：(1)采用分散剂，使微细颗粒分散，降低其影响；(2)降低矿浆浓度，提高选择性；(3)分批加药减少无选择性吸附；(4)浮选前对处理物料进行脱泥；(5)对不同粒级的物料分别采用不同的药剂制度进行处理。

微细颗粒难于浮选的原因主要有以下几方面：

(1) 由于微细颗粒的表面能比较大，在一定条件下，不同成分的微细颗粒形成无选择性凝结。表面力引起的团聚现象，还会导致微细颗粒在粗颗粒表面上的黏附，形成微细颗粒覆盖。

(2) 由于微细颗粒具有较大的比表面积和表面能，因此具有较高的药剂吸附能力，吸附的选择性差；表面溶解度增大，使矿浆中“难免离子”增加；同时，由于微细颗粒质量小，易被水流机械夹带和被泡沫机械夹带。

(3) 微细颗粒与气泡间的黏着效率比较低，使气泡对颗粒的捕获率下降，同时微细颗粒还会大量地附着在气泡表面，形成所谓的气泡“装甲”现象，影响气泡的运载量。

生产中强化微细颗粒浮选的主要措施有：

(1) 添加分散剂，防止微细颗粒互凝，保证充分分散。常用的分散剂有水玻璃、聚磷酸钠、氢氧化钠(或碳酸钠)和水玻璃等。

(2) 采用适于选别微细颗粒的浮选药剂，使欲浮的颗粒表面选择性疏水化。例如采用化学吸附或螯合作用的捕收剂，以提高浮选过程的选择性。

(3) 使微细粒选择性聚团，增大粒度，以利于浮选，为此常采用的途径有疏水絮凝、载体浮选和选择絮凝－浮选等。疏水絮凝又称团聚浮选，即微细颗粒经捕收剂处理后，在中性油的作用下，形成携带颗粒的油状泡沫。疏水絮凝的操作工艺有两类：其一是捕收剂与中性油先配成乳化液加入，称为乳化浮选；其二是在高浓度矿浆中，分先后次序加入中性油及捕收剂，强烈搅拌，控制时间，然后刮出上浮的泡沫。载体浮选又称背负浮选，即利用疏水聚团原理使微细颗粒在易浮的粗颗粒表面黏附，以粗粒为载体与气泡附着并一同浮起。载体可以是同类物料，也可以是异类物料。例如，用自然硫做细粒磷灰石浮选的载体；用黄铁矿作载体来浮选细粒金；用方解石作载体，借浮选除去高岭土中的锐钛矿。选择絮凝－浮选就是采用絮凝剂选择性絮凝微细颗粒，然后用浮选方法分离。

(4) 减小气泡尺寸，进行微泡浮选。生产中采用的产生微泡的方法有真空法和电解法两种，分别称为真空浮选和电解浮选。真空浮选是利用减压方法使溶于水中的气体从水中析出，形成0.1～0.5 mm 的细小气泡，以浮选微细颗粒的方法。电解浮选是利用电解水的方法获得直径为0.02～0.06 mm 的微小气泡，以浮选微细颗粒的方法。电解浮选是新近发展起来的微细颗粒乃至胶粒的浮选工艺，不仅用于一般固体物料的分选，还用于工业废水处理、轻工及食品工业产品的净化等。

23.2 浮选药剂制度

药剂制度主要是指浮选所用药剂种类及其用量；其次是指药剂添加的顺序、地点和方式(一次加入还是分批加入)、药剂的配制方法以及药剂的作用时间等。实践证明，药剂制度对浮选指标有重大影响，是泡沫浮选过程最重要的影响因素之一。

23.2.1 药剂的种类选择及用量

药剂的种类选择,主要是根据所处理物料的性质,可能的流程方案,并参考国内外的实践经验,然后通过试验加以确定的。

根据固体表面不均匀性和药剂间的协同效应,各种药剂混合使用在应用中取得了良好效果,并得到了广泛应用。所谓混合用药主要包括以下两方面:

(1) 不同捕收剂的混合使用,即同系列药剂混合,如低级与高级黄药混合使用、各种硫化物矿物捕收剂混合使用(如黄药与黑药混合使用或与溶剂、乳化剂、润湿剂混合使用)、氧化矿的捕收剂与硫化矿的捕收剂共用、阳离子捕收剂与阴离子捕收剂共用、大分子药剂与小分子药剂共用或混用等。

(2) 调整剂联合使用,即为了加强抑制作用,将几种抑制剂联合使用,如亚硫酸盐与硫酸锌混用等。

浮选实践表明,无论是捕收剂和起泡剂,还是抑制剂和活化剂,以及介质 pH 值调整剂等的用量都必须适当,才能获得较好的浮选效果,用量过高或过低均对浮选不利。

23.2.2 药剂的配制及提高药效的措施

同一种药剂采用不同的配制方法,其适宜用量和效果都不同。配制方法的选择主要根据药剂的性质、添加方法和功能。

大多数可溶于水的药剂均配制成水溶液,例如水溶性药剂黄药、硫酸铜、硫酸锌、重铬酸钾等,通常均配成5% ~10% 的水溶液使用。

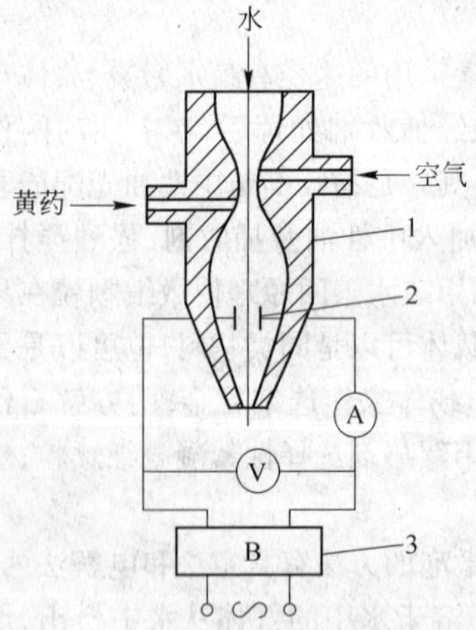

图 23-2 黄药电催化氧化设备原理图
1—水流泵;2—镍电极;3—整流器

对于一些难溶性药剂,则需要采用特殊方法进行配制。例如将石灰磨到 10 ~ 100 μm 后在室温条件下与水混合搅拌配成石灰乳;将脂肪酸类捕收剂进行皂化处理后使用;将脂肪酸类、胺类捕收剂及白药等溶在某些特定的溶剂中制成药液使用;对于油酸、煤油、松醇油、柴油等,借助强烈的机械搅拌或超声波处理进行乳化,或加入乳化剂进行乳化后使用;利用一种特殊的喷雾装置,使药剂在空气中进行雾化后使用(即气溶胶法)。

另外,还可以对药剂进行电化学处理,亦即在溶液中通入直流电,改变药剂本身的状态、溶液的 pH 值和氧化还原电位等,从而提高药剂的活性或提高难溶药剂的分散程度。例如,采用图 23-2 所示的装置对黄药进行催化氧化处理后,不仅在黄药中形成一定比例的双黄药,而且形成的双黄药能分散成 28 ~ 30 μm 的微细液滴,使黄药效能得到充分发挥。

23.2.3 药剂的添加

浮选过程常需加入几种药剂,它们与矿浆中各组分往往存在着复杂的交互作用,所以药剂的合理添加也是优化浮选药剂制度的重要因素。

23.2.3.1 加药顺序及加药地点

无论是生产中还是实验中,通常的加药顺序均为:介质 pH 值调整剂→抑制剂(或活化剂)→捕收剂→起泡剂;浮选被抑制过的物料的加药顺序为:活化剂→捕收剂→起泡剂。在加入捕收剂前,添加抑制剂或活化剂是为了使固体表面优先受到抑制或活化,提高分选过程的选择性,减少药剂消耗。

药剂的添加地点主要取决于药剂与物料作用所需时间、药剂的功能及性质。生产中通常将pH值调整剂和抑制剂加于球磨机中,使其充分发挥作用;将活化剂、起泡剂和易溶的捕收剂加于浮选前的搅拌槽中;将难溶的药剂加在球磨机中。

23.2.3.2 加药方式

浮选药剂可以一次添加,也可以分批添加。一次添加是指将某种药剂的全部用量在浮选前一次加入,这样可提高浮选过程初期的浮选速度,因操作管理比较方便,生产中常被采用。实践表明,易溶、且不易失效的药剂(如石灰、碳酸钠、黄药等)均适宜采用一次加药方式。分批添加是指将某种药剂在浮选过程中分几批加入,这样可以维持浮选过程中的药剂浓度,有利于提高产品质量。对于难溶于水的药剂、易被泡沫带走的药剂(如油酸、脂肪胺类捕收剂等)、在矿浆中易起反应的药剂(如二氧化碳、二氧化硫等)等,若只在一点上加药,则会很快失效,所以通常采用分批添加的方式。对于要求严格控制用量的药剂也必须采用分批添加方式。

23.2.4 药剂最佳用量的控制与调节

药剂制度的优化和控制,对浮选过程的稳定和最大限度地降低药剂消耗是非常重要的,因而常常需要通过实验室试验和工业试验了解矿浆中各种药剂与物料之间的相互作用,了解各种药剂浓度的互相关系,建立在不同条件下的函数式(或称数学模型),求出各种物料在不同条件下的特征数据(参数)。

23.3 矿浆浓度及其调整

浮选前矿浆的调节,是浮选过程中的一个重要作业,包括矿浆浓度的确定和调浆方式的选择等工艺因素。

23.3.1 矿浆浓度

矿浆浓度是指矿浆中固体物料的含量,通常用液固比或固体质量分数 w_g 来表示。液固比是矿浆中液体与固体的质量(或体积)之比,有时又称为稀释度。浮选厂中常用的矿浆浓度列于表23-1中。

表23-1 浮选厂常用的矿浆浓度

物料种类	浮选回路	矿浆浓度/%			
		粗选		精选	
		范围	平均	范围	平均
硫化铜矿石	铜及硫化铁	22~60	41	10~30	20
硫化铅锌矿石	铅	30~48	39	10~30	20
	锌	20~30	25	10~25	18
硫化钼矿石	辉钼矿	40~48	44	16~20	18
铁矿石	赤铁矿	22~38	30	10~22	16

矿浆浓度是影响浮选过程的重要因素之一,它的变化将影响矿浆的充气程度、矿浆在浮选槽中的停留时间、药剂浓度以及气泡与颗粒的黏着过程等(如图23-3所示)。

图23-3中的曲线1表明,浮选机的充气性能随矿浆浓度的变化而变化。过浓和过稀均使

充气情况变坏,影响浮选回收率和浮选时间。

图23－3中的曲线2表明,在相同药剂用量(g/t)条件下,矿浆浓度增大,药剂的浓度亦随之增大,这将有利于降低药剂用量。

图23－3中的曲线3表明,随着浓度增大,矿浆在浮选机内的停留时间延长,有利于提高回收率。同理,如果浮选时间不变,则随着浓度的增加,浮选机的生产率随之增加,因而可以减少所需要的浮选设备的容积。

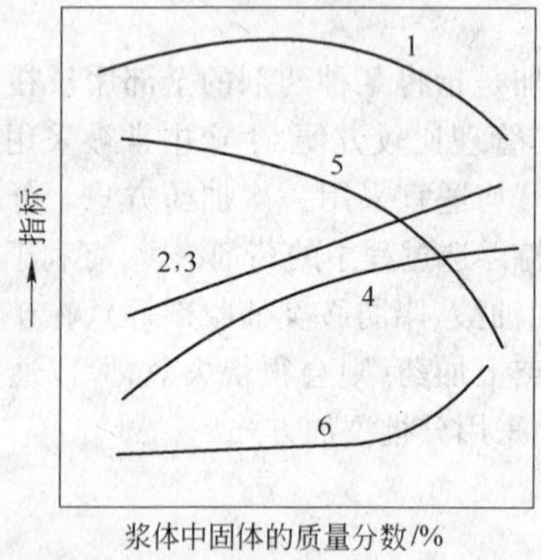

图23－3　矿浆浓度与其他浮选因素的关系
1—矿浆的充气性;2—药剂的浓度;3—矿浆在浮选机内的停留时间;4—细颗粒的可浮性;5—粗颗粒的可浮性;6—颗粒表面的磨损程度

图23－3中的曲线4和曲线5表明,在一定范围,随矿浆浓度增加,浮力上升,有利于粗粒的浮选;但过浓会恶化充气条件,反而不利。细粒浮选时,随着浓度提高,矿浆的黏度增大,当细粒是疏水性颗粒时增大浓度有利提高细粒的回收率,而当细粒呈亲水性时则会影响疏水性产物的质量。

总之,矿浆较浓时,浮选进行较快,且较完全。适当增加浓度对浮选有利,处理每吨物料所消耗的水、电也较少。浮选时最适宜的矿浆浓度,还须考虑物料性质和具体浮选条件。一般原则是:浮选高密度粗粒物料时采用高浓度;反之采用低浓度;粗选时采用高浓度可保证获得高回收率和节省药剂;精选用低浓度,有利于提高最终疏水性产物的质量。扫选浓度由粗选决定,一般不另行控制。

23.3.2　调浆

浮选前在搅拌槽(或称调浆槽)内对矿浆进行搅拌称为调浆,可分为不充气调浆、充气调浆和分级调浆等,它也是影响浮选过程的重要工艺因素之一。

不充气调浆是指不充气的条件下,在搅拌槽中对矿浆进行搅拌,目的是促进药剂与颗粒互相作用。调浆所需的搅拌强度和时间,视药剂在矿浆中的分散、溶解程度以及药剂与颗粒的作用速度而定。

充气调浆是指在未加药剂之前预先对矿浆进行充气搅拌,常用于硫化物矿物的浮选。各种硫化物矿物颗粒表面的氧化速度不同,通过充气搅拌即可扩大矿物颗粒之间的可浮性差别,有利于改善浮选效果。但过分充气也将是不利的。

所谓"分级调浆"是根据物料不同粒度所要求的不同调浆条件等,分别进行调浆,以达到改善浮选效果的目的。

23.4　浮选泡沫及其调节

泡沫浮选是在液－气界面进行分选的过程,因此泡沫起着重要的作用。浮选泡沫的气泡大小、泡沫的稳定性、泡沫的结构及泡沫层的厚度等均能影响浮选指标。

23.4.1　浮选泡沫及对泡沫的要求

在浮选过程中,疏水性颗粒附着在气泡上,大量附着颗粒的气泡聚集于矿浆表面,形成泡沫层。这种泡沫称为三相泡沫。

为了加速浮选,就必须创造大量能附着疏水颗粒的气－液界面,界面的增加决定于:

(1) 起泡剂。它的作用就在于帮助获得大量的气－液界面;

(2) 充气量。使足够量的空气进入矿浆中;

(3) 空气在矿浆中的弥散程度。空气弥散度增加,界面随之增大。

进入的空气量一定时,形成的气泡愈小,界面的总面积愈大。在浮选过程中,要求气泡携带颗粒要有适当的上升速度,气泡过小难于保证充分的上浮力,而气泡过大,又会降低界面面积,同样降低浮选速度。因此浮选的气泡大小必须适合,满足浮选要求的气泡粒径为0.8～1 mm。

为了提高浮选过程的稳定性,要求泡沫具有一定的强度。保证泡沫能顺利地从分选设备中排出所要求的泡沫的稳定时间,因不同的浮选作业而异,通常精选应长一些,而扫选应短一些,一般介于10～60 s。

23.4.2 泡沫稳定性的影响因素

浮选过程中存在的都是含有颗粒的三相泡沫,在有起泡剂的条件下生成的三相泡沫,一般比两相泡沫更加稳定。其原因是:

(1) 颗粒覆盖在气泡表面,成为防止气泡兼并的障碍物;

(2) 被浮选颗粒的接触角一般均小于90°,颗粒突出于气泡壁之外,相互交错,使气泡间的水层如同毛细管一样,增大了水层流动的阻力;

(3) 固着捕收剂的颗粒因表面捕收剂分子相互作用,增强了气泡的机械强度。颗粒疏水性愈强,形成的三相泡沫也愈稳定。

浮选过程中使用的各种药剂,凡能改变颗粒表面疏水性的,均影响泡沫的稳定性。捕收剂可增强泡沫的稳定性,而抑制剂则相反;易浮的扁平颗粒及细粒使泡沫增强,粗粒及球形颗粒形成的泡沫则较脆。

23.4.3 "二次富集作用"及调节

在三相泡沫中,常夹带有部分连生体及亲水性颗粒,这些颗粒之所以进入了泡沫,一部分是由于表面固着了捕收剂,形成了较弱的疏水性,附着于气泡被带入泡沫,但大部分是由于机械夹杂进来的。由于泡沫层中的水向下流动,可以冲洗大部分夹杂的颗粒,使之落回矿浆中。此外,当气泡在泡沫层中兼并时,气－液界面的面积减小,气泡上原来负荷的颗粒重新排列,发生"二次富集作用",使疏水性强的仍附着于气泡上,弱者被水带到下层或落入矿浆中。因而,浮选泡沫中上部的疏水性产物的质量高于下层的。

为了有效利用"二次富集作用"提高疏水性产物的质量,可以适当地调整泡沫层的厚度和在槽内的停留时间。泡沫层愈厚、刮泡速度愈慢,疏水性产物的质量愈高。泡沫层厚度和停留时间的调节是浮选工艺操作的重要因素之一。若泡沫过黏,气泡间水层难于流动,二次富集作用效果显著降低。为此可在精选槽中采用淋洗法,增大泡沫层中流动的水量,从而增强分选作用,提高疏水性产物的质量。在淋洗过程中必须注意喷水的速度、水量,并适当地增加起泡剂用量,以防止回收率降低。

23.5 浮选流程

浮选流程是浮选时矿浆流经各作业的总称,是由不同浮选作业(有时包括磨矿作业)所构成的浮选生产工序。

矿浆经加药搅拌后进行浮选的第一个作业称为粗选,其目的是将给料中的某种或几种欲浮组分选出来。对粗选的泡沫产品进行再浮选的作业称为精选,其目的是提高最终疏水性产物的质量。对粗选槽中残留的固体进行再浮选的作业称为扫选，其目的是降低亲水性产物中欲浮组分的含量，以提高回收率。上述各作业组成的流程如图 23 -4 所示。

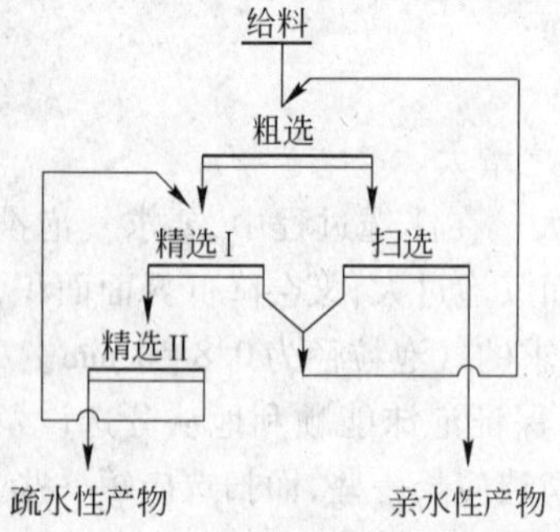

图 23 -4　粗、精、扫选流程示意图

浮选流程是最重要的工艺因素之一，它对选别指标有很大的影响。浮选流程必须与所处理物料的性质相适应，对于不同的物料应采用不同的流程。合理的工艺流程应保证能获得最佳的选别指标和最低的生产成本。

生产中所采用的各种浮选流程，实际上都是通过系统的可选性研究试验后确定的。当选矿厂投产后，因物料性质的变化，或因采用新工艺及先进的技术等，要不断地改进与完善原流程，以获得较高的技术经济指标。

在确定流程时，应主要考虑物料的性质，同时还应考虑对产物质量的要求以及选矿厂的规模等。

23.5.1　浮选流程的段数

在确定浮选流程时，应首先确定原则流程（又称骨干流程）。原则流程只指出分选工艺的原则方案，其中包括选别段数、欲回收组分的选别顺序和选别循环数。

选别段数是指磨矿作业与选别专业结合的次数；磨 1 次（粒度变化一次），接着进行浮选即称为 1 段。所以浮选流程的段数，就是处理的物料经磨碎 - 浮选，再磨碎 - 再浮选的次数。浮选流程的段数，主要是根据欲回收组分的嵌布粒度及物料在磨碎过程中泥化情况而选定的。生产实践中所用的浮选过程有一段、两段和三段之分，三段以上流程则很少见到。

阶段浮选流程又称阶段磨 - 浮流程，是指两段及两段以上的浮选流程，也就是将第 1 段浮选的产物进行再磨 - 再浮选的流程。这种浮选流程的优点是可以避免物料过粉碎，其具体操作是在第 1 段粗磨的条件下，分出大部分欲抛弃的组分，只对得到的疏水性产物（粗精矿）进行再磨再选。用这种流程处理欲回收组分嵌布较复杂的物料时，不仅可以节省磨矿费用，而且可改善浮选指标，所以在生产中得到了广泛应用。

23.5.2　选别顺序及选别循环

当浮选处理的物料中含有多种待回收的组分时，为了得出几种产品，除了确定选别段数外，还要根据待回收组分（矿物）的可浮性及它们之间的共生关系，确定各种组分的选出顺序。选出顺序不同，所构成的原则流程也不同，生产中采用的流程大体可分为优先浮选流程、混合浮选流程、部分混合浮选流程和等可浮流程等 4 类（见图 23 -5）。

优先浮选流程是指将物料中要回收的各种组分按序逐一浮出，分别得到各种富含 1 种欲回收组分的产物（精矿）的工艺流程。

混合浮选流程是指先将物料中所有要回收的组分一起浮出得到中间产物，然后再对其进行浮选分离，得出各种富含 1 种欲回收组分的产物（精矿）的工艺流程。

部分混合浮选流程是指先从物料中混合浮出部分要回收的组分，并抑制其余组分，然后再活化浮出其他要回收的组分，先浮出的中间产物经浮选分离后得出富含 1 种欲回收组分的产物（精矿）的工艺流程。

等可浮流程是指将可浮性相近的要回收组分一同浮起，然后再进行分离的工艺流程，它适用于浮选处理的物料中所包含的一些组分，部分易浮、部分难浮的情况。例如，在浮选硫化铅 - 锌矿石时，锌矿物有的易浮，有的难浮，则可考虑采用等可浮流程，在以浮铅矿物为主时，将易浮的

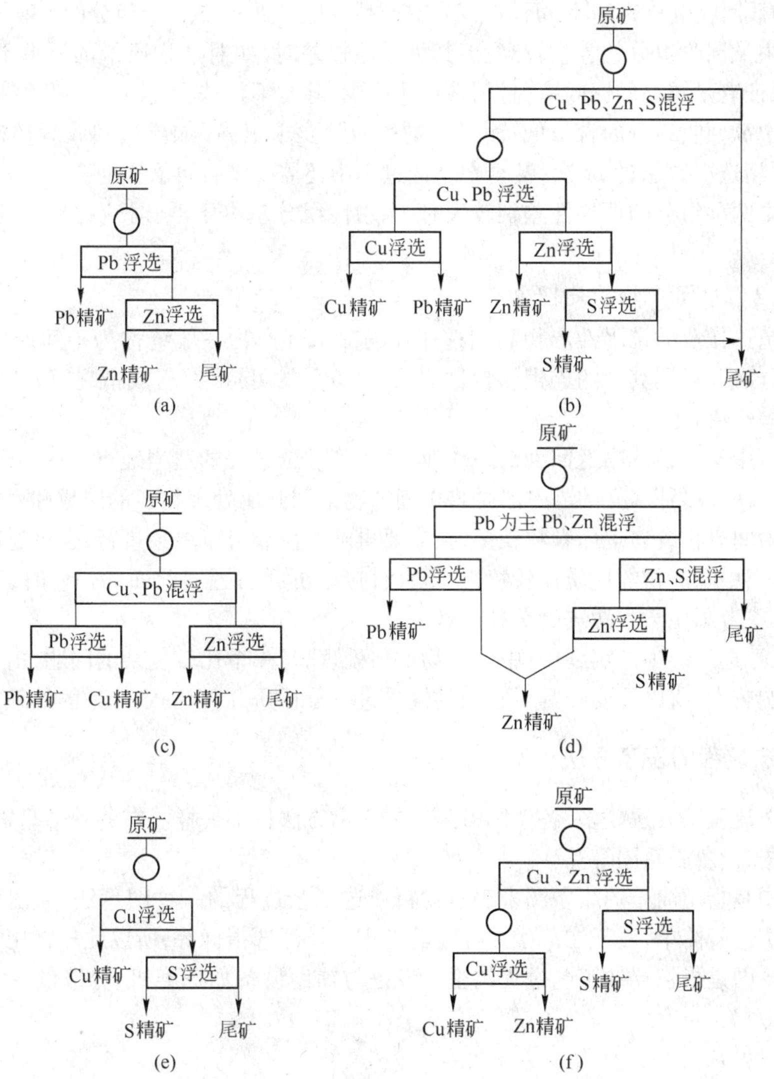

图23－5 常见的浮选原则流程

(a) 优先浮选流程;(b) 混合浮选流程;(c) 部分混合浮选流程;(d) 等可浮流程;
(e) 一段两循环流程;(f) 两段三循环流程

锌矿物与铅矿物一起浮出,这样可免除优先浮选对易浮锌矿物的强行抑制,也可免去混合浮选对难浮锌矿物的强行活化,从而降低药耗,消除残存药剂对分离的影响,有利于选别指标的提高。

选别循环(或称浮选回路)是指选得某一最终产品(精矿)所包括的一组浮选作业,如粗选、扫选及精选等整个选别回路,并常以所选的组分来命名,如铅循环(或铅回路)。

23.5.3 浮选流程的内部结构

流程内部结构,除包含了原则流程的内容外,还要详细表达各段的磨矿分级次数和每个循环的粗选、精选、扫选次数、中间产物如何处理等。

23.5.3.1 精选和扫选次数

粗选一般都是1次,只有少数情况下,采用2次或2次以上。精选和扫选的次数变化较大,这与物料性质(如欲回收组分的含量、可浮性等)、对产品质量的要求、欲回收组分的价值等有关。

当原料中欲回收组分的含量较高、但其可浮性较差时,如对产物质量的要求不很高,就应加强扫选,以保证有足够高的回收率,且精选作业应少,甚至不精选。

当原料中欲回收组分的含量低、而对产物的质量要求很高(如浮选回收辉钼矿)时,就要加强精选,有时精选次数超过10次,甚至在精选过程中还需要结合再磨作业。

当物料中两种组分的可浮性差别较大时,亲水性组分基本不浮,对这种物料的浮选,精选次数可以减少。

23.5.3.2　中间产物的处理

流程中精选作业的亲水性产物和扫选作业的疏水性产物一般统称为中间产物(中矿)。对它们的处理方法要根据其中的连生体含量、欲回收组分的可浮性、组成情况、药剂含量及对产物质量的要求等来决定。

通常是将中间产物依次返回到前一作业,或送到浮选过程的适当地点。在实际生产中,中间产物的返回往往是多种多样的。一般是将中间产物返回到所处理物料的组成和可浮性与之相似的作业。当中间产物含连生体颗粒较多时,需要再磨。再磨可以单独进行,也可返回第1段磨矿作业。此外,当中间产物的性质比较特殊、不宜直接或再磨后返回前面的作业时,则需要对其进行单独浮选,或者用化学方法进行单独处理。

总之,在浮选厂的生产实践中,中间产物如何处理,是一个比较复杂的问题,由于中间产物对选别指标影响较大,所以需要经常对它们的性质进行分析研究,以确定合适的处理方案。

23.5.4　浮选流程的表示方法

表示浮选流程的方法较多,各个国家采用的表示方法也不一样。在各种书籍资料中,最常见的有线流程图、设备联系图等。

线流程图是指用简单的线条图来表示物料浮选工艺过程的一种图示法,如图23-6a所示。这种表示方法比较简单,便于在流程上标注药剂用量及浮选指标等,所以比较常用。

设备联系图是指将浮选工艺过程的主要设备与辅助设备如球磨机、分级设备、搅拌槽、浮选

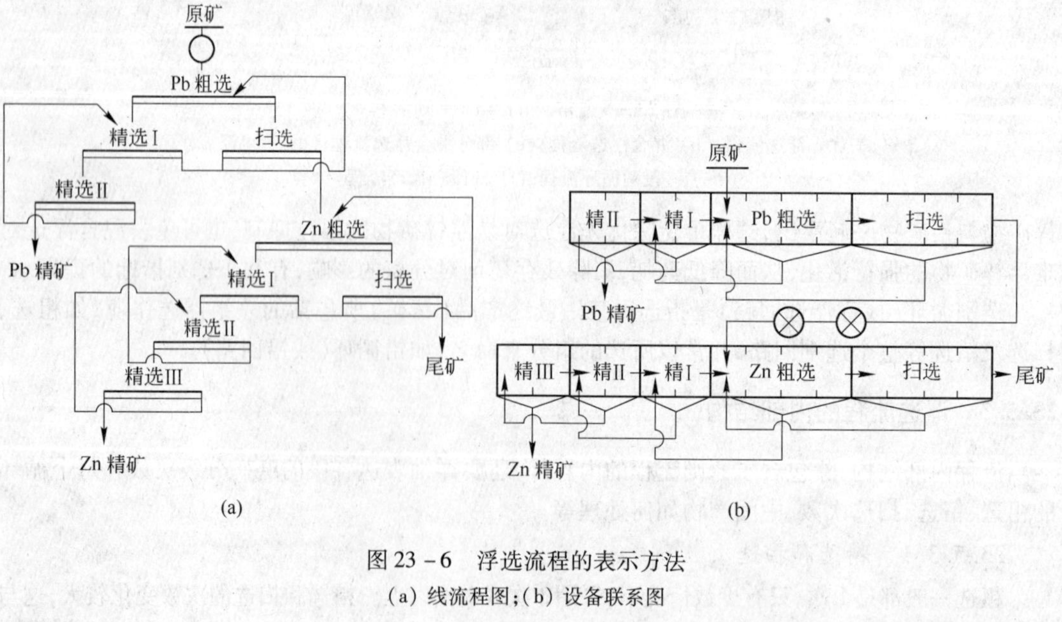

图23-6　浮选流程的表示方法

(a)线流程图;(b)设备联系图

机以及砂泵等,先绘成简单的形象图,然后用带箭头的线条将这些设备联系起来,并表示矿浆的流向,如图 23-6b 所示。这种图的特点是形象化,常常能表示设备在现场配置的相对位置,其缺点是绘制比较麻烦。

23.6 其他浮选工艺因素

23.6.1 水质及矿浆的液相组成

水的质量及矿浆的液相组成对浮选过程有很大影响,浮选用水必须保持洁净,如果使用受污染的水或循环水时,必须进行必要的净化。

天然水中溶解有许多化合物,并有软水和硬水之分,各国计算硬度的标准和方法也不相同,中国一般是按水中 Ca^{2+}、Mg^{2+} 含量标定水的总硬度,其计算公式为:

$$水的总硬度 = C[Ca^{2+}]/20.04 + C[Mg^{2+}]/12.15$$

式中 $C[Ca^{2+}]$,$C[Mg^{2+}]$——Ca^{2+}、Mg^{2+} 在水中的浓度,mg/L。

0.5 mmol/L 称为 1 度。硬度小于 4 者称为软水,4~8 者称为中硬水,8~10 者称为极硬水。

物料在磨碎和浮选过程中,由于氧化、溶解,常使水中含有该物料溶解的阳离子和阴离子,这些难免离子及硬水中的钙、镁离子等对浮选过程常产生多方面的影响。

用脂肪酸及其皂作捕收剂进行浮选时,硬水中的 Ca^{2+}、Mg^{2+} 会与捕收剂反应生成难溶的沉淀,消耗大量的捕收剂。重金属离子如 Cu^{2+}、Fe^{3+} 等与黄药类捕收剂也能生成重金属黄原酸盐沉淀,消耗大量的黄药类捕收剂。难免离子还会吸附在某些固体颗粒表面,改变其可浮性,降低浮选过程的选择性。

通常采用适当的药剂来消除和控制难免离子对浮选的不良影响,比如,加碳酸钠使钙、铁等离子生成难溶的沉淀使之除去,控制 pH 值,使矿浆中难免离子尽量沉淀除去。

23.6.2 温度

矿浆温度也是影响浮选工艺的重要因素之一。加温可以加速分子热运动,因此有利于药剂的分散、溶解、水解、分解以及提高药剂与颗粒表面作用的速度;同时也促进药剂的解吸;促使颗粒表面氧化等等。对矿浆进行加温,可以改善细粒物料的可浮性,减少脱泥的必要性,缩短搅拌和浮选时间,降低药剂用量,降低能耗,减少过量药剂造成的环境污染。

在浮选生产中,为了获得满意的技术指标,有时必须采取加温措施。例如,用油酸浮选白钨矿时,矿浆温度应保持在20℃以上;使用氧化石蜡皂浮选白钨矿时,矿浆温度必须保持在35℃以上,才能获得较好的指标;使用胺类捕收剂浮选时,为了加速药剂的溶解,配制胺类溶液时,也需加温处理。

对于硫化物矿物的浮选,常用的加温浮选工艺有以下 3 种:

(1) 加温使药剂解吸,即将矿浆加温搅拌,同时加入石灰,可以将硫化物矿物颗粒表面的黄药薄膜脱除。实践表明,对每吨矿石加入 5~10 kg 的石灰,加热至沸,可以将硫化物矿物颗粒表面的捕收剂薄膜脱除干净,再加抑制剂可以实现不同金属矿物之间的有效分离。

(2) 加温使矿物的氧化加快,即氧化性加温。氧化后的矿物变得容易被抑制。比如对于铜-钼混合浮选的粗精矿,加入石灰造成高碱度,再加温充气搅拌,使硫化铜矿物和硫化铁矿物氧化,而辉钼矿不被氧化,然后使用硫化钠抑制铜和铁的硫化物矿物浮选辉钼矿,结果使铜、钼分离的效果得到明显改善。

(3) 加温强化药剂的还原作用,即还原性加温。使用 SO_2 等还原性药剂,通过加温强化药剂的还原作用，加强对颗粒的抑制作用。例如，对铜铅混合精矿，经蒸汽加温至70℃左右，通入SO_2，使pH值降低至5.5左右，此时方铅矿失去了可浮性，而黄铜矿仍有很好的可浮性，从而在不使用氰化物、重铬酸钾等强毒性药剂的条件下，实现铜与铅的有效分离。

常用的加温方法有蒸汽直接喷射、使用蒸汽蛇形管、电阻直接加热、直接使用工业热回水等，工业上使用蒸汽直接加热较为普遍。

加温浮选虽有很多优点，但实践中还存在很多问题，比如，因矿浆加温至70℃，厂房内温度高，使劳动条件恶化；由于加温强化了对物料的抑制作用，常导致中矿的循环量很大。此外，由于加温使浮选机受热，需要注意设备的润滑和防腐。

23.6.3　浮选时间与浮选速度

在实际生产中，矿浆在每个浮选槽内都有一定的停留时间，习惯上将矿浆流经每一作业（如粗选、扫选及精选作业）各浮选槽的时间之和称为本作业的浮选时间，就是通常所说的“粗选时间”、“扫选时间”和“精选时间”，并将粗选时间和扫选时间之和称为“浮选时间”。

各种物料的适宜浮选时间，可通过试验研究来确定。一般而言，物料中欲浮组分的可浮性愈好、其含量愈少、浮选给料粒度适中、药剂作用愈强烈、浮选机充气足够，所需的浮选时间就愈短。

浮选时间与浮选指标的关系如图23－7所示。图23－7中的曲线表明，增加浮选时间可使上浮组分的回收率增大，但疏水性产物的质量略有下降；开始时回收率增加很快，以后逐渐转缓，最后接近于水平。

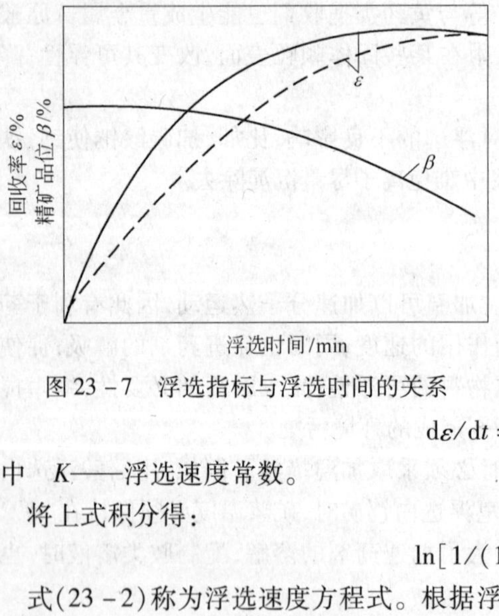

图23－7　浮选指标与浮选时间的关系

浮选速度是指单位时间内浮选矿浆中被浮组分的浓度变化速度，或回收率的变化速度，有时也称浮选速率。通常用ε表示某组分的浮选回收率，用t表示浮选时间，则ε/t为平均浮选速度，$d\varepsilon/dt$为瞬时浮选速度，$1-\varepsilon$为残留在矿浆中的该组分的分布率。瞬时浮选速度与$1-\varepsilon$之间的关系为：

$$d\varepsilon/dt = K(1-\varepsilon) \tag{23-1}$$

式中　K——浮选速度常数。

将上式积分得：

$$\ln[1/(1-\varepsilon)] = Kt \tag{23-2}$$

式(23－2)称为浮选速度方程式。根据浮选实践，对于浮选速度方程提出了一些较能反映实际生产情况的修正式。目前最普遍采用的修正式为：

$$d\varepsilon/dt = K(\varepsilon_{\infty}-\varepsilon)^n \tag{23-3}$$

式中　ε_{∞}——无限延长浮选时间后，被浮组分可能达到的最大回收率，纯矿物浮选时可取100%；

n——浮选反应级数，$n=1$时称“一级反应”，$n=2$时称“二级反应”。

与一般化学反应速度方程类似，n一般为1～2。当n为分数时，也称为“非整数级反应”。

浮选是一个包括许多作用的复杂过程，又是一个复杂的物理化学现象，因此除了受机械、工艺及操作条件影响外，物理化学因素对浮选速度也会产生重要影响。正如本章所述，归纳起来，影响浮选速度的因素有：

（1）物料的性质，如物料的种类、组成情况、粒度分布、颗粒形状、单体解离度、颗粒表面性质等；

（2）浮选化学方面的诸因素，如捕收剂的选择性、捕收能力强弱、活化剂或抑制剂的种类和用量、矿浆 pH 值、水质等；

（3）浮选设备特性，如浮选机的结构和性能、充气量、气泡尺寸和分布及分散程度、搅拌程度、泡沫层厚度及稳定性、泡沫产品排出速度等；

（4）操作因素，如矿浆浓度、温度、浮选流程等。由于所涉及的问题实际上十分复杂，所以很难得出单个因素对浮选速度影响的一致结果。

第5篇

其他分选方法

24 摩擦与弹跳分选

24.1 概述

摩擦与弹跳分选是根据不同物料的摩擦系数和碰撞恢复系数之间的差异进行分选的一种方法。颗粒的摩擦系数是摩擦分选所依据的物料性质，其大小主要决定于物料的颗粒形状、粒度、温度及分选设备工作面的表面性质。表24－1列出了不同形状的颗粒沿覆有橡胶斜面的摩擦角；表24－2列出了几种矿物颗粒沿不同材料做的斜面的滑动摩擦系数；表24－3列出了石棉纤维与脉石在筛网上的摩擦角。

表24－1 不同形状的颗粒沿覆有橡胶斜面的摩擦角

矿物名称	摩擦角/(°)	
	球形颗粒	片状颗粒
黑钨矿	28～36	44～47
石榴石	26～32	42～46
锡　石	25～29	42～44
磁铁矿	24～27	40～42
石　英	19～28	28～41

表24－2 几种矿物颗粒沿不同材料做的斜面的滑动摩擦系数

矿物名称	斜面材料			
	铁板	玻璃	木材	油漆布
赤铜矿	0.53	0.46	0.67	0.73
白钨矿	0.53	0.51	0.70	0.71
赤铁矿	0.54	0.47	0.67	0.74
石　英	0.37	0.72	0.75	0.78
石　棉	0.75			
蛇纹石	0.40			

表24－3 石棉纤维与脉石在筛网上的摩擦角

物料名称		摩擦角/(°)	
		ϕ0.5 mm 筛网	ϕ5.0 mm 筛网
石棉	三级棉	52～53	53～55
	五级棉	50	
脉石	+3 mm 粒级	30～36	37～43
	−3 +0.5 mm 粒级	45～46	

摩擦分选在石棉分选中应用很早，而且也较普遍。20世纪60年代中国研制成功了一种新型的摩擦弹跳分选设备——反流筛，它不仅用于石棉粗选作业，也用于石棉精选作业，尤其是对长纤维石棉的分选效果，明显优于传统的风力分选法。

在国外,有些云母分选厂也采用摩擦分选工艺,这主要是基于云母晶体的形状为片状,脉石颗粒多为浑圆形和多角形,而具有不同的摩擦系数。

摩擦与弹跳分选的基本原理是当物料在斜面上运动时,颗粒的运动速度与摩擦系数f有关,f越大,颗粒的运动速度越小。颗粒离开斜面后,沿水平方向的运动距离仅与颗粒离开斜面时的运动速度有关,运动速度大者,颗粒的运动距离长;运动速度小者,颗粒的运动距离短。因此,只要物料的摩擦系数不同,就可以对它们进行分选。

由上端给到斜面上的纤维状、片状物料,几乎全都沿斜面滑动,而粒状物料则沿斜面滚动和弹跳运动。滚动的颗粒运动速度大,而且它们与斜面碰撞时,会产生反跳,使其沿斜面运动的距离进一步加大,从而使物料因颗粒形状不同而具有不同的运动轨迹,达到分选的目的。

24.2　摩擦与弹跳分选机

所有的摩擦分选机都有一个倾斜的工作面,这个工作面可以是固定的,如固定式斜面分选机,螺旋分选机等;也可以是运动的,如带式筛,反流筛等。

24.2.1　固定式斜面分选机

固定式斜面分选机如图24－1所示。它是由1块或数块倾斜安装的铁板或筛板所组成的分选工作面,分选面可装成单梯(见图24－1a),也可以采用呈之字形安装的多梯(见图24－1b),斜面板上还可以安装三角形挡板(见图24－1c)。

图24－1a和图24－1b是最初用于分选石棉矿石的摩擦分选设备,其斜面倾角大于石棉纤维和脉石的摩擦角。物料从斜面板上端给入,石棉纤维和脉石颗粒将沿斜面向下滑动或滚动,由于它们的摩擦系数不同,而具有不同的运动速度,离开斜面后,石棉纤维和脉石颗粒便可彼此分离。

图24－1c是用于分选云母矿石的斜面分选机。它是由一组金属斜面板组成的,每块斜面板长1350 mm,宽1000 mm,下一块斜面板的倾角α_2较上一块斜面板的倾角α_1大,每块斜面板末端均有云母产品排出口,第2块斜面板的排料口宽度b_2大于第1块的排料口宽度b_1。为了给脉石颗粒脱离斜面板创造条件,在每块斜面板的排料口前装有三角形挡板,使沿斜面快速运动的大块脉石,跳过排料口落入尾矿槽,而云母和较小的脉石颗粒因沿斜面运动的速度较小,经三角形挡板而由排料口落入下一块斜面板上,在倾角更大的斜面板上进行精选。

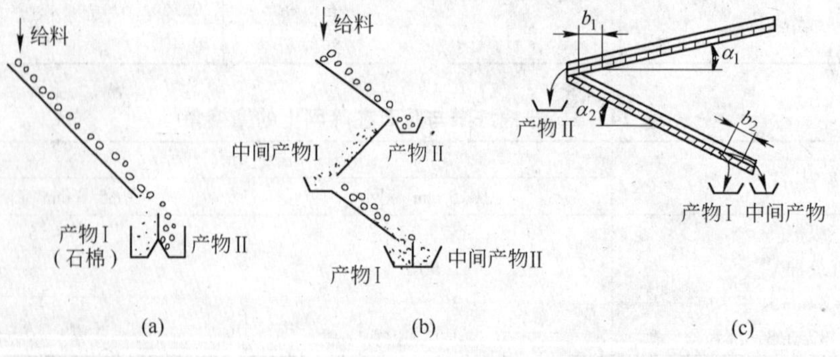

图24－1　固定式斜面分选机示意图

这种设备适宜处理粒度为70～25 mm的干物料,生产能力为3.5～3.7 m^3/h,云母的回收率为90%～92%,云母产品中脉石矿物的质量分数为26%～33%。

24.2.2　带式筛

用于石棉分选的带式筛实质上是一条倾斜安装的带有振动和打击装置的运输带(见图24－2)。带面可以是编织的筛网,也可以是刻槽的胶带。带面在向上运动时,兼有轻微的振动,使物料在筛面上有轻微的弹跳运动。带面倾角大于脉石颗粒在上面的静摩擦角,而小于石棉纤维的静摩擦角,使石棉纤维能停留在筛面上,而脉石颗粒则不能停留在筛面上。

物料由带面的下半部给入,由于带面的振动,脉石颗粒与筛面产生弹性碰撞而向带式筛面的下部反跳,同时由于带式筛面的倾角大于脉石的摩擦角,所以脉石颗粒将沿筛面向下滑动和滚动,最后从带的下端排出;而石棉纤维与带面发生塑性碰撞,不产生反跳,同时由于带面倾角小于石棉纤维的摩擦角,所以石棉纤维不沿带面向下滑动,而是同带面一起向上运动,最后从带的上端排出。此外,物料在运动过程中,由于带面的振动,使一些细小颗粒透过筛孔,从筛下排出,成为中间产物。

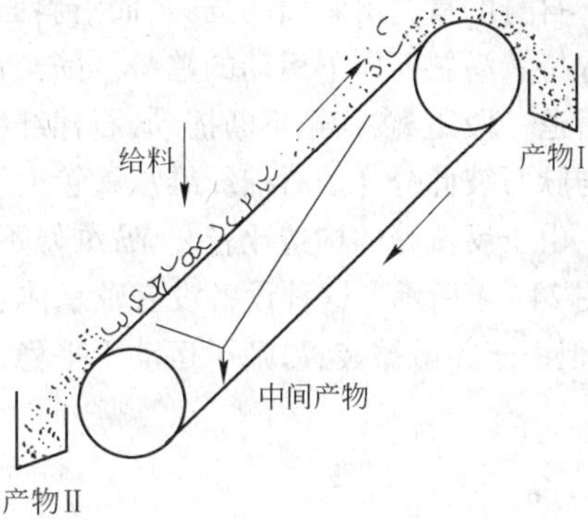

图24－2　带式筛示意图

24.2.3　反流筛

用于分选石棉的反流筛的结构如图24－3所示。这种设备主要由筛箱、连杆、偏心轴、双曲肘杆和偏心套等部分组成,本质上是一个摇动筛。筛箱由刚性的6个支腿支撑在机架上。偏心轴两端装在由4个副支腿支撑的轴承上。主连杆两端分别与筛箱和偏心轴相连。双曲肘杆的中央被橡胶轴套铰接在机架上,两端分别与筛箱和轴承体相连。在筛箱上除了安装有筛网外,还安装有盖板。

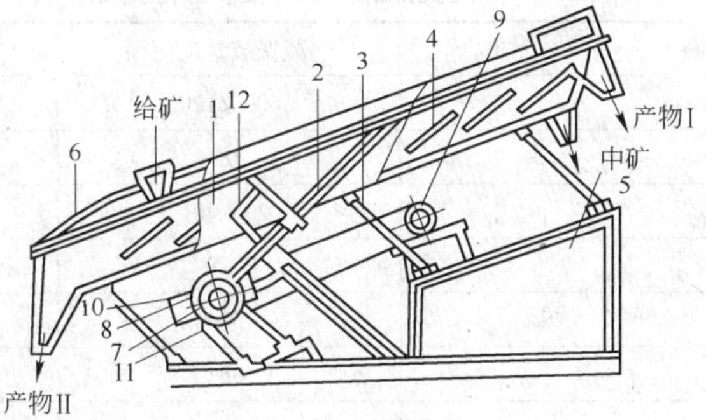

图24－3　反流筛的结构示意图

1—筛箱;2—主连杆;3—支腿;4—筛网;5—机架;6—筛盖;7—偏心轴;8—皮带轮;9—电动机;10—偏心轴套(轴承体);11—副支腿;12—双曲肘杆

当电动机驱动偏心轴旋转时,通过主连杆带动筛箱产生摇动。由于双曲肘杆的作用,使偏心轴和筛箱产生距离相等、方向相反的运动。偏心轴的皮带轮上装有偏心装置,它与轴的偏心呈一定角度安装,致使两皮带轮的中心距离保持不变。偏心轴既产生转动,又发生平移,而筛箱则只平移。由于偏心轴上飞轮产生的惯性力与筛箱产生的惯性力相互抵消,减少了筛子的振动,实现了筛子的运动平衡。又由于有双曲肘杆的作用,保证了筛箱有一个恒定的振幅,因此,筛子工作平稳。

反流筛工作时,物料给到筛箱下部靠近脉石排卸处。筛箱上的筛网安装成若干个彼此不相联结的倾斜状态。筛网的倾角要满足摩擦系数较大的石棉纤维,在斜面向上运动的瞬间,由于它们与筛网之间的摩擦力大于自身的重力沿斜面的分力,所以基本上随斜面一起运动;在斜面由向上运动转为向下运动的瞬间,石棉纤维仍保持向上运动趋势,而向上抛出,在筛网上向前抛出一段距离。对于摩擦系数较小的脉石颗粒,在斜面向上运动的瞬间,由于它们与筛网之间的摩擦力小于自身的重力沿斜面的分力,而沿斜面下滑或滚落,在斜面由向上运动转为向下运动时,颗粒仍保持着沿斜面向下运动的趋势。筛箱每摇动一次,石棉纤维向上前进一段距离,脉石颗粒就向下后退一段距离,筛箱不断摇动,石棉纤维就不断向上前进,脉石颗粒就不断后退,从而使石棉纤维与脉石彼此分开。石棉纤维从筛箱上端排出,脉石从筛箱下端排出,中矿透过筛网排出。

由于反流筛的构造比较复杂,维修不便,生产中还使用了另一种构造简单的反流筛,其结构如图24-4所示。这种设备没有轴承体、双曲肘杆、平衡飞轮等减振装置,因而结构简单,维修方便,但由于无减振装置,筛子运动不平稳,振动较大。

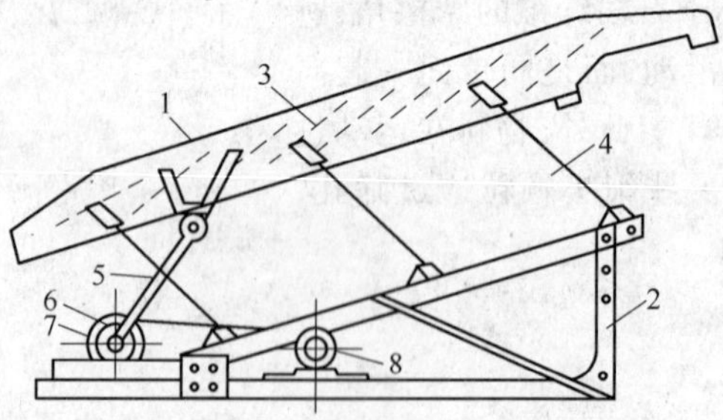

图24-4　简单结构反流筛的构造示意图

1—筛箱;2—机架;3—筛网;4—支腿;5—连杆;6—偏心轴;7—皮带轮;8—电动机

反流筛的技术特征和分选指标列于表24-4中。

表24-4　反流筛的技术特征和分选指标

项　目	有减振装置反流筛	无减振装置反流筛
筛箱尺寸(长×宽)/mm	3600×1200	1000×400
筛箱倾角/(°)	18	15~18
筛网倾角/(°)	26~40	26~35
梯数(筛网个数)	8~9	9
支腿倾角/(°)	37	37
筛箱振动频率/s^{-1}	68	70~85
筛箱振动振幅/mm	40	40
筛孔尺寸/mm	根据需要定	根据需要定
处理量/$t \cdot h^{-1}$	5~7	
石棉产品单体解离棉/%	80	
尾矿单体解离棉/%	0.5~0.6	
石棉的回收率/%	>95	

25 拣 选

25.1 概述

拣选是利用各种物料(矿石)表面光性、磁性、电性、放射性、射线吸收特性等的差异,使被分选物料呈单层(行)排列,逐一接受检测器件的检测,检测信号经电子技术放大处理,然后驱动执行机构,使目的颗粒或非目的颗粒从主流中偏离出来,从而实现物料分选的一种方法。

拣选中最古老、简易的一种方法就是手选,它至今仍在个别矿山应用,由于它有一定的局限性,劳动强度大,生产效率低,因此逐步被机械自动拣选所代替。

拣选用于块状和粒状物料的分选。其分选粒度上限可达 250 ~ 300 mm,下限可低至 0.5 ~ 1 mm。常用于初步富集,也可用于粗选和精选。

目前,应用拣选处理的物料有非金属矿石和金属矿石、含放射性元素的矿石以及煤、建筑材料、粮食、种子、食品等。

拣选方法在钨矿石的分选中应用得较早、较普遍,分选效果也比较理想。中国的钨矿床大多数品位低,矿脉窄,在开采过程中矿石贫化率高,因此预先富集十分必要。例如,湖南瑶岗仙钨矿属于高温热液石英脉黑钨矿床,变质岩型的围岩与含钨的石英脉表面颜色差别较为明显,开采出的矿石中围岩占 75% 左右。瑶岗仙钨矿采用自制的 YG - 40 型激光拣选机,处理 20 ~ 40 mm 的矿石,将大部分呈白色的含钨石英脉矿块作为合格产品回收,而将不含钨的黑色围岩作为废石丢弃。废石丢弃率 90.40%,抛弃废石的产率为 71.8%;经拣选抛弃废石后,矿石含 WO_3 0.313%,WO_3 的作业回收率为 87.56%。

在国外的钨矿石分选生产中,拣选方法效果也较显著。典型例子是澳大利亚的芒特卡宾山钨矿,采用 RTZ - 16 型激光拣选机,可抛弃占原矿量 70% 的废石,围岩丢弃率 98%,含钨石英脉矿块选出率 97%。

拣选方法在金刚石的分选工艺中可用在精选和粗选作业。利用金刚石具有的发光性,用 X 光拣选机可以将其与伴生的脉石矿物分开。X 光拣选机在中国山东、辽宁、湖南等地的金刚石矿山和南非、扎伊尔、坦桑尼亚、澳大利亚等许多国家的金刚石矿山都得到了应用。

中国从 20 世纪 60 年代开始研制拣选设备,迄今已研制出数十种类型的拣选机。第 1 代产品采用平板振动槽多路给料,各路信号单独控制,分离系统采用电磁打击板作执行机构,例如用在黑钨矿山的光电分选机。第 2 代产品的给料系统采用单路快速排队,执行机构用高速电磁喷射阀,属于这一类的有磁 - 光分选机等。第 3 代产品采用平胶带单层任意给料,执行机构用喷射阀群,例如平胶带光选机和激光光电分选机等。

25.2 拣选分类和拣选过程

25.2.1 拣选分类

机械或自动拣选除了可以利用物料的外观特征外,还可以利用其他一些物理性质(如表面光性、发光性、磁性、放射性、射线吸收特性、电性等)。按照拣选所依据的物料的物理特性,可以将其分为表面光性拣选、发光性拣选、磁性拣选、放射性拣选、射线吸收特性拣选和电性拣选等。

25.2.1.1　表面光性拣选

这种拣选是拣选中应用最早而又最广泛的一种方法，它是利用入选物料的表面光性（反射率、颜色等）差异进行的。

物料的表面光学性质，是指物料对入射光的反射和折射所表现的特性。反射率和颜色是拣选中利用的2个重要的表面光学性质。

物料表面对入射光的反射分为漫反射和镜面反射两种。所谓漫反射是颗粒表面将入射的平行光向各个方向反射出去的现象；镜面反射则是物料表面将入射的平行光向一定方向反射出去的现象。

物料的反射率 R 可表示为：

$$R = I_r / I_f \tag{25-1}$$

式中　I_f——入射光强度；

I_r——反射光强度。

在生产实践中，只有当两种物料反射率差值大于5%～10%时，才能作为拣选的依据进行拣选。由于物料表面对光的反射在各个光谱区是不一致的，为了提高拣选效果，可以选择在两种物料反射率差异最大的光谱区进行拣选，为此需要应用滤光片，把其他波长的光滤掉。

物料有各种各样的颜色，这是由于它们对自然光中不同波长的光波吸收程度不同所致。根据物料表面漫反射的差异进行拣选，是表面光性拣选中最主要的方法，主要用于分选非金属矿石（石膏、滑石、石棉等）、建筑材料（大理石、石灰石等）和金属矿石（金、银、钨矿等）等。

25.2.1.2　发光性拣选

发光性拣选是利用入选物料在各种外部能量激发下发光能力的差异进行的。为了激发物料发光，可以采用紫外线、X射线、γ射线等作照射光源。

金刚石在X射线照射下可发出浅蓝色的荧光，利用这一特性制成的X光拣选机已被广泛应用于金刚石的分选生产中。除了金刚石外，白钨矿和萤石也可采用发光性拣选方法进行分选。

25.2.1.3　磁性拣选

磁性拣选是利用入选物料的磁性差异来进行的，但与磁选不同，它不是依靠磁吸引力实现分选，而是通过探测颗粒的磁性来决定其中的磁性物含量，并依此来控制分离机构，达到分选的目的。

对固体颗粒磁性的检测，多采用高频感应的方法，将物料作为磁场中的磁介质与空气介质进行比较，让电磁线圈产生不同的自感系数或互感系数，测出颗粒的磁化系数，并以模拟电压的信号表达出来，然后与规定的磁化系数值（也以模拟电压信号表示）比较，驱动执行机构进行拣选。

25.2.1.4　放射性拣选

放射性拣选是利用物料的天然放射性差异进行分选，主要用于分选铀矿石、镭矿石和钍矿石等含有天然放射性元素的固体矿产资源。当矿石中的放射性元素发生α、β衰变时，由于新元素处于激发状态，便会放射γ射线，通过对单位面积上发射出的γ射线强度进行检测、信号放大及比较处理，驱动执行机构进行拣选。

25.2.1.5　射线吸收特性拣选

射线吸收特性拣选是以物料中的不同组分对某种射线的吸收性能或散射性能的差异作为依据，经拣选而实现不同组分的分离。目前获得应用的有γ射线吸收法、X射线吸收法、中子吸收法等。测量射线穿透量的接收器是一种闪烁计数探头。将检测到的剂量变换为脉冲电信号，经过放大及比较处理，发出指令给执行机构进行拣选。

25.2.1.6　电性拣选

电性拣选是利用物料中不同组分之间电性（电导率、介电常数）的差异，拣选设备的检测装置将检测到的电导率与事先调节好的规定电导率数值进行比较，以决定是接受或抛弃来实现分离的一种方法。

25.2.2　拣选过程

对物料的拣选，无论是利用物料的光学性质（表面反射率、颜色、透明度和荧光），还是利用物料的总体性质（导电性、磁性、天然或感应辐射性），过程都是一样的。所有的拣选作业都包括排队、检测和排除3个阶段。排队是控制给料系统，使每个颗粒单独出现在探测器前以接受检测。检测是判断物料中有无某些目的组分的信号传感以及对所接受信号的电子评价；排除是使“检测出来”的颗粒与物料中其余颗粒的分离。每个阶段应用的技术可以独立选择。然而，最终结果取决于每个阶段的顺利完成。一般来说，排队和排除阶段是限速的，而探测器则决定分离效率。

图25－1是基于颜色不同而进行拣选的光电拣选机的示意图。物料从给料漏斗均匀地给到电振给料机上，从电振给料机再一个颗粒接一个颗粒地落至槽型给料胶带上。物料颗粒在槽形胶带上相互拉开一定距离，呈单层（行）排队，然后从胶带首端一颗颗地被抛入光检测箱接受光检探头的检测。光检测箱内有光源、背景板、光电器件等。背景板用以显示颗粒的颜色。颜色与背景板不同的颗粒，进入光检测区时，光检探头内的光电器件，即发出一个电信号。这个信号经过放大处理后，驱动高速气阀动作，喷出一股高压气流，将该颗粒吹动，使其偏离原来的轨迹，掉入产品料斗中。而颜色符合要求的颗粒，则仍按原来轨迹运行，下落到另一产品料斗中。于是两种颜色不同的颗粒被分开，完成了拣选过程。

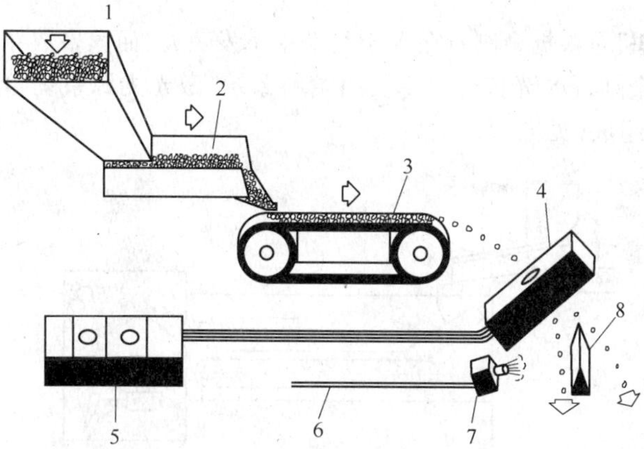

图25－1　光电拣选过程示意图

1—给料漏斗；2—电振给料机；3—槽形给料胶带；4—光检测箱；5—电子控制箱；6—压缩空气管；7—高速气阀；8—产品分隔板

25.3　拣选设备

根据拣选特性设计与制造的拣选机，基本操作原理都是一样的。检测系统是拣选机的心脏，因而往往根据所使用的检测系统对拣选机进行分类，相应地分为光电拣选机、X光拣选机、磁性拣选机、放射性拣选机、放射性吸收拣选机和电性拣选机等。

25.3.1　YG-40激光光电拣选机

YG-40激光光电拣选机由湖南瑶岗仙钨矿研制，是一种高效率拣选机。它主要由给料、激光扫描、光电检测、电子信息处理和高压喷气分离等部分组成。基本分选原理是利用各种物料对激光的吸收能力和反射能力的不同作为依据，达到分辨和分离目的。

YG-40激光光电拣选机的结构如图25-2所示，其特点是可以处理粒度范围较宽的物料、入选物料无需单行排列、处理能力大、分选精度高、生产成本低。它已被应用在湖南瑶岗仙钨矿，应用情况良好。

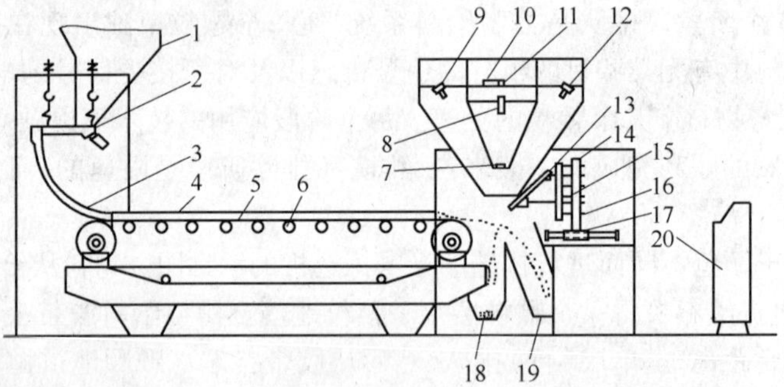

图25-2　YG-40激光光电拣选机结构示意图

1—给料仓；2—电磁振动给料机；3—弧形溜槽；4—挡板；5—分选带；6—平托轮；7—同步检测器；8—激光管；9—左光电管；10—磁滞同步电动机；11—镜鼓；12—右光电管；13—整体喷射嘴；14—配气座；15—插入式电磁气阀；16—拉式固阀螺栓；17—滑动座；18，19—分离产品；20—电子信息控制机构

25.3.2　GXJ-Ⅱ型金刚石X光拣选机

金刚石X光拣选机是根据金刚石在X射线照射下发荧光，而大多数伴生矿物不发光的特性研制的。GXJ-Ⅱ型金刚石X光拣选机主要由给料系统、激光光源系统、光检系统、电子信息处理系统及执行机构等组成（见图25-3）。

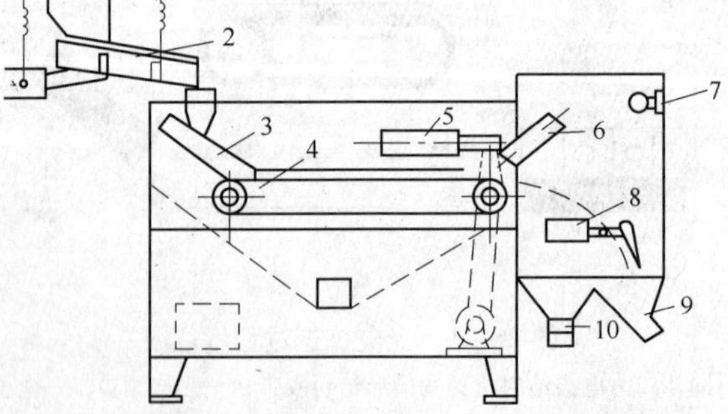

图25-3　GXJ-Ⅱ型金刚石X光拣选机构造简图

1—给料斗；2—电振给料机；3—给料导槽；4—皮带运输机；5—X射线管；6—光电探头；7—照明灯；8—执行机构；9—尾矿溜槽；10—精矿溜槽

设备工作时，物料从给料斗、经过DZL-F型电振给料机、均匀地给到给料导槽中，然后流到槽型运输皮带机上。当物料颗粒被皮带机运送到X射线管的照射区时，金刚石被激发而发出荧光，此时光反射信号被光探头接收并转换成电信号，然后送至电子信息处理系统，进行放大及鉴

别,确定是金刚石的光反射信号时,执行机构动作,使含金刚石的颗粒离开原来的运行轨道,落入精矿斗中。对于不含金刚石的颗粒,由于没有光反射信号发出,执行机构不动作,它们仍按原来的运行轨迹落到尾矿斗中,从而实现分选。

25.3.3 GFJ－3 型高频拣选机

GFJ－3 型高频拣选机的结构示意图如图 25－4 所示。入选物料由电振给料机给到双辊给料机上方,双辊给料机迅速将物料排成队,并快速向前运送。当物料经过双辊给料机下端时,被投入高频检测探头。探头根据颗粒的磁性输出一个电信号,输送到放大处理系统,然后由高速电磁气阀将磁化系数较大的颗粒吹出。

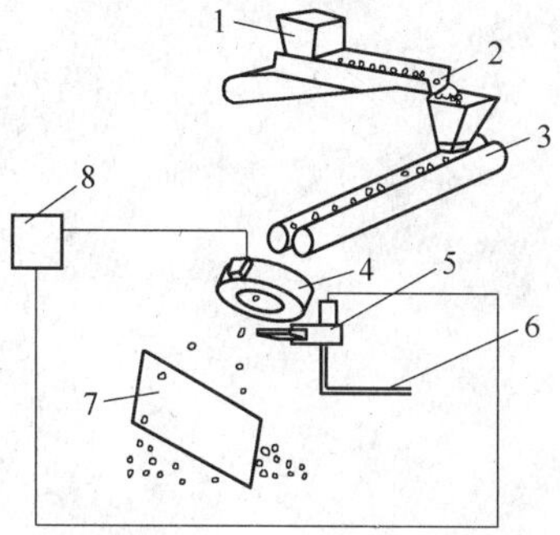

图 25－4 GFJ－3 型高频拣选机示意图
1—贮料斗;2—电振给料机;3—双辊给料机;4—高频探头;5—高速电磁气阀;6—供气管;7—分隔板;8—控制箱

GFJ－3 型高频拣选机的检测系统是一个自感式空心探头;放大处理系统是由线性集成电路和晶体管构成的混合线路。由于高速电磁气阀取代了拍合式电磁铁作为拣选机的执行机构,使执行机构的动作速度大大提高,其动作频率可达 40 Hz。

GFJ－3 型高频拣选机在中国山东蒙阴金刚石矿得到应用。基于含金刚石的母岩——金伯利岩的磁性高于脉石矿物的磁性,在矿石进行粗选之前,预先把大量粗块废石丢弃掉。拣选的粒度范围为 120～30 mm。

25.3.4 X 射线选矿分选机(PPC)

由俄罗斯《РАДОС》公司研发制造的 X 射线选矿分选机的结构如图 25－5 所示,设备的主要组成部分包括给料仓、料槽阀门、振动输送器、延展机、X 射线辐射组件、执行结构、产品分流管、不可分选细料筛分装置、录像观察传感器、粉尘接收管、外壳等。

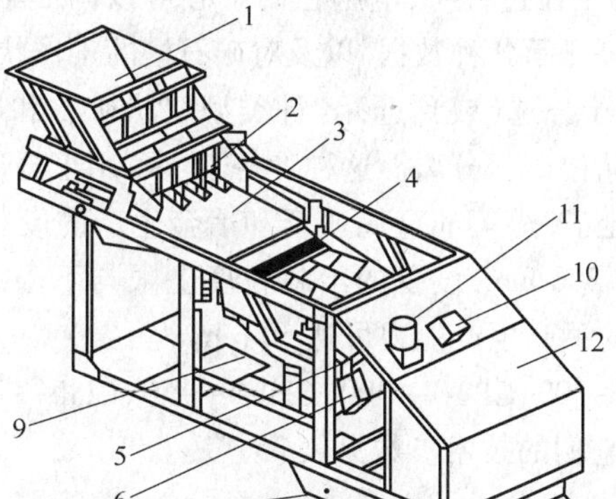

图 25－5 X 射线选矿分选机的结构图
1—给料仓;2—料槽阀门;3—振动输送器;4—延展机;5—X 射线辐射组件;6—执行结构;7,8—产品分流管;9—不可分选细料筛分装置;10—录像观察传感器室;11—粉尘接受管;12—外壳

延展机的作用是将矿石流从振动输送器分到 2,3 或 4 个管道(矿石槽)中,保证矿石一块接一块地通过检测区。延展机上附带的不可分选细粒筛分装置,可以筛除粉末,碎屑,沙土和碎粒。

X射线辐射组件中有检测操控系统的主要部件X射线视准仪、检测部件、随机的工业计算机、调温器、风扇等,是分选机的监测操控系统的主要部件。录像观察传感器室装备有给矿和选择矿块的录像观察系统组件,使操作者能在监控器的屏幕上观察延展机上矿石分配和执行装置的运行情况。

X射线选矿分选机的基本工作原理如图25-6所示。

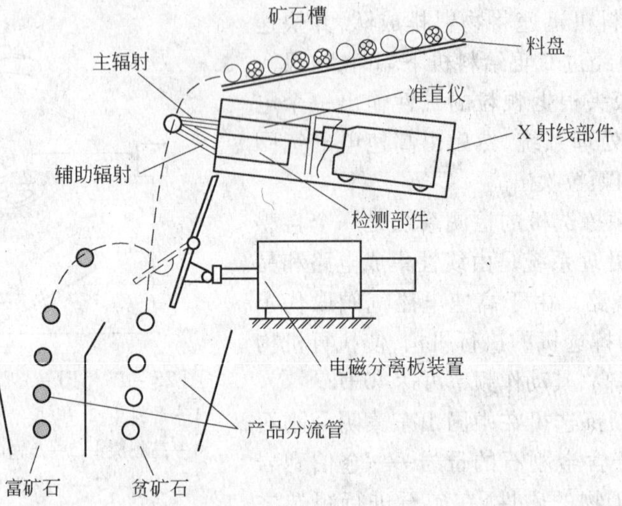

图25-6 X射线选矿分选机的工作原理示意图

在矿石块离开矿石槽末端后自由降落的过程中,X射线对矿石进行辐射测量,并随即将测量信号反馈到控制中心,控制中心控制电磁分离板装置进行动作,当废石和不满足品位要求的矿石块比较多时,执行机构击打满足品位要求的矿石块;当满足品位要求的矿石块较多时,则击打废石和不满足品位要求的矿石块。

在X射线选矿分选机的工作过程中,电脑控制中心可以调节给矿速度,也可以调节满足要求的矿石品位的设定值,并可显示各种数据,以及对矿石槽的工作状况进行摄像监测。

X射线选矿分选机可用于分选(或预选)各种类型块状矿石和原料,能够将废石,夹石与矿石分离,或低品位矿石与高品位矿石分离。这种设备不仅可用于分选各种金属矿石,也可用于分选萤石、石英岩、菱镁矿、铝土矿、煤等非金属矿产和冶金生产的废料(如铁合金炉渣,炉衬等)。分选物料的粒度范围为10~300 mm,设备的给料粒度上限与下限之比为4~5。当处理300~60 mm的矿石时,单台设备的最高生产能力可达50 t/h。

目前已经研制出CPΦ2-300、CPΦ3-300、CPΦ4-150、CPΦ4-50和CPΦ4-3Π-150 5种型号的X射线选矿分选机,它们的技术参数见表25-1。

表25-1 X射线选矿分选机的规格和技术参数

技术指标	分选机型号			
	CPΦ4-50	CPΦ4-150	CPΦ2-300 CPΦ3-300	CPΦ4-3Π-150
给矿粒度/mm	10~60	30~50	60~300	30~150
生产能力/t·h^{-1}	3~8	10~25	20~50	10~20

续表 25-1

技术指标		分选机型号			
		CPФ4-50	CPФ4-150	CPФ2-300 CPФ3-300	CPФ4-3П-150
X 射线辐射源		专门的 X 射线装置 ПРАМ-50			
X 射线辐射传感器		气动比例探测仪			
操作装置的型号(工作频率/Hz)		高速电磁分离板装置			
		МИ30(15~20) МИ80(10~12)	МИ400(6~8)	МИ2(3~4)	МИ400(两相)
通道(矿石槽)数目		4	4	2(3)	4
在 50 Hz 下电源电压/V		220/380	220/380	220/380	220/380
消耗功率/kW		3.0	5.0	5.0(6.0)	7.0
外形尺寸(长×宽×高)/mm		3520×1200×3150	5070×1500×3150	5070×1500×3150	5070×1500×3390
分选机操纵台		工业计算机			
设备质量/kg	分选机	1600	3900	4100	4400
	操控台	10	10	10	10

X 射线选矿分选机在俄罗斯及哈萨克斯坦已有数年的工业应用历史,用于分选的矿石包括金矿石、锰矿石、铅锌矿石、铬矿石、铜锌矿石、铝土矿、石英岩、硅矿渣、镍矿渣和铁合金渣。

26 油膏分选

油膏分选是根据物料颗粒表面亲油疏水性的差异,利用特制油膏的选择捕收作用,而使不同物料颗粒分离的一种特殊分选工艺。

进行油膏分选时,将准备好的原料给到涂有油膏的分选工作面上,同时给冲洗水,亲油(疏水)颗粒黏着在油膏面上;疏油(亲水)颗粒则不被油膏黏着,被冲洗水直接冲走,从而实现分离。

目前油膏分选主要用在金刚石的分选。纯净的金刚石表面,具有强烈的亲油疏水性,其润湿接触角为80°~120°。与金刚石伴生的主要脉石矿物有方解石、石英和云母,它们的润湿接触角分别为20°~23°、0°~15°和0°。由于金刚石表面亲油疏水性好,水分子在其表面附着不牢固,不能形成稳定的水化膜。所以当金刚石与油膏接触时,很容易排开其表面不稳定的水化膜,使金刚石向油膏表面黏着。而伴生的主要脉石矿物,由于润湿接触角小,即亲水疏油性好,水分子定向排列并牢固地附着在它们的颗粒表面,形成稳定的水化膜,而难以被油膏黏着。对于已黏着在油膏上的金刚石颗粒,需要进行脱油、干燥,同时对油膏进行回收、净化与再生。

用油膏分选法分选金刚石时,常常需要事先将矿石筛分为窄级别,再进行表面处理(机械擦洗或药剂处理),以除去金刚石颗粒表面黏附的杂质,然后进行油膏分选。

油膏分选的原料,往往是重力分选的高密度产物,粒度为1~5 mm。可处理物料的最大粒度为20 mm,最小粒度为0.5 mm。

26.1 油膏

在油膏分选系统中,油膏的主要作用是捕收亲油颗粒。对油膏的基本要求是具有足够大的黏着力、较好的选择性、一定的机械强度以及其他适宜的物理、化学性能(如熔点、凝固点、抗氧化性等),同时还要求油膏易于与固体物料分离、便于回收和循环使用、原料来源广、价格便宜。

金刚石分选常用油膏的组成列于表26-1中。

表26-1　金刚石油膏分选所用油膏的组成成分

项　目	油膏组成		
	捕收剂	稠化剂	调节剂
主要作用	捕收金刚石	调节油膏的硬度	改善油膏的性能
主要成分	非极性烃类油,主要成分为脂肪烷烃和环烷烃	比捕收剂分子量更大的非极性烃类油	采用某些植物油降低油膏的凝固点;采用某些胺类或酚类提高油膏的抗氧化性能
代表性物质	机油,柴油凡士林	石蜡,黄蜡沥青	蓖麻油
一般用量	60%~100%	10%~40%	0~10%

制备油膏时,首先将高熔点的稠化剂加热熔化,依次加入调节剂和捕收剂。根据稠化剂熔点的不同来调节加热温度。温度一般为60~80℃。加热时需要搅拌,搅拌时间为1~2 min。熔化时间不宜过长。在熔化过程中,不能突然加入冷水或混入杂质。配制好的油膏应慢慢冷却,妥善保管待用。

生产中应根据物料性质、工作温度(水温、室温)、物料粒度、油膏分选机类型等因素选择合适的油膏。中国部分金刚石矿选矿厂中使用的油膏列于表26-2中。

表 26－2 中国部分金刚石矿选矿厂使用的油膏一览表

选矿厂名称	物料粒度	油膏分选机类型	油膏成分及配比/%	适用温度/℃
湖南常德金刚石矿选矿厂	－4＋2	振动台式油膏分选机	汽缸油:沥青:柴油:石蜡比为54:36:7:3	25～26
	－2＋1		汽缸油:沥青:柴油:石蜡比为54:36:7:3	
山东蒙阴金刚石矿选矿厂	－5＋3，－3＋1	带式油膏分选机	底油 凡士林:石蜡比为80:20 表油 凡士林:机油比为70:30	11～16
	－5＋3，－3＋1	振动带式油膏分选机	凡士林	25～26

26.2 油膏分选机

颗粒与油膏表面的黏着，是在油膏分选机中进行的。因此，油膏分选机的类型和结构与分选效果的好坏有密切的关系。

油膏分选机根据运动特点可分为振动型和非振动型。根据设备结构特点又可分为台式和带式。在金刚石分选厂，广泛使用振动台式和振动带式油膏分选机。

26.2.1 振动台式油膏分选机

振动台式油膏分选机的结构如图 26－1 所示，它实质上是一台悬挂式偏心振动筛，但筛面改装为平整光滑的钢板。工作时物料给到涂有油膏的台面上。设备由电动机带动偏心轮作惯性振动和由悬挂杆中的弹簧吊悬运动。金刚石颗粒粘到油膏表面上，脉石颗粒在冲洗水作用下，由分选台排料端排出。工作一定时间后，停车，从台面上刮下粘有金刚石颗粒的油膏，进行加热脱油，即得到油膏分选的金刚石产品。振动台式油膏分选机的技术特性见表 26－3 所示。

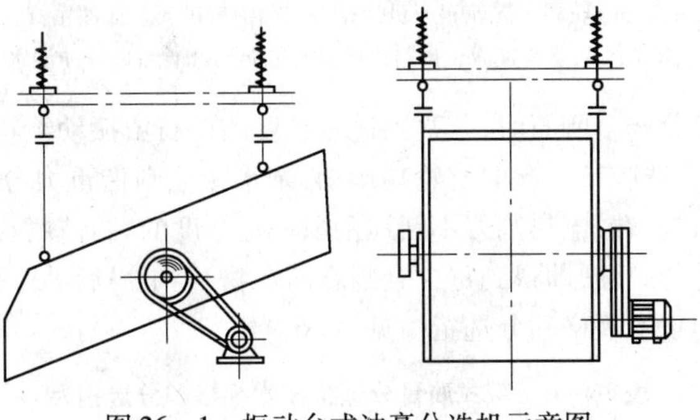

图 26－1 振动台式油膏分选机示意图

表 26－3 振动台式油膏分选机技术规格和分选指标

规格(长×宽)/mm	1200×600	1200×600
给料粒度/mm	－4＋2	－2＋1
冲程/mm	6～7	6～7
冲次/s^{-1}	183～200	200～233
倾角/(°)	9～12	7～9
耗水量/L·min^{-1}	14	11～13
油膏种类	机油－沥青－柴油－石蜡	机油－沥青－柴油－石蜡
涂油厚度/mm	2～3	2
选别次数	2	3
生产率/L·h^{-1}	72～84	48～72
回收率/%	92～98	92～98

振动台式油膏分选机由于有机械振动,增加了金刚石与油膏表面的接触机会,金刚石的回收率高,一般可达92% ~98%。这种设备的涂油、刮油、调节水量、给料,都在一个较集中的空间内进行,无其他辅助设备,因此操作方便。设备台面设计有一定坡度,又有振动装置,颗粒向前移动比较顺利,因此可以省去部分冲洗水,降低耗水量。振动台式油膏分选机的主要缺点是间断生产,影响生产率的提高;手工操作多,劳动强度大。

26.2.2　带式油膏分选机

带式油膏分选机的结构如图26－2所示,其分选工作面是与水平面呈一定倾角的平面无极运输胶带,倾角大小可以根据给料粒度进行调节。运输胶带的首轮和尾轮装在机架上。在分选胶带首轮处装有电热刮刀;在分选胶带的尾轮附近安装有涂油箱,箱内加热的油膏随着分选胶带的移动而连续地涂敷在分选胶带上;在涂油箱的前面、分选胶带的上方设有冲洗水管和振动给料机。

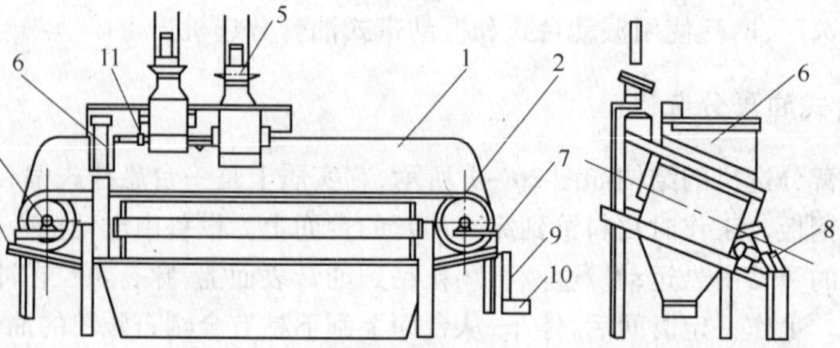

图26－2　带式油膏分选机结构示意图

1—分选胶带;2—首轮;3—尾轮;4—机架;5—振动给料机;6—涂油箱;7—电热刮刀;
8—倾斜度调整装置;9—排料溜槽;10—加热脱油箱;11—冲洗水管

用带式油膏分选机分选金刚石时,破碎到适宜粒度的矿石由振动给料机给到分选胶带上,亲油颗粒被油膏黏附,随分选胶带一起向首轮端运动;亲水颗粒则借重力分力和冲洗水的作用,向尾轮端运动并排出;在首轮端,电热刮刀不断地刮取一定厚度的粘有颗粒的油膏。

对含颗粒的油膏进行脱油,即得到富含金刚石的产物,经干燥后手选得到金刚石。

带式油膏分选机的技术规格和分选指标见表26－4。

表26－4　带式油膏分选机技术规格和分选指标

规格(长×宽)/mm		2000×400	2000×400
给料粒度/mm		－3＋2	－2＋1
胶带速度/m·min^{-1}		0.08	0.08
胶带倾角/(°)		10	10
耗水量/m^3·h^{-1}		3	2
油膏种类	底层	凡士林－石蜡	凡士林－石蜡
	表层	凡士林－机油	凡士林－机油
涂油厚度/mm		11~14	11~14
刮油厚度/mm		0.5~1.0	0.5~1.0
生产率/kg·h^{-1}		150	130
富含金刚石产物的产率/%		0.5	0.5
金刚石的回收率/%		88~92	86~90

与振动台式油膏分选机比较，带式油膏分选机的优点是涂油、刮油等过程都是机械操作，减轻了工人的劳动强度；能不断地补充新的油膏，连续地获得新鲜分选介质，能保持油膏的捕收性能稳定，有利于金刚石的捕收；生产连续进行，生产率高。但由于分选带无垂直方向上的振动，金刚石与油膏表面接触的机会少，影响了回收率的提高，特别是处理细粒级矿石时效果较差。

26.2.3 振动带式油膏分选机

振动带式油膏分选机的构造如图26－3所示。与不振动的带式油膏分选机比较，它的特点是：分选带下方安装了振动装置（由偏心轮和4个悬吊弹簧杆组成），造成分选胶带在垂直方向的振动，从而增加了颗粒与油膏表面接触的次数，有利于金刚石的黏着；给料点设在分选胶带尾轮端，颗粒经过油膏表面的路程长，得到分选的机会多，有利于回收率的提高。振动带式油膏分选机的技术规格和分选指标见表26－5。

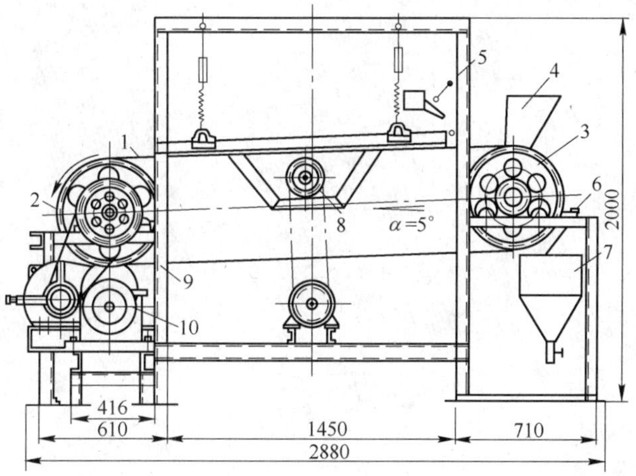

图26－3 振动带式油膏分选机构造示意图

1—分选胶带；2—首轮；3—尾轮；4—加油箱；5—冲洗水管；6—电热刮刀；7—产物脱油箱；8—振动机构；9—机架；10—传动部分

表26－5 振动带式油膏分选机技术规格和分选指标

项目	指标	项目	指标
规格（长×宽）/mm	2000×1000	涂油厚度/mm	5～8
给料粒度/mm	－3＋1	振次/s^{-1}	18.3
胶带速度/$m \cdot min^{-1}$	0.61	振幅/mm	10
胶带倾角/（°）	2	生产率/$kg \cdot h^{-1}$	500
耗水量/$m^3 \cdot h^{-1}$	1.8	亲油产物的产率/%	1.2～1.6
油膏种类	凡士林－石蜡	亲油组分的回收率/%	96～98

第6篇

分选工艺及辅助作业

27 黑色金属矿石的分选工艺

27.1 铁矿石的分选工艺

27.1.1 铁矿石工业类型的划分

矿石类型可分为自然类型和工业类型。自然类型是根据矿石的物质组成、结构、构造划分的矿石组合;工业类型则是根据工业上矿石的选冶方法及工艺流程的不同而划分的矿石类型。

铁是地壳中分布比较广泛的元素之一,大多数呈铁的氧化物、硫化物、含铁碳酸盐和含铁硅酸盐等矿物存在。在当前的技术经济条件下,具有工业价值的铁矿物主要有磁铁矿(包括钒钛磁铁矿和磁铁-赤铁矿)、赤铁矿(包括假象赤铁矿)、镜铁矿、菱铁矿、褐铁矿和针铁矿。

铁矿石工业类型一般均以铁矿石中占主导地位的铁矿物来命名,以选矿工艺特性为考虑问题的基本点,通常分为磁铁矿石、赤铁矿石和磁铁-赤(菱)铁混合矿石3类。在每一类矿石中都有单一铁矿石和多金属复合铁矿石之分。

27.1.2 磁铁矿石的分选

磁铁矿石由于矿物组分简单,采用单一的弱磁选方法即可获得高品位、高回收率的铁精矿,经济效益也比较好。大中型磁选厂,磨矿细度大于0.2~0.3 mm时,常采用一段磨矿,磨矿细度小于0.2~0.3 mm时,则采用两段磨碎。若能在粗磨的条件下分出合格尾矿,则采用阶段磨矿-磁选的工艺流程。如果在矿石的开采过程中混进大量围岩,在破碎至比较粗的粒度时已出现相当数量的单体脉石颗粒,则可用磁滑轮(磁滚筒)等设备,在磨矿作业前进行分选,以减少给入球磨机的矿石量,降低磨矿费用。此外,为了获得高品位铁精矿,可对磁选得出的铁精矿进行反浮选或细筛筛分处理。

表27-1列出了中国部分磁铁矿石分选厂的生产指标,其中水厂选矿厂的工艺流程如图27-1所示,歪头山铁矿选矿厂的工艺流程如图27-2所示。

27.1.3 赤铁矿石的分选

中国的赤铁矿石储量丰富,是铁矿石的主要来源之一,对于这类铁矿石目前生产实践中采用的分选方法主要有:

表 27－1　中国部分磁铁矿石选矿厂的生产指标

选　矿　厂	生产规模/$t \cdot a^{-1}$	生产指标/%			工 艺 流 程
		原矿品位	精矿品位	尾矿品位	
南芬选矿厂	12.8×10^6	29.41	68.43	8.35	阶段磨矿－磁选－细筛
大孤山球团厂选矿分厂	9.2×10^6	30.10	67.26	8.74	阶段磨矿－磁选－细筛
弓长岭选矿厂一选车间	5.6×10^6	31.90	69.15	9.62	阶段磨矿－磁选－细筛
弓长岭选矿厂二选车间	3.0×10^6	30.90	69.11	9.65	阶段磨矿－磁选－细筛－反浮选
歪头山铁矿选矿厂	4.9×10^6	29.41	68.66	7.96	自磨－球磨－磁选－细筛
北台选矿厂	2.6×10^6	28.86	64.86	9.84	预选－阶段磨矿－磁选－细筛
板石矿业公司选矿厂	1.9×10^6	32.55	67.33	8.13	阶段磨矿－磁选－细筛
保国铁矿选矿厂	1.4×10^6	29.24	69.25	4.97	自磨－球磨－磁选－细筛
水厂选矿厂	8.5×10^6	27.41	68.22	7.03	阶段磨矿－磁选－细筛
大石河铁矿选矿厂	6.6×10^6	26.23	67.15	6.50	阶段磨矿－磁选－细筛
尖山铁矿选矿厂	5.8×10^6	29.14	69.39	8.81	阶段磨矿－磁选－细筛－中矿浮选
峨口铁矿选矿厂	5.3×10^6	28.64	66.61	13.55	阶段磨矿－磁选－细筛－磁团聚
庙沟铁矿选矿厂	1.4×10^6	25.20	65.38	7.64	预选－阶段磨矿－磁选－细筛
棒磨山铁矿选矿厂	1.2×10^6	33.61	67.85	5.52	阶段磨矿－磁选－细筛
玉石洼铁矿选矿厂	1.0×10^6	33.31	66.19	7.53	自磨－球磨－磁选
凹山选矿厂	6.1×10^6	23.54	64.08	8.48	阶段磨矿－磁选

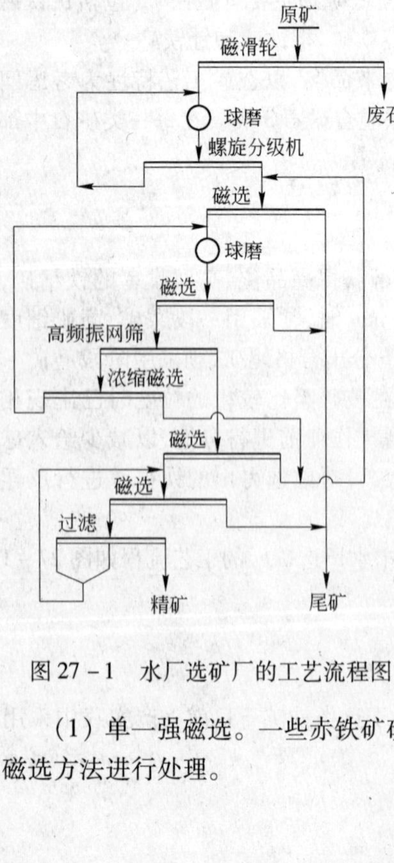

图 27－1　水厂选矿厂的工艺流程图

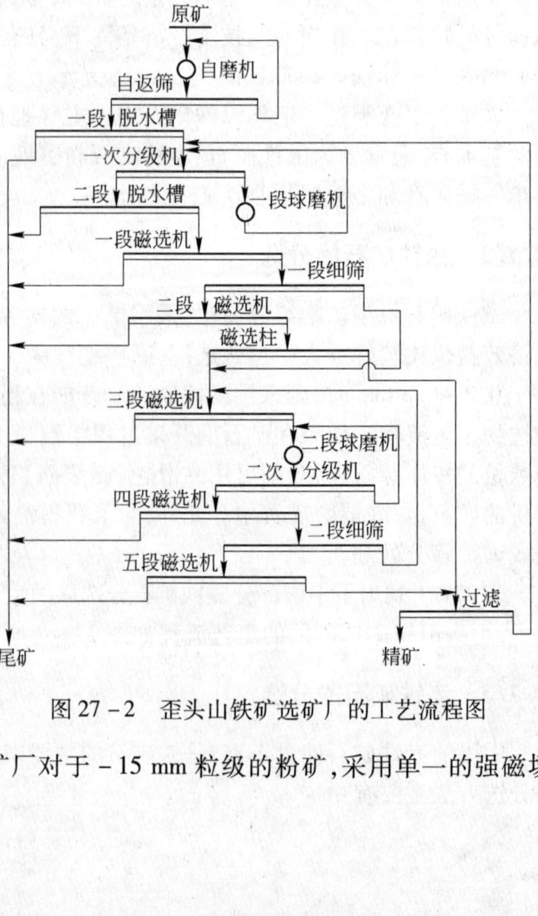

图 27－2　歪头山铁矿选矿厂的工艺流程图

（1）单一强磁选。一些赤铁矿矿石的选矿厂对于－15 mm 粒级的粉矿，采用单一的强磁场磁选方法进行处理。

(2) 焙烧磁选。即对矿石进行磁化焙烧,使赤铁矿或假象赤铁矿转变成磁铁矿,然后用弱磁场磁选机进行分选,为了进一步提高铁精矿的品位,生产中经常采用细筛再磨再选(可使精矿品位提高到65%以上)、再磨反浮选(可使精矿品位提高到66%)等工艺对磁选得出的铁精矿进行进一步处理。

(3) 采用联合流程。目前,重选-磁选-反浮选工艺流程在赤铁矿矿石的分选生产中得到了广泛应用,如鞍千矿业有限责任公司选矿厂、齐大山选矿厂、齐大山铁矿选矿分厂、东鞍山烧结厂选矿车间等。

中国部分赤铁矿矿石选矿厂的生产技术指标见表27-2,其中齐大山选矿厂的工艺流程如图27-3所示,酒泉钢铁公司选矿厂的工艺流程如图27-4所示。

表27-2 中国部分赤铁矿矿石选矿厂的生产技术指标

选矿厂	生产规模/t·a^{-1}	生产指标/%			工艺流程
		原矿品位	精矿品位	尾矿品位	
齐大山选矿厂	9.3×10^6	28.55	67.56	10.93	阶段磨矿-重选-磁选-反浮选
齐大山铁矿选矿分厂	9.0×10^6	28.91	67.57	8.99	阶段磨矿-重选-磁选-反浮选
鞍千矿业公司选矿厂	5.6×10^6	23.54	67.50	10.49	阶段磨矿-重选-磁选-反浮选
东鞍山烧结厂选矿车间	4.0×10^6	32.39	64.82	16.17	二段连续磨矿-中矿再磨-重选-磁选-反浮选
弓长岭选矿厂三选车间	3.0×10^6	27.95	66.92	11.06	阶段磨矿-重选-磁选-反浮选
酒泉钢铁公司选矿厂	5.2×10^6	36.35	54.18	18.20	二段连续磨矿-强磁选(-15 mm) 焙烧-阶段磨矿-弱磁性(75~15 mm)

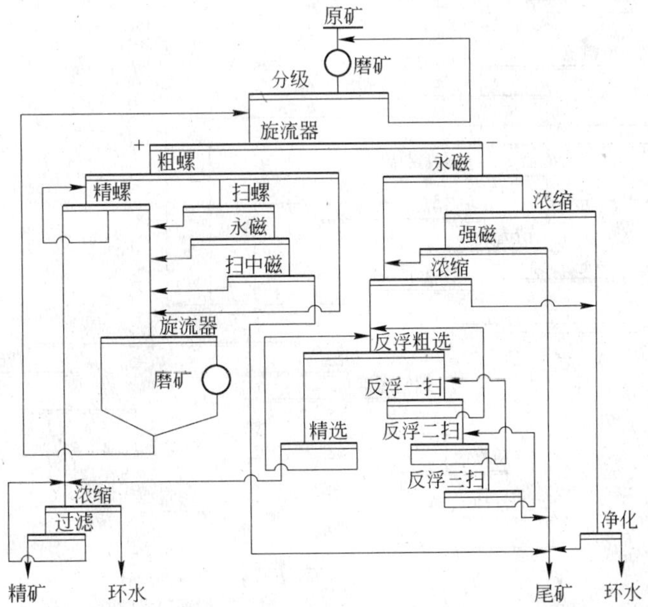

图27-3 齐大山选矿厂的工艺流程图

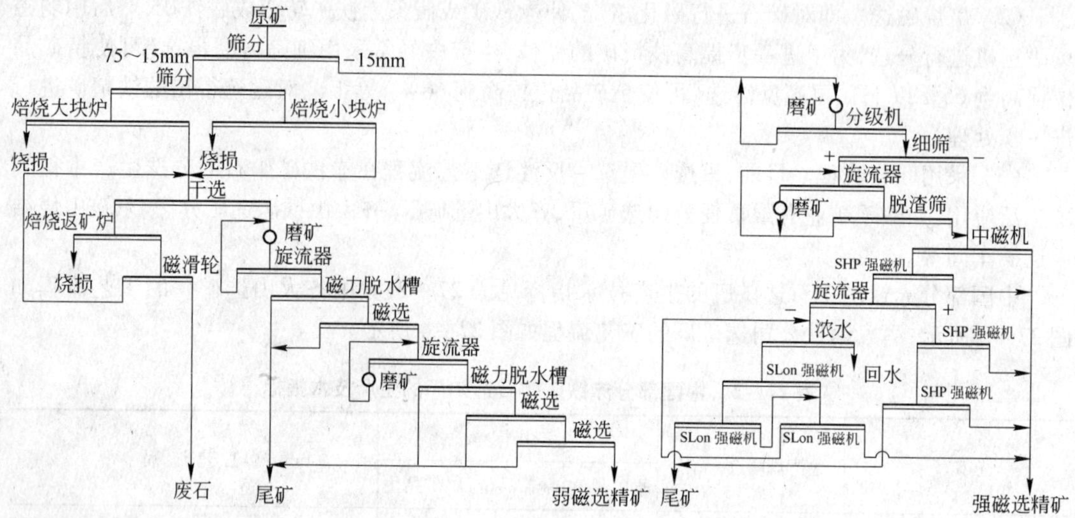

图 27－4　酒泉钢铁公司选矿厂的工艺流程图

27.1.4　复合铁矿石的分选

27.1.4.1　钒钛磁铁矿矿石的分选

生产中常采用磁－电－浮联合流程对钒钛磁铁矿石进行综合回收。图 27－5 是处理攀枝花钒钛磁铁矿矿石的工艺流程,采用这一生产工艺每年处理铁品位为 34.47%、TiO_2 品位为 9.85%、V_2O_5 品位为 0.22% ~0.34% 的矿石 10.8×10^6 t,铁精矿的铁品位为 54.04%、铁实际回收率为 68.41%,钛精矿中 TiO_2 的品位为 47.50%。

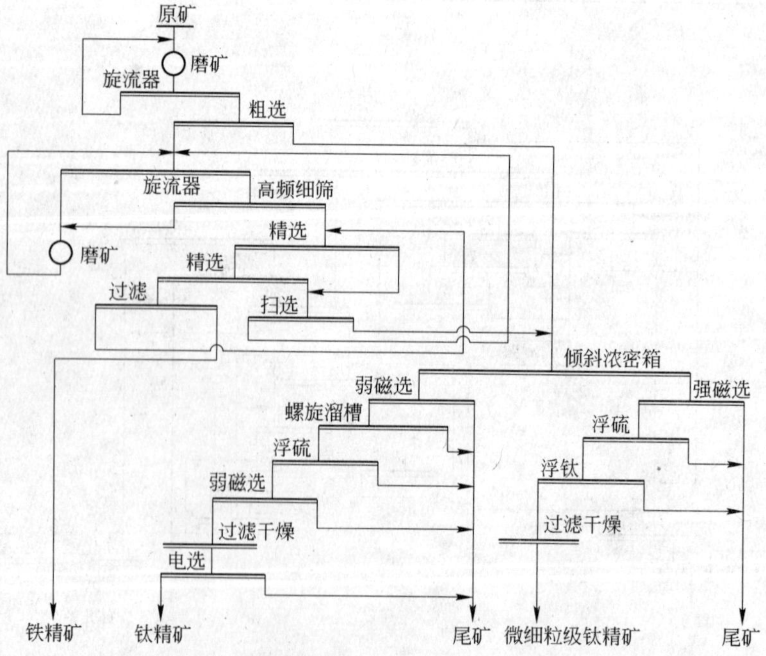

图 27－5　处理攀枝花钒钛磁铁矿矿石的工艺流程图

27.1.4.2 含铜磁铁矿矿石的分选

大冶铁矿选矿厂采用浮－磁联合流程(见图27－6),对大冶含铜磁铁矿矿石进行综合回收。选矿厂的生产规模为2.38×10^6 t/a,原矿的铁品位为42.44%、铜品位为0.27%、硫品位为1.87%,铁精矿的铁品位为64.63%、铁回收率为72.85%,铜精矿的铜品位为20.40%、铜回收率为74.18%,硫精矿的硫品位为34.30%、硫回收率为43.57%。

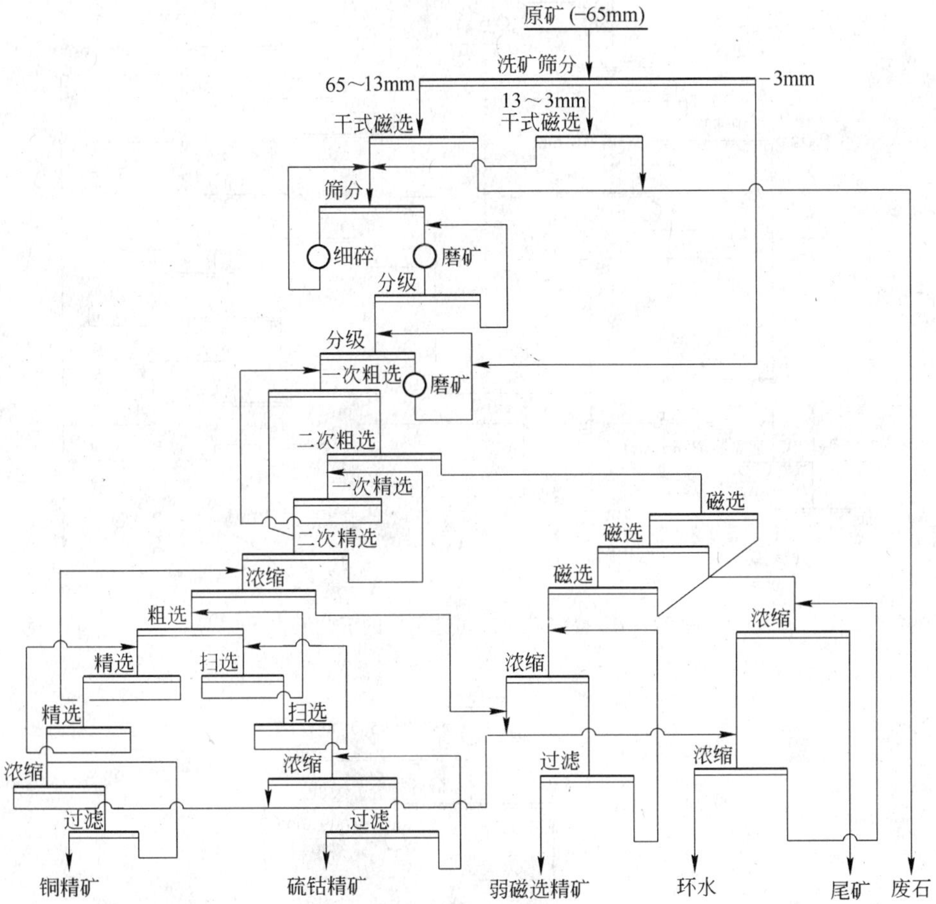

图27－6 大冶铁矿选矿厂的工艺流程图

鲁中矿业公司选矿厂处理的矿石也是含铜磁铁矿石,其中的金属矿物以磁铁矿为主,赤铁矿、褐铁矿次之,另有少量的自然铜、黄铜矿和黄铁矿。原矿的铁品位为32.32%、铜品位为0.102%。选矿厂的生产规模为2.24×10^6 t/a,采用磁－重－浮联合流程(见图27－7)对矿石进行综合回收,铁精矿的铁品位为63.13%、铁回收率为76.43%,铜精矿的铜品位为21.79%、铜回收率为35.55%。

27.1.4.3 含稀土元素的铁矿石的分选

包头白云鄂博铁、稀土、铌矿床是世界上罕见的复合铁矿床,储量大,伴生的有用组分多。矿区发现有71种元素、120多种矿物,具有综合利用价值的占70%以上。目前包钢公司选矿厂采用连续磨矿－弱磁选－反浮选工艺(见图27－8)处理稀土磁铁矿矿石,采用连续磨矿－弱磁选－强磁选－反浮选工艺(见图27－9)处理稀土赤铁矿矿石,选矿厂的生产规模为11.9×10⁶ t/a,原矿的铁品位为32.67%,铁精矿的铁品位为64.39%、铁回收率为74.35%,尾矿的铁品位为14.04%。

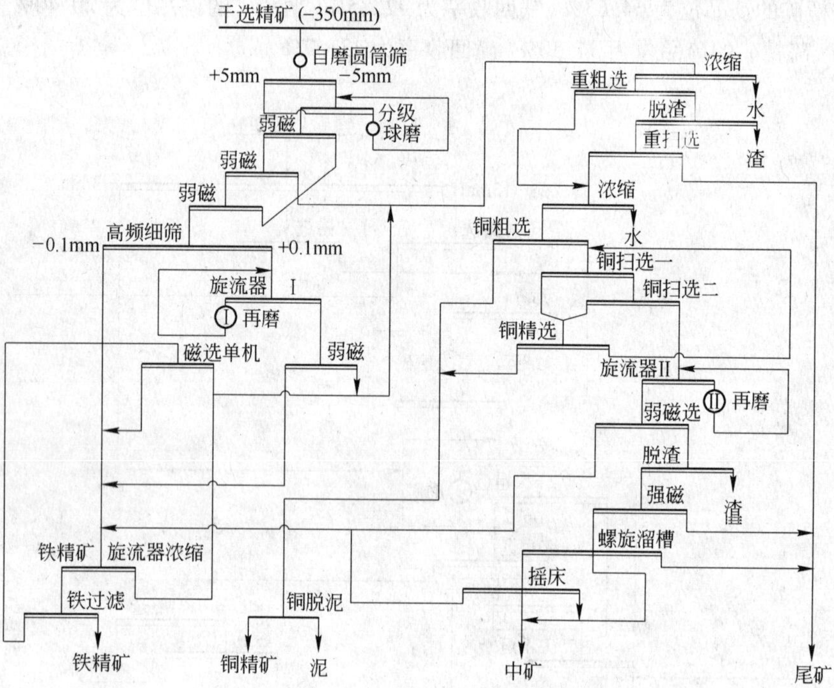

图27－7　鲁中矿业公司选矿厂的工艺流程图

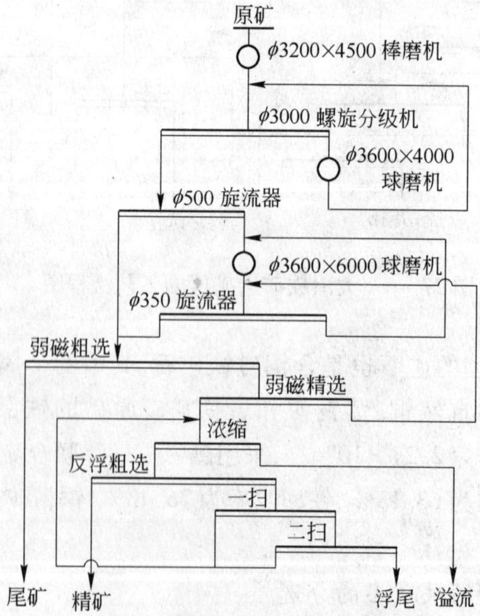

图27－8　包钢公司选矿厂稀土磁铁矿石的分选流程图

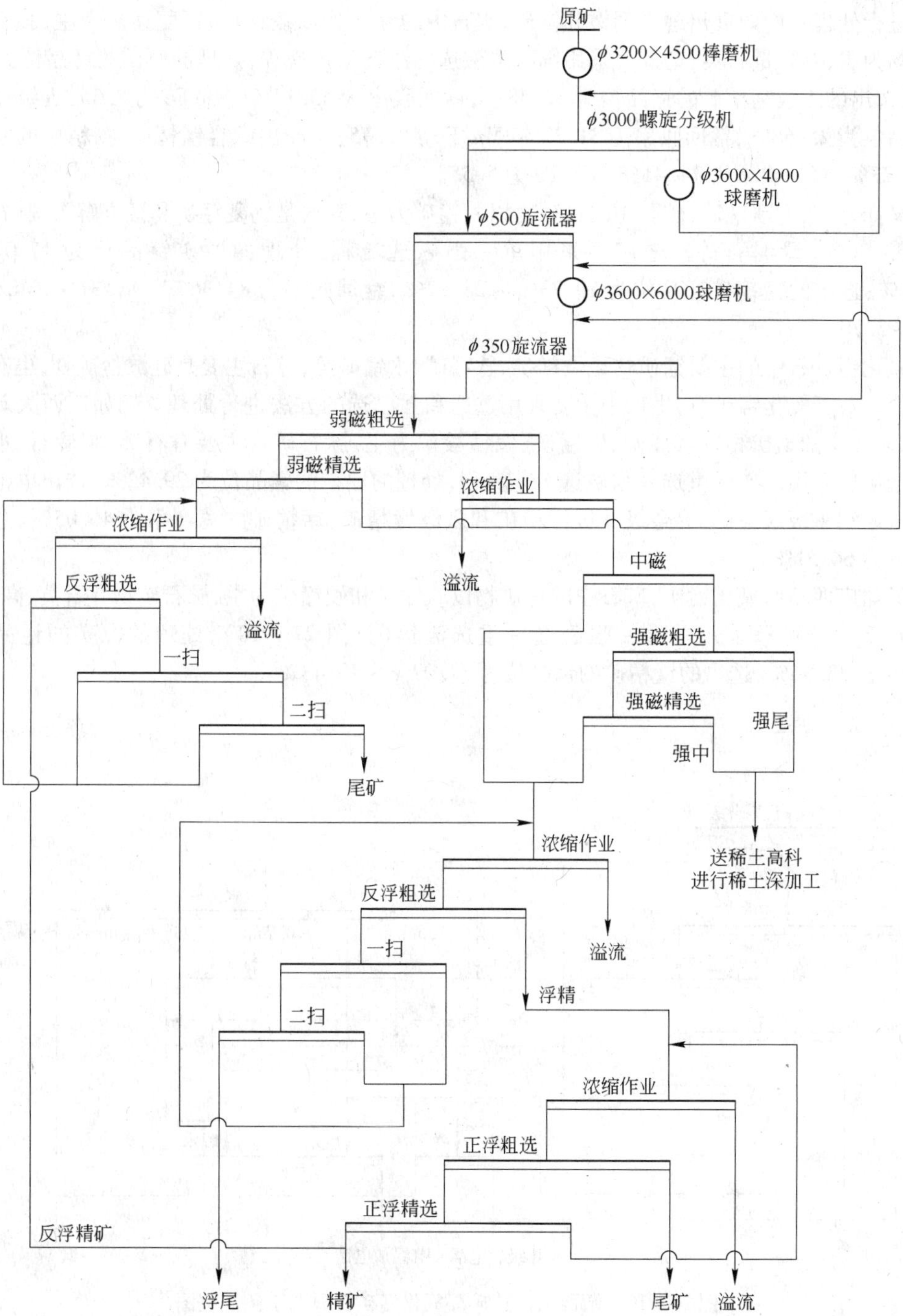

图 27－9 包钢公司选矿厂稀土赤铁矿石的分选流程图

27.2 锰矿石的分选工艺

目前开采利用的锰矿石主要有碳酸锰矿石和氧化锰矿石两大类。

碳酸锰矿石中的主要锰矿物是菱锰矿、钙菱锰矿、锰方解石和菱锰铁矿等，脉石矿物主要是硅酸盐矿物和碳酸盐矿物。对于碳酸锰矿石，生产中主要采用强磁选、强磁选－浮选联合等分选工艺进行处理。例如贵州遵义铜锣井锰矿，矿石中的锰矿物以菱锰矿、钙菱锰矿为主，脉石以黏土矿物为主，有少量石英；选矿厂采用细磨强磁选－浮选工艺流程，处理的原矿的锰品位为19%左右，选出的Ⅰ级锰精矿的锰品位为32.48%，锰回收率为43.14%，Mn/Fe为8.55；Ⅲ级锰精矿的锰品位为25.68%，锰回收率为31.27%，Mn/Fe为3.75；当产出综合锰精矿时，精矿的锰品位为29.23%，锰回收率为74.41%，Mn/Fe为5.55。

又如，广西大新锰矿，矿石中的锰矿物以菱锰矿为主，其次是钙菱锰矿和锰方解石，脉石矿物有石英、玉髓、绿泥石等。选矿厂采用单一强磁选流程，处理的原矿锰品位为17.07%～20.91%；选出的锰精矿锰品位为19.73%～23.92%，锰回收率为84.36%～87.31%，Mn/Fe为3.62～3.20。

氧化锰矿石中的主要锰矿物是硬锰矿、软锰矿、水锰矿等，脉石主要是硅酸盐矿物，也有碳酸盐矿物。对于氧化锰矿石，生产中主要采用重选和强磁选的方法进行处理。例如广西大新氧化锰矿，矿石中的锰矿物以软锰矿、硬锰矿、偏锰酸矿为主，脉石矿物主要有石英、高岭石、水云母等。选矿厂采用洗矿－重选－强磁选工艺流程，处理的原矿的锰品位为29.42%，选出电池级Ⅱ级锰精矿和Ⅲ级锰精矿、冶金级Ⅱ级锰精矿和Ⅲ级锰精矿，锰精矿的总产率为46.05%、总的锰回收率为64.51%。

又如广西靖西氧化锰矿，矿石中的锰矿物以软锰矿和硬锰矿为主，脉石矿物有石英、高岭石、水云母等。选矿厂采用重选－强磁选－重选流程（见图27－10），处理的原矿的锰品位为34.22%～38.86%，选出的锰精矿的锰品位为37.02%～48.43%。

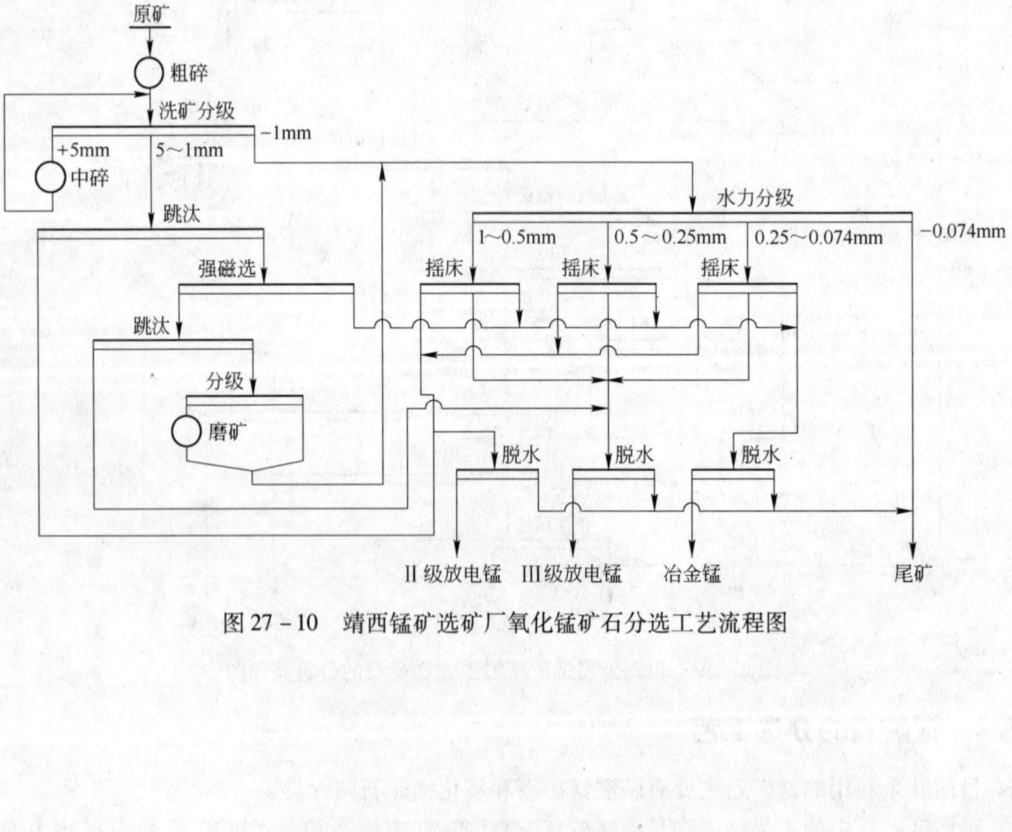

图27－10　靖西锰矿选矿厂氧化锰矿石分选工艺流程图

28　有色金属和贵金属矿石的分选工艺

28.1　多金属硫化物矿石的分选工艺

硫化物矿物具有良好的可浮性，最适宜用浮选处理。例如黄铜矿、辉铜矿、斑铜矿、铜蓝、方铅矿、闪锌矿、辉钼矿、镍黄铁矿、黄铁矿、磁黄铁矿、毒砂以及锑、铋、钴、汞等的硫化物矿物和含金的硫化物矿物，目前均采用浮选方法进行回收。

28.1.1　硫化铜与硫化铁矿物的分选工艺

硫化铜矿物与硫化铁矿物的分选也称为铜硫分选。硫化铜矿石主要有两大类：一类是致密块状含铜黄铁矿型（或称为黄铁矿型），矿石中的矿物主要是黄铁矿，其含量可达50%～95%，脉石矿物含量不大，硫化铜矿物和硫化铁矿物致密共生；另一类是浸染状含铜黄铁矿型，这类矿石中铜和铁的硫化物矿物含量较低，以脉石矿物为主，硫化物矿物浸染在脉石矿物中，所以又称为浸染型矿石。

黄铜矿（$CuFeS_2$，含铜34.56%）是铜矿石中最常见的铜矿物，其次是辉铜矿（Cu_2S，含铜79.83%）、铜蓝（CuS，含铜64.44%）、斑铜矿（Cu_3FeS_3，含铜55.50%）。辉铜矿和铜蓝的可浮性最好，但这两种矿物都是次生硫化铜矿物，硬度较低，容易泥化。黄铜矿是分布很广的原生铜矿物，可浮性也很好，典型的捕收剂是黄药类，黄铜矿颗粒表面发生氧化时会抑制其浮选，但亚硫酸盐等不能抑制黄铜矿的浮选。斑铜矿的可浮性介于辉铜矿与黄铜矿之间。

黄铁矿（FeS_2，含硫53.40%）和磁黄铁矿（$Fe_{1-x}S$，含硫约40%）是两种常见的硫化铁矿物，在酸性、中性或弱碱性介质中，都可以用黄药对它们进行浮选。石灰是黄铁矿和磁黄铁矿的常用抑制剂；硫酸、碳酸钠、硫酸铜等都可以活化它们的浮选。

含铜黄铁矿型铜矿石的分选方案通常有优先浮选和混合浮选两种。采用优先浮选流程时，一般是先浮铜，然后浮硫。浮铜时，为了抑制大量的黄铁矿，要在强碱性（pH = 11～12）条件下进行，捕收剂用黄药或黄药与黑药混用。采用混合浮选流程时，一般在中性介质中进行，铜硫混合浮选精矿再分离时，加石灰提高矿浆的pH值抑制黄铁矿。图28－1是处理这种矿石的典型生产流程之一。

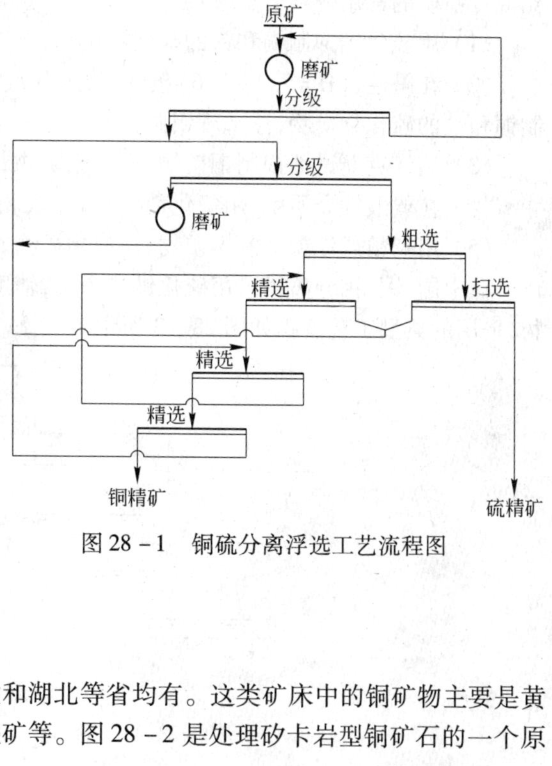

图28－1　铜硫分离浮选工艺流程图

28.1.2　矽卡岩型铜矿石的分选工艺

矽卡岩型铜矿床在中国的辽宁、河北、安徽和湖北等省均有。这类矿床中的铜矿物主要是黄铜矿，其他矿物主要有磁铁矿、黄铁矿和磁黄铁矿等。图28－2是处理矽卡岩型铜矿石的一个原则流程图。生产实践中，常采用 CO_2 加硫酸铜的方法活化硫化铁矿物。对磁选分出的磁性产物进行脱硫浮选，是为了降低铁精矿的含硫量。

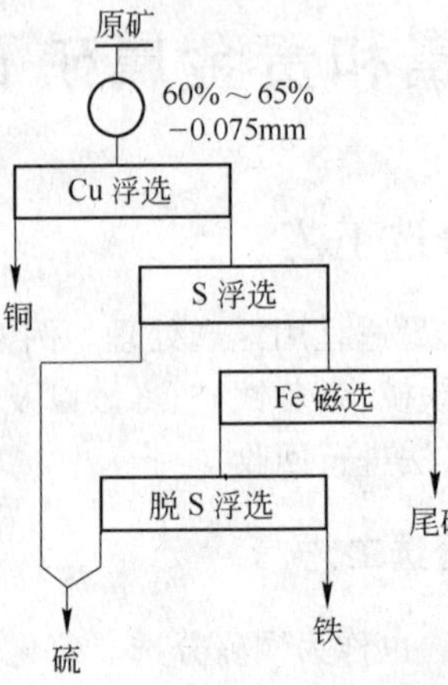

图 28－2　矽卡岩型铜矿石的浮选原则流程

28.1.3　硫化铜矿物与辉钼矿的分选工艺

辉钼矿（MoS_2，含钼 60%）具有良好的天然可浮性，一般加非极性油，甚至只加起泡剂就能对其进行浮选。辉钼矿常用的捕收剂为煤油、变压器油等，浮选过程常用的调整剂为水玻璃、碳酸钠和苛性钠，抑制剂常用糊精。

钼精矿的另一主要来源是从含钼铜矿石中分选出来的。据统计，中国有大约 20% 的钼是从铜－钼矿石中回收的。铜钼矿石的浮选一般采用铜钼混合浮选，浮选粗精矿再分离的方案。铜钼混合精矿的常用分离方法有：

（1）用硫化钠抑制铜和铁的硫化物矿物，浮选辉钼矿；

（2）在碱性（pH＝7.2～8.6）条件下，用蒸汽加热后添加诺克斯（Nokes）试剂和硫化钠等抑制铜和铁的硫化物矿物，浮选辉钼矿；

（3）用诺克斯试剂抑制铜矿物，浮选钼矿物；

（4）在弱酸性介质中，用氧化剂（过氧化氢和次氯酸钠）抑制铜矿物，浮选钼矿物；

（5）用糊精或淀粉抑制铜矿物，浮选钼矿物。

在中国，铜、钼分离以采用硫化钠法为主，辅助添加水玻璃等抑制剂，抑制铜矿物、浮选钼矿物，采用的典型工艺流程如图 28－3 所示。

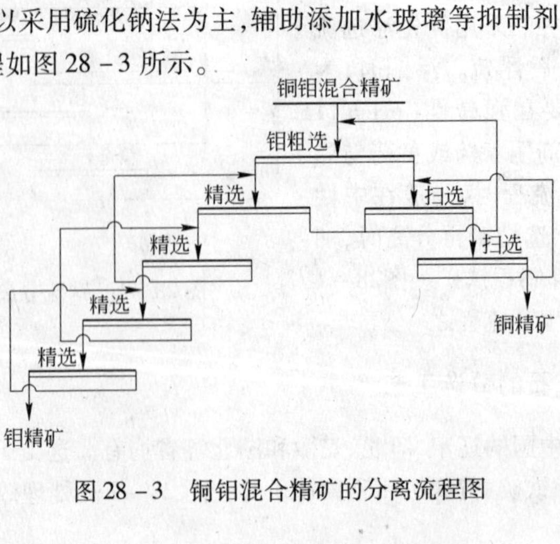

图 28－3　铜钼混合精矿的分离流程图

28.1.4　硫化铜矿物与硫化镍矿物的分选工艺

在硫化铜、镍矿石中，镍矿物主要有镍黄铁矿（$(Fe,Ni)_9S_8$，含镍21%～30%）、针镍矿（NiS，含镍64.7%）、红砷镍矿（NiAs，含镍43.9%）等。硫化铜矿物与硫化镍矿物的分选常采用优先浮选或混合浮选流程。当矿石中铜含量比镍的高、矿物共生关系比较简单时，宜采用优先浮选流程，其优点是可以直接得到铜精矿和镍精矿，缺点是浮选铜时，必须对镍矿物进行抑制，而当浮选镍矿物时，被抑制过的镍矿物不易被活化，导致镍的回收率较低。

铜镍混合浮选是目前生产中应用较多的分选工艺，其优点是镍的回收率高、节省浮选设备。铜镍混合精矿分离时，通常是抑镍浮铜，常用的抑镍方法有石灰＋糊精法、石灰＋蒸汽加温法、石灰＋羧甲基纤维素法等。

28.1.5　方铅矿与闪锌矿的分选工艺

新鲜的方铅矿（PbS，含铅86.60%）表面具有很好的疏水性，很容易上浮，但表面氧化后其可浮性明显降低。方铅矿的典型捕收剂是黄药和黑药，二氧化硫、亚硫酸及其盐、石灰、硫酸锌等都可以抑制方铅矿。

纯闪锌矿（ZnS，含锌67.1%）自然界中很少见，常见的是含铁、铜、镉等元素的闪锌矿，含铜可达2%，含镉可达1.0%～1.5%，含铁通常为0～20%之间，含铁越高，闪锌矿的颜色就越深。闪锌矿是硫化物矿物中比较难选的一种，且因杂质含量的不同，其可浮性会有很大差异。硫酸铜是闪锌矿的常用活化剂，硫酸锌、二氧化硫、亚硫酸、亚硫酸盐、硫代硫酸盐、硫化钠等都可以抑制闪锌矿的浮选。

方铅矿与闪锌矿的分选，经常采用在碱性介质中抑制闪锌矿、浮选方铅矿的方法。

28.1.6　硫化铜矿物与硫化锌矿物的分选工艺

铜锌分选和铅锌分选很相似，一般采用抑锌浮铜，但铜锌分选较铅锌分选困难，其原因在于：

（1）铜锌矿石中硫化铁矿物的含量常较铅锌矿石中的高，硫化铁矿物含量越高，分离受到的干扰越大，分离越困难；

（2）铜锌矿石中铜矿物的组成较铅锌矿石中铅矿物的组成复杂；

（3）矿石中的铜盐比铅盐对闪锌矿的活化作用强。

目前铜锌分选主要用硫酸锌、亚硫酸钠和硫化钠等药剂抑制锌矿物、浮选铜矿物。

28.1.7　黄铜矿与方铅矿的分选工艺

在多金属硫化物矿石中，铅矿物主要是方铅矿、铜矿物主要是黄铜矿，由于这两种矿物的可浮性相近，实践中一般先选出铜铅混合精矿，然后再进行铜铅分离。

铜铅分离常用的抑制剂有二氧化硫、硫化钠、硫代硫酸钠、硫酸锌等，大多数选矿厂采用抑铅浮铜的分选工艺。此外，为了提高铜铅分离效果，常常在分离浮选前，对混合精矿进行脱药，以提高分离作业的选择性。

28.1.8　铜铅锌多金属硫化物矿石的分选工艺

对于含铜、铅、锌的多金属硫化物矿石，目前普遍采用铜铅混选、然后依次选锌、选硫和铜铅混合精矿分离的工艺流程。个别选矿厂采用铜铅锌混选，然后再进行铜锌分选和铅锌分选。另有个别选矿厂采用铅铜锌硫混选，混合精矿再磨后进行铜铅锌分离和铜铅分离的工艺流程。分选闪锌矿与硫化铁矿物时，普遍采用石灰抑制硫化铁矿物，在强碱性（pH = 10 ~ 12 或更高）条件下，用硫酸铜作闪锌矿的活化剂，用黄药浮选闪锌矿。

28.2 有色金属氧化物矿物矿石的分选工艺

自然界中的硫化物矿物受空气或水中氧及离子的作用，即生成氧化物矿物或含氧盐矿物。按矿石氧化率（指某金属以氧化物矿物和含氧盐矿物状态存在的质量分数）的不同，常将矿石分为氧化物矿石（俗称氧化矿）、硫化物矿石（俗称硫化矿）和混合矿石（俗称混合矿）。一般规定，氧化率在30%以上的为氧化物矿石，氧化率在10%以下的为硫化物矿石，介于二者之间的为混合矿石。

有色金属氧化物矿石的浸染粒度通常比较细，不易解离，容易泥化，矿物组成比较复杂，常含有大量的原生矿泥和可溶性盐，因而浮选分离比较困难。

28.2.1 氧化铜矿石的分选

氧化铜矿石中的铜矿物主要有孔雀石（$CuCO_3 \cdot Cu(OH)_2$，含铜 57.4%）、蓝铜矿（$2CuCO_3 \cdot Cu(OH)_2$，含铜 55.2%），其次是硅孔雀石（$CuSiO_3 \cdot 2H_2O$，含铜 36.2%）及赤铜矿（Cu_2O，含铜 88.8%）。

孔雀石的可浮性较好，经硫化钠或其他硫化剂硫化后，可用黄药类捕收剂浮选，也可用脂肪酸或羟肟酸钠作捕收剂直接进行浮选。蓝铜矿的可浮性与孔雀石的接近，但需要的硫化时间较长。赤铜矿不易硫化，可用脂肪酸作捕收剂直接进行浮选。硅孔雀石也不易硫化，通常是在 pH = 4 的条件下，用硫化钠、硫化氢或硫化铵进行硫化，然后用高级黄药浮选，即使这样也仅能使硅孔雀石部分硫化，所以浮选回收率仍然比较低。

氧化铜矿石的可选性与铜的存在状态和脉石组成有关。脉石矿物为硅质矿物时，以孔雀石和蓝铜矿为主要铜矿物的矿石比较易选；脉石矿物为碳酸盐矿物时，则属中等；以硅孔雀石和赤铜矿为主要铜矿物的矿石不易硫化，是比较典型的难选矿石；铜矿物被氢氧化铁、铝硅酸盐等矿物浸染的铜矿石，同样是比较典型的难选矿石。

生产中处理氧化铜矿石的方法主要有以下几种：

（1）硫化－浮选法。这是最常见的一种方法，适用于浮选孔雀石、蓝铜矿及水胆矾等含铜矿物，通常是采用硫化钠或硫化铵预先进行硫化，然后用黄药类捕收剂浮选，分散剂多用水玻璃。

（2）用脂肪酸类捕收剂直接浮选。这种方法只适用于脉石矿物是硅质的氧化铜矿石，浮选的铜矿物主要是孔雀石、蓝铜矿、赤铜矿，浮选过程中添加碳酸钠、水玻璃及磷酸盐作脉石矿物的抑制剂和 pH 值调整剂，当矿石中含有较多的钙、镁碳酸盐矿物或铁、锰矿物时，这种分选方法的分选指标会急剧变差。

（3）水冶－浮选联合处理。对于硅孔雀石、赤铜矿以及氢氧化铁矿物和铝硅酸盐矿物紧密结合的“结合铜”矿石，仅用浮选法不能有效回收铜矿物，因而常采用水冶－浮选联合工艺对其进行处理，其中的水冶处理，根据具体情况可以处理全部矿石，或仅处理最难选的部分中间产物，采用的工艺流程有酸浸－沉淀－浮选、氨浸－硫化沉淀－浮选、浮选－水冶等。

28.2.2 氧化铅矿石的分选工艺

氧化铅矿石中的铅矿物有白铅矿（$PbCO_3$，含铅 77.6%）和铅矾（$PbSO_4$，含铅 68.3%），脉石矿物主要是方解石、白云石、石英、褐铁矿和黏土矿物等。

白铅矿用硫化钠容易硫化，然后用黄药浮选，其可浮性良好，硫化的最佳 pH 值为 9.2 ~ 9.8。

用脂肪酸作捕收剂时,白铅矿也比较易浮,但捕收剂的选择性比较差。

用硫化钠硫化铅矾时,通常需较长的硫化时间,并需增加硫化钠的用量,硫化的最佳 pH 值为7~9。另外,铅矾表面的溶解度大,捕收剂不易固着,但在 pH =9.5~11 的条件下,加大量捕收剂,并加入少量的酸性磷酸钠时,铅矾可以上浮。

目前生产中常用的氧化铅矿石的分选方法有硫化法和直接浮选法两种。

硫化法就是对氧化铅矿物进行硫化后,用黄药或黑药进行浮选,有时为了分散微细颗粒,添加适量的水玻璃或六偏磷酸钠。此外,添加硫酸铵或硫酸等可加快硫化速度,改善浮选指标。

当氧化铅矿石中方解石和白云石的含量很低或基本上不含这些矿物,而且难浮的氧化铅矿物含量又较低时,可考虑使用脂肪酸类捕收剂直接浮选氧化铅矿物。但此法的选择性比较差,有较多的脉石矿物进入铅精矿。

对于氧化铅和硫化铅的混合矿石,通常是对硫化物矿物和氧化物矿物分别进行浮选,即先浮选硫化物矿物,然后再经硫化后浮选氧化物矿物;也可以对硫化物矿物和氧化物矿物进行混合浮选,得到混合铅精矿。

28.2.3 氧化锌矿石的分选工艺

氧化锌矿石中的锌矿物主要有菱锌矿($ZnCO_3$,含锌 52%)和异极矿($Zn_4[Si_2O_7](OH)_2\cdot H_2O$,含锌 54%)。氧化锌矿石中的脉石矿物与氧化铅矿石中的类似。实际上,铅锌矿物常共生,单一铅矿或锌矿很少见。

对于氧化锌矿石的分选,常采用加温硫化浮选法和脂肪胺直接浮选法。

加温硫化浮选法是在 60~70℃的条件下,先对矿石中的氧化锌矿物进行硫化,然后用硫酸铜活化锌矿物,用黄药作捕收剂进行浮选。这一方法适用浮选菱锌矿,对异极矿的浮选效果较差,尤其是当矿石中含褐铁矿较多时,即使浮选前脱泥,也难以得到较好的分选指标。

脂肪胺直接浮选法是在常温下,用硫化钠调整矿浆的 pH 值至 10.5~11,然后用脂肪胺(第1胺)浮选锌矿物。这一方法对菱锌矿和异极矿均有较好的浮选效果,只是往往需要对矿石进行预先脱泥,以克服微细颗粒的不良影响。

28.2.4 铅锌混合矿石的分选工艺

对于既含有铅和锌的硫化物矿物,又含有铅和锌的氧化物(或含氧盐)矿物的矿石,通常采用先选硫化物矿物后选氧化物(或含氧盐)矿物的分选方法,即先浮选硫化物矿物(混合浮选或优先浮选),然后浮选铅的氧化物(或含氧盐)矿物,最后浮选锌的氧化物(或含氧盐)矿物。然而,实践中也有采用先选铅后选锌的选矿工艺。习惯上将前者称为先硫后氧的分选工艺,将后者称为先铅后锌的分选工艺。

28.3 贵金属矿石的分选工艺

贵金属主要是指金、银和铂族元素,其化学性质稳定,不易氧化。

28.3.1 金矿石的分选

金矿床有砂金和脉金两大类,其中的脉金矿床又分为含金石英脉型、黄铁矿型、含金多金属型、含金特殊矿物型(如金铀矿、钨锑金矿等)等 4 种类型。砂金矿都采用重选方法进行分选,而脉金矿石则视其具体情况,采用不同的分选方法进行处理。

在自然界中,多数金以自然金状态存在,但自然金并不是纯净的金,其含金量通常为 90% ~

95%，其余为银、铜或微量的其他金属。除自然金外，还有银金矿、碲金矿等。在脉金矿石中，金矿物常与黄铜矿、黄铁矿、方铅矿、闪锌矿等共生或伴生，这些含金的硫化物矿物常称为金的载体矿物。

无论是金矿物，还是金的载体矿物都具有较好的可浮性，所以脉金矿石常采用浮选方法进行分选。常用的捕收剂是黄药和黑药，石灰、硫化钠都是金的有效抑制剂。

对于含有粗粒金的脉金矿石，在浮选分离之前常用重选方法回收粗粒金。在这种情况下，重选作业主要设置在磨碎分级回路中；常用的重选设备有跳汰机、摇床、溜槽、螺旋分选机和淘金盘等。

当金矿物呈细粒浸染状与其他金属的硫化物矿物（主要是硫化铁矿物）共生时，最常用的方案是先浮选出含金的硫化物矿物，获得金精矿，然后再对金精矿进行氰化浸出回收金或在冶炼其他金属的过程中回收金。

28.3.2　银矿石的分选

自然界中的银矿物主要有自然银、辉银矿、锑银矿、硫锑银矿等，这些银矿物通常呈分散状态分布在多金属矿石、铜矿石及金矿石中。铅锌矿床中的方铅矿含银特别丰富，约占全部银储量的50%，铜矿石中的银约占15%，金矿石中的银约占10%，单一银矿床的银储量仅占其全部储量的15%。所以银的载体矿物主要是方铅矿、闪锌矿、黄铁矿、黄铜矿等。含银矿石中的脉石矿物主要有石英、方解石、重晶石、萤石及玉髓等。

银矿石的分选方法与金矿石的分选方法相似，因而不再重述。

29　非金属矿石的分选工艺

29.1　金刚石的分选工艺

金刚石的宝石学名称是钻石，其化学成分为单质碳，是石墨的同质异象变体。世界上发现的最大的宝石级金刚石，于1905年产于南非，其质量为621.35 g(3106.75 ct)。获得中国四大钻石称誉的是金鸡钻石(17.104 g或85.52 ct)、常林钻石(31.7572 g或158.786 ct)、李埠3号钻石(24.854 g或124.27 ct)和蒙山1号钻石(23.802 g或119.01 ct)。常林钻石是1977年在山东临沂地区岌山镇常林村发现的，其晶体外形尺寸为35 mm×30 mm×17 mm。

金刚石矿床有原生矿床和砂矿床两种。对于含金刚石的砂矿一般采用重选方法进行粗选，然后再进行精选。而对于来自原生矿床的金刚石矿石的分选工艺则包括选前准备、粗选和精选等作业。

选前准备作业包括破碎、洗矿、磨矿、水力分级以及从给料中分出废石等。在选择破碎设备时，为了保护金刚石晶体，一般宜采用破碎力以压力为主的机械，如颚式破碎机、圆锥破碎机和辊式破碎机等。

粗选的任务是将大量的不含金刚石的低密度矿物与含有金刚石的少量高密度矿物分离，得到含金刚石的粗精矿。通常采用生产成本较低的重选法，如淘洗盘分选、跳汰分选、重介质分选等。其中淘洗盘是分选金刚石的独特设备，它构造简单，操作方便，在淘洗矿石的同时具有分选作用。现代化的大型金刚石分选厂多用重介质分选法，使用的重悬浮液的密度为2700～3100 kg/m^3，采用硅铁作加重质。

粗选得到的粗精矿仍是金刚石含量很低的多种高密度矿物的混合物，还需要进一步将金刚石与其他高密度矿物分离，直至得到金刚石最终产品。这一过程通常称为精选，常用的方法有手选、光电拣选、油膏分选、选择性磨矿－筛分、表层浮选、电选、磁选、重液分离等。

金刚石粗精矿的精选流程，无论处理的是原生矿床的矿石还是砂矿都基本相同。一般粗粒级采用光电拣选、油膏分选、选择性磨矿－筛分、手选等方法处理；中粒级采用表层浮选、磁选、电选、选择性磨矿－筛分等方法；小于1 mm的细粒级则用化学处理、浮选、磁流体静力分选、重液分离等方法。

山东蒙阴金刚石矿是原生金刚石矿床，在该矿的金刚石选矿厂处理的原矿中，主要含有金刚石、橄榄石、金云母、镁铝榴石、铬镁铝榴石、铬尖晶石、钙钛矿、磷灰石等，图29－1是选矿厂所采用的生产流程之一。

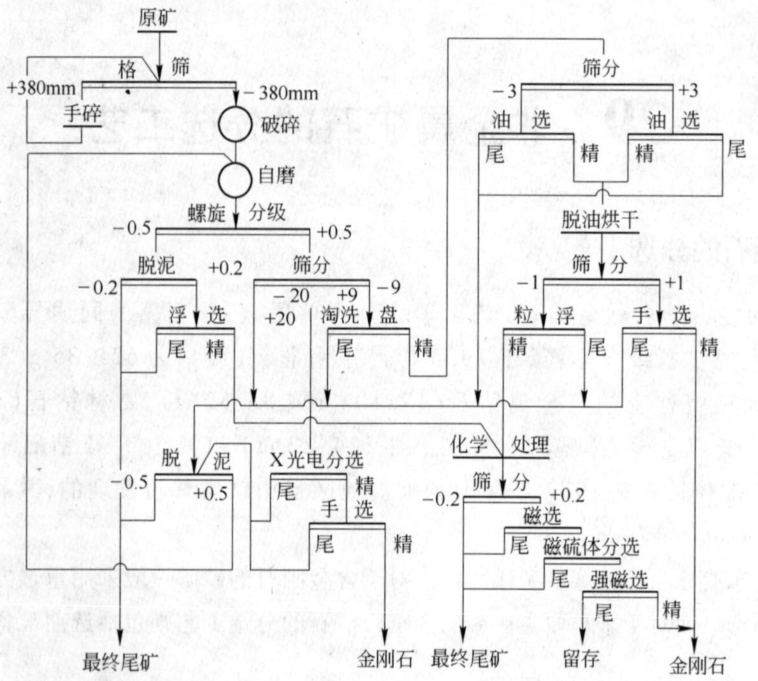

图29－1　蒙阴金刚石矿选矿厂的工艺流程图

29.2　石墨的分选工艺

石墨按照结晶颗粒的大小分为显晶质和隐晶质两种。显晶质石墨的结晶颗粒粒度较粗，一般能用肉眼分辨其晶体颗粒的结构。隐晶质石墨的结晶颗粒粒度极细，在偏光显微镜下也不能分辨其晶体颗粒的结构，仅有光性反应。显晶质石墨的可浮性好，通过浮选可获得各种合格产物，而隐晶质石墨的可选性较差。

石墨的常用分选方法有浮选、电选或重－浮联合流程，其中以浮选法应用最广。

鳞片状石墨具有良好的天然可浮性，且密度较小，因而粗粒也易浮。捕收剂常用煤油，用量约为0.5～2.5 kg/t，也可用柴油及其他石油馏分（如杂酚油等）；起泡剂用2号油。一般情况下，不加调整剂即可获得很好的浮选指标。当矿石中含有大量方解石时，为了抑制细泥和云母等，常添加水玻璃、石灰、碳酸钠等。对矿石中的碳质页岩，常用淀粉、有机胶、木素磺酸盐等进行抑制。

由于石墨产品的质量是鳞片愈大愈好，含杂愈少愈好，因而浮选石墨常采用阶段磨浮流程以保护鳞片不受或少受破坏，为此常将入选原矿磨到－0.6～－0.8 mm就进行浮选，得出粗精矿和废弃尾矿，然后将粗精矿进行多次再磨和再选。

山东南墅石墨矿选矿厂采用的工艺流程如图29－2所示。处理矿石中的石墨呈鳞片状，嵌布粒度一般为0.1～1.0 mm。浮选采用煤油作捕收剂，其用量为200～250 g/t；用2号油和4号油作起泡剂，其用量为200～300 g/t；用石灰作介质调整剂，浮选矿浆的pH值保持在8～9，以抑制黄铁矿。

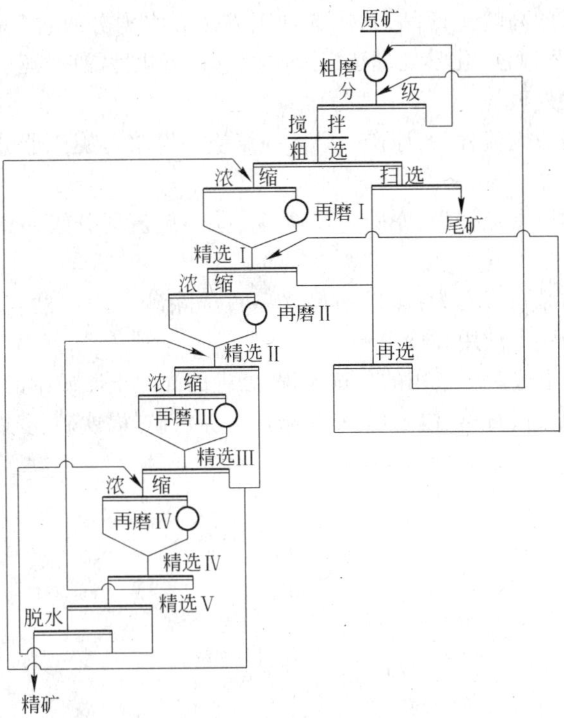

图 29－2 山东南墅石墨矿选矿厂的工艺流程图

29.3 黏土矿物的分选工艺

黏土矿物是指含水的硅酸盐或铝硅酸盐矿物，其化学成分除 H_2O 外，一般含有大量的 SiO_2 和 Al_2O_3，有些还含有一定量的 Fe_2O_3、MgO 及少量的 K_2O、Na_2O、CaO 等。黏土矿物的颗粒粒度通常小于 2 μm，所以在偏光显微镜下难以辨认。瑞典学者哈丁和德国学者林涅分别于 1923 年和 1924 年，对黏土进行了 X 射线分析，证实大部分黏土矿物属于结晶质矿物。其晶体结构主要是由 Si－O 四面体与 Al－O(OH) 八面体复合组成的层状格子彼此叠置而成的；仅有少数属于非晶质的（如水铝石英等）。呈层状结构的结晶质黏土矿物有高岭石、珍珠陶土、迪开石、蛇纹石、叶蜡石、滑石、蒙脱石、皂石、蛭石、伊利石、白云母、黑云母、绿泥石等。

29.3.1 高岭土的分选工艺

高岭土除了用作陶瓷生产的主要原料外，还作为涂料、工业填料和耐火材料等，广泛应用于造纸、橡胶、塑料、石油精炼等工业部门。

高岭土中包含的矿物有黏土矿物和非黏土矿物 2 类，其中的黏土矿物主要是高岭石族矿物，其次是少量的水云母、蒙脱石和绿泥石；非黏土矿物主要是石英、长石和铝的氧化物矿物及氢氧化物矿物、铁矿物（褐铁矿、白铁矿、磁铁矿、赤铁矿、菱铁矿）、钛矿物（钛铁矿、金红石、白榍石）、有机物质（植物纤维、有机泥炭及煤）等。决定高岭土性能的主要是黏土类矿物。

自然产出的高岭土矿石，根据其质量、可塑性和砂质的含量，可划分为硬质高岭土、软质高岭土和砂质高岭土 3 种。

为了分选出高岭土中的石英、长石、云母、铁矿物、钛矿物等非黏土矿物及有机物质等，生产出满足各应用领域需求的高岭土产品，常用的加工方法有水力分级、高梯度强磁选、载体浮选、“双液层”分选、选择性絮凝法、化学处理法（还原性漂白、氧化性漂白、亚硫酸电解法）、高岭土剥片、焙烧加工、表面改性处理等。

分选硬质高岭土的原则流程为：原矿→破碎→焙烧→捣浆→旋流器分级→剥片→离心机分级→填料→造纸涂料。

分选软质高岭土的原则流程为：原矿→破碎→捣浆→旋流器分级→离心机分级→剥片→磁选（漂白）→造纸涂料。

分选砂质高岭土的原则流程为：原矿→捣浆→重选除砂→调和槽（添加载体和药剂）→浮选→优质造纸涂料和陶瓷生产用高岭土。

图29－3是一高岭土选矿厂采用的分选流程，处理的高岭土原矿中的主要矿物为高岭石、埃洛石和水云母，其次为长石、石英、白云母，有害杂质为赤铁矿、褐铁矿、菱铁矿、白钛矿、钛铁矿和金红石。

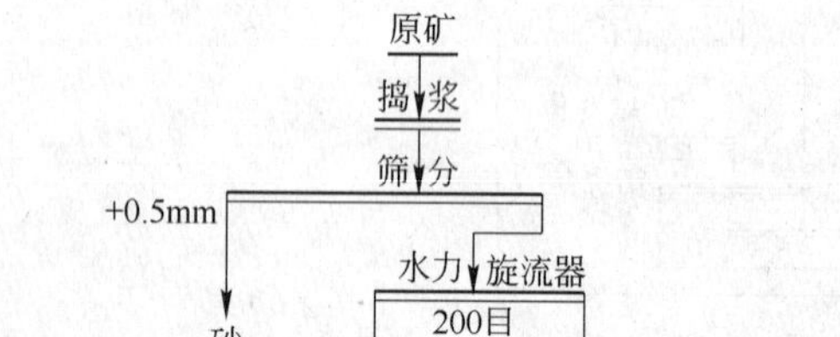

图29－3 一种用于分选高岭土的工艺流程

29.3.2 膨润土的分选工艺

膨润土是以蒙脱石为主要成分的黏土，含少量伊利石、长石、方解石、石英等，其主要化学成分是 SiO_2、Al_2O_3 和 H_2O。由于膨润土具有吸水性、膨胀性、阳离子交换作用、触变性、黏结作用、吸附性、增稠作用、脱色作用等独特性能，被广泛用作铁精矿球团和铸造型砂的黏结剂、动植物油的脱色和净化剂；还被用来配制钻井泥浆、改良土壤、净化用水、处理污水；此外还用在民用和建筑行业以及造纸、纺织、印染、陶瓷、医药、化妆品生产、机械等工业部门。

膨润土的分选方法有干法和湿法两种。干法（风力）分选的主要工艺过程为：初步干燥、破碎、干燥、冷却、磨粉分级、除尘、均化、包装。当膨润土原矿的组成复杂、含非黏土矿物较多、蒙脱石含量为30%～50%时，采用湿法分选，其主要工艺过程为：破碎、制浆、沉降分离、脱水干燥等。辽宁黑山膨润土矿的主要产品为膨润土粉、钠基膨润土和内外墙体涂料等，生产钠基膨润土的工艺流程如图29－4所示。

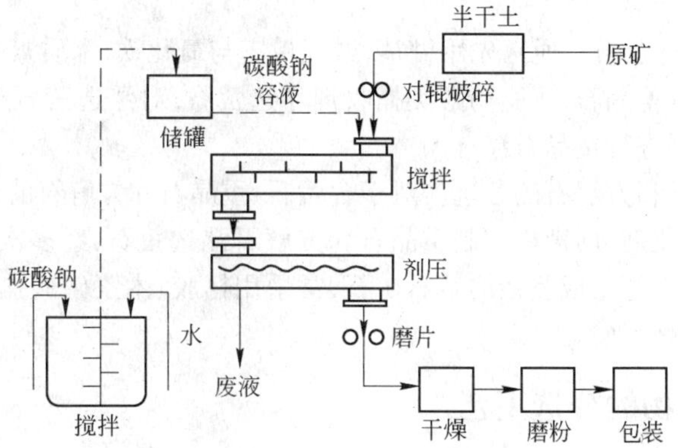

图29－4　钠基膨润土的生产流程图

29.4　萤石的分选工艺

萤石主要用于冶金、化学、玻璃、陶瓷、光学仪器制造等工业部门。中国是世界上萤石精矿的主要生产国之一。

对于萤石块矿，生产中常采用手选、跳汰分选、摇床分选、重介质分选等方法进行分选，但生产化工部门所需要的商品级萤石精矿时，则必须采用浮选工艺。

浮选萤石常用的捕收剂是油酸，其浮选过程对矿浆的pH值比较敏感，当pH值小于5时，萤石不浮；随着pH值的增大，可浮性也随之提高，适宜的pH值为8～10。浮选萤石时，常用的pH值调整剂为碳酸钠和氢氧化钠，脉石抑制剂为水玻璃、糊精、偏磷酸钠、木质磺酸盐以及栲胶等。

生产中常见的萤石浮选工艺有以下几种：

（1）萤石与硫化物矿物的分选。矿石中含硫化物矿物比较多时，常用黄药类捕收剂先浮选出硫化物矿物，然后用脂肪酸类捕收剂浮选萤石。为了提高萤石精矿的质量，在浮选萤石时常加硫化钠抑制残余的硫化物矿物。如果矿石中硫化物矿物含量很少，没有回收价值，则往往直接用硫化钠、硫氢化钠等抑制硫化物矿物，用脂肪酸类捕收剂浮选萤石。

（2）萤石与石英的分选。用浮选法处理脉石矿物主要是石英的萤石矿石时，常用油酸作捕收剂，用水玻璃做石英的抑制剂，用碳酸钠将矿浆的pH值调到8～9。比如某萤石选矿厂，将矿石磨到－0.074 mm占60%后，进行浮选得萤石粗精矿，然后将粗精矿再磨到－0.074 mm占80%，经6次精选得到含萤石大于97%、含SiO_2和$CaCO_3$均小于1%的优质萤石精矿，萤石的回收率为75%。

（3）萤石与方解石的分选。方解石是萤石矿石中的常见脉石矿物，它的存在对脂肪酸类捕收剂的作用效果有显著影响，使浮选分离发生困难。为了克服这一问题，生产中常添加少量的铝盐（如硝酸铝）活化萤石、抑制方解石，有时还另外添加水玻璃、单宁等强化对方解石的抑制效果。

（4）萤石与重晶石的分选。萤石与重晶石的可浮性相近，所以实践中通常使用油酸作捕收剂、水玻璃作抑制剂，混合浮选得萤石和重晶石的混合精矿，然后再对混合精矿进行分离。采用的分离方案主要有：

1）抑制萤石浮选重晶石。先使用柠檬酸和氯化钡作调整剂，用烃基硫酸酯作捕收剂浮选重晶石，精选几次后得重晶石精矿，然后将浮选重晶石的尾矿矿浆浓缩至固体质量分数为40%左右，再加水玻璃抑制脉石矿物，用脂肪酸类捕收剂浮选萤石，经多次精选得到萤石精矿。

2）抑制重晶石浮选萤石。通常先用糊精，或者单宁与氯化铁、木质素磺酸盐与氟化钠、水玻璃与硫酸亚铁联合抑制重晶石，用脂肪酸类捕收剂浮选萤石；对浮选萤石产出的亲水性产物，再用上述重晶石浮选药剂进行重晶石浮选。

（5）萤石与重晶石和方解石的分选。对于含萤石、重晶石和方解石的矿石，一般采用油酸作捕收剂，少量铝盐作活化剂，用糊精抑制重晶石和方解石浮选萤石，经多次精选得萤石精矿。对含有较多方解石、白云石等组成复杂的萤石矿石，常采用栲胶、木素磺酸盐和氟化钠作脉石矿物的抑制剂。

29.5　蓝晶石族矿物的分选工艺

蓝晶石族矿物包括蓝晶石、硅线石和红柱石，三者为同质异象矿物，是一组铝硅酸盐矿物，其化学式为$Al_2[SiO_4]O$。蓝晶石族矿物在高温下（1100～1650℃）煅烧可转化为莫来石（富铝红柱石）和熔融状游离二氧化硅，同时产生不同程度的体积膨胀，其转化反应式为：

$$3Al_2[SiO_4]O \xrightarrow{1300℃以上} 3Al_2O_3 \cdot 2SiO_2 + SiO_2$$

莫来石具有很好的耐高温性能（在1800℃下仍很稳定）、化学稳定性和良好的机械强度，因而蓝晶石族矿物在冶金、建材及其他工业部门得到了广泛应用。

除用于生产耐火材料外，蓝晶石族矿物还可以用来制备硅铝合金和金属纤维，这些材料可用于制造汽车、宇宙飞船和雷达的具有特殊技术需要的部件。

蓝晶石矿石的分选主要采用单一浮选方法或重－浮选联合流程。图29－5和图29－6是2个生产中应用的实例。

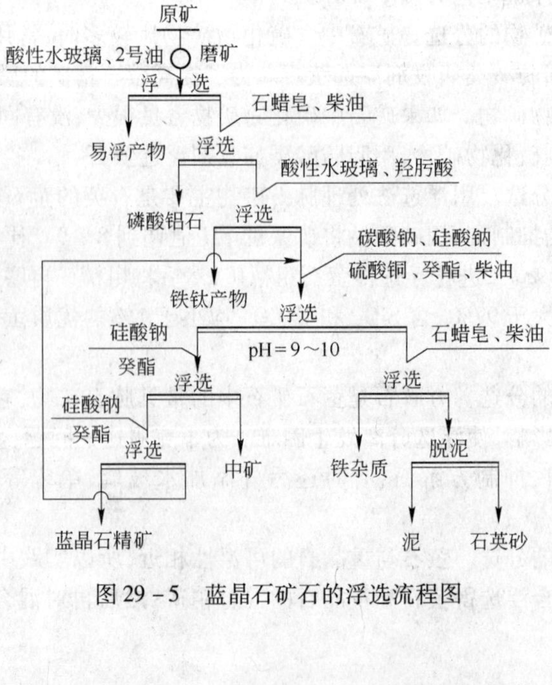

图29－5　蓝晶石矿石的浮选流程图

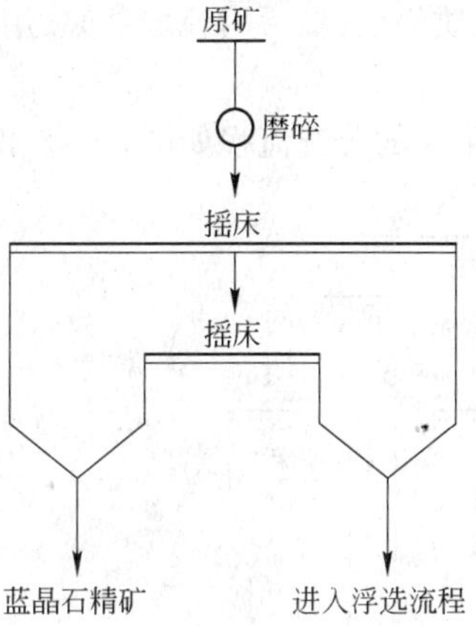

图 29－6　蓝晶石矿石的重－浮选流程图

在酸性介质中浮选蓝晶石时,最佳矿浆 pH 值为 3.5～4.5(通常用硫酸或氢氟酸调节),采用石油磺酸钠作捕收剂。在酸性介质中浮选,选择性好,精选次数少,适宜的温度范围宽,但酸的消耗量大,易造成设备腐蚀和环境污染。在中性和碱性介质中浮选,最佳矿浆 pH 值为 6～8(通常用碳酸钠或氢氧化钠调节),采用油酸或氧化石蜡皂等作捕收剂,用水玻璃、乳酸或蚁酸等作抑制剂,适宜的浮选矿浆温度为 30℃左右。

硅线石和红柱石的浮选过程多在碱性条件下进行,采用焦磷酸钠或羧甲基纤维等作抑制剂。中国黑龙江某硅线石选矿厂的工艺流程如图 29－7 所示,处理的原矿中有回收价值的矿物为硅线石和石墨,共生矿物有斜长石、钾长石、石英、石榴子石、黑云母、白云母、方解石及少量钛铁矿、黄铁矿等。首先从矿石中浮选出石墨,然后在中性介质中浮选硅线石,硅线石浮选得出的泡沫产品经脱水和干燥后,再用磁选进行分离,得到的磁性产物为钛铁石榴子石,非磁性产物即为硅线石精矿。

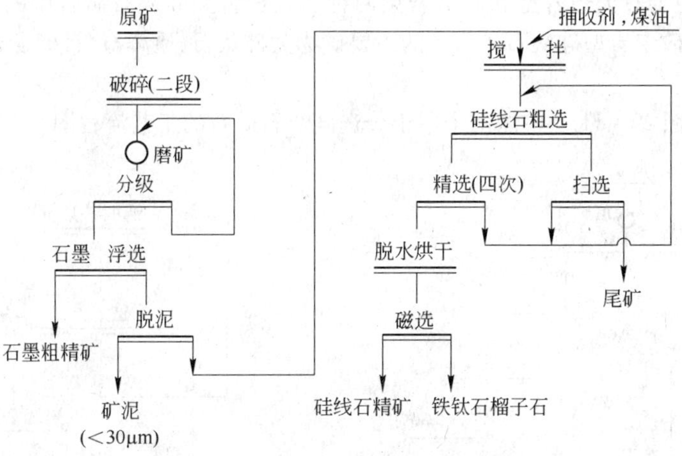

图 29－7　硅线石矿石的选矿工艺流程图

生产中常采用重选或磁－浮联合流程对红柱石矿石进行分选。采用重选流程分选红柱石时,红柱石精矿往往含铁偏高,需要用磁选方法进一步处理,所以流程比较复杂,红柱石的回收率比较低。

采用磁－浮联合流程分选红柱石时,一般先用湿式强磁场磁选机选出 20%左右的黑云母、石榴子石等磁性矿物，然后浮选碳质物质，最后用硫酸调浆，用石油磺酸钠、羟肟酸、木素磺酸钠等药剂浮选红柱石。

中国河南某红柱石矿选矿厂采用的分选流程如图29－8和图29－9所示。

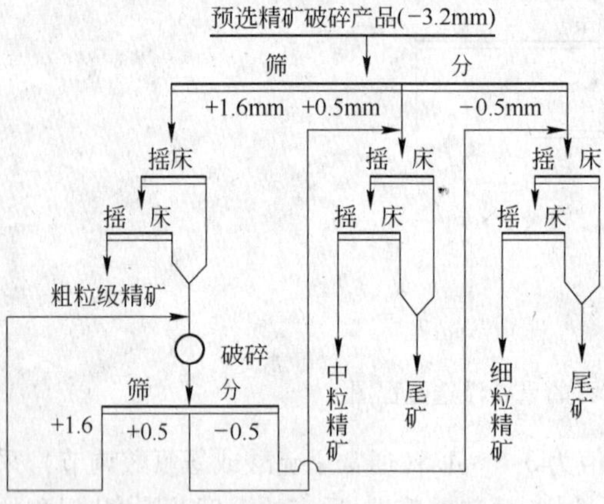

图29－8　红柱石的重选流程图

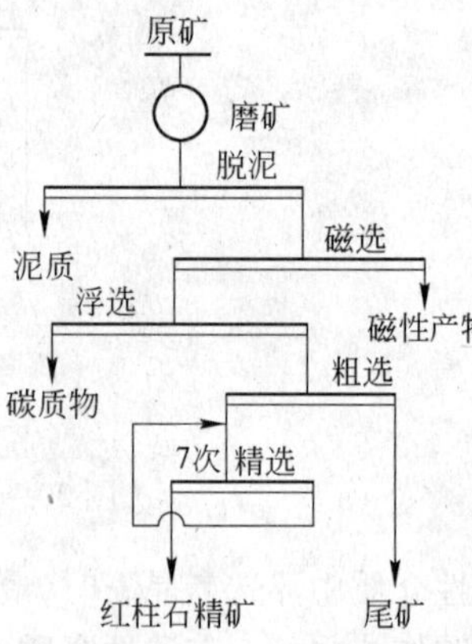

图29－9　红柱石的磁－浮联合流程图

29.6　硅灰石的分选工艺

硅灰石属于钙质偏硅酸盐矿物，其化学式为$Ca_3[Si_3O_9]$。其中的钙易被铁、锰、镁、钛、锶等取代，形成类质同象，所以纯净的硅灰石很少见。硅灰石具有针状、纤维状晶体形态和很高的白度、良好的介电性能、较高的耐热性能等。在陶瓷工业中，硅灰石主要用于生产釉面砖、卫生陶瓷制品、日用陶瓷制品、美术陶瓷制品、电力陶瓷制品、多孔过滤陶瓷制品等；在化学工业中，硅灰石用作生产高质量白色油漆、各种彩色柔和油漆、涂料等的填料。此外，硅灰石还用于其他许多工业部门。

硅灰石矿石主要有大理岩型和矽卡岩型两种。大理岩型硅灰石矿石中的主要矿物为硅灰石、方解石、石英；矽卡岩型硅灰石矿石中的主要矿物为硅灰石、透辉石、石榴子石、方解石、石英、长石。

图29－10和图29－11是中国两个用于分选硅灰石矿石的工艺流程图。

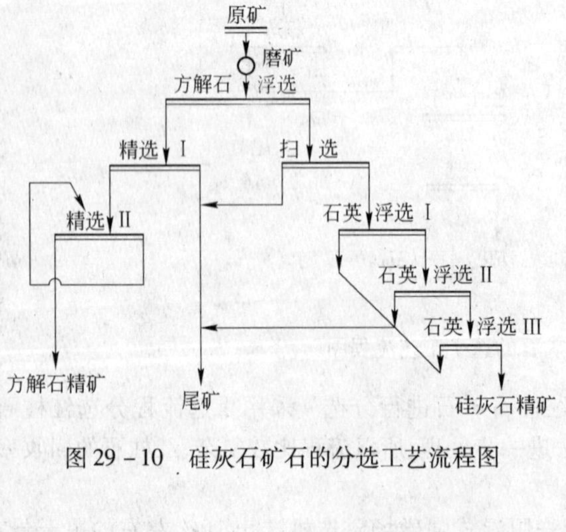

图29－10　硅灰石矿石的分选工艺流程图

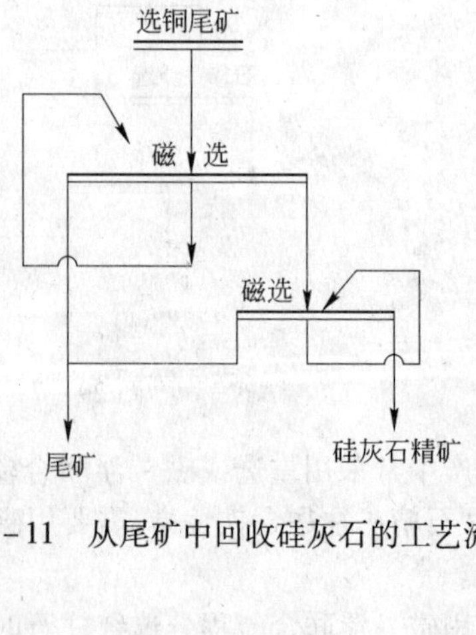

图29－11　从尾矿中回收硅灰石的工艺流程图

30 煤炭与固体废弃物的分选工艺

30.1 煤炭的分选工艺

煤炭分选的目的是除去原煤中的杂质,将原煤加工成一定质量的品种煤,以满足各种工业部门的需要。煤炭的分选工艺是由原煤性质和产品质量要求决定的。一般来说,选煤厂都是由原煤受煤、选前准备、分选作业、煤泥的分选和回收、分选产品的脱水等部分组成。

原煤受煤就是原煤进厂方式。原煤一般由矿井或采场直接运到选煤厂的受煤坑,使用的运输工具有卡车、胶带运输机、矿车等。

选前准备主要是将原煤分成适合分选过程的粒度级别,并对选煤车间处理不了的大块和木头、铁器等杂质物进行处理。

分选作业将原煤分选为精煤、中煤和矸石。对于粒度大于0.5 mm的原煤常采用重选方法进行分选,0.5 mm以下的煤泥多采用浮选方法进行分选。

选煤采用的重选方法主要有跳汰分选、重介质分选、摇床分选、溜槽分选等。图30－1和图30－2是比较典型的选煤厂生产流程图。

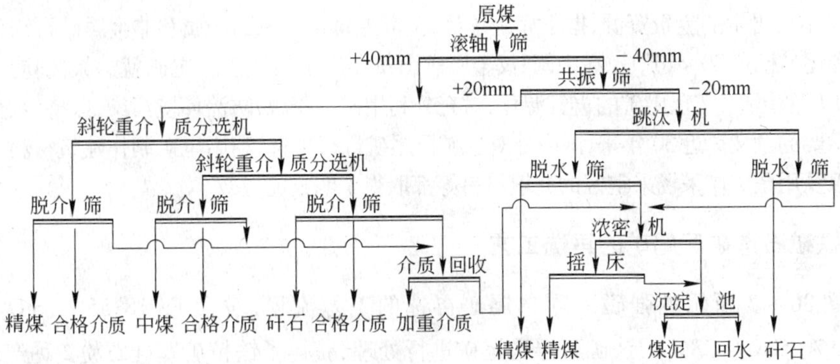

图30－1 选煤厂的原则流程图

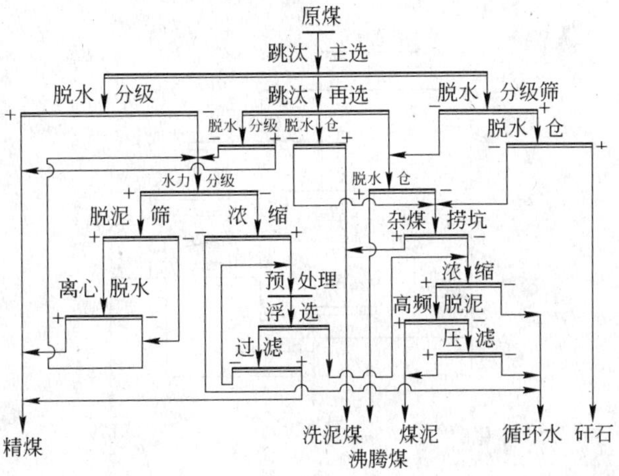

(a)

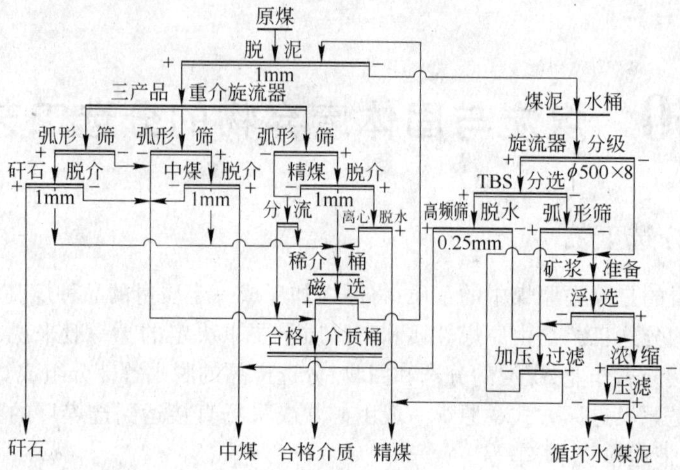

(b)

图 30－2　沈阳红阳三矿选煤厂的工艺流程图

(a) 跳汰车间；(b) 重介车间

30.2　选矿厂尾矿的再选工艺

矿产是不可再生的宝贵资源，据不完全统计，全世界每年开采的金属和非金属矿石约 9×10^9 t，排弃的废石和尾矿已达 30×10^9 t。在中国，仅金属矿山每年产出的选矿厂尾矿就达数亿吨。因此，合理地利用选矿厂的尾矿，实现尾矿的再资源化，对充分利用矿产资源、防治环境污染、保持生态平衡等，都具有非常重要的意义。近 30 年来，国内外对选矿厂尾矿进行再选，利用尾矿制作建筑材料、耐火材料、玻璃制品以及用尾矿作采场采空区的充填材料等都取得了明显的成效。

30.2.1　铁矿石选矿厂尾矿的再选工艺

采用图 30－3 所示的强磁－浮选尾矿再选的工艺流程，对含 Fe 18.55%、SiO_2 70.90%、Al_2O_3 1.63%、CaO 0.28% 的铁矿石浮选尾矿进行处理，获得了铁精矿和硅石粉 2 种产品，其选别指标见表 30－1。

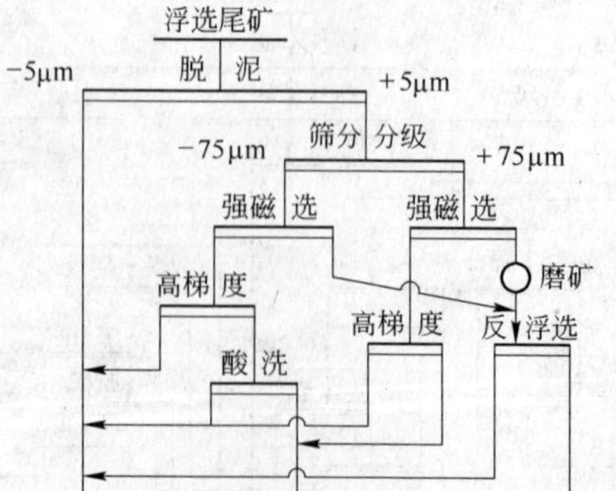

图 30－3　浮选尾矿再选的工艺流程图

表 30－1　浮选尾矿再选试验结果

产　物	产率/%	铁品位/%	SiO_2 品位/%	铁回收率/%
铁精矿	16.06	61.29		53.05
硅石粉	14.78	0.40	98.10	0.48
再选尾矿	69.19	12.46		46.49
原浮选尾矿	100.00	18.55	70.95	100.00

30.2.2　选锡尾矿的再选工艺

我国云南锡业公司现存尾矿达 1×10^8 t 以上，其中含锡达 2×10^5 t 以上，还伴生有铅、锌、铟、铋、铜、铁等多种金属。该公司从 1971 年开始，对尾矿进行再选，图 30－4 是采用的生产流程之一。再选尾矿含锡 0.42%，通过再选获得的锡精矿的锡品位为 40.08%，中间产物的锡品位为 3.62%，精矿中的锡回收率为 16.01%，中间产物中的锡回收率为 12.54%，两项累计的锡回收率为 28.55%。

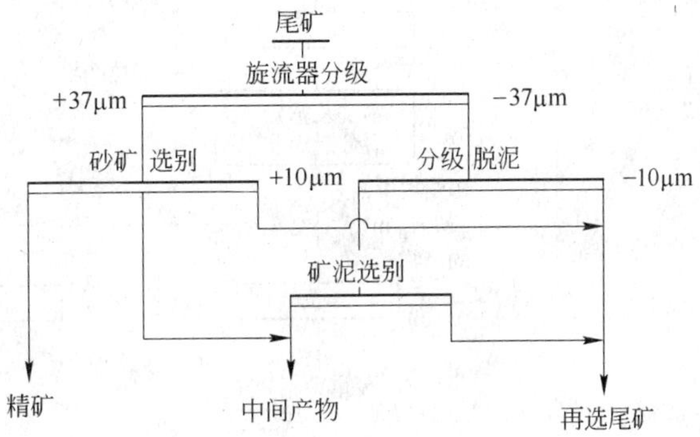

图 30－4　选锡尾矿再选的工艺流程图之一

30.2.3　铅锌浮选尾矿的再选工艺

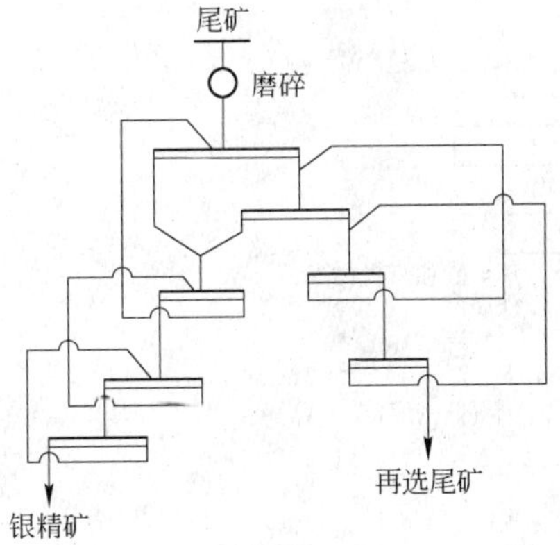

图 30－5　一矿铅锌矿石浮选尾矿再选的工艺流程图

一铅锌矿石选矿厂的尾矿中，含银 69.94 g/t、硫 2.335%、铅 0.19%、锌 0.187%，银矿物主要为自然银、辉银矿、金银矿及黑硫锡银矿。银矿物的嵌布粒度比较细，均小于 0.038 mm。尾矿中银的单体解离度只有 10.75%，绝大部分是与黄铁矿和脉石矿物的连生体。因此，尾矿在选别之前必须进行再磨，其工艺流程如图 30－5 所示。

将尾矿磨到 －0.053 mm 占 91.60% 后，加入碳酸钠（3000 g/t）调浆，以丁基铵黑药（53 g/t）和丁基黄药（63 g/t）为捕收剂，2 号油（8 g/t）为起泡剂，栲胶（100 g/t）为抑制剂，浮选回收尾矿中的银。试验结果为：银精矿中的银品位最高可达 1193.85 g/t、银的回收率为 63.74%。

30.3　其他固体废弃物的分选工艺

30.3.1　废机动车辆和城市固体垃圾的分选工艺

废机动车辆的成分大致为钢铁 69%，塑料 10%，有色金属 6.5%，玻璃 3.5%，其他组分 11%，由于这些组分的物理性质之间存在着明显差异，所以可利用分选方法对其进行分选，以回收各种有价组分。图 30－6 所示的工艺流程就是其中的一个例子。

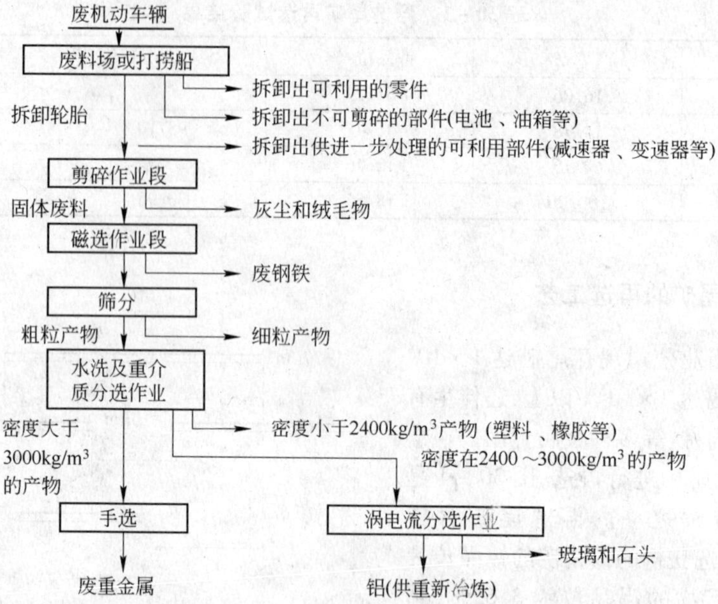

图 30－6　从废机动车辆中回收金属的生产工艺流程

从图 30－6 中可以看出，经过机械分选和人工分选，使废机动车辆的有价组分得到了有效分离。德国亚琛(Aachen)大学推荐的城市固体垃圾的分选流程如图 30－7 所示。从图中可以看出，利用这种工艺流程，可以分选出垃圾中的多种有用组分。

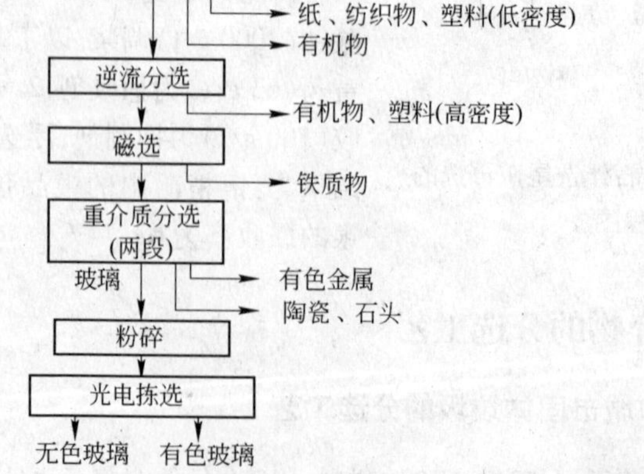

图 30－7　处理城市固体垃圾的工艺流程图

30.3.2 废蓄电池的分选工艺

废蓄电池的成分主要有橡胶、塑料、金属等，通常利用单一的重选工艺流程就可以分选出各种有用物质。图 30－8 和图 30－9 是废蓄电池分选流程的 2 个例子。

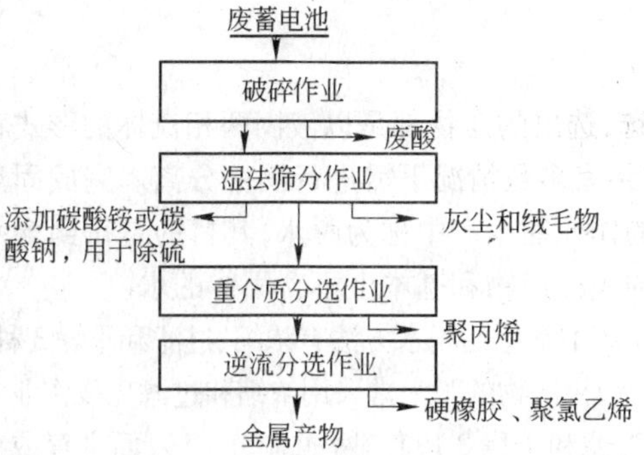

图 30－8 从废蓄电池中回收有价组分的工艺流程图

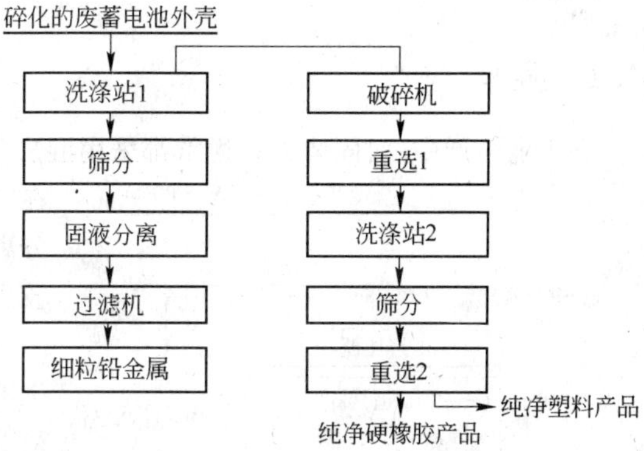

图 30－9 从废蓄电池外壳中回收有价组分的工艺流程图

30.3.3 铸造废型砂的分选工艺

铸造用过的型砂因含有一些残留的金属（如铁、铅、铜等）而无法直接重复使用。为了解决这一问题，美国于 20 世纪 80 年代末推出了图 30－10 所示的处理黄铜铸造废型砂的工艺流程。利用这一处理流程，可以从废型砂中分离出可重新利用的黄铜铸结物、铁球和型砂。

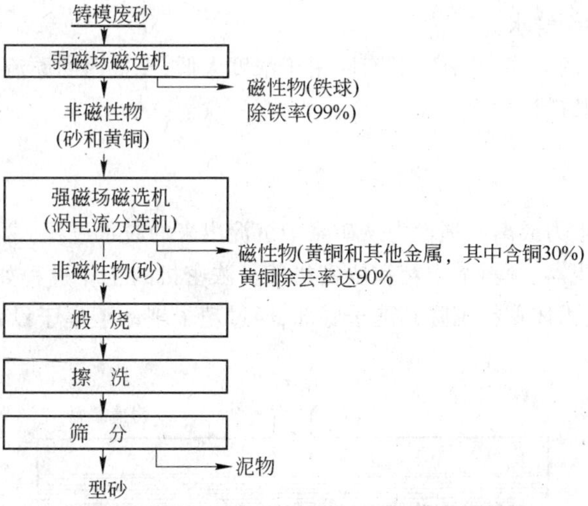

图 30－10 处理废铜铸造废型砂的工艺流程图

31 辅助作业

31.1 脱水

在工业生产中，对固体物料通常都采用湿法分选，选出的产物都是以液固两相流体的形式存在，在绝大多数情况下需进行固液分离。完成固液分离的作业在生产中称为脱水，其目的是得到含水较少的固体产物和基本上不含固体的水。

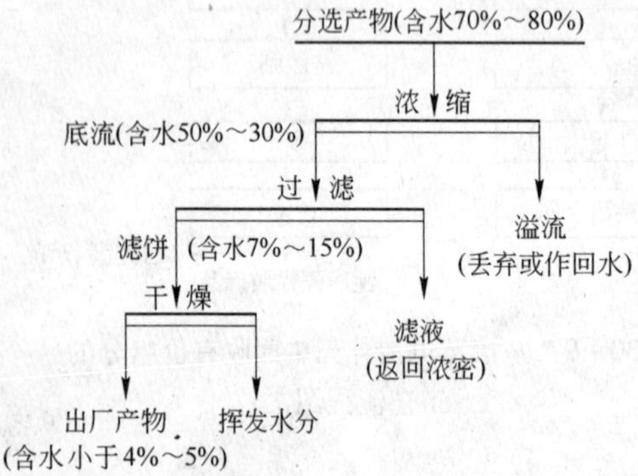

图 31－1　典型的脱水流程图

生产中常用的脱水方法有浓缩、过滤和干燥 3 种。选矿厂销售产物的脱水常采用浓缩和过滤 2 段作业或浓缩、过滤和干燥 3 段作业（见图31－1），而堆存或抛弃产物的脱水通常只采用浓缩 1 段作业。

对销售产物进行脱水是为了便于运输、防止冬季冻结以及达到烧结、冶炼或其他加工过程对产物水分含量的要求。例如，浮选铜精矿呈泡沫产品时，水分一般在 70% ~80%，经过脱水后水分可以降到 8% ~12%，夏季要求出厂的铜精矿水分不大于 12%，冬季则要求不大于 8%。对于一些有特殊要求或出口的分选产物，往往要求其中的水分不大于 2% ~4%。

抛弃产物一般不经脱水直接送堆存库，回收其中的水循环使用，或经 1 段浓缩。为了降低耗水量或防止废水污染环境，选矿厂都使用一定量的循环水，有的选矿厂循环水的用量甚至高达 90% ~95%，仅用少量新鲜水。

此外，选矿过程中的某些中间产物，有时由于浓度太低，直接返回原流程会恶化选别过程，在这种情况下也需要对其进行脱水。

31.1.1 浓缩

浓缩是颗粒借助重力或离心惯性力从矿浆中沉淀出来的脱水过程，常用于细粒物料的脱水，常用的设备有水力旋流器、倾斜浓密箱和浓密机等。浓密机的工作过程如图 31－2 所示。矿浆从浓密机的中心给入，固体颗粒沉降到池子底部，通过耙子耙动汇集于设备中央并从底部排出；澄清水从池子周围溢出。

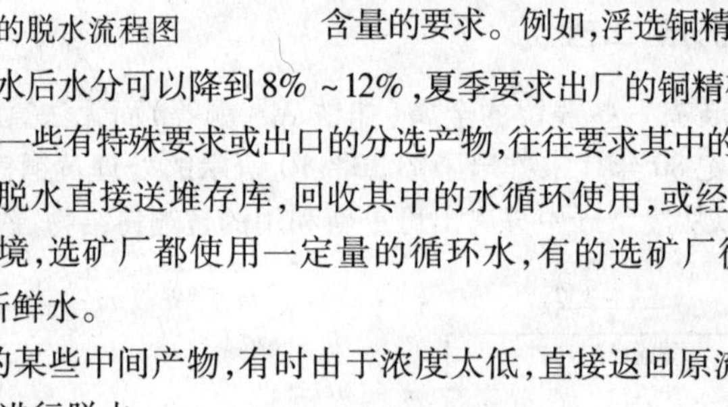

图 31－2　浓密机的工作过程示意图

A—澄清带；*B*—颗粒自由沉降带；*C*—沉降过渡带；*D*—压缩带；*E*—锥形耙子区

浓缩作业的给料浓度为20% ~30%。浓缩产物的浓度取决于被浓缩物料的密度、粒度、组成及其在浓密机中的停留时间等。对于密度为2800 ~2900 kg/m^3 的分选产物,浓缩产物的浓度一般为30% ~50%;密度为4000 ~4500 kg/m^3 的分选产物,浓缩产物的浓度为50% ~70%。

浓缩细磨物料时,为了防止溢流携带过多固体和提高浓缩设备的处理能力,常在浓缩前加入助沉剂(凝聚剂或高分子絮凝剂)以增加颗粒的沉降速度。常用的凝聚剂为无机盐电解质,例如,石灰、明矾、硫酸铁等,其中石灰最常用;常用的高分子絮凝剂为聚丙烯酰胺及其水解产物,用量为10 ~20 g/t。

浓密机按其传动方式分为中心传动和周边传动两种。图 31 -3 的是中心传动式浓密机的结构,其主要组成部分包括浓缩池、耙架、传动装置、耙架提升装置、给料装置和卸料斗等。

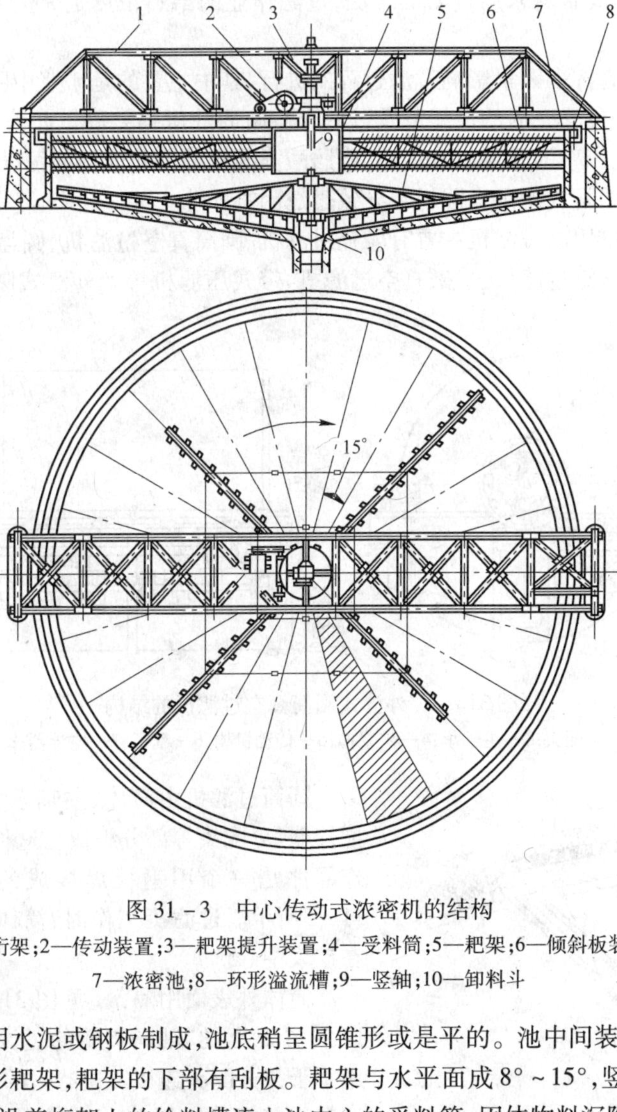

图 31 -3 中心传动式浓密机的结构

1—桁架;2—传动装置;3—耙架提升装置;4—受料筒;5—耙架;6—倾斜板装置;7—浓密池;8—环形溢流槽;9—竖轴;10—卸料斗

圆柱形浓缩池用水泥或钢板制成,池底稍呈圆锥形或是平的。池中间装有 1 根竖轴,轴的末端固定有 1 个十字形耙架,耙架的下部有刮板。耙架与水平面成8° ~15°,竖轴由电动机经传动机构带动旋转,矿浆沿着桁架上的给料槽流入池中心的受料筒,固体物料沉降在池的底部由刮板刮到池中心的卸料斗排出,澄清的溢流水从池上部环形溢流槽溢出。

浓密机中部设有耙架的提升装置,当耙架负荷过大时,保护装置发出信号并自动提升耙架,避免发生断轴或压耙事故。

周边传动式浓密机的基本构造和中心传动式的相同,只是由于直径较大,耙架不是由中心轴带动,而由周边传动小车带动。周边传动式浓密机由于耙架的强度高,其直径可以做得很大,最大规格已达 ϕ100~180 m。

浓密机具有构造简单、操作方便等优点,被广泛应用于浓缩各种物料。其缺点是占地面积较大,不能用来处理粒度大于3 mm的物料,因为粒度大易于将底部堵塞。

31.1.2 过滤

固体物料分选工业生产中的过滤是借助于过滤介质(滤布)和压强差的作用,对矿浆进行固液分离的过程。滤液通过多孔滤布滤出,还含有一定水分的固体物料留在滤布上,形成一层滤饼。浓缩产物进一步脱水均采用过滤的方法,过滤作业的给料浓度通常为40%~60%,滤饼水分可降到7%~16%。

研究结果表明,有许多因素影响过滤过程的进行,其中主要的是矿浆中固体物料的浓度和粒度组成、矿浆的黏度、过滤介质的性能以及过滤介质两面的压强差等。此外,浮选药剂也是影响滤饼水分和过滤机生产率的重要因素之一,脂肪酸类捕收剂和起泡剂都可以使矿浆黏度增加,使过滤发生困难;过大的石灰用量也同样会导致过滤困难。

目前,选矿厂中应用的过滤机主要有陶瓷过滤机、圆筒真空过滤机、圆盘式(也称为叶片式)真空过滤机、折带式真空过滤机、永磁真空过滤机、带式压滤机等。外滤式圆筒真空过滤机的结构如图31-4所示。

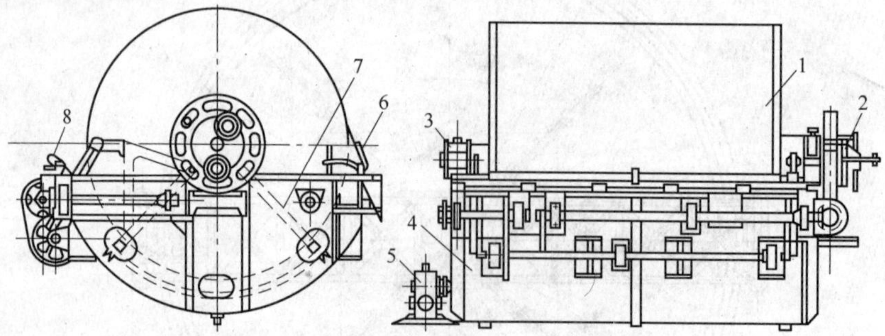

图31-4　外滤式圆筒真空过滤机的结构

1—筒体;2—分配头;3—主轴承;4—矿浆槽;5—传动机构;6—刮板;7—搅拌器;8—绕线机架

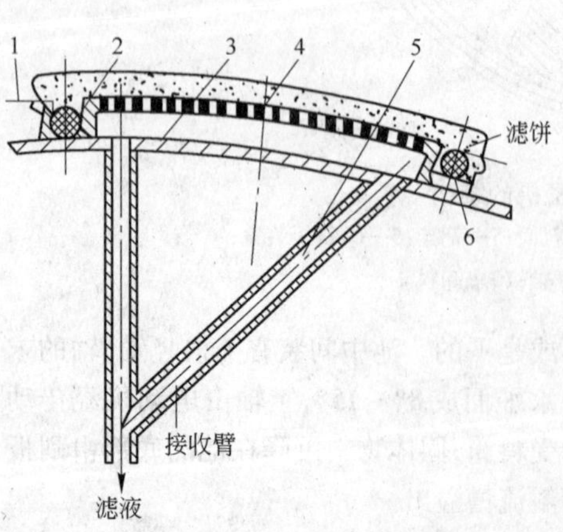

图31-5　过滤机筒体的结构

1—滤布;2—隔条;3—筒体;4—过滤板;5—管子;6—胶条

圆筒过滤机由筒体、主轴承、矿浆槽、传动机构、搅拌器、分配头等部分组成。这种过滤设备的主要工作部件是一个用钢板焊接成的圆筒,其结构如图31-5所示。过滤机工作时,筒体约有1/3的圆周浸在矿浆中。

筒体外表面用隔条(见图31-5)沿圆周方向分成24个独立的、轴向贯通的过滤室。每个过滤室都用管子与分配头连接。过滤室的筒表面铺设过滤板,滤布覆盖在过滤板上,用胶条嵌在隔条的槽内,并用绕线机构将钢丝连续压绕滤布,使滤布固定在筒体上。筒体支承在矿浆槽内,由电动机通过传动机构带动作连续的回转运动。筒体下部位于矿浆槽内,为了使槽内的矿浆呈悬浮状态,槽内有往复摆动的搅拌器,工作时不断搅动矿浆。

分配头是过滤机的重要部件,其位置固定不动,通过它控制过滤机各个过滤室依次地进行过滤、滤饼脱水、卸料及清洗滤布。分配头的一面与喉管严密地接触,并能相对滑动;另一面通过管路与真空泵、鼓风机联结。分配头内部有几个布置在同圆周上并且互相隔开的空腔,形成几个区域,如图31-6所示。

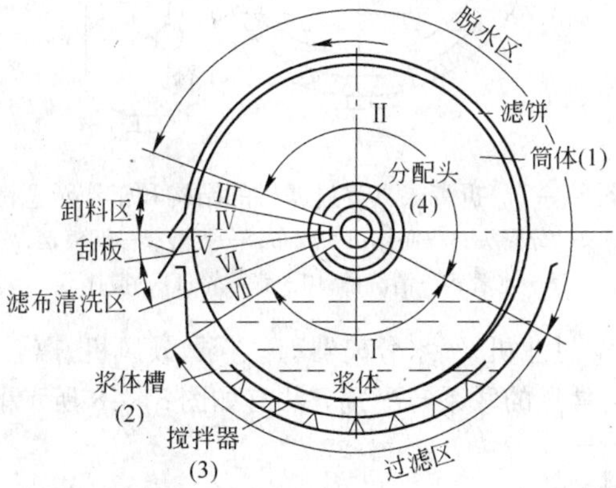

图31-6 分配头分区及过滤机工作原理示意图

Ⅰ区和Ⅱ区与真空泵接通,工作时里面保持一定的真空度。与Ⅰ区对应的筒体部分浸没在矿浆中,称为过滤区。Ⅱ区在液面之上,称为脱水区。Ⅳ区和Ⅵ区都与鼓风机相通,工作时里面的压强高于大气压,Ⅳ区为卸料区,Ⅵ为滤布清洗区。Ⅲ、Ⅴ、Ⅶ区不工作,它们的作用是把其他几个工作区分隔开,使之不能串通。

筒体旋转过程中,每个过滤室都依次地同分配头的各个区域接通,过滤室对着分配头某个区域时,过滤室内就有和这个区相同的压强。喉管和分配头之间既要相对滑动,又要严密地接触,不漏气,它们之间的接触面磨损是不可避免的。为了便于维修,在它们之间往往加2个称为分配盘和错气盘的部件,以便磨损后更换。分配盘具有与分配头相同的分区;错气盘具有与喉管相同的孔道。过滤机工作时,筒体在矿浆槽内旋转。筒体下部与分配头Ⅰ区接通,室内有一定的真空度,将矿浆逐渐吸向滤布。水透过滤布经管子被真空泵抽向机外,在滤布表面形成滤饼。圆筒转到脱离液面的位置后,进入Ⅱ区,滤饼中的水分被进一步抽出。圆筒转到Ⅳ区时,和鼓风机接通,将滤饼吹动,并通过刮板将滤饼刮下。圆筒转到Ⅵ区后,继续鼓风并清洗滤布,恢复滤布的透气性。圆筒继续旋转,又进入过滤区开始下一个循环。

滤布是过滤机的重要组成部分,对过滤效果起重要作用。通常要求滤布具有强度高、抗压、韧性大、耐磨、耐腐蚀、透气性好、吸水性差等性能,以降低滤饼水分,提高过滤机的生产能力,减少滤布消耗。

过滤机的真空压强通常为80~93 kPa,瞬时吹风卸料的风压为78~147 kPa。滤饼厚度一般为10~15 mm,有时也可以达到25~30 mm。

外滤式真空过滤机主要用于过滤粒度比较细、不易沉淀的有色金属矿石和非金属矿石的浮选泡沫产品;内滤式真空过滤机主要用于过滤磁选得出的铁精矿;圆盘过滤机和陶瓷过滤机适用于过滤细料产物。

折带式真空过滤机改变了卸料方式并加强了对滤布的清洗,使过滤效果和设备的生产能力都有所提高。图31-7是折带式真空过滤机的结构和工作示意图,这种过滤机的特点是不用鼓风卸料,而是当滤布经过卸料辊时,滤饼自动卸下。

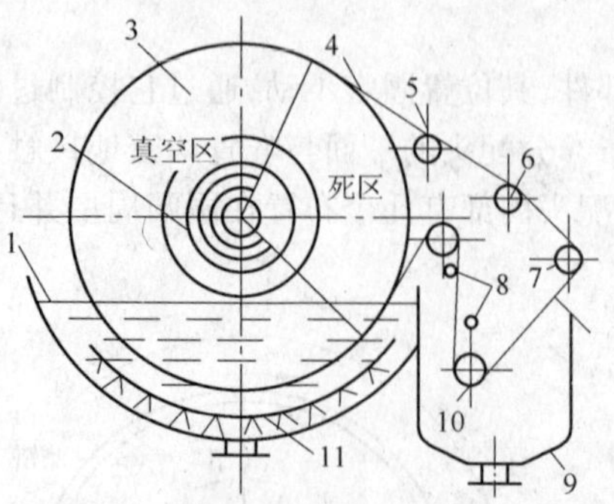

图31－7 折带式真空过滤机的结构和工作示意图

1—矿浆槽；2—分配头；3—筒体；4—滤布；5—托辊；6—调整辊；7—卸料辊；8—水管；9—清洗槽；10—张紧轮；11—搅拌器

生产实践中常利用真空过滤机、气水分离器、真空泵、鼓风机、离心式泵、自动排液装置、管路等组成过滤作业工作系统，常见的联系与配置方法有如图31－8所示的三种。

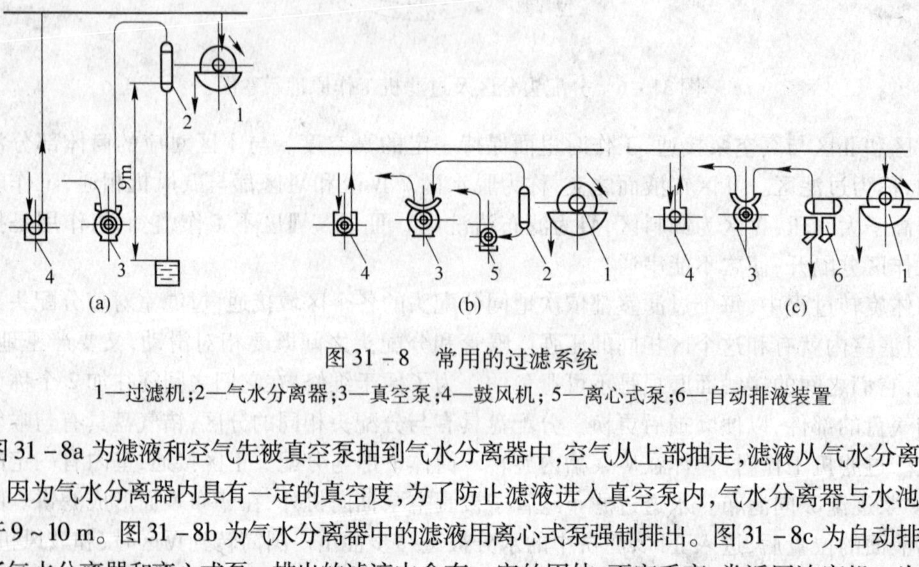

图31－8 常用的过滤系统

1—过滤机；2—气水分离器；3—真空泵；4—鼓风机；5—离心式泵；6—自动排液装置

图31－8a为滤液和空气先被真空泵抽到气水分离器中，空气从上部抽走，滤液从气水分离器下部排出。因为气水分离器内具有一定的真空度，为了防止滤液进入真空泵内，气水分离器与水池的落差要大于9～10 m。图31－8b为气水分离器中的滤液用离心式泵强制排出。图31－8c为自动排液装置取代了气水分离器和离心式泵。排出的滤液中含有一定的固体，不宜丢弃，常返回浓密机。为了保证过滤机工作情况稳定，过滤机的矿浆槽要有一定的溢流量，返回前一作业（浓密机）。

31.1.3 干燥

用加热蒸发的办法将物料中水分脱除的过程称为干燥。由于干燥过程的能耗大、费用高，且劳动条件比较差，所以一般情况下，应尽量使过滤产物的水分含量达到要求，不设干燥作业。当过滤产物的水分含量无法达到要求时，过滤之后再对产物进行干燥。此外，对于某些分选方法（如干式磁选、电选和风选等），原料中水分含量的波动对选别指标影响较大，在进行选别前需要对物料进行干燥，使其中的水分含量达到作业要求。

工业生产中常用的干燥设备有转筒干燥机、振动流化床干燥机、振动式载体干燥机和旋转闪蒸干燥机等。转筒干燥机以一个圆筒为主体，圆筒略带倾斜，倾角1°～2°，绕中心轴旋转。物料从圆筒向上倾斜的那一端给入，热风自燃烧室抽出后进入圆筒内，热风与物料接触，互相产生热交换，水分蒸发，使物料干燥。干燥机排出的废气，经过旋风集尘器回收其中携带的微细固体颗粒后排入大气中。在干燥机内,物料与热风的流向有顺流和逆流两种。干燥后物料的水分通常可降至2% ~6%,根据需要也可使物料的水分降到1%以下。

31.2 选矿厂尾矿的处置

选矿厂尾矿的处置包括贮存、尾矿水的循环使用和尾矿水净化三方面。

31.2.1 尾矿的贮存

尾矿设施是矿山生产中的重要环节,并与周围居民的安全和农业生产有着重大关系。因此,在建设和生产中必须予以充分重视。

无论是有色金属矿石或稀有金属矿石的选矿厂,还是铁矿石或锰矿石的选矿厂,其尾矿量都是很大的。例如一个日处理10 000 t原矿的有色金属矿石选矿厂,尾矿的产率以95%计,每天排出的尾矿量为9500 t,其体积约为5000 m^3。

尾矿的运输和堆存方法取决于尾矿的粒度组成和水分含量。重选厂产出的粗粒尾矿可采用矿车、皮带运输机、索道和铁路等运输方法;浮选厂和磁选厂排出的浆体状尾矿,一般采用砂泵运输,通过管道送至尾矿库。

筑坝和维护坝的安全是最重要的尾矿场管理工作。山谷型尾矿场多采用上游筑坝法,即在山谷的出口首先筑一个主坝,子坝则在主坝之上向上游一侧按一定的坡度逐次增高,如图31-9a所示。

尾矿经管道进入初期坝的顶部,经旋流器分级后,经支管均匀地排放到尾矿坝内。尾矿中粒度较粗的部分在坝体附近沉积下来,而粒度较细的部分则随矿浆一起流到池中央。当初期坝形成的库容填满时,子坝已利用尾矿中粒度较粗的部分筑成,又加高了坝体,从而增加新的库容。

尾矿场内设溢流井,场内的澄清水通过溢流井进入排水管道排出。这部分水通常都是作为选矿厂的回水用。

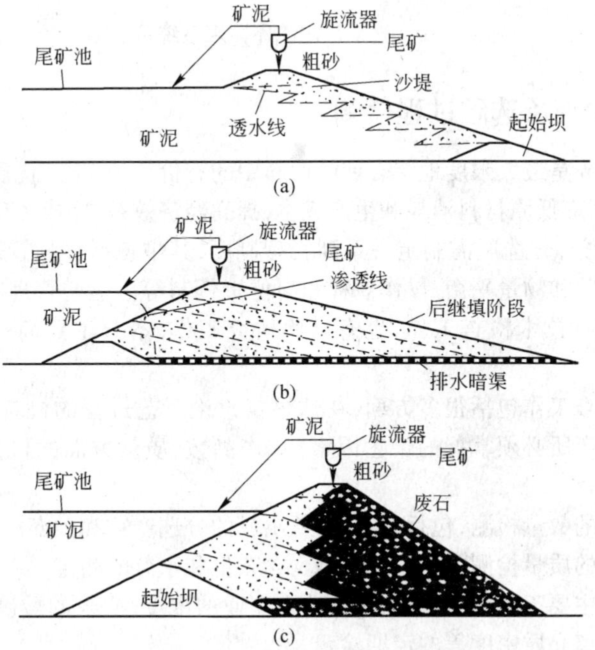

图31-9 尾矿坝的构筑方法示意图

(a) 上游法;(b) 下游法;(c) 采矿废石筑坝法

31.2.2　尾矿水的循环使用

回水利用设施也是整个尾矿处置中的重要环节。为了防止环境污染和提高经济效益，生产中都是尽可能多地利用尾矿水，减少选矿厂的新水供应比例。

使用回水的方法主要有两种：一种是尾矿经浓密机浓缩，浓密机的溢流作为回水使用，底流送到尾矿库，回水率可达 40% ~70%，主要用于重选厂或磁选厂，其优点是既可以减少输水管道的长度和动力消耗，又可以减少尾矿矿浆的输送量。但回水质量较差。另一种方法是将尾矿矿浆全部输送到尾矿库，经过较长时间的沉淀和分解作用以后，澄清水经溢流井用管道再送回选矿厂，回水率可达 50%。后一种方法的优点是回水的水质好，但输水管路长，动力消耗大，经营费用较高。图 31 – 10 是尾矿库回水系统的示意图。

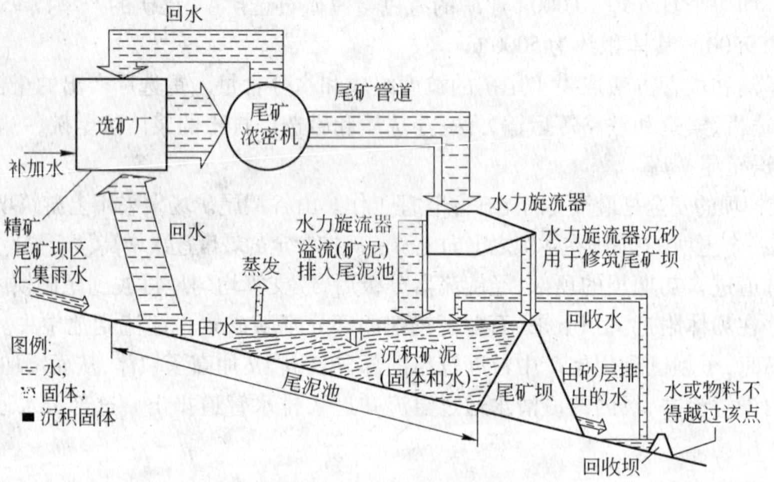

图 31 – 10　选矿厂尾矿库回水系统示意图

31.3　产品技术检查及选矿过程检测

选矿厂的基本任务是最大限度地综合回收原料中的有价组分，生产优质产品，并不断提高有价组分的回收率，不断降低原材料消耗和生产成本，提高经济效益，完成各项技术经济指标。

为了完成上述任务，分选厂需制定一系列管理制度，其中包括计划管理、原料管理、设备管理、质量管理、技术检验和物量平衡、操作规程和岗位责任制等。这些管理制度中有行政管理工作，有计划管理工作，有技术检查工作，也有试验研究工作，本节主要简述选矿厂的技术检查工作。

选矿厂的技术检查工作包括很多方面，在这里仅讨论工艺过程的检查（即围绕分选过程为了实现优质、高产、稳产所必须掌握的工艺因素）和产品数、质量方面的检查。这方面的工作主要包括如下几点：

（1）原料与产物的数量检测，包括入选原料、出厂的分选产物和抛弃产物的计量。

（2）原料与产物的质量检测，包括品位化验、含杂量和水分的测定。

（3）选别过程的主要工艺因素检测，包括选别作业的浓度、矿浆的酸碱度、选别作业的给料粒度、药剂添加量、分离介质密度等的定期检测。

为了做好选矿厂的技术检查工作，选矿厂的质量检测部门设置专职人员负责取样、计量、检测与控制等工作。

31.3.1 取样

分选作业是一个连续过程,通过每一工序的物料量通常都很大,因而必须从物料流中取出少量的有代表性的样品,这项工作称为取样,取出的有代表性的少量样品称为试样。根据生产要求及取样检查的内容,采取的试样可分为以下几种:

(1) 化学分析样。为了及时了解选矿厂的生产情况,需要通过取样对原料和分选产物的品位、含杂量等进行化验分析,以便及时发现问题,指导生产过程的调节,改善分选指标。

(2) 水分样。即用于测定原料和产物水分的试样。

(3) 细度及浓度样。这种试样用于测定磨碎产物的粒度或作业浓度,并据此调节磨碎分级设备的操作调节,确保产品的粒度组成符合要求,或及时调节矿浆浓度,使之符合生产工艺的要求。

目前生产中采用的取样方法有人工取样和自动取样两种。

31.3.2 计量

选矿厂对入选原料的计量,当采用汽车运输时,通常用地磅称量;采用铁路运输时,通常用轨道衡称量。但由于这些计量方法的误差较大,所以大多数选矿厂中都在球磨机的给料皮带上安装电子皮带秤对选矿厂实际处理的原料进行计量。

对于出厂的销售产品一般采用地磅或轨道衡进行计量。

对于矿浆则采用矿浆计量取样机进行计量,这种取样机适用于计量固体颗粒粒度小于5 mm、浓度小于50%的矿浆。

31.3.3 工艺参数检测

对分选过程的工艺参数进行在线检测是实现生产过程控制和管理自动化的基础。在分选过程中,需要检测的工艺参数可分为数量、质量、操作条件3大类。其中的数量参数包括处理的物料量、矿浆量、分选产物量、各种浮选药剂用量及电能消耗量等;质量参数包括破碎和磨矿产物粒度、原料和分选产物的品位、作业回收率及总回收率等;操作条件参数包括矿浆浓度和pH值、破碎和磨矿作业的物料循环量、设备的负荷率及分选产物的水分等。

对于上述工艺参数,在生产过程中除了采用取样检测以外,目前一些选矿厂已采用在线分析方法对分选产物的成分和粒度组成进行检测。例如,采用X射线分析法和同位素分析法对原料和分选产物的品位进行检测,采用超声波粒度分析仪对磨矿产品进行在线粒度分析等。

31.3.4 物量(金属)平衡与选矿厂技术经济指标

物量(金属)平衡是指入厂原料中所含的某种组分的质量与分选产物中所含的同一组分的质量之间的平衡关系。物量平衡一般以一定的表格形式列出,按规定时间间隔进行编制,这样的统计表称为物量(金属)平衡表,其中包括选矿厂处理的原料量、各种分选产物的量、原料和分选产物的品位和回收率等项目。表中还列出理论的销售产物产量和实际的销售产物产量、理论回收率和实际回收率。

编制物量平衡表必须列出理论物量(金属)平衡和实际物量(金属)平衡两种。根据理论物量平衡计算出的理论回收率反映分选过程技术指标的高低;而根据实际物量平衡计算出的实际回收率反映选矿厂的实际工作效果。选别过程中物料的流失集中反映在实际回收率与理论回收率的差额上,差值愈大说明选矿厂在技术管理与生产管理方面存在的问题愈多。

引起实际回收率与理论回收率不一致的原因,主要有取样不准(包括取样点设置不恰当、取样方法不合适、取样制度有问题等)、化验有误差、衡器计量有误差、盘存不正确、确有物料流失点(比如浓密机溢流中携带有微细固体颗粒、磨矿-分级过程中有物料流失、浮选泡沫槽中有物料流失、砂泵运输中有物料流失等)。如果两者基本相符,而选别指标偏低,就要从技术上进行改进,逐步提高选别技术指标。所以物量平衡可以反映一个选厂在某一个时期技术工作和管理工作的好坏,是评价选矿厂技术管理工作的一个基本依据。

衡量一个选厂经营管理情况的技术经济指标主要有:(1) 选厂的生产能力;(2) 处理原料的组成;(3) 分选产物的质量与等级(包括精矿水分);(4) 有价组分的回收率;(5) 主要设备的运转率(也称作业率);(6) 处理1 t原料的加工费或生产1t销售产品的成本;(7) 全员劳动生产率及工人劳动生产率;(8) 处理1 t物料的水、电、油、药及其他易耗材料(如钢球、滤布、衬板、煤、润滑油等)的消耗;(9) 主要设备的利用系数;(10) 税金与利润。表31-1是某铁矿石选矿厂生产技术指标的一个实例。

表31-1 某铁矿石选矿厂的生产技术指标一览表

序 号	项 目	单 位	指 标
1	原矿铁品位	%	30.82
2	铁精矿品位	%	66.93
3	铁回收率	%	80.30
4	尾矿铁品位	%	11.22
5	选矿比	倍	2.84
6	铁精矿水分	%	10.10
7	铁精矿生成成本	元/t	366.52
8	全员劳动生成率	t/(人·d)	100.20
9	球磨机作业率	%	88.10
10	过滤机利用系数	$t/(m^2 \cdot h)$	0.73
11	主要材料消耗(按原矿计)		
	(1) 一次球磨钢球	kg/t	1.04
	(2) 二次球磨钢球	kg/t	0.52
	(3) 球磨机衬板	kg/t	0.14
	(4) 油脂	kg/t	0.02
	(5) 滤布	m^2/万 t	9.15
	(6) 电	kW·h/t	30.10

附　表

附表1　各地磁铁矿的物质比磁化系数 χ ($\mu m^3/kg$)

序号	样品名称	磁化磁场强度/$kA \cdot m^{-1}$							剩余比磁化强度 $J_r/kA \cdot (m \cdot kg)^{-1}$	矫顽力 $H_c/kA \cdot m^{-1}$
		40	60	80	100	120	140	160		
1	眼前山 81m 西部石英磁铁矿（精矿） d—0.2 ~ 0 mm; Δ—2.77; $w(Fe)_s$—67.99%; $w(FeO)_s$—31%	1671	1412	1212	1077	945	854	779	768	0.88
2	眼前山 93m 中部阳起石、石榴石磁铁矿（精矿）d—0.074 ~ 0 mm; Δ—2.56; $w(Fe)_s$—67.99%; $w(FeO)_s$—约 28.4%	1480	1231	1068	961	867	764	703	640	1.55
3	眼前山 93 m 西部半氧化石英磁铁矿（精矿）d—0.2 ~ 0 mm; Δ—2.42; $w(Fe)_s$—67.75%; $w(FeO)_s$—21.4%	969	858	785	727	654	622	565	680	6.29
4	东鞍山焙烧磁铁矿（精矿）d—0.074 ~ 0 mm; Δ—2.38; $w(Fe)_s$—69.10%; $w(FeO)_s$—约 38.2%	823	783	661	649	572	543	496	1160	10.93
5	齐大山焙烧磁铁矿（精矿）d—0.2 ~ 0 mm; Δ—2.49; $w(Fe)_s$—70.64%; $w(FeO)_s$—29.8%	999	961	881	796	724	663	603	1760	12.91
6	北台子石英磁铁矿（精矿）d—0.2 ~ 0 mm; Δ—2.83; $w(Fe)_s$—71.2%; $w(FeO)_s$—约 30.6%	1910	1596	1381	1206	1062	955	854	800	3.60
7	弓长岭磁铁矿（富矿）d—0.2 ~ 0 mm; Δ—2.85; $w(Fe)_s$—70.92%	1802		1387		1035		847	360	1.69
8	弓长岭磁铁矿（精矿）d—0.15 ~ 0 mm; Δ—2.90; $w(Fe)_t$—68.15%; $w(FeO)$—27.19%	1314		1004		830		672	约 880	6.04
9	芬磁铁矿（精矿）d—0.15 ~ 0 mm; Δ—2.75; $w(Fe)_t$—68.9%; $w(FeO)$—30.77%	1558		1146		918		737	约 880	4.40
10	南芬磁铁矿（富矿）d—0.15 ~ 0 mm; Δ—2.75; $w(Fe)_t$—68.9%; $w(FeO)$—31.49%	1755		1318		1026		820	约 640	2.30
11	歪头山磁铁矿（精矿）d—0.2 ~ 0 mm; Δ—3.02; $w(Fe)_t$—67.6%; $w(FeO)_s$—26.1%	1236		946		787		662	约 1200	7.45
12	北京铁矿磁铁矿（精矿）d—0.2 ~ 0 mm; Δ—2.70; $w(Fe)_s$—67.58%; $w(FeO)_s$—23.71%	1143		883		716		617	约 760	6.58

续附表 1

序号	样品名称	磁化磁场强度/$kA\cdot m^{-1}$							剩余比磁化强度 $J_r/kA\cdot(m\cdot kg)^{-1}$	矫顽力 $H_c/kA\cdot m^{-1}$
		40	60	80	100	120	140	160		
13	邯郸磁铁矿（精矿）d—0.4～0 mm；Δ—2.56；$w(Fe)_t$—67.65%；$w(FeO)$—15.36%	515		443		377		334	约 600	7.16
14	双塔山磁铁矿（精矿）d—0.4～0 mm；Δ—2.93；$w(TiO_2)$—6.86%；$w(Fe)$—63.68%；$w(FeO)$—25.5%；V_2O_5—0.90%	1244		922		732		603	约 1200	7.00
15	某铁矿山磁铁矿（精矿）d—0.074～0 mm；Δ—2.65；$w(TiO_2)$—13.64%；$w(Fe)_t$—58.1%；V_2O_5—0.54%	672		578		487		414	约 1120	19.8
16	南山 87 m 磁铁矿（精矿）d—0.15～0 mm；Δ—2.55；$w(FeO)$—23.51%；$w(Fe)_t$—69.57%；V_2O_5—0.64%	1382		1030		810		437	约 1320	6.76
17	南山 J727 号 79.58～82.86 m 磁铁矿（精矿）d—0.15～0 mm；Δ—2.94；$w(Fe)_t$—69.28%；$w(FeO)$—26.74%；V_2O_5—0.61%	1734		1213		942		760	1480	6.76
18	南山 J726 号 76.84～79.58 m 磁铁矿（精矿）d—0.15～0 mm；Δ—2.82；$w(Fe)_t$—69.65%；$w(FeO)$—25.03%；V_2O_5—0.49%	1784		1231		949		828	1040	3.29
19	南山 25 号 74.37～76.84 m 磁铁矿（精矿）d—0.15～0 mm；Δ—2.98；$w(Fe)_t$—69.87%；$w(FeO)$—27.02%；V_2O_5—0.64%	1759		1249		955		792	1200	3.18
20	包头磁铁矿（精矿）d—0.15～0 mm；Δ—2.73；$w(Fe)_t$—67.3%；$w(FeO)$—20.75%	955		729		594		503	约 1400	7.56

附表 2　各种弱磁性矿物的物质比磁化系数

序号	矿物名称	粒度/mm	比磁化系数 $\chi/m^3\cdot kg^{-1}$		颜色	产地
			CGSM 制	SI 制		
1	蓝铜矿	0.83～0	19×10^{-6}	2.4×10^{-7}	绿青色	前苏联
2	方铅矿		0	0		法国
3	闪锌矿		9×10^{-6}	1.1×10^{-7}	红褐色	法国 前苏联
4	菱锌矿	0.83～0	1.4×10^{-6}	17.6×10^{-9}	灰色	前苏联
5	菱镁矿	0.13～0	15×10^{-6}	1.9×10^{-7}	白色	前苏联
6	红砷镍矿	0.83～0	3.8×10^{-6}	47.8×10^{-9}	粉红色	前苏联
7	假象赤铁矿 $w(Fe)$—67.15% $w(FeO)$—0.7%		520×10^{-6}	6.5×10^{-6}		中国

续附表2

序号	矿物名称	粒度/mm	比磁化率χ/$m^3 \cdot kg^{-1}$		颜色	产地
			CGSM 制	SI 制		
8	赤铁矿		$48(60,101,172)\times10^{-6}$	$6(7.5,12.7,21.6)\times10^{-7}$	红　色	法　国 前苏联
9	鲕状赤铁矿 w(Fe)—60.3%	0.7~0.25	39×10^{-6}	4.9×10^{-7}	粉红色	中　国
10	镜铁矿	1~0	292×10^{-6}	3.7×10^{-6}	闪光铁青色	前苏联
11	菱铁矿	1~0	98×10^{-6}	12.3×10^{-7}		中　国
12	菱铁矿		$56(80\sim120)\times10^{-6}$	$7(10\sim15)\times10^{-7}$		法　国 前苏联
13	褐铁矿		$(25\sim32(80))\times10^{-6}$	$(3.1\sim4(10))\times10^{-7}$	黄褐色	前苏联
14	水锰矿	0.13~0	81×10^{-6}	10.2×10^{-7}	黑　色	前苏联
15	水锰矿	0.83~0	28×10^{-6}	3.5×10^{-7}	褐　色	前苏联
16	软锰矿	0.83~0	27×10^{-6}	3.4×10^{-7}	黑　色	前苏联
17	硬锰矿		$24(19)\times10^{-6}$	$3(6.2)\times10^{-7}$		前苏联
18	褐锰矿	0.83~0	120×10^{-6}	15×10^{-7}		前苏联
19	菱锰矿		$104(135)\times10^{-6}$	$13.1(16.9)\times10^{-7}$		法　国 前苏联
20	锰　土		85×10^{-6}	10.7×10^{-7}		前苏联
21	含锰方解石		$66(94)\times10^{-6}$	$8.3(11.8)\times10^{-7}$		前苏联
22	铬铁矿		$(50\sim70)\times10^{-6}$	$(6.3\sim8.1)\times10^{-7}$		前苏联
23	钛铁矿		$27(113,399)\times10^{-6}$	$3.4(14.2,50)\times10^{-7}$		前苏联
24	黑钨矿		$(39\sim189)\times10^{-6}$	$(4.9\sim23.7)\times10^{-7}$	黑褐色	中　国
25	石榴石		$63(160)\times10^{-6}$	$7.9(20)\times10^{-7}$	淡红色	前苏联
26	黑云母	0.83~0	$40(52)\times10^{-6}$	$5(6.5)\times10^{-7}$		前苏联
27	蛇纹石		$(500\sim1000)\times10^{-6}$	$(62.8\sim125.7)\times10^{-7}$	暗	前苏联
28	角闪石		$30(230)\times10^{-6}$	$3.8(28.9)\times10^{-7}$		前苏联
29	辉　石		65×10^{-6}	8.2×10^{-7}		前苏联
30	绿泥石		$(30\sim90)\times10^{-6}$	$(4.9\sim23.7)\times10^{-7}$	绿　色	法　国
31	千枚岩		$(50\sim100)\times10^{-6}$	$(6.3\sim12.6)\times10^{-7}$		前苏联
32	白云岩		27×10^{-6}	3.4×10^{-7}		前苏联
33	铁白云岩		34×10^{-6}	4.3×10^{-7}		法　国
34	滑　石		28×10^{-6}	3.5×10^{-7}		前苏联
35	电气石	0.15~0	345×10^{-6}	43.4×10^{-7}	深灰(带黄)	中　国
36	锆英石 $w(ZrO_2)$—63.7%	0.15~0	38×10^{-6}	4.8×10^{-7}	白　色	中　国
37	金红石 $w(TiO_2)$—90.7%	0.15~0	14×10^{-6}	1.8×10^{-7}	红褐色	中　国
38	独居石		14×10^{-6}	1.8×10^{-7}		前苏联
39	方解石		0.3×10^{-6}	3.8×10^{-9}		法　国

续附表 2

序号	矿物名称	粒度/mm	比磁化率χ/$m^3 \cdot kg^{-1}$		颜色	产地
			CGSM 制	SI 制		
40	白云石		2×10^{-6}	25×10^{-9}		法国
41	长石		5×10^{-6}	62.8×10^{-9}		前苏联
42	磷灰石		4×10^{-6}	50×10^{-9}		前苏联
43	萤石	0.83~0	4.8×10^{-6}	60.3×10^{-9}	无色	前苏联
44	石膏	0.83~0	4.3×10^{-6}	54×10^{-9}	黄白色	前苏联
45	刚玉	0.13~0	10×10^{-6}	1.3×10^{-7}	浅蓝色	前苏联
46	石英		$0.2(10)\times10^{-6}$	$(2.5\sim125.7)\times10^{-9}$		前苏联
47	锡石		$(2\sim8)\times10^{-6}$	$(25.1\sim100.5)\times10^{-9}$	深褐色	中国
48	黄铁矿		$0(7.5)\times10^{-6}$	$0(94.2)\times10^{-9}$		前苏联
49	白铁矿		0	0		法国
50	砷黄铁矿		0	0		法国
51	斑铜矿		$5(14)\times10^{-6}$	$62.8(175.9)\times10^{-9}$		法国 前苏联
52	辉铜矿		$0(8.5)\times10^{-6}$	$0(107)\times10^{-9}$		前苏联
53	孔雀石		15×10^{-6}	1.9×10^{-7}		前苏联

附表 3　各种矿物的电性质

矿物名称	化学成分	w(主元素或氧化物含量)/%	密度/$t \cdot m^{-3}$	电阻率/$\Omega \cdot m$	介电常数 ε	导电性质
金刚石	C	100C	3.2~3.5	10^{10}	5.7	非导体
锐钛矿	TiO_2	60Ti	3.8~3.9		48	导体
辉锑矿	Sb_2As_3	71.4Sb	4.5~4.6	$10^{10}\sim10^{11}$	>12	导体
硬石膏	$CaSO_4$	41.2CaO	2.8~3.0		5.7~7	非导体
磷灰石	$Ca_5(PO_4)_3F$	$42.3P_2O_5$	3.1~3.2	10^{12}	7.4~10.5	非导体
毒砂	FeAsS	46.0As	5.9~6.2		81	导体
辉银矿	Ag_2S	87.1Ag	7.2~7.4	$10^{13}\sim10^{14}$	>81	高温下呈导体
重晶石	$BaSO_4$	65.7BaO	4.3~4.6	10^{12}	6.2~6.9	非导体
绿柱石	$Be_3Al_2(Si_6O_8)$	14.1BeO	2.6~2.9		3.9~7.7	非导体
黑云母	$K(Mg,Fe)_3(Si_3A_{10})_{10}(OH,F)_2$		3.1~3.3		6.0~10	非导体
斑铜矿	Cu_5FeS_4	63.3Cu	4.9~5.2	$10^{-3}\sim10^{-1}$	>81	导体
褐铁矿	$2Fe_2O_3\cdot3H_2O$	$89.9Fe_2O_3$	3.3~4.0		3.2~10	导体
硫锑铅矿	Pb_3SbS_{11}	55.4Pb,25.7Sb	6.23	$10^3\sim10^5$		导体
铁白云石	$Ca(Mg,Fe)(CO_3)_2$		2.9~3.1			非导体
硅灰石	$Ca(Si_3O_9)$	48.3CaO	2.8~2.9		6.17	非导体
黑钨矿	$(Mn,Fe)WO_4$	$75.0WO_3$	7.3	$10^5\sim10^6$	15.0	导体
辉铋矿	Bi_2S_3	81.2Bi	6.4~6.6	$10\sim10^4$	>27	导体
碳酸钡	$BaCO_3$	77.7BaO	4.2~4.3		7.5	非导体
闪锌矿	ZnS	67.1Zn	4.0~4.3	10	8.3	非导体
方铅矿	PbS	86.6Pb	7.4~7.6	$10^{-5}\sim10^{-2}$	>81	导体

续附表3

矿物名称	化学成分	w(主元素或氧化物含量)/%	密　度 /t·m^{-3}	电阻率 /Ω·m	介电常数 ε	导电性质
岩　盐	$NaCl$	60.6Cl	2.1~2.2		5.6~7.3	非导体
赤铁矿	Fe_2O_3	70.0Fe	5.0~5.3	$10 \sim 10^3$	25	导　体
石　膏	$CaSO_4 \cdot 2H_2O$	32.5CaO	2.3		8.0~11.6	非导体
石榴石	$Mg_3Al(SiO_4)_3$		3.5~4.2		5.0	非导体
石　墨	C	100C	2.09~2.23	$10^{-6} \sim 10^{-4}$	>81	导　体
蓝晶石	Al_2SiO_5	63.1Al_2O_3	3.6~3.7		5.7~7.2	非导体
脆硫锑铅矿	$Pb_4FeSb_6S_4$		5.63	$10^2 \sim 10^3$		导　体
白云石	$CaMg(CO_3)_2$	30.4CaO	1.8~1.9		6.8~7.8	非导体
金	Au	90.0Au	15.6~18.3		>81	导　体
钛铁矿	$FeTiO_3$	52.6TiO_2	4.7	$10^{-3} \sim 1$	33.7~81	导　体
方解石	$CaCO_3$	56.0CaO	2.6~2.7	$10^7 \sim 10^{11}$	7.8~8.5	非导体
锡　石	SnO_2	78.8Sn	6.8~7.0	10	21.0	导　体
石　英	SiO_2	100.0SiO_2	2.5~2.8	$10^{12} \sim 10^{17}$	4.2~5.0	非导体
辰　砂	HgS	86.2Hg	8.1~8.2	10^7	33.7~81	导　体
辉钴矿	CoAsS	35.4Co,45.3As	6.0~6.5	$10^{-4} \sim 10$	>33.7	导　体
铜　蓝	CuS	66.5Cu	4.59~4.67	$10^{-5} \sim 10^{-3}$	33.7~81	导　体
刚　玉	Al_2O_3	53.2Al	3.9~4.1		5.6~6.3	非导体
赤铜矿	Cu_2O	88.8Cu	6.0		16.2	导　体
磁铁矿	Fe_3O_4	72.4Fe	4.9~5.2	$10^{-4} \sim 10^{-3}$	33.7~81	导　体
白铁矿	FeS_2	46.6Fe	4.6~4.9	$10^{-5} \sim 10^{-4}$	33.7~81	导　体
微斜长石	$KAlSi_3O_8$		2.5	10^8	5.6~6.9	非导体
细晶石	$(Na,Ca)_2Ta_2O_6[F,OH]$	68~77Ta_2O_6	5.6~6.4			非导体
辉钼矿	MoS_2	60Mo	4.7~5.0	$10^{-3} \sim 10^2$	>81	导　体
独居石	$(Ce,La,Th)PO_4$	5~28ThO_2 50~68Ce,La	4.9~5.5	$>10^{10}$	8.0	非导体
白云母	$KAl_2[AlSi_3O_{10}](OH)_2$		2.8~3.1	$<10^{10}$	6.5~8.0	非导体
砷镍矿	NiAs	43.9Ni,56.1As	7.6~7.8	10^{-6}	>33.7	导　体
橄榄石	$(Mg,Fe)_2SiO_4$	45~50MgO	3.3~3.5		6.8	非导体
正长石	$K(AlSi_3O_8)$	64.7SiO_2 18.4Al_2O_3	2.6		5.0~6.2	非导体
镍黄铁矿	$(Fe,Ni)_9S_8$	10~42Ni				导　体
黄铁矿	FeS_2	53.4S	4.9~5.2	$10^{-5} \sim 10^{-1}$	33.7~81	导　体
软锰矿	MnO_2	63.2Mn	4.7~5.0	$<10^4$	>81	导　体
磁黄铁矿	$Fe_{1-x}S$	39~40S	4.6~4.7	$10^{-5} \sim 10^{-3}$	>81	导　体
镁铝榴石	$Mg_3Al_2(SiO_4)_3$	44.8SiO_2	3.5	$>10^{10}$		非导体
烧绿石	$CaNaNb_2F$	56Nb_2O_5	4.0~4.4		4.1~4.5	非导体
斜长石	$Na[AlSi_3O_8]$		2.5~2.8		4.5~6.2	非导体
钼钙矿	$CaMoO_4$	72MoO_3	4.3~4.5			非导体
硬锰矿	mMnO·MnO_2·$n$$H_2O$	45~60MnO_2	4.2~4.7		49~58	导　体
雄　黄	AsS	70.1As	3.4~3.6	$10^2 \sim 10^3$	17.4	导　体
金红石	TiO_2	60Ti	4.2~5.2	$1 \sim 10^2$	87~173	导　体
菱铁矿	$FeCO_3$	48.3Fe	3.9	$10 \sim 10^2$	>81	导　体
硅线石	$Al(AlSiO_5)$	63.1Al_2O_3	3.2~3.3		9.3	非导体
蛇纹石	$Mg[Si_4O_{10}](OH)_8$	43MgO	3.6~3.8		10	非导体
菱锌矿	$ZnCO_3$	52.0Zn	4.1~4.5	10^{10}	8.0	非导体
锂辉石	$LiAl[Si_2O_6]$	8.1Li_2O	3.1~3.2		8.4	非导体

续附表 3

矿物名称	化学成分	w(主元素或氧化物含量)/%	密度/t·m^{-3}	电阻率/Ω·m	介电常数 ε	导电性质
十字石	$FeAl_4[SiO_4]_2O_2(OH)_2$	55.9Al_2O_3	3.6~3.8		6.8	非导体
黄锡矿	Cu_2FeSnS_4	29.5Cu,27.5Sn	4.3~4.5	$10\sim10^3$	>27	导体
榍石	$CaTi[SiO_4]O$	40.8TiO_2	3.3~3.6	10^6	7.8	非导体
钽铁矿	$(Fe,Mn)Ta_2O_6$	77.6Ta_2O_5	5.8~8.2	10^2	>27	导体
墨铜矿	CuO	77.9Cu	5.6~6.4	10^3	>27	导体
黝铜矿	$Cu_{12}Sb_4S_{13}$	22~53Cu	4.4~5.4	$10^{-3}\sim10^3$	>27 <10	导体 非导体
钛磁铁矿	$TiFe_2O_4$	50.0Fe	4.9~5.2	10^{-2}	>81	
黄玉	$Al_2[SiO_4][F,OH]_2$	48.2~62Al_2O_3	3.5~3.6		6.6	非导体
电气石	$(Na,Ca)(Mg,Al)[B_3Al_3Si_6(O,OH)_{30}]$				5.17	非导体
金云母	$KMg_3[AlSi_3O_{10}](F,OH)_2$		2.7~2.9	$10^{11}\sim10^{12}$	5.9~9.3	非导体
萤石	CaF_2	51.2Ca	3.0~3.2	10^{40}	6.7~7.0	非导体
辉铜矿	Cu_2S	79.8Cu	5.5~5.8	$10^{-6}\sim10^{-1}$	>81	导体
黄铜矿	$CuFeS_2$	34.57Cu,34.9S	4.1~4.3	$10^{-4}\sim10$	>81	导体
绿泥石			2.6~3.4		6.6~8.6	非导体
白铅矿	$PbCO_3$	77.5Pb	6.4~6.6		23.1	导体
白钨矿	$CaWO_4$	80.6WO_3	5.8~6.2	10^{11}	5.8	非导体
尖晶石	$MgAl_2O_4$	78.1Al_2O_3	3.5~3.7		6.8	非导体
绿帘石	$Ca(Al,Fe)_3Si_2O_{12}[OH]$	17.0Fe_2O_3	3.3~3.4		6.2	非导体

附表 4　矿物的比导电度和整流性

矿物名称	化学成分	比导电度	电位/V	整流性
鳞片石墨	C	1.0	2800	全整流
石墨	C	1.28	3588	全整流
硫	S	3.90	10920	正整流
砷	As	2.34	6552	全整流
锑	Sb	2.78	7800	全整流
铋	Bi	1.67	4680	全整流
银(矿物)	Ag	2.34	6552	全整流
铁(玄武岩中的铁)	Fe	2.78	7800	全整流
辉锑矿	Sb_2As_3	2.45	6860	全整流
辉钼矿	MoS_2	2.51	7028	全整流
方铅矿	PbS	2.45	6360	全整流
辉铜矿	Cu_2S	2.34	6552	负整流
闪锌矿	ZnS	3.00	8400	全整流
红砷镍矿	NiAs	2.78	7800	负整流
磁硫铁矿	Fe_5S_6 至 $Fe_{16}S_{17}$	2.34	6552	全整流
斑铜矿	$Cu_2SiCuS\cdot FeS$	1.67	4680	全整流
黄铁矿	FeS_2	1.95	5460	全整流
砷钴矿	$CoAs_2$	2.28	6396	全整流
白铁矿	FeS_2	1.95	5160	全整流
石英	SiO_2	3.17	8876	负整流
石英(烟水晶)	SiO_2	3.45~5.3	9672~14820	负整流
刚玉	Al_2O_3	4.90	13728	全整流
赤铁矿	Fe_2O_3	2.23	6240	全整流

续附表 4

矿物名称	化学成分	比导电度	电位/V	整流性
钛铁矿	$FeTiO_3$	2.51	7020	全整流
磁铁矿(矿砂)	Fe_3O_4	2.78	7800	全整流
锌铁矿	$(Fe,Zn,Mn)O_2$	2.90	8112	全整流
(尖晶石)	$(Fe,Mn)_2O_3$			全整流
铬铁矿	$FeCr_2O_4$	2.01	5616	全整流
金红石	TiO_2	2.62	7336	全整流
软锰矿	MnO_2	1.67	4080	全整流
水锰矿	$MnO(OH)$	2.01	5616	全整流
褐铁矿	$2Fe_2O_3 \cdot 3H_2O$	3.06	8568	全整流
铝土矿	成分不固定	3.06	8568	负整流
方解石	$CaCO_3$	3.90	10920	正整流
白云石	$CaMg(CO_3)_2$	2.95	8268	正整流
钼铅矿	$PbMoO_4$	4.18	11700	全整流
金红石	TiO_2	3.03	8892	全整流
金红石(砂矿)	TiO_2	2.67	7488	全整流
锆英石(砂矿)	$ZrSiO_4$	3.96	11076	正整流
沥　青		1.45	4056	正整流
无烟煤	C	1.28	3588	全整流
菱铁矿	$FeCO_3$	2.56	7176	全整流
菱锰矿	$MnCO_3$	3.06	8586	全整流
菱苦土矿	$MgCO_3$	3.06	8568	正整流
菱锌矿	$ZnCO_3$	4.45	12480	负整流
霰石(文石)	$CaCO_3$	5.29	14800	正整流
微斜长石	$KaSi_5O_8$	2.67	7488	全整流
曹灰长石		2.23	6240	负整流
玩火辉石	$MgSiO_3$	2.78	7800	负整流
角闪石	成分不固定	2.51	7020	负整流
霞　石	$Na_3K[AlSiO_4]$	2.23	6240	全整流
石榴石	$Mg_3Al_2[SiO_4]_3$	6.48	18000	全整流
铁镁石榴石	$Fe_3Al_2[SiO_4]_3$	5.85	16800	正整流
铁铝石榴石	$Fe_3Al_2(SiO_4)_3$	4.45	12480	全整流
贵橄榄石	成分不固定	3.28	9024	正整流
锆英石	$ZrSiO_4$	4.18	1170	负整流
黄　玉	$(AlF)SiO_4$	4.45	12480	正整流
蓝晶石	$4[AlSiO_5]$	3.28	9204	全整流
斧　石		3.68	10296	负整流
异极石		3.23	9048	全整流
电气石		2.56	7176	负整流
白云母	$4[KAl_3Si_3O_{10}(OH)_2]$	1.06	2964	正整流
锂云母	$4[K(Li,Al)_3(Si,Al)_4O_{10}(F,OH)_2]$	1.78	4992	全整流
黑云母		1.73	4836	全整流
蛇纹石	$H_4Mg_3SiO_2O_4$	2.17	6084	正整流
滑　石	$H_2Mg_3(SiO_4)_2$	2.34	6552	全整流
高岭土	$H_4Al_2Si_2O_9$	2.39	6708	负整流
膨润土(斑脱岩)		1.28	3588	全整流
独居石(砂矿)	$4[(La,Cl)PO_4]$	2.34	6552	全整流
磷灰石	$2[Ca_5(PO_4)_3F]$	4.18	11700	正整流

续附表 4

矿物名称	化学成分	比导电度	电位/V	整流性
重晶石	$BaSO_4$	2.06	5772	全整流
硬石膏	$CaSO_4$	2.78	7800	正整流
石　膏	$CaSO_4 \cdot 2H_2O$	2.73	7644	正整流
萤　石	CaF_2	1.84	5148	全整流
冰晶石		1.95	5460	正整流
岩　盐	NaCl	1.45	4056	全整流
黑钨矿	$(Fe,Mn)WO_4$	2.62	7332	全整流
白钨矿	$CaWO_4$	3.06	8580	全整流

参 考 文 献

[1] 李启衡主编. 碎矿与磨矿[M]. 北京:冶金工业出版社,1983.
[2] B. A. Wills. Mineral Processing Technology. Pergamon Press,1981.
[3] 丘继存主编. 选矿学[M]. 北京:冶金工业出版社,1987.
[4] 陈炳辰. 磨矿原理[M]. 北京:冶金工业出版社,1989.
[5] 徐小荷,余静. 岩石破碎学[M]. 北京:煤炭工业出版社,1984.
[6] 吴寿培,刘炯天. 采煤选煤概论[M]. 北京:煤炭工业出版社,1992.
[7] 郑水林. 超细粉碎原理、工艺设备及应用[M]. 北京:中国建材工业出版社,1993.
[8] 姚书典. 重选原理[M]. 北京:冶金工业出版社,1992.
[9] 孙玉波主编. 重力选矿[M]. 北京:冶金工业出版社,1993.
[10] 张鸿起,刘顺,王振生. 重力选矿[M]. 北京:煤炭工业出版社,1987.
[11] 李国贤,张荣曾. 重力选矿原理[M]. 北京:煤炭工业出版社,1992.
[12] 张家骏,霍旭红. 物理选矿[M]. 北京:煤炭工业出版社,1992.
[13] 吕永信. 微细与超细难选矿泥射流流膜离心分选法[M]. 北京:冶金工业出版社, 1994.
[14] 王常任主编. 磁电选矿[M]. 北京:冶金工业出版社,1986.
[15] 卢寿慈. 矿物颗粒分选工程[M]. 北京:冶金工业出版社,1990.
[16] 孙仲元. 磁选理论[M]. 长沙:中南工业大学出版社,1987.
[17] 朱家骥,朱俊士等. 中国铁矿选矿技术[M]. 北京:冶金工业出版社,1994.
[18] 王棣华. Slow－1500 型立环脉动高梯度磁选机分选弓长岭贫赤铁矿的工业试验[J]. 金属矿山, 1993,No. 2.
[19] 安绍萱译,J. D. 克劳斯著. 电磁学[M]. 北京:人民邮电出版社,1979.
[20] 长沙矿冶研究所电选组. 矿物电选[M]. 北京:冶金工业出版社,1982.
[21] 胡永平. 细粒矿物的磁选[J]. 金属矿山,1987,No. 7.
[22] 罗德章. 磁团聚重选法[J]. 矿产综合利用,1988,No. 1.
[23] 《选矿手册》编辑委员会. 选矿手册[M]. 北京:冶金工业出版社,1993.
[24] 章立源,张金龙,崔广霁. 超导物理[M]. 北京:电子工业出版社,1987.
[25] 袁楚雄等. 特殊选矿[M]. 北京:中国建筑工业出版社,1982.
[26] 胡为柏. 浮选(修订版)[M]. 北京:冶金工业出版社,1989.
[27] 冯其明等. 硫化矿物浮选电化学[J]. 有色金属,1989～1990 专题讲座.
[28] 王淀佐. 硫化矿物浮选电化学[J]. 国外金属矿选矿,1992,No. 1.
[29] 胡熙庚等. 浮选理论与工艺[M]. 长沙:中南工业大学出版社,1991.
[30] 《中国铁矿石选矿生产实践》编写组. 中国铁矿石选矿生产实践[M]. 南京:南京大学出版社,1992.
[31] 《选矿设计手册》编委会. 选矿设计手册[M]. 北京:冶金工业出版社,1988 .
[32] 孙宝歧等. 非金属矿深加工[M]. 北京:冶金工业出版社,1995.
[33] 《尾矿设施设计手册》编写组. 尾矿设施设计手册[M]. 北京:冶金工业出版社,1980.
[34] 卢寿慈. 矿物浮选原理[M]. 北京:冶金工业出版社,1998.
[35] J. Svohoda. Magnetic Methods for the Treatment of Minerals[M]. Elsevier Science Publishing Company INC New York,1983.
[36] 地质部地质辞典办公室. 地质辞典[M]. 北京:地质出版社,1981.
[37] 姚培慧主编. 中国铁矿志[M]. 北京:冶金工业出版社,1993.
[38] 王运敏,田嘉印,王化军,冯 泉主编. 中国黑色金属矿选矿实践[M]. 北京:科学出版社,2008.